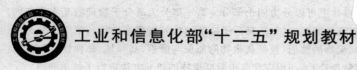

工业和信息化部"十二五"规划教材

GAOFENZI WULI

高分子物理

焦 剑 主编

西北工业大学出版社

【内容简介】 本书以高聚物的结构—分子运动—性能作为主线,阐明高聚物的结构与性能的关系,为高聚物材料的应用与加工奠定基础。全书在整体上可以分为四个部分。第一部分为高分子物理的基本研究内容及高分子科学发展的简介,第二部分为高聚物的结构(包括高分子链的结构及凝聚态结构),第三部分为高聚物的分子运动与力学状态,第四部分为高聚物的性能(包括高聚物的屈服与断裂、高弹性、黏弹性、流变性、电性能、光学性能、热性能以及溶解性和溶液理论)。在相应章节中对高聚物的研究方法进行了简单介绍。

本书可作为高等学校高分子材料、复合材料、高分子工程本科专业的基础课教材,也可供高分子科学理科学生参考,对于从事有关高分子材料、树脂基复合材料及高分子工程的技术及研究人员也有重要的参考价值。

图书在版编目(CIP)数据

高分子物理/焦剑主编. —西安:西北工业大学出版社,2015.4
ISBN 978 - 7 - 5612 - 4364 - 0

Ⅰ.①高… Ⅱ.①焦… Ⅲ.①高聚物物理学—教材 Ⅳ.①O631.2

中国版本图书馆 CIP 数据核字(2015)第 061470 号

出版发行:西北工业大学出版社
通信地址:西安市友谊西路 127 号 邮编:710072
电 话:(029)88493844 88491757
网 址:www.nwpup.com
印 刷 者:兴平市博闻印务有限公司
开 本:787 mm×1 092 mm 1/16
印 张:31
字 数:761 千字
版 次:2015 年 10 月第 1 版 2015 年 10 月第 1 次印刷
定 价:68.00 元

前　言

从"胶体学说"到"大分子学说",高分子科学的发展经历了一个漫长而曲折的道路。时至今日,形成了以高分子化学、高分子物理以及高分子工程为基石的系统学科。高分子材料特别是有机高分子材料已经成为材料科学中的重要分支,并深入到人们生活的各个领域。高分子材料在航空、航天、国防工业、生物工程、日常生活中均得到了广泛的应用,其使用量从体积上已超过了金属与陶瓷,并呈现不断增长的趋势。

高分子物理的研究对象是各种高分子化合物,研究高分子涉及的物理学内容,不仅包含高分子科学所必需的合成化学知识,更涉及物理化学、材料力学、电学、光学等物理学知识,同时还涉及基本的数学知识,因此高分子物理学科的概念多、内容庞杂。我国的高分子教学经过多年的发展,各校均形成了自身的特点,并针对不同的教学目的,编写了众多的本科生及研究生教材及相关论著。

高分子物理的内容浩如烟渺,在有限的教学学时中要对其进行全面的论述是不现实的,也是不必要的。我们针对高分子材料与工程教学体系的要求,总结多年的教学经验,编撰了这本教材。本书以高聚物的结构—分子运动—性能作为主线,主要讲授高聚物的结构与性能的关系,为高聚物材料的应用与加工奠定基础。

本书在整体上可以分为四个部分。第一部分为第一章,对高分子物理的研究内容、高分子化合物的结构及性能特点、成型及加工方式进行了简单的介绍,以使学生建立起高分子的概念。第二部分为高聚物的结构特点,包括第二章高分子的链结构及第三章高聚物的凝聚态结构,其中有关高分子链结构的分子量及分子量分布的内容放在了第十一章,高分子量虽然是区分高分子与小分子的关键因素,并对高聚物的性能有重要的影响,但由于在内容上更注重理论的分析,因此单独地列出来。第三部分是高聚物分子运动,这是联系高聚物结构与性能的纽带,其内容放在了第四章,包括高聚物在各种力学状态下的分子运动单元,以及在各种相转变过程中体现出来的分子运动模式的转变。第四部分为高聚物的各种性能,包含第五章至第十章,涵盖了高聚物的固体材料的屈服与断裂、高弹性、黏弹性、电性能、光学性能和热性能,以及高聚物熔体及溶液的流变性,高聚物溶解性及溶液的特性等。

本书针对工科学生学习高分子物理的特点,首先对高聚物常用的成型方法进行了介绍,并在编撰的过程中引入了大量的工程实例,以引导学生提高利用所学理论知识解决实际问题的能力。在公式的推导上进行了简化,重点指明该公式的来源、应用前提,以及在实际问题中的应用。同时结合目前高分子科学的发展,介绍了一些新的概念,如超支化、碳纳米管等。

本书的第一~七章、第九~十一章由焦剑编写,第八章由史学涛编写。在本书的编写过程中,笔者参阅了国内外公开出版的相关教材、专著和文献资料,在此谨向所有的作者表示谢意。同时本书在编写过程中,得到了西北工业大学蓝立文教授、雷渭媛教授、张广成教授以及西安交通大学井新利教授的支持,研究生刘蓬、蔡宇、汪雷、吕盼盼同学也参与了部分工作,在此一并表示感谢。

由于笔者水平有限,本书中难免存在一定的不足和缺点,恳请读者和专家指教。

编 者

2015 年 1 月

目　　录

第一章 绪 论

1.1 高分子科学的发展

　　高分子科学的发展经历了从天然产物到半合成高分子再到人工合成高分子的过程,从古至今都与人们的生活息息相关。但是,直到20世纪30年代,才真正建立了高分子的概念,从此为现代高分子科学的研究奠定了基石。高分子科学既是基础学科,也是应用学科,包含了高分子化学、高分子物理以及高分子工程三个重要的组成部分。高分子概念的提出,开启了合成高分子科学的时代,从而形成了高分子化学的研究领域。随着大批新型合成高分子的出现,对其性能及结构表征的需求日益彰显,大批的物理学家和化学家投入了这一方向的研究,并形成了现代高分子物理的基石和研究领域。同时高分子材料制品向人们生活的各个领域渗透,高分子的成型加工原理、反应工程的研究日渐产生,形成了高分子工程的研究领域。

　　早在19世纪,人们对高分子领域的某些物质的特性已有了一定的认识并进行了许多有益的探索。1826年Faraday就指出天然橡胶的化学实验式为C_5H_8,并明确了每一个单元含有一个双键。Graham等发现了黏乌酸等物质的极缓慢的扩散速率及具有半透性的特性。1877年,Kekule提出了蛋白质、淀粉、纤维素等与生命有关的天然有机物的长链结构,认为这种特殊结构是造成其特殊性质的根源。1879年人们发现了异戊二烯的聚合现象,1880年发现了甲基丙烯酸甲酯的聚合现象。在描述蒸气压同摩尔分数关系的Raoult定律(1882—1885年)和渗透压同浓度、温度关系的van't Hoff定律(1887—1888年)被发现后,使通过溶液来测定分子量成为可能,采用蒸气压和渗透压方法,测出天然橡胶、淀粉和硝化纤维素的分子量在10 000到40 000之间。遗憾的是,高分子是具有很大分子量的物质这一概念并未被接受,而是湮没于当时占统治地位的胶体学说中。胶体理论在解释真正的小分子聚集体行为方面取得了极大的成功,但它把分子量很大的高分子也错误地视为是由小分子在一定条件下聚集在一起而形成的胶体状态,认为高分子的一些物理化学行为恰是小分子胶体状态的性质,一些本来说明高分子性质的实验现象反而成为支持胶体理论的证据。因为Raoult定律不适于胶体,所以由它来测定的分子量也是表观现象,不能认为是"真正"的分子量。依照胶体理论的观点,某些烯类聚合物被认为是由分子中双键引入的"次价"力结合成的聚集体。在这期间,虽然高分子理论尚未完全建立,但人们在实现了对天然橡胶和纤维素的改性之后,成功实现了两种高分子化合物的人工合成,即酚醛树脂和人工合成橡胶。拜尔早在1872年即提出,苯酚和甲醛在酸的作用下,能够形成树脂状的物质,最终在1909年,美国人贝克兰利用对反应的控制,得到了两种不同的酚醛树脂,即热塑性酚醛树脂和热固性酚醛树脂。1909年,霍夫曼和库特尔首先提出了关于C_5H_8的热聚合专利。1910年,海立斯和麦修斯用钠做试验,也得到了C_5H_8。1912年,美国纽约展出了用合成橡胶制成的轮胎,从而向世界宣布实现了橡胶的人工合成。

　　1920年,Staudinger发表了论文《论聚合作用》,论述了聚合过程是小分子彼此之间以共价键结合而成为长链分子的过程。指出高分子溶液的"胶体"性质的根源在于单体以共价键结合而成的"分子胶体",这在结构上同由小分子缔合而成的胶体状态(胶体分散体、胶束)有本质的区别。他提出了聚苯乙烯、聚甲醛和天然橡胶等聚合物的链式结构并说明了它们的分子链长短各异、有一定分布的概念。此后,Staudinger 又做了一系列卓有成效的工作,澄清了许多事实,在同流传甚广的胶体缔合学说的争论中确定了"大分子"这一概念的地位。进入 20 世纪 30 年代,高分子学说已普遍被人们接受。1953 年,Staudinger 以"链状大分子物质的发现"而荣获诺贝尔化学奖。

高分子学说的建立,有力地促进了高分子科学研究以及高分子化学工业的发展。为说明大分子的长链状结构,Garothers 从 1929 年起以有机小分子的逐步缩合合成高分子化合物,并在 1935 年发明了性能比蚕丝还要优异的合成纤维——尼龙纤维(聚己二酰己二胺)。1930 年,Kuhn 首次把统计理论用于高分子,得到了长链分子无规裂解产物的分子量分布公式,并提出了柔性高分子无规线团构象的正确概念。1939 年,Guth,Mark 和 Kuhn 分别讨论了高分子链的构象统计问题,建立了橡胶弹性统计理论的基础。为了表征大分子的结构与形状,经过一批科学家的努力,先后建立了黏度法、渗透压法和超速离心法来测定高分子的分子量与分子量分布,用 X 射线衍射法测定聚合物的取向与结晶。与此相应的关于高分子溶液热力学与动力学问题的研究、结构与力学性质的关系研究也不断深入,从而奠定了高分子物理学的基础。

二次世界大战后,高分子科学体系已形成,聚合反应过程的许多问题得到了澄清,科学家们达成了共识,有效地促进了橡胶和塑料加工技术的发展,合成纤维工业也有了新的进步。同时发展了复杂高分子及其凝聚态的表征新方法,衍射和散射技术、波谱技术等在高分子研究中也得到了广泛的应用。在此基础上,Ziegler 和 Natta 发明了定向聚合方法,可使高分子链的立体构型获得规整性,这一工作又促进了链结构、聚合机理、结构与性能关系等问题的进一步研究。1965 年,这两位科学家以"关于有机金属化合物及聚烯烃的催化聚合的研究"而获诺贝尔化学奖。另一位为高分子科学做出杰出贡献的代表是 Flory,他在高分子结构、高分子物理化学等方面做了一系列的工作,因其在"高分子物理化学的理论与实验方面的基础研究"于 1974 年获诺贝尔化学奖。

20 世纪 70 年代以来,高分子科学的实验技术有了长足的发展,为高分子的合成与结构、性能表征提供了更为有力的手段。隧道扫描电镜与原子力显微镜的发明使人们可以从原子尺度上研究高分子材料的表面形貌和单个分子链结构,中子散射技术使得研究高分子在本体中的链构象问题成为可能。

以 De Geens,Freed 和 Edwards 等为代表的关于高分子链性质的非平衡态统计理论与标度理论研究,把近代物理学中诸如自洽场方法,重整化群方法,相转变理论和量纲分析等用于高分子体系的问题处理,从而把高分子物理研究引向新的阶段。Pierre-Gilles de Gennes 因其在对液晶、聚合物及其界面等科学的研究中获得重大突破,并提出了高分子标度理论,而荣获 1991 年诺贝尔物理学奖。

Heeger,MacDiarmid 和白川英树由于在本征型导电高分子上的研究而获得了 2000 年的诺贝尔化学奖。

1.2　高分子物理的研究内容

初期的高分子物理研究,主要针对高分子化合物分子量的测定,固体聚合物的性质,以及加工中聚合物熔体流动性质,并形成了三个主要研究领域,即高分子分子量的测定及高分子溶液的研究,高分子凝聚态的研究以及高聚物流体研究。自 20 世纪 30 年代至 70 年代,高分子物理学家们在上述三个领域的研究工作不断深入,研究内容不断丰富,逐步形成了高分子物理研究领域的基本框架。

在这一时期上述三个研究领域的代表性工作包含下述几方面。

(1)分子量测定及溶液领域。1930 年出现了黏度法测分子量,1933 年美国出现用超离心机法测分子量,1937 年出现光散射法测分子量,1964 年出现凝胶色谱法测分子量(GPC);1935 年 Flory 发表了缩聚反应分子量分布统计研究的论文;1949 年 Flory 提出了柔性链高分子由于链段的空间干扰而伸展的"扩张因子"概念及溶液中高分子和溶剂相互作用因素的"θ 温度","θ 溶剂"概念。

(2)高分子凝聚态领域。1936 年出现了聚异丁烯玻璃化转变温度的研究工作;1942 年出现了高分子结晶的研究工作,同期报道了等规立构的聚丙烯和聚苯乙烯链的重复周期分别为 6.5Å 和 6.7Å,这是高分子结晶概念的开始;1949 年 Flory 对高分子结晶用数学统计方法做了理论研究;1957 年发现了聚乙烯折叠链形成的片晶,提出了高分子结晶的折叠链模型;1958 年发现了聚氧乙烯的伸直链片晶;1964 年发现了聚乙烯在近 5 万大气压下形成的伸直链片晶。

(3)高聚物流体研究领域。20 世纪 20 年代发现对淀粉溶液施压后压力停止时,淀粉溶液有"回弹力"现象;30 年代开始出现对聚合物熔体黏弹现象的定量研究;1940 年 Flory 发表了用分子量的观点来研究聚合物熔体的熔融黏度的工作;1953 年出现了描述高分子在熔体中分子链运动方式的"珠簧模型"理论,并进一步完善得到了 RBZ 理论;1964 年 Flory 提出了描述高分子链运动的"蛇形理论"。

1953 年 Flory 在美国出版了《高分子化学原理》一书,对高分子物理研究起了奠基作用。

20 世纪 70 年代以后的高分子物理研究工作,基本上仍是上述三个主要领域研究的深入和扩展,在此基础上,进一步加强了以下内容的研究,如聚电解质的溶液性质和智能凝胶,"硬链"高分子浓溶液的液晶性质,单链高分子的形态及凝聚态,高分子结晶形态及结晶过程,针对聚合物结构形态演变情况而开展的聚合物亚稳态研究等。

在本书中,针对高分子物理的研究内容,主要讲述以下三方面。一是高分子的结构,包括单个分子的结构,高分子的凝聚态结构,结构是决定高分子性能的关键因素。二是高分子的性能,包括力学性能、流变性、热性能等,性能是应用的基础。在高分子的性能中,最为关键的一点是其黏弹性特征,即性能与时间存在着相应的关系,这是高分子最可贵的一点,也是其与小分子材料性能不同的重要特征。三是高分子运动的统计学。分子的运动是连接分子的结构与性能的纽带,基于高分子结构的复杂性,其分子运动的形式千变万化,用经典力学的方法研究高分子的运动存在着难以克服的困难,因此只有用统计力学的方法才能有效地描述高分子的运动。

1.3 高分子的结构特点及性能特点

物质的分子结构是指分子中各原子之间存在着的相互吸引力和排斥力达到平衡时原子的几何排列。在分子的键合原子之间存在着共价键、离子键、配位键等,在非键合原子之间存在着氢键和范德华力。

材料的物理性能是其分子运动的宏观表现,分子运动与其结构有着直接的关系,因此在本书中,对高分子物理的论述以分子的结构—分子的运动—材料的性能之间的关系为主线。与小分子相比,高分子的结构更为复杂,并有着自身的特点。

(1)高分子是由若干结构单元组成的,在一个高分子链中结构单元可以是一种,也可以是几种,它们以共价键连接,并可呈现出不同的形状。

(2)高分子结构存在不均一性,在同一反应过程中生成的高分子,其分子量、分子结构、分子的空间构型、支化度和交联度等也不相同。

(3)高分子在凝聚态结构上存在着多样性,同一高聚物在不同的条件下可呈现出晶态、非晶态、取向态等,这几种状态也可能同时存在于一种高聚物中。由于共混和共聚的作用,还可能出现更为复杂的织态结构。

对于高分子结构的研究,应从不同的层次进行,如图 1-1 所示。高分子结构的内容主要包括高分子链的结构以及高分子的凝聚态结构。高分子链的结构指单个分子的结构和形态,又分为近程结构和远程结构。近程结构又称一级结构,研究的是高分子结构单元的化学组成,结构单元的键接方式和序列,结构单元的立体构型和空间排列,支链的类型及长度,交联及交联度,端基和取代基的结构。远程结构又称二级结构,包括高分子的形态和相对分子质量及相对分子质量分布。高分子的凝聚态结构指的是高分子在凝聚态中的堆砌方式以及织态结构,高分子的堆砌方式包括晶态结构,非晶态结构,取向态结构,液晶态结构,这些又可称为三级结构,而织态结构属于更高层次的结构。

高分子结构的复杂性及多层次性,也决定了高分子性能的多样性。比如对于高聚物力学性能,不同结构的高聚物在模量上可存在几个数量级的差异,可满足高弹性、可塑性、成纤性的要求。即便对于化学结构相同的高分子,其凝聚态结构的不同也将引起其力学性能的迥异。虽然高聚物在性质上有很大的差异,但是还是有一定的共性的,这是由其基本结构的共性决定的。

(1)强的分子间作用力。分子间作用力是指范德华力和氢键。虽然每一结构单元的分子间力与化学键相比要弱得多,但是高分子是由很多的结构单元构成的,这些组成高分子链的结构单元间的相互作用力可能进行加和,使高分子链间的作用力很大,甚至超过化学键的键能。这就使得在考虑高分子的性质时不能单纯地考虑化学键的作用,也必须考虑分子间力的作用,比如对同一化学结构的聚合物而言,较高分子量的聚合物比较低分子量的聚合物的强度高。

(2)突出的熵效应。高分子线型结构和分子内旋转的特点使空间可呈现多种排布,因而聚合物有突出的熵效应,它在很大程度上影响到高聚物的溶解、熔融、共混和力学响应等过程和热力学行为。高分子独有的高弹性,正是其熵效应在力学行为上的典型代表。

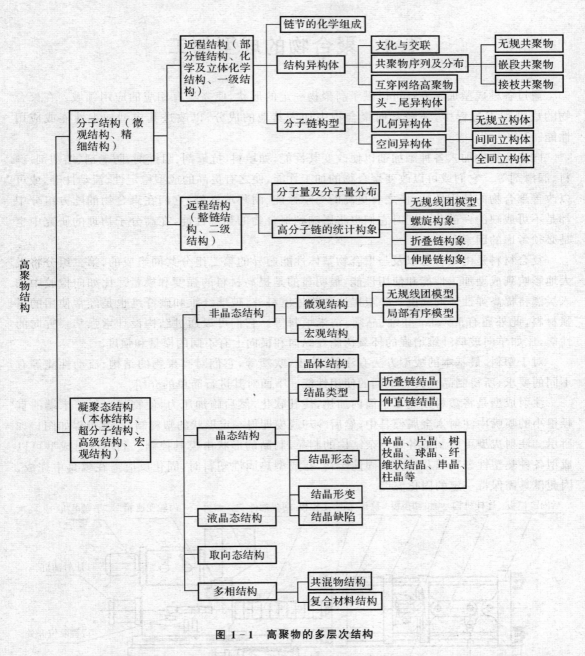

图 1-1 高聚物的多层次结构

(3)黏弹性。黏弹性是指力学性质同时兼有弹性和黏性流动的特点。两者在高分子材料上都能体现出来,使之表现为突出的力学松弛现象。相对于小分子,高分子的力学行为具有更为突出的时间和温度的双重依赖性。

1.4 聚合物的成型加工

通过各种成型加工方式可以赋予高聚物一定的形状,使之具有相应的应用领域。在聚合物的成型加工过程中,还经常向聚合物中加入其他的成分,以改进其成型加工性能或应用性能。

向聚合物中加入各种添加剂以便改变其性能,如填料、抗氧剂、阻燃剂、防老剂、增塑剂、颜料、润滑剂等。它们或可以改变聚合物的加工性能,使之有更高的成型稳定性、流动性等,或可以改善聚合物的使用性能,使之有更高的力学性能、耐环境性等,它们在聚合物的配方组分中都是不可或缺的一部分。同时它们也将影响到聚合物的物理性能,在高分子物理的研究中也是必须考虑的因素。

复合材料是由聚合物以及与聚合物基体性能迥异的第二组分共同组成的,第二组分将极大地影响到成型加工性能和使用性能,最明显的是提高材料的强度和模量。比如向橡胶中加入炭黑将提高弹性体的强度。除炭黑这种粉体填料外,玻璃纤维和碳纤维也是经常使用的增强材料,此外还有 kevelar 纤维、晶须、纳米填料等。它们可以通过结构设计增强某一方向的性能,比如单向玻璃纤维增强的环氧树脂在纵向和横向上有不同的模量和强度。

对于塑料,最基本的成型方法有注射、挤出、吹塑等,它们对高聚物的结构、流动性能等有不同的要求,所得制品也具有不同的使用性能。下面对其进行简单的介绍。

注射成型是将塑料预先在料筒内加热,使其软化,然后施加压力,使物料自料筒末端的直径很小的喷嘴中注射入金属模具中,然后冷却脱模即得一定形状的塑料制品,其过程如图1-2所示。注射成型可以制备各种复杂结构的制品,制品的形状由模具控制。利用注射成型可以成型各种热塑性塑料以及部分热固性塑料,在成型热固性塑料时,固化反应需在模具中完成,因此模具需保持一定的固化温度。

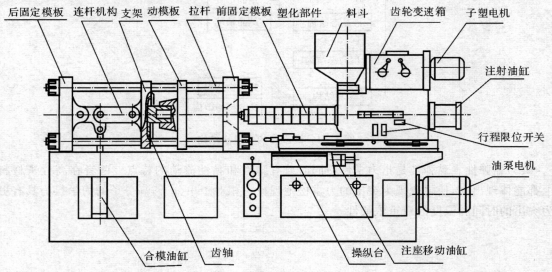

图 1-2 注射成型示意图

挤出成型是借助于螺杆的旋转挤压作用,使受热熔融塑化的塑料在压力推动下连续通过机头口模,经冷却定型而得到具有特定断面形状的连续制品的成型方法。挤出成型可以成型各种片材、管、棒等,制品的形状由口模决定。挤出成型不同于注射成型,它是一种连续的成型过程。图1-3所示为管材挤出成型过程的示意图。

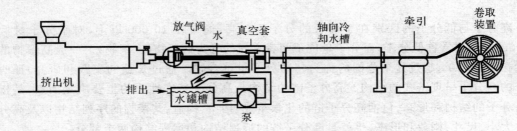

图 1-3 挤出成型示意图

吹塑成型通常是将挤出成型的半熔融状态的塑料管坯(型坯),趁热置于各种形状的模具中,并即时在管坯中通入压缩空气将其吹胀,使其紧贴于模腔壁上成型,经冷却脱模后得到中空制件的热成型过程。它的整个成型过程可以分为:型坯形成、型坯吹胀以及冷却和固化三个阶段。挤出吹塑是塑料中空制件生产的主要成型方法之一,适于 PE,PP,PVC等热塑性工程塑料、热塑性弹性体等聚合物及各种共混物,主要用于成型包装容器,储存罐与大桶,还可成型用于汽车工业等工业制件。图1-4所示为利用挤出吹塑制备塑料薄膜的示意图。

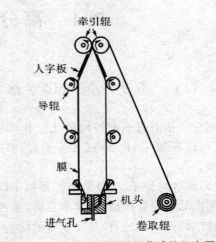

图 1-4 吹塑成型制备塑料薄膜的示意图

习题与思考题

1.高聚物的结构特点是什么?

2.如何理解高聚物结构的多层次性?

3.高聚物通常有哪几种加工方法?其对高聚物性能有何要求?

4.什么是热塑性塑料?什么是热固性塑料?

第二章　高分子链的结构

高分子与低分子的区别在于前者的分子量较高,通常在 10 000 以上,对于分子量低于 1 000 的分子通常称低分子,而分子量位于两者之间的称为低聚物(齐聚物)。一般高聚物的分子量在 $10^4 \sim 10^6$,超过这个范围的称为超高分子量聚合物。通过长期的实践和研究,证明大部分的高分子呈现链式的结构。高分子链的结构是高分子基本性质的主要决定因素,是指单个高分子的结构和形态,包括高分子链的化学组成、构型、构造、共聚物的序列结构以及高分子链的大小、尺寸、构象和形态,也就是高分子链的近程结构和远程结构两个部分。

2.1　高分子链的近程结构

2.1.1　高分子链的化学组成

高分子是由若干的结构单元以化学键的方式连接而成,其分子链结构中除了 C 原子以外,还可以有 N,O,P,S,Si,B 等元素,根据其主链中结构单元的化学组成,高分子可以分为以下几类。

(1)均链高分子:主链均由一种原子以共价键组成的高分子称为均链高分子,这一类高分子大都由加成聚合得到,如聚苯乙烯,聚乙烯,聚氯乙烯,聚甲基丙烯酸甲酯,聚丁二烯等,它们的主链结构是一致的,仅是在侧链的结构上有所不同。

(2)杂链高分子:主链由两种或两种以上的原子组成的高分子称为杂链高分子,即除 C 原子外,其上还可以有 N,O,S 等,如聚酰胺(—C-(CH₂)ₘ-C—NH-(CH₂)ₙ-NH—),聚砜(—〇—SO₂—〇—O—),聚酯(—C-(CH₂)ₘ-C—O-(CH₂)ₙ-O—),聚甲醛(—CH₂—O—)等,它们通常是由缩合聚合或开环聚合得到的。由于其主链中含有极性基团,因而易于产生水解、醇解和酸解反应。

(3)元素有机高分子和无机高分子:当高分子的主链完全由非碳原子组成时,也可以形成均链或杂链高分子,这些原子可以为 P,B,Si,Al,Ti 等,这一类高聚物通常具有无机物的耐热性和有机物的韧性和塑性。根据其侧链上是否含有机基团又可将这一类高分子分为元素有机高分子和无机高分子。在侧链上含有机基团的称为元素有机高分子,如

（4）在侧基上不含有机基团的称为无机高分子，如

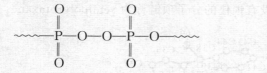 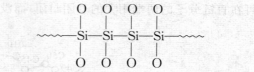

2.1.2 侧基与端基

侧基是以化学键与高分子主链连接并分布在高分子主链两侧的化学基团，侧基的体积、极性、柔性等对高分子链的柔性，高分子的凝聚态结构，高分子链的运动等均有很大的影响，从而影响到高聚物的性能和加工工艺性。如聚氯乙烯、聚乙烯、聚丙烯在主链上均为碳-碳（—C—C—）链，正是由于其侧基的不同，使之具有不同的耐热性，力学性能、耐化学性能。还有一些高分子的侧基为可离子化的基团，如聚丙烯酸钠，聚乙烯基吡啶正丁基季铵盐等，它们具有一些特殊的功能，可作为絮凝剂、高吸水剂、减阻剂、缓蚀剂、增稠剂等使用。

端基通常在高分子链中所占的比例很小，但它对于高聚物性能的影响不容忽视。高分子端基的结构取决于聚合过程中链的引发和终止方式，它可以来自于单体、引发剂、链转移剂或溶剂，与主链结构有很大的差别。端基对高聚物的热稳定性影响很大，某些带有羟基、酰氯基等端基的高聚物如聚碳酸酯、聚甲醛、聚氯乙烯等的热稳定性较差，易于分解，需要对其进行封端。

在准确测定端基的结构与含量的基础上，还可以研究高聚物的分子量和支化度。

利用端基的活性官能团可以合成嵌段、交联高聚物从而实现对高聚物的改性，一些特殊结构的高聚物如树形高分子、超支化高分子则是利用端基反应来实现的，此时端基含量高，成为高分子结构中的重要组成部分。

2.1.3 线型、支化、交联及拓扑高分子

根据合成方法的不同，高分子的形态千变万化。除线型、支化、交联结构的高分子外，还存在一些特殊的树枝状、梳形、超支化、星形以及 H 形等支链结构和环形、多环形等结构的拓扑高分子，他们具有不同于直链结构高分子的独特性能。

通常合成的高分子链为线型结构，根据分子结构和外部条件的不同，它们可以呈现不同的形态，在适当的溶剂中可以溶解，在一定的温度下可以熔融。如聚乙烯、聚 α-烯烃等（图2-1）。

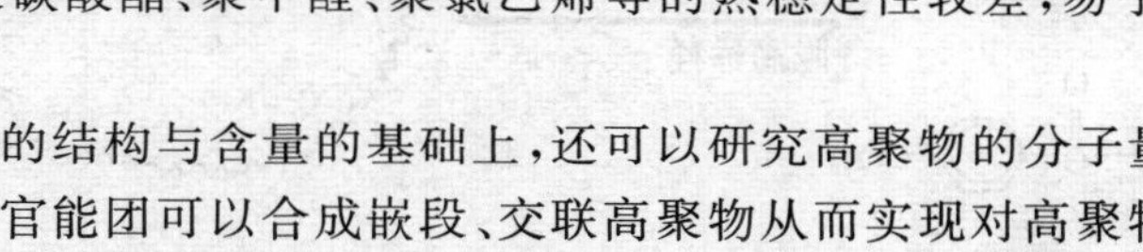

聚乙烯 聚 α-烯烃

图 2-1 聚乙烯以及聚 α-烯烃的结构图

若线型高分子的两个末端分子内连接成环则可形成环型高聚物，如图 2-2 所示。在环形高分子的合成过程中，可得到称为 polycatenanes 的副产物，如图 2-3 所示，其中环形分子彼此相连，而环之间不形成共价键。多个环形高聚物的中心由一线型高分子链贯穿，则可形成类

似项链的分子结构(见图 2-4),称为分子项链(polyrotaxane),为防止项链中的珠串脱落,还可在直链分子的两端用大的基团封闭,而没有锁住的分子项链称为 semipolyrotaxane。

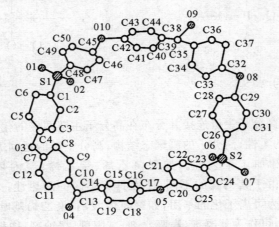

图 2-2 环形高聚物

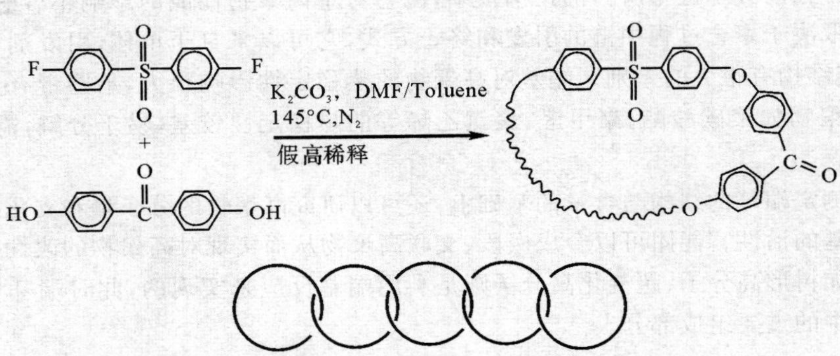

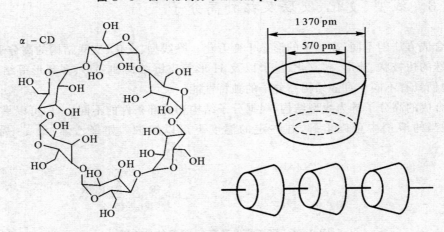

图 2-3 由环形高分子形成的 polycatenanes 结构

图 2-4 分子项链的结构示意图

一些环形高聚物通过超分子化学可以合成高聚物管,如环形八肽通过分子间氢键可形成内径约 0.8 nm,长度 100～1 000 nm 超分子管,这种管的行为就像真正的化学分子而不是有序的物理聚集,因为每个八肽分子上的八个氢键结合的强度就类似于一个共价键的强度。

　　聚合物也存在着聚合物管,如炭黑不仅含有少量的空心球形的巴基球,也有更少量的内径为 0.34 nm,长度约 1 000 nm 的巴基管,如图 2-5 及图 2-6 所示。目前已采用化学合成的方法合成了多种巴基管,即碳纳米管,这种碳纳米管在复合材料、电学材料上有重要的意义。

图 2-5　巴基球

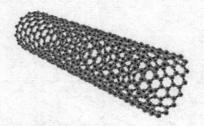

图 2-6　巴基管

　　梯形高分子是由两个平行链规整地以共价键连接而成的,它可以通过聚合物分子相近官能团的分子内聚合而生成。如把聚丙烯腈在惰性气体中加热可以发生芳构化,形成由碳-碳链和碳-氮链连接而成的梯形高分子(见图 2-7),继续高温处理则可以得到碳纤维。

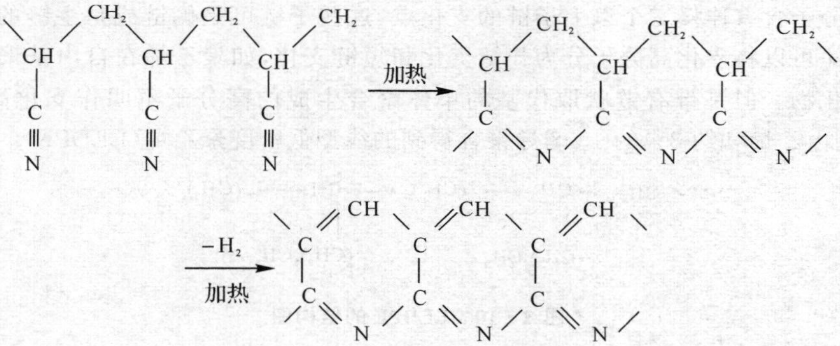

图 2-7　由聚丙烯腈制备的梯形高分子

　　又如以均苯甲酸二酐和四氨基苯聚合可得到全梯形高分子(见图 2-8)。

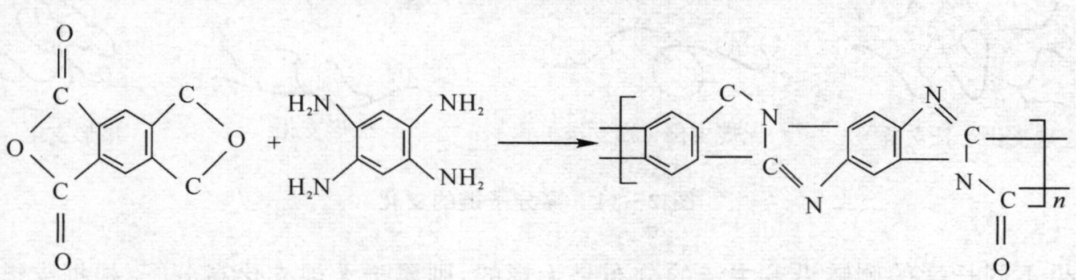

图 2-8　全梯形高分子

　　这类高分子的链在受热时不易被破坏,一般具有优异的耐热性。

　　梯形的重复可导致层状或镶嵌高分子,如石墨就是其典型代表。若干层状高聚物还可组成片型高分子,它比层状高分子的稳定性更高。如具有一个丙烯酸端基 CH_2＝$CHCOO$—

和在中心有一个腈基的 N≡C— 的大单体自发地二聚成双层、自组装成近晶型液晶，见图2-9。

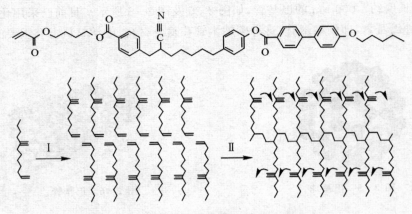

图 2-9　通过半液晶聚合成片型聚合物

如果所选用的单体有三个或三个以上的官能团，或在加聚过程中产生了链转移反应，或双烯类加成聚合中第二双键被活化，均可生成支化高分子或交联高分子。

支化高分子含有连接三个以上子链的支化点，这些子链可是侧链或是主链的一部分。按照支链的长短可以将支化高分子分为长链支化和短链支化，如聚乙烯在自由基聚合过程中反应生成的支化物。但是带有链状取代基的单体聚合生成的高分子不叫作支化高分子，如图2-10所示的由乙烯和约8％的1-辛烯聚合得到的线型低密度聚乙烯（LLDPE）

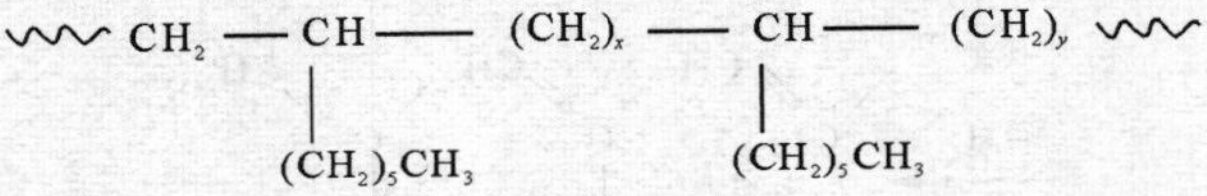

图 2-10　LLDPE 的结构图

按照支链与主链的连接方式可以将支化高分子分为无规、梳形、星形支化高分子（见图2-11）。

无规支化（长支链）　　无规支化（短支链）　　梳形支化　　星形支化

图 2-11　高分子链的支化

如果不同长度的侧链沿着主链的分布是无规的，则属于无规支化高分子，根据支链的长短可以分为长支链及短支链。

当一些线型链沿着一条主链以较短的间隔通过支化点排列则可生成梳形高分子，它们可以通过大单体聚合或通过在主链上的接枝来合成。

若从一个公共的核伸出来三个以上的支链（臂）则称为星形高分子。如果所有的臂都是等长的，则这种星形高分子是规整的。在臂的末端带有多官能度的星形高分子还可以再加其他的单体生成二级支化的星形高分子,如果所有的支化点具有同样的官能度且支化点间的链段是等长的,则叫作树枝链,如图 2 - 12 所示。树枝链是一类新的超支化分子,高度支化的结构使它们的物理化学性质有时与线型分子很不相同,比如其溶液的黏度随分子量增加出现极值。这一类分子在有机合成和生物医学材料中有着重要的用途。

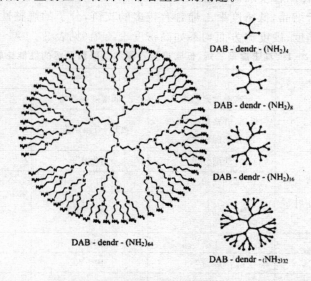

DAB - dendr - (NH$_2$)$_4$

DAB - dendr - (NH$_2$)$_8$

DAB - dendr - (NH$_2$)$_{16}$

DAB - dendr - (NH$_2$)$_{64}$

DAB - dendr - (NH$_2$)$_{32}$

图 2 - 12　1,4 - 二氨基丁烷聚丙烯亚胺树枝链的分子结构和较低级的树枝链

介于树枝链高分子在合成中工艺复杂,成本较高,研究者从工程的角度,利用较简单的一步法合成了一类结构中缺陷较多,单分散性较差的高度支化的树形分子,即超支化高分子(见图 2 - 13)。这种高分子虽然在结构的规整性上不如树枝链,但有着更高的应用价值。

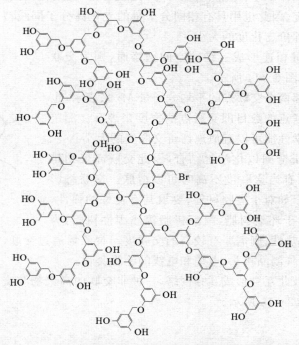

图 2 - 13　Frechet 和 Hawler 等人合成的端羟基超支化聚醚

支化高分子在结构上与线型高分子相近,但其支链的存在破坏了高分子结构的规整性,并使主链的运动受到一定的限制。在支化的高分子链间没有化学键的连接,因而在理论上它们仍然可以溶解和熔融。

支链的结构和支化的程度对高聚物的物理力学性能均有较大的影响。如高密度聚乙烯是规整的线型结构,易于结晶,低密度聚乙烯含有较多的支链,分子的规整性和结晶性差,因而在密度、熔点、结晶度、强度、硬度等方面均不如高密度聚乙烯(见表 2-1)。

表 2-1 高密度聚乙烯、低密度聚乙烯和交联聚乙烯的性能比较

性 能	品 种		
	高密度聚乙烯	低密度聚乙烯	交联聚乙烯
生产方法	低压,齐格勒-纳塔催化剂配位聚合	高压,自由基聚合	如辐射交联
分子链形态	线型分子	支化分子	网状分子
密度/(g/cm³)	0.95~0.97	0.91~0.94	0.95~1.40
结晶度(X 射线衍射法)/(%)	95	60~70	—
熔点/℃	135	105	不溶、不熔
拉伸强度/MPa	20~70	10~20	50~100
最高使用温度/℃	120	80~100	135
用途	硬塑料制品;管材、棒材、单丝绳缆、工程塑料部件等	软塑料制品、薄膜材料等	电工器材、海底电缆等

支化度可以用单位体积中支化点的数目(支化点密度)或支化点间的平均分子量来表征,基于两个参数不易测定,因此也用具有相同分子量的支化高分子同线型高分子的平均分子尺寸或特性黏数之比来评价支化度的大小。

当支链间以化学键相连形成三维的空间网络时,则为交联结构(或体型结构),如图 2-14 所示。

交联度可以用相邻两个交联点的平均分子量 $\overline{M}_c$ 来表示,也可以用单位体积内交联点的数目即交联点的密度来表征。测定高聚物的溶胀度或力学性能可以近似地评价交联度的大小。

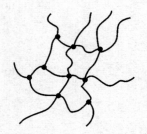

图 2-14 交联结构示意图

交联高分子的分子链间以化学键结合,因此交联高聚物是不能溶解和熔融的,只有当交联度不高时可以溶胀。交联将影响到材料的使用性能。如对于橡胶材料,要求其有良好的弹性,只能进行轻度交联;对于环氧树脂、酚醛树脂等热固性树脂,为提高它的机械性能、耐热性,则需要有较高的交联度。聚乙烯通过交联,可以提高其软化点及强度,通常可以作为电气制品接头、电缆和电线的绝缘套管。

两个独立的网络彼此互穿形成互穿网络,一种非交联的高聚物与交联高聚物形成的网络称为半互穿网络,如图 2-15 所示。

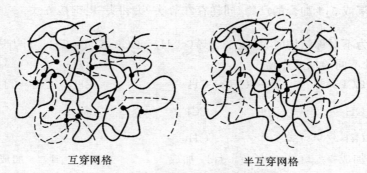

互穿网格   半互穿网格

图 2-15 互穿网络的结构示意图

2.1.4 均聚物的键接结构

当高分子链由一种结构单元组成时,这种高聚物称为均聚物。

键接结构指的是结构单元在高分子链中的连接方式。在讨论键接方式时,不仅要讨论键接结构单元序列,还要讨论序列的长度等。

对于缩聚和开环聚合反应,产物键接方式是明确的,但对于单烯类单体的加成聚合反应,对称取代的单体的键接方式相同,如聚乙烯($-CH_2-CH_2-$),而不对称取代,如 α-取代烯烃($CH_2=CHR$),由于 R 基团的存在,结构单元的键接方式不同,在聚合过程中可以形成头-头(或尾-尾)键接和头-尾键接。

头-头(尾-尾) $\sim\sim CH_2-CH-CH-CH_2-CH_2-CH-CH-CH_2-CH_2-CH\sim$

                    R   R   R   R   R

头-尾 $\sim\sim CH_2-CH-CH_2-CH-CH_2-CH-CH_2-CH-CH_2-CH\sim$

                    R   R   R   R   R

两种键接方式也可以同时存在于同一分子链中形成无规键接。这种由同样组成的结构单元中的原子以不同的序列连接而成的结构也称为构造异构体。

大量实验表明,自由基和离子型聚合的产物,大多数采用头-尾键接方式,如聚氯乙烯($-CH_2-CH-$)中含有 86% 的头-尾键接,聚甲基丙烯酸甲酯($-CH_2C(CH_3)-$)也以
                               Cl $COOCH_3$

头-尾键接方式为主。对于这类单取代的烯类高分子而言,头-尾键接方式占主导地位,但也有头-头键接方式存在,这与合成温度等条件有很大关系。如在 70℃ 合成的聚醋酸乙烯酯中含有约 1.6% 的头-头键接方式,而在 -30℃ 聚合时,头-头键接只有 0.5%。

双烯类单体的聚合产物的键接方式更为复杂。如结构对称的丁二烯($CH_2=CH-CH=CH_2$),在聚合过程中有 1,2 加聚和 1,4 加聚,分别得到如下两种产物

$\sim\sim CH_2-CH\sim$ $\sim\sim CH_2-CH=CH-CH_2\sim$

          CH
          ‖
         CH_2

1,2(或 3,4)加聚   1,4 加聚

对于 1,2 加聚或 3,4 加聚的产物,同样存在着头-头和头-尾键接方式。

当反应单体为不对称结构时,如氯丁二烯($\overset{1}{C}H_2=\overset{2}{C}Cl-\overset{3}{C}H=\overset{4}{C}H_2$),当进行自由基聚合时,可能存在三种不同的加成产物

$$\begin{array}{ccc} \sim\!\!\sim CH_2-CCl & \sim\!\!\sim CH_2-CH & \sim\!\!\sim CH_2-CCl=CH-CH_2\sim\!\!\sim \\ | & | & \\ CH & CCl & \\ \| & \| & \\ CH_2 & CH_2 & \\ \text{1,2-加成} & \text{3,4-加成} & \text{1,4-加成} \end{array}$$

这三种加成产物的重复单元在结构上都是不对称的,因此都存在着头-头,头-尾的键接方式问题,一般也是以头-尾键接方式为主。

组成相同的高分子将由于键接方式的不同而具有不同的化学结构,从而显著地影响高聚物的性能。如作为纤维使用的高聚物,通常要求其键接方式的规整性高,以利于结晶,从而有较高的强度,便于拉伸和取向。如用作维尼仑的聚乙烯醇($\sim\!\!\sim CH_2-CH\sim\!\!\sim$),只有头-尾
$$\qquad\qquad\qquad\qquad\qquad\qquad\qquad\qquad | $$
$$\qquad\qquad\qquad\qquad\qquad\qquad\qquad\qquad OH$$
键接时,其上的羟基才可以与甲醛缩合生成聚乙烯醇缩甲醛,当为头-头键接时,羟基不易缩醛化,其上保留过多的羟基,造成纤维缩水性强、强度低。

2.1.5 共聚物的键接结构

当高分子由两种或两种以上的结构单元组成时则称为共聚物。若一种共聚物是由 A、B 两种结构单元组成,按其连接方式可以分为以下几种类型。

(1)无规共聚物　　　　$\sim\!\!\sim$AAABBABAABBABBBBAB$\sim\!\!\sim$

(2)交替共聚物　　　　$\sim\!\!\sim$ABABABABABABABABAB$\sim\!\!\sim$

(3)嵌段共聚物　　　　$\sim\!\!\sim$AAAAABBBBBAAABBBBB$\sim\!\!\sim$

(4)接枝共聚物　　　　$\sim\!\!\sim$AAAAAAAAAAAAAAAAAA$\sim\!\!\sim$
$$\qquad\qquad\qquad\qquad\qquad\quad B\qquad\qquad\quad B$$
$$\qquad\qquad\qquad\qquad\qquad\quad B\qquad\qquad\quad B$$
$$\qquad\qquad\qquad\qquad\qquad\quad B\qquad\qquad\quad B$$
$$\qquad\qquad\qquad\qquad\qquad\quad B\qquad\qquad\quad B$$

相对于均聚物而言,共聚物的结构要复杂得多。在其结构表征上,不仅要说明各结构单元的相对含量,还需了解各种结构单元的序列及序列长度等参数。结构单元的相对含量可以由化学法(元素分析、官能团测定等)、光谱法(红外、紫外、核磁共振等)以及放射性的测评得到,序列长度可以用红外光谱、核磁共振、凝胶色谱、X 射线分析以及差热分析等技术测定,还可通过概率分析和动力学加以理论上的预测。

共聚改变了高分子中结构单元的相互作用,也改变了分子间的相互作用,因此对于高聚物的性能有着明显的影响。如聚乙烯和聚丙烯的均聚物均为结晶高聚物,而乙烯-丙烯的无规共聚物则是一种弹性体——乙丙橡胶。共聚也是目前对高聚物进行改性的重要方法,如苯乙烯-顺丁二烯-苯乙烯的嵌段共聚物(SBS),这是一种热塑弹性体,其结构为聚丁二烯链段形成连

续的橡胶相而聚苯乙烯链段分散在连续相中形成团簇微区(见图 2－16),两相之间以化学键相连,因此它既有橡胶的弹性,又有热塑性塑料的热加工性。又如聚甲基丙烯酸甲酯的分子间作用力大,高温流动性差,将其与少量的苯乙烯共聚后,则可以明显改善流动性,可采用注射成型。

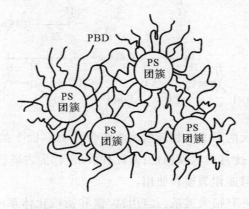

图 2－16　SBS 嵌段共聚物的结构示意图

注:在聚丁二烯橡胶(PBD)基体中,聚苯乙烯(PS)嵌段聚集成球状团簇

　　三元共聚物应用最成功的例子是 ABS,它是苯乙烯-丁二烯-丙烯腈的三元共聚物,其共聚类型相当复杂,可以是以丁苯橡胶为主链,将丙烯腈接在支链上;也可以是以丁腈橡胶为主链,将苯乙烯接在支链上;还可以是苯乙烯-丙烯腈的共聚物为主链,将丁二烯和丙烯腈接在支链上。ABS 综合了如下三种组分的性能:丙烯腈中的氰基(—CN)可以提供良好耐腐蚀性,并使材料具有高的耐磨性、硬度和抗张强度;由丁二烯提供了良好的韧性,从而改善材料的耐冲击性能;聚苯乙烯在高温时的流动性极好,它的加入可以大大改善材料的成型加工性,使制品的表面光洁度提高。这三种共聚单体的比例也可以在很大范围内调节,得到不同性能的产品,总体而言,ABS 是一类综合性能优良的工程塑料。

2.1.6　高分子链的构型

　　构型是分子中由化学键所固定的原子在空间的排列。这种排列是稳定的,要改变构型必须通过化学键的断裂和重组。构型主要包含两方面的内容,一是具有相同组成的分子中原子以彼此不同的序列连接形成的异构体,称为构造异构体,也就是前面所讨论的键接方式的问题;二是具有相同原子序列但不同空间排列的原子组成的分子,称为立体异构,立体异构有顺反异构和旋光异构。

一、顺反异构

　　顺反异构又称为几何异构,是双键两侧基团的排列方式不同形成的异构体。对于双烯类单体的 1,4 加成产物,由于内双键上的基团在双键两侧排列的方式不同有顺式构型和反式构型。如 1,4 -聚丁二烯,可能出现以下两种构型为主的分子结构:

反式(*trans* —)

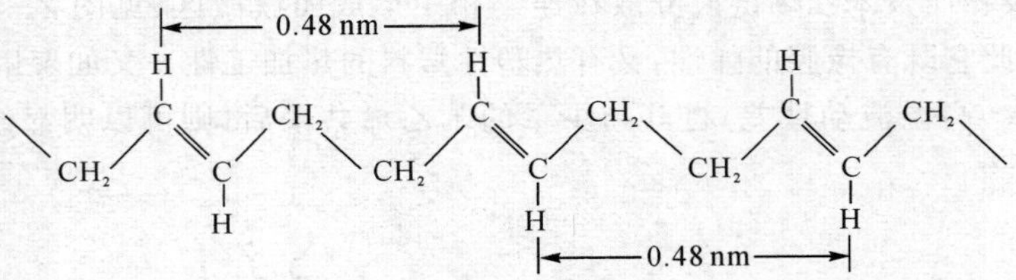

顺式(*cis* —)

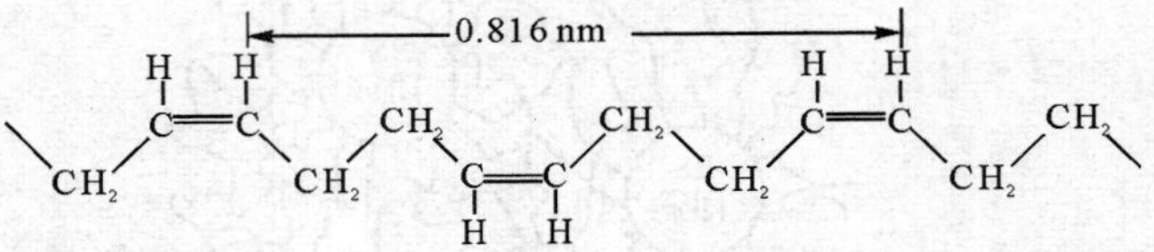

顺反异构对性能有很大的影响。如天然橡胶中含有 98％以上的顺式聚异戊二烯结构,结晶性及结晶熔点较低,具有优良的橡胶弹性;而杜仲胶(也称为古塔波胶)为反式聚异戊二烯结构,结晶性和熔点都较高,只能作为塑料使用。

这两种构型与聚合条件有很大关系。当用钴、镍和钛催化体系时可制得顺式构型含量大于 94％的聚丁二烯,重复的结构单元较长,这是一种弹性很好的橡胶;当用钡或烯醇催化时,所得的聚丁二烯主要为反式结构,重复的结构单元较短,容易结晶,只能作为塑料使用。

二、旋光异构

旋光异构又称立体异构,是由于手性碳原子上的基团的不同排列而产生的异构现象。碳氢化合物中的碳原子以共价键与四个原子或基团相连时,将形成以碳原子为中心的四面体,若与之相连的基团或原子都不相同时,这个碳原子为手性碳原子,以 C* 表示。这种化合物将出现旋光不同的两种异构体,这种现象称为旋光异构。

当高分子的结构单元为 —CH₂—C*HR— 时,C* 两端的链节不同,即为手性碳原子,每一个链节有两种旋光异构体(左旋 D 和右旋 L)。由于高分子链中旋光异构单元的排列方式的不同而出现三种构型。全部由同一种旋光异构单元组成的高分子链称为等规立构或全同立构;由两种旋光异构单元交替地键接而成的高分子链称为间同立构;由两种旋光异构单元无规地键接而成高分子链称为无规立构。

若将高分子链拉直在一平面上使主链上碳原子呈锯齿状排列,全同立构的取代基 R 位于平面的同一侧,间同立构的取代基 R 交替地排列在平面的两侧,无规立构的取代基 R 无规地分布在平面的两侧(见图 2 - 17)。

当高分子的结构单元中的手性碳原子不止一个时,如(—C*HX—C*HY—),将形成更为复杂的旋光异构体,如非叠同双全同立构、叠同双全同立构和双间同立构(见图 2 - 18)。叠同是指结构单元中两个不对称碳原子内旋转一定角度后,取代基 X 和 Y 可以重叠,非叠同则表示不能重叠。

如果高分子链节中既含有不对称碳,又含有双键,则可同时发生异构和旋光异构现象,如聚丁二烯衍生物单体,其1,4-加成聚合时分子链节上有两个手性碳原子和一个双键,因此理论上存在全同、间同、叠同、非叠同、顺式、反式等构型的 8 种有规构型。

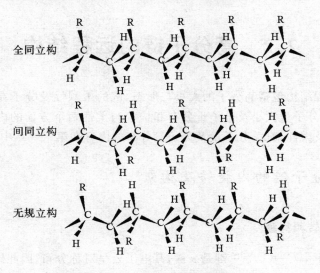

全同立构

间同立构

无规立构

图 2-17 高分子的立体异构

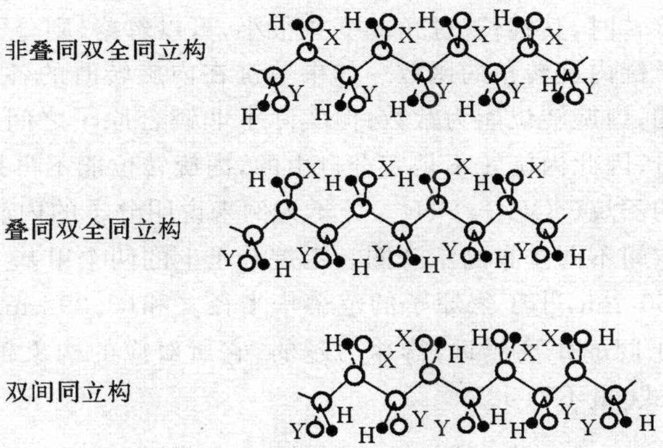

非叠同双全同立构

叠同双全同立构

双间同立构

图 2-18 （—C*HX—C*HY—）型高分子链的规整立构

尽管手性有机小分子具有旋光性,但对于高分子旋光性是不存在的,这是由于在整个高分子链中内消旋和外消旋的相互抵消造成的。所谓旋光异构在高分子上只是结构上的概念,并不意味着分子有旋光性能。

全同和间同立构的高聚物有时通称为"等规高聚物",高分子规整程度可以用"等规度"来表征,即高聚物中含有的全同或间同立构在聚合物中所占的百分数。聚合物的规整性与聚合方式有关,通常自由基聚合的高聚物是无规的,而采用定向聚合时则可得到有规立构的高聚物。聚合物的性质与立构规整性有很大的关系,如全同立构的聚苯乙烯能结晶、熔点为240℃,而无规立构的聚苯乙烯则不能结晶,软化温度为 80℃。全同或间同的聚丙烯可以结晶,可以纺丝作为纤维,而无规聚丙烯却是一种橡胶状的弹性体。

2.2 高分子链的远程结构

高分子链的远程结构包括高分子的大小与形态,链的柔顺性及分子在各种环境中所采取的构象,即高分子的分子量大小及分子量分布和构象与柔性两个方面的内容。本章中主要介绍高分子链的构象及柔性,有关分子量及分子量分布的内容在第十一章中介绍。

2.2.1 高分子链的内旋转及构象

一、单键的内旋转和构象

C—C , C—N , C—O 等单键是 σ 键,其电子云呈对称分布,因此以 σ 键相连接的两个原子可以作相对内旋转而不破坏其电子云的分布。这种由于 σ 键的内旋转而引起的分子中各原子在空间的不同排布称为构象。

如果原子进行内旋转时,其键长、键角的变化很小,可以忽略,则分子处于不同构象时的位能(内旋转位能)只是单键内旋转角的函数。如果单键在内旋转时的各种构象的能量均相同,则内旋转是完全自由的,内旋转位能为常数;但实际上非键合原子之间存在着相互作用,使各种构象具有不同的能量,因此内旋转不是完全自由的,内旋转位能不再是常数。

下面以结构简单的乙烷(CH_3—CH_3)分子为例来说明分子的内旋转。图 2-19 所示为乙烷分子中氢原子在空间不同排布的示意图。乙烷分子上的两个甲基上的非键合氢原子之间的距离为 0.228~0.250 nm,小于氢原子的范德华半径之和(0.292 nm),因此非键合氢原子间存在排斥力。氢原子间的距离越远,排斥力越弱,它所对应的构象越稳定,因此交叉式(反式)最稳定,叠同式(顺式)最不稳定。

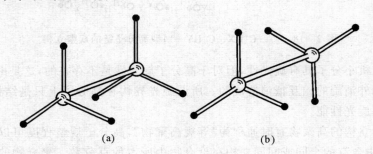

(a)   (b)

图 2-19 乙烷分子的结构示意图

(a)叠同式,非键合氢原子之间的距离为 0.228 nm; (b)交叉式,非键合氢原子之间的距离为 0.250 nm

图 2-20 为乙烷分子的内旋转位能与内旋转角的关系曲线。其中横坐标为内旋转角 φ,纵坐标为内旋转位能函数 $u(\varphi)$。ΔE 为顺式与反式构象的位能差,称为内旋转位垒,对于乙烷分子,$\Delta E = 11.5 \ kJ/mol$。 沿 C—C 键的方向,当乙烷分子中两个碳原子上的 C—H 键重合时(顺式构象),即内旋转角 $\varphi = 0°, 120°, 240°$ 时,内旋转位能最高,构象最不稳定;当乙烷分子中的两个碳原子上的 C—H 键相差 60° 时(反式构象),即 $\varphi = 60°, 180°, 300°$ 时,内旋转位能最

低,构象最稳定。从反式构象到顺式构象需克服位垒,因此 ΔE 反映了两种构象发生变化的难易程度。这种由单键的内旋转导致构象不同的分子称为内旋转异构体。

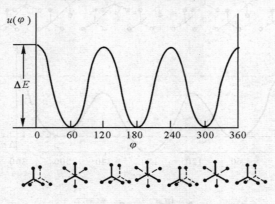

图 2-20 乙烷分子的内旋转位能曲线

当乙烷上的氢原子被其他原子取代时,分子的构象及位能曲线更为复杂。1981 年,IUPAC 大分子命名委员会以小分子正丁烷($CH_3—CH_2—CH_2—CH_3$)为例定义了分子的构象(以相邻碳原子上 $—CH_3$ 之间的夹角为准)及符号见表 2-2。

表 2-2 IUPAC 以正丁烷分子定义的微构象

纽曼式投影	夹 角	构 象	符 号
H_3CCH_3 投影图	0°	顺式(cis)	C
H_3CCH_3 投影图	±60°	左右式(gauche)	G^+(60°),G^-(−60°)
H_3C 投影图 H_3C 投影图	±120°	反左右式(anti gauche)	A^+(120°),A^-(−120°)
CH_3 投影图 CH_3	±180°	反式(trans)	T

图 2-21 为丁烷分子的内旋转位能曲线,其中 60°,180°,300°是位能曲线的低谷,丁烷的反式构象(T)能量最低,分子中的两个 $—CH_3$ 的距离最远;两个左右式构象(G^+,G^-)存在局部的能量最低。这些是最稳定、出现几率最大的构象,称为最可几构象。其中最低位能微构象与较低位能构象之间的能量差称为构象能,也就是反式(T)构象和左右式(G)之间的能量差 ΔE_{TG},其反式构象与顺式构象的内旋转位能差为内旋转位垒 ΔE。

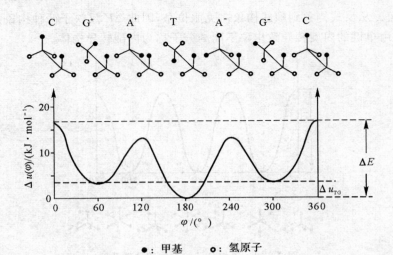

●：甲基　　○：氢原子

图 2-21　丁烷的构象及内旋转位能曲线

　　不同构象出现的几率与分子所处的状态有很大的关系。如与丁烷类似,1,2-二氯乙烷中由于氯原子的存在,除反式和顺式外,还有左右式构象。在 1,2-二氯乙烷的晶体中绝大部分是反式构象,这是因为反式构象的能量最低,两个氯原子之间的排斥也最小;在液态和气态中,分子的热运动足以使内旋转越过内旋转位垒(Δu),因此是反式和左右式的混合物。在混合物中的两种构象互相转化的速率很快,因此这两种异构体无法分离。

　　表 2-3 中列出了一些化合物指定键的内旋转位垒,从中可以大致了解各种化合物内旋转的难易。

表 2-3　各种分子中指定键旋转 360°的内旋转位垒

化合物	位垒/(kJ·mol^{-1})
$CH_3—CH_3$	12.2
$CH_3—CH_2F$	13.9
$CH_3—CH_2Cl$	15.5
$CH_3—CH_2Br$	15.0
$CH_3—CHF_2$	13.4
$CH_3—CHO$	4.9
$CH_3—CH=CH_2$	8.3
$CH_3—OCH_3$	11.4
$CH_3CH_2—CH_2CH_3$	14.7
$CH_3—OH$	4.5
$CH_3—SH$	4.5
$CH_3—NH_2$	8.0
$CH_3—SiH_3$	7.1

二、高分子链的内旋转和构象

在绝大多数高分子的主链中存在着大量的 C—C σ 单键,如聚乙烯、聚丙烯、聚氯乙烯等。实际高分子中的键角是固定的,就 C—C 键来说,键角为 $109°28'$,则每一个单键最多只能以前一个键为轴,在以 2θ 为顶角的圆锥面上进行旋转(见图 2-22)。

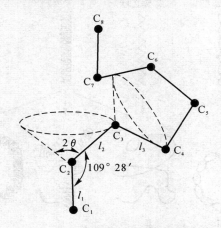

图 2-22　键角固定的高分子链的内旋转

通常,在无外力作用时,高分子链呈蜷曲状,在空间采取各种不同的形态。这种形态结构与高分子链中单键的内旋转是密不可分的。对于大分子而言,其中的 σ 键数目很多,每个键都有不同的内旋转状态,如图 2-22 的 l_1,l_2,l_3 等,使构象问题变得更为复杂。通常对这一问题加以简化,引入"独立内旋转"的假设,认为一个键的内旋转同其他的键没有关系。这样就可以由小分子的势能变化规律来讨论高分子单个键的内旋转。图 2-23 为聚乙烯的内旋转位能曲线,高分子链中每个键相对于邻近的键取反式或左右式。

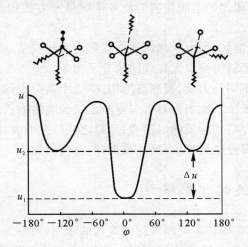

图 2-23　聚乙烯的分子链内旋转位能曲线

同小分子一样,非键合原子间的相互作用使内旋转不是完全自由的,但由于高分子的分子量很大,所能采取的构象数仍然是相当可观的。高分子链中的一个 σ 单键的构象,类似于前面所讨论的小分子的构象,高分子链中许多 σ 键的构象和构象序列称为高分子链的构象(或宏构象)。可见高分子链的分子构象是非常多的,由分子的构造和构型决定。同小分子一样,高分子的构象出现的几率与分子所处的温度和高分子同周围环境的相互作用有关,如高分子链在溶液、熔融、结晶等各种聚集状态中的分子构象不同(见图 2 - 24)。

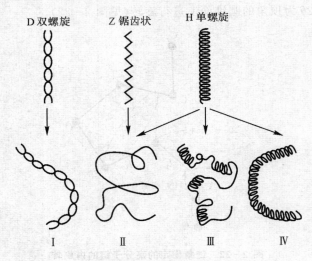

图 2 - 24　高分子链的分子构象

Ⅰ—双螺旋链形成的蠕虫状链;　Ⅱ—无规线团;
Ⅲ—具有螺旋和无规线团链段的无规线团;　Ⅳ—单螺旋链形成的蠕虫状链

高聚物的结晶态中,分子链在晶格中的紧密堆砌将阻碍单键的旋转,在晶体中分子构象的类型由构象序列决定。若所有取代基是一样的且尺寸较小,则具有最低能量的构象通常为反式构象,从而决定了这种结晶高分子链的分子构象为锯齿状,如聚乙烯;若相近基团间或第 1 个、第 3 个、第 5 个……基团间的空间位阻迫使各个键呈左右式构象,使高分子链采取螺旋构象,如全同立构的聚丙烯。

当高聚物受热熔融或溶解时,由于热能足以克服内旋转位垒,或溶剂的作用提高了高分子链的活动性,则整个高分子链将采取无规线团的分子构象。

对同一高分子链,在不同的温度、凝聚态结构、溶液中高分子-溶剂间的相互作用以及外加力场下,构象将变得更为复杂。比如聚对苯二甲酸乙二醇酯中的乙二醇单元,在晶相中为反式构象,在非晶相中反式和左右式构象同时存在;当对之进行拉伸时,随着拉伸比的增加,左右式转变为反式;拉伸后的薄膜经热处理后,反式减少,左右式增加。

2.2.2　高分子链的构象统计

由于在高分子链中存在着许多可以进行内旋转的单键,将使高分子链采取许多不同的分子构象,从而使分子的尺寸随构象的不同而产生变化,呈现出无规线团的形态(见图 2 - 25)。

分子的热运动使高分子的构象不停地发生变化,每种构象的寿命相当短,仅为 $10^{-11}\sim$ 10^{-12} s 数量级。因此一个高分子链的构象是一个相当大的数字,要直接建立分子构象与时间的函数是不可能的,只能用统计的方法来计算某种构象出现的概率。

由于高分子构象的改变将引起高分子形状和尺寸的变化。当高分子链取蜷曲构象时,分子尺寸较小,当高分子链取伸展的构象时,分子尺寸扩张,因此可以用分子链的末端距来表征其尺寸。末端距是指线型高分子链的一端至另一端的直线距离,以 h 表示,见图 2-26。由于分子的热运动,构象在不停地变化,末端距也是变化的,因此末端距只能是某种统计意义上的平均值。在数学处理时,常采用向量运算,求平均末端距或末端距的平方的平均值(均方末端距),以及均方末端距的平方根(根均方末端距)。

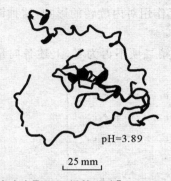

pH=3.89

25 mm

图 2-25　溶液中聚二乙烯基吡啶[poly(2-vinylpyridine)]
单个大分子链的原子力显微镜照片

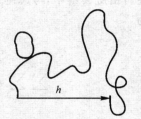

图 2-26　高分子的末端距向量图

一、均方末端距的几何计算

1. 自由连接链

真实的高分子链的内旋转是相当复杂的,因此采用一个理想化的模型,假设分子是由足够多的不占有体积的化学键自由结合而成,内旋转时没有键角限制和位垒的阻碍,其中每个键在任何方向取向的几率相等,这种链称为"自由连接链"。

假定自由连接链由 n 个键组成,每个键的长度为 l,若所有键的方向都一致,则整个链是一条直线,其长度为 nl,其末端距的平方为

$$h^2 = n^2 l^2 \qquad (2-1)$$

柔性高分子链采取完全伸直分子构象的概率相当小,大部分时呈无规线团的形态。因此实际上是讨论无规线团高分子链的均方末端距和最可几末端距。此时,高分子链的末端距 h 是各个键的向量之和(见图 2-27),即

$$\vec{h} = \vec{l_1} + \vec{l_2} + \vec{l_3} + \cdots + \vec{l_{n-2}} + \vec{l_{n-1}} + \vec{l_n} = \sum_{i=1}^{n} \vec{l_i}$$
$$(2-2)$$

$$\vec{h}^2 = \sum_{i=1}^{n} \sum_{j=1}^{n} \vec{l_i} \cdot \vec{l_j} \qquad (2-3)$$

可求得

$$\overline{h^2} = l^2 \left(n + 2 \overline{\sum_{i=1}^{n-1} \sum_{j=i+1}^{n} \vec{e_i} \cdot \vec{e_j}} \right) \qquad (2-4)$$

键在各方向上所取的概率相等,因此上式右面第

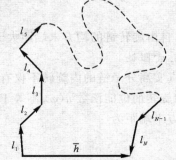

图 2-27　高分子链末端距的几何计算

二项为零,则

$$\overline{h^2} = nl^2 \quad \text{或写成} \quad \overline{h_{f,j}^2} = nl^2$$

高分子链的 n 是相当大的,因此自由连接链的均方末端距比完全伸直链要小得多。

2. 自由旋转链

实际上高分子链的共价键存在键角,因此在计算末端距时还应考虑键角的影响,也就是说键在空间的取向不是任意的,而只能在一定的角度范围内进行内旋转。假设高分子链中每一个键都可以在键角所允许的方向自由转动,不考虑相互作用对内旋转的影响,这种链称为自由旋转链,见图 2-22。

在自由旋转链中,考虑键角的影响,式(2-4)右边第二项不再为零,上述各向量积的和可展开为

$$\sum_{i=1}^{n-1} \sum_{j=i+1}^{n} \vec{e_i} \cdot \vec{e_j} = \begin{bmatrix} e_1 e_2 + e_1 e_3 + e_1 e_4 + \cdots + e_1 e_n \\ e_2 e_1 + e_2 e_3 + e_2 e_4 + \cdots + e_2 e_n \\ e_3 e_1 + e_3 e_2 + e_3 e_4 + \cdots + e_3 e_n \\ \cdots\cdots \\ e_n e_1 + e_n e_2 + e_n e_3 + \cdots + e_{n-1} e_n \end{bmatrix} \tag{2-5}$$

假定键角的补角为 θ,第 $i+1$ 个键只在以第 i 个键为轴,2θ 角为顶角的圆锥面上内旋转。设 φ 为内旋转角。以第 i 个键的方向为基准,求其他各个键在第 i 个键方向上投影的平均长度,这些平均长度之和就是式(2-5)所包括的各项之和的平均值。

因

$$\overline{e_i \cdot e_{i\pm 1}} = \cos\theta$$

$$\overline{e_i \cdot e_{i\pm 2}} = \cos^2\theta$$

$$\cdots\cdots$$

$$\overline{e_i \cdot e} = \cos^m\theta$$

$$\overline{e_i \cdot e_j} = \cos^{|j-i|}\theta$$

则式(2-5)两边分别求平均值,可得

$$\overline{h^2} = l^2 \left[n\frac{(1+\cos\theta)}{1-\cos\theta} - \frac{2\cos\theta(1-\cos^n\theta)}{(1-\cos\theta)^2} \right] \tag{2-6}$$

n 值是一个相当大的数,因此右边第二项比第一项要小得多,可以忽略不计,得自由旋转链的均方末端距为

$$\overline{h_{f,r}^2} = nl^2 \frac{(1+\cos\theta)}{1-\cos\theta} \tag{2-7}$$

可见,自由旋转链的均方末端距大于自由连接链的均方末端距。

3. 受阻链

真实高分子链的内旋转不仅有键长与键角的限制,还受到近邻非键合原子相互作用的阻碍,内旋转的位能函数 $u(\varphi)$ 不等于常数,其值与内旋转角度 φ 有关。对于这种受阻内旋转链,其均方末端距为

$$\overline{h^2} = nl^2 \frac{1+\cos\theta}{1-\cos\theta} \times \frac{1+\overline{\cos\varphi}}{1-\overline{\cos\varphi}} \tag{2-8}$$

$$\overline{\cos\ \varphi}=\frac{\displaystyle\int_0^{2\pi}e^{-u(\varphi)/kT}\cos\ \varphi d\varphi}{\displaystyle\int_0^{2\pi}e^{-u(\varphi)/kT}d\varphi} \tag{2-9}$$

前面所讨论的 θ 和 φ 对分子的均方末端距的影响,都属于分子的近程相互作用,对于实际的高分子链,结构单元间的远程相互作用及分子间的作用力对内旋转也有很大的影响,$u(\varphi)$ 是一个很复杂的函数,很难得知其确切的值。远程相互作用是指沿柔性高链相距较远的原子(或原子基团)由于主链单键的内旋转而接近到小于范德华力半径距离时所产生的排斥力,这是一种高分子链段间的相互作用,因此对于实际链的均方末端距不能单纯以几何的观点来计算。

二、均方末端距的统计计算

在这里我们还是从自由连接链出发,讨论自由连接链的数学基础是三维空间的无规飞行问题,它在直角坐标系中可表示为图 2-28。简化成二维或一维时即为无规行走问题,因此自由连接链也称为无规飞行链或无规行走链。

若把自由连接链的首端固定在直角坐标系的原点,则尾端落在离原点距离为 h 处的小体积 $dxdydz$ 内的概率为

$$W(x,y,z)dxdydz=W(x)dx\cdot W(y)dy\cdot W(z)dz=$$

$$\left(\frac{\beta}{\sqrt{\pi}}\right)^3e^{-\beta^2(x^2+y^2+z^2)}dxdydz \quad (2-10)$$

其中

$$\beta^2=\frac{3}{2nl^2}$$

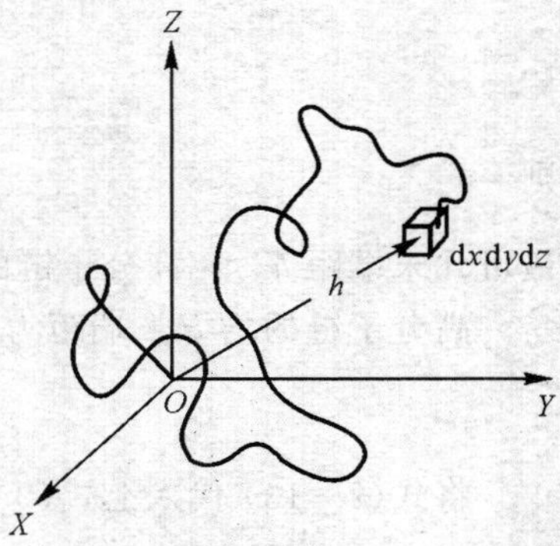

对于无规分布的链,$\vec{h}$ 在三个坐标轴上的投影的平均值 x,y,z 应该相等,且符合下列关系:

$$x^2=y^2=z^2=\frac{h^2}{3}$$

图 2-28 三维空间的无规行走

这样,式(2-10)可写成:

$$W(x,y,z)dxdydz=\left(\frac{\beta}{\sqrt{\pi}}\right)^3e^{-\beta^2h^2}dxdydz \tag{2-11}$$

则

$$W(x,y,z)=\left(\frac{\beta}{\sqrt{\pi}}\right)^3e^{-\beta^2h^2} \tag{2-12}$$

这一函数符合高斯型函数分布。

若只考虑末端距的长度,不考虑末端距的方向,则可采用球面坐标(见图 2-29)。

假定高分子链的首端固定在原点,尾端落在半径为 h 到 $h+dh$ 之间的球壳内的几率为 $W(h)dh$,为求 $W(h)dh$,只需将 $W(x,y,z)$ 乘以球壳的体积 $4\pi h^2dh$ 即可得

$$W(h)dh=\left(\frac{\beta}{\sqrt{\pi}}\right)^3e^{-\beta^2h^2}\cdot 4\pi h^2dh \tag{2-13}$$

末端距的几率密度函数(也称径向分布函数)为

$$W(h)=\left(\frac{\beta}{\sqrt{\pi}}\right)^3e^{-\beta^2h^2}\cdot 4\pi h^2 \tag{2-14}$$

它不是对称函数,而是高斯分布函数,与 h 的关系如图 2-30 所示。

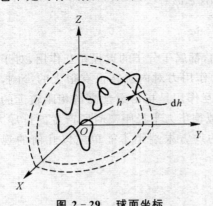

图 2-29　球面坐标

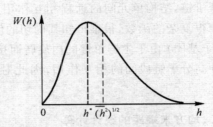

图 2-30　自由连接链的径向分布

这个函数在 $h=0$ 和 $h=\infty$ 处有极小值,而在 $h=h^*$ 处有极大值,只要将式对 h 求导,令此导数等于零,便可求得极值点的 h^* 值(最可几末端距),有

$$h^* = \frac{1}{\beta} \text{ 或 } h^{*2} = \frac{2}{3}nl^2 \tag{2-15}$$

则

$$h^* = \left(\frac{2}{3}n\right)^{1/2} l \tag{2-16}$$

最可几末端距 h^* 比高分子链的伸直长度 nl 小得多。

高分子链的均方末端距为

$$\overline{h^2} = \int_0^\infty h^2 W(h)\mathrm{d}h \tag{2-17}$$

将式(2-13)代入上式(2-17),得

$$\overline{h^2} = \int_0^\infty h^2 \left(\frac{\beta}{\sqrt{\pi}}\right)^3 \mathrm{e}^{-\beta^2 h^2} \cdot 4\pi h^2 \mathrm{d}h \tag{2-18}$$

利用 Γ 函数积分,得

$$\overline{h^2} = \frac{3}{2\beta^2} \tag{2-19}$$

因为 $\beta^2 = \frac{3}{2nl^2}$,故

$$\overline{h^2} = nl^2 \tag{2-20}$$

这一结果与几何法的结果完全一致,这说明,对于自由连接链,不论是几何法,还是统计法,所求得的均方末端距都相同,即

$$\overline{h_{f,j}^2} = nl^2 \tag{2-21}$$

高分子链的平均末端距 $\bar{h}$ 为

$$\bar{h} = \int_0^\infty h W(h)\mathrm{d}h = \frac{2}{\sqrt{\pi}\beta} \tag{2-22}$$

需要注意的是,上述结果是在 n 很大的条件下得到的,并且每一个键都不占有体积,可任意取向。

2.2.3　等效自由连接链

上述对高分子链所作的各种统计处理中,都规定了一些特殊的条件,但真实的高分子链不可能全部满足这些条件。因此,上述计算高分子均方末端距的公式,只在理论上有重要价值,当用来估计分子尺寸时,只能作定性的比较。真实高分子链的均方末端距是在 θ 条件下通过实验测定出来的。

在实际的高分子链中,内旋转不可避免地要受到键长和键角的限制,并且存在着近邻非键合原子间的相互作用。但我们可以将高分子链视为由链段组成的,链段与链段之间的连接可以看成是自由连接,这种链称为"等效自由连接链",可以用上述处理自由连接链的方法对其分子构象进行表征。因为等效自由连接链的链段分布符合高斯分布函数,因此又将这种链称为"高斯链"。

每根高分子链包含 n_p 个链段,每个链段的长度为 l_p,用 L_{max} 表示链的伸直长度,则

$$L_{max} = n_p l_p \tag{2-23}$$

当为无规线团时,有

$$\overline{h_0^2} = n_p l_p^2 \tag{2-24}$$

此处,l_p 比 l 大许多,n_p 比 n 小许多。可见,若 L_{max} 相同,等效自由连接链的均方末端距要大于自由连接链的均方末端距。

n_p 和 l_p 可以通过实验求得。通过实验测定出试样的 $\overline{h_0^2}$ 和分子量,根据分子结构求出主链中的总键数 n,以及伸直链的长度 L_{max}(假定维持各个键的键长键角不变,把主链拉到最大限度,形成锯齿形长链,这种锯齿形长链在主链方向上的投影即是 L_{max} 值),然后把 $\overline{h_0^2}$ 和 L_{max} 的值代入式(2-23)和(2-24),解联立方程,即得

$$n_p = \frac{L_{max}^2}{\overline{h_0^2}} \tag{2-25}$$

$$l_p = \frac{\overline{h_0^2}}{L_{max}} \tag{2-26}$$

若将聚乙烯视为自由旋转链,则可求得

$$L_{max} = \left(\frac{2}{3}\right)^{1/2} nl$$

$$\overline{h^2} = 2nl^2$$

由式(2-25)和式(2-26)可得

$$n_p = \frac{n}{3}, \quad l_p = 2.45l$$

由此可见,如果把自由旋转的聚乙烯链视为等效自由连接链,其链段长度相当于 3 个 C—C 键在主链方向上的投影之和。

但聚乙烯链并不是自由旋转的,它在旋转时存在着近程相互作用和远程相互作用。在 θ 条件下可测出聚乙烯的均方末端距约为 $6.76nl^2$,由此可以看出,它的链段不只包含 3 个 C—C 链。若根据均方末端距 $\overline{h_0^2}$ 的测定值进行计算,结果为 $n_p = n/10$,即每个链段包含 10 个键,$l_p = 8.28l$,假定 $l = 0.154$ nm,则 $l_p = 1.28$ nm。这证明了聚乙烯的内旋转不是完全自由

的。因此在实际的高分子中,是不存在自由连接链与自由旋转链的,只存在无规线团形状的链。

2.2.4 高分子链的均方旋转半径

前面所讨论的高分子链的构象是以线型高聚物为基础的,末端距有明确的意义。对于支化高聚物,一个分子中将有若干端点,均方末端距的意义不大。这时通常采用均方旋转半径 $\overline{S^2}$ 来表征它们的构象,$\overline{S^2}$ 比均方末端距有更广泛的意义,而且可以通过实验直接测得。

均方旋转半径是指重心到各质点的向量 $\vec{S_i}$ 平方的质量平均值。假定高分子链中包含许多个链单元,每个链单元的质量都是 m_i,设从高分子链的重心到第 i 个链单元的距离为 $\vec{S_i}$,它是一个向量,则全部链单元的 S_i^2 的重量均方根就是链的旋转半径 S,其平方值为

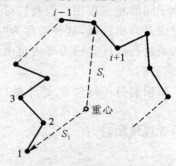

图 2-31　高分子链旋转半径

$$S^2 = \sum_i m_i S_i^2 / \sum_i m_i \qquad (2-27)$$

对于柔性分子,S^2 值取决于链的构象。如图 2-31 所示。

以 G 表示重心,它到第 i 个链节的向量为 $\vec{S_i}$,起始链节到第 i 和第 j 个链节的向量以 $\vec{r_i}$ 和 $\vec{r_j}$ 表示,而点 i 到点 j 的向量以 $\vec{r_{i,j}}$ 表示,$\vec{h}$ 为末端距。设所有链节的质量相同(看作质点),都为 m,链节数为 N,则对于一种特定的分子链构象,回转半径的平方为

$$S^2 = \sum_{i=1}^{N} m_i \vec{S_i^2} / \sum_{i=1}^{N} m_i = \frac{1}{N} \sum_{i=1}^{N} \vec{S_i^2} \quad (\sum_n m_i = Nm) \qquad (2-28)$$

通过向量代数计算,可得不同模型的均方旋转半径为

自由连接链:
$$\overline{S_{f,j}^2} = \frac{1}{6} n l^2 \qquad (2-29)$$

自由旋转链:
$$\overline{S_{f,r}^2} = \frac{1}{6} n l^2 \frac{1+\cos\theta}{1-\cos\theta} \qquad (2-30)$$

受阻链:
$$\overline{S^2} = \frac{1}{6} n l^2 \frac{1+\cos\theta}{1-\cos\theta} \times \frac{1+\overline{\cos\varphi}}{1-\overline{\cos\varphi}} \qquad (2-31)$$

等效自由连接:
$$\overline{S_0^2} = \frac{1}{6} n_e l_e^2 \qquad (2-32)$$

2.2.5 蠕虫链模型

实际的高分子链,化学键的内旋转受到键长和键角的限制,因此分子链的柔性远小于自由连接链,也就是说,实际的高分子链具有一定的刚性。刚性与柔性是相对而言的,当柔性占主导地位时为柔性链,当刚性占主导地位时为刚性链,介于中间的则称为半柔性链。不过,在这几种链之间并没有截然的界限。

已知的典型刚性链有纤维素衍生物,聚异氰酸酯,脱氧核糖核酸(DNA)等。可以想象,对

于普通柔性高分子,当其分子量很低时(如齐聚物),由于链单元数量很少,以致其构象不符合统计规律,也就成为半柔性或刚性高分子了。

为了描述刚性高分子链,Porod 和 Kratky 提出了一种模型,称为蠕虫状链(见图 2-32)。这是一种连续空间曲线模型,是自由旋转链的一种极限情况。

这一模型中一种很有用的构象参数为持续长度,持续长度 a 的物理意义是无限长的自由旋转链在第一个键的方向上投影的平均值。它可以看作是链保持某个给定方向的倾向,也是高分子链的刚性尺度。

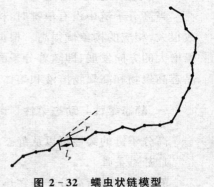

图 2-32 蠕虫状链模型

假定高分子是自由旋转链,包含 n 个长度为 l 的键,键角为 $\pi-\theta$,总长为 $L=nl$。把第一个键固定在 z 轴方向,求此链在 z 轴上的投影的平均值,则可得

$$a = \frac{1}{l}\sum_{i=1}^{\infty}\overline{l_1 \cdot l_i} = l\sum_{i=1}^{\infty}\overline{\cos^i\theta} = \frac{l}{1-\cos\theta} \quad (2-33)$$

从上式可见,a 值与链单元的结构有关,它随键长与键角的增大而增大。

假定高分子的总长 L 和持续长度 a 保持不变,把键长无限分割,而且 θ 角也无限缩小,以致 $\theta \to 0$,使高分子链的形状从棱角清晰的无规折线变成方向逐渐改变的蠕虫状线条。则

$$\overline{h^2} = 2aL\left[1 - \frac{a}{L}(1 - e^{-L/a})\right] \quad (2-34)$$

同样均方旋转半径可写成

$$\overline{S^2} = a^2\left[\frac{2a^2}{L^2}\left(\frac{L}{a} - 1 + e^{-L/a}\right) - 1 + \frac{L}{3a}\right] \quad (2-35)$$

这就是蠕虫状链模型所导出的各种关系式。这种模型不仅可以描述刚性链,也可描述柔性链。对柔性链而言,$L \gg a$,则有

$$\overline{h^2} = 2aL$$

$$\overline{S^2} = \frac{aL}{3} = \frac{1}{6}\overline{h^2}$$

对于刚性链,$L \ll a$,$L/a \ll 1$,有

$$\overline{h^2} = L^2$$

$$\overline{S^2} = \frac{L^2}{12}$$

可见蠕虫状链的模型可以描述从完全伸直的棒到非常柔性的无规线团之间的所有情况,但它更适合描述刚性分子。

2.2.6 高分子链的柔性

高分子链能够改变分子构象的性质称为高分子链的柔性,也就是高分子链可以呈现出千变万化的形态的性质,这是高聚物的许多性质不同于小分子的主要原因。如前所述,一个高分子链可取的构象数是很大的,假设每个单键在内旋转中可取的位置数为 m,则一个包含 n 个单键的高分子链的可能的分子构象数为 m^{n-1}。当 n 足够大时,这是一个非常大的数字。

从统计热力学的角度看,熵是度量体系无序程度的热力学函数,体系的构象数 W 与熵值 S 之间的关系服从玻尔兹曼公式

$$S = k \ln W$$

式中,k 为玻尔兹曼常数。

当高分子链中没有单键时,构象数为 1,构象熵为 0;当高分子链中含大量的 σ 单键时,构象数很大,相应的构象熵很高。根据热力学理论,在无外力的作用下时,高分子链总是自发地向熵增大的方向发展,即随着分子的热运动,高分子链总是自发地趋于卷曲的分子构象,如在非晶态高聚物和高聚物溶液和熔体中,线型高分子链通常采取无规线团的分子构象。

一、静态柔性与动态柔性

高分子链的柔性可以从静态柔性和动态柔性两方面评价,下面将分别对其进行说明。

1. 静态柔性

静态柔性是指高分子链在热力学平衡条件下的柔性,由高分子中各个单键所取构象的相对含量和序列所决定。

如图 2-21 所示,单键内旋转时由于非键合原子间的相互作用不等,因此在反式和左右式之间相互跃迁的内旋转位垒不等,两者之差为 Δu。因此高分子链中每个键相对于邻近的键取反式或左右式的比例在热力学平衡条件时取决于 Δu 和热能之比,即 $\dfrac{n_{左右式}}{n_{反式}} = e^{-\frac{\Delta u}{kT}}$,当温度一定时,两者的比例取决于 Δu。Δu 越小,反式与左右式出现的几率相近,在同一高分子链中单键的反式构象和左右式构象无规排列,使链呈无规线团,高分子链柔性很好;当 Δu 很大时,反式构象占优势,使高分子链的刚性增大,呈伸展状态,柔性较差。因此在一定的温度下,高分子链的静态柔性与 Δu 有关,是一个与高分子链结构有关的参数。

2. 动态柔性

动态柔性是指高分子链在外界条件影响下从一种平衡态构象转变到另一种平衡态构象所需的时间 τ_p,即构象转变的速度。构象越容易改变,所需的时间越短,分子链的动态柔性越好;反之所需的时间越长,分子链的柔性越差。当温度一定时,构象转变所需的时间 τ_p 取决于内旋转位垒 ΔE,即

$$\tau_p = \tau_0 e^{\frac{\Delta E}{kT}} \tag{2-36}$$

不同结构的高聚物,ΔE 越大,构象转变所需时间 τ_p 越长,动态柔性越差。对给定的高聚物,随温度的升高,τ_p 减小,动态柔性增大。

动态柔性与静态柔性是两种概念,实际高分子链的柔性是静态柔性和动态柔性的综合体现,两者可以一致,也可以不一致。例如带有庞大侧基的高分子链,其 Δu 很小,可以具有一定的静态柔性,但由于分子侧基的强烈的相互作用,使其内旋转位垒 ΔE 很大,因此其动态柔性较差。

二、影响高分子链柔性的因素

影响高分子链的柔性的因素很多,其中高分子的链结构是其影响因素中最重要的因素,一般而言,凡是有利于单键内旋转的因素,都会使链的柔性提高。

1.主链结构

在 C—C 链的高聚物中,碳氢化合物的极性最小,分子间的作用力最小,因而一般柔性较好,如聚乙烯、聚丙烯、聚氯乙烯等。

杂链高分子主链中含有 Si—O , C—O , C—N 等单键,它们的内旋转位垒都比 C—C 键更低,因此在主链中含有这类结构的高分子链的柔性较好。如聚己二酸己二酯的柔性比聚乙烯好,聚二甲基硅氧烷[$\left. -\!\!\!\!\begin{array}{c} CH_3 \\ | \\ Si\!-\!O \\ | \\ CH_3 \end{array}\!\!\!\!\right]_n$]的柔性也非常好,是一种很好的合成橡胶。

高分子主链中含有双键时,双键对链的柔性有两方面的影响。当双键为共轭双键(—C＝C—C＝C—)时,不能内旋转,分子链的柔性显著降低。如聚乙炔[$-\!\!\!(CH\!=\!CH)\!\!\!\!-_n$]、聚苯[$-\!\!\!(\bigcirc)\!\!\!\!-_n$]等。当结构中存在非共轭双键时,与双键相邻的单键内旋转更容易,柔性更好,如聚丁二烯、聚异戊二烯等,它们的分子链的柔性相当好,可以作为橡胶使用。这是由于双键不能内旋转,某些非键合原子间的距离增大,且连在双键上的原子或基团数目较单键少,使这些原子或基团间的作用力减弱,导致与双键邻近的单键的内旋转位垒降低。

当分子链中含有芳环时,由于芳环不能内旋转,所以高分子链的柔性较差。如聚苯醚[$-\!\!\!(\bigcirc)\!\!\!-\!O-_n$]、聚苯硫醚[$-\!\!\!(\bigcirc)\!\!\!-\!S-_n$]等。因此分子主链结构中含芳环高聚物,通常具有优异的耐热性。但芳环的含量过高时,分子链的刚性太大,流动温度过高,给材料的成型加工带来了一定的困难。

一些高分子主链中的共价键的键长和键能见表 2-4。

表 2-4　共价键的键长与键能

键	键长/nm	键能/(kJ·mol⁻¹)	键	键长/nm	键能/(kJ·mol⁻¹)
C—C	0.154	347	C≡N	0.116	891
C＝C	0.134	615	C—Si	0.187	289
C≡C	0.120	812	Si—O	0.164	368
C—H	0.109	414	C—S	0.181	259
C—O	0.143	351	C＝S	0.171	477
C＝O	0.123	715	C—Cl	0.177	331
C—N	0.147	293	S—S	0.204	213
C＝N	0.127	615	N—H	0.101	389

2.侧基

侧基对高分子链柔性的影响可以从侧基的极性和侧基的空间效应两方面考虑。

当侧基为极性基团时,极性越大,分子间的相互作用越强,分子链的柔性越差。如聚丙烯 $-\!\!\!\!\begin{array}{c}\\ CH_2\!-\!CH \\ | \\ CH_3 \end{array}\!\!\!\!-_n$ 、聚氯乙烯 $-\!\!\!\!\begin{array}{c}\\ CH_2\!-\!CH \\ | \\ Cl \end{array}\!\!\!\!-_n$ 、聚丙烯腈 $-\!\!\!\!\begin{array}{c}\\ CH_2\!-\!CH \\ | \\ CN \end{array}\!\!\!\!-_n$ 等高分子链的柔

性随着侧基极性的增大而减小。

极性基团在高分子链上的分布密度越高,高分子链的柔性越低。如氯化聚乙烯为聚乙烯中的部分氢原子为氯原子所取代的高聚物,随着其中氯原子的含量的提高,高分子链的柔性降低。

当侧基为非极性时,侧基体积的空间位阻效应对高分子链柔性的影响显著。侧基的体积越大,所产生的空间位阻越大,使链不易内旋转,刚性增大,如聚丙烯比聚乙烯的柔性差。但侧基如果具有一定柔性,则高分子链的柔性将随着侧基的柔性的增加而增加,如聚甲基丙烯酸甲酯的分子链柔性不如聚甲基丙烯酸丁酯的柔性。因此,侧基的影响,要从其空间位阻效应与柔性效应两方面综合考虑。

当侧基在链的两侧呈对称分布时,由于侧基的作用使高分子链间的距离增大,链间的作用力减小,内旋转位垒降低,柔性增大。如聚异丁烯 $\underset{\underset{CH_3}{|}}{\overset{\overset{CH_3}{|}}{-(CH_2-CH)_n-}}$ 的柔性比聚乙烯的好。

3.高分子链的长短

当高分子链很短时,可以内旋转的单键的数目少,分子的构象数少,分子的刚性较大,因此小分子物质没有柔性。只有当分子量足够大,分子可以有很大的构象数时,分子链的柔性才能体现出来。

4.氢键的作用

如果高分子在分子内或分子间形成氢键,则由于氢键的作用而使分子链的刚性增加,如纤维素(见图2-33),由于分子内氢键的作用而使分子链的刚性极大,多肽分子也存在同样的作用。

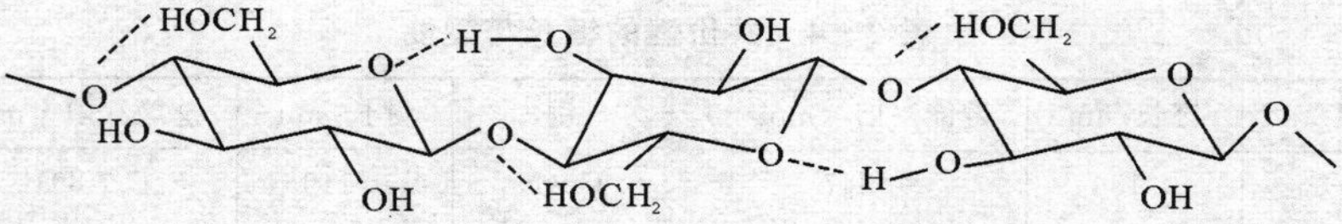

图 2-33　纤维素的链结构

5.交联

当高分子之间以化学键交联起来形成三维网络结构时,交联点附近的单键内旋转便受到交联结构的阻碍。不过,当交联密度较低时,交联点间分子链足够长,网链的柔性仍可表现出来,如橡胶;随着交联密度的提高,网链的柔性降低,甚至可能完全失去柔性,如高度交联的环氧树脂、酚醛树脂等。

以上所讨论的是高聚物的结构因素对高分子链平衡态柔性的影响,此外高聚物所处的环境因素(温度、湿度、应力等)和一些高聚物中的添加剂(如增塑剂)也会对高分子链的动态柔性产生影响。

三、高分子链柔性的评价

分子链的柔性可以用链段和末端距来表征。

在实际的高分子链中，内旋转不可避免地受到键长和键角的限制，以及近邻非键合原子间相互作用的阻碍，也就是近程相互作用。这种作用随着主链上化学键的增多而减弱。考虑第 i 个键通过键角与取向状态对第 $i+1$ 个键的取向有很大的影响，但再通过第 $i+1$ 键对第 $i+2$ 键的影响就被削弱，这样到第 $i+m$ 个键，当 m 足够大时，第 i 个键对第 $i+m$ 个键的影响就小到可以忽略，相对于第 i 个键，第 $i+m$ 个的取向就是任意的。这样把 m 个键组成的一段链作为一个独立的取向单元，称为"统计链段"，简称为链段。这种链段的取向是任意的，链段与链段之间的连接可以看成是"自由连接"，也就是链段是高分子链中可以任意取向的最小运动单元。在同样条件下，高聚物每个高分子链的链段长度和数目，随着分子运动而瞬息万变，因此链段的概念是动态的，链段的长度也是统计平均长度。表征静态柔性的链段是热力学链段。

高分子链可以看作是由许多"刚性的链段"组成的柔性链。当然链段的长度 l_p 比单键的长度 l 长，它取决于 $\Delta u/kT$ 值，即

$$l_p = l e^{\Delta u/kT} \tag{2-37}$$

当 $\Delta u \to 0$ 时，$l_p \to l$，此时链的柔性最好，当 $\Delta u/kT \gg 1$ 时，链段长度增大，链的柔顺性变差，当 Δu 足够大时，整个分子链可以成为一个链段，这时整个分子链就是一个刚性的棒状分子，只有一种分子构象。

柔性还可以用高分子链的末端距表征。末端距是指高分子链两端之间的直线距离。高分子链的柔性越高，末端距越小。在实际应用中是用刚性因子和特征比表征。

刚性因子 σ 定义为实测的在理想条件下，处于无扰状态的高分子链的均方末端距 $\overline{h_0^2}$ 同自由旋转链的均方末端距 $\overline{h_{f,r}^2}$ 比值的平方根

$$\sigma = (\overline{h_0^2}/\overline{h_{f,r}^2})^{1/2} \tag{2-38}$$

显然 σ 表示的是由于链的内旋转受阻而导致的分子尺寸增大的程度，其值越小，分子的柔性越好。

Flory 特征比（C_∞）定义为无扰链与自由连接链的均方末端距之比，即

$$C_\infty = \lim (\overline{h_0^2}/nl^2) \tag{2-39}$$

C_∞ 值越小，高分子链柔性越好。C_∞ 反映的是键角和旋转角变化受阻的情况，同高分子链的化学结构有关，显然 $C_\infty > 1$，极限情况为 $C_\infty = 1$，此时为自由连接链。

其中，$\overline{h_0^2}$ 是在 θ 条件下测定的。所谓 θ 条件，是指针对高分子溶液，通过选择合适的溶剂和温度，创造一个特定的条件，使溶剂分子对高分子的构象所产生的干扰可忽略不计。在 θ 条件下测得的高分子尺寸称为无扰尺寸，是高分子本身结构的反映。表 2-5 中列出了几种线型聚合物的无扰尺寸。

表 2-5　几种线型聚合物的无扰尺寸

聚合物	溶　剂	温度 /℃	$A/10^4$ nm	σ
聚二甲基硅氧烷	丁酮,甲苯	25	670	1.39
顺式聚异戊二烯	苯	20	810	1.67
反式聚异戊二烯	二氧六环	47.7	910	1.30
顺式聚丁二烯	二氧六环	20.2	920	1.68
聚丙烯(无规)	环己烷,甲苯	30	835	1.76

续 表

聚合物	溶 剂	温度/℃	$A/10^4 nm$	σ
聚乙烯	十氢萘	140	1 070	1.84
聚异丁烯	苯	24	740	1.80
聚乙烯醇	水	30	950	2.04
聚苯乙烯	环己烷	34.5	655	2.17
聚丙烯腈	二甲基甲酰胺	25	930	2.20
聚甲基丙烯酸甲酯	多种溶剂	25	640	2.08
聚甲基丙烯酸己酯	丁醇	30	530	2.25
聚甲基丙烯酸十二酯	戊醇	29.5	500	2.59
聚甲基丙烯酸十六酯	庚烷	21	620	3.54
三硝基纤维素	丙酮	25	2 410	4.7

习题与思考题

1.高分子主链中不包含 C 原子,而由 Si,B,P 等元素与 O 组成,其侧链则有有机基团,这类高分子被称作为_____高分子。

2.交联与支化的最大区别是:支化的高分子_____,而交联的高分子_____。

3.写出异戊二烯单体聚合时所有的有规异构体结构式。

4.等规度的概念是什么?

5.试述下列烯类高聚物的构型特点及其名称。式中 D 表示链节结构是 D 构型,L 是 L 构型。

1)—D—D—D—D—D—D—D—

2)—L—L—L—L—L—L—L—

3)—D—L—D—L—D—L—D—L—

4)—D—D—L—D—L—L—L—

6.以聚丁二烯为例,说明一次结构(近程结构)对聚合物性能的影响。

7.下列 4 种聚合物中,不存在旋光异构和几何异构的为( )。

A. 聚丙烯   B. 聚异丁烯   C. 聚丁二烯   D. 聚苯乙烯

8.今有一种聚乙烯醇,若经缩醛化处理后,发现有 14% 左右的羟基未反应,若用 HIO_4 氧化,可得到丙酮和乙酸。结合以上实验事实,关于此种聚乙烯醇中单体的键接方式可得到什么结论?

9.由丙烯得到的全同立构聚丙烯有无旋光性?假若聚丙烯的等规度不高,能不能用改变构象的办法提高等规度?

10.近程相互作用和远程相互作用的含义及它们对高分子链的构象有何影响?

11. C—C 键的键长 $l = 1.54 \times 10^{-10}$ m,求聚合度 1 000 的自由结合链的均方根末端距。

12.若把聚乙烯看作自由旋转链,其末端距服从 Gauss 分布函数,且已知 C—C 键长为 1.54Å,键角为 109.5°,试求聚合度为 1 000 时的均方要末端距。

13.试从下列高聚物的链节结构,定性判断分子链的柔性或刚性,并分析原因。

(1)
$$\begin{array}{c} CH_3 \\ | \\ -CH_2-C- \\ | \\ CH_3 \end{array}$$

(2)
$$\begin{array}{c} -CH-C-N- \\ | \quad \| \quad | \\ R \quad O \quad H \end{array}$$

(3)
$$\begin{array}{c} -CH_2-CH- \\ | \\ CN \end{array}$$

(4)
$$\begin{array}{c} CH_3 \quad \\ | \quad \\ -O-\langle\rangle-C-O-C- \\ | \quad \| \\ CH_3 \quad O \end{array}$$

(5)
$$\begin{array}{c} -C=C-C=C- \\ | \quad | \quad | \quad | \\ \phi \quad \phi \quad \phi \quad \phi \end{array}$$

14.比较以下两种聚合物的柔顺性,并说明原因?

(1)
$$\begin{array}{c} -\!\!\left[CH_2-CH\right]_n \\ | \\ Cl \end{array}$$

(2)
$$\begin{array}{c} -\!\!\left[CH_2-CH=C-CH_2\right]_n \\ | \\ Cl \end{array}$$

第三章　高分子的凝聚态结构

物质的凝聚态是指分子的聚集状态。根据物质的分子运动在宏观力学性能的体现,可以将物质的凝聚态分为固态(晶态)、液态和气态,除了这种相态以外,还存在着一种介于晶态与液态之间的状态,即液晶态,从物理状态而言这种相态为液态,但是其结构上保存着晶体的一维或二维有序排列,属于兼有部分晶体和液体性质的过渡或中间状态。

宏观高聚物是由若干高分子链以一定的规律堆砌而成的,这种高分子链之间的排列和堆砌结构称为凝聚态结构,也称为超分子结构。高分子的链的结构是决定高聚物基本性质的主要因素,而高分子的凝聚态结构是影响高聚物的本体性质的主要因素。

与小分子物质相比,高分子凝聚态也同样具有固态(包括晶态和非晶态及其各自的取向态),液态和液晶态,但不具有气态。由于高分子链的结构的特殊性,其凝聚态结构要复杂得多,上述各种凝聚态结构可以单独存在,也可以多种共存,其方式不仅与高分子链的结构有关,也同成型加工条件和外界作用有关,因此是一个相当复杂的问题。

高聚物的凝聚态结构最终影响到材料的使用性能。研究高分子的凝聚态结构的目的,一方面是为了解高聚物的凝聚态及表征这种状态的各种结构参数,另一方面是要阐明凝聚态结构与高分子链的结构及各种外部条件之间的关系,从而为高聚物成型加工过程的控制、材料的结构和性能设计以及材料的物理改性提供必要的理论依据。

3.1　高聚物分子内与分子间的相互作用

除高分子的链结构外,分子间的作用力对凝聚态结构也起着关键的作用。

3.1.1　范德华力和氢键

分子间的作用力包括范德华力(包括静电力、诱导力和色散力)和氢键,它们不仅存在于不同分子间,也存在于同一分子的非键合原子间。

一、范德华力

1. 静电力

静电力存在于极性分子之间,是由极性基团的永久偶极引起的。静电力与偶极矩的大小、定向程度和分子间的距离有关。对于偶极矩分别为 μ_1 和 μ_2 的两种极性分子,它们之间的距离为 R,温度为 T 时,其相互作用能可表示为

$$E_\text{K} = -\frac{2}{3}\frac{\mu_1^2\mu_2^2}{R^6 kT} \tag{3-1}$$

式中,k 为波尔兹曼常数,T 是绝对温度。对于同类分子,$\mu_1 = \mu_2 = \mu$,则

$$E_K = -\frac{2}{3}\frac{\mu^4}{R^6 kT} \tag{3-2}$$

分子极性的增大,分子间距离的减小,定向程度的提高将使静电力增大。静电力与温度也有一定的关系,随着温度的升高,分子的热运动加强,偶极的定向程度降低,静电力减小。静电力的作用能为 12 ~ 20 kJ/mol。在一些极性高聚物如聚甲基丙烯酸甲酯、聚乙烯醇、聚酯等分子间的作用力主要为静电力。

2. 诱导力

当极性分子与其他分子(极性分子或非极性分子)相互作用时,极性分子的永久偶极将对其他分子产生诱导偶极。这种极性分子的永久偶极与其他分子的诱导偶极之间的相互作用称为诱导力。对于偶极矩分别为 μ_1 和 μ_2,分子极化率分别为 α_1 和 α_2 的两种分子,分子间的距离为 R,则诱导力的作用能可表示为

$$E_D = \frac{-(\alpha_1\mu_2^2 + \alpha_2\mu_1^2)}{R^6} \tag{3-3}$$

对于同类分子,$\mu_1 = \mu_2 = \mu, \alpha_1 = \alpha_2 = \alpha$,则

$$E_D = \frac{-2\alpha\mu^2}{R^6} \tag{3-4}$$

诱导力的作用能一般为 6 ~ 12 kJ/mol。

3. 色散力

分子中的原子核和电子是不停运动的,在某一瞬间,分子的正、负电荷中心可能不重合,从而产生瞬间偶极。这种由于分子间的瞬间偶极引起的相互作用为色散力,它存在于所有的极性和非极性分子之间。色散力作用能的大小与两种分子的电离能 I、分子极化率 α 和分子间的距离 R 有关,可表示为

$$E_L = -\frac{3}{2}\left(\frac{I_1 I_2}{I_1 + I_2}\right)\left(\frac{\alpha_1 \alpha_2}{R^6}\right) \tag{3-5}$$

对同类分子,可简化为

$$E_L = -\frac{3}{4}\frac{I\alpha^2}{R^6} \tag{3-6}$$

色散力的作用能为 0.8~8 kJ/mol,在一些非极性高分子如聚乙烯、聚丙烯中主要存在的分子间力是色散力。

范德华力普遍存在于分子中,没有方向性和饱和性,作用距离小于 1 nm,作用能比化学键小 1~2 个数量级,三种力所占的比例与分子的极性和变形性有关。

二、氢键

氢键是极性很强的 X—H 键上的氢原子同其他电负性很强的原子(Y)之间形成的一种较强的相互作用力,可表示为 X—H⋯Y 。氢键的作用力较范德华力要强,一般为 10~30 kJ/mol。氢键不同于范德华力,它具有方向性和饱和性。氢键的强度与 X,Y 原子的电负性以及 Y 的半径有关,X、Y 的电负性越大,Y 的半径越小,氢键强度越高。表 3-1 列出了一些常见氢键的键能。

氢键可以在分子内形成,也可以在分子间形成。一些极性的高聚物聚酰胺,纤维素、蛋白质等都可形成分子间的氢键(见图 3-1),纤维素等分子还可形成分子内的氢键(见图 3-2)。

表 3-1　常见氢键的键能

氢键	键能/(kJ·mol^{-1})	化合物
F—H⋯F	28.0	(HF)$_n$
O—H⋯O	18.8	冰，H_2O
	26.0	CH_3OH，C_2H_5OH
	29.0	(HCOOH)$_2$
	34.3	(CH$_3$COOH)$_2$
N—H⋯F	21.0	NH$_4$F
N—H⋯N	5.4	NH$_3$
O—H⋯Cl	16.3	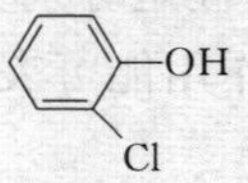 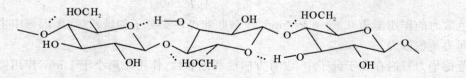
C—H⋯N	13.7	(HCN)$_2$
	18.3	(HCN)$_3$

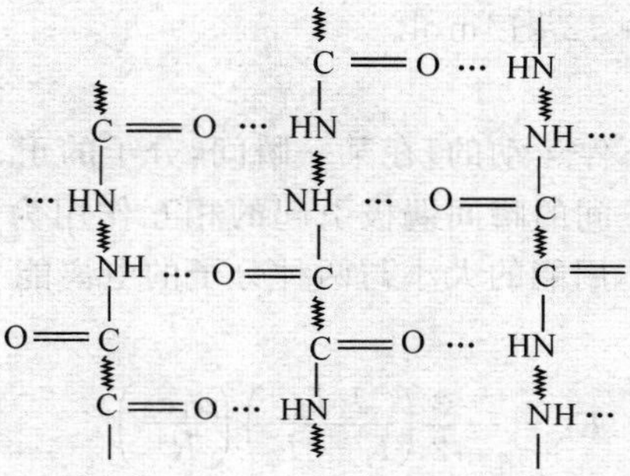

图 3-1　聚酰胺的分子间氢键

图 3-2　纤维素的分子内氢键

3.1.2　内聚能密度

　　分子间作用力对高聚物的许多物理性质有着重要的影响，如沸点、熔点、汽化热、熔融热、溶解度等。因此，了解分子间作用力对于解释高分子的凝聚态结构和各种物理性能有着重要的意义。

　　分子间作用力的大小，可以用内聚能或内聚能密度（CED）来表征。内聚能为克服分子间作用力，把 1 mol 液体或固体汽化所需的能量，可表示为

$$\Delta E = \Delta H_\nu - RT$$

ΔE 为内聚能，ΔH_ν 为摩尔汽化热，RT 为汽化时的膨胀功。

内聚能密度指单位体积的内聚能，可表示为

$$CED = \frac{\Delta E}{\widetilde{V}} \tag{3-7}$$

式中，$\widetilde{V}$ 为摩尔体积。

对于小分子而言，内聚能近似于恒容蒸发热或升华热，可以由热力学数据来进行估算。但对于高分子而言，分子链相当长，分子间相互邻近的范围很大，使其相互吸引的范德华力很大，甚至超过化学键的键能，因此在加热的过程中，当能量还不足以克服范德华力时，高分子主链上的化学键已被破坏，因此高聚物无法被汽化，高聚物不存在气态。基于这样的原因，难以直接测定高聚物的内聚能和内聚能密度，而是采用一些间接的方法，如用高聚物良溶剂的内聚能密度来估计高聚物的内聚能密度。

表 3-2 中列出了部分线型高聚物的内聚能密度，从中可见，内聚能密度同分子的极性有很大关系，分子极性越小，内聚能密度越低。

高聚物的内聚能密度的大小将影响到高聚物的物理性能，内聚能密度小于 290 MJ/m³ 的高聚物，都是非极性高聚物，它们的分子链上不含极性基团，分子间力以色散力为主，分子间的相互作用较弱，分子链的柔顺性好，可作为橡胶（聚乙烯由于结晶而失去柔顺性，只能作为塑料）；内聚能密度大于 420 MJ/m³ 的高聚物，由于分子链上存在强极性基团，或分子间能形成氢键，使分子间的作用力较大，因而具有较好的机械强度和耐热性，可以作为纤维材料；内聚能密度在 290～420 MJ/m³ 之间的高聚物，分子间作用力居中，可作为塑料使用。

表 3-2 线型高聚物的内聚能密度

线型高聚物	重复单元	内聚能密度/(MJ·m⁻³)
聚乙烯	$-CH_2CH_2-$	260
聚异丁烯	$-CH_2-C(CH_3)_2-$	272
聚丁二烯	$-CH_2CH=CHCH_2-$	276
天然橡胶	$-CH_2C(CH_3)=CHCH_2-$	280
聚苯乙烯	$-CH_2-CH-$ 〇	306
聚甲基丙烯酸甲酯	$-CH_2-C(CH_3)(COOCH_3)-$	347
聚醋酸乙烯酯	$-CH_2CH(OCOCH_3)-$	368
聚氯乙烯	$-CH_2-CHCl-$	381
聚对苯二甲酸乙二醇酯	$-CH_2-CH_2-OC-〇-CO-$	477
尼龙 66	$-NH(CH_2)_6NHCO(CH_2)_4CO-$	774
聚丙烯腈	$-CH_2-CH(CN)-$	992

3.2 高聚物的结晶态

在适宜的条件(如温度、时间等)下,结构规整的高分子可以发生结晶。结晶态是高聚物的一种重要凝聚态。许多高聚物具有结晶性,如聚乙烯、聚丙烯、聚酰胺等。相对于小分子晶体,结晶高聚物的形态和结构更为复杂,这与高分子的链结构及分子间的作用力密切相关。

3.2.1 晶体结构的基本概念

晶体均具有规则的外形,这种规则外形是由于如分子、离子、原子或原子团在空间的周期性规则排列引起的。在讨论晶体的几何特点时,通常以不考虑体积和质量的几何点(结点)来代替原子、离子、分子、原子团,用一系列几何点在空间的排列来模拟晶体中原子、分子等的排列。将相邻结点按一定的规则用线连接起来形成的几何图形叫作空间点阵(见图3-3)。因此晶体的结构可以表示为点阵与组成晶体的实际结构单元的组合(见图3-4)。

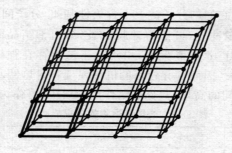

图3-3 空间点阵的示意图
注:空间点阵可以由晶胞重复排列而得

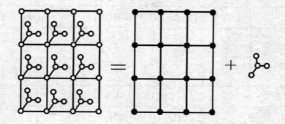

图3-4 晶体结构和点阵的关系示意图

整个空间点阵可以由一个最简单的六面体在三维方向上重复排列而得,这最简单的六面体称为单位点阵或单胞,也可称为晶胞,如图3-3中所示的粗线部分。因此晶胞是组成晶体的最小重复单元,它的形状和大小的表示方法如图3-5所示。在晶胞上任意指定一个结点为原点,由原点引出3个向量 a,b,c,这3个向量称为晶轴,可以唯一地确定晶胞的形状和大小。经过适当的向量平移,晶胞可以填充整个点阵空间。晶胞的形态和大小,可以用晶胞3个边的长度 a,b,c 和3个边的夹角 α,β,γ 这6个参量来描述, a,b,c 和 α,β,γ 称为点阵参数或晶格常数。

如图3-3所示,所有结点实际上是3组平面的交点。这3组平面的排列方向不同,将构成不同的点阵。例如3组平面相互垂直,且各组的平面间距相等,即 $a=b=c,\alpha=\beta=\gamma=90°$,所得到的晶胞为立方体。改变点阵常数 a,b,c 和 α,β,γ,可以得到7种不同晶胞,也就是有7种不同形状的空间点阵,把这7种空间点阵称为7种晶系,见表3-3。这7种晶系的特点是,所有的结点均位于晶胞的角上。

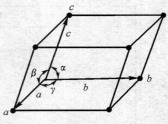

图 3-5 晶胞的表示方法

表 3-3 7种晶系的晶胞参数

晶 系	图 形	晶胞参数
立 方		$a=b=c,\alpha=\beta=\gamma=90°$
六 方		$a=b\neq c,\alpha=\beta=90°,\gamma=120°$
四 方		$a=b\neq c,\alpha=\beta=\gamma=90°$
三方(菱形)		$a=b=c,\alpha=\beta=\gamma\neq90°$
斜方(正交)		$a\neq b\neq c,\alpha=\beta=\gamma=90°$

续 表

晶 系	图 形	晶胞参数
单斜	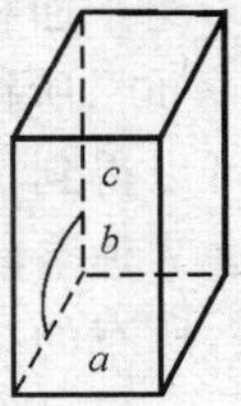	$a \neq b \neq c, \alpha = \gamma = 90°, \beta \neq 90°$
三斜	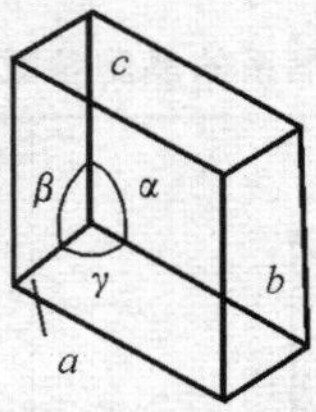	$a \neq b \neq c, \alpha \neq \beta \neq \gamma \neq 90°$

由于晶体几何结构的对称性和周期性,空间点阵中所有的结点均可看作位于相互平行且间距相等的一组平面上,各平面上结点的分布情况相同,这些平面称为晶面。晶面与晶面之间的距离称为晶面间距。

同样在空间点阵中的任意方向上都可以连接两个以上的结点,构成许多相互平行的结点直线,在这些直线上的排列规律相同,这些结点直线称为晶向。

晶面和晶向的方向可以用晶面指数和晶向指数表征。

3.2.2 高聚物的结晶形态

结晶形态学是研究单个晶粒的大小、形状以及它们的聚集方式。研究结晶形态的工具主要有光学显微镜以及电子显微镜,利用它们可以直接观察高聚物的结晶形态。随着结晶条件的不同,如不同的结晶温度、不同的外力作用方式、不同的溶液浓度、不同的热处理条件等,可得到丰富多彩的高聚物的结晶形态,如单晶、球晶、树枝状晶、孪晶、伸直链片晶、纤维状晶和串晶等。

一、单晶

1957 年,Keller 首先把聚乙烯在极稀的(0.001%~0.01%)三氯甲烷溶液中,在接近其熔点(137℃)的温度下,以极缓慢的冷却速度制备了聚乙烯晶体,并利用电子显微镜、电子衍射等确认了其单晶的结构以及单晶中分子链的排列方式。

高聚物单晶只能在特殊条件下得到,一般是在浓度小于 0.01% 的极稀溶液中缓慢结晶时生成的。它们是具有规则几何形状的薄片状晶体,厚度通常在 10 nm 左右,大小可以从几微米至几十微米甚至更大。从电镜照片中可以看出,聚乙烯的单晶呈现菱形的单层平面片晶(见图 3-6),聚 4-甲基-戊烯-1 单晶是平面正方形(见图 3-7(a)),聚甲醛单晶是正六边形(见图 3-7(b))。

事实上,凡是有结晶能力的高聚物在适宜的条件下都可以生成单晶。表 3-4 列举了一些高聚物单晶的形成条件及几何形状。

图 3-6　聚乙烯的单晶照片及其 X 射线衍射图

 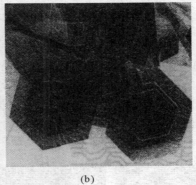

(a) (b)

图 3-7　电镜照片

(a)聚 4-甲基-戊烯-1 单晶；　(b)聚甲醛单晶

表 3-4　某些高聚物单晶形成的条件和外形

高聚物	溶　剂	溶解温度/℃	结晶温度/℃	几何形状
聚乙烯	二甲苯	沸点	59～95	菱形
聚丙烯	α-氯代苯	沸点	90～115	长方形
聚丁二烯	醋酸戊酯	～130	30～50	—
聚 4-甲基-1-戊烯	二甲苯	～130	30～70	正方形
聚乙烯醇	三乙基乙二醇	—	80～170	平行四边形
聚丙烯腈	碳酸丙烯酯	—	～95	平行四边形
聚甲醛	环己烷	沸点	～137	正六边形
聚氧化乙烯	丁基溶纤剂	～100	～30	
聚酰胺 6	甘油	～230	120～160	菱形
聚酰胺 66	甘油	～230	120～160	菱形

续 表

高聚物	溶 剂	溶解温度/℃	结晶温度/℃	几何形状
聚酰胺 610	甘油	~230	120~160	菱形
醋酸纤维素	硝基甲烷正丁醇	—	~50	—

生长条件对单晶的形状和尺寸等有很大的影响。

完善的单晶只能在极稀的溶液中得到,此时分子链彼此分离,分散于溶剂中。通常,浓度约为 0.01% 时可以得到单层片晶,浓度约为 0.1% 时得到的是多层片晶,浓度大于 1% 时则发展成为接近于本体结晶时的球晶。

结晶温度足够高,或过冷程度(即结晶熔点与结晶温度之差)很小,结晶速度足够慢时,可以得到完善的单晶,随结晶温度的降低或过冷程度的增加,结晶速度加快,只能形成多层片晶,甚至更复杂的结晶形态。

溶剂的性质对单晶的生长也有一定的影响。采用热力学上的不良溶剂时,有利于生长较大的更为完善的晶体。

实际上从溶液中生成的单晶很多是三维结构,形成空心棱锥形状,这种单晶在支持膜上干燥时倒塌,从而使晶体变得比较平整,或在片晶中央产生皱褶。

从溶液中结晶时,如果溶液的浓度较大或冷却较快,将形成多层片晶,这种多层片晶的生长通常是在单晶中心通过螺旋位错形成的,生长螺旋在单晶片的上下扩展,形成只在中心部位靠分子链连接的许多分离片层,当它在溶液中浮动时,是向四周发散开的,干燥时则因滑移倒塌而成为扁平的多层结构(见图 3-8)。

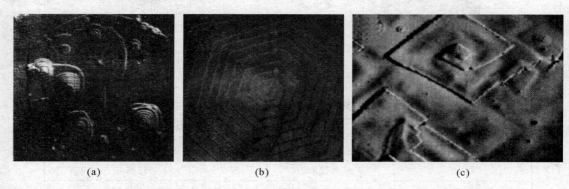

(a)   (b)   (c)

图 3-8 一些高聚物的多层片晶及螺旋结构
(a)聚氧乙烯的螺旋生长;(b)聚甲醛的多层片晶;(c)聚氧乙烯和聚氯吡啶嵌段共聚物

由此可见,此处所讨论的单晶是由溶液中生长的片状晶体的总称,实际上,它只是在可分离的形状规则的单一晶体这一意义上的单晶,并不是结晶学意义上的真正单晶,严格地说,它们大多是多重孪晶。

近年来,科学家通过利用把小分子单体先培育成单晶然后再聚合的方式制备了高聚物的宏观单晶体,如在甲醇中先将双(对甲苯磺酸)-2,4-己双炔-1,6-二醇酯培养成小分子单晶然后聚合得到的宏观单晶。一般而言,一个孤立的小分子是没有凝聚态可言的,但是对于大分子,由于其分子链上有成千上万个小分子单体单元,因此是可以形成凝聚态的。我国科学家即通过一些特殊的方式,如 LB 膜法、生物展开技术、极稀溶液喷雾法等制备了高分子的单链单晶,它们同样具有规则的外形。

二、树枝晶

当高分子溶液的浓度较高(0.01%～0.1%),或温度较低,高聚物分子量很大时,在常压下结晶将形成树枝状晶体,称为树枝晶。这是由于单晶片在特定方向上的择优生长,从而使结晶发展不均匀产生分枝而形成的。图 3－9 为聚乙烯的树枝晶及其片晶的排列示意图。

图 3－9　聚乙烯的树枝晶及结构示意图

三、球晶

球晶是高聚物结晶中最常见的一种形态。结晶性高分子在无应力状态时,从浓溶液或熔体中冷却结晶时,多生成外观为球状的复杂晶体结构(见图 3－10)。其直径通常为 0.5～100 μm 之间,甚至可以达到厘米数量级,在光学显微镜下也可以观察到。

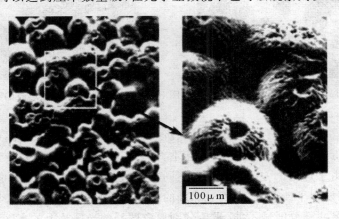

图 3－10　聚乙烯的扫描电镜照片

用正交偏光显微镜观察时,可以看到球晶呈现特有的黑十字消光图像。图 3－11 所示为等规聚苯乙烯和聚戊二酸丙二醇酯球晶的偏光显微镜照片,可见其清晰的球形外形及黑十字图案。

将聚乙烯与石蜡一起结晶,然后用溶剂将石蜡抽提出来,将抽提后的结晶聚乙烯在电镜下观察(见图 3－12)发现在晶片与晶片之间存在有微丝状的连接链。这种连接链的数目随高聚物分子量的增加而增加,同时还与高聚物的结晶条件有关。连接链的存在对高聚物的性能(特别是力学性能)有很大的影响。

(a)   (b)

图 3-11　球晶的偏光照片

(a)等规聚苯乙烯;(b)聚戊二酸丙二醇酯

　　球晶是由一个晶核开始,以相同的生长速率同时向空间各个方向放射生长形成的。如果形成的晶核较小,球晶直径较小时,它将发展成完善的球形。如果形成的晶核较多,球晶生长时将相遇而产生相互挤压,在邻接界面上即形成直线,而具有多边形外貌,如图 3-13。

图 3-12　结晶聚乙烯晶片间的连接链

图 3-13　球晶生长时相遇形成的不规则多边形外貌

　　球晶具有明显的黑十字消光图,这是其双折射性质和对称性的反映。当偏振光通过高分子球晶时,发生双折射,分成两束电矢量相互垂直的偏振光,它们的电矢量分别平行和垂直于球晶的半径方向,由于这两个方向上折射率不同,造成这两束光通过样品的速率不等,从而产生一定的相位差而发生干涉现象,使通过球晶的一部分区域的光可以通过与起偏器处在正交位置的检偏器,而另一部分区域不能,最后分别形成球晶偏光照片上的亮区和暗区。

　　下面对这一现象作简单的定量分析,从光线的干涉原理可知,通过起偏器的光强 I 为

$$I = A^2 \sin^2 2\theta \sin^2 \frac{\pi d \Delta}{\lambda} \qquad (3-8)$$

式中,A 为振幅,θ 为起偏镜和试样中晶体光轴间的夹角,λ 为光波波长,Δ 为试样的双折射率,d 为试样的厚度。当 $\theta = 0, \pi/2, 3\pi/2$ 时,$I = 0$;$\theta = 5\pi/4, 7\pi/4$ 时,I 达到最大。也就是说在与起偏器和检偏器的特征方向相平行的位置出现暗区,而在与之成 $45°$ 角的方向上出现亮区,这样就形成了球晶的黑十字消光图。

在球晶的偏光显微镜照片中,还常发现在球晶中呈现出一种明暗相间的消光同心圆环(见图 3-14),这意味着以晶核为中心的同心圆上,双折射率 Δ 周期性地等于零。

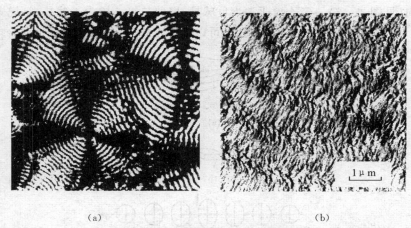

(a)　　　　　　　　　　　　　　(b)

图 3-14　聚苯乙烯的球晶偏光照片

(a) 偏光显微照片;　(b) 球晶的电镜照片

在电镜下可以观察到这些球晶是由径向发射的长条扭曲晶片组成的球状多晶的聚集体(见图 3-15),长条扭曲晶片的厚度也大约为 10 nm。

(a)　　　　　　　　　　　　　　(b)

图 3-15　球晶内部周期性扭曲照片

(a) 聚 4-甲基-1-戊烯熔体结晶;　(b) 聚乙烯球晶

图 3-16 形象地描述了这一现象的原理。可以看出,随着晶片的扭转,聚乙烯晶胞的 b 轴总是指向径向的,即球晶径向的折射率总是等于晶胞 b 轴方向的折射率,而切向的折射率则在晶胞 a 和 c 轴方向周期性地变化,根据前面有关球晶黑十字消光原理的分析可见,这将影响实际电矢量平行于切向的光束的传播速率,从而改变两束光的相位差,最后导致光强随晶片扭转而发生周期性的变化。

球晶的双折射率 Δn_s 可以定义为径向折射率 n_r 和切向折射率 n_t 之差为

$$\Delta n_s = n_r - n_t$$

根据生长条件的不同,同一种高聚物的球晶可以具有正的、负的或混合的双折射率。按照球晶的双折射性质的差别,可以将球晶分为正球晶、负球晶或混合球晶。当 $\Delta n_s > 0$ 时,球晶为正球晶,当 $\Delta n_s < 0$ 时,球晶为负球晶。球晶的双折射正负性决定于晶粒的各向异性和它在球晶中的取向(见图 3-17)。聚乙烯通常为负球晶,聚偏二氯乙烯为正球晶,等规聚丙烯,PA-6,PA-66 等许多高聚物随结晶条件的改变,可以出现正球晶,负球晶和正负混合球晶。

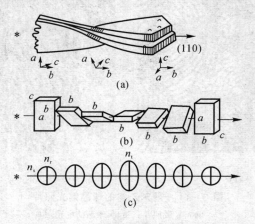

图 3-16　球晶环状消光图的光学原理

* 球晶中心,→半径方向,生长方向

(a)扭转的聚乙烯球晶晶片；　(b)球晶径向晶片的取向旋转；(c)球晶径向双折射圆体的旋转

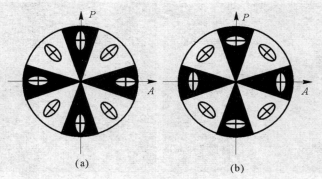

图 3-17　正负球晶内双折射体的取向情况示意图

(a)正球晶；　(b)负球晶

四、伸直链晶体

高聚物在高温高压下结晶时,可以形成伸直链晶体。这是一种由完全伸展的分子链平行规整排列而成的晶体,其晶片厚度比一般从溶液或熔体结晶得到的要大得多,可以与分子链的伸展长度相当,甚至更大。一般的热处理条件对伸直链片晶的厚度没有影响。

如聚乙烯在 226℃,压力为 486 MPa 下结晶时,可得到伸直链晶体(见图 3-18),晶片厚度可达 3 μm,结晶度为 97%,密度为 0.993 8 g/cm³,熔点为 140℃,均远高于一般的聚乙烯晶体,接近于理想数据。这一类晶体的力学性能优异,如伸展链结晶含量达 10% 左右的固态挤出(即把具有球晶结构的固态高聚物在稍低于熔点的温度下进行高压挤出)聚乙烯纤维,纤维牵伸比高达 300 倍左右,拉伸模量达 700 GPa,拉伸强度 490 MPa,断裂伸长率 3.2%,均远高于一般的聚乙烯纤维。

除聚乙烯外，聚四氟乙烯、聚三氟氯乙烯、聚偏二氯乙和尼龙等在高温高压下也可形成伸直链片晶。

五、串晶和柱晶

在实际的成型加工过程，如挤出、注射、纺丝、吹塑等过程中，高聚物在结晶过程中会受到应力的作用。如高聚物在强烈搅拌或高速挤出淬火时，能形成串晶（shish-kebab），这是一种类似于串珠样的结构（见图 3-19）。这种晶体具有伸直链结构的中心线，在中心线的周围呈现折叠链。搅拌速度愈快，高聚物在结晶过程中受到的切应力越大，形成的串晶中伸直链的比例就越高。由于串晶包含伸直链的中心线，因此具有较高的强度、耐溶剂性和耐腐蚀性。

图 3-18　聚乙烯的伸直链晶体

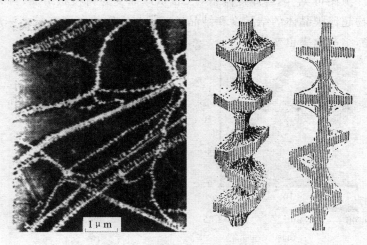

图 3-19　聚乙烯的串晶照片和结构模型

高聚物熔体在应力作用下冷却结晶时，形成的晶体中折叠链密集，使晶体呈柱状，称为柱晶（见图 3-20）。柱晶可以看作是由伸直链贯穿的扁球晶组成。在熔融纺丝的纤维中、在注射成型制品的表皮层中、在挤出拉伸薄膜中都可看到柱晶。

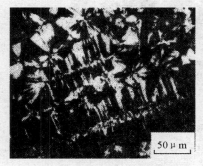

图 3-20　柱晶的偏光照片

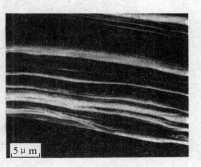

图 3-21　聚乙烯的纤维状晶体

六、纤维状晶体

高聚物在结晶过程中如果受到搅拌、拉伸或剪切等应力的作用时,还可形成纤维状晶体(见图 3-21)。纤维状晶体也是由完全伸展的分子链所组成,晶体呈纤维状,长度可大大超过高分子链的长度,这是由于伸直链相互交错而成的结果。

七、高聚物超薄膜的结晶

不同于宏观的高聚物,高聚物的超薄膜在结晶时呈现了特殊的形态。所谓超薄膜是指厚度小于几百纳米的薄膜。由于现代纳米技术的进步,超薄膜制备及其厚度测定乃至结晶形态观察都足以研究高聚物超薄膜的结晶。实验表明,只有当薄膜厚度 h 大于高分子链半径 R_g 时(一般 $h > 2R_g$),薄膜才能结晶;若 $h < 2R_g$,高聚物溶液只能以浸润或不浸润形式铺展在基板上。高聚物超薄膜有一般高聚物所不具有的结晶形态,并随着薄膜厚度降低,结晶形貌发生改变。图 3-22 所示是聚己内酯(PCL,对于 $\overline{M_w} = 22\,000$ 的 PCL,$R_g = 6$ nm)超薄膜结晶形貌随薄膜厚度的变化。由图可见,随着厚度降低,PCL 从球晶变为树枝状结晶,再到不规则碎片状结晶。并且高聚物超薄膜晶体的结晶度和结晶速率都与它们的厚度有关。一般随薄膜厚度 h 降低,结晶度下降,结晶速率也变慢。

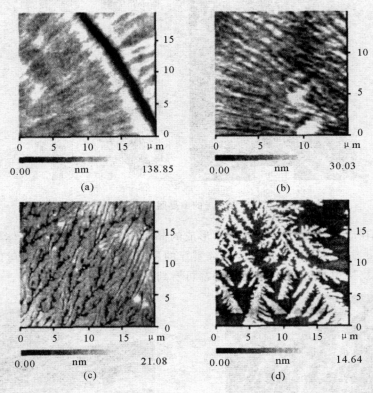

图 3-22　聚己内酯超薄膜结晶形貌随薄膜厚度的变化

(a)120 nm;　(b)20 nm;　(c)12 nm;　(d)8 nm

3.2.3　结晶高聚物的结构

一、结晶高聚物的分子构象

高聚物晶体结构的最小重复单元也是晶胞。与小分子不同,组成晶胞的呈周期性排列的结构单元不是分子、原子或离子,而是大分子链上的一个或若干个链节。高聚物晶胞尺寸与其重复单元的构象密切相关,测定结晶高聚物中分子链构象的主要方法有 X 射线衍射、电子衍射以及核磁共振法等。

前人已积累了大量结晶高聚物的数据,见表 3-5。

表 3-5　一些结晶高聚物的结构参数

高聚物		晶系	晶胞参数				N	链构象	密度 g·cm⁻³
			a/Å	b/Å	c/Å	交　角			
聚乙烯		正交	7.36	4.92	2.534		2	PZ	1.00
聚四氟乙烯	<19℃	准六方	5.59	5.59	16.88	$\gamma=119.3°$	1	H13₆	2.35
	>19℃	三方	5.66	5.5	19.50		1	H15₇	2.30
聚三氟氯乙烯		准六方	6.438	6.438	41.5		1	H16.8₁	2.10
全同聚丙烯	α	单斜	6.65	20.96	6.50	$\beta=99°20'$	4	H3₁	0.936
	β	六方	19.08	19.08	6.49		27	H3₁	0.922
	γ	三方	6.38	6.38	6.38		3	H3₁	0.939
间同聚丙烯		正交	14.50	5.60	7.40		2	H4₁	0.93
全同聚 1-丁烯		三方	17.7	17.7	6.50		6	H3₁	0.95
全同聚 1-戊烯		单斜	11.35	20.85	6.49	$\beta=99.6°$	4	H3₁	0.923
聚 3-甲基-1-丁烯		单斜	9.55	17.08	6.84	$\gamma=116.5°$	2	H4₁	0.93
聚 4-甲基-1-戊烯		四方	18.63	18.63	13.85		4	H7₂	0.812
聚乙烯基环己烷		四方	21.99	21.99	6.43		4	H4₁	0.94
全同聚苯乙烯		三方	21.90	21.90	6.65		6	H3₁	1.13
聚氯乙烯		正交	10.6	5.4	5.1		2	PZ	1.42
聚乙烯醇		单斜	7.81	2.25 *	5.51	$\beta=91.7°$	2	PZ	1.35
聚氟乙烯		正交	8.57	4.95	2.52		2	PZ	1.430
聚异丁烯		正交	6.88	11.91	18.60		2	H8₃	0.972
聚偏二氯乙烯		单斜	6.71	4.68 *	12.51	$\beta=123°$	2	H2₁	1.954
聚偏二氟乙烯		正交	8.58	4.91	2.56		2	~PZ	1.973
全同聚甲基丙烯酸甲酯		正交	20.98	12.06	10.40		4	DH10₁	1.26
聚丙烯酸甲酯		正交	21.08	12.17	10.55		20	H5₂	1.23
聚邻甲基苯乙烯		四方	19.01	19.01	8.10		16	H4₁	1.071
聚丙烯腈		正交	10.20	6.10	5.10		4	PZ	1.11
1,4-反式聚丁二烯		单斜	8.63	9.11	4.83	$\beta=114°$	4	Z	1.04

续 表

高聚物	晶系	晶胞参数					链构象	密度 g·cm⁻³
		$a/\text{Å}$	$b/\text{Å}$	$c/\text{Å}$	交　角	N		
1,4-顺式聚丁二烯	单斜	4.60	9.50	8.60	$\beta=109°$	2	Z	1.01
1,2-聚丁二烯(全同)	三方	17.3	17.3	6.50		6	H3₁	0.96
1,2-聚丁二烯(间同)	正交	10.98	6.60	5.14		2	~PZ	0.964
1,4-反式聚异戊二烯	单斜	7.98	6.29	8.77	$\beta=102°$	2	Z	1.05
1,4-顺式聚异戊二烯	单斜	12.46	8.89	8.10	$\beta=92°$	4	Z	1.02
聚甲醛	三方	4.47	4.47	17.39		1	H9₅	1.49
聚氧化乙烯	单斜	8.05	13.04	19.48	$\beta=125.4°$	4	H7₂	1.228
聚氧化丙烯	正交	9.23	4.82	7.21		2	H2₁	1.20
聚四氢呋喃	单斜	5.59	8.90	12.07	$\beta=134.2°$	2	PZ	1.11
聚乙醛	四方	14.63	14.63	4.79		4	H4₁	1.14
聚丙醛	四方	17.50	17.50	4.8		4	H4₁	1.05
聚正丁醛	四方	20.01	20.01	4.78		4	H4₁	0.997
聚乙烯基异丁基醚	正交	16.8	9.7	6.5		6	H3₁	0.94
聚对苯二甲酸乙二醇酯	三斜	4.56	5.94	10.75	$\alpha=98.5°,\beta=118°,\gamma=11°$	1	~PZ	1.445
聚对苯二甲酸丙二醇酯	三斜	4.58	6.22	18.12	$\alpha=96.9°,\beta=89.4°,$	1	—	1.43
聚对苯一甲酸丁二醇酯	三斜	4.83	5.94	11.59	$\gamma=110.8°$	1	Z	1.40
聚己二酸乙二醇酯	单斜	5.47	7.23	11.72	$\alpha=99.7°,\beta=115°,\gamma=11°$	2	PZ	1.274
聚辛二酸乙二醇酯	单斜	5.15	7.25	14.28	$\beta=113.5°$	2	PZ	1.20
聚壬二酸乙二醇酯	正交	7.45	4.95	31.5	$\beta=114.5°$	4	PZ	1.220
聚癸二酸乙二醇酯	正交	5.0	7.4	16.83		2	PZ	1.187
尼龙 3	三斜	9.3	8.7	4.8		4	PZ	1.40
尼龙 4	单斜	9.29	12.24*	7.97	$\alpha=\beta=90°,\gamma=60°$	4	PZ	1.37
尼龙 5	三斜	9.5	5.6	7.5	$\beta=114.5°$	2	PZ	1.30
尼龙 6	单斜	9.56	17.2*	8.01	$\alpha=48°,\beta=90°,\gamma=67°$	4	PZ	1.23
尼龙 7	三斜	9.8	10.0	9.8	$\beta=67.5°,$	4	PZ	1.19
尼龙 8	单斜	9.8	22.4*	8.3	$\alpha=56°,\beta=90°,\gamma=69°$	4	PZ	1.14
尼龙 9	三斜	9.7	9.7	12.6	$\beta=65°$	4	PZ	1.07
尼龙 11	三斜	9.5	10.0	15.0	$\alpha=64°,\beta=90°,\gamma=67°$	4	PZ	1.09
尼龙 66	三斜	4.9	5.4	17.2	$\alpha=60°,\beta=90°,\gamma=67°$	1	PZ	1.24
尼龙 610	三斜	4.95	5.4	22.4	$\alpha=48.5°,\beta=77°,\gamma=63.5°$	1	PZ	1.157
聚碳酸酯	单斜	12.3	10.1	20.8	$\alpha=49°,\beta=76.5°,\gamma=63.5°$ $\beta=84°$	4	Z	1.315

注：1. b* 表示该轴为分子链轴,其他为 c 轴。2. N 表示晶胞中所含的重复单元数。3. 链构象中,PZ 表示平面锯齿形,Z 表示锯齿形,~PZ 表示接近平面锯齿形,H 为螺旋形,DH 为双螺旋形。

　　C—C 单键内旋转可形成 8 种类型的构象,如图 3-23 所示。其中(1)是平面锯齿形构象,

（2），（3），（7）和（8）为螺旋形构象，（4），（5）和（6）是滑移面的对称形构象。

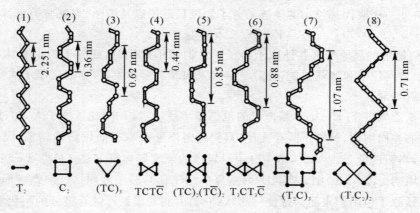

图 3－23　C—C 单链的各种构象（构象旁的数字为等同周期的长度）

　　高聚物一旦结晶，排列在晶格中的高分子链构象就不再改变。高聚物的分子构象是由分子结构和分子间力两方面因素决定的，对于单个分子链，稳定的分子构象应具有最低的能量状态。在结晶高聚物中，高分子链的分子构象应有利于分子链节在晶格中作规整排列，也就是链上的结构单元处在几何晶轴的等同位置上，在此基础上，优先选择构象能最低的构象。这就使结晶高聚物中分子链通常采取比较伸展的构象。在结晶高聚物中，分子链所采取的构象主要有两种，一种是平面锯齿形的构象，一种是螺旋形的构象。螺旋体结构用参数 HP_q 表示，其中 P 为一个等同周期的单体单元数，q 为每个等同周期的螺纹圈数。

　　聚乙烯是结构最简单的碳链高分子，其能量最低的构象是全反式，分子链呈平面锯齿形，如图 3－24 所示。实测到的晶胞中分子链方向上的重复周期尺寸（等同周期）c 值为 0.253 4 nm，这同由 C—C 键的键长（0.154 nm）和键角（109.5°）计算得到的隔开一个—CH_2 基团的两个碳原子之间隔离 0.252 nm 一致。聚乙烯通常可以得到正交晶系，晶胞三边的长度为 $a=0.736$ nm，$b=0.492$ nm，$c=0.253$ 4 nm。晶胞的 8 个顶角上每个角占 1/8 个重复单元，晶胞中心含一个重复单元，因此聚乙烯结晶的每个晶胞中含有 2 个重复单元。

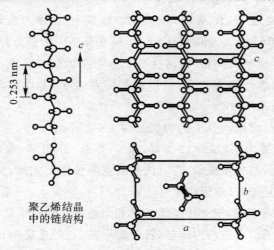

聚乙烯结晶中的链结构

图 3－24　结晶聚乙烯的分子构象及晶胞结构

等规的聚乙烯醇由于羟基体积较小,且反式构象有利于分子内氢键的生成,也采取平面锯齿形构象,另外一些取代基较小的碳链高分子如聚氯乙烯以及聚酯、聚酰胺等也都采取平面锯齿形构象。

当C—C链上的氢原子被其他原子半径较大的原子取代时,或分子链上有体积较大的侧基时,为减小空间位阻和降低位能,高分子链将采取螺旋形构象,根据取代原子或侧基的不同,螺旋构象有所不同。

如聚四氟乙烯(PTFE),由于氟原子的范德华半径(0.14 nm)比氢原子大,超过了C—C链平面锯齿形的等同周期,氟原子间存在斥力,使主链不能采取平面锯齿形构象,因此聚四氟乙烯在结晶中,当温度低于19℃时,整个分子呈轻微的螺旋形构象 $H13_6$(见图3-25),也就是说在一个等同周期(1.69 nm)中,含有13个重复单元(CF_2),转了6圈。这种螺旋形构象使碳链骨架周围被氟原子包围起来而呈螺旋硬棒状结构,因此聚四氟乙烯有极好的耐化学药品性能,同时由于分子链间氟原子的相互排斥作用,使得分子间易于滑动,因此该材料具有润滑作用及冷流性质。

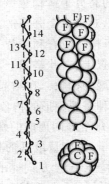

图 3-25　结晶聚四氟乙烯的分子构象

全同聚丙烯晶体,分子链采取反式旁式相间的螺旋形构象(见图3-26(a)),等同周期 c 为0.650 nm,聚丙烯的螺旋分子构象可用 $H3_1$ 表示。由于不对称碳原子的存在,结晶聚丙烯的螺旋构象有左旋和右旋之分,使聚丙烯的 $H3_1$ 螺旋有4种内旋转位垒一样的结构,如图3-27。在聚丙烯的单斜晶系(α晶型)中,分子链在晶格中的排布如图3-28所示。各分子的取代基的方向一致,但旋转方向相间,这样在晶体中左旋和右旋各占一半,在 c 轴方向上有3层重复单元,每层重复单元数为4个,所以晶胞中含有12个单体单元,$a=0.665$ nm,$b=2.096$ nm,$c=0.650$ nm,$\beta=99°20'$。

侧基的大小影响结晶高聚物分子链的螺旋构象(见图3-26)。当取代基的位阻较小时,分子链通常采取 $H3_1$ 螺旋构象,如聚1-丁烯,聚5-甲基-1-己烯,聚甲基乙烯基醚,聚异丁基乙烯基醚和聚苯乙烯等的等规高聚物;当取代基的空间位阻增大时,螺旋扩张,在每一个等同周期中将包含更多的重复链节,螺旋构象可达到为 $H7_2$,如聚4-甲基-1-戊烯和聚4-甲基-1-己烯的,聚3-甲基-1-丁烯;聚邻甲基苯乙烯和聚萘基乙烯等采取 $H4_1$ 螺旋分子构象。

上述的情况中高分子的主链均为碳链,对于聚甲醛,它的主链结构上引入了氧原子,其旁式构象能量比反式更低,形成等同周期为1.73 nm的 $H7_2$ 螺旋构象。

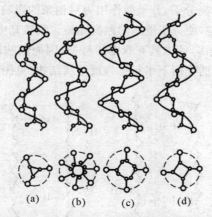

图 3 − 26 不同取代基的等规高聚物的螺旋分子构象

(a)H3₁,R＝—CH₃,—C₂H₅,—CH＝CH₂,—CH₃—CH(CH₃)₂,—OCH₃,—OCH₂CH(CH₃)₂

(b)H7₂,R＝ —CH₂CH(CH₃)CH₂CH₃,—CH₂CH(CH₃)₂

(c)H4₁,R＝ —CH(CH₃)₂,—C₂H₅

(d)H4₁,R＝

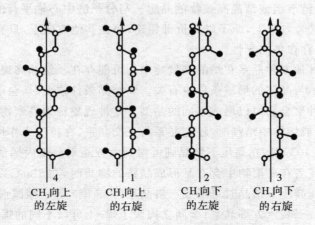

| 4 | 1 | 2 | 3 |
| CH₃向上的左旋 | CH₃向上的右旋 | CH₃向下的左旋 | CH₃向下的右旋 |

图 3 − 27 聚丙烯的 4 种分子构象

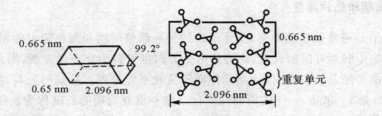

图 3 − 28 聚丙烯的晶胞结构

对于分子间作用力较大的高分子,分子间作用力对构象的影响不容忽视。如聚酰胺,由于酰胺键的存在,在分子间形成氢键,使分子链间的距离缩短。酰胺基中的 C—N 键(0.133 nm)比一般的 C—N 键(0.146 nm)短得多,使之具有双键的特征,因而酰胺键在同一平面上,结果使平面锯齿形的聚酰胺分子链在氢键的作用下平行排列成片状结构(见图3-29)。

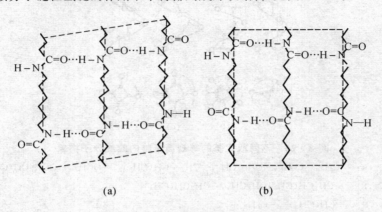

图 3-29　聚酰胺的分子构象
(a)PA-66;　(b)PA-6

采取上述两种构象的高分子链在晶体中作紧密堆砌时,分子链都只能是平行排列的,若干个平行排列的高分子链节组成结晶高聚物的晶胞。与分子链中心轴平行的方向称为晶胞的主轴方向即 c 方向,在这个方向上,原子以共价键相连,而在其他方向上,只有分子间力。这就使晶体在结构与性能上存在各向异性。

除立方晶系外,其他 6 种晶系在结晶高聚物中均可能存在。结晶高聚物采取的晶系,除与高分子链结构有关外,与晶体的形成条件也有关。当结晶条件改变时,会引起分子构象或链堆砌方式的变化,使一种聚合物可以形成不同的晶型。这种现象称为高聚物的同质多晶现象。

如聚乙烯在溶液或熔体中结晶时,稳定晶系为正交晶系,在拉应力作用下形成的晶胞为单斜晶系;当温度高于 210℃时,在高压下结晶则可得到六方晶系。聚丙烯的稳定晶系是单斜晶系,在高的冷却速率或者在高聚物中含有易形成晶核的物质时,在 130℃ 以下等温结晶可形成六方晶系(β 晶型),在高压下结晶时可形成三斜晶系(γ 晶型)等。聚酰胺在不同的结晶条件下,也可以得到单斜、三斜、六方等晶系;全同立构聚丁烯-1 可以不同的螺旋构象形成菱方、四方和正交等不同的晶系。

二、长周期和晶片厚度

高分子结晶通常处于亚稳态,受分子链的构象调整时间和调整能力的制约,在分子链轴方向(c 轴)只能拓展到有限的长度,而另外两个方向则可较为充分地发展,因此亚稳态结晶的基本组成为片晶。结晶度较高时,片晶间倾向于彼此平等排列。从局部上看,凝聚态将呈现结晶 — 非晶 — 结晶 — 非晶 …… 的周期性变化。这一重复周期的长度称为长周期(l'),它等于相间两片层的等同位置之间的统计平均厚度之和。由于长周期内包含结晶部分和非晶部分,则片晶厚度 l 定义为长周期内结晶部分的厚度,即

$$l = l' \times x_c \qquad (3-9)$$

式中，x_c 为试样的结晶度。

片晶厚度与结晶条件有关，如随着结晶温度的增加而增加。片晶厚度的增加意味着结晶的稳定性和完善性变化，而平均长周期也随之增大。因此对于某一结晶聚合物来说，长周期既是评价其结晶的重要参数，也是评价其结晶完善性的重要参数

3.2.4 高聚物结晶态的结构模型

对于柔性的长链高分子，要形成结构完善的晶体相当困难，只能得到部分结晶的高聚物，并且总是存在着晶格缺陷，即晶格点阵的周期性在空间的中断。典型的晶体缺陷可以由端基、链扭结、链扭转造成的局部构象错误、局部键长键角改变和链位移等引起。

前人已对结晶高聚物进行了深入的研究，并建立了多种的结晶结构模型，在本节中将介绍几种具有代表性的理论模型。

一、缨状微束模型

缨状微束模型又称为两相结构模型，是 20 世纪 40 年代提出的。当时 X 射线研究结果证明了高聚物结晶结构的存在，在 X 射线图上衍射花样和弥散环同时出现，测得的晶区尺寸远小于分子链长度。通过这样的实验实事，认为在结晶高聚物中晶区与非晶区相互穿插，同时存在，晶区为规则排列的分子链段微束，其取向是随机的，在非晶区中，分子链呈无序排列。晶区的尺寸很小，一根分子链可以同时穿过几个晶区和非晶区（见图 3-30）。

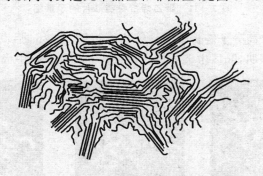

图 3-30 结晶高聚物的缨状微束模型

缨状微束模型可以有效地解释许多实验现象。如由于高聚物的结晶结构中只有部分的高分子链段参与，因此晶区的尺寸与分子量没有确定的关系，晶区的尺寸可以大大小于分子链的长度；由于结晶与非晶态的共存，因此高聚物的宏观密度介于结晶体和非晶体之间；由于微晶的大小不同，结晶高聚物的熔融有较宽的熔限，而不是像小分子晶体一样存在明确的熔点。

但这一模型也存在着局限性。如按照这种模型，晶区和非晶区是不可分的，但在用苯蒸气处理癸二酸乙二醇酯球晶时，发现非晶部分可被刻蚀掉，只保留结晶部分。这一模型特别是在解释晶片尺寸与分子链长度的关系上存在着不可回避的缺陷。通常晶片的厚度为 10 nm 左右，研究证明分子链轴方向同单晶生长垂直，而伸展着的整个分子链可达 100 nm 以上。

二、折叠链模型

50年代以后,随着电子显微镜的发明及广泛应用,可以直接观察几十微米范围内的晶体结构,能够清晰地看到高聚物单晶的规整的外形。Keller在1957年从二甲苯的稀溶液中得到大于50 μm的菱形片状聚乙烯单晶,并从电镜照片上的投影长度,测得单晶薄片厚度约为10 nm,而且厚度与高分子的分子量无关。同时单晶的电子衍射图证明,伸展的分子链(c轴)是垂直于单晶薄片而取向的。然而由高分子的分子量推算,伸展的分子链的长度在$10^2 \sim 10^3$ nm以上,即晶片厚度尺寸比整个分子链的长度尺寸要小得多。为了对这种实验事实找出一个合理的解释,Keller提出了折叠链模型,认为在高分子晶体中高分子链是反复折叠的,图3-31所示为聚乙烯单晶片的示意图。

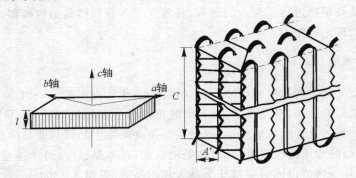

图3-31 聚乙烯折叠链晶片的示意图

图3-32所示是单个高分子链折叠的计算机模拟图,在7ns后高分子链就能有明显的折叠链形态。之后的研究表明,晶区中链的折叠现象在晶态高聚物中极为普遍。

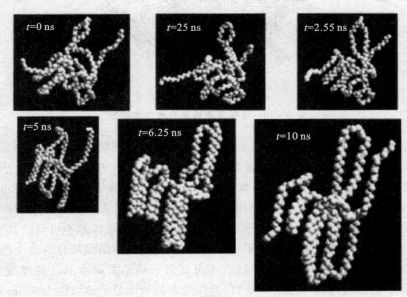

图3-32 高分子链随时间不断折叠的计算机模拟

　　由 Keller 提出的折叠链模型是一种近邻规整折叠链模型（见图 3 - 33(a)），伸展的分子链倾向于相互聚集形成链束，电镜下观察到这种链束比分子链长得多，说明它是由许多分子链组成的。分子链可以顺序排列，让末端处在不同的位置上，当分子链结构很规整而链束足够长时，链束的性质就和高聚物的分子量及其多分散性无关了。结构规整的分子链规整排列的链束，构成高聚物结晶的基本结构单元。这种规整的结晶链束细而长，表面能很大，不稳定，会自发地折叠成带状结构，以降低表面能。因此片晶中高分子链的方向总是垂直于晶片平面。也有观点认为链的折叠是由单根分子链而不是链束组成的。折叠链的曲折部分所占比例很小，非晶区部分是以不规则链段形式夹在片层之间。

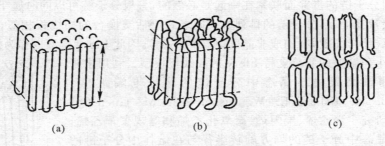

图 3 - 33　结晶的折叠链模型
(a)近邻规整折叠链模型；　(b)近邻松散折叠链模型；　(c)跨层折叠链模型

　　按照这种模型，球晶也是以折叠链结构的小晶片为基本结构单元的，随着球晶的生长增大，这些晶片沿着球晶径向发射增长时，分子链沿着晶片端部的生长面发生折叠，并且分子链总是处在与径向相垂直的方向上的。

　　M. Tasumi 和 S. Krimm 用聚乙烯和全氘化聚乙烯的混合晶体的红外光谱分析实验结果，支持了折叠链模型。通过对照分析聚乙烯晶体和混合正烷烃晶体，证明混合正烷烃晶体的厚度与分子的长度相当，由于在晶片中，存在折叠链的连接，晶片中氘化与未氘化链呈无规排列，无序结构占优势；而在混合聚乙烯晶片中，氢化链与氘化链成有序的线阵排列占优势，这只能用聚乙烯与氘化聚乙烯分子链分别折叠交替堆砌来解释。

　　但在电镜、核磁共振和其他实验研究发现，即使在高聚物单晶中，仍然存在着晶体缺陷，特别是有些单晶的表面结构非常松散，使单晶的密度远小于理想晶体的密度。用 X 射线衍射法测量表面的结晶度为 $75\% \sim 85\%$，而其内部的结晶度为 100%。这说明即使是单晶，其表面层在一定程度上也是无序的。分子链不可能像 Keller 模型所描述的那样规整地折叠。因此 Fischer 提出了近邻松散折叠链模型（见图 3 - 33(b)）以对此进行修正，这一模型认为在结晶高聚物的晶片中，仍以折叠的分子链为基本结构单元，只是折叠处可能是松散而不规整的环，而在晶片中，分子链的相连链段仍然是相邻排列的。如前所述，在聚乙烯球晶的研究中还发现，晶片与晶片之间由许多伸展链联结着，这种联结与分子量与结晶温度有关。一根分子链不一定完全在同一个片晶中折叠，还可以在一个片晶中折叠一部分之后再进入另外一个片晶中折叠，因此有人认为规整折叠与松散近邻折叠只不过是折叠链中的特殊模式，实际情况下两种折叠都是可能的，在多层片晶中，分子链还可以跨层折叠，从而使片层之间可存在连接分子链（见图 3 - 33(c)）。

三、插线板模型

P. J. Flory 从无规线团模型出发,认为分子链中作近邻折叠的可能性很小。他以聚乙烯的熔体结晶为例,证明聚乙烯的分子线团在熔体中的松弛时间很长,而实验观察到的聚乙烯的结晶速度却很快,结晶时分子链根本来不及作规整的折叠,而只能对局部链段作必要的调整,以便排入晶格,即分子链是完全无规进入晶片的。因此在晶片中,相邻排列的链段可能是非邻接的链段和属于不同分子链的链段。在形成多层片晶时,一根分子链可以从一个晶片,通过非晶区,进入到另一个晶片中去;如果它再回到前面的晶片中来的话,也不是邻接的再进入。因此,晶片之间因分子链的贯穿而联系在一起是必然的,一根分子链可以同时属于结晶部分和非晶部分,就一层片晶而言,分子链的排列方式同老式电话交换台的插线板相似,晶片表面的分子链像插头电线那样无规则,构成非晶区(见图 3 - 34),因此 Flory 模型也称为插线板模型。

图 3 - 34 插线板模型

许多中子小角散射的实验支持 Flory 的插线板模型。利用中子小角散射可测试高聚物结晶态中分子链的均方末端距。J. Schelten,D. G. H. Ballard,E. W. Fisher 和 J. M. Guenet 分别用这种方法研究了聚乙烯、聚丙烯、聚氧化乙烯和等规聚苯乙烯,发现它们在结晶态中分子链的均方旋转半径与在熔体中分子链的均方旋转半径相同。这些结果证明,从熔体中结晶的晶体中高分子链不作规则折叠,因为如果进行规则折叠,分子链的均方旋转半径将会与测得的结果大不相同。另外,利用中等角度的中子散射强度数据,将实验值与按假设模型计算的散射函数相比较时,发现实验值与按规则折叠模型计算的结果相差很大,而与按插线板模型计算的结果则较为吻合。这些实验事实都说明,在结晶中,分子链基本上保持着它原来的总的构象,而只在进入晶格时作局部的调整。

四、霍塞曼(Hosemann)隧道-折叠链模型

结晶高聚物中总是存在着晶区与非晶区,Hosemann 综合了结晶高聚物中各种结构形式,提出了结晶高聚物的隧道—折叠链结构模型,即 Hosemann 结构模型(见图 3 - 35)。这一模型认为结晶高聚物中存在晶区和非晶区,晶区由排入晶格的伸直链晶片(存在于如串晶、伸直链晶体中)或折叠链晶片(存在于如单晶、球晶中)组成,非晶区由未排入晶格的分子链和链段、折叠链晶片中链的折叠弯曲部分、链末端、空穴等组成。

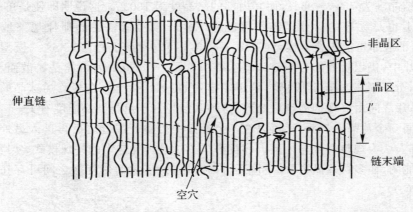

图 3 - 35 部分结晶高聚物的 Hosemann 隧道-折叠链结构模型

3.2.5　结晶度及其测定

一、结晶度

由结晶高聚物模型可以看出,所有的结晶高聚物中总是晶区与非晶区共存的,为了对这种状态进行描述,提出了结晶度的概念作为结晶部分含量的量度,通常以质量分数(X_c^W)和体积分数(X_c^V)来表示,有

$$X_c^W = \frac{W_c}{W_c + W_a} \times 100\%　\tag{3-10}$$

$$X_c^V = \frac{V_c}{V_c + V_a} \times 100\%　\tag{3-11}$$

式中,W 表示质量,V 表示体积,下标 c 表示结晶,下标 a 表示非晶。

在同一高聚物中晶区和非晶区没有明确的界限,晶区的有序程度也不相同,因此结晶度没有明确的物理意义。结晶度的概念对于高聚物的性能和结构设计、成型工艺的控制有着重要的作用。

二、结晶度的测试

常用的测试结晶度的方法有密度法、红外光谱法、X 射线法、量热分析法等,表 3-6 给出了不同的测试方法测得的结晶度。从中可以看出,测试方法的不同会使测试结果产生极大的差异,远远超过测试误差,这是由于不同的测试方法对晶区和非晶区界定不同。因此在给出某物质的结晶度时,必须说明测试方法。

表 3-6　不同测试方法测得的结晶度

测试方法	纤维素的结晶度/(%)	未拉伸涤纶的结晶度/(%)	拉伸涤纶的结晶度/(%)	低压聚乙烯的结晶度/(%)	高压聚乙烯的结晶度/(%)
密度法	60	20	20	77	55
X 射线法	80	29	2	78	57
红外光谱法	/	61	59	76	53

1.密度法

密度法是测试高聚物结晶度最常用的方法。这种方法的依据为,完全结晶的高聚物密度(ρ_c)远高于完全不结晶的高聚物密度(ρ_a),当结晶高聚物中两相共存时,其密度(ρ)介于结晶试样和非结晶试样之间。同时假定样品中结晶部分和非晶部分的质量和体积具有加和性,则通过对密度或比容的测定即可计算高聚物的结晶度。

若 v, v_c 和 v_a 分别为试样、晶区和非晶区的比容,当考虑样品的质量加和性时,有

$$v = X_c^W v_c + (1 - X_c^W) v_a$$

$$X_c^W = \frac{v_a - v}{v_a - v_c} = \frac{(1/\rho_a) - (1/\rho)}{(1/\rho_a) - (1/\rho_c)}　\tag{3-12}$$

当考虑体积加和性时,有

$$\rho = X_c^V \rho_c + (1 - X_c^V)\rho_a$$

$$X_c^V = \frac{\rho_a - \rho}{\rho_a - \rho_c} \qquad (3-13)$$

因此只要知道 ρ、ρ_c 和 ρ_a，即可求得结晶度。ρ 可以用密度梯度管来测量，密度梯度管中装有两种比重不同的互溶液体，混合液体应可以完全浸润试样，但不能使试样溶解、溶胀或与之发生反应。由于密度梯度管比较细长，比重不同的两种液体在管内相溶较慢，可以形成相对稳定的自上而下的密度梯度。测量时先做好密度-高度的标准曲线，从试样在管内的高度，即可知试样的密度。ρ_c 可以通过晶体的结构参数按式(3-14)进行计算，有

$$\rho_c = \frac{MZ}{\tilde{N}V} \qquad (3-14)$$

式中，M 为结晶高聚物结构单元的分子量，Z 为晶胞中包含的结构单元数目，V 为晶胞体积，$\tilde{N}$ 为阿伏伽德罗常数。

ρ_a 可以通过熔体的比容-温度曲线外推到温度为零时得到，或通过直接从熔体淬火获得完全非晶试样得到。大多数高聚物的 ρ_c，v_c 和 ρ_a，v_a 的值前人已经测得，可以直接查阅，表3-7中列出了一些常用高聚物的结晶数据。

表 3-7 一些常见结晶性高聚物的密度

高聚物	ρ_c $/(g \cdot cm^{-3})$	ρ_a $/(g \cdot cm^{-3})$	ρ_c/ρ_a	高聚物	ρ_c $/(g \cdot cm^{-3})$	ρ_a $/(g \cdot cm^{-3})$	ρ_c/ρ_a
聚乙烯	1.00	0.85	1.18	聚三氟氯乙烯	2.19	1.92	1.14
聚丙烯	0.95	0.85	1.12	聚四氟乙烯	2.35	2.00	1.17
聚丁烯	0.95	0.86	1.10	聚酰胺-6	1.23	1.08	1.14
聚异丁烯	0.94	0.86	1.09	聚酰胺-66	1.24	1.07	1.16
聚戊烯	0.92	0.85	1.08	聚酰胺-610	1.19	1.04	1.14
聚丁二烯	1.01	0.89	1.14	聚甲醛	1.54	1.25	1.25
顺式聚异戊二烯	1.00	0.91	1.10	聚氧化乙烯	1.33	1.12	1.19
反式聚异戊二烯	1.05	0.90	1.16	聚氧化丙烯	1.15	1.00	1.15
聚乙炔	1.15	1.00	1.15	聚对苯二甲酸乙二醇酯	1.46	1.33	1.10
聚苯乙烯	1.13	1.05	1.07	聚碳酸酯	1.31	1.20	1.09
聚氯乙烯	1.52	1.39	1.10	聚乙烯醇	1.35	1.26	1.07
聚偏氟乙烯	2.00	1.74	1.15	聚甲基丙烯酸甲酯	1.23	1.17	1.05
聚偏氯乙烯	1.95	1.66	1.17	聚氯丁二烯	1.35	1.24	1.09

2. X 射线衍射法

X 射线衍射法测定高聚物结晶度的依据为总的相干散射强度等于晶区和非晶区相干散射强度之和，即

$$X_c = \frac{A_c}{A_c + KA_a} \times 100\% \qquad (3-15)$$

式中，A_c 为衍射曲线下晶区衍射峰的面积，A_a 为衍射曲线下非晶区散射峰的面积，K 为校正因子。

通常为了比较的目的，K 可设定为 1，对于绝对测量，K 因子必须经过绝对方法测定，如

Ruland方法或密度法。如图3-36所示的聚乙烯的X射线衍射曲线,可以利用分峰法(图解分峰、计算机分峰等)将衍射峰分为结晶的和非晶的两部分,利用公式(3-15)即可得到聚乙烯的结晶度。

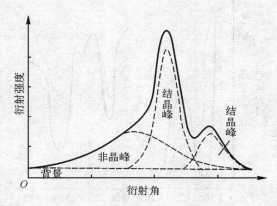

图 3 - 36　聚乙烯的 X 射线衍射曲线

3. 量热法

利用聚合物熔融过程中热效应,采用量热法也可测试聚合物的结晶度,即

$$X_c = \frac{\Delta H}{\Delta H_0} \times 100\% \tag{3-16}$$

式中,ΔH 和 ΔH_0 分别为聚合物试样的熔融热和100%结晶试样的熔融热。ΔH 值可由差示扫描量热分析仪(DSC)测得的结晶聚合物差示扫描量热曲线上(见图3-37)的熔融峰的面积来确定,ΔH_0 一般不可直接得到,可以通过测试一系列不同结晶度试样的 ΔH,然后外推到 $X_c \rightarrow$ 100% 来确定。

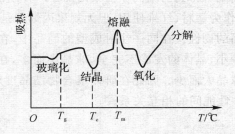

图 3 - 37　结晶聚合物的典型的 DSC 曲线

4. 红外光谱法

在结晶聚合物的红外光谱图上具有特定的结晶敏感吸收带,简称晶带,其强度与结晶度有关,即结晶度增大晶带强度增大,反之如果非结晶部分增加,则无定形吸收带增强,利用这种晶带可以测定结晶聚合物的结晶度。

图 3-38 所示为聚三氟氯乙烯的红外光谱图,490cm^{-1}处的吸收带是结晶性吸收带,测量这条吸收带的强度即可测定结晶度,然而在这种情况下,为了测定结晶度的绝对值,需要有已知结晶度的标准样品,如用 X 射线衍射测定过的已知结晶度的试样。同样也可以用非晶区的吸收带的变化来对结晶度进行测定,而且因为 100% 结晶的试样是没有的,而 100% 非晶态的

试样是可以得到的,所以用结晶性吸收带测定结晶度不同于用非结晶性吸收带进行测定,前者不是独立的方法。

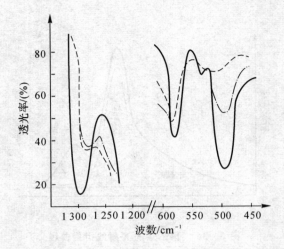

图 3-38 聚三氟氯乙烯的红外光谱图

注:——为230℃记录;———为230℃退火到室温记录;—·—为230℃淬火到室温记录

结晶度对高聚物的性能有极大的影响,因此不同性能要求的高聚物对于结晶度的要求是不一样的。当作为塑料和纤维使用时,希望它们有较高的结晶度,如聚乙烯,随着结晶度的提高,材料的耐热性和耐溶剂性有明显提高;当作为橡胶使用时,则希望它们不结晶,因为结晶会使橡胶失去弹性。

高聚物的结晶度,不仅受到高分子链的化学组成、高分子链结构的影响,与其成型加工条件也密切相关。比如由定向聚合得到的全同立构聚丙烯是一种结晶高聚物,有一定的强度、耐热性和耐化学药品性,可以作为塑料、纤维使用,但无规聚丙烯却是一种黏稠的物质,有时作为塑料中的添加剂以改善制品的韧性。在同一注射成型的制品中,在制品的表面由于与模具接触,温度较低,结晶度可能较小,晶体的发展不完全,球晶小而多,在制品的内部,温度较高,结晶度较高,晶体发展完善,球晶大而少。因此在研究聚合物结晶度对性能的影响时,要综合考虑高聚物的加工条件–结构–性能间的相互关系。

3.3 高聚物的非晶态

高聚物的非晶态指的是分子链不具备三维有序结构,在高聚物中普遍存在。它可以是高聚物的玻璃态,高弹态和黏流态。非晶态结构可能源于以下几种情况。

(1)分子链化学结构的规整性很差,以致根本不能结晶,如大多数的无规立构高聚物无规聚苯乙烯、无规聚甲基丙烯酸甲酯等,当它们从熔体冷却时,仅能形成玻璃态。

(2)链结构具有一定的规整性,能够满足结晶的结构要求,但是结晶速度非常缓慢,以至于在通常冷却速度下得不到结晶结构的高聚物,如聚碳酸酯、聚对苯二甲酸乙二醇酯等,在常温下它们通常以玻璃态存在。

（3）低温下结晶好，但在常温下很难结晶的高聚物。这些高聚物的玻璃化转变温度远低于室温，如天然橡胶在常温下不能结晶，但在-25℃时却可以很快地结晶。

（4）熔融的高聚物、过冷熔体以及晶体存在的非晶区等。

对于这类非晶态的高聚物，其分子链的排列是不规则的。长而细的高分子链像一团乱麻，链相互穿透、勾缠，称它为高分子链的缠结。广义来说，缠结是高分子链之间形成物理交联点，构成网络结构，使分子链的运动受到周围分子的限制，因而对高聚物的性能产生重要影响。

缠结分拓扑缠结和凝聚缠结两种（见图3-39）。

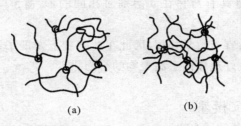

(a)　　　　　　　(b)

图 3-39　高分子链的缠结

(a)拓扑缠结；　(b)凝聚缠结

拓扑缠结是指高分子链相互穿透、勾缠，链之间不能横穿移动（图3-39(a)）。在分子链上，大约100～300个单体单元才有一个这种缠结点，而且缠结点密度的温度依赖性很小。对处于高弹态和流动态温度下的高聚物性质有重要的影响。任何高分子长链都存在拓扑缠结效应，只有当相对分子质量低到几百以下时，这种链间拓扑缠结才不能发生。

凝聚缠结是由于局部相邻分子链间的相互作用，使局部链段接近于平行堆砌，从而形成物理交联点（图3-39(b)）。这种链缠结的局部尺寸很小，可能仅限于两三条相邻分子链上的几个单体单元组成的局部链段的链间平行堆砌，而这种凝聚缠结点在分子链上的密度要比拓扑缠结点的密度大得多（两个缠结点间约有几十个单体单元）。凝聚缠结的生成是由于链段间范德华力的各向异性，包括链上双键和芳环电子云的相互作用。其缠结的相互作用能是很小的，很容易形成和解开，因此这种缠结点的密度有很大的温度依赖性，其强度和数目与试样的热历史有密切的关系。这种不同尺度、不同强度的凝聚缠结点形成物理交联网络，从而对高聚物在T_g和T_g以下的许多物理性能产生重要影响。

对高聚物非晶态结构的研究开始得较早，但目前学术界对这一问题存在较大的争议。主要的结构模型有Flory无规线团模型，以及Yeh的两相球粒模型。

3.3.1　无规线团模型

早在1956年，P. J. Flory提出了非晶态高聚物的无规线团模型，如图3-40所示。这个模型认为，非晶态高聚物是由具有与在θ溶剂中相同无扰直径的高分子的无规线团组成，每条高分子链处于许多相同的高分子链的包围中。非晶态高聚物在凝聚态结构上是均相的，分子内及分子间的相互作用相同，分子链应是无干扰的，呈无规线团且服从高斯分布。

20 世纪 70 年代,小角中子散射(SANS)技术的发展及其在非晶态高聚物结构研究中取得的结果,有力地支持了这一模型。研究者以氘代的高聚物为标记分子,把它分散在相应的非氘代的高聚物本体中,采用 SANS 测定了多种氘代的高聚物本体中固体"稀溶液"中分子链的旋转半径,同时研究了这些高聚物在其他有机溶剂中的中子散射情况。实验证明在所有情况下,旋转半径与重均分子量成正比,高聚物本体中的分子链具有与它在 θ 溶剂时相同的形态,即无规线团。

图 3-40 高分子链的无规线团模型

无规线团模型简单,适宜于数学处理,因此在此基础上发展了许多更为详尽的理论,如橡胶的弹性统计理论等,并较好地预测了高聚物的行为。

3.3.2 两相球粒模型

尽管无规线团模型在解释实验事实方面获得了很大成功,也有大量的实验验证,但仍有不同的观点存在,有的观点也造成了一定的影响,其核心是聚合物在非晶态仍有某种局部有序的概念。

Yel 等用电子显微镜观察了许多非晶高聚物,于 1972 年提出了影响较大的"折叠链缨状胶束粒子模型",亦称为两相球粒模型(见图 3-41)。他认为高分子的非晶态是由折叠链构象的"粒子相"和无规线团构象的"粒间相"构成。而粒子又可分为有序区和粒界区两个部分。有序区中的分子链是互相平行排列的,其有序程度与链结构、分子间力和热历史等因素有关,它的尺寸约 2~4 nm。有序区周围有 1~2 nm 大小的粒界区,由折叠链的弯曲部分、链端、缠结点和连结链组成。粒间相由无规线团、低分子物、分子链末端和连结链组成,尺寸约 1~5 nm。模型认为一根分子链可以通过几个粒子和粒间相。

粒间相	粒子相
由无规线团、低分子物质、缠结点、分子链末端、连接链以及由一个"粒子"进入另一个粒子的部分链段所组成,为1~5 nm	粒子之间是由大小均匀的"珍珠串"连接在一起,链由"粒子"的一端进入另一端

粒界区	有序区
围绕着"核"心有序区而形成的明显恒定的粒界,大小为1~2 nm,这个区域几乎是折叠链弯曲部分,链段和缠结点,以及由一个有序区伸展得另一个粒间相部分的链段所组成	大小为1~2 nm,此区内分子链相互平行,具有比近晶型更好的有序性,这种有序性与热历史、链的化学结构和次价力相互作用有关

图 3-41 非晶态高聚物的两相球粒模型

　　这个模型解释了下列事实。该模型包含了一个无序的粒间相,从而为橡胶弹性变形的回缩力提供必要的构象熵,因而可以解释橡胶弹性的回缩力;非晶高聚物的密度比完全无序模型计算的要高,就是由于两相球粒模型中有序的粒子相与无序的粒间相并存造成的;模型的粒子中存在链段的有序堆砌,为结晶的迅速发展准备了条件,这就解释了许多高聚物结晶速度很快的事实等。

　　除两相球粒模型,局部有序模型还有 B. Vollmert 等提出的分子链互不贯穿,各自成球的"塌球模型"和 W. Pechhold 等人提出的非晶链束整体曲折的"曲棍状模型"等,但均不如两相球粒模型的影响广泛。

3.4　高聚物的取向态

3.4.1　高聚物的取向

　　线型高分子具有高度的几何不对称性,它们的长度可能是宽度的几百、几千甚至几万倍,因此在一定的条件下,高聚物在外力作用下,高分子链、链段或结晶高聚物中的片晶等结构单元沿外力方向作某种方式或某种程度的平行排列,称为高聚物的取向。取向后的高聚物的凝聚态结构称为取向态结构。

一、高聚物的取向方式

　　按照外力作用方式,高聚物的取向主要有两种方式:单轴取向和双轴取向。

　　单轴取向:高聚物只沿一个方向拉伸,长度增加,厚度和宽度减小。高分子链或链段倾向于沿拉伸方向排列(图 3－42(a))。

　　双轴取向:高聚物沿两个互相垂直的方向(X,Y 方向)拉伸,面积增加,宽度增加,厚度减小。高分子链或链段倾向于与拉伸平面(XY 平面)平行排列。但在 XY 平面内分子的排列是无序的(图 3－42(b))。

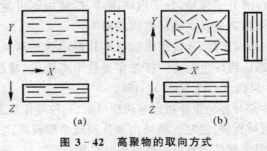

图 3－42　高聚物的取向方式

(a)单轴取向;　(b)双轴取向

二、高聚物的取向单元及取向机理

　　非晶高聚物与结晶高聚物的取向机理是不同的。

　　非晶态高聚物的取向单元可以是链段,也可以是整链(见图 3-43)。链段的取向是通过单键的内旋转实现的,当升高温度至高弹态时,分子链段的取向在很短时间内即可完成。此时维持外力作用将材料迅速冷却到玻璃化转变温度以下,这种取向即可被冻结而保留下来。而整个分子链的取向要求通过链段的协同运动来实现,分子链的取向通常在黏流态才可发生,因此链段的取向比整链的取向容易。在外力作用下,首先发生链段的取向,然后再逐渐发展到整链的取向。

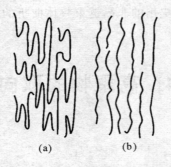

图 3-43　高分子的取向示意图

(a)链段的取向；　(b)整链的取向

　　高聚物的取向态是取向单元在外力的作用下实现的,当外力去除后,非晶态高聚物的取向态处于热力学非平衡状态。由于分子的热运动,分子将自发地趋于无序的平衡状态,这种取向态向无序态的恢复过程称为解取向。取向的非晶态高分子的解取向总是自发进行的。在外力作用下取向越容易,去除外力后解取向也越容易。因此发生解取向时,首先发生的也是链段的解取向,然后才是分子链的解取向。在常温下,这种解取向的过程可能需要很长的时间,因而它可以维持相对稳定。

　　结晶高聚物的取向单元除了非晶区的链段和分子链外,还存在晶区的取向。关于结晶高聚物的取向目前存在着两种观点。一种认为结晶高聚物被拉伸时将首先发生非晶区的取向,然后是晶体的变形、破坏、再结晶,从而形成新的取向晶体。另一种由 Flory 等提出,认为在非晶态时柔性高分子链的周围有大量的近邻分子与之缠结,形成结晶后,这些缠结部分将集中于非晶区,由于非晶区中存在的分子缠结,分子运动困难,拉伸中不可能一开始就发生明显的变形,因此结晶高聚物的拉伸将首先发生晶区结构的破坏。

　　从熔体冷却得到的结晶高聚物,通常是由折叠链片晶组成的球晶。在拉伸过程中不仅发生球晶的取向,晶体的内部也将发生变化。首先在弹性形变阶段,球晶被拉成椭球形,继续拉伸,球晶则变成带状结构(见图 3-44 和图 3-45)。

　　球晶的形变过程中,内部片晶的重排机理有两种可能,一种是片晶发生倾斜、滑移、转动以至破坏,部分折叠链被拉伸成伸直链,使原有的结构部分地或全部破坏,形成新的沿外场方向取向的折叠链片晶和贯穿在片晶之间的伸直链组成的微丝结构(见图 3-46(a));另一种可能是原有的折叠链片晶被拉伸转化为沿拉伸方向有规则排列的完全伸直链晶体(见图 3-46(b))。取向过程中的凝聚态变化取决于结晶高聚物的类型和拉伸取向条件(如温度、拉伸速度等)。

　　结晶高聚物的取向态处于热力学平衡状态,因此高聚物的解取向在晶体破坏前是不可能实现的。

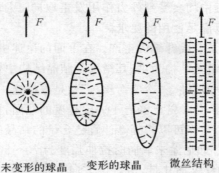

未变形的球晶　　变形的球晶　　微丝结构

图 3－44　球晶在取向过程中的变形

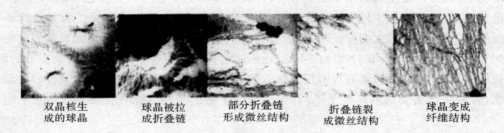

双晶核生　　　　球晶被拉　　　部分折叠链　　　折叠链裂　　　球晶变成
成的球晶　　　成折叠链　　　形成微丝结构　　成微丝结构　　纤维结构

图 3－45　尼龙 6 在拉伸过程中球晶的变形成纤过程的电镜照片

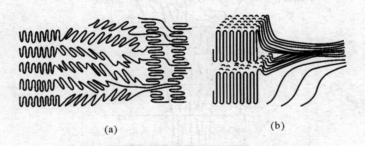

(a)　　　　　　　　　　　　(b)

图 3－46　结晶高聚物在拉伸取向中的结构变化
(a)形成微丝结构；　(b)形成伸直链结构

3.4.2　取向对高聚物性能的影响

　　未取向的高聚物,分子链或链段的排列是随机的,在各方向上出现的几率一致,因此材料结构和性能体现出各向同性;取向高聚物,分子链或链段产生有序排列,沿分子链方向以共价键相连,而分子链间的作用力为范德华力或氢键,因此取向高聚物在取向方向和垂直于取向方向的结构和性能有很大的不同,表现出各向异性。如力学性能,在取向方向上的强度会明显提高,垂直于取向方向的强度则可能降低;在取向方向及垂直于未取向方向,高聚物的冲击强度、断裂伸长率等也有明显的差别,出现取向强化的现象。在光学性能上,将出现双折射现象。热性能上,将在取向和垂直于取向方向呈现出不同的热膨胀系数。高聚物在成型过程中如挤出、压延、吹塑、纺丝、牵伸等过程中均会受到外力作用发生取向,因此,可利用取向对高聚物在某一方向上的性能进行改性,以满足使用的要求。

单轴取向最典型的例子是合成纤维的生产。在上面的论述中已知,在通常的情况下,结晶高聚物在拉伸取向中以形成微丝结构为主,其结果是结晶结构中伸直链的数目增多,这有利于提高取向高聚物的力学强度和韧性。"冷冻纺丝法"就是根据这一原理提出的。在熔融纺丝的过程中,从喷丝孔出来的纤维,分子链已经有了一定程度的取向,再经过适当牵伸,分子链沿拉伸方向的取向度进一步提高,从而可以得到高伸直链含量的结晶态,大幅度提高在牵伸方向上的强度和模量(见图 3-47)。如尼龙未取向时拉伸强度为 70~80 MPa,而尼龙丝的拉伸强度可达 470~570 MPa;聚丙烯纤维捆扎带,沿纤维方向有很高的拉伸强度,而在垂直于纤维方向则可以轻易地撕裂。但单轴取向在提高强度的同时,也可能带来一些不利的影响,如对涤纶纤维取向后,其拉伸强度提高了 6 倍,但断裂伸长率却降低了很多。这是由于取向度过高时,分子排列的规整度高,分子链完全伸展,变形能力差,使纤维呈现脆性断裂。为了使纤维有很高的强度,同时又具有较大的伸长率,可通过在成型过程中控制不同取向单元取向的速度来实现。如利用分子链和链段取向速度的不同,用慢的取向过程使整个高分子链得到良好的取向,从而使纤维具有高的强度,再通过链段的解取向,使之具有高的伸长率。为得到良好的综合使用性能,各种纤维需要的取向度是不同的,这与分子链的刚性、结晶性、取向后的分子间力有关系。

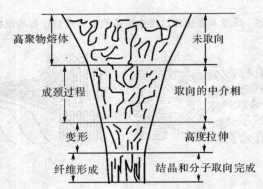

图 3-47 纤维熔体在喷丝过程中凝聚态结构的变化

薄膜也可以进行单轴取向,但是由于分子链只在薄膜平面上进行某一方向的取向,因而出现各向异性的现象,使实际强度比未拉伸之前更差。因此薄膜通常进行双轴取向,使分子链取平行于薄膜平面的任意方向,这样的薄膜,平面上就是各向同性的。如用于电影片基、录音带、录像带等均为双轴取向。

双轴取向可以通过双轴拉伸、吹塑等过程来实现。

双轴拉伸是将熔融挤出的片状高聚物,在适当的温度下沿互相垂直的两个方向上同时拉伸,结果使制品的面积增大而厚度减小,最后成膜。吹塑薄膜则是将熔融高聚物挤出成管状,同时在管芯中通入压缩空气,在纵向进行牵伸的同时使管状物料迅速膨胀,厚度减小而成薄膜。这两种工艺制成的薄膜,分子链都倾向于与薄膜平面相平行的方向排列,而在平面上的排列又是无序的,不存在各向异性,因而具有高的强度和尺寸稳定性。航空有机玻璃的制作是双轴取向在塑料中应用的典型例子。有机玻璃有极佳的透光性能,可用于飞机座舱罩,但普通的有机玻璃的脆性很大,不耐冲击。解决这一问题的办法就是对之进行双轴取向,从而提高平面的抗冲击性能和强度,即使遭到子弹的射击也不会整体碎裂。

其他如聚苯乙烯、聚氯乙烯等也可以通过双轴取向来提高强度见表 3-8。

表 3-8　双轴取向对于塑料性能的改进

性　　能	聚苯乙烯		聚氯乙烯		聚甲基丙烯酸甲酯	
	未取向	双轴取向	未取向	双轴取向	未取向	双轴取向
拉伸强度/MPa	25～63	49～84	40～70	100～150	52～72	56～77
断裂伸长率/(%)	1～3.6	8～18	50	70	5～15	25～50
冲击韧性/(kJ·m⁻²)	0.25～0.5	>3	2	—	4	15

3.4.3　高聚物的取向度

一、取向度

高聚物的取向是各种取向单元沿外力方向的定向排列,这种定向与作用力的方向不一定完全一致,定向排列的程度称为取向度,一般用取向函数 F 表示。在定义取向函数时,常取一特定的方向(通常是拉伸方向)为参考方向,取向单元的分子链轴方向与参考方向的夹角为取向角 θ(见图 3-48)。

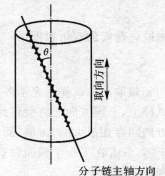

在实际高聚物中,θ 不是一个定值,而是有一定的分布,因此常用 θ 平均值的余弦函数表征取向度 F,有

$$F = \frac{1}{2}(3\overline{\cos^2\theta} - 1) \tag{3-17}$$

完全取向的高聚物,所有取向单元都沿着取向方向平行排列,$F=1$,$\overline{\cos^2\theta}=1$,平均取向角 $\theta=0°$;当完全未取向时,$F=0$,$\overline{\cos^2\theta}=1/3$,平均取向角 $\theta=54°44'$;一般情况下,$0<F<1$,平均取向角 $\overline{\theta}=\arccos\sqrt{\frac{1}{3}(2F+1)}$。

图 3-48　高聚物的取向角示意图

二、取向度的测试

测试取向度的方法很多,常用的有广角 X 光衍射法,声波传播法,光学双折射法,红外二向色性及偏振荧光法等。

1. 声波传播法

声波的传播速度同传播介质的密度有关,沿着分子链方向的传播是通过分子内键合原子的振动来完成的,速度较快;而在垂直于分子链的方向,声波的传播要靠非键合原子间的振动,速度较慢。声波在未取向高聚物中的传播速度与小分子液体中差不多,约为 $1\sim2$ km/s,而在取向高聚物的取向方向上可达 $5\sim10$ km/s。若声波在未取向试样中的传播速度为 c_u,在取向试样中沿取向方向的传播速度为 c_o,则材料的取向度可表示为

$$F = 1 - \left(\frac{c_u}{c_o}\right)^2 \tag{3-18}$$

或

$$\overline{\cos^2\theta} = 1 - \frac{2}{3}\left(\frac{c_u}{c_o}\right)^2 \tag{3-19}$$

由式(3-19)可见当试样为未取向时，c_u/c_o 为 1，则 $F=0$，$\overline{\cos^2\theta}=1/3$，$\theta=54°44'$；当高聚物高度取向时，$c_o \gg c_u$，$F \to 1$，$\overline{\cos^2\theta} \to 1$，$\theta \to 0°$。

这种方法测得的是晶态与非晶态的平均取向度，同时由于声波的波长较大，所测取向参数反映的是整个分子链的取向情况。

2.光学双折射法

在取向高聚物中，平行于取向方向的折光率 $n_\parallel$ 与垂直于取向方向的折光率 $n_\perp$ 不同，所以当光波在高聚物中传播时，会产生双折射现象，在偏光显微镜下，可以直接测定高聚物的 $n_\parallel$ 和 $n_\perp$，对于单轴取向的纤维，双折射率 Δn 为

$$\Delta n = n_\parallel - n_\perp \tag{3-20}$$

通常可直接用 Δn 作为衡量纤维取向度的指标。

对于单轴取向的薄膜，双折射度为

$$\Delta n_{pp} = n_{pp} - \frac{1}{2}(n_{ps} + n_{ss}) \tag{3-21}$$

双轴取向薄膜的双折射度为

$$\Delta n_{ss} = n_{ss} - \frac{1}{2}(n_{pp} + n_{ps}) \tag{3-22}$$

无规取向的试样是光学各向同性的，$\Delta n=0$；完全取向的试样 Δn 可达到最大值。在同一个试样上，不同方向上将会得到不同的 Δn 值。例如单轴取向的薄膜，在平行于薄膜平面的两个方向间存在最大的 Δn 值，而在双轴取向的薄膜上，平行于薄膜面的两个方向间的 Δn 很小或等于零，只有在平行于膜面和垂直于膜面的两个方向间，才有最大的 Δn。利用这个特性，可以区别取向的种类。

这个方法得到的 Δn 与取向函数 F 之间存在如下线性关系：

$$F = \frac{\Delta n}{n_1 - n_2} \times \frac{\rho_c}{\rho} \tag{3-23}$$

式中，n_1 和 n_2 分别为理想取向时平行和垂直于纤维轴方向的折光指数，ρ_c 为高聚物的晶态密度，ρ 为试样的密度。$n_1 - n_2$ 的值一般是以实验结果得到的最大值来表示。

光学双折射法测得的是高聚物晶区和非晶区两种取向的总效果，反映的是小尺寸范围内的取向。它不能用于比较不同高聚物的取向度，而只限于用以评价同一种高聚物的不同试样的取向程度。

3.红外二向色性

红外光能通过起偏振器，可得到电矢量 E 只有单一方向的红外偏振光。红外偏振光通过被测试样时，试样中某基团的吸光强度 A 同其振动偶极矩 M 的变化方向有关。电矢量方向与偶极矩变化方向平行时红外吸收最大，而这两个方向垂直时则不产生吸收，这种现象称为红外二向色性。未取向高分子的 M 的变化方向均匀分布，而取向高分子的 M 也将发生取向，因此高分子的取向可由红外二向色性来表征。二向色性比与取向度的关系为

$$\frac{I_{//}}{I_\perp} = \frac{F\cos^2\alpha + \dfrac{1}{3}(1-F)}{\dfrac{1}{2}F\sin^2\alpha + \dfrac{1}{3}(1-F)} \tag{3-24}$$

式中，α 为基团振动时跃迁偶极矩与分子链方向的夹角。完全取向时，$F=1$，二向色性比最大；无规取向时，$F=0$，二向色性比消失。

二向色性仅与高分子性质有关，与所处的凝聚态无关，因此它既可研究晶态高聚物的取向，也可研究非晶态高聚物的取向。根据所选择的红外光谱谱带的不同可分别确定晶区和非晶区的取向，也可确定整个材料的平均取向；根据振动谱带是侧基还是主链的基团，可区分主链和侧基的取向，因而能够获得较其他方法更为广泛的取向参数。

4. 广角 X 射线衍射法

这一方法测试的是晶区的取向。未取向的结晶高聚物的 X 射线衍射图是一些同心圆，在拉伸取向过程中，随取向度的增加，衍射图上的圆环变成圆弧并逐渐缩短，最后成为衍射点（见图 3-49）。以圆弧的长度的倒数作为微晶取向度的量度。

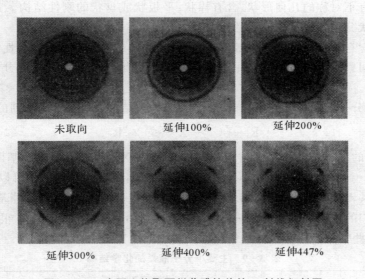

未取向　　　　　　　延伸100%　　　　　　延伸200%

延伸300%　　　　　　延伸400%　　　　　　延伸447%

图 3-49　全同立构聚丙烯薄膜拉伸的 X 射线衍射图

衍射圆弧强度 $I(\theta)$ 的分布反映了晶粒的取向分布，从所测得 X 射线衍射强度，直接计算得到晶面法线取向分布，进而计算得到分子链的取向度 F 和 $\overline{\cos^2\theta}$，有

$$\overline{\cos^2\theta} = \frac{\displaystyle\int_0^{\frac{\pi}{2}} I(\theta)\cos^2\theta\sin\theta\,\mathrm{d}\theta}{\displaystyle\int_0^{\frac{\pi}{2}} I(\theta)\sin\theta\,\mathrm{d}\theta} \tag{3-25}$$

出于简便的考虑，在实际工作中还常用拉伸比作为取向的量度，但这种方法对于取向度的衡量并不准确，在极端的情况下，拉伸可能不会产生取向，而只发生黏流，取向度在很大程度上与拉伸的条件和材料的加工热历史有关。

3.5 高聚物的液晶态

某些物质的结晶在受热熔融或被溶剂溶解之后,在一定的温度或浓度范围内转变为"各向异性的凝聚液体",它既具有液态物质的流动性,又部分地保留了晶态物质分子排列的有序性,因而在物理性质上呈各向异性。这种出现在从各向异性晶体过渡到各向同性液体之间的、兼有晶体与液体部分性质的过渡状态称为液晶态,处于液晶态的物质称为液晶。

3.5.1 液晶的结构特点及分类

不论是小分子液晶还是高分子液晶,其结构上最大的特点是存在几何形状明显的不对称性。一般而言,形成液晶的分子应满足以下3个基本的条件。

(1)分子具有不对称的几何形状,含有棒状、平板状或盘状的刚性结构。其中以棒状的最为常见,一般棒状分子的长度和直径的比值要大于6.4。

(2)分子应含有苯环、杂环、多重键等刚性结构,此外还应具有一定的柔性结构如烷烃链。

(3)分子之间要有适当大小的作用力以维持分子的有序排列,因此液晶分子应含有极性或易于极化的基团。

大多数的小分子液晶是长棒状或长条状,其基本的结构可以表示为下列的模型

$$R_1 \text{—} \bigodot \text{—} X \text{—} \bigodot \text{—} R_2$$

其中最主要的部分是它的刚性结构,由中心桥键—X—和两侧的刚性基团组成,—X—可为—CN=N—,—N=N—,—N=N(O)—,—COO—等,两侧的刚性基团可以为苯环,脂环或杂环,从而形成共轭体系,分子的末端为较柔性的极性或可极化的基团,如酯基、氰基、硝基、氨基、卤素等。它们的分子尺寸长为 $2\sim4$ nm,宽度约为 $0.4\sim0.5$ nm,具有很大的长径比,表 3-9 中列出了一些常见的小分子液晶的化学结构。

表 3-9 主要小分子液晶的化学结构

化合物类型	化合物结构
非环类	$CH_3(CH_2)_7CH{=}CH(CH_2)_7COOH$
脂环类	$C_5H_{11}\text{—}\bigcirc\text{—}COOH$ $CH_3O\text{—}\bigcirc\text{—}CH{=}N\text{—}\bigcirc\text{—}C_4H_9$ $C_2H_5OCO(\text{—}\bigcirc\text{—})_4COOC_2H_5$
杂环类	$C_9H_{19}\text{—}\bigcirc\text{—}\langle\text{杂环}\rangle\text{—}\bigcirc\text{—}C_9H_{19}$
有机金属	$(CH_3O\text{—}\bigcirc\text{—}CH{=}N\text{—}\bigcirc\text{—})Hg$

续　表

化合物类型	化合物结构
胆甾类	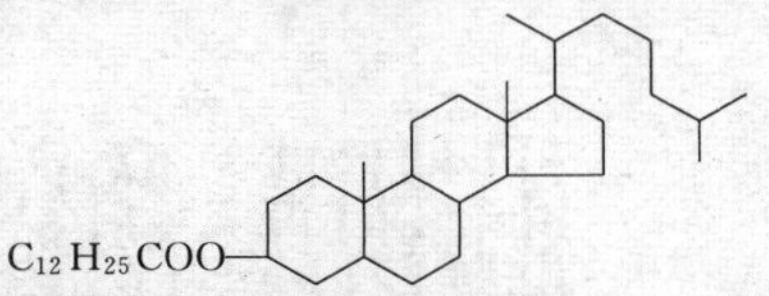 C$_{12}$H$_{25}$COO—
有机酸盐类	(CH$_3$)$_2$CHCOOK

另一种常见的液晶结构为盘状,其结构如图 3-50 所示。

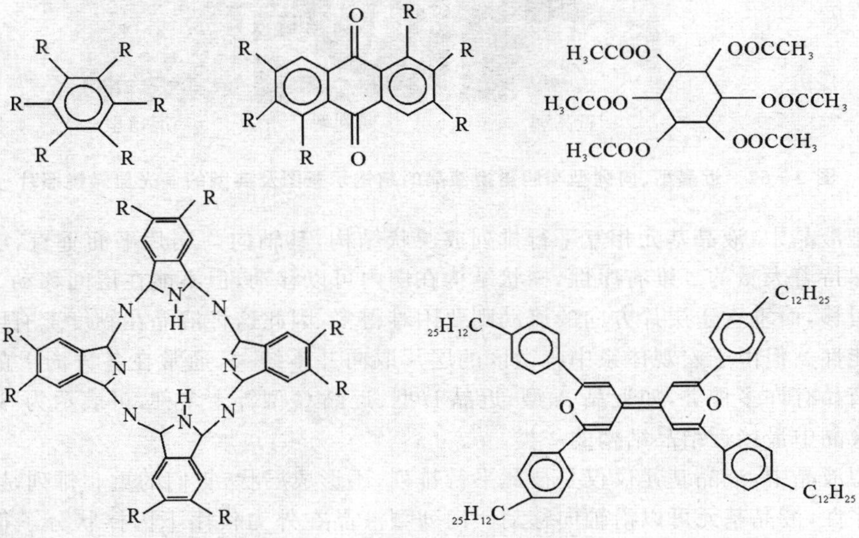

图 3-50　液晶的盘状结构

这些组成小分子液晶的刚性结构也称为液晶基元,高分子液晶是将上述的液晶基元以化学键联结在主链上或侧链上形成的。根据液晶基元在高分子链上的分布,可以分为主链型高分子液晶以及侧链型高分子液晶(见图 3-51)。液晶基元位于高分子主链上时称为主链型高分子液晶;若主链为柔性分子,侧链带有液晶基元的高分子称为侧链型高分子液晶,其液晶基元可以与主链直接相连,也可以通过柔性链段相连。

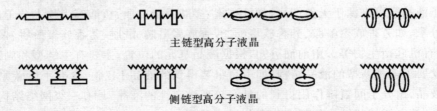

主链型高分子液晶

侧链型高分子液晶

图 3-51　主链型高分子液晶和侧链型高分子液晶

按液晶的形成条件分为溶致型液晶和热致型液晶。把物质溶解于溶剂内,在一定的浓度范围内形成的液晶称为溶致型液晶;而将物质加热到熔点(T_m)或玻璃化温度(T_g)以上形成的液晶称为热致型液晶。

按液晶中液晶基元的排列形式和有序性,可将液晶分为近晶型、向列型和胆甾型三类(见图 3－52)。

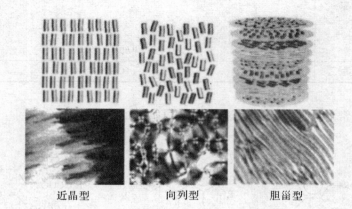

近晶型　　　　　　向列型　　　　　　胆甾型

图 3－52　近晶型、向列型和胆甾型液晶的结构示意图及典型的偏光显微镜照片

近晶型液晶中,液晶基元相互平行排列成层状结构,其轴向与层片平面垂直,层内棒状结构的排列保持着大量的二维有序性,棒状结构在层内可以移动,但不能在层间移动。液晶层片之间可以滑移,而垂直于层片方向的流动则要困难得多,因此这种液晶在黏度上有明显的各向异性的可能性。但由于宏观体系中各微区的层片取向并不统一,通常在各方向上的黏度都很大。这类液晶有许多种类,如近晶 A 型、近晶 B 型、近晶 C 型等十多种,可表示为 S_A,S_B,S_C 等这是所有液晶中最接近结晶结构的一类。

向列型液晶中,液晶基元仅仅是彼此平行排列,不形成层状,它们的重心排列是无序的,只有一维有序性,液晶基元可以沿轴向移动。向列型液晶在外力作用下因棒状分子很容易沿流动方向取向而有很好的流动性。

胆甾型液晶中,液晶基元彼此平行排列成层状结构,但同近晶型结构不同,其轴向在层面上,层内各基元之间的排列同向列型类似,重心是无序排布的;在相邻的层与层之间,基元的轴向规则地依次扭曲一定的角度,从而形成螺旋面结构,具有极高的旋光性。

3.5.2　高分子液晶的化学结构与液晶行为

高分子液晶既可来源于天然产物,如纤维素、多肽及蛋白质、核酸等生物大分子,也可来源于合成高分子,如芳香族聚酰胺、芳香族聚酯、芳香族聚酰胺-酰肼、芳香族聚酰肼、聚甲基烯酸类衍生物、有机硅衍生物等。由前面可知,根据液晶基元的位置,主要有主链型和侧链型液晶,近年来又发展了多种新型的液晶结构,如由自组装得到的液晶 LB 膜、含有手性碳原子的铁电性高聚物液晶、由分子间氢键作用得到的具有较高稳定性的液晶、具有三级网络结构的交联型高分子液晶、具有树枝状结构的超支化高分子液晶等。

一、主链型高分子液晶

根据液晶对于结构不对称性的要求,主链型高分子液晶的分子链通常为刚性链或螺旋链。

螺旋链在生物大分子中有相当重要的地位,下文将主要介绍刚性链液晶高分子。

如前所述,刚性链是由刚性的液晶基元以一定的化学键连接而成的。主链型高分子液晶通常是向列型的,但某些含手性基团的主链高分子液晶也可以形成胆甾型,个别也可以出现近晶型液晶。

根据液晶形成的条件,主链型高分子液晶可以是溶致型液晶,也可以是热致型高分子液晶。

溶致型液晶是在一定的聚合物浓度范围内形成的。目前研究的溶致型高分子液晶中,芳香族聚酰胺是最重要的品种,如聚对苯二甲酰对苯二胺(PPTA, —[CO—〇—CONH—〇—NH]$_n$—)和聚对苯甲酰胺(PBA,),它们常用的溶剂为浓硫酸或添加少量氯化锂或氯化钙的二甲基乙酰胺。此外还有聚对苯基苯二噻唑( )、聚对苯二酰肼(—NH—〇—CO—NH—NH—CO—〇—CO—)以及某些芳香族聚酯。它们通常形成的是向列型液晶。溶致型主链高分子液晶主要用于制备高强和高模量的纤维和膜材料,这是由于液晶在成型过程中分子的取向程度提高,分子间的作用力增大。

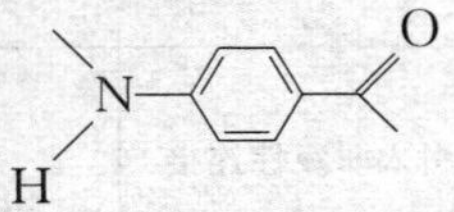

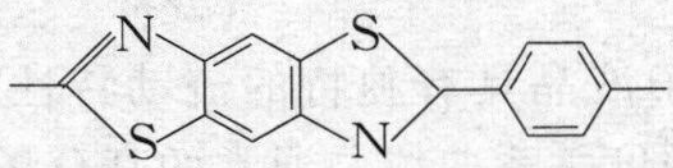

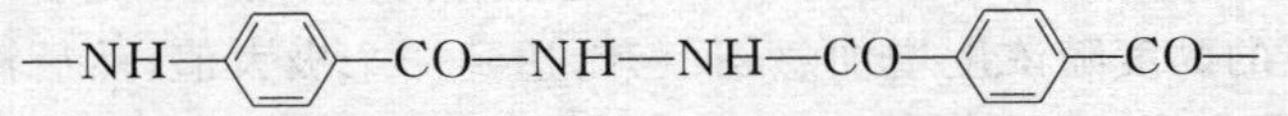

热致型高分子液晶是在一定的温度范围内形成的。无定形高分子在其 T_g 以上,或结晶高分子在其 T_m 以上时,若无液晶相,则呈现出各向同性的"清亮"状态,若形成液晶相,则材料呈现出混浊状态,形成液晶时,T_g 或 T_m 为形成液晶相的温度起点;继续升温,在一定的温度时将由各向异性的浑浊液变为各向同性的清亮液体,这一转变温度称为清亮点温度 T_{clear}。目前常用热致型主链高分子液晶是芳香族聚酯类(见图 3-53)。此外一些含偶氮苯、氧化偶氮苯、苄连氮等基团的高聚物也可形成热致型液晶。

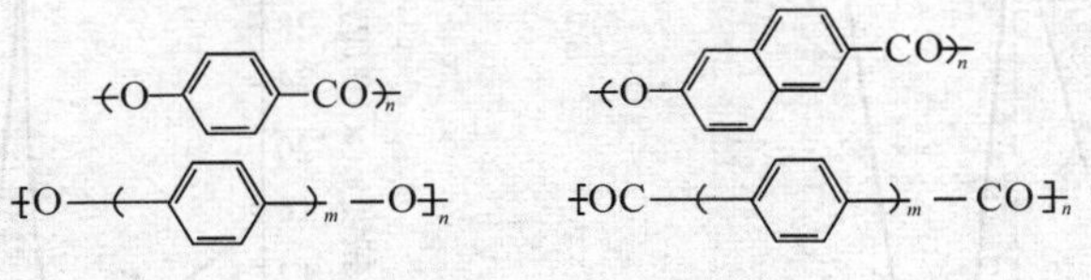

图 3-53 某些热致型高分子液晶的结构

这些含刚性链结构的高聚物通常有较高的熔点($>450℃$),其转变温度有可能高于热分解温度,以至于不出现液晶相,因此对于热致型主链高分子液晶,最重要的问题是如何使它的分解温度高于相转变温度。通过分子设计可以降低熔点,从而在低于分解温度条件下得到稳定的液晶相。常用的方法有主链中引入一定数量的柔性基团(如亚甲基 —[CH$_2$]$_n$—),引入非线性连接或共聚等,见表 3-10。

热致型主链高分子液晶最重要的性能是它的流变性,与常规同分子量的聚合物相比,它的熔体黏度低,因此加工性能好。同样由于液晶结构造成的高度取向,其机械强度高,因此广泛地应用于材料的增强、增韧,并改善它们的加工性能,或直接作为高性能材料使用。

表 3-10 降低高分子链的刚性以获得主链型高分子液晶

方　法	化学结构	熔点/℃
共聚	┤OC—〈〉—CO〉ₙ〈O—〈〉—O〉ₘ（联苯结构）	<340
	〈O—〈〉—CO〉ₙ〈O—〈萘〉—CO〉ₙ	260
主链上引入柔性基	┤O—〈〉—CO〉ₙ〈O—〈〉—CO—O(CH₂)₂O〉ₘ	230
引入非线性连接	┤O—〈CH₃苯〉—O〉ₘ〈OC—〈〉—CO〉ₙ〈OC—〈〉—CO〉ₜ	<350

主链高分子液晶通常是向列型的,向列型高分子液晶具有独特的流动特性。如图 3-54 所示的聚对苯二甲酰对苯二胺浓硫酸溶液的黏度-浓度关系曲线。通常的高分子溶液,随着浓度的提高其黏度增加,而这种液晶溶液的黏度随浓度增加急剧上升,达到一个极大值,然后浓度增加,黏度下降,并出现一个黏度的最小值,最后黏度又随浓度的增大而上升。这些由于随着浓度的变化,溶液由各向同性液体向各向异性的液晶相转变的结果。

图 3-55 所示为聚对苯二甲酰对苯二胺浓硫酸溶液的黏度-温度度关系曲线。随着温度的升高,溶液的黏度先是下降,出现极小值,继续升高温度黏度开始上升,这是由于各向异性溶液向各向同性溶液转变引起的。接着升高温度,溶液的黏度在体系完全转变成均匀的各向同性溶液之间,出现一个极大值,之后,黏度又随温度升高而降低。

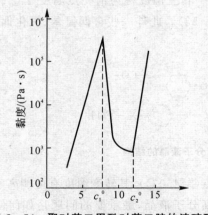

图 3-54 聚对苯二甲酰对苯二胺的浓硫酸
溶液的黏度-浓度曲线

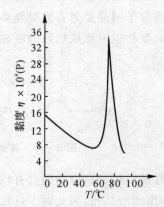

图 3-55 聚对苯二甲酰对苯二胺的浓硫酸
溶液的黏度-温度曲线

利用这种液晶体系所具有的流变学特征,可将之应用于纤维加工过程,并形成了一种新的纺丝技术——液晶纺丝,获得了高强度、高模量、综合性能优异的纤维。

二、侧链型高分子液晶

侧链型高分子液晶由柔性主链、连接在侧链上的刚性液晶和间隔基组成,图3-56所示为典型的侧链型高分子液晶结构。

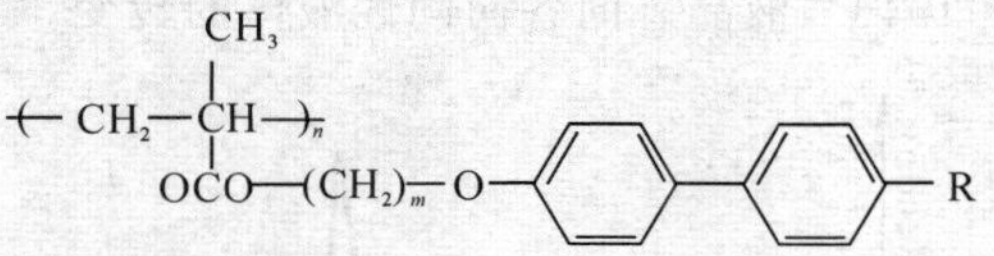

图 3 - 56　典型的侧链型高分子液晶

其中液晶基元可以是与主链垂直的,也可以是与主链平行的(见图3-51)。侧链上刚性的液晶基元对于液晶的形成起着重要的作用,但柔性的主链和间隔基对于液晶的形成条件、液晶的稳定性以及液晶的相行为所起的作用也不可忽视。侧链型高分子液晶的主链可以是碳链或杂链(如 Si—O 链),它直接决定聚合物的 T_g 或 T_m,也就是决定液晶相出现的温度范围。刚性的液晶基元除少数直接与柔性主链相键合外,通常与主链之间有长度不等的间隔基,以削弱柔性主链与刚性侧链之间的相互影响,这就是去偶作用。间隔基不仅使液晶的类型发生变化,而且随间隔基长度的变化,体系的柔性改变,相转变温度及其范围也发生变化。对于侧链液晶高分子,液晶相的近晶型比向列型多,甚至出现胆甾型。

形成溶致型侧链高分子液晶的结构多为一些双亲分子,即一端含亲油基团,另一端含亲水基团,这一类材料主要是作为功能性高分子膜和胶囊使用,在生物工程及医用高分子材料上有重要的意义。

3.5.3　高分子液晶的表征

液晶态的表征一般不需特殊的实验手段,许多研究普通聚合物的仪器都能用来研究液晶行为,不过每种方法都有其不足之处,往往需要几种方法配合才能准确了解液晶的形态与结构。

一、偏光显微镜

偏光显微镜是用来直接观察液晶形态的常用仪器。利用液晶态的光学双折射现象,在带有控温热台的偏光显微镜下,在液晶温度区间,可观察到液晶物质因织态结构的差别产生的特征的明暗条纹,如图3-52所示,并可通过温度的调节测定液晶的转变温度。但要注意的是,高聚物熔体的黏度很大,因而其液晶的特征织态结构常不像小分子那样能很快地形成,有时不能只根据观察到的图形来判断高分子液晶的类型,而要辅以其他手段。

二、热分析

热分析研究液晶态的原理在于用差示扫描量热分析(DSC)直接测定液晶相变时的热效应。高分子发生熔融或玻璃化转变之后,若有液晶相出现,继续升温到 T_{clear},可测量由液晶态向无序态转变的热效应,由热行为可确定液晶相转变温度。T_m 或 T_g 的大小往往同试样的热历史有关,但一般认为 T_{clear} 同试样的热处理没有多大关系。若升温或降温速度很慢,可认为它是相平衡过程。可据此计算相变过程的熵变。

图 3-57 所示为一半结晶性液晶高分子的 DSC 曲线,样品在升温过程中,先是在 42℃ 发生玻璃化转变,在 161℃ 样品由半结晶态熔融进入液晶态,可求出其焓变为 17 kJ/mol,熵变为 2.2J/(K·mol),再升温至 194℃,液晶态向各向同性液体的转变。

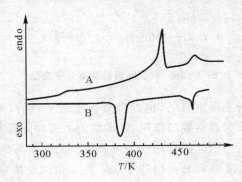

图 3-57 液晶高分子聚酯的 DSC 曲线

A—升温; B—降温

热分析的缺点是不能直接观察液晶形态,少量的杂质也可能出现吸热或放热峰,影响到液晶态的正确判断。

三、X 射线分析

用 X 射线的广角衍射或小角散射研究液晶态结构同研究晶态结构的原理类似。液晶相可产生 X 射线衍射环,在外场作用下使液晶分子取向,则衍射环退化为弧(见图 3-58)。利用 X 射线衍射强度可计算其取向度参数。对于近晶型液晶,可测定其层间周期、液晶区尺寸等结构参数。

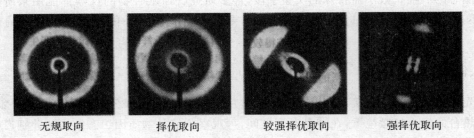

无规取向　　　　择优取向　　　　较强择优取向　　　　强择优取向

图 3-58 向列型液晶的 X 射线衍射图

此外,还有根据液晶态与无序状态黏度的差别来研究液晶现象的流变学方法,电子衍射、核磁共振、电子自旋共振、流变光学等手段也被用来研究高分子液晶行为,并已取得了一定的成功。

3.6　聚合物多相体系

高聚物的共混是改善高聚物性能的重要手段之一。通过共混可以达到提高应用性能、改善加工性能或降低成本的目的,因而引起了广泛的关注。

共混高聚物是指两种或两种以上均聚物或共聚物的混合物。在共混高聚物中,不同组分之间主要是以物理作用结合,但在强的剪切作用力下熔融混合时,由于剪切作用可能使大分子产生断链,产生少量的自由基,从而生成嵌段或接枝共聚物;在共混物中加入增容剂,也可以在其中引入少量的化学键合。

共混高聚物的形态主要有两种。一是各组分具有良好的相溶性,甚至达到分子水平的混合,此时得到的共混物是均相的,只有一个相结构,不存在相分离。但大多数高聚物共混物是不相溶的,而是形成多相体系,各相在很小的尺寸范围内共存不产生宏观相分离,即具有相容性。这种具有相容性的聚合物多相体系又称为高分子合金。

共混高聚物的性能不仅与各组分的结构有关,还与相结构有关,即各相之间的界面结构及界面强度、相的连续性、分散相的相畴尺寸以及分散相颗粒的形状等均会影响共混高聚物的性能。

共混高聚物的制备方法可分为两类。一类为物理共混,包括熔融状态下的机械共混、溶液共混、乳液共混等;另一类为化学共混,包括一种单体在另一种高聚物中进行聚合的溶胀聚合、核一壳型乳液聚合以及互穿网络技术等,有时嵌段高聚物或接枝高聚物也可以形成多相体系。

依据共混高聚物各组分的凝聚态结构特点,可以将其分为三类,即非晶态/非晶态共混物、结晶态/非晶态共混物和结晶态/结晶态共混物,此外还有液晶高分子与结晶或非晶高分子的共混。根据共混物各组分的性能特点及应用,可以分为四类。一是塑料为连续相,橡胶为分散相的共混物,如橡胶增韧塑料;二是橡胶为连续相,塑料为分散相的共混物,如 SBS 热塑弹性体,聚氨酯热塑性弹性体,聚苯乙烯补强橡胶等;三是两种橡胶的共混物,如天然橡胶与丁苯橡胶的共混物等;四是两种塑料的共混物,如不同类型的聚乙烯之间的共混,聚乙烯与聚酰胺的共混,热塑性塑料增韧环氧树脂等。

3.6.1　高聚物多相体系的相容性

一、高聚物的相容性

高聚物之间的互溶性是选择共混方法的重要依据,也是决定共混物形态结构和性能的关键因素。从热力学角度,高聚物之间若能互溶解,则两种高聚物将形成均相体系。

根据热力学第二定律,若两组分互溶是热力学上的自发过程,则要求混合自由能的变化 ΔG_M 小于零,即

$$\Delta G_M = \Delta H_M - T\Delta S_M < 0 \tag{3-26}$$

可见 ΔG_M 的值取决于混合过程的熵效应和热效应。按照高分子溶液的格子理论,高分子同高分子混合时,构象熵为

$$\Delta S_{\mathrm{M}} = -R\frac{V}{V_{\mathrm{r}}}\left(\frac{\varphi_{\mathrm{A}}}{x_{\mathrm{A}}}\ln\varphi_{\mathrm{A}} + \frac{\varphi_{\mathrm{B}}}{x_{\mathrm{B}}}\ln\varphi_{\mathrm{B}}\right) \tag{3-27}$$

混合热为

$$\Delta H = RT\chi_{\mathrm{AB}}\varphi_{\mathrm{A}}\varphi_{\mathrm{B}} \tag{3-28}$$

式中，φ_{A} 和 φ_{B} 分别表示组分 A 和组分 B 的体积分数，V 和 V_{r} 分别表示混合物和链段的摩尔体积，x_{A} 和 x_{B} 分别表示两组分的统计链段数，χ_{AB} 为 Huggins 参数。由于高分子的分子量很大，x 很大，所以 ΔS_{M} 很小。高分子之间的混合一般为吸热过程，$\Delta H_{\mathrm{M}} > 0$，所以，$\Delta G_{\mathrm{M}}$ 一般为正值，即体系是不互溶的。只有极个别的体系有明显的放热效应，这时可达到热力学互溶。

这种在热力学上不互溶的体系，依靠外界的条件也可实现强制的、良好的分散混合，得到力学性能优良且动力学相对稳定的高聚物共混物。也就是说，两个聚合物组分之间虽然不能形成分子水平混合，但能实现超分子水平上的混合，即在混合过程中产生分相形成稳定的多相体系，即具有一定的相容性。在聚合物的多相体系中，相与相的界面层上的分子链之间还可有某种程度的相互渗透，从而提高各相间的相容性。

相容性好的体系在宏观上甚至亚微观上表现为均相体系，相容性极差的体系则表现为宏观的相分离，大多数的高聚物共混体系处于这两者之间。因此均相和多相通常只具有热力学统计意义，而实际上是否为均相体系通常依赖于空间尺度和时间尺度，也就是形态结构在较长时间内保持的稳定性。提高相容性的有效方法是加入增容剂，此外，形成少量的嵌段与接枝共聚、采用共溶剂法或形成互穿网络等手段也可改善高聚物的相容性。

二、相容性的表征

判断共混高聚物相容性的方法有很多，但不同方法得到的结果可比性较差，如聚氯乙烯／丁腈-40 可能只有一个 T_{g}，体现均相，但在电子显微镜下观察时会看到它是相畴很小的复合体系。下面列举了一些较简单的表征共混高聚物相容性的方法。

1. 共同溶剂法

共同溶剂法是研究共混物相容性的比较原始的方法。其做法是将两种高聚物等量地溶于共同溶剂中，放置观察。若溶液混浊，则说明发生了相分离，两者是不相容的，反之，溶液清亮，则表示两相是相容的。但是，两组分即便在共同溶剂中相容，并不一定在固相中也相容，因此，该法有时也会得出不正确的结论。

2. 透明性

将共混物用溶液浇铸法或压片法制成膜，根据膜的透明性来判断体系的相容性。如果膜是透明的，则至少可以认为在可见光波长的范围内体系是均匀的，而不透明的膜则认为是不相容的多相体系。但是，当相容的体系中有部分结晶时，也会出现不透明现象，而折光指数相同或相近的两种高聚物即使不相容，共混物也可以是透明的，这是应用此法时需要注意的问题。

3. 玻璃化转变温度法

高分子共混物的 T_{g} 与两种高聚物分子级的混合程度有关。完全相容的体系，只有一个 T_{g}，数值介于两组分的 T_{g} 之间，决定于两组分的 T_{g} 和体积分数；完全不相容的体系，T_{g} 同各自均聚物一致；有一定相容性的体系，T_{g} 较高的组分共混后 T_{g} 降低，而 T_{g} 较低的组分共混后 T_{g} 上升。需要指出的是，T_{g} 是一个宏观物理量，只有一个 T_{g} 的共混体系仅仅意味着在分子链段的尺寸范围内的混合是均匀的，不一定就是分子水平上的相容。测定 T_{g} 的方法很多，如膨胀法、动态力学法、热分析法、介电松弛法等,它们都可以用于共混高聚物的研究中。

4.红外光谱法

相容的高聚物共混体系,由于异种高分子之间有强的相互作用,其所产生的光谱相对于两高聚物组分的光谱谱带产生较大的偏离,其谱带频率移动,峰形的不对称性加宽,由此来表征相容性的大小。而对于完全不相容的高聚物,其各自的特征吸收谱带能很好地重现而不发生变化。

3.6.2 高聚物多相体系的结构及其影响因素

当共混物的组分或加工条件不同时,将得到不同的多相体系结构,从而对高聚物的性能将产生显著的影响。在多相体系中,存在连续相和分散相,通常含量多的组分为连续相,含量少的组分为分散相。

本节中将针对双组分体系进行讨论,但也同样适用于多组分体系。由两种非晶高聚物构成的两相体系,按照相的连续性可分成三种基本类型:单相连续结构、两相共连续结构及相互贯穿的两相连续结构。

一、单相连续结构

单相连续结构是指构成高聚物共混物的两个相或多个相只有一个连续相,其他的相分散于连续相中,称为分散相,如图 3-59 所示。其中分散相也可称为相畴,根据相畴的形状、大小以及与连续相的结合情况的不同,又可将单连续相分为四类。

1)相畴结构不规则,大小分布很宽。机械共混法得到的共混物通常是这种形态,如机械共混法制得的聚苯乙烯和聚丁二烯橡胶的共混物。

2)相畴形状较规则,一般为球形,颗粒内部不包含或只包含极少量的连续相成分。如用羧基丁腈橡胶(CTBN)增韧的环氧树脂。在 SBS 中当丁二烯的含量较少(约 20%)时,也会形成这种形态。

3)相畴具有细胞状结构或香肠结构,在分散相颗粒中包含连续相成分所构成的更小颗粒,在分散相内部又可把连续相成分所构成的更小的包容物当作分散相,而构成颗粒的分散相则成为连续相。这时分散相颗粒的截面形似香肠。所以称为香肠结构。

4)相畴为片层状。分散相呈微片状分散于连续相基体中,当分散相浓度较高时,进一步形成了分散相的片层。如将阻隔性优异的聚酰胺成微片状均匀分散于聚乙烯中以得到阻隔性良好的共混物。

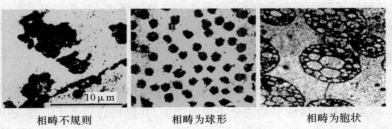

相畴不规则　　　　　相畴为球形　　　　　相畴为胞状

图 3-59　多相体系的单相连续结构

二、两相连续结构

这种形态可以分为两相共连续结构和相互贯穿的两相连续结构。两相共连续结构形态包括层状结构或互锁结构，嵌段共聚物中当两组分含量相近时常形成这类结构。如 SBS 中当丁二烯含量为 60％时即形成两相交错的层状结构，如图 3－60 所示。相互贯穿的两相连续结构的典型例子是互穿网络高聚物（IPNs）。在 IPNs 中两种高聚物网络相互贯穿，使得整个共混物成为一个交织网络，两相都是连续的。如果两种组分的相容性不够好，则会发生一定程度的相分离，这种高聚物网络的贯穿不是在分子水平上的，而是在相畴程度上，两组分的相容性越好，相畴越小。

三、共混物的界面

在共混高聚物中，在两相之间还存在着一个过渡区，也就是界面层。界面层在两相之间起着传递应力的作用。界面层的结构，特别是两种高聚物之间的粘合强度，对共混物的性质，特别是力学性能有决定性的影响。一般认为界面层是通过两相的相互接触并且使大分子链段发生相互扩散而形成的，界面层的厚度主要取决于两种高聚物的相容性，此外与高分子链的柔性、组成以及相分离条件也有关系。在界面层中可能存在着两种作用力，一是两相之间的化学键合力，如接枝和嵌段共聚物，另一种是物理作用力，如机械法得到的共混物。因此当用橡胶改进聚苯乙烯的力学性

图 3－60　丁二烯含量为 60％的
SBS 的电镜照片

能时，用接枝的办法往往比机械共混的效果好。界面层无论是从结构还是从性能上都与单独的两相不同，因此常常把它看作是第三相。

3.6.3　影响相结构的因素

一、浓度

共混物中各组分的浓度将对两相的结构产生显著的影响。以 A、B 两组分的共混物为例，随着浓度的变化，其相结构的变化如图 3－61 所示。随 A 浓度的提高，A 相可以由分散的球状依次变成柱状、层状以至连续相，随着两种组分含量进一步变化，分散相和连续相将发生逆转。这一现象已得到了相关实验的证实，如图 3－62 所示苯乙烯-丁二烯-苯乙烯的嵌段共聚物随两组分的浓度变化而产生的相结构的变化。

二、分子量

分散相的分子量的增加使相容性下降及分散相相畴增大。如聚甲基丙烯酸甲酯与聚苯乙烯的共混体系，随聚甲基丙烯酸甲酯的分子量的增加，共混物的相容性下降，透明性变差。

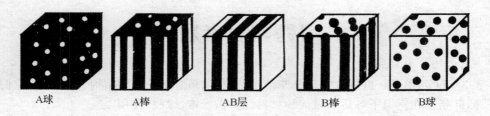

A球　　　A棒　　　AB层　　　B棒　　　B球

图 3-61　非均相多组分高聚物的织态结构模型

白色:组分 A;黑色:组分 B

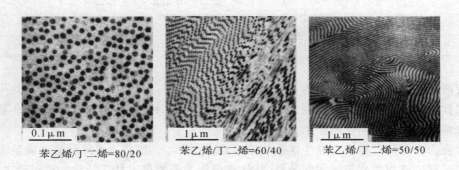

0.1μm　　　　　　1μm　　　　　　1μm

苯乙烯/丁二烯=80/20　　苯乙烯/丁二烯=60/40　　苯乙烯/丁二烯=50/50

图 3-62　苯乙烯-丁二烯-苯乙烯嵌段共聚物的电镜照片

三、增容剂

虽然大部分具有实用价值的高聚物共混体系是不相容体系,但仍然希望共混体系中各组分能良好地分散,并且在两组分的相界面间有较强的相互作用,也就是说两相间有强的界面粘接力,以便能很好地传递应力,否则在使用的过程中将会引起分层,导致材料性能变差。因此,增加其相容性是十分重要的。有效的方法之一是加入增容剂,增容剂的作用一方面是使高聚物之间易于相互分散以得到宏观上均匀的共混产物,另一方面是改善高聚物之间相界面的性能,增加相间的粘合力,从而使共混物具有动力学长期稳定的结构和优良性能。

四、溶剂

用溶液共混法制备高聚物共混体系,微区结构将受到所用溶剂的影响,溶剂对两组分的溶解能力不同,将造成溶剂挥发过程中两组分沉淀次序上的差异,一般先沉淀的形成分散相。如对苯乙烯-丁二烯-苯乙烯嵌段共聚物(苯乙烯/丁二烯=20/80)分别用不同溶剂铸膜,发现以苯/庚烷为溶剂时聚丁二烯为连续相,用四氢呋喃/丁酮作溶剂是聚苯乙烯为连续相,而用四庚烷作溶剂时则相分离不明显。

除上述因素外,共混物所处的环境温度、共混体系表面接触的环境等也将影响到相结构。

习题与思考题

1. 表 3-11 列出了一些聚合物的某些结构参数,试结合链的化学结构,分析比较它们的柔顺性好坏,并指出在室温下各适于做何种材料(塑料、纤维、橡胶)使用。

表 3-11　结构参数

聚合物	PDMS	PIP	PIB	PS	PAN	EC
$\sigma = (\overline{h_0^2}/\overline{h_f^2})^{\frac{1}{2}}$	$1.4 \sim 1.6$	$1.4 \sim 1.7$	2.13	$2.2 \sim 2.4$	$2.6 \sim 3.2$	4.2
L_0/nm	1.40	1.83	1.83	2.00	3.26	20
结构单元数/链段	4.9	8	7.3	8	13	20

2. 有两种乙烯和丙烯的共聚物,其组成相同(均为 65% 乙烯和 35% 丙烯),但其中一种室温时是橡胶状的,一直到温度降至约 −70℃ 时才变硬,另一种室温时却是硬而韧又不透明的材料。试解释它们内在结构上的差别。

3. 聚合物在结晶过程中会发生体积收缩现象,为什么?图 3-63 所示是含硫量不同的橡皮在结晶过程中体积改变与时间的关系,从这些曲线关系能得出什么结论?试讨论之。

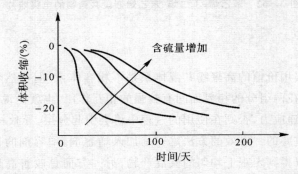

图 3-63　含硫量不同的橡皮在结晶过程中体积改变与时间的关系

4. 已知 PE 的结晶密度为 1 000 kg/m³,无定型 PE 的密度为 865 kg/m³,请分别计算密度为 970 kg/m³ 的线性 PE 和密度为 917 kg/m³ 的支化 PE 的结晶度 f_c^w,并解释为什么两者的结晶度相差那么大?

5. 聚乙烯在(　　)条件下缓慢结晶,最可能形成什么样的晶体及成因?

A. 从极稀溶液中缓慢结晶　　　　　　B. 从熔体中结晶

C. 极高压力下熔融挤出　　　　　　　D. 在溶液中强烈搅拌下结晶

6. 某一结晶性聚合物分别用注射和模塑两种方法成型,冷却水温都是 20℃,比较制品的结晶形态和结晶度。

7. 什么是高聚物的结晶度?有哪些方法可用来测定高聚物的结晶度?为什么说不同方法测得的结晶度是不能相互比较的?

8. 由什么事实可证明结晶高聚物中有非晶态结构?

9.试述聚合物结晶与非晶结构模型。

10.什么是液晶？如何分类？近晶型、向列型和胆甾型液晶各有什么特点？

11.主链型高聚物液晶有哪些典型的实例，侧链型高聚物液晶有哪些典型的实例？

12.虽然聚苯乙烯和聚丁二烯的折光指数相当不同，但是 SBS 做成的高分子材料却是透明的，并且有高的抗张强度。解释这种现象。

13.晶态高聚物在拉伸时会发生什么结构上的变化？

14.如何定义取向度？有哪些方法可以来测定高聚物的取向度？为什么说不同方法测得的取向度是不能相互比较的？

15.有哪些因素会影响高聚物的取向？

第四章　高聚物的分子运动与转变

材料的宏观性能是建立在其微观结构的基础上的,连接材料的性能与结构的纽带是分子运动形式。高聚物的结构具有复杂性,因此这些复杂的结构通过不同的分子运动形式将表现出不同的性能特点。即使在结构相同的条件下,也会由于分子运动形式的改变而表现出不同的物理性能。例如,聚甲基丙烯酸甲酯在室温时是坚硬的玻璃体,当加热到 100℃ 左右时,则变成了柔软的弹性体;橡胶在室温时是柔软的弹性体,但将它冷却到 −100℃ 时,则变成坚硬的玻璃体。在这两个例子中,尽管高聚物的链结构没有发生变化,但由于温度改变了高聚物在外场作用下的分子运动模式,使它们的物理性能发生了显著的变化。因此研究高聚物的性能,必须在高聚物结构的基础上,弄清其分子运动的规律,从而揭示高聚物结构与性能间的内在联系。

4.1　高聚物的分子运动特点及力学状态

高聚物结构的多层次及复杂性,导致其分子运动的多重性和复杂性,与小分子相比,高分子的运动具有一些不同的特点。

4.1.1　高聚物的分子运动特点

一、高分子运动单元的多重性

高分子在结构上存在化学组成、空间构型等差异,可以是长链的分子,也可以形成立体的三维交联网络,结构上具有很大的差异。因此,高分子的运动单元也具有多重性,可以是侧基、链节、链段和整个分子链,如图 4 – 1 所示。

按照运动单元的大小,可以把高分子的上述运动单元大致分为大尺寸和小尺寸两类运动单元。前者指整链,后者指链段、链节和侧基等。有时沿用小分子运动的概念,把整链运动称为布朗运动,而把各种小尺寸运动单元的运动称为微布朗运动。在上述运动单元中,对高聚物的物理和力学性能起决定作用的最基本的运动单元为链段。

链段运动是高分子链在保持其质量中心不变的情况下,一部分链段相对于另一部分链段的运动。这种运动是由于柔性主链上单键的内旋转产生的。一般对

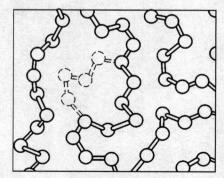

图 4 – 1　高分子链的基本运动单元

同一种高聚物,无论是同一分子链的链段或是不同分子链的链段,大小都是瞬息万变的,因此

链段运动本身也有多重性和相对性。

整链运动指高分子链作为一个整体进行整个质量中心的移动,如高聚物熔体的流动就是由于整链的运动形成的。整链的运动是通过各链段协同运动实现的,因此链段是高分子最基本的运动单元。

此外,还存在链节、侧基、侧链等较小的运动单元的运动,这些运动形式将影响高聚物的低温韧性,在下面的章节中将单独介绍。

高聚物运动单元的多重性取决于结构,而运动单元的转变依赖于外场条件,如温度、外力的作用等。

二、高分子运动的时间依赖性

在外场作用下,物体从一种平衡状态通过分子运动转变为与外场相适应的另一种平衡状态的过程称为松弛过程,分子运动完成这个过程所需要时间称为松弛时间。运动单元越大,运动中所受到的阻力越大,松弛时间越长。小分子的松弛时间是很短时,如小分子液体在室温时的松弛时间只有 $10^{-8} \sim 10^{-10}$ s,因此在通常的时间标尺上,观察不到小分子运动的松弛过程。但由于高聚物的分子量很大,分子内和分子间相互作用很强,本体黏度很高,因而高分子的运动不可能像小分子运动那样瞬间完成,因此松弛时间在高分子的运动中表现得特别重要。

松弛时间通常可用实验方法测定,通过测量高聚物在外场作用下,一些物理量如体积、模量、介电系数等达到新的平衡态值时所需的时间 t 即可测定其松弛时间,因此高聚物的许多性能是时间的函数。

若在一恒定温度下,外力拉伸橡皮至平衡态伸长 ΔL_0,当外力除去后,橡皮不会立即缩回到原来的长度,而是开始时回缩较快,然后回缩的速度逐渐减慢,以致回缩过程可以持续几个昼夜或几周。实验表明,橡皮在任一时刻 t 的伸长值 ΔL 与平衡态伸长 ΔL_0 的关系为

$$\Delta L = \Delta L_0 e^{-\frac{t}{\tau}}$$

其中,τ 为松弛时间。

在一般的意义下,高聚物外场作用下达到平衡态时某物理量的值为变化值为 Δx_0,则撤去外力作用后,该物理量的变化值 Δx 随观察时间 t 的增加按指数规律逐渐减小(图 4-2),有

$$\Delta x(t) = \Delta x_0 e^{-\frac{t}{\tau}} \qquad (4-1)$$

从式(4-1)可确定松弛时间值:当 $t = \tau$ 时,$\Delta x(t) = \dfrac{\Delta x_0}{e}$,即松弛时间为 Δx 达到 $\dfrac{\Delta x_0}{e}$ 所需要的时间。

从式(4-1)可见,当 τ 很小时,在很短的观察时间 t 内,Δx 已达到 $\dfrac{\Delta x_0}{e}$ 值,松弛过程进行得很快,在一

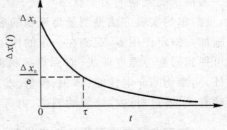

图 4-2　高聚物的松弛曲线

般的观测时间内,对这样快速转变的体系很难观测到松弛过程的进行;如果松弛时间很长,在一般的观测时间内,$\tau \gg t$,则 $\Delta x \cong \Delta x_0$,也不能观测到松弛过程。只有在松弛时间和观测时间处于同一数量级时,才能观察到 Δx 值随时间逐渐减小的松弛过程。

高分子运动单元具有多重性,因此实际高聚物的松弛时间不是单一的值,可以从几秒钟(对应于小的链段)一直到几个月、几年(对应于整链)。在一定的范围内可以认为高聚物的松

弛时间是一个连续的分布,常用"松弛时间谱"表示。

由于高聚物中存在着"松弛时间谱",在一般外场作用的时间标尺下,必有相当于和大于外场作用时间的松弛时间。因此实际上高聚物总是处于非平衡态,也就是说,在给定的外场条件和观测时间内,我们只能观察到某种单元的运动。例如,当外场作用时间与链段运动的松弛时间相当但又远小于整链运动的松弛时间,只能观察到链段运动而观察不到整链运动。因此在讨论高聚物的物理力学性能时必须注意它的松弛特点,也就是这些性能与观测时间有关系。

三、高分子运动的温度依赖性

高分子的运动强烈地依赖于温度,升高温度能加速高分子的运动,其原因可归结于两点:一是增加了分子热运动的动能,当动能足以克服运动单元以某种运动模式运动所需的位垒(即活化能)时,就激发起该运动单元这种模式的运动;二是使高聚物的体积膨胀,增加运动单元的运动空间,当运动空间增加到某种运动单元所需的大小后,这一运动单元便可自由运动。因此升高温度将加速所有的松弛过程,使各种运动单元的松弛时间松弛时间减小。一些松弛时间较长的运动单元,在较低温度下难以观察到其运动,通过升高温度则可观察到它们的运动。因此随温度的升高,将能依次观察各种运动单元的运动。因此高聚物的物理和力学性能不仅依赖于观察时间,还依赖于温度。

小分子的温度依赖性服从阿仑尼乌斯(Arrhenius)方程,松弛时间可表示为

$$\tau = \tau_0 e^{\frac{\Delta H}{RT}} \tag{4-2}$$

式中,R 为气体常数,T 为绝对温度,RT 表征每摩尔分子的分子热运动动能,ΔH 为松弛过程所需的活化能,τ_0 为一常数。

但对于高分子而言,只有整链的运动(当温度很高)或链节及更小单元的运动(温度很低)时,才遵循 Arrhenius 方程,高聚物链段的运动则遵循 WLF 方程。

4.1.2 高聚物的力学状态

在一定的外场条件下,高聚物相应的分子运动状态称为高聚物的力学状态,也称为物理状态。为揭示高聚物的力学状态与分子运动的关系,依据高分子运动的时间依赖性和温度依赖性,最简单的实验方法是测量高聚物的形变与温度的关系。如在等速升温条件下,对高聚物试样施加一恒定作用力,观测在一定的作用时间(一般为 10s)内试样发生的形变与温度的关系,即可得到形变—温度曲线(或称热—机曲线)。用类似的实验方法,可测出模量—温度曲线。此外,高聚物的介电性能、体积、模量、动态力学性能、应力松弛等也同高分子各种运动单元的运动有关,通过对这些性能的测试,也可以研究高分子运动模式。

一、线型非晶态高聚物的力学状态

图 4-3 为线型非晶态高聚物的温度-形变曲线和温度-模量曲线。可见,对于线型非晶态高聚物,可以分为 5 个区域。

区域(1),此时温度较低,高聚物形变很小,模量很高($10^9 \sim 10^{9.5}$ N/m²),类似于刚硬的玻璃体。这一力学状态称为玻璃态。玻璃态时,分子的能量很低,不足以克服主链上单键内旋转位垒,链段和整链运动均被冻结,只有那些较小的运动单元,如链节、侧基仍能运动。因此从宏

观上看玻璃态高聚物的形变很小,形变与时间无关,形变与应力的关系与一般固体的弹性相似,服从胡克定律,属胡克型弹性或普弹性。

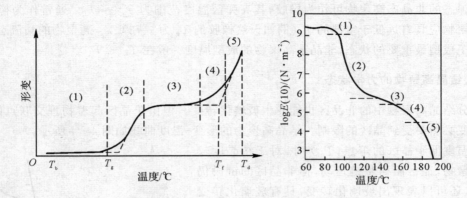

图 4-3 线型非晶态高聚物的形变-温度曲线和模量-温度曲线

(1)—玻璃态;(2)—玻璃态向高弹态的转变区;(3)—高弹态;(4)—高弹态向黏流态的转变;(5)—黏流态,

T_b—脆化温度;T_g—玻璃化转变温度;T_f—流动温度;T_d—分解温度

区域(2),随着温度的升高,分子的热运动能量使链段逐渐开始运动,链段的松弛过程表现得相当明显,高聚物的形变逐渐增大,模量逐渐降低,这是一个玻璃态向高弹态的转变区,也称为玻璃化转变区。

区域(3),温度升高到一定值后,在此后的一个温度区间内,形变较大(可达原长的 5～10 倍)并相对稳定,模量较小($10^5 \sim 10^6\,\text{N/m}^2$),此时高聚物成为柔软的固体,外力除去后形变很容易回复。这一力学状态称为高弹态。在高弹态,链段可以自由运动,但还不足以使分子链的缠结解开,因此整链仍不能运动。此时产生的形变可以完全恢复,模量几乎不随温度而改变,称为高弹态平台。从转变区到高弹态平台,形变除普弹形变外主要为高弹形变。受拉力作用时,分子链可从卷曲的分子构象转变为伸展的分子构象(这一过程可称为链段取向),因而宏观上表现出很大的形变。除去外力后,分子链又可通过链段自发地解取向回复到原来的分子构象,宏观上表现为形变的回缩。

区域(4),再进一步升高温度,高聚物开始向流体转变,开始产生不可回复的形变。这一力学状态是高弹态向黏流态的转变区。这一区域中分子链的松弛过程表现得明显,高聚物既呈现出橡胶的高弹性,又表现出流动性,因此也称为橡胶流动区。在这一区域,高分子链间的缠结开始解开,整链开始滑移时,尽管高聚物还有弹性,但已有明显的流动。

区域(5),此时温度很高,高聚物成为黏性的液体,发生类似于一般液体的黏性流动。这一力学状态称为黏流态。此时分子链已能自由运动,即整链的运动时间小于观测时间(10 s)。

从转变区可确定两个特征温度(通常可用切线法作出):玻璃化转变温度(T_g)和流动温度(T_f)。前者表征玻璃态和高弹态之间的转变温度,后者表征高弹态和黏流态之间的转变温度。因此线型非晶态高聚物的三种力学状态可用玻璃化转变温度和流动温度来划分,温度低于 T_g 时为玻璃态,温度在 $T_g \sim T_f$ 之间时为高弹态,温度高于 T_f 时为黏流态。

高聚物的三种力学状态和两个转变温度具有重要的实际意义。常温下处于玻璃态的非晶态高聚物可作为塑料使用,其最高使用温度为 T_g。当使用温度接近 T_g 时,塑料制品软化,失去尺寸稳定性和力学强度。因此,作为塑料的非晶态高聚物应有较高的 T_g(如聚氯乙烯的 T_g 为 87℃,聚甲基丙烯酸甲酯的 T_g 为 105℃)。与塑料不同,橡胶要求具有高弹性,因此常温下处于高弹态的非晶态高聚物可作为橡胶,其高弹区温度范围为 $T_g \sim T_f$。通常作为橡胶的非晶态高聚物应具有远低于室温的 T_g(例如天然橡胶的 T_g 为 $-73℃$)。高聚物的黏流态则是高聚物加工成型最重要的状态,非晶态高聚物的成型温度一般在 $T_f \sim T_d$。

二、结晶高聚物的力学状态

部分结晶高聚物中的非晶区也能发生玻璃化转变。但由于晶区起着物理交联点的作用,这种转变必然要受到晶区的限制。结晶高聚物的形变-温度曲线如图 4-4 所示。

当温度低于晶区的熔点(T_m)时,对于结晶度较低的高聚物,晶区阻碍整链运动,但非晶的链段仍能运动,还可以表现出玻璃化转变,具有玻璃化转变温度。当温度高于 T_g 而低于其 T_m 时,非晶区从玻璃态转变为高弹态,这时高聚物变成了柔韧的皮革态。但非晶区的玻璃化转变强烈地受结晶的影响,因而形变减小。当结晶度大于 40% 后,晶区彼此衔接,形成贯穿整个高聚物的连续结晶相,明显地抑制非晶区的链段运动,随结晶度的提高,链段运动不明显,观察不到明显的玻璃化转变。此时结晶相承受的应力要比非晶相大得多,材料变得更为刚硬。

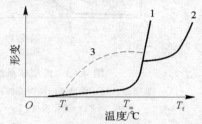

图 4-4　结晶高聚物的温度 — 形变曲线
1— 分子量较小；2— 分子量较大；
3— 轻度结晶高聚物

在低于 T_m 时,结晶高聚物的形变很小,与非晶态高聚物的玻璃态形变相似,除作为塑料外,还可作为纤维。

当温度高于 T_m 时,结晶高聚物是处于高弹态或黏流态取决于分子量的大小。对分子量足够大的结晶高聚物,T_m 已趋近于定值,但其 T_f 仍随分子量的增大而升高,因此熔融后只发生链段运动而处于高弹态,直到温度升至 T_f 时,才发生整链运动而进入黏流态;对分子量不太大的结晶高聚物,其非晶的 T_f 低于晶态的 T_m,熔融后即进入黏流态,不表现出高弹态的特征,容易加工成型。因此,为了便于加工成型,应在满足材料强度要求的前提下,适当控制结晶高聚物的分子量。

三、体型高聚物的力学状态

在体型高聚物中,分子链间的交联键限制了整链运动,只要不产生降解反应,则不能出现黏流态,因此是不能流动的。至于能否出现高弹态,则与交联密度有关。当交联密度较小时,网链较长,在外力作用下,网链仍能通过单键内旋转改变构象,这类体型高聚物仍能表现出明显的玻璃化转变,因而有两种力学状态,即玻璃态和高弹态;随着交联密度的增加,网链长度减小,链段运动由于受到更多的交联键限制而变得困难,结果使 T_g 升高,而高弹形变值则减小。因此对交联度足够大的体型高聚物,其玻璃化转变是不明显的。例如,用六次甲基四胺固化的酚醛树脂,当固化剂含量小于 2% 时,固化树脂的分子量仍较小,而且分子是支链形的,因此它的温度-形变曲线像小分子一样,温度升高时直接从玻璃态转变为黏流态。当固化剂用量大于 2% 时,形成体型高聚物,出现了高弹态,但黏流态消失。随固化剂用量增加,交联度增大,T_g 升高,高弹形变减小,直到固化剂含量达到 11% 时,高弹态几乎消失(见图 4-5)。

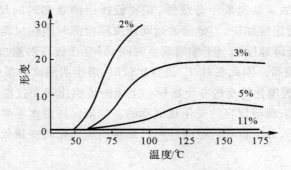

图 4 - 5　六次甲基四胺固化的酚醛树脂的温度 — 形变曲线

（曲线上的数字表示固化剂的含量）

可见，交联密度大的体型高聚物，在高温下仍保持着玻璃态的特点，可作为塑料，这就是通常所称的热固性塑料。为了得到耐热性高（即 T_g 高）的塑料制品，在固化成型这类塑料时必须使树脂获得足够的交联度。

与热固性塑料不同，在成型橡胶制品（其中的高聚物也是体型高聚物，通常由柔性高聚物交联而成）时，则应控制适当低的交联度，以保持其固有的高弹性，并避免分子链的滑移。

4.2　高聚物的玻璃化转变

4.2.1　高聚物的玻璃化转变现象和玻璃化转变温度

非晶态高聚物或部分结晶高聚物的非晶区，当温度升高到某一温度或从高温熔体降温到某一温度时，可以发生玻璃化转变。玻璃化转变的实质是链段运动随温度的降低被冻结或随温度的升高被激发的结果。在玻璃化转变前后分子的运动单元的运动模式有很大的差异，因此，当高聚物发生玻璃化转变时，其物理和力学性能必然有急剧的变化。除形变与模量外，高聚物的比容、比热、热膨胀系数、导热系数、折射率、介电常数等都表现出突变或不连续的变化。根据这些性能的变化，可以对玻璃化转变的本质进行研究。

发生玻璃化转变的温度称为玻璃化转变温度（T_g），它是表征玻璃化转变过程的一个重要参数。T_g 是在改变温度的条件下，通过对上述性能的观测得到的。常用的 T_g 的测试方法有静态热机械法（如膨胀计法，温度形变曲线法等）、动态力学性能测试（DMA）、差示扫描量热分析（DSC）或差热分析（DTA）等。

图 4-6 所示为非晶态高聚物的比容-温度曲线，表示从远高于 T_g 的温度冷却到指定温度 T 并使比容变化达到平衡时测量值。0.02 h 表示冷却到指定温度的时间为 0.02 h，为快速冷却；100 h 表示冷却到指定温度的时间为 100 h，为慢速冷却。曲线的斜率 dV/dT 是体积膨胀率，曲线斜率发生转折所对应的温度，就是玻璃化转变温度 T_g。有时实验数据不产生尖锐的转折，习惯上是把两根直线部分外延，取延长线的交点作为 T_g。实验表明，T_g 具有速度依赖性，如果测试时冷却或升温的速度越高，则 T_g 也越高。这是由分子运动的松弛特点所决定的，

在较低的温度下,链段的运动速度十分缓慢,在实验所用的观测时间尺度下观察不到它的运动,随温度的升高,运动速度加快,当链段的运动速度同检测时间标尺匹配时,玻璃化转变即表现出来。提高温度的升降速度相当于缩短观察时间,只有在较高的温度下才能观察到链段的运动,因此测得的 T_g 较高。因此在对 T_g 进行比较时,需指明测试的条件。

T_g 只不过是表征玻璃化转变的一个指标。上面的玻璃化转变过程是在固定压力、频率等条件下,通过改变温度来观测比容的变化观察到的。如果保持温度不变,而改变其他实验条件(如压力、外场作用频率、分子量等),也同样可以观察到玻璃化转变现象,这就是玻璃化转变的多维性。

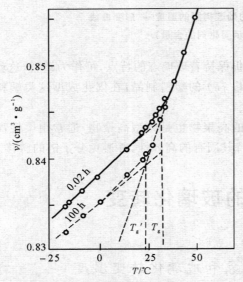

图 4-6 非晶态高聚物的比容-温度曲线

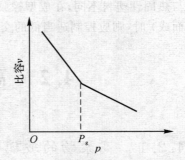

图 4-7 高聚物的比容-压力曲线

在等温条件下观察高聚物的比容随流体静压力的变化,在比容-压力曲线上会出现转折(见图 4-7),这时高聚物发生了玻璃化转变,对应的压力称为玻璃化转变压力(P_g)。显然,温度越高,玻璃化转变压力也越大。

在介电测量中,保持温度等条件不变,改变电场的频率,也能观察到高聚物的玻璃化转变现象,介电损耗在某一频率下出现极大值(见图 4-8),介电损耗峰所对应的电场频率即为高聚物玻璃化转变频率。

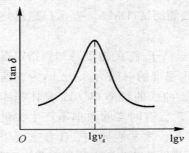

图 4-8 高聚物的 $\tan\delta$-$\lg\nu$ 曲线

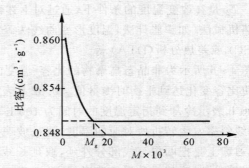

图 4-9 375K 时 PMMA 的比容-分子量关系

在一定温度下,分子量小的高聚物是液体,分子量大的是玻璃体,因此,在比容对分子量曲线上也出现转折(见图 4-9),如聚甲基丙烯酸甲酯(PMMA)的比容-分子量曲线,在 375 K 时玻璃化转变分子量为 1.5×10^4。随着温度的升高,玻璃化转变分子量也随之增大。

此外通过改变测试条件,还可以得到玻璃化转变增塑剂浓度,玻璃化转变共聚物组成等。但由于 T_g 的测试条件比较容易得到,因此 T_g 的应用最为普遍。

4.2.2　高聚物的玻璃化转变理论

对于玻璃化转变现象,至今尚无完善的理论可以做出完全符合实验事实的正确解释。一般认为,高聚物的玻璃化转变本质主要有两种,一种认为玻璃化转变本质上是一个动力学问题,是一个松弛过程;另一种认为玻璃化转变本质上是一个平衡热力学二级转变,实验中表现出来的动力学性质的 T_g 只是需要无限长时间的热力学转变的一个参数。热力学理论很难说明玻璃化转变时复杂的时间依赖性,而动力学理论虽能解释许多玻璃化转变的现象,却无法从分子结构上预测 T_g,因此在应用这些理论时要综合考虑。

目前有关玻璃化转变主要有三种理论,即自由体积理论、热力学理论和动力学理论。在本书中主要介绍自由体积理论。

自由体积理论最初是由 Fox 和 Flory 提出来的。这一理论认为液体或固体物质,其体积由两部分组成:一部分是被分子占据的体积,称为占有体积,另一部分是未被占据的自由体积。后者以"孔穴"的形式分散于整个物质之中。正是由于自由体积的存在,为分子链通过转动和位移而改变构象提供了空间。自由体积理论认为,当高聚物冷却时,先是自由体积逐渐减少,到某一温度时,自由体积将达到一最低值,这时高聚物进入玻璃态。在玻璃态时,链段运动被冻结,自由体积也被冻结,并保持一恒定值,在此温度下已经没有足够的空间进行分子链构象的调整了。因而高聚物的玻璃态可视为等自由体积状态,这一临界温度即为 T_g。在玻璃态时高聚物宏观体积随温度升高而产生的膨胀来源于占有体积的膨胀,包括分子振动幅度的增加和键的变化。当温度升高到玻璃化转变点,分子热运动已具有足够的能量,而且自由体积也开始膨胀,因而链段的运动获得了足够的运动能量和必要的自由体积,从冻结进入运动状态。在 T_g 以上,高聚物体积的膨胀是由于占有体积和自由体积的膨胀这两种因素引起的。所以在高弹态体积随温度升高而产生的膨胀比玻璃态要大,使比容-温度曲线发生转折,如图 4-6 所示。

图 4-10 可以描述这种非晶态高聚物的体积膨胀。

如果以 V_0 表示玻璃态高聚物在绝对零度时的占有体积,V_g 表示在玻璃态时高聚物的总体积,当 $T < T_g$ 时,

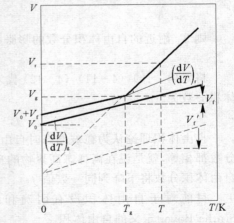

图 4-10　自由体积理论示意图

$$V_g = V_{f,g} + V_0 + \left(\frac{dV}{dT}\right)_g T \tag{4-3}$$

式中 $V_{f,g}$ 就是玻璃态高聚物的自由体积。

则在玻璃化转变温度时 $T \approx T_g$，可得

$$V_g = V_{f,g} + V_0 + \left(\frac{dV}{dT}\right)_g T_g \tag{4-4}$$

自由体积分数可表示为

$$f_g = \frac{V_{f,g}}{V_g} \tag{4-5}$$

在高弹态时，$T > T_g$，高聚物的体积为

$$V_r = V_g + \left(\frac{dV}{dT}\right)_r (T - T_g) \tag{4-6}$$

此时，在温度 T 时的自由体积为

$$V_{f,r} = V_{f,g} + (T - T_g)\left[\left(\frac{dV}{dT}\right)_r - \left(\frac{dV}{dT}\right)_g\right] \tag{4-7}$$

自由体积分数可表示为

$$f_r = \frac{V_{f,r}}{V_r} \tag{4-8}$$

在玻璃化转变温度附近，可认为 $V_r = V_g$，则式(4-8)可为

$$f_r = \frac{V_{f,r}}{V_g} = \frac{f_{f,g}}{V_g} + \frac{(T - T_g)}{V_g}\left[\left(\frac{dV}{dT}\right)_r - \left(\frac{dV}{dT}\right)_g\right] = f_g + \frac{(T - T_g)}{V_g}\left[\left(\frac{dV}{dT}\right)_r - \left(\frac{dV}{dT}\right)_g\right] \tag{4-9}$$

其中高弹态与玻璃态的膨胀率的差 $\left(\frac{dV}{dT}\right)_r - \left(\frac{dV}{dT}\right)_g$ 就是 T_g 以上自由体积的膨胀率。定义单位体积的膨胀系数(或自由体积分数的膨胀系数)为 α，则在 T_g 上下高聚物的膨胀系数分别为

$$\alpha_r = \frac{1}{V_g}\left(\frac{dV}{dT}\right)_r \tag{4-10}$$

$$\alpha_g = \frac{1}{V_g}\left(\frac{dV}{dT}\right)_g \tag{4-11}$$

则 T_g 附近的自由体积分数的膨胀系数差 α_f 为

$$\alpha_f = \alpha_r - \alpha_g \tag{4-12}$$

将式(4-10)，(4-11)，(4-12)代入式(4-9)，可得高弹态某温度 $T(T > T_g)$ 时的自由体积分数为

$$f_r = f_g + \alpha_f (T - T_g) \tag{4-13}$$

自由体积理论认为在玻璃态时自由体积不随温度变化，且对于所有的高聚物其自由体积分数都相等，就是说在高弹态高聚物的自由体积随温度的降低而减少，到 T_g 时，不同高聚物的自由体积分数将下降到同一数值 f_g。

目前对于自由体积没有明确和统一的定义，常用的是 WLF 定义的自由体积和 Simha-Boyer 定义的自由体积。

WLF 方程是由 M. L. Williams，R. F. Landel 和 J. D. Ferryg 提出的一个半经验方程

$$\lg \frac{\eta(T)}{\eta(T_g)} = -\frac{17.44(T - T_g)}{51.6 + (T - T_g)} \tag{4-14}$$

式中，$\eta(T)$ 和 $\eta(T_g)$ 分别是温度为 T 和 T_g 时高聚物的黏度。

WLF 方程是高聚物黏弹性研究的一个非常重要的方程，这个方程可以从 Doolittle 方程导出。Doolittle 方程把液体的黏度与自由体积联系起来，认为液体的黏度与自由体积有关，即

$$\eta = A\exp\left(B\,\frac{V_0}{V_f}\right) = A\exp\left(B\,\frac{V - V_f}{V_f}\right) \tag{4-15}$$

式中 A 和 B 是常数。将式(4-15)以对数形式表示，在温度 T 时为

$$\ln\eta(T) = \ln A + B\,\frac{V(T) - V_f(T)}{V_f(T)} \tag{4-16}$$

当 $T = T_g$ 时，根据自由体积分数的定义，式(4-16)可为

$$\ln\eta(T_g) = \ln A + B\left(\frac{1}{f_g} - 1\right) \tag{4-17}$$

当 $T > T_g$ 时，式(4-16)可写为

$$\ln\eta(T) = \ln A + B\left(\frac{1}{f_g + \alpha_f(T - T_g)} - 1\right) \tag{4-18}$$

用式(4-18)减去式(4-17)，得

$$\ln\frac{\eta(T)}{\eta(T_g)} = B\left(\frac{1}{f_g + \alpha_f(T - T_g)} - \frac{1}{f_g}\right) \tag{4-19}$$

整理上式，并将自然对数换成常用对数，得

$$\lg\frac{\eta(T)}{\eta(T_g)} = \frac{B}{2.303 f_g}\left[\frac{T - T_g}{f_g/\alpha_f + (T - T_g)}\right] \tag{4-20}$$

上式与 WLF 方程式具有相同的形态，将两式加以比较可得

$$\frac{B}{2.303 f_g} = 17.44 \quad f_g/\alpha_f = 51.6$$

通常 B 很接近 1，取近似值 $B \approx 1$，则得

$$f_g = 0.025 = 2.5\% ; \quad \alpha_f = 4.8 \times 10^{-4}/\text{℃}$$

这结果说明，WLF 自由体积定义认为高聚物在玻璃态的自由体积占总体积的 2.5%。

D. Panke 和 W. Wunderlich 用实验测试并计算了聚甲基丙烯酸甲酯的自由体积分数为 2.6%，这与 WLF 定义的自由体积分数十分接近，对其他高聚物进行类似的实验结果也得到了同样的结论，自由体积分数与高聚物的种类无关，都接近 2.5%（见表 4-1）。

表 4-1　几种非晶高聚物的在玻璃化转变温度时不同定义的自由体积分数

高聚物	自由体积分数			
	f_{vac}	f_{exp}	f_{WLF}	f_{flu}
聚苯乙烯	0.375	0.127	0.025	0.003 5
聚醋酸乙烯酯	0.348	0.14	0.028	0.002 3
聚甲基丙烯酸甲酯	0.335	0.13	0.025	0.001 5
聚甲基丙烯酸丁酯	0.335	0.13	0.026	0.001 0
聚异丁烯	0.320	0.125	0.026	0.001 7

表 4-1 还给出了一些其他方法测试的自由体积分数值，其中 f_{vac} 为空气体积分数，f_{exp} 为膨胀体积分数，指热膨胀所利用的体积分数，f_{flu} 为声速法测量的涨落体积分数。其测试方法

请参见相关资料。由测试结果可见,虽然其他方法测试的自由体积分数的值不同,但是基本上对于同一种方法,不同高聚物自由体积相差不大。

R. Simha 和 R. F. Boyer 提出了另一种自由体积的定义。认为自由体积随温度的下降而减少,如果在玻璃态自由体积不被冻结,则在绝对零度时自由体积将减少到零。就是说在 $T=0K$ 时高聚物的实占体积 V_0' 为将高弹态下体积与温度的线性关系外推到绝对零度时的截距(见图 4 - 8)。已知直线的斜率为 $\left(\dfrac{dV}{dT}\right)_r$,在 $T=T_g$ 时的体积为 V_{T_g},由此 V_0' 可由下式求得

$$V_{T_g} = \left(\frac{dV}{dT}\right)_r T_g + V_0' \tag{4-21}$$

由式(4 - 4),得

$$V_f' = \left[\left(\frac{dV}{dT}\right)_r - \left(\frac{dV}{dT}\right)_g\right] T_g \tag{4-22}$$

$$f_g = \frac{V_f'}{V_{T_g}} \alpha_f T_g \tag{4-23}$$

由于玻璃态为等自由体积状态,f_g 为一常数,则 α_f 与 T_g 应当为反比关系。通过测试几十个高聚物的膨胀系数,作 α_f 对 $1/T_g$ 的图(见图 4 - 12)得到一条直线,从而证明上述的结论是正确的。由直线的斜率可得自由体积分数为 0.113。

WLF 和 SB 两种自由体积值的差异是由于他们对于自由体积的定义不同引起的。WLF 自由体积是从分子运动角定义的,SB 自由体积是从几何角度定义的。但两者都认为玻璃态下,自由体积不随温度而变化。

自由体积理论比较成功地描述了高聚物的玻璃化转变。但从图 4 - 12 可见,高聚物的玻璃化转变是一个松弛过程,T_g 与升温速度有关,这用自由体积理论难以解释。该实验的过程为:首先把试样放在远高于 T_g 的温度达到平衡,然后把它放在另一测量温度下迅速淬火,测定此温度下比容随淬火时间的变化。开始 $V(t)$ 稳定下降,然后达到一平衡值 $V(\infty)$,图 4 - 12 是$[V(t) - V(\infty)]$ 与一系列温度(淬火

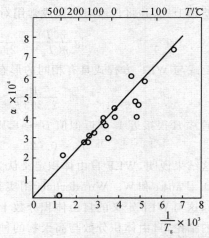

图 4 - 11 某些高聚物的高弹态和玻璃态膨胀系数差对玻璃化转变温度倒数作图

温度)下淬火时间的关系。由图可见,当温度较低时,需要较长的时间才能达到平衡比容 $V(\infty)$。一般说来,测定 T_g 时的冷却速度所决定的观察时间不可能满足这一条件,因此测得的比容是一非平衡值。

根据自由体积理论可以解释这种松弛作用。当对高聚物熔体进行冷却时,高聚物的体积收缩要通过分子构象的重排来实现,这显然需要时间。当温度高于 T_g 时,高聚物中的自由体积足以使链段自由运动(松弛时间为 $10^{-1} \sim 10^{-6}$ s),构象重排瞬时完成。这时,高聚物的体积与外场温度是相适应的,即是平衡体积。如果对熔体连续冷却,链段运动松弛时间将按指数规律增大,构象重排速度相应降低,当构象重排速度达到与冷却速度同一数量级时,就可在比容-温度曲线上出现转折点。如果继续冷却下去,构象重排速度将跟不上冷却速度,此时高聚物的

体积值总是大于该温度下相应的平衡体积值。因此在比容-温度出现转折点的温度就作为这个冷却速度下的 T_g。显然,冷却速度越快,在构象重排速度越高的温度上出现转折点,即 T_g 越高。

由此可知,同一高聚物熔体从不同速度冷却形成的玻璃体(塑料)具有不同的密度。实际上,非晶态高聚物玻璃态时的自由体积含量很高,可达 $10\% \sim 14\%$,结晶高聚物中的自由体积也可达 10%。

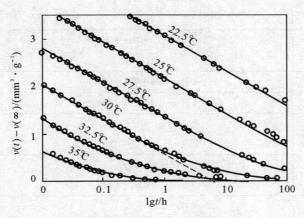

图 4-12　聚乙酸乙烯酯比容-时间曲线

4.2.3　影响高聚物玻璃化转变温度的因素

T_g 是非晶态塑料的最高使用温度,也是橡胶材料的最低使用温度。如前所述,T_g 是高分子链段运动刚被冻结(或激发)的温度,因此凡是有利于链段运动的因素都有利于降低 T_g,凡是不利于链段运动的因素都会引起 T_g 的升高。

一、高聚物分子链结构的影响

链段运动是通过主链上单键的内旋转来实现的。因此从化学结构来看,决定高聚物 T_g 的主要因素有两个:主链本身的柔顺性和高分子间的作用力。前已述及,在 T_g 时高聚物的自由体积相等,因此高分子链的柔顺性越高,高分子间作用力越小,高聚物的 T_g 越低。

表 4-2 列举了一些高聚物的结构及其玻璃化转变温度。

表 4-2　某些高聚物的玻璃化转变温度

高聚物	化学结构	$T_g/℃$
聚乙烯	$-CH_2-CH_2-$	$-68(-120)$
聚丙烯(全同)	$\begin{array}{c}-CH_2-CH-\\ \mid\\ CH_3\end{array}$	-10
聚丙烯(无规)	$\begin{array}{c}-CH_2-CH-\\ \mid\\ CH_3\end{array}$	-20

续 表

高聚物	化学结构	T_g/℃
聚异丁烯	$\begin{array}{c} CH_3 \\ \| \\ -CH_2-C- \\ \| \\ CH_3 \end{array}$	$-70(-73)$
聚异戊二烯(顺式)	$\begin{array}{c} -CH_2-C=CH-CH_2- \\ \| \\ CH_3 \end{array}$	-73
聚异戊二烯(反式)	$\begin{array}{c} -CH_2-C=CH-CH_2- \\ \| \\ CH_3 \end{array}$	$-60(-58)$
聚 1,4-顺丁二烯	$-CH_2-CH=CH-CH_2-$	$-108(-95)$
聚 1,4-反丁二烯	$-CH_2-CH=CH-CH_2-$	$-83(-18)$
聚 1,2-丁二烯(全同)	$\begin{array}{c} -CH_2-CH- \\ \| \\ CH=CH_2 \end{array}$	-4
聚 1-丁烯	$\begin{array}{c} -CH_2-CH- \\ \| \\ CH_2-CH_3 \end{array}$	-25
聚 1-戊烯	$\begin{array}{c} -CH_2-CH- \\ \| \\ CH_2-CH_2-CH_3 \end{array}$	-40
聚 1-己烯	$\begin{array}{c} -CH_2-CH- \\ \| \\ CH_2-CH_2-CH_2-CH_3 \end{array}$	-50
聚 1-辛烯	$\begin{array}{c} -CH_2-CH- \\ \| \\ CH_2-(CH_2)_4-CH_3 \end{array}$	-65
聚 1-十二烯	$\begin{array}{c} -CH_2-CH- \\ \| \\ CH_2-(CH_2)_8-CH_3 \end{array}$	-25
聚 4-甲基戊烯-1	$\begin{array}{c} -CH_2-CH- \\ \| \\ CH_2-CH-CH_3 \\ \| \\ CH_3 \end{array}$	29
聚甲醛	$-CH_2-O-$	$-83(-50)$
聚氧化乙烯	$-CH_2-CH_2-O-$	$-66(-53)$
聚甲基乙烯基醚	$\begin{array}{c} -CH_2-CH- \\ \| \\ O-CH_3 \end{array}$	$-13(-20)$
聚乙基乙烯基醚	$\begin{array}{c} -CH_2-CH- \\ \| \\ O-CH_2-CH_3 \end{array}$	$-25(-42)$
聚正丁基乙烯基醚	$\begin{array}{c} -CH_2-CH- \\ \| \\ O-CH_2-CH_2-CH_2-CH_3 \end{array}$	$-52(-55)$
聚异丁基乙烯基醚	$\begin{array}{c} -CH_2-CH- \\ \| \\ O-CH_2-CH_2-CH_3 \\ \| \\ CH_3 \end{array}$	$-27(-18)$

续 表

高聚物	化学结构	$T_g/℃$
聚乙烯基叔丁基醚	$-CH_2-CH-$ $\vert$ O $\vert$ $H_3C-C-CH_3$ $\vert$ CH_3	88
聚二甲基硅氧烷	CH_3 $\vert$ $-Si-O-$ $\vert$ CH_3	−123
聚苯乙烯(无规)	$-CH_2-CH-$ $\vert$ （苯环）	100(105)
聚苯乙烯(全同)	$-CH_2-CH-$ $\vert$ （苯环）	100
聚 α-甲基苯乙烯	CH_3 $\vert$ $-CH_2-C-$ $\vert$ （苯环）	192(180)
聚邻甲基苯乙烯	$-CH_2-CH-$ $\vert$ （苯环）CH_3	119(125)
聚间甲基苯乙烯	$-CH_2-CH-$ $\vert$ （苯环）CH_3	72(82)
聚对甲基苯乙烯	$-CH_2-CH-$ $\vert$ （苯环）CH_3	110(126)
聚对苯基苯乙烯	$-CH_2-CH-$ $\vert$ （联苯环）	138(145)
聚对氯苯乙烯	$-CH_2-CH-$ $\vert$ （苯环）Cl	128
聚 2,4-二氯苯乙烯	$-CH_2-CH-$ $\vert$ （苯环）Cl、Cl	130(115)

续 表

高聚物	化学结构	$T_g/℃$
聚 α-乙烯基萘	—CH$_2$—CH— （萘基）	162
聚丙烯酸甲酯	—CH$_2$—CH— COOCH$_3$	3(6)
聚丙烯酸乙酯	—CH$_2$—CH— COOCH$_2$—CH$_3$	−24
聚丙烯酸丁酯	—CH$_2$—CH— COOCH$_2$—CH$_2$—CH$_2$—CH$_3$	−56
聚丙烯酸	—CH$_2$—CH— COOH	106(97)
聚丙烯酸锌	—CH$_2$—CH— COOZn	>300
聚甲基丙烯酸甲酯（无规）	—CH$_2$—C(CH$_3$)— COOCH$_3$	105
聚甲基丙烯酸甲酯（间同）	—CH$_2$—C(CH$_3$)— COOCH$_3$	115(105)
聚甲基丙烯酸甲酯（全同）	—CH$_2$—C(CH$_3$)— COOCH$_3$	45(55)
聚甲基丙烯酸乙酯	—CH$_2$—C(CH$_3$)— COOCH$_2$—CH$_3$	65
聚甲基丙烯酸正丙酯	—CH$_2$—C(CH$_3$)— COOCH$_2$—CH$_2$—CH$_3$	35
聚甲基丙烯酸正丁酯	—CH$_2$—C(CH$_3$)— COOCH$_2$—(CH$_2$)$_2$—CH$_3$	21
聚甲基丙烯酸正己酯	—CH$_2$—C(CH$_3$)— COOCH$_2$—(CH$_2$)$_4$—CH$_3$	−5

续 表

高聚物	化学结构	$T_g/℃$
聚甲基丙烯酸正辛酯	$-CH_2-\overset{\overset{\displaystyle CH_3}{\textstyle\vert}}{\underset{\underset{\displaystyle COOCH_2-(CH_2)_6-CH_3}{}}{C}}-$	-20
聚氟乙烯	$-CH_2-\overset{}{\underset{\underset{\displaystyle F}{\vert}}{CH}}-$	$40(-20)$
聚氯乙烯	$-CH_2-\overset{}{\underset{\underset{\displaystyle Cl}{\vert}}{CH}}-$	$87(81)$
聚偏二氟乙烯	$-CH_2-CF_2-$	$-40(-46)$
聚偏二氯乙烯	$-CH_2-CCl_2-$	$-19(-17)$
聚 1,2-二氯乙烯	$-\overset{}{\underset{\underset{\displaystyle Cl}{\vert}}{CH}}-\overset{}{\underset{\underset{\displaystyle Cl}{\vert}}{CH}}-$	145
聚氯丁二烯	$-CH_2-\overset{}{\underset{\underset{\displaystyle Cl}{\vert}}{C}}=CH-CH_2-$	50
聚三氟氯乙烯	$-CF_2-\overset{}{\underset{\underset{\displaystyle Cl}{\vert}}{CF}}-$	45
聚四氟乙烯	$-CF_2-CF_2-$	$120(-65)$
聚全氟丙烯	$-CF_2-\overset{}{\underset{\underset{\displaystyle CF_3}{\vert}}{CF}}-$	11
聚丙烯腈(间同)	$-CH_2-\overset{}{\underset{\underset{\displaystyle CN}{\vert}}{CH}}-$	$104(130)$
聚甲基丙烯腈	$-CH_2-\overset{\overset{\displaystyle CH_3}{\vert}}{\underset{\underset{\displaystyle CN}{\vert}}{C}}-$	120
聚乙酸乙烯酯	$-CH_2-\overset{}{\underset{\underset{\displaystyle O-COCH_3}{\vert}}{CH}}-$	28
聚乙烯基咔唑	$-CH_2-CH-$ N(咔唑基)	$208(150)$
聚乙烯醇	$-CH_2-\overset{}{\underset{\underset{\displaystyle OH}{\vert}}{CH}}-$	85
聚乙烯基甲醛	$-CH_2-\overset{}{\underset{\underset{\displaystyle CHO}{\vert}}{CH}}-$	105
聚乙烯基丁醛	$-CH_2-\overset{}{\underset{\underset{\displaystyle CH_2-CH_2-CH_2-CHO}{\vert}}{CH}}-$	$49(59)$

续 表

高聚物	化学结构	$T_g/℃$
三醋酸纤维素	CH_2OCOCH_3 环状葡萄糖结构，取代基 $OCOCH_3$，$OCOCH_3$	105
乙基纤维素	CH_2OH 环状葡萄糖结构，取代基 OCH_2CH_3，OCH_2CH_3	43
三硝酸纤维素	CH_2NO_3 环状葡萄糖结构，取代基 NO_3，NO_3	53
聚碳酸酯	$-O-\!\!\bigcirc\!\!-\overset{CH_3}{\underset{CH_3}{C}}-\!\!\bigcirc\!\!-O-\overset{O}{C}-$	150
聚己二酸乙二酯	$-O(CH_2)_2OCO-(CH_2)_4-CO-$	-70
聚辛二酸丁二酯	$-O(CH_2)_4OCO-(CH_2)_6-CO-$	-57
聚对苯二甲酸乙二酯	$-\overset{O}{C}-\!\!\bigcirc\!\!-\overset{O}{C}-O-CH_2-CH_2-O-$	69
聚对苯二甲酸丁二酯	$-\overset{O}{C}-\!\!\bigcirc\!\!-\overset{O}{C}-O-(CH_2)_4-O-$	40
尼龙 6	$-NH-(CH_2)_5-CO-$	50(40)
尼龙 10	$-NH-(CH_2)_9-CO-$	42
尼龙 11	$-NH-(CH_2)_{10}-CO-$	43(45)
尼龙 12	$-NH-(CH_2)_{11}-CO-$	42
尼龙 66	$-NH-(CH_2)_6-NH-CO-(CH_2)_4-CO-$	50(57)
尼龙 610	$-NH-(CH_2)_6-NH-CO-(CH_2)_8-CO-$	40(44)
聚苯醚	CH_3，CH_3 取代苯环 $-O-$	220(210)
聚氯醚	$-CH_2-\overset{CH_2Cl}{\underset{CH_2Cl}{C}}-CH_2-O-$	10

续　表

高聚物	化学结构	$T_g/℃$
聚乙烯基吡啶	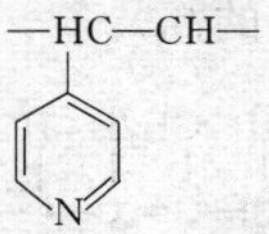 —HC—CH—	8
聚苊烯	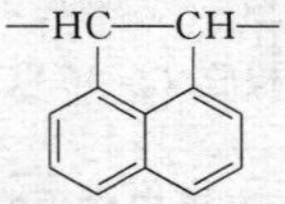 —HC—CH—	264(321)
聚乙烯基吡咯酮	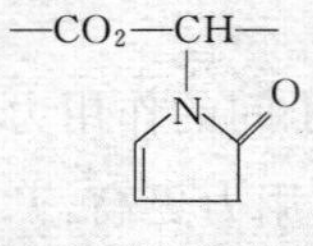 —CO₂—CH—	175

注:括号中的数据也为文献报导值

1.主链结构

高分子主链的柔顺性是通过单键的内旋转引起的。主链完全由饱和单键,如 —C—C— , —C—N— , —C—O— ,和 —Si—O— 等组成时,如果分子链上没有极性的或具有位阻效应的大体积取代基存在,则由这些单键组成的高聚物都是柔顺的,其 T_g 很低。如聚乙烯的 T_g 为 $-68℃$,聚甲醛的 T_g 为 $-83℃$,聚二甲基硅氧烷的 T_g 为 $-123℃$,这是一种耐寒的橡胶。

高聚物主链中存在芳香环或芳杂环等刚性结构时,分子链上可以旋转的单键相对减少,分子链刚性增加,而且环状结构的含量越多,分子链越刚,T_g 越高(见图 4-13)。在耐热高聚物的分子结构设计时,要充分考虑这一点。如聚碳酸酯的 T_g 为 150℃,聚对苯二甲酸乙二醇酯的 T_g 为 69℃,聚对苯二甲酸丁二醇酯的 T_g 为 40℃,此外如聚芳砜、聚醚醚酮、聚苯醚等结构中含有较高密度的刚性基团,它们都有很高的 T_g,可以作为耐热工程塑料使用。

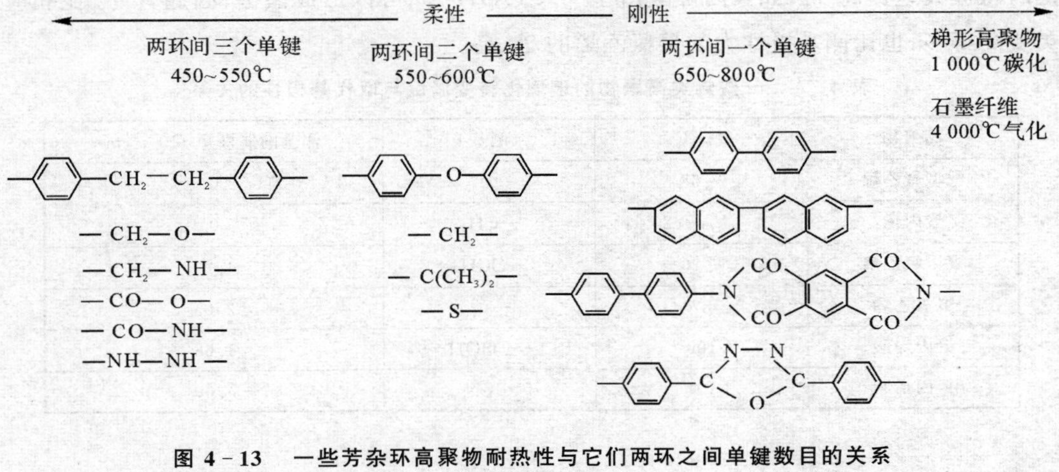

图 4-13　一些芳杂环高聚物耐热性与它们两环之间单键数目的关系

主链含有孤立双键的高聚物,虽然双键本身不能内旋转,但与双键相邻的单键有更高的柔性,因此这类高聚物大都是很柔顺的,T_g 很低,可以作为橡胶使用(见图 4-14)。如聚异戊二烯（天然橡胶）的 T_g 为 $-73℃$，聚 $1,4$ -顺（顺丁橡胶）的 T_g 为 $-108℃$。双键的几何异构将导致高分子链柔顺性的差异，如反式构型的结构柔顺性不如顺式构型，因此反式聚 $1,4$ -丁二烯的 T_g 为 $-83℃$，比顺式聚 $1,4$ -丁二烯的高。

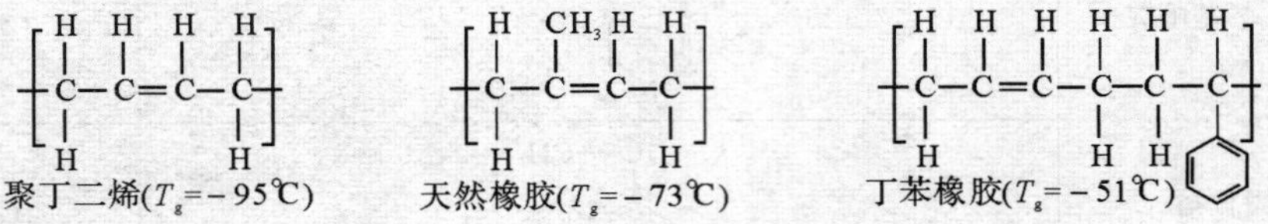

聚丁二烯($T_g=-95℃$)　　天然橡胶($T_g=-73℃$)　　丁苯橡胶($T_g=-51℃$)

图 4 - 14　主链中含孤立双键的高聚物

主链上含有极性基团时将增大分子间的作用力，降低分子链的活动性，使 T_g 提高，若含有能形成氢键的基团，则将使分子间的作用力更高，T_g 也更高。如聚乙烯的 T_g 为 $-68℃$，而含有极性酰胺基的聚酰胺 66 的 T_g 为 $50℃$。在主链中极性基团的密度增大，分子间的作用力增大，链的柔性降低，T_g 增大。如聚酰胺中酰胺基的密度增大，T_g 还会进一步提高。

然而要注意的是，若在主链中同时含有柔性的单键以及极性基团时，则要考虑两者的共同作用。如含酯基的脂肪族聚酯要综合考虑主链结构中所含醚键的柔性和酯基极性的共同作用。

2. 侧基或侧链

侧基或侧链对 T_g 的影响应从侧基的极性、体积、对称性以及侧基或侧链的柔顺性来讨论。

（1）侧基的极性。

如果侧基在高分子链上的分布不对称或为单取代时，则侧基的极性越大，分子内和分子间的作用力也越大，高聚物的 T_g 越高，见表 $4-3$ 中所列的一些高聚物。特别是当侧基可以形成氢键时将极大地提高 T_g，如聚丙烯酸由于 $—COOH$ 间可以形成氢键，因此其 T_g 比相应的酯类要高得多，也比侧基极性大的聚氯乙烯的 T_g 高。

表 4 - 3　一些烯类高聚物的玻璃化转变温度与取代基极性的关系

高聚物	$T_g/℃$	侧基	侧基的偶极矩 $/10^{-18}$ cm
线型聚乙烯	-68	无	0
聚丙烯	$-10, -20$	$—CH_3$	0
聚甲氧乙烯	-20	$—OCH_3$	1.22
聚氯乙烯	87	$—Cl$	2.05
聚丙烯酸	106	$—COOH$	1.68
聚丙烯腈	104	$—CN$	4.00

增加分子链上极性侧基的密度也能提高高聚物的 T_g，例如氯化聚乙烯的 T_g 与含氯量的关系见表 $4-4$。但当极性基团的数量超过一定值后，由于极性基团间的静电斥力超过吸引力，反而导致高分子链间距离的增大，T_g 降低，

表 4-4　氯化聚乙烯的 T_g 与含氯量的关系

含氯量 /(%)	61.9	62.3	63.0	63.8	64.4	66.8
T_g/℃	75	76	80	81	72	70

（2）取代基的对称性。

上述讨论的多为单取代的情况，当为双取代时，则要考虑其对称性。

当侧基的分布是对称的，则会降低内旋转位垒，链的柔顺性增大，使 T_g 比相应的单取代高聚物的 T_g 低。如聚偏二氟乙烯的 T_g 比聚氟乙烯的低，聚偏二氯乙烯的 T_g 比聚氯乙烯的低，这是由于对称的双取代使偶极相互抵消，整个分子的极性减小，内旋转位垒降低，柔性增大。聚异丁烯由于对称的取代，使主链间的距离增大，链间的作用力减弱，也使柔性增大，相对于聚丙烯的 T_g 降低。

当侧基的分布不对称时，则会增加空间位阻作用，使内旋转位垒增大，T_g 提高，如聚甲基丙烯酸酯的 T_g 比聚丙烯酸酯的高，聚 α-甲基苯乙烯的 T_g 比聚苯乙烯的高。

$$\xrightarrow{\ \ }(CH_2-CH)_n \quad\quad T_g=3℃ \qquad\qquad \xrightarrow{\ \ }(CH_2-CH)_n \quad\quad T_g=115℃$$

$$\xrightarrow{\ \ }(CH_2-CH)_n \quad\quad T_g=100℃ \qquad\qquad \xrightarrow{\ \ }(CH_2-C)_n \quad\quad T_g=192℃$$

$$\xrightarrow{\ \ }(CH_2-CH)_n \quad\quad T_g=-10℃ \qquad\qquad \xrightarrow{\ \ }(CH_2-CH)_n \quad\quad T_g=-70℃$$

$$\xrightarrow{\ \ }(CH_2-CH)_n \quad\quad T_g=40℃ \qquad\qquad \xrightarrow{\ \ }(CH_2-C)_n \quad\quad T_g=-40℃$$

$$\xrightarrow{\ \ }(CH_2-CH)_n \quad\quad T_g=87℃ \qquad\qquad \xrightarrow{\ \ }(CH_2-C)_n \quad\quad T_g=-17℃$$

要说明的一点是，一般单取代的烯类高聚物的 T_g 随构型的变化不大（除聚丙烯酸酯、聚苯乙烯、聚丙烯），而双取代的烯类高聚物 T_g 随它们构型的变化而变化（见表 4-5），如间同的聚

甲基丙烯酸甲酯的 T_g 为 115℃,而全同立构的聚甲基丙烯酸甲酯的 T_g 为 45℃。

表 4 - 5　构型对玻璃化转变温度的影响

基团	聚丙烯酸酯 T_g/℃		聚甲基丙烯酯 T_g/℃	
	全同	间同	全同	间同
甲基	10	8	43	115
乙基	−25	−24	8	65
正丙基	—	−44	—	35
异丙基	−11	−6	27	81
正丁基	—	−49	−24	20
环己基	12	19	51	104

但有些特殊的结构对 T_g 的影响很难从分子观点上说明,例如聚异丁烯(T_g 为 −70℃)主链中插入一些柔性基团后 T_g 反而升高:

$$—C(CH_3)_2—CH_2—CH_2— \qquad T_g = 15℃$$
$$—C(CH_3)_2—CH_2—(CH_2)_2— \qquad T_g = 20℃$$
$$—C(CH_3)_2—CH_2—O— \qquad T_g = −9℃$$
$$—C(CH_3)_2—CH_2—S— \qquad T_g = −14℃$$

(3) 侧基或侧链的位阻效应和柔顺性。

刚性大体积侧基的存在,会使高分子链单键内旋转的空间位阻增加,导致 T_g 升高。例如,比较聚乙烯、聚丙烯、聚苯乙烯及聚乙烯基咔唑等的 T_g,随着这些高聚物分子链上侧基体积的顺序增大,T_g 从聚乙烯的 −68℃ 增至聚乙烯基咔唑的 208℃(见表 4 - 2)。

侧基的作用并不总是提高 T_g 的,一般说来,长而柔的侧基或侧链反而会降低 T_g。这是因为侧基柔性的增加足以补偿由侧基增大所产生的影响。见表 4 - 6 所示的聚甲基丙烯酸酯类的 T_g 随侧基的增长而降低。

表 4 - 6　侧基柔性对聚甲基丙烯酸酯 T_g 的影响

侧基	—CH_3	—C_2H_5	—C_3H_7	—C_4H_9	—C_5H_{11}	—C_6H_{13}	—C_8H_{17}	—$C_{12}H_{23}$	—$C_{18}H_{37}$
T_g/℃	105	65	35	20	−5	−5	−20	−65	−100

3. 离子型高聚物

含离子高聚物间的离子键对 T_g 的影响很大,例如在聚丙烯酸中加入金属离子可大幅度提高 T_g,当加入 Na^+ 时,T_g 从 106℃ 提高到 280℃,加入 Cu^{2+} 时,T_g 提高到 500℃。同时正离子的半径越小,或者其电荷量越多,则 T_g 越高。

4. 交联

一般说来,轻度交联对链段的活动性影响很小,因而对 T_g 的影响很小,随着交联密度的增加,链段的活动性减小,T_g 逐渐提高。当交联度增加到某一值时,T_g 接近或超过分解温度。例如橡胶的 T_g 随硫的含量线性地增加(见表 4 - 7)。

表 4-7　交联度对高聚物 T_g 的影响

硫含量 /(%)	0	0.25	10	20
T_g/℃	-65	-64	-40	-24

交联高聚物的 T_g 与交联密度之间的关系可用式(4-24)表示

$$T_{gx} = T_g + K_x \rho_x \tag{4-24}$$

式中，T_{gx} 是交联高聚物的玻璃化转变温度；T_g 为未交联高聚物的玻璃化转变温度；K_x 为一常数，ρ_x 为交联密度，用单位体积的交联键数目或每百个原子中所包含的交联键数来表示。

实际上，当交联剂的化学结构与高聚物主链的单体结构不同时，除了交联效应外，还有共聚效应。因为交联产物的化学组成随交联度的增加而变化，所以共聚效应可使 T_g 升高或降低。尼尔生(Nielsen)在归纳了大量实验数据的基础上，总结出以下的经验公式：

$$T_g - T_{g0} \approx 3.9 \times 10^4 / \overline{M_c} \tag{4-25}$$

式中，$\overline{M_c}$ 为交联点间网链的数均摩尔质量，T_{g0} 为非交联高聚物的玻璃化转变温度，这种非交联高聚物具有与交联高聚物相同的化学组成，$T_g - T_{g0}$ 为对交联剂的共聚效应进行修正后仅因交联引起的玻璃化转变温度的变化。

二、高聚物分子量的影响

分子量的增加使 T_g 增加，特别是当分子量较低时，这种影响更为明显。当分子量超过一定程度以后 T_g 随分子量的增加就不明显了，如图 4-15 所示。这是因为在分子链的两头各有一个端链，这种端链的活动能力要比一般的链段大，分子量越低时，端链的比例越高，所以 T_g 也越低。随着分子量的增大，端链的比例不断减少，所以 T_g 不断增高，分子量增大到一定的程度后，端链的比例可以忽略不计，所以 T_g 与分子量的关系不大。当以 T_g 对分子量的倒数作图时可得一直线。

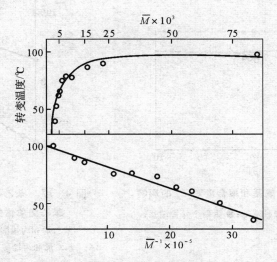

图 4-15　聚苯乙烯的分子量与 T_g 的关系

下面从自由体积理论来对上述的现象进行说明。因为链端具有较大的活动性，可以认为它比处在分子链中间部分的同样原子数目的基团贡献更多的自由体积。如果每个链端对高聚物贡献的超额自由体积为 θ,分子量为 $\overline{M_n}$ 的高聚物单位体积中的超额自由体积为 $2\theta\tilde{N}\rho/\overline{M_n}$,其中 $\tilde{N}$ 为阿伏伽德罗常数,ρ 为密度。大量的实验数据表明,θ 的大小与一个重复单元的体积同一数量级,通常约在 $20\sim50\text{Å}^3$ 之间。根据自由体积理论,玻璃化转变时,高聚物具有相同的自由体积分数,则在 $T=T_g$ 时,有

$$\alpha_f T_g(\infty) = \alpha_f T_g + \frac{2\theta\tilde{N}\rho}{M_n} \tag{4-26}$$

式中,$T_g(\infty)$ 是分子量为无穷大时高聚物的玻璃化转变温度,令 $K=2\theta\tilde{N}\rho/\alpha_f$,为高分子的特征常数,从式(4-25)可得

$$T_g = T_g(\infty) - \frac{K}{M_n} \tag{4-27}$$

这一方程称为 Fox-Flory 方程。从直线斜率可得高聚物的数均摩尔质量。可见分子量对 T_g 的影响可归结为端基效应。端基的种类不同,对超额自由体积的贡献也不同,因此,即使是同一种高聚物,由于聚合方法的不同而使端基不同也会使 T_g 产生差异。

图 4-16 所示为聚苯乙烯中端基和聚合度对于 T_g 的影响。当端基与高聚物中的结构单元结构相同时,末端链段的自由体积比链中的大,随分子量增大,θ 的比例减少,使 T_g 随分子量的增加而增加;当末端链段与高聚物中的结构单元的结构不同时,若末端链段的活动性差,则会随着分子量的增大而使 T_g 降低。

端基对 T_g 的影响也表现在支化高分子中,支化高分子的端基比线型高分子的多,因此相同分子量的支化高分子的 T_g 比线型的低。

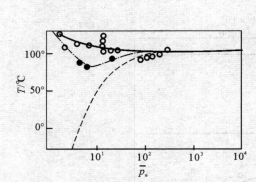

图 4-16 聚苯乙烯中端基和聚合度对 T_g 的影响

$\overline{p_n}$ 为聚合度;○ 为一个异种端基;● 为两个异种端基;
———为两个自由端基

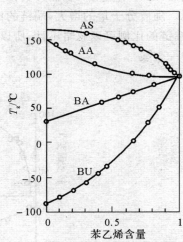

图 4-17 苯乙烯无规共聚物的 T_g 与苯乙烯单体的摩尔的依赖关系

AS— 苯乙烯和丙烯酸;AA— 苯乙烯和丙烯酰胺;
BA— 苯乙烯和丙烯酸丁酯;BU— 苯乙烯和丁二烯

三、共聚结构的影响

共聚是改变高聚物结构和性能的重要手段,对无规共聚物,由于分子链中两种单体单元的

性质不同，使分子内和分子间的相互作用也不同，因而共聚物的 T_g 与均聚物有很大的差别，图 4-17 所示为苯乙烯与另外 4 个单体分别组成的 4 种无规共聚物的 T_g 随组分的变化，明显地可以看出，无规共聚是改变 T_g 的重要方法。

对 T_g 高的组分而言，另一 T_g 较低组分的引入，其作用与增塑相似，因此，相对于外增塑剂，有时把共聚作用称为内增塑作用。

Gordon 和 Taylor 对共聚结构与 T_g 的关系进行了研究，把共聚物看作是均一混合物，即无规共聚时，推导出共聚物的 T_g 为

$$T_g = \frac{W_1 \Delta\alpha_1 T_{g1} + W_2 \Delta\alpha_2 T_{g2}}{W_1 \Delta\alpha_1 + W_2 \Delta\alpha_2} \tag{4-28}$$

式中，W_1 和 W_2 为两种成分的质量分数，T_{g1} 和 T_{g2} 分别为两种成分的均聚物的玻璃化转变温度，$\Delta\alpha$ 为均聚物的玻璃态和高弹态的体膨胀系数之差。当 $\Delta\alpha_1 = \Delta\alpha_2$ 时，上式简化为

$$T_g = W_1 T_{g1} + W_2 T_{g2} \tag{4-29}$$

即共聚物的 T_g 随质量分数呈直线变化。这一公式被广泛用于非晶无规共聚物 T_g 的预测，并取得了与实验结果较好的吻合。

然而实际共聚反应的情况是比较复杂的，通常可以出现以下 4 种情况。

（1）当两种单体的性质相近时，共聚物的 T_g 与其组成的质量分数呈线性关系，例如苯乙烯-丁二烯共聚物，苯乙烯-丙烯酸甲酯共聚物的 T_g 就属于这种情况（图 4-18 曲线 1）；

（2）当两种单体的性质相差较大时，由于其共聚物分子的堆砌密度降低，分子链活动性增大，T_g 低于线性关系的估算值（见图 4-18 曲线 2，3），如苯乙烯-丙烯酸正丁酯的 T_g，并且随丙烯酸酯的侧基的增大，偏离线性值也越大。

（3）当两种单体性质相差很大时，其共聚物的 T_g 会较两种均聚物的 T_g 都低（见图 4-19）。例如丙烯腈-甲基丙烯酸甲酯的无规共聚物的 T_g。

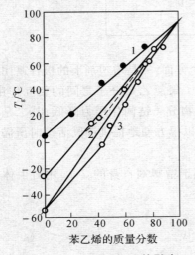

图 4-18　共聚对 T_g 的影响

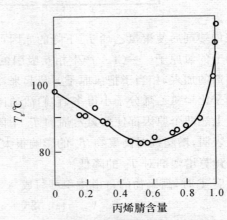

图 4-19　丙烯腈和甲基丙烯酸酯共聚物的 T_g
随丙烯腈含量的变化

（4）当共聚单体能引入氢键和极性基团的相互作用时，分子链的柔性降低，或共聚物分子的堆砌密度大于均聚物，则共聚物 T_g 将高于线性值。例如偏氯乙烯-丙烯酸甲酯、甲基丙烯酸甲酯-丙烯酸甲酯、二甲基硅氧烷-二苯基硅氧烷共聚物的 T_g 就是如此。X 射线衍射的结果也

证明了这一点。

非无规共聚物中,最简单的情况是交替共聚,它可以看作是由两种单体组成的一个重复单元的均聚物,因此仍然只有一个 T_g,而嵌段或接枝共聚物的情况则要复杂些。决定性的因素是两种均聚物是否相容,如果能够相容,则可形成均相材料,只有一个 T_g;若不能相容,则发生相分离,形成两相体系,各有一个 T_g,其值接近于各组分均聚物的 T_g。嵌段共聚物的嵌段数目和嵌段长度,接枝共聚物的接枝密度和支链长度,以及组分的比例,都对组分的相容性有影响,因而也对 T_g 有影响。

四、增塑的影响

增塑剂对 T_g 的影响是显著的。增塑剂多为小分子的低挥发性物质,把它加入到高聚物中可以形成高分子溶液。T_g 较高的高聚物,在加入增塑剂后,可以使 T_g 明显下降,这一现象在工业中有着重要的实际意义。目前在塑料生产中大量添加增塑剂的,主要是聚氯乙烯制品。增塑剂是聚氯乙烯塑料中不可缺少的重要组分,它的加入不仅使聚氯乙烯有良好的成型加工性,也使制品可以满足不同的需要。表 4-8 为增塑剂对聚氯乙烯 T_g 的影响,从中可以发现,随着增塑剂用量的增大,T_g 显著下降。

表 4-8　邻苯二甲酸二辛酯对聚氯乙烯 T_g 的影响

增塑剂含量 /(%)	$T_g/℃$
0	78
10	50
20	29
30	3
40	—16
50	—30

加入增塑剂后使聚氯乙烯 T_g 下降的原因可归结于两个方面:一是增塑剂上的极性基团与聚氯乙烯上的氯原子(—Cl)产生相互吸引的作用,减少了聚氯乙烯分子之间的相互作用,因而增塑剂的加入,相当于把氯原子屏蔽起来,结果使高聚物分子链间作用力降低;其二是增塑剂的分子比聚氯乙烯分子小得多,它们活动比较容易,可以很方便地提供链段活动时所需要的空间。上述两个原因都使聚氯乙烯的 T_g 下降。

研究表明,增塑剂对高聚物 T_g 的影响很大程度上依赖于增塑剂自身的 T_g。用自由体积理论可以计算增塑剂对 T_g 的降低。

在温度 T 时,高聚物的自由体积可写成

$$V_{fp} = [0.025 + \alpha_p (T - T_{gp})] V_p \qquad (4-30)$$

增塑剂的自由体积可写成

$$V_{fd} = [0.025 + \alpha_d (T - T_{gd})] V_d \qquad (4-31)$$

式中,α_{fp} 和 α_{fd},V_p 和 V_d,T_{gp} 和 T_{gd} 分别代表高聚物和增塑剂的自由体积膨胀系数、所占的体积和玻璃化转变温度。

如果高聚物和增塑剂存在自由体积加和性,则

$$V_{\text{fp}} + V_{\text{fd}} = 0.025(V_{\text{p}} + V_{\text{d}}) + \alpha_{\text{fp}}(T - T_{\text{gp}})V_{\text{p}} + \alpha_{\text{fd}}(T - T_{\text{gd}})V_{\text{d}} \qquad (4-32)$$

则增塑高聚物体系的自由体积分数可以写成

$$f = 0.025 + \alpha_{\text{fp}}(T - T_{\text{gp}})\varphi_{\text{p}} + \alpha_{\text{fd}}(T - T_{\text{gd}})\varphi_{\text{d}} \qquad (4-33)$$

式中，φ 是体积分数。$\varphi_{\text{p}} + \varphi_{\text{d}} = 1$。当 $T = T_{\text{g}}$ 时，$f_{\text{T}} = f_{\text{g}} = 0.025$，则有

$$\alpha_{\text{fp}}(T_{\text{g}} - T_{\text{gp}})\varphi_{\text{p}} + \alpha_{\text{fd}}(T_{\text{g}} - T_{\text{gd}})\varphi_{\text{d}} = 0 \qquad (4-34)$$

解得

$$T_{\text{g}} = \frac{\alpha_{\text{fp}}\varphi_{\text{p}} T_{\text{gp}} + \alpha_{\text{fd}}(1 - \varphi_{\text{p}}) T_{\text{gd}}}{\alpha_{\text{fp}}\varphi_{\text{p}} + \alpha_{\text{fd}}(1 - \varphi_{\text{p}})} \qquad (4-35)$$

若近似地认为 $\alpha_{\text{fp}} = \alpha_{\text{fd}}$，则

$$T_{\text{g}} = \varphi_{\text{p}} T_{\text{gp}} + \varphi_{\text{d}} T_{\text{gd}} \qquad (4-36)$$

若将体积分数换算成质量分数，即取 $\varphi_{\text{p}} = W_{\text{p}}/\rho_{\text{p}}$ 和 $\varphi_{\text{d}} = W_{\text{d}}/\rho_{\text{d}}$ 时，有

$$\frac{1}{T_{\text{g}}} = \frac{W_{\text{d}}}{T_{\text{gd}}} + \frac{W_{\text{p}}}{T_{\text{gp}}} \qquad (4-37)$$

式（4-36）和式（4-37）为较简单的近似式，也常用作估算增塑高聚物的 T_{g}。

一般说来，增塑对降低玻璃化转变温度更为有效，而共聚对降低熔点更为有效。

五、外界条件的影响

1. 升温速度和外力作用时间

玻璃化转变不是热力学的平衡状态，因此 T_{g} 的值强烈地受到测试条件的影响。

在测量时，随着升温速度的减慢，所得数值偏低；在降温时随降温速度减慢，测得的 T_{g} 也向低温方向移动。按照自由体积概念，在 T_{g} 以上，随着温度的降低，分子通过链段运动进行构象调整，腾出多余的自由体积，并使它们逐渐扩散出去，因此高聚物在冷却的体积收缩过程中，自由体积也逐渐减少，但是由于温度降低，黏度增大，分子链段的运动变得困难，这种构象调整不能及时进行，致使高聚物的体积总比该温度下最后应具有的平衡体积大，在比容-温度曲线上则偏离平衡线，发生拐折。冷却速度越快，则拐点出现得越早，因此所得的 T_{g} 越高，一般说来，升温速度降低 10℃/min，T_{g} 降低 3℃。通常采用的升温速度为 1℃/min。

由于玻璃化转变的松弛特点，外力作用的时间不同将引起玻璃化转变点的移动。用动态方法测量的 T_{g} 通常要比静态的膨胀计测得的 T_{g} 高，而且随着测量时外力作用时间的缩短（力作用频率的升高）而升高。采用不同方法测试时，聚氯醚的 T_{g} 有很大的差别，见表 4-9。

表 4-9　不同测试方法时聚氯醚的 T_{g}

测量方法	介电法	动态力学法	慢拉伸	膨胀计法
频率/Hz	1 000	89	3	10^{-2}
T_{g}/℃	32	25	15	7

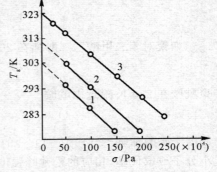

图 4-20　外力与 T_{g} 的关系
1—聚乙酸乙烯酯；2—增塑聚苯乙烯；
3—聚乙烯醇缩丁醛

2. 外力的大小

外力能促进链段沿力作用方向运动，使 T_{g} 降低，应力越大，T_{g} 越低，如图 4-20 所示，由图可见，T_{g} 与应力 σ 呈线性关系

$$T_g = A - B\sigma \qquad (4-38)$$

式中，A 和 B 为常数。如聚氯乙烯在 $200\ kg/cm^2$ 的拉应力下，T_g 降到 50℃。

3. 流体静压力

当高聚物受到流体静压力作用时，内部的自由体积将被压缩，按自由体积理论，T_g 升高，静压力越大，T_g 越高，例如，当压力从 $10 \times 10^4\ Pa$ 增加到 $2\ 000 \times 10^4\ Pa$ 时，聚苯乙烯的 T_g 从 80℃ 线性地升高到 145℃。

4.3　高聚物的次级松弛

非晶态高聚物的玻璃化转变是由链段运动引起的，一般称为主转变，结晶高聚物的熔融也称为主转变。高聚物在结晶态和玻璃态时，链段和分子链的运动被冻结，但一些活化能较低的较小运动单元的运动仍可以被激活。这些较小运动单元的运动也是一种松弛过程，在较低的温度下即可观察到，统称为次级松弛或次级转变。习惯上把包括主转变在内的所有转变，不管其对应的分子运动机理如何，仅按出现的温度顺序由高到低依次用 $\alpha, \beta, \gamma, \delta$ 等字母来标记。α 指主转变，其他的字母指次级转变。α 转变有明确的分子运动机理，对非晶态高聚物是指玻璃化转变，对结晶高聚物指熔融，但次级转变则不然，一个高聚物的 β 转变可能与另一个高聚物的 β 转变有完全不同的分子运动机理。

高聚物的次级转变对研究高聚物的低温韧性有重要意义，一般在低温下有显著次级转变的高聚物就可能具有低温韧性。次级转变的研究也是探索高聚物的结构与性能之间的内在联系的重要途径。高聚物的次级松弛通常用动态力学实验和介电损耗实验来测定。

4.3.1　非晶态高聚物的次级松弛

对于非晶态高聚物，在玻璃态时虽然链段的运动被冻结，但仍有小范围的主链运动和侧基或侧链的运动，小范围的主链运动包括以下几种情况。

一、杂链高聚物中包含的杂原子部分的运动

如聚对苯二甲酸乙二醇酯在 200 K 附近出现的 β 松弛是由于主链的 $-\overset{\overset{\displaystyle O}{\|}}{C}-O-$ 的运动，聚酰胺在 230 K 附近因酰胺 $-\overset{\overset{\displaystyle O}{\|}}{C}-N-$ 基的运动导致 β 松弛，聚碳酸酯在 170 K 时的 β 松弛起因于碳酸酯基 $-O-\overset{\overset{\displaystyle O}{\|}}{C}-O-$ 的运动。如果高分子中引入能同上述基团产生相互作用的小分子或取代基，相应的松弛峰强度或位置有可能发生变化。

二、碳链高聚物中的局部松弛模式

这是指比较短的链段在其平衡位置作小范围的有限振动。在这些有限振动中，可以是键

长的伸缩,键角的变形振动,也可以是围绕碳-碳单键的扭曲振动。由于它们的力常数各不相同,加上高聚物主链内部自由度很大,这种骨架局部振动模式的频率和振幅的范围都很大,从高频小振幅到低频大振幅都有。由于绕碳-碳单键的扭曲振动的力常数很小,可在非常低的频率内发生。在玻璃态时,由于本体的内摩擦很高,低频扭曲振动模式将由于松弛而强烈地衰减,而高频低振幅的模式仍将保持其周期振动的特性。正是这类非周期振动类型的分子运动反映了局部模式的松弛过程,这种松弛标记为 β 松弛。由此可知 β 松弛包括的频率范围很宽。

三、曲柄运动

在许多高聚物中,当其主链包含有 3 个或 4 个以上的 —CH$_2$— 基时,可出现 γ 转变,其分子运动机理为曲柄运动模型(见图 4 - 21)。当次甲基链节第一根碳-碳键和第七根碳-碳键在一直线上时(见图 4 - 21(a)),中间的碳原子能够绕这个轴转动而不扰动沿链的其他原子;当曲柄模型中在成一直线的碳原子中间只有两个碳原子时(见图 4 - 21(b)),曲柄运动实现的可能性不大;另外一种可能产生曲柄运动的模型如图 4 - 21(c)所示,这是一个紧缩的螺旋,具有较低的能量。实验证明大多数碳链高聚物的 γ 转变是由曲柄运动引起的外,在一些杂链高聚物如聚酰胺的 γ 转变也归于次甲基链的曲柄运动。当 $n = 2$ 时,聚酰胺不出现这种运动,因而没有 γ 转变,只有当 $n \geqslant 3$ 时,才可能出现 γ 转变。

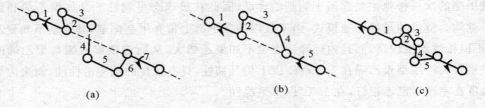

图 4 - 21　曲柄运动模型

四、侧基或侧链的运动

高分子链上所带的侧基或侧链在玻璃态也能运动。它们的运动是比较复杂的。因它们的大小及在高分子链上位置的不同而异。较大的侧基如聚苯乙烯的苯基,聚甲基丙烯酸甲酯的甲酯基,侧基的内旋转可产生 β 松弛。较长的支链,当其中次甲基数大于 4 时可能产生曲柄运动。体积较小的与主链相连的 α-甲基可发生内旋转运动,引起 γ 松弛,如聚甲基丙烯酸甲酯的 α-甲基。还有一些侧基的运动发生在更低的温度下,例如聚苯乙烯中的苯基,聚甲基丙烯酸甲酯的酯甲基的扭转或摇摆运动产生 δ 松弛。这种松弛的特性是与主链本身无关,在晶相和非晶相中都可产生。

4.3.2　结晶高聚物的次级松弛

结晶高聚物的分子运动比非晶高聚物复杂,是由于前者的复杂性引起的。结晶高聚物中含有晶区和非晶区,其中的非晶区有上述非晶态的所有分子运动模式,但这些运动模式无疑会在不同程度上因晶区的存在而变得复杂。另外,在晶区也存在着多种多样的分子运动,从而引起种种新的次级转变。为了表明这些转变是晶区还是非晶区产生的,一般在 $\alpha, \beta, \gamma, \delta$ 等标记的下方加注下标"c"或"a",分别表示晶区和非晶区。

晶区的分子运动可能有以下几种情况。

(1)晶区的链段运动。

(2)晶型的转变。如聚四氟乙烯在 19 ~ 30℃ 范围内出现了从三斜晶向六角晶的转变。

(3)晶区内部侧基和链端的运动。例如聚丙烯在 − 220℃ 出现侧甲基的松弛。

(4)晶区缺陷的局部运动,分子链折叠部分的运动等。

4.3.3 次级松弛对性能的影响

高聚物主链的次级松弛同材料的韧性有一定联系。当温度低于 T_g 时,材料呈玻璃态。在冲击作用下,虽然链段不能运动,但小尺寸的运动单元的运动仍可发生。如果高分子主链的次级松弛时间低于外力作用时间或与之相当,则主链可产生某种形变,同时有一定的能量吸收,从而缓冲了外力的作用,赋予材料韧性。例如聚氯乙烯和聚碳酸酯(见图 4 - 22),在室温下均呈玻璃态,由于它们在低温时存在有主链的局部松弛模式,所以有较好的抗冲击性能。聚甲基丙烯酸甲酯的次级松弛主要起因于侧基的运动,因此在玻璃态呈脆性。又如聚乙烯和聚丙烯的 γ 松弛均为链段的局部松弛模式,由于聚丙烯分子链上带有甲基侧基,其运动不如聚乙烯链容易,不但松弛温度较高,而且内耗峰强度也不如聚乙烯大,从而造成聚丙烯与聚乙烯的低温韧性差别很大。线型聚乙烯在 − 100℃ 以下仍具韧性,具有优良的抗冲击性能,而聚丙烯的抗冲击强度在室温时已不很好,在 15℃ 以下呈脆性。

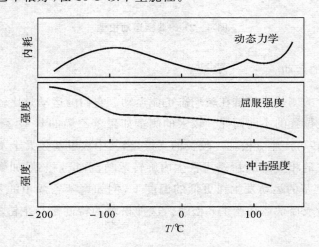

图 4 - 22 聚碳酸酯的动态力学内耗、屈服强度和冲击强度与温度的关系

4.4 高聚物的结晶过程

4.4.1 高聚物的结晶能力与结构的关系

高聚物结晶的前提条件是其结构要满足结晶的要求,然后在适当的外场条件下,才能够由非晶态转变为结晶态。因此,首先我们来探讨高聚物结构与结晶能力的关系。

不同结构的高聚物结晶能力有很大差别,有些高聚物极易结晶,如聚乙烯、聚丙烯等,要得到完全不结晶的物质相当困难,有一些则完全没有结晶能力,如无规聚丙烯、无规聚苯乙烯等。高分子是否具有结晶能力同高分子链的规整程度有很大的关系,链的规整程度越高,结晶能力越强。当然其他的一些因素如分子间的作用力也将影响到它的结晶能力。

一、链的对称性

高分子链的对称性越高,越容易结晶,对称性差的高分子链则不易结晶。聚乙烯和聚四氟乙烯,其主链全部由碳原子组成,碳链的两边全都是氢原子或氟原子,对称性非常好,因而它们的结晶能力非常强,以至于无法得到完全非晶态的固体样品。它们所达到的最大结晶度也高于其他高聚物。如聚乙烯的最大结晶度可高达95%,而一般结晶性高聚物的结晶度通常在50%～70%。如果把聚乙烯氯化,结构中部分氢原子被氯原子所取代,链的对称性降低,相应地结晶能力也下降。

对称取代的烯类高聚物,如聚偏二氯乙烯、聚异丁烯,主链上没有不对称碳原子,因而有较好的结晶能力。

主链上含有杂原子的高聚物,如聚甲醛、聚醚、聚酰胺、聚碳酸酯等,它们的分子链都有一定的对称性,故都是结晶性高聚物,但结晶能力要比聚乙烯弱。

二、链的空间立构规整性

对于单取代烯烃类高分子,结构单元上含有不对称碳原子,如果其构型是完全无规的,分子链不具备任何对称性和规整性,结构单元不能有序地在空间排列,将失去了结晶能力。如采用自由基聚合方法合成的聚苯乙烯、聚甲基丙烯酸甲酯、聚乙酸乙烯酯等高聚物,链结构不规整,是典型的非晶高聚物。而用定向聚合方法合成相应的高聚物时,生成全同或间同立构的有规高聚物,因而具有一定的结晶能力。其结晶能力的大小同高聚物的立构规整度有关,立构规整度越高则结晶能力越强。

聚双烯类高分子主链上含有双键,空间立体构型为顺反异构。如果顺式和反式构型在分子链上呈无规排列,则没有结晶能力。定向聚合法合成的全顺式结构或全反式结构的高聚物则有一定的结晶能力。反式的对称性又优于顺式,因而具有反式链结构的高分子结晶能力要强些。例如反式聚丁二烯比顺式聚丁二烯的结晶能力高,其高聚物在常温下为结晶性高聚物,顺式的聚丁二烯结晶能力低,为具有很好弹性的橡胶材料(顺丁橡胶)。又如聚 2-氯丁二烯,通常采用乳液自由基聚合方法合成,产物的主要成分为反式结构,可以形成结晶。随聚合温度的升高,其他结构的含量增加,链的规整性下降,结晶能力减弱,当反应温度分别为$-40℃$,$10℃$和$40℃$时,由密度法测得其产物的最大结晶度依次为38%,25%和12%。

当然也存在着一些例外,有的高聚物不具备上述对称性和规整性,但仍有相当强的结晶能力。自由基聚合的聚三氟氯乙烯,主链上含不对称碳原子且构型不规整,但它不仅可以结晶,且结晶度甚至可达90%。产生这种现象的原因可能是氯原子与氟原子体积相差不大,仍可满足链的规整排列的缘故。如无规聚乙酸乙烯酯完全不能结晶,它的水解产物聚乙烯醇也不具规整性,但结晶度可达30%,这是由于羟基的体积不太大并可在分子间形成较强的氢键作用造成的。

总的来说,当侧基体积很大时,高聚物的结晶能力对立构规整性有严格要求。

三、共聚结构

无规共聚使高分子链的对称性和规整性都被破坏,因而使结晶能力下降甚至完全丧失。但是,如果共聚单元各自的均聚物都是可以结晶的,并且它们的晶态结构相同,则它们的共聚物也能够结晶,晶胞参数一般随共聚单元的组成不同而发生变化。但对于由下述的结构单元组成的共聚物则产生例外

$$—NH—(CH_2)_6—CO—(CH_2)_2\!\!-\!\!\langle\bigcirc\rangle\!\!-\!\!O—CH_2—CO—$$

$$—NH—(CH_2)_6—CO—(CH_2)_2\!\!-\!\!\langle\bigcirc\rangle\!\!-\!\!O—(CH_2)_3—CO—$$

它们形成的无规共聚物,在任何配比范围内都有结晶性,且晶胞参数不随组成改变。当共聚单元的某一组分的含量占优势时,在共聚物中保持着这种单元的长序列,这一组分的均聚物若能结晶,那么共聚物中这种单元仍然可以形成同其均聚物结晶相同的结晶,但结晶能力变差,这时含量少的共聚单元则作为缺陷存在。

接枝共聚物的主链因支化效应通常使其结晶能力降低。而接枝共聚物的支链以及嵌段共聚物的各个嵌段则基本上保持其各自的特性,能够结晶的支链或嵌段可形成自己的晶区。

四、其他因素

高分子链从无序向有序调整需要分子链具有一定的柔性,也就是有较大的活动能力,因此链的柔性越好,结晶性高聚物的结晶能力越强。如聚乙烯具有很强的结晶能力,而主链上含有苯环的聚对苯二甲酸乙二醇酯虽然也有良好的规整性,但由于其柔性较差而使结晶能力减弱,其熔体快速冷却可得到完全无定形结构的凝聚态,而刚性更大的聚碳酸酯、聚砜等则没有结晶能力。

支化和交联既破坏链的规整性,又限制链的活动性,因此总是降低高聚物的结晶能力。随着交联程度的增加,高聚物可完全失去结晶性。

分子间作用力通常降低链的柔性,因而不利于晶体的生成。但是,一旦形成结晶,则分子间的作用力又有利于结晶结构的稳定。例如聚酰胺类高聚物结晶后可形成很强的分子间氢键,因而有相当稳定的结晶结构。

4.4.2 高聚物结晶动力学

高聚物的结晶温度范围在T_m到T_g之间,结晶过程可以在等温条件下进行,也可以在非等

温条件下进行,因而其动力学研究也分为等温结晶动力学和非等温结晶动力学。高聚物结晶动力学研究的对象是结晶过程的活化能、成核方式、结晶速度、结晶能力与外场条件的关系等。实际上大多数高聚物的成型过程中如挤出、注射、吹塑等均处于非等温过程,因此非等温动力学的研究更接近于实际的情况,也更为重要。但这一过程相当复杂,目前虽有许多数学处理方法,但都不能得到满意的结果。在本书中只对等温结晶的过程进行介绍。

一、高聚物的结晶速度

等温结晶是将高聚物熔体在 T_m 以上快速冷却到结晶温度并保持此温度到结晶完成,或将熔体快速冷却到 T_g 以下,形成玻璃态,然后快速升温到某温度进行等温结晶。

下面以球晶为例先说明高聚物的等温结晶行为。高聚物的结晶过程同小分子一样也分为晶核的形成和晶体的生长。晶核的形成根据有无异物的影响,可以分为均相成核和异相成核(见图4-23)。均相成核由熔体中分子链形成链束或折叠链而成为晶核,晶核在整个结晶过程中是不断生成的,由此发展成的晶体大小不一,所需温度通常较低。异相成核是异物作为晶核,一般异相成核是所有的晶核同时形成,由此发展成的晶体大小均一。聚合物熔体中一旦有晶核生成,分子链就能以晶核为核心作有序的排列生成晶体,随时间的延续晶体不断长大。由此可见结晶的总速度包括晶核的形成速度和晶体的生长速度。在结晶过程中,高聚物的某些物理性质将发生变化,对这些物理量进行监测跟踪,即可对结晶速度进行测量。

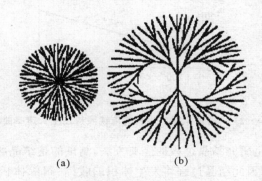

(a)　　　　　　(b)

图 4-23　球晶的成核

(a)异相成核;　(b)均相成核

图4-24所示为球晶的形成过程。初始的球晶是一个多层的片晶,晶体中不断地分叉,经捆束形式逐渐形成填满的球状外形,成为早期的球晶,然后以相同的径向速率继续生长。

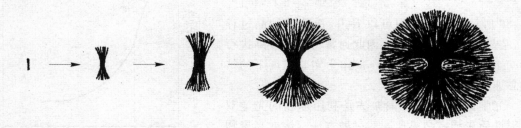

图 4-24　均相成核时球晶的生长过程

  高聚物结晶速度的测试有多种方法,采用不同的研究方法测定的结晶速度不同,如成核速度通常用偏光显微镜、电镜直接观察单位时间内形成晶核的数目;晶体的生长速度可以用偏光显微镜、小角激光散射法测定球晶半径随时间延长而增大速度;晶体总的生长速度可以用膨胀计法、光学偏振法测定结晶过程进行到一半所需的时间 $t_{1/2}$ 的倒数来表征。

  偏光显微镜法:偏光显微镜法是研究结晶过程最常用的方法,在偏光显微镜下可直接观察到球晶的形成和生长。将试样置于偏光显微镜上的控温载物台上等温结晶,可以通过计算单位时间单位体积内球晶的数目得到晶核生成的速度,通过直接测量球晶的半径随时间的变化可得球晶的生长速度。等温结晶时,球晶的半径与时间呈线性关系,如图4-25所示,并一直保持到球晶发生碰撞为止。因此可用单位时间内球晶半径的增长量来描述球晶的径向生长速度。

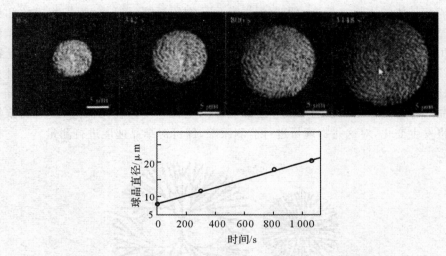

图 4-25 高聚物球晶生长的电镜照片及生长速率曲线

  膨胀计法:膨胀计法是研究结晶过程的经典方法,测试的是结晶的总速度。在高聚物的结晶过程中,密度发生变化,因此结晶过程将发生体积的收缩,跟踪体积的变化过程即可研究结晶过程。将高聚物试样与惰性的跟踪液体装入一膨胀计中,加热到高聚物熔点以上,使高聚物全部成为非晶态熔体,然后将膨胀计移入预先控制好的恒温浴中,使高聚物迅速冷却到预定温度,观察膨胀计毛细管内液柱高度随时间的变化,从而观察结晶进行的情况。如果以 h_0,h_∞ 和 h_t 分别表示膨胀计的起始、最终和 t 时刻的读数,将实验得到的数据作 $\dfrac{h_t - h_\infty}{h_0 - h_\infty}$ 对 t 的图,可得到如图4-26所示曲线。从中可以看出,在等温结晶过程中,结晶速度不是恒定的,因此通常将体积收缩进行到一半所需时间的倒数 $1/t_{1/2}$ 作为实验温度下的结晶总速度。

  光学偏振法:光学偏振法是利用球晶的光学双折射性质来测定结晶速度的一种方法。熔融高聚物试样是光学各向同性的,它在两个正交的偏振片之

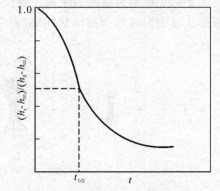

图 4-26 高聚物的等温结晶曲线

间的透射光强度为零,随结晶的进行,透射光强度逐渐增加,并且与结晶度成正比。用光电仪器接收放大,并将之记录下来,便可得到与膨胀计法相似的等温结晶曲线,即 $\dfrac{I_t - I_\infty}{I_0 - I_\infty}$ 对 t 的曲线,曲线上 $(I_\infty + I_0)/2$ 对应的时间即为 $t_{1/2}$。

此外,小角激光散射法也可应用于研究聚合物的结晶过程,它不仅可以测定高聚物的结晶度,还可以研究结晶与熔化机理,跟踪结晶过程中片晶厚度、长周期等亚微观结构的变化。

二、Avrami 方程

晶体的生长是多维的,其生长动力学同生长维数和成核方式有关。用于描述小分子等温结晶动力学的 Avrami 方程也可用来描述高聚物的等温结晶过程。Avrami 方程可表达为

$$\theta = \frac{v_t - v_\infty}{v_0 - v_\infty} = \exp\left(-kt^n\right) \tag{4-39}$$

式中,v 为高聚物的比容,k 为结晶速度常数,下标 t、0 和 ∞ 分别表示结晶进行到某一时刻、结晶初始和结晶终了的时刻,n 为 Avrami 指数,与成核机理和生长方式有关(见表 $4-10$)。

表 4-10　不同成核机理和晶体生长类型的 Avrami 指数

成核方式 生长方式	均相成核	异相成核
三维生长(块状、球状晶体)	$n = 3+1 = 4$	$n = 3+0 = 3$
二维生长(片状晶体)	$n = 2+1 = 3$	$n = 2+0 = 2$
一维生长(针状晶体)	$n = 1+1 = 2$	$n = 1+0 = 1$

前已指出,均相成核时,晶核的生成随时间的延长而增多,有时间依赖性,因此时间维数是一维的,而异相成核与时间无关,时间维数为零。所以当球晶三维生长时,均相成核的 $n = 3+1 = 4$,异相成核的 $n = 3+0 = 3$。将 Avrami 方程的两边取对数,可得

$$\lg\left(-\ln\theta\right) = \lg k + n\lg t \tag{4-40}$$

作出 $\lg\left(-\ln\theta\right)$ 对 $\lg t$ 的图,求直线的斜率便可得到 n,通过直线的截距便可得到 k。

在实际应用中,常用结晶进行到一半时的所需的时间 $t_{1/2}$ 的倒数来表征结晶速度。当结晶进行到一半时,$\theta = 1/2$,则

$$t_{1/2} = \left(\frac{\ln 2}{k}\right)^{1/n} \quad \text{或} \quad k = \frac{\ln 2}{t_{1/2}^n} \tag{4-41}$$

这就是结晶速度常数 k 的意义和利用 $1/t_{1/2}$ 来表征结晶速度的依据。

图 $4-27$ 为聚醚醚酮(PEEK)等温结晶数据的 Avrami 处理结果,可见不论是从熔体还是从玻璃态结晶,在结晶前期,实验结果同理论吻合得很好,存在明显的线性关系,而在后期则出现了偏离。这是因为 Avrami 方程只考虑了球晶的碰撞,而没有考虑球晶内部结晶的进一步完善。在球晶生长后期,两球晶相接触,接触区的生长停止,而球晶的内部结构仍可继续发展。通常把符合 Avrami 方程的部分称为主期结晶,把偏离 Avrami 方程的部分称为次期结晶。在次期结晶中,主要是球晶未接触部分的继续生长,同时球晶的内部结构也可能发生调整,使不完善部分进一步完善。次期结晶过程在体积收缩曲线上表现为后期出现一个台阶(见图 $4-28$)。

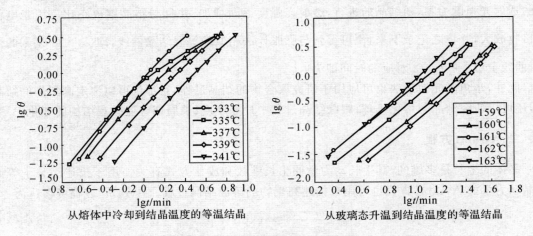

从熔体中冷却到结晶温度的等温结晶　　　　从玻璃态升温到结晶温度的等温结晶

图 4－27　PEEK 等温结晶数据的 Avrami 处理结果

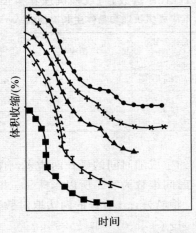

■ 聚对苯二甲酸乙二醇酯；Ⅰ 低密度聚乙烯；
▲ 高密度聚乙烯；× 聚三氟氯乙烯；● 尼龙6

图 4－28　几种高聚物的等温结晶曲线

4.4.3　影响高聚物结晶速度的因素

一、高聚物结晶速度与温度的关系

　　如前所述,高聚物的结晶过程包括晶核的形成和晶体的生长,因此讨论结晶过程的影响因素时要从这两方面来论述。

　　高聚物的结晶过程在 T_g 和 T_m 之间均可发生,但在这一区间中,温度对结晶速度有很大的影响。

　　以 $1/t_{1/2}$ 对温度作图,即可得到结晶速度-温度曲线,如图 4－29 所示。当用球晶的径向生长速度对温度作图时,也可以得到类似的结果。

高聚物的结晶速度由晶核的形成和晶体的生长来控制，因此高聚物的结晶速度与温度的这种关系，是由于晶核形成速度与晶体生长速度对温度的依赖性不同造成的。均相成核只有在较低的温度下才能发生，当温度过高，分子的热运动过于剧烈，晶核不易形成，或生成的晶核不稳定，容易被分子热运动所破坏，随着温度的降低，均相成核的速度逐渐增大；异相成核可以在较高的温度下发生，而且受温度的影响小。结晶的生长过程则取决于链段向晶核扩散和规整堆积的速度，随着温度的降低，熔体的黏度增大，链段的活动能力降低，晶体生长的速度下降。因此，高聚物的结晶速度与温度密切相关。当结晶温度较高（接近于熔点）时，晶核生成的速度极小，虽然高分子链段的活动能力很强，但结晶速度仍很小；结晶温度降低，使晶核生成速度增加，链段的活动性较强，晶体生长速度很大，因此结晶速度迅速增大，此时生成的球晶数目少，结晶较完善，球晶可以发展到较大的尺寸，球晶间的连接链少；到某一适当的温度时，晶核形成和晶体生长都有较大的速度，结晶速度出现极大值；此后虽然晶核形成的速度仍然较大，但是由于晶体生长速度下降，结晶速度也随之下降，此时形成的球晶数目多，尺寸小，在球晶间的连接链较多。在 T_m 以上晶体将被熔化，而在 T_g 以下，链段被冻结，因此通常只有在 T_m 与 T_g 之间，高聚物的本体结晶才能发生。

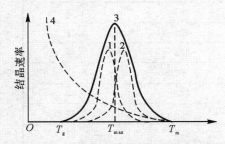

图 4-29　结晶速度与温度的关系曲线

1—成核速度；2—晶体生长速度；

3—结晶总速度；4—黏度曲线

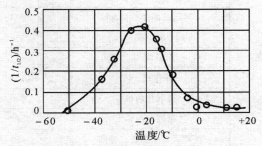

图 4-30　天然橡胶结晶速度与温度的关系

图 4-30 所示为天然橡胶的结晶速度与温度的关系曲线，在 $-25℃$ 出现极大值，在此温度下结晶速度最快。

结晶速度 G 与温度的关系可以用下式来表示

$$G(T) = G_0 \exp\left(\frac{-\Delta F_D^*}{RT}\right) \exp\left(\frac{-\Delta F^{\#}}{RT}\right) \qquad (4-42)$$

式中，$G(T)$ 是总结晶速度，ΔF_D^* 是链段扩散进入结晶界面所需的活化自由能，$\Delta F^{\#}$ 是形成稳定晶核所需的活化自由能，指数第一项为迁移项，第二项为成核项，ΔF_D^* 与结晶温度与 T_g 之差（$T-T_g$）成反比，$\Delta F^{\#}$ 与熔点与结晶温度之差（T_m-T）的一次或二次方成反比。随温度下降，迁移项减少，成核项增大，温度降到 T_g 附近，迁移项降到很小，结晶速度受迁移项支配，而在 T_m 附近，成核项迅速减小，结晶速度受成核项支配。

通过对大量高聚物的结晶过程的研究发现，结晶速度最大的温度 T_{max} 同高聚物晶体的熔点 T_m 有经验关系式：

$$T_{max} = (0.80 \sim 0.85)T_m \qquad (4-43)$$

表 4-11 中的数据说明了这一点。

结晶速度同温度的关系是相当重要的，它对高聚物的成型加工有着重要的影响，最终影响到产品的性能。从上面可以看出,结晶速度对温度相当敏感,如聚乙烯、聚丙烯等,当结晶温度相差 1℃ 时,其结晶速度相差几倍甚至几十倍。温度对结晶速度的影响将影响到高聚物的结晶度,有时为了提高结晶度,需将高聚物在一定温度下进行热处理,有时为了降低结晶度,则需将熔体快速冷却到 T_g 以下。结晶温度还可影响球晶的尺寸,在较高的结晶温度下,晶核的生成速度慢,单位体积内的晶核数目少,晶体可以发展得较完全,尺寸较大,球晶间的连接链少;而在接近 T_g 时,成核速度快,球晶的数目多,但尺寸小,球晶间的连接链多(见图4-31)。在注射成型中,由于高聚物熔体在模具中温度的差异,将使制品表面和制品内部的结晶度、球晶大小及结构中连接链的多少产生巨大的差异,这种凝聚态结构的差异将造成性能的不均一性,给制品的性能带来不利的影响。

表 4 - 11　几种结晶高聚物的 T_{max} 和 T_m

高聚物	T_{max}/K	T_m/K	T_{max}/T_m
天然橡胶	249	301	0.83
全同聚苯乙烯	448	513	0.81
聚己二酸己二醇酯	271	332	0.82
聚己二酸丁二醇酯	303	380	0.78
聚甲醛	358	456	0.78
聚酰胺-66	420	538	0.78
聚酰胺-6	413	502	0.83
聚氧化丙烯	290	348	0.83
全同聚丙烯	348	456	0.77
聚对苯二甲酸乙二醇酯	453	540	0.84

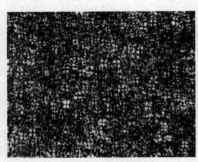 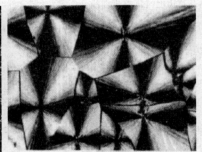

由熔体淬冷到室温　　　　　　　熔体缓慢冷却至室温

图 4 - 31　结晶温度对球晶尺寸的影响

二、影响高聚物结晶速度的其他因素

1. 应力

应力在高聚物结晶过程中有两方面的影响。一方面应力影响高聚物的结晶形态,另一方面,应力也影响高聚物的结晶速度,应力的作用总是加速结晶的过程。如天然橡胶在常温下不受应力作用时,需几十年才能结晶,而在拉伸下,只要几秒钟即可结晶。这是由于高分子链在应力的作用下可以作一定程度的有序排列,从而有利于结晶的进行。

2.杂质

杂质对高聚物结晶过程的影响较为复杂,有些杂质会阻碍结晶的进行,有些杂质会加速结晶过程,也就是可起到成核剂的作用。成核剂可以通过提高结晶过程的成核速率来提高高聚物的结晶速度,使球晶数目增多,尺寸变小,减少温度对结晶过程的影响,使球晶变得比较均匀。表4-12列出的成核剂对尼龙-6结晶过程的影响。

表 4-12　成核剂对尼龙 6 结晶速度和球晶大小的影响

成核剂	成核剂含量	在 200℃ 结晶速度 $t_{1/2}$/min	球晶大小 /μm	
			150℃ 结晶	5℃ 结晶
—	—	20	50 ~ 60	15 ~ 20
尼龙 6 本体	0.2 1	10	10 ~ 50 4 ~ 5	5 ~ 10 4 ~ 5
聚对苯二甲酸乙二醇酯	0.2 1	6.5	10 ~ 15 4 ~ 5	5 ~ 10 4 ~ 5
磷酸铅	0.05 0.1	4.5	10 ~ 15 4 ~ 5	8 ~ 10 4 ~ 5

由表可见,加入成核剂可以明显提高结晶的速度并使球晶尺寸减小。这一点在生产上具有重要的意义,通过加入成核剂,可以改善由于制品受热不均匀而对产品性能的影响,从而获得结构均一、尺寸稳定的制品。

图4-32所示为碳纤维在高聚物熔体中的成核作用,可见沿碳纤维方向球晶的排列较其他方向密集。

图 4-32　碳纤维在高聚物熔体结晶过程的成核作用

3.溶剂

有些溶剂能明显地促进高聚物的结晶过程。如聚对苯二甲酸乙二醇酯、聚碳酸酯的结晶速度很慢,只要过冷度稍大,就易形成无定形态,但把它们的无定形透明薄膜浸入适当的有机溶剂中,就会发生结晶作用使薄膜变得不透明。一般认为这是因为小分子的渗入增加了高分子链的活动能力,从而有利于晶体的生长。

4.高分子的链的柔顺性

高分子链结构对结晶速度的影响,从本质上主要是影响分子链的链段运动扩散进入晶格的速度。一般而言,凡是有利于提高结晶性高聚物的分子链的链段活动能力的结构因素都有利于结晶速度的提高。链的结构越简单,对称性越高,取代基空间位阻越小,规整性越好,柔性增大,则结晶速度越大。而分子的极性增加,侧基体积增大或分子主链含苯环等刚性单元等因素则使结晶速度下降。表 4-13 列出了几种高聚物在结晶速度最快温度下的结晶速度。

表 4-13   几种高聚物在结晶速度最快的温度下的结晶速度

高聚物	$t_{1/2}/s$
尼龙 66	0.42
等规聚丙烯	1.25
尼龙 6	4.0
聚对苯二甲酸乙二醇酯	42.0
等规聚苯乙烯	185
天然橡胶	5×10^3

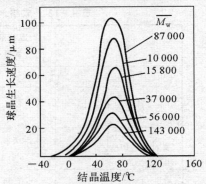

图 4-33   聚甲基苯基硅氧烷的分子量对球晶生长速度的影响

对于同一种高聚物,在相同的结晶条件下分子量将影响链段的活动性,从而影响结晶速度。分子量越低,链段越容易活动,结晶速度越大(见图4-33)。因此为了得到同样的结晶度,分子量高的要比分子量低的高聚物需要更长的结晶时间。

4.5   结晶高聚物的熔融

4.5.1   结晶高聚物的熔点

当温度达到 T_m 以上时,结晶高聚物将会熔融。高聚物晶体的熔融过程与小分子晶体的熔融过程有很大的差异。图4-34所示为在正常的升温速度下,两种晶体熔融过程中体积对温度的曲线。可以发现,结晶高聚物与小分子晶体在熔融过程都会发生一些热力学函数(如体积、比热等)的突变,但小分子晶体的熔融发生在约 0.2℃ 左右的狭窄的温度范围内,而高聚物有一个较宽的熔融温度范围。在这个温度范围内,发生边熔融边升温的现象。通常把高聚物完全熔融时的温度称为熔点(T_m),把高聚物从开始熔融到熔融完全的温度范围称为熔限。

高聚物的结晶结构基本上是多层片晶的结构,片晶之间为非晶态。以小角 X 射线散射测量聚乙烯在熔融过程结晶部分和非晶部分的平均厚度,发现在很宽的温度范围内,厚度基本保持不变,达到一定温度以上时,继续升温则使结晶层平均厚度明显降低,非晶层的厚度大大增加。这说明片晶的熔融是由表面开始,逐渐进行到晶体内部。

为了解结晶高聚物的热力学本质,故采用缓慢升温的方法对其熔融过程进行了研究。如每升温 1℃,维持恒温直到体积不再改变(大约需 24 h)后才测定比容值,然后再重复这一过程。结果表明,在这样的条件下,结晶高聚物的熔融过程十分接近跃变过程(见图 4-35),熔融过程主要发生在 3~4℃ 的较窄温度范围内,而且在熔融终点,曲线也出现明确的转折。

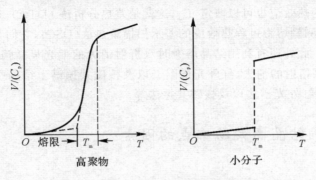

图 4-34　结晶熔融过程中的体积-温度曲线

对于在不同结晶条件下获得的同一种高聚物的不同试样,进行类似的测量,结果得到了相同的转折温度(见图 4-36),如测得线型聚乙烯的熔点为 137.5 ± 0.5℃。这些实验事实有力地证明,结晶高聚物的熔融过程是热力学一级相转变过程,与小分子晶体的熔融现象只有程度的差别,而没有本质的不同。也就是说,通过缓慢升温可以消除高聚物由于结晶条件不同而造成的结构内部的差异。

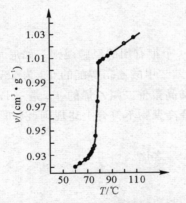

图 4-35　聚己二酸乙二醇酯比容-温度曲线图

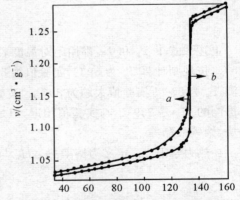

图 4-36　线型聚乙烯的比容-温度曲线
a—熔体缓慢冷却结晶试样;
b—130℃结晶 40 天后缓慢冷却试样

对缓慢升温过程的研究结果表明,结晶高聚物出现边熔融边升温的现象是由于结晶高聚物中含有完善程度不同的晶体。通常结晶时,随着温度降低,熔体的黏度迅速增加,分子链的活动性减小,来不及作充分的构象调整,使结晶停留在不同的阶段;结晶不完善的晶体将在较低温度下熔融,而比较完善的晶体则需要在较高温度下才能熔融,因而在通常的升温速度下,便出现较宽的熔融温度范围。而在上述那种缓慢升温的条件下,如不完善的晶体在较低的温度下被破坏时,允许更完善的、因而更稳定的晶体生成,或者说,在这种缓慢升温的条件下,提供了充分地再结晶的机会,再结晶时放热而升温。最后,所有较完善的晶体都在较高的温度下和较窄的温度范围内熔融,因此比容-温度曲线在熔融过程的终点出现了急剧的变化和明显的转折。

结晶熔融时发生不连续变化的各种物理性质,如密度、折射率、热容、透明性等均可用来测定 T_m。除了上面已经指出的观察熔融过程中比容随温度变化的膨胀法之外,利用结晶熔融过程中发生的相当大的热效应也可以测定 T_m,这就是差热分析法(DTA),还有在它的基础上发展起来的,可以定量测量熔融过程热效应的差示扫描量热法(DSC),它们都是目前研究结晶高聚物最常用的方法。此外还有利用结晶熔融时双折射消失的偏光显微镜法,利用结晶熔融时X射线衍射图上晶区衍射的消失、红外光谱图上以及核磁共振谱上结晶引起的特征谱带的消失的 X 射线衍射法,红外光谱法以及核磁共振法等。

4.5.2 影响结晶高聚物熔点的因素

一、高聚物链结构

T_m 是结晶高聚物使用温度的上限,也是表征结晶高聚物耐热性的重要指标。T_m 与 T_g 均与高聚物的化学结构有直接关系,而且化学结构对它们的影响趋势是一致的。因此,对同一种结晶高聚物,T_g 与 T_m 之间存在一定关系。大量实验数据表明,对对称性高分子有

$$\frac{T_g}{T_m} = \frac{1}{2} \qquad (4-44)$$

对非对称性高分子有

$$\frac{T_g}{T_m} = \frac{2}{3} \qquad (4-45)$$

上述二式中 T_g 和 T_m 都用绝对温度表示,这是一个很有用的经验规则。如尼龙 6 的 $T_m =$ 225℃,按规则计算 T_g 为 59℃,实验值为 50℃;聚对苯二甲酸乙二醇酯的 T_m 为 267℃,按上式推测 T_g 为 87℃,实验值大约为 80℃。又如对称的结晶聚偏二氯乙烯的 T_m 是 -17℃,根据上式推测的 T_m 是 239℃,与实验值相近,但是仍有一些高聚物不符合上述规则,例如聚二甲基硅氧烷,聚碳酸酯等。

在热力学上 T_m 定义为熔融热 ΔH_u 与熔融熵 ΔS_u 之比

$$T_m = \frac{\Delta H_u}{\Delta S_u} \qquad (4-46)$$

由此可见,为提高 T_m,可以提高熔融热 ΔH_u 或降低熔融熵 ΔS_u。ΔH_u 主要取决于分子间的束缚力,ΔS_u 主要取决于链的柔性。因此从高分子链结构上看,影响高聚物 T_m 的因素主要有分子间力及链的柔性。表 4-14 列出了一些高聚物的熔融数据。

表 4-14 结晶高聚物的熔融数据

高聚物	熔点 /℃	熔融热 $\Delta H_u/(kJ \cdot mol^{-1})$ 重复单元	熔融熵 $\Delta S_u/$ $(J \cdot K^{-1} \cdot mol^{-1}$ 重复单元)
聚乙烯	146	4.02	9.6
等规聚丙烯	200	4.80	12.1
等规聚 1-丁烯	138	7.01	17.0
等规聚 1-戊烯	130	6.31	14.6

续 表

高聚物	熔点 /℃	熔融热 $\Delta H_u/(\text{kJ} \cdot \text{mol}^{-1})$ 重复单元	熔融熵 $\Delta S_u/$ ($\text{J} \cdot \text{K}^{-1} \cdot \text{mol}^{-1}$ 重复单元)
聚 4-甲基-1-戊烯	250	9.93	19.0
顺式聚 1,4-异戊二烯	28	4.40	14.5
反式聚 1,4-异戊二烯	74	12.7	36.6
顺式聚 1,4-丁二烯	11.5	9.20	32
反式聚 1,4-丁二烯	142	3.61	8.7
反式聚 1,4-氯丁二烯	80	8.37	23.8
聚异丁烯	128	12.0	29.9
等规聚苯乙烯	243	8.37	16.3
等规聚氯乙烯	212	12.7	26.2
聚偏氯乙烯	198	14.8	33.6
聚偏氟乙烯	210	6.69	13.8
聚三氟氯乙烯	220	4.02	10.2
聚四氟乙烯	327	2.87	4.78
聚甲醛	180	6.66	14.7
聚氧化乙烯	80	8.29	22.4
聚四氢呋喃	57	1.44	43.7
聚六次甲基氧醚	73.5	23.2	67.3
聚八次甲基氧醚	74	29.4	84.4
聚对二甲苯撑	375	30.1	46.5
聚对苯二甲酸乙二醇酯	280	26.9	48.6
聚对苯二甲酸丁二醇酯	230	31.8	63.2
聚对苯二甲酸癸二醇酯	138	46.1	113
聚己二酸癸二醇酯	79.5	42.7	121
聚癸二酸乙二醇酯	76	29.1	83.3
聚癸二酸癸二醇酯	80	50.2	142
聚乙内酯	233	11.1	22
聚 β-丙内酯	84	9.1	24.6
聚 ε-己内酯	64	16.2	48.1
聚己内酰胺	270	26.0	48.8
聚己二酰己二胺	280	67.9	123
聚辛内酰胺	218	17.8	36
聚壬二酰癸二胺	214	36.8	113
聚癸二酰癸二胺	216	34.7	71.2
聚双酚 A 碳酸酯	295	33.6	59
三丁酸纤维素	207	12.6	33.9

1. 分子间的作用力

要提高 T_m,首先考虑的是提高分子间的作用力从而提高熔融热 ΔH_u。提高分子间的作用力可以通过在高分子主链或侧基上引入极性基团,在分子间形成氢键等来实现。

图 4-37 显示了一些脂肪族高聚物如脂肪族聚酯、聚酰胺、聚氨酯、聚脲和聚乙烯的 T_m 随重复单元长度的变化,从中可见,随着重复单元长度的增加,T_m 都趋近于聚乙烯。这是因为重复单元长度的增加,这些极性基团的相对含量减少,使链结构越来越接近聚乙烯所致。

但对于同系高聚物,如聚酯和聚酰胺,这种 T_m 随重复单元长度的变化呈锯齿状变化(见图 4-38),这种现象的产生是由于分子间形成氢键的几率与重复单元中的碳原子数的奇偶性有关,见表 4-15 中所列举的聚酰胺间氢键与重复单元中碳原子数的关系。

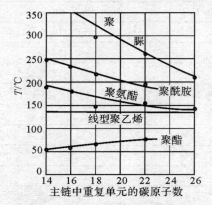

图 4-37　脂肪族高聚物熔点的变化　　图 4-38　熔点与主链上极性基团间的碳原子数的关系

表 4-15　聚酰胺间氢键与重复单元中碳原子数的关系

聚酰胺结构			
碳原子数	偶数的氨基酸	奇数的氨基酸	偶酸偶胺	偶酸奇胺
形成氢键数	半数	全部	全部	半数
熔　　点	低	高	高	低

当高聚物侧基为氨基(—NH_2)、羟基(—OH)、腈基(—CN)、硝基(—NO_2)、三氯甲烷(—CF_3)等极性基团时,会增大分子间的作用力,从而使高聚物的 T_m 升高。如聚乙

烯的 T_m 为 137℃，聚丙烯的 T_m 为 176℃，间同聚氯乙烯的 T_m 为 227℃，聚丙烯腈的 T_m 为 317℃。

要注意的是，在这几类高聚物中，聚酰胺、聚氨酯、聚脲的 T_m 高于聚乙烯，这是由于极性基团的引入增大了分子间的作用力，并有可能形成氢键，从而使 ΔH_u 增大。并且极性基团和氢键的密度越高，T_m 越高。同时分子中极性基团的引入，特别是氢键的引入，也将降低分子链的柔性，使熔融熵 ΔS_u 降低，这也有利于 T_m 的提高。但是对于脂肪族聚酯，虽然主链中也有极性的酯基，但其 T_m 却低于聚乙烯，一般认为这是由于酯基中 C—O 键的内旋转位垒较 C—C 小，链的柔性好，因而其熔融熵 ΔS_u 很大造成的。

2.分子链的刚性

分子链刚性增大，则结晶高聚物的熔融熵 ΔS_u 降低，将使 T_m 升高。增大分子链刚性的基本方法是在分子主链中引入刚性的基团，在侧基上引入体积庞大的侧基，提高分子间的作用力在一定程度上也可以提高分子链的刚性。

在高分子主链上引入苯环、芳杂环、共轭双键等刚性结构会使分子链的刚性大大增加，熔融熵 ΔS_u 降低，T_m 升高。 这类基团如 —⟨⟩— ， —⟨⟩—⟨⟩— ， ⟨⟩ ，

等，表 4-16 列出了一些高聚物的结构及 T_m。

表 4-16 某些高聚物的熔点

高聚物	重复单元结构	T_m/℃
聚乙烯	—CH$_2$—CH$_2$—	146
聚对二苯甲撑	—CH$_2$—⟨⟩—CH$_2$—	375
聚苯撑	—⟨⟩—⟨⟩—	530
聚辛二酸乙二醇酯	—(CH$_2$)$_2$—OC—(CH$_2$)$_6$—CO—	45
聚对苯二甲酸乙二醇酯	—(CH$_2$)$_2$—OC—⟨⟩—CO—	280
聚间苯二甲酸乙二醇酯	—⟨⟩—CO(CH$_2$)$_2$OC—	240
尼龙 66	—NH(CH$_2$)$_6$NHCO(CH$_2$)$_4$CO—	235
半芳香尼龙	—NH(CH$_2$)$_6$NHCO—⟨⟩—CO—	350
芳香尼龙	HN—⟨⟩—NHCO—⟨⟩—CO—	430

一般对位芳香族高聚物比相应的间位芳香族高聚物 T_m 高,这是因为对位基团围绕其主链旋转180°后的构象似乎不变,而间位则不同,因此间位的熔融熵 ΔS_u 高,熔点低。

相反,在高聚物主链中引入醚键,非共轭双键等基团,可以明显地增加分子链的柔性,从而使 T_m 显著降低,如顺式聚异戊二烯,顺式聚丁二烯等。

当聚乙烯上次甲基规律性地被一些烷基取代时,主链的内旋转位垒增大,分子链的柔性降低,T_m 升高。但当正烷基侧链的长度过长时,影响了链间的紧密堆砌,将使 T_m 下降。但当侧链继续增长时,重新出现有序性的堆砌,使 T_m 又升高,如图4-39所示,见表4-17。

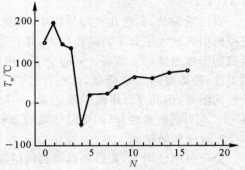

图 4-39 聚烯烃的熔点随侧链长度的变化

表 4-17 侧基对于高聚物熔点的影响

高聚物	重复单元	T_m
聚乙烯	—CH₂—CH₂—	146℃

聚丙烯	—CH—CH₂—
	    │
	   CH₃
		200℃

聚 3-甲基-1-丁烯	—CH—CH₂—
	    │
	   CH—CH₃
	    │
	   CH₃
		304℃

聚 3,3′-二甲基-1-丁烯	—CH—CH₂—
	    │
	H₃C—CH—CH₃
	    │
	   CH₃
		>320℃

聚 1-丁烯	—CH—CH₂—
	    │
	   CH₂—CH₃
		138℃

聚 1-戊烯	—CH—CH₂—
	    │
	   CH₂—CH₂—CH₃
		130℃

聚 1-己烯	—CH—CH₂—
	    │
	   CH₂—CH₂—CH₂—CH₃
		-55℃

当取代基为一些体积庞大的基团时,由于内旋转位垒大,熔融熵 ΔS_u 减小,使 T_m 升高。

二、结晶温度

在较高温度下结晶时,球晶能充分地生长,形成的晶体较完善,因而 T_m 较高而且熔融范围窄;当结晶温度较低时,晶体的生长受到限制,不仅生成的晶体不够完善,不完善程度相差也较大,因此 T_m 低而且熔融范围宽。

图4-40所示为橡胶的结晶温度与熔限的关系。可以发现结晶温度越低,结晶熔融开始和

完成的温度越低,并且熔融过程在一个较宽的温度范围内进行,随着结晶温度的升高,开始和完成熔融的温度均升高,熔融温度范围变窄。

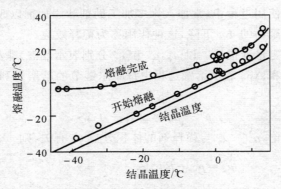

图 4 - 40　高聚物的结晶温度与熔限的关系

三、晶片厚度

为了得到所需的制品性能,常对结晶高聚物采用淬火或退火的方式控制结晶度,同时也影响片晶的厚度和完善程度。表 4 - 18 给出了聚乙烯的片晶厚度与 T_m 的关系,可以发现,T_m 随片晶厚度的增加而增加。

表 4 - 18　聚乙烯的片晶厚度与 T_m 的关系

厚度 /nm	28.2	29.2	30.9	32.3	34.5	34.1	36.5	39.8	44.3	48.3
熔点 /T_m	131.5	131.9	132.2	132.7	134.1	133.7	134.4	134.5	136.5	136.7

J. I. Lauritzen 和 J. D. Hoffman 从单晶出发导出了片晶厚度与 T_m 的关系式。设片晶单位体积的熔融热为 Δh,熔融熵为 ΔS,片晶表面能为 σ_e,并假定片晶截面积 A 远大于纵向厚度 l,且 ΔS 同表面大小无关,则在熔融过程中,有

$$\Delta H_m = \Delta h \cdot A \cdot l - 2A\sigma_e$$
$$\Delta S_m = \Delta S \cdot A \cdot l$$

代入 $T_m = \dfrac{\Delta H}{\Delta S}$ 中,得

$$T_m = \frac{\Delta h}{\Delta S} - \frac{2\sigma_e}{\Delta S l_e} \tag{4-47}$$

令晶片的厚度为无穷大($l \to \infty$)时,晶体熔点为 T_m^0,即

$$T_m^0 = \frac{\Delta h}{\Delta S} \tag{4-48}$$

$$T_m = T_m^0 \left(1 - \frac{2\sigma_e}{\Delta h \cdot l}\right) \tag{4-49}$$

可见,片晶厚度对 T_m 的影响与结晶的表面能有关,高聚物晶体表面普遍存在堆砌较不规整的区域,因而在结晶表面上的链将不对熔融热做完全的贡献,片晶厚度越小,单位体积内的结晶物质比完善的单晶有较高的表面能,因此厚度较小的和较不完善的晶体的 T_m 较低。

四、杂质

在高分子的加工和使用过程中,常加入许多加工助剂和添加剂以改进加工和使用性能,这些添加剂通常使结晶高聚物的 T_m 下降,这种作用称为稀释效应。

可以用热力学关系定量地描述。以 μ_u^c,μ_u^0 和 μ_u 分别表示晶态、非晶态和非晶与稀释剂混合态的化学位,以 ΔH_u 和 ΔS_u 表示熔融过程中每摩尔链节的焓增量和熵增量,则纯样品熔融时化学位增量为

$$\mu_u^0 - \mu_u^c = \Delta H_u - T\Delta S_u \tag{4-50}$$

按照高分子溶液理论,$\mu_u^0 - \mu_u^c$ 与稀释剂的体积分数 φ_1 有关,则

$$\mu_u = \mu_u^0 - RT\left(\frac{V_u}{V_1}\right)(\varphi_1 - \chi_1\varphi_1^2) \tag{4-51}$$

式中,V_u 和 V_1 分别表示链节的摩尔体积和稀释剂的摩尔体积,χ_1 为高聚物和稀释剂的相互作用参数。由晶态转化为稀释态的化学位增量为

$$\mu_u - \mu_u^c = \mu_u^0 - \mu_u^c - RT\left(\frac{V_u}{V_1}\right)(\varphi_1 - \chi_1\varphi_1^2) \tag{4-52}$$

将式(4-50)代入上式,且熔融是平衡过程时 $\Delta\mu = 0$,则

$$\Delta H_u - T_m\Delta S_u - RT_m\left(\frac{V_u}{V_1}\right)(\varphi_1 - \chi_1\varphi_1^2) = 0 \tag{4-53}$$

无稀释剂时,纯粹晶体的熔点为 $T_m^0 = \Delta H_u / \Delta S_u$,代入上式,得

$$\frac{1}{T_m} - \frac{1}{T_m^0} = \frac{R}{\Delta H_u}\left(\frac{V_u}{V_1}\right)(\varphi_1 - \chi_1\varphi_1^2) \tag{4-54}$$

$(\varphi_1 - \chi_1\varphi_1^2)$ 通常为正值,因此加入稀释剂总是使 $T_m < T_m^0$,即 T_m 下降。

五、分子量

高分子链端在结晶过程中将留在非晶相中,当高分子链本身越来越多参加到结晶相中的规整排列时,留在非晶相中链端的浓度也随之增加,进一步破坏规整排列,使最后结晶的规整性变差,它对熔点的影响也同上述的稀释剂一样。高聚物的熔点依赖于分子量也可以用这种理论解释。分子量越低,链端越多,对熔点的影响越大。若把链端链节体积同内部链节体积及其相互作用看成是等同的,即 $V_u = V_1$,$\chi_1 = 0$;如果高分子的平均聚合度为 P_n,则链端的体积分数 $\varphi_1 = 2/P_n$。把这些关系代入式(4-54)中,可得

$$\frac{1}{T_m} - \frac{1}{T_m^0} = \frac{R}{\Delta H_u} \cdot \frac{2}{P_n} \tag{4-55}$$

这就是 T_m 与聚合度的关系。随分子量的升高,T_m 提高。如对于聚丙烯,当分子量为 30 000 时,T_m 为 170℃,分子量为 2 000 时,T_m 为 114℃,分子量为 900 时,T_m 为 90℃。

六、共聚

共聚高聚物中的共聚单元,也可以看作晶体的"高分子链内稀释剂"。如果将结晶性的共聚单体 A 同少量的单体 B 进行无规共聚,分子链 B 组分的含量为 X_B,则

$$\frac{1}{T_m} - \frac{1}{T_m^0} = \frac{R}{\Delta H_u}X_B \tag{4-56}$$

若共聚物的两组分都有结晶性,两种组分彼此影响,其无规共聚物的 T_m 将低于各自的 T_m。对于支化和交联高分子,如果支化点和交联点不能进入晶格,那么它们对 T_m 的影响同稀释效应类似,支化点与交联点密度的增加使高聚物结晶较未支化和交联的试样的 T_m 低。

七、应力

在熔融纺丝中,需对高聚物施加牵引力,以提高纤维的强度。当拉伸结晶高聚物纺丝时,在应力方向上结晶度提高,并产生晶片的取向,使 T_m 上升。从热力学分析,当高聚物的结晶过程或熔融过程要自动进行时,必须满足热力学条件:

$$\Delta G = \Delta H - T\Delta S < 0$$

当高聚物结晶时,是从无序到有序状态,此时的 $\Delta S < 0$,要使 $\Delta G < 0$,必须 $\Delta H < 0$,且 $|\Delta H| < T|\Delta S|$。结晶的热效应很小,因此要满足上述的条件只能减小 T 或减小 $|\Delta S|$。在拉伸的条件下,使结晶之前分子链沿拉应力方向产生了一定的定向排列,因此减小了熵值,使相转变的 $|\Delta S|$ 减小,易于满足上述的热力学条件,有利于结晶的进行。在应力作用下达到 T_m 时,晶相与非晶相达到热力学平衡,此时 $\Delta G = 0$,即

$$T_m = \frac{\Delta H}{\Delta S}$$

可见随 ΔS 值的减小,也使 T_m 提高。

当高聚物的结晶过程受到压应力时,会使晶片的厚度增加,从而增加晶体的完善性。使熔点升高。如在 226℃,485 MPa 压力下形成的聚乙烯结晶为完全伸展链结构,T_m 可达 140℃,而在常压下结晶的聚乙烯 T_m 为 137℃。

4.6　高聚物的黏流态转变

4.6.1　高聚物黏性流动的机理

当升高温度超过流动温度 T_f 时,高聚物处于黏流态,此时高聚物产生整链运动。研究表明,整链运动是通过链段运动来实现的。高聚物成型加工必须在 T_f 以上才能完成。

像小分子液体一样,高聚物熔体也存在自由体积,所不同的是,小分子中的空穴与分子的尺寸相当,因此有足够大的空间提供小分子扩散运动(这种运动可看作是分子向空穴的跃迁)。但在高聚物熔体中空穴远比整个分子链小,而与链段相当,因此只有链段的扩散运动。这一点可以通过液体流动活化能的研究来说明。所谓流动活化能,就是分子向空穴跃迁时克服周围分子的作用所需的能量。而分子向空穴跃迁的过程与分子从液面向空间飞出的过程(汽化)相似。因此,液体的流动活化能 ΔE 与汽化热 H_A 有关,则有

$$\Delta E = \beta H_A \tag{4-57}$$

式中,β 为经验常数,通常为 $1/4 \sim 1/3$。

将这种关系应用于同系高聚物熔体时发现,当熔体的分子量很低时,ΔE 随分子量的增加而增加,最后达到一极限值(见图 4-41)。这一极限值对应的分子量,相当于由 20～30 个碳原

子组成的链段大小。也就是说，高聚物流动时，只需要有相当于链段大小的空穴。因此，高分子整链运动不是简单的整个分子的跃迁，而是通过链段的相继跃迁来实现的。

从上述流动机理可见，柔性高分子易于流动。分子链的柔性越小，链段越长，所需的流动活化能越大，当分子链足够刚性时，只有整链作为运动单元。在这种情况下，所需的流动活化能会超过化学键键能，即加热到流动温度 T_f 之前，高聚物已经分解了。因此，刚性很大的高分子（例如纤维素）实际上是不能流动的。

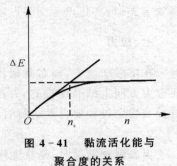

图 4-41　黏流活化能与
聚合度的关系

高聚物的流动，除了分段位移外，还有另一种流动机理，即化学流动。

化学流动对体型结构的高聚物有特殊的意义。有一些高聚物（如聚氯乙烯、聚氯丁二烯）在高温下会形成交联结构而失去流动性。但这些高聚物实际上却能在辊轧机上混炼或在螺旋挤出机上挤出，这说明它们仍能流动。这是由于高聚物在大的应力作用下发生了机械裂解，形成分子量较小的游离基。这些游离基由于黏度较小，在外力作用下易于流动，在移动中，这些游离基进行再化合而形成体型结构。这种由复杂的力化学反应引起的高聚物的特殊流动称为化学流动。

实际上，在线型高聚物流动时，分段移动和化学流动可能同时存在，而且它们之间的比例可在非常宽的范围内变化。当高聚物的黏度较低（由于高聚物较柔顺，分子量较小或加入了增塑剂）时，分段流动是流动的主要机理，甚至可能不发生化学流动。然而在高黏度和外力作用足够快的情况下，化学流动将变得显著。在最严重的力作用（强应力，高形变速度）下，化学流动可能起主要的甚至是决定意义的的作用。

4.6.2　影响高聚物流动温度的因素

T_f 是高聚物整链开始运动的温度。从高聚物成型的角度，它是成型温度的下限，成型温度的上限为分解温度（T_d）。一般说来，成型温度越高，对高聚物的成型越不利，因此，T_f 是高聚物的主要工艺性能参数之一。

由于高聚物分子量的多分散性，一般高聚物都没有明确的流动温度，而只有一个较宽的软化温度区域。例如，天然橡胶的 T_f 为 120～160℃，聚氯乙烯的 T_f 为 165～190℃。

下面简单地论述影响高聚物流动温度的因素。

一、流动温度与高聚物结构的关系

1. 分子量

图 4-42 所示为不同聚合度的聚苯乙烯的形变-温度曲线。当分子量较低时高聚物只有一种运动单元，其 T_g 与 T_f 重合。分子量超过某一值后，高聚物出现高弹态，它们的 T_g 与分子量基本无关，而 T_f 却随分子量的增加而上升。这是由于玻璃化转变是链段运动，黏流态转变则是整链运动。显然，分子量越大，整链运动越困难，因而流动温度越高。

上述规律具有重要的实际意义。对橡胶而言，实际应用要求它具有宽广的高弹温度区 $T_g \sim T_f$，所以作为橡胶高聚物，其分子量一般都很高（几十万到几百万）。但作为塑料的高聚物则不同,为了便于成型,T_f 应尽可能低。因此一般的原则是,在不影响塑料制品的强度的前提下,应适当降低高聚物的分子量。

　　2.分子链的柔性

　　从高分子流动的分段移动机理可知,分子链的柔性大,分段运动所需的空穴就小,即流动活化能低,因而 T_f 也低。由于 T_f 与分子量有关,一般很难比较不同柔性高聚物的 T_f。但从倾向性看,刚性较大的高聚物有较高的 T_f。例如,聚苯乙烯的 T_f 为 112 ~ 146℃,刚性较大的聚碳酸酯的 T_f 为 220 ~ 230℃,刚性更大的聚砜则有更高的 T_f。

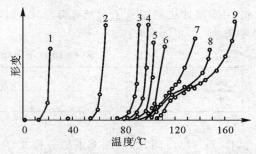

图 4 - 42　不同分子量的聚苯乙烯的形变-温度曲线

分子量:1—360;2—400;3—500;4—1 140;5—3 000;6—40 000;7—12×10⁴;8—55×10⁴;9—63×10⁴

　　3.分子间的作用力

　　高分子间作用力越大,分段移动越困难,T_f 越高。有些高聚物,由于分子间作用力很强,以致其 T_f 超过 T_d,例如聚丙烯腈。另一方面,有些高聚物虽然 T_f 不是很高,但 T_d 也不高,两者很接近以致在成型时伴随分解,例如聚氯乙烯,其 T_f 与 T_d(160℃)相当接近。对这类高聚物的成型,一般可采用两种方法,一是加入热稳定剂提高其 T_d,一种是加入增塑剂以降低 T_f,甚至配制成溶液状态。

二、外力对流动温度的影响

　　增大外加应力能部分抵消分子链链段的无序热运动,从而促进分子链在力作用方向上的分段运动,因此 T_f 随应力的增加而降低。这一点对选择高聚物的成型压力有实际意义。例如对刚性较高的树脂,如聚碳酸酯,聚砜等,为了降低它们的 T_f,通常采用较大的注射压力。近年来发展的冷压成型,实际上也是这一原则的应用。

　　延长外力作用时间,也有助于分子链的分段运动,使 T_f 降低。

　　由此可见,高聚物的 T_f 与测试条件有关,因此,为了得到高聚物的最低成型温度,必须在接近成型的条件下测定 T_f。

习题与思考题

　　1.试讨论非晶、结晶、交联和增塑高聚物的温度形变曲线的各种情况(考虑分子量、结晶度、交联度和增塑剂含量不同的各种情况)。

　　2.在热机械曲线上,为什么 PMMA 的高弹区范围比 PS 的大?(已知 PMMA 的 $T_g = 378$ K,$T_f = 433$ ~ 473 K;PS 的 $T_g = 373$ K,$T_f = 383$ ~ 423 K)

　　3.指出下面一段话的错误之处,并给出正确的说法:

　　对于线性高聚物来说,当分子量大到某一数值后(分子链长大于链段长),高聚物出现 T_g。分子量再增加 T_g 不变。高聚物熔体的黏性流动是通过链段的位移来完成的,因而,黏流温度 T_f 也和 T_g 一样,当分子量达到某一数值后,T_f 不再随分子量的增加而变化。

4. 用膨胀计法测得分子量从 3.0×10^3 到 3.0×10^5 之间的 8 个级分聚苯乙烯试样的玻璃化转变温度 T_g 见表 4 - 19。

表 4 - 19 不同级分的聚苯乙烯的 T_g

$\overline{M_n}/10^3$	3.0	5.0	10	15	25	50	100	300
$T_g/℃$	43	66	83	89	93	97	98	99

试作 T_g 对 $\overline{M_n}$ 图,并从图上求出方程式 $T_g = T_g(\infty) - (K/\overline{M_n})$ 中聚苯乙烯的常数 K 和分子量无限大时的玻璃化转变 $T_g(\infty)$。

5. 举出 3 种可测量玻璃化转变温度的方法,并简述其测量原理。

6. 聚合物的玻璃化转变(T_g)在科学上、加工上的意义是什么?不同方法测得的 T_g 值可以互相比较吗,为什么?

7. 试判别在半晶态聚合物中,发生下列转变时,熵值如何改变,并解释其原因。
(1)T_g 转变;(2)T_m 转变;(3) 形成晶体;(4) 拉伸取向

8. 将下列 3 组聚合物的结晶难易程度排列成序。
(1)PE,PP,PVC,PS,PAN;
(2) 聚对苯二甲酸乙二酯,聚间苯二甲酸乙二酯,聚己二酸乙二酯;
(3)PA66,PA1010。

9. 试分析聚三氟氯乙烯是否结晶性聚合物。要制成透明薄板制品,问成型过程中要注意什么条件的控制?

10. 回答下列问题。
(1) 将熔融态的聚乙烯(PE)、聚对苯二甲酸乙二醇酯(PET) 和聚苯乙烯(PS) 淬冷到室温,PE 是半透明的,而 PET 和 PS 是透明的,为什么?
(2) 将上述的 PET 透明试样,在接近玻璃化转变温度 T_g 下进行拉伸,发现试样外观由透明变为混浊,试从热力学观点来解释这一现象。

11. 三类线型脂肪族聚合物(对于给定的 n 值)的熔点顺序如下所示,解释原因。

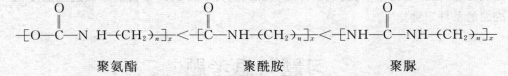

$$\cdots\!\!+\!\!O\!\!-\!\!\overset{\overset{\displaystyle O}{\|}}{C}\!\!-\!\!N\,H\!\!-\!\!(CH_2)_{\overline{n}}\!\!+_x < \cdots\!\!+\!\!\overset{\overset{\displaystyle O}{\|}}{C}\!\!-\!\!NH\!\!-\!\!(CH_2)_{\overline{n}}\!\!+_x < \cdots\!\!+\!\!NH\!\!-\!\!\overset{\overset{\displaystyle O}{\|}}{C}\!\!-\!\!NH\!\!-\!\!(CH_2)_{\overline{n}}\!\!+_x$$

聚氨酯　　　　　　　　聚酰胺　　　　　　　聚脲

12. 列出下列聚合物的熔点顺序,并用热力学观点及关系式说明其理由。
聚对苯二甲酸乙二酯、聚丙烯、聚乙烯、顺 1,4 聚丁二烯、聚四氟乙烯

13. 列出下列单体所组成的高聚物熔点顺序,并说明理由。
CH_3—CH=CH_2 ; CH_3—CH_2—CH=CH_2 ; CH_2=CH_2 ;
$CH_3CH_2CH_2CH$=CH_2 ; $CH_3CH_2CH_2CH_2CH_2CH$=CH_2

14. 讨论尼龙 n 结晶的熔点随 n 如何变化?其他还有主要的性质发生变化吗?

15. 回答下列问题。
(1) 一种半结晶的均聚物经精细测定发现有两个相差不远的 T_g,这是什么原因?
(2)PE 单晶精细测定发现有三个很接近的 T_m,这可能是什么原因?

16. 已知聚丙烯的熔点 $T_m = 176℃$，结构单元融化热 $\Delta H_u = 8.36$ kJ·mol^{-1}，试计算：

(1) 平均聚合度分别为 $\overline{DP} = 6, 10, 30, 1\,000$ 的情况下，由于链段效应引起的 T_m 下降为多大？

(2) 若用第二组分和它共聚，且第二组分不进入晶格，试估计第二组分占 10% 摩尔分数时共聚物的 T_m 为多少？

17. 某均聚物 A 的 T_m 为 200℃，其熔融热为 8 368 J/mol 重复单元。

(1) 如果在结晶的 AB 无规共聚物中，单体 B 不能进入晶格，试预计含单体 B 10 mol% AB 无规共聚物的 T_m。

(2) 如果向均聚物 A 中分别引入 10.0% 体积分数的增塑剂，假定这两种增塑剂的 χ_1 值分别为 0.200 和 -0.200，$V_u = V_1$，试计算这两种情况下高聚物的熔点。

(3) 讨论共聚和增塑对熔点影响的大小，以及不同增塑剂降低聚合物熔点的效应大小。

18. 有一聚合物的两个样品，用示差扫描量热法（DSC）测得其比热—温度见图 4-43，标出各（　）处的物理意义，并说明从此图可以得到关于该聚合物结构的哪些结论？

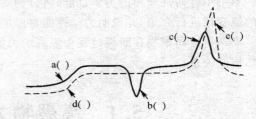

19. 结晶态与取向态有什么区别？

20. 何谓高聚物的取向？为什么有的材料（如纤维）进行单轴取向，有的材料（如薄膜），则需要双轴取向？说明理由。

图 4-43　某聚合物的两个样品 DSC 谱图

21. 怎样解释：(1) 聚合物 T_g 开始时随分子量增大而升高，当分子量达到一定值之后，T_g 变为与分子量无关的常数；(2) 聚合物中加入单体、溶剂、增塑剂等低分子物时导致 T_g 下降。

22. 甲苯的玻璃化转变温度 $T_{gd} = 113$ K，假如以甲苯作为聚苯乙烯的增塑剂，试估计含 20% 体积分数甲苯的聚苯乙烯的玻璃化转变温度 T_g。

23. 比较下列聚合物玻璃化转变温度的大小，并解释其原因。

(1) 聚二甲基硅氧烷、聚甲醛和聚乙烯；

(2) 聚乙烯、聚丙烯和聚苯乙烯；

(3) 聚甲基丙烯酸甲酯、聚甲基丙烯酸乙酯和聚甲基丙烯酸丙酯；

(4) 尼龙 6 和尼龙 10。

24. 试述高聚物耐热性的指标，及提高耐热性的途径。

25. 已知聚乙烯和聚异丁烯的黏流活化能分别为 23.3 kJ·mol^{-1}（单元）和 36.9 kJ·mol^{-1}（单元）。问各在何温度下，它们的黏度分别为 166.7℃ 时黏度的一半？

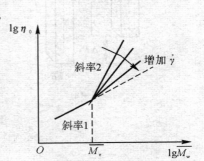

26. 为什么高聚物的流动活化能与分子量无关？

27. 解释图 4-44 中的现象：

(1) 为什么临界分子量前后斜率截然不同？

(2) 为什么剪切速率越大，斜率越小？

图 4-44　$\lg \eta_0 - \lg \overline{M_w}$ 关系曲线

第五章 高聚物的屈服与断裂

高聚物最主要的应用性能是力学性能。高聚物的力学性能与其特殊的结构特点有密不可分的联系。如前所述的力学状态,高聚物可以体现出坚硬的固体、柔性的弹性体以及黏性的液体的特点,因此不同的力学性能分别代表了不同的运动单元的运动。如聚苯乙烯很脆,而聚碳酸酯则为坚韧的固体;聚顺丁二烯表现出可逆的大形变,具有较低的模量;而高聚物熔体则表现出不同的黏度。因此,高聚物这种力学性能的多变性,为其应用提供了广泛的领域。与金属和陶瓷材料相比,高聚物力学性能表现出强烈的时间和温度的依赖性,使其力学行为更为复杂。本书中针对高聚物的力学性能,将分为对高聚物的屈服与断裂、橡胶的高弹性、熔体或溶液的流变性进行介绍,并说明力学性能对温度与时间的依赖性(黏弹性)。

本章讲述高聚物在断裂过程中表现的力学性能的一般规律和特点,以及力学性能与高聚物结构的关系。

5.1　高聚物力学性能的表征

5.1.1　表征材料形变性能的基本物理量

描述材料在力的作用下形变性能的基本物理量是弹性模量(或柔量)和泊松比。

材料受力方式不同,其形变形式也不同。一般有如图 5-1 所示的 3 种基本类型。

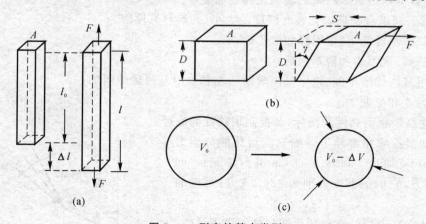

图 5-1　形变的基本类型

(a)单向拉伸；　(b)简单切变；　(c)流体静压缩

如果试样受到垂直于截面积为 A 的外力 F 作用时,即相当于简单拉伸或压缩的情况,见图 5-1(a)。设试样的原始长度为 l_0,受力后材料的长 l,则应变定义为

$$\varepsilon = \frac{l - l_0}{l_0} = \frac{\Delta l}{l_0} \tag{5-1}$$

与该应变相对应的应力为

$$\sigma = \frac{F}{A} \tag{5-2}$$

压缩试验时 ε 为负值。

　　如果高聚物材料受到的是平行于截面的剪切力,如图 5-1(b),即切应变,材料的形变是偏斜一个角度 γ。当 γ 很小时,有

$$\gamma = \tan\gamma = \frac{S}{D} \tag{5-3}$$

对应的切应力为

$$\tau = \frac{F}{A} \tag{5-4}$$

　　图 5-1(c) 表示起始体积为 V_0 的材料受流体静压力 P 作用时,产生均匀压缩,即体积减小 ΔV。在这种形变方式中,体积应变 Δ 定义为

$$\Delta = \frac{\Delta V}{V_0} \tag{5-5}$$

　　对于理想的弹性固体,应力-应变关系服从胡克定律,即应力与应变成正比。比例系数称为弹性模量,它反映材料的抗形变能力。材料的弹性模量愈高,表示材料的刚度愈高。在上述三种不同的受力方式中,材料的弹性模量分别称为杨氏模量、切变模量和体积模量,分别用 E, G, K 表示为

杨氏模量

$$E = \frac{\sigma}{\varepsilon} \tag{5-6}$$

切变模量

$$G = \frac{\tau}{\gamma} \tag{5-7}$$

体积模量

$$K = \frac{p}{\Delta} \tag{5-8}$$

　　当材料受到拉伸或压缩时,不但纵向长度发生变化,横向尺寸也有变化。横向应变与纵向应变之比称为泊松比 v,则

$$\nu = -\frac{\varepsilon_{横}}{\varepsilon_{纵}} \tag{5-9}$$

　　可以证明,如果材料在形变时体积不变,则泊松比为 0.5。大多数材料在形变时有体积变化(膨胀),泊松比为 $0.2 \sim 0.5$。橡胶和小分子液体一样,泊松比接近于 0.5。

　　各种模量之间存在着联系。对于各向同性理想弹性材料,它们之间的关系为

$$G = \frac{F}{2(1 + \nu)} \tag{5-10}$$

$$K = \frac{E}{3(1 - 2\nu)} \tag{5-11}$$

$$E = \frac{9KG}{3K + G} \tag{5-12}$$

可见,E, G, K, ν 中只有两个参数是独立的。因此,各向同性理想弹性材料的形变性能只需用两个参数就可描述。

但是,高聚物在很多情况下不是各向同性的,例如纤维、薄膜等都是取向的。对取向材料形变性能的描述要复杂得多,这里不再阐述。

5.1.2 常用的力学性能指标

高分子材料常用的力学性能试验包括拉伸、弯曲、冲击、疲劳、硬度等。各种不同形式的试验方法对应着不同的力学性能指标。

一、拉伸强度和压缩强度

拉伸试验的试样及加载形式如图 5-2 所示,在恒定的温度、湿度和拉伸速度下,在标准试样上施加拉伸力,直到使试样拉断。

拉伸强度或抗张强度定义为试样断裂前所承受的最大拉伸力 f_{max} 与试样截面积的比值,以 σ_b 表示。

$$\sigma_b = \frac{f_{max}}{b \cdot d} \qquad (5-13)$$

试样宽度 b 和厚度 d 与拉伸比有关,为了方便,工程上往往采用初始尺寸 b_0 和 d_0 来计算工程应力 σ_b。若以断裂前所承受的最大拉伸力 f_{max} 与试样实际受力截面积的比值计算断裂应力 σ',则称 σ' 为真应力。

拉伸断裂时的断裂延伸率 ε_{max} 定义为拉伸方向的长度增量即拉伸应变在断裂时的百分率为

$$\varepsilon_{max} = \frac{l_{断} - l_0}{l_0} \times 100\% \qquad (5-14)$$

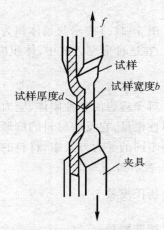

图 5-2 拉伸试验示意图

若试样测试范围内截面积是均匀的,则可由应变 ε 计算真应变 ε',即

$$\varepsilon' = \int_{l_0}^{l} \frac{dl}{l} = \ln\left(\frac{l}{l_0}\right) = \ln(1+\varepsilon) \qquad (5-15)$$

在小应变时应力与应变的关系服从胡克定律,拉伸时的杨氏模量可由拉伸初始阶段的应力－应变曲线线性段的斜率求出。如果拉伸应力增量为 Δf 时长度增量为 Δl,则有

$$E = \frac{\Delta f/b \cdot d}{\Delta l/l_0} \qquad (5-16)$$

如果向试样施加单向压缩力,则可根据试样所承受的最大压缩力与压缩曲线测定压缩强度与压缩模量。拉伸强度与压缩强度的相对大小同材料的性质有关,一般来说,韧性材料的拉伸强度较大,脆性材料的压缩强度较大。按照连续介质力学理论,拉伸与压缩服从同一胡克定律,压缩模量与拉伸模量相等,但实际高聚物材料压缩模量通常要比拉伸模量要大一些。

二、弯曲强度

材料的弯曲试验是在规定的条件下对标准试样施加一弯曲力矩,使试样折断。弯曲强度又称挠曲强度,定义为试样折断前承受的最大应力;小形变时的弹性模量称为弯曲模量。弯曲强度和弯曲模量的计算公式推导比较复杂,与试样形状和形变方式有关。试样形状可分为矩形截面和圆形截面,弯曲形变有一端固定、两端支撑和三点支撑等方式。

图 5-3 所示为矩形截面试样的简支梁式(两点支撑)三点弯曲试验,如果最大载荷为 f_{max},小形变时在力 Δf 作用下试样着力处的位移(挠度)为 δ,则弯曲强度与弯曲模量由下式计算,有

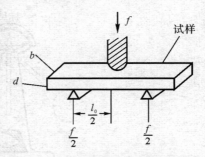

$$\sigma_f = \frac{3l_0 f_{max}}{2bd^2} \qquad (5-17)$$

$$E_f = \frac{\Delta f l_0^3}{4bd^3\delta} \qquad (5-18)$$

图 5-3 　简支梁式弯曲试验示意图

表 5-1 列出了一些塑料的拉伸强度与弯曲强度。

表 5-1　常见塑料的拉伸强度和弯曲强度

名　　称	拉伸强度/MPa	断裂延伸率/(%)	拉伸模量/GPa	弯曲强度/MPa	弯曲模量/GPa
低压聚乙烯	22～38	60～150	0.82～0.93	24～39	1.1～1.4
聚苯乙烯	34～62	1.2～2.5	2.1～3.4	60～90	—
ABS 塑料	15～62	10～140	0.5～2.8	25～93	2.9
聚甲基丙烯酸甲酯	45～76	2～10	3.1	90～117	—
聚丙烯	33～41	200～700	1.2～1.4	41～56	1.2～1.6
聚氯乙烯	34～62	20～40	2.5～4.1	69～110	—
聚酰胺—66	81	60	3.1～3.2	95～110	2.5～2.9
聚酰胺—6	73～77	150	2.6	98	2.4～2.6
聚酰胺—1010	51～54	100～250	1.6	87	1.3
聚甲醛	61～68	60～75	2.7	89	2.6
聚碳酸酯	66	60～100	2.2～2.4	95～104	2.0～2.9
聚砜	70～83	20～100	2.5～2.8	105～125	2.7
聚酰亚胺	93	5～8	—	＞98	3.1
聚苯醚	85～88	30～88	2.5～2.7	95～134	2.0～2.1
氯化聚醚	42	60～160	1.1	65～76	0.9
聚苯硫醚	78	21		147	3.3
聚醚醚酮	91	150	—	—	3.9
线型聚酯	78	200	2.8	115	
聚四氟乙烯	14～25	250～350	0.4	11～14	—

三、冲击韧性

冲击试验是使材料在冲击作用力下折断。通常把折断时截面吸收的能量定义为材料的冲击韧性,它是评价材料韧性的一项指标。冲击试验主要有弯曲梁式(摆锤式)冲击、落锤式冲击和高速拉伸实验三类。弯曲梁式冲击试验是通过重锤摆动冲击标准试样,测定摆锤冲断试样所消耗的功。试样安放分为简支梁式和悬臂梁式两种,前者称为 Charpy 试验,试样两端支撑,摆锤冲击试样中部(见图 5-4);后者称为 Izod 试验,试样一端固定,摆锤冲击自由端。为

了提高试验准确性,常在试样上刻有缺口,使试样在受冲击时于缺口处发生断裂(见图5-5)。

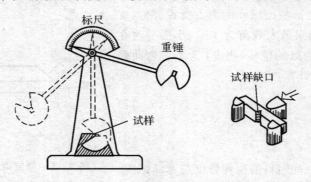

图 5-4 **Charpy 冲击试验示意图**

落锤式冲击试验是使球形重物从一定高度自由下落到片状试样上,根据重物的质量和刚好使试样产生裂痕或破坏时的临界下落高度,计算使试样破坏的能量。

在高速拉伸试验中,拉断试样所做的功与受冲击破坏时试样吸收的能量相当,此时冲击韧性 σ_{it} 由应力-应变曲线所确定的面积计算:

$$\sigma_{it} = \oint \sigma d\varepsilon = \int_0^{\varepsilon_b} \sigma d\varepsilon \qquad (5-19)$$

不同试验方法所得到的结果可能不一致。试样的几何形状、刻痕深度与锐度等多种因素都将对冲击试验结果产生影响,因此冲击韧性的数值要在相似的测试条件下方能相互比较。

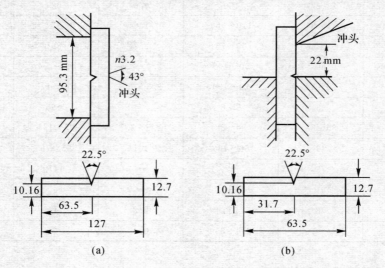

图 5-5 **弯曲梁冲击实验方法及试件示意图**
(a)Charpy 冲击试验; (b)Izod 冲击试验

冲击韧性的单位比较混乱。一般无缺口试样的单位断口面积吸收的能量,为冲击韧性,单位为 J/m^2,有缺口的试样的冲击韧性则定义为单位缺口厚度吸收的能量,单位为 J/m,而高速拉伸试验的冲击韧性定义为应力-应变曲线下的面积。表 5-2 给出了一些塑料的缺口 Izod 冲击韧性数据。

表 5-2　一些塑料的缺口 Izod 冲击韧性/(J·m⁻¹,24℃)

塑料名称	冲击韧性	塑料名称	冲击韧性
聚苯乙烯	13～21	聚酰胺-11	96
高抗冲聚苯乙烯	25～427	聚甲醛	110～160
ABS 塑料	53～534	低密度聚乙烯	7 850
硬聚氯乙烯	21～160	高密度聚乙烯	25～1 080
聚氯乙烯共混物	160～1 070	聚丙烯	25～110
聚甲基丙烯酸甲酯	21～27	聚碳酸酯	640～960
醋酸纤维素	53～200	聚乙烯基甲醛	53～1 070
硝化纤维素	260～370	通用型酚醛塑料	13～19
乙基纤维素	190～320	布填充酚醛塑料	53～160
聚酰胺-66	50～160	玻纤填充酚醛塑料	530～1 600
聚酰胺-6	50～160	聚四氟乙烯	105～214
聚酰胺-612	50～210	聚苯醚(25％玻纤)	53～210
聚砜	70～270	玻纤填充环氧树脂	530～1 600
玻纤填充聚酯	110～1 070	聚酰亚胺	50
环氧树脂	10～270		

5.2　高聚物的拉伸应力-应变行为

5.2.1　玻璃态高聚物的拉伸

　　高聚物的应力-应变试验是研究高聚物的形变与强度的最常见的一种力学试验,通常在拉应力下进行。应力-应变试验方法简单,从得到的应力-应变曲线上可获得以下物理量:弹性模量、屈服强度和屈服应变、断裂强度和断裂应变以及使材料断裂所需要的断裂能。

　　图 5-6 所示是玻璃态高聚物拉伸时典型的应力-应变曲线。拉伸应力按初始截面积计算,此曲线又称工程应力-应变曲线。

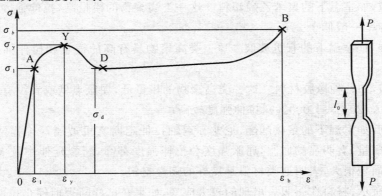

图 5-6　高聚物典型的拉伸应力-应变曲线

曲线上有 4 个特征点：A，Y，B 和 D。A 点对应的应力称为比例极限 σ_l。当 $\sigma < \sigma_l$ 时，应力-应变之间保持线性比例关系，比例系数（直线的斜率）即材料的弹性模量 E（在拉伸条件下为杨氏模量）为

$$E = \frac{d\sigma}{d\varepsilon} = \frac{\sigma_l}{\varepsilon_l} \qquad (5-20)$$

当 $\sigma > \sigma_l$ 时，应力-应变之间偏离线性关系。应力增大到曲线上的极大值，即 Y 点时，出现应变增加而应力不变或应力先下降后不变的现象。这一现象称为材料的屈服，Y 点称为屈服点，它所对应的应力 σ_y 和应变 ε_y 分别称为屈服应力（屈服强度）和屈服应变。对应于 D 点的应力称冷拉应力 σ_d。Y 点把整个应力-应变曲线分为两部分，在 Y 点之前，即 $\sigma < \sigma_y$ 时，为弹性区，此时材料在除去应力后，形变可完全回复，不留任何永久形变。在 Y 点之后，即 $\sigma > \sigma_y$ 时，出现塑性行为，称为塑性区，此时材料除去应力后，存在永久形变。曲线上的 B 点称为断裂点，对应的应力 σ_b 和应变 ε_b 分别称为断裂强度（在拉伸条件下也称为拉伸强度）和断裂应变（在拉伸条件下也称为断裂延伸率）。整个应力-应变曲线与应变坐标之间包围的面积为

$$W = \int_0^{\varepsilon_b} \sigma d\varepsilon \qquad (5-21)$$

它是使材料断裂所需要的断裂能。

如果高聚物在屈服之前发生断裂，则材料为脆性断裂，这种情况下，材料断裂前只发生很小的变形；如果高聚物在屈服之后发生断裂，则材料为韧性断裂。从图 5-6 所示的应力-应变曲线可发现，在韧性断裂的情况下，高聚物出现大的塑性变形，在塑性区的应力-应变关系相当复杂，先是出现一段应变软化，即应力下降而应变增大的区域；随后试样出现塑性的不稳定变化，形成细颈；然后又出现取向硬化，即应力急剧增加，直至断裂。应变硬化是由于拉伸过程中分子链伸展产生取向，继续拉伸将由于这种分子链的取向排列使材料强度进一步提高，因而应力又出现逐渐上升的，直到拉断。但迄今为止，对应变软化的原因尚不清楚。

判断材料强与弱的指标是断裂强度，判断材料刚与软的指标是弹性模量，判断材料脆与韧的指标是断裂能。一般而言，凡是能出现屈服点、断裂强度高、断裂延伸率大的材料一般具有良好的韧性。

高聚物固体材料的品种很多，它们的应力-应变行为差别很大，大致可分为如图 5-7 所示的 4 类。

(a)刚而脆，如室温下的聚苯乙烯塑料。这一类高聚物的模量高，拉伸强度相当大，没有屈服点，断裂延伸率一般低于 2%；

(b)刚而强，如室温下的有机玻璃。这一类高聚物具有高的模量和拉伸强度，断裂延伸率可达 5%；

(c)软而韧，如各种橡胶材料。这一类高聚物的模量低，屈服点低或者没有明显的屈服点，断裂延伸率很大（20%～1 000%），拉伸强度较高；

(d)刚而韧，如室温下的聚碳酸酯、尼龙和双轴拉伸定向有机玻璃等工程塑料。这一类高聚物具有高的模量，有明显的屈服，屈服强度和拉伸强度都高，断裂延伸率较大，因而应力-应变曲线包围的面积很大，表明这类材料是良好的韧性材料。

如图 5-6 所示，材料在屈服后出现的较大应变，如果在试样断裂前停止拉伸，除去外力，试样的大形变已无法完全回复，但是如果让试样的温度升到 T_g 附近，则形变可以回复。这种玻

璃态高聚物在大外力的作用下发生的大形变,其本质与橡胶的高弹形变一样,通常称为强迫高弹形变。强迫高弹形变的分子机理主要是高分子的链段运动,即在大外力作用下,玻璃态高聚物下本来被冻结的链段开始运动,高分子链的伸展提供了大形变。这个拉伸过程由于是在 T_g 以下进行的,因此也称为冷拉。

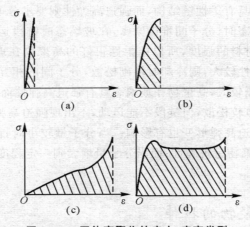

图 5 – 7　固体高聚物的应力–应变类型

(a) 刚而脆；　(b) 刚而强；　(c) 软而韧；　(d) 刚而韧

非晶玻璃态高聚物在屈服和冷拉过程中,有可能形成稳定的细颈并持续发展。这个过程好像经过了二次玻璃化转变,第一次为高应力下使非晶玻璃态高聚物的链段运动产生强迫高弹形变,高聚物由无序的玻璃态变化为有一定取向的取向态并形成细颈;第二次为细颈尺寸稳定的过程,即形成细颈中的取向态结构,取向态结构中链段的活动能力降低,使其 T_g 升高,在拉伸方向(或称取向方向)上的刚性增大(即应变硬化效应),因而取向态又被冻结为玻璃态并保持细颈尺寸的稳定。在整个过程中,由于高聚物处于玻璃态,即使外力除去后,也不能自发地回复,而当温度升高到 T_g 以上时,链段运动解冻,分子链卷曲,形变回复。

实验证明,链段运动的松弛时间 τ 与应力 σ 之间存在关系式

$$\tau = \tau_0 \exp\left(\frac{\Delta E - \alpha\sigma}{RT}\right)$$

式中,ΔE 是活化能,α 是与材料有关的常数。可见随着应力的增加,链段运动的松弛时间缩短。当应力增大到屈服应力 σ_y 时,链段运动的松弛时间减小至与拉伸速度相适应的数值,高聚物就可产生强迫高弹形变。

拉伸温度对强迫高弹性有很大的影响。如果温度降低,为了使链段松弛时间缩短到与拉伸速度相适应,就需要有更大的应力,才能使高聚物发生强迫高弹形变。但是要使强迫高弹形变发生,必须满足断裂应力 σ_b 大于屈服应力 σ_y。若温度太低时,则 $\sigma_b < \sigma_y$,即在发生强迫高弹形变之前,试样已被拉断。因此并不是任何温度下都能发生强迫高弹性,即存在一个特征的温度 T_b,只要温度低于 T_b,玻璃态高聚物就不能发展强迫高弹形变,而是发生脆性断裂,因而这个温度称为脆化温度。玻璃态高聚物只有处在 T_b 到 T_g 之间时,才能在外力作用下实现强迫高弹形变,而强迫高弹形变是塑料具有韧性的原因,因此 T_b 是塑料使用的最低温度。

强迫高弹形变和断裂都是松弛过程,因此拉伸时的速度也影响着强迫高弹形变的发生和发展。对于相同的外力来说,拉伸速度过快,强迫高弹形变来不及发生,或者强迫高弹形变得

不到充分的发展,试样会发生脆性断裂;而拉伸速度过慢,则线型玻璃态高聚物要发生一部分黏性流动;只有在适当的拉伸速度下,玻璃态高聚物的强迫高弹形变才会表现出来。

强迫高弹性主要是由高聚物的结构决定的。强迫高弹性的必要条件是高聚物要具有可运动的链段,通过链段运动使链的构象改变才能表现出高弹形变,但强迫高弹性又不同于普通的高弹性。高弹性要求分子具有柔性链结构,而强迫高弹性则要求分子链不能过于柔软,因为柔性很大的链在冷却成玻璃态时,分子间堆砌紧密,在玻璃态时链段运动困难,要使链段运动需要很大的外力,甚至超过材料的强度,所以链柔性很好的高聚物在玻璃态是脆性的,T_b 与 T_g 很接近。如果高分子链刚性较大,则冷却时堆砌松散,分子间的相互作用力较小,链段活动的余地较大,T_b 与 T_g 的间隔较大,高聚物在玻璃态具有强迫高弹性而不脆。但是如果高分子链的刚性太大,虽然链堆砌也较松散,但链段不能运动,不出现强迫高弹性,材料仍是脆性的。

高聚物的分子量对强迫高弹形变也有影响。当分子量较小时,高聚物在玻璃态时堆砌较紧密,T_b 与 T_g 很接近,高聚物呈现脆性;而当分子量增大到一定程度时,T_b 与 T_g 间隔增大,可以出现强迫高弹形变。

5.2.2　结晶高聚物的拉伸

典型的结晶高聚物在拉伸时,应力-应变曲线比玻璃态高聚物的拉伸曲线具有更明显的转折(见图 5-8),整个曲线可分为 3 段。第一段应力随应变线性地增加,试样被均匀地拉长,伸长率可达百分之几到十几;到屈服点 Y 后,试样的截面突然变得不均匀,出现一个或几个"细颈",这是第二阶段,在此阶段,细颈与非细颈部分的截面积分别维持不变,而细颈部分不断扩展,非细颈部分逐渐缩短,直到整个试样完全变为细颈为止。第二阶段的应力-应变曲线表现为应力几乎不变,而应变不断增加。第二阶段的应变与高聚物结构有关,如支链的聚乙烯、聚酯、聚酰胺可达 500%,而线型聚乙烯甚至可达 1 000%。第三阶段是成颈后的试样重新被均匀拉伸,应力又随应变的增加而增大直到断裂点。结晶高聚物拉伸曲线上的转折点是与细颈的突然出现,以及最后发展到整个试样而突然终止相关的。

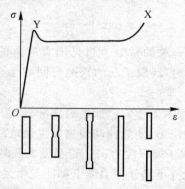

图 5-8　结晶高聚物拉伸过程应力-应变曲线及试样外形变化示意图

这种结晶高聚物在拉伸过程中产生的大形变,也称为冷拉。部分结晶高聚物在拉伸屈服和冷拉过程中,除发生与上述相同的非晶区玻璃态转变为非晶取向态以外,晶区也发生了晶体的变形及晶片的取向,因而形成细颈的凝聚态结构也变为取向态结构。

关于晶片的取向过程,可用图 5-9 表示。设部分结晶高聚物在拉伸前的结晶形态为球晶,则试样中折叠链晶片的方向就是无序的,其中大多数晶片都与拉伸方向有一定的夹角。晶片之间存在非晶区(见图 5-9(a))。拉伸开始时,首先是晶片之间的相对滑移和非晶区分子链的伸展(见图 5-9(b));继续拉伸时,晶片发生倾斜和转动,沿拉伸方向重排(见图 5-9(c));更进一步,晶片内部发生滑移和分段(见图 5-9(d));最后晶片片段和非晶区的链都沿拉伸方向再度取向,形成试样上的细颈(见图 5-9(e))。

这个过程晶区也好像发生了二次晶体熔融 —— 结晶的相转变过程。第一次为高应力下使球晶中无序排列的折叠链晶片沿力的方向滑移、变形和伸展取向,发展强迫高弹形变而形成细颈的过程。第二次为细颈尺寸稳定的过程,即被拉伸屈服变形、甚至破坏的晶片在力的方向上出现应变诱导结晶,在晶区中形成新的一定取向的有序排列的再结晶晶片,并有部分伸直链晶片及串晶结构的取向态结构,使晶区的 T_m 升高和取向方向上的刚性增大(即应变硬化效应),因而晶区取向态结构又被冻结为结晶态(非晶区被玻璃态冻结),并形成了稳定尺寸的细颈。拉伸后的材料在 T_m 以下不易回复到原先未取向的状态,当加热到 T_m 附近时,则能回缩到未拉伸时的状态。

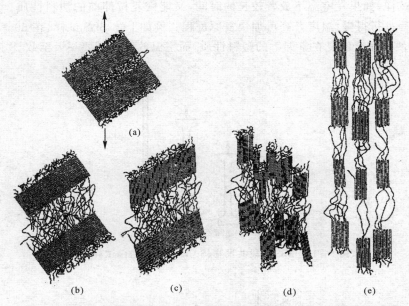

图 5-9　部分结晶高聚物冷拉过程中晶片和分子链的取向过程示意图

结晶高聚物的拉伸与玻璃态高聚物的拉伸情况有许多相似之处。现象上,这两种拉伸过程都经历弹性变形、屈服("成颈")、发展大形变以及"应变硬化"等阶段,拉伸的后半程材料都呈现强烈的各向异性,断裂前的大形变在室温时都不能自发回复,而加热后都能回复原状,因而本质上两种拉伸过程造成的大形变都是高弹形变,并把它们统称为"冷拉"。另一方面,两种拉伸过程又是有差别的,它们可被冷拉的温度范围不同,玻璃态高聚物的冷拉温度区间是 T_b 至 T_g,而结晶高聚物的冷拉温度区间是 T_g 至 T_m。更本质的差别在于结晶态高聚物拉伸过程着伴随着比玻璃态高聚物拉伸过程更为复杂的分子凝聚态结构的变化,后者只发生分子链的取向,不发生相变,而前者还包含有结晶的破坏、取向和再结晶过程。

5.2.3　应变诱发塑料—橡胶转变

当对苯乙烯-丁二烯-苯乙烯三嵌段共聚物(SBS)进行拉伸时,若其中的塑料相和橡胶相的组成比接近 1:1 时,材料室温下像塑料,其拉伸行为起先与一般塑料的冷拉现象相似。在应变约 5% 处发生屈服成颈,随后细颈逐渐发展,应力几乎不变而应变不断增加;随后细颈继续发展直到完成,此时应变约 200%(见图 5-10);进一步拉伸,细颈被均匀拉细,应力可进一步升高,最大应变可高达 500%,甚至更高。可是如果移去外力,这种大形变却基本能迅速回复,而不像一般塑料的强迫高弹形变需要加热 T_g 或 T_m 附近才回复。如果接着进行第二次拉伸,则开始发生大形变所需要的外力比第一次拉伸要小得多,试样也不再发生屈服和成颈过程,而与一般交联橡胶的拉伸过程相似,材料呈现高弹性。图 5-11 所示是这种试样拉伸的应力-应变曲线。两次拉伸的应力应变曲线确实分别为十分典型的塑料冷拉和橡胶的拉伸曲线。从以上现象可以判断,在第一次拉伸超过屈服点后,试样从塑料逐渐转变成橡胶,因而这种现象被称为应变诱发塑料-橡胶转变(strain-induced plastics-to-rubber transition)。经拉伸变为橡胶的试样,如果在室温下放置较长的时间,又能恢复拉伸前的塑料性质。温度较低时,这种复原过程进行得慢;温度升高可加快复原进程。例如上述 SBS 试样,在 60~80℃ 下,只需 10~30 min 便可完全恢复在室温下的塑料性质,而室温放置则需要一天至数日才能复原。

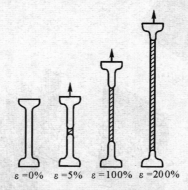

$\varepsilon=0\%$　$\varepsilon=5\%$　$\varepsilon=100\%$　$\varepsilon=200\%$

图 5-10　SBS 嵌段共聚物(S:B≈1:1)拉伸试样示意图

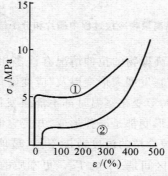

图 5-11　SBS 嵌段共聚物(S:B=1:1)拉伸行为
①—第一次拉伸;　②—第二次拉伸

　　电镜的研究揭示了上述拉伸和复原过程的本质。图 5-12 所示是 SBS 在拉伸前、拉伸至不同阶段以及复原后的电镜照片。拉伸前的照片表明,试样在亚微观上具有无规取向的交替层状结构,其中塑料相和橡胶相都呈连续相。连续塑料相的存在,使材料在室温下呈现塑料性质。第一次拉伸至 ε＝80％试样的电镜照片上,塑料相发生歪斜、曲折,并有部分已被撕碎,拉伸至 ε＝500％时,塑料相已完全被撕碎成分散在橡胶连续相中的微区。橡胶相成为唯一的连续相使材料呈现高弹性,因而拉伸试样在外力撤去后形变能迅速回复。塑料分散相微区则起物理交联作用,阻止永久变形的发生。另外两张照片是拉伸至 ε＝600％的试样,卸载并分别在室温下放置数日和在 100℃下加热 2 小时后的形态,塑料连续相的重建已基本完成,交替层状结构又清晰可见,使材料重新表现出塑料性质。

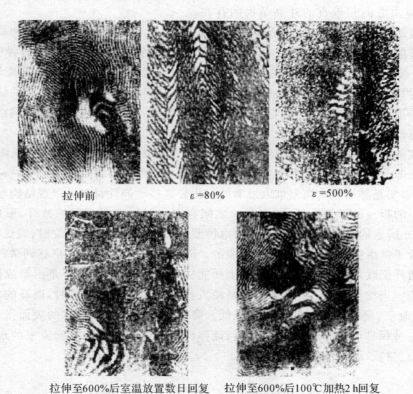

拉伸前　　　　　　　ε＝80％　　　　　　ε＝500％

拉伸至600％后室温放置数日回复　　拉伸至600％后100℃加热2 h回复

图 5-12　SBS 薄膜试样超薄切片的电镜照片

OsO_4 染色,黑色部分是聚丁二烯橡胶相,白色部分是聚苯乙烯塑料相

5.2.4　硬弹性材料的拉伸

　　聚丙烯和聚甲醛等易结晶的高聚物熔体,在较高的拉伸应力条件下结晶时,可以得到具有很高弹性的纤维或薄膜材料,其弹性模量比一般的橡胶高得多,因而称为硬弹性材料。这类材料在拉伸时表现出特有的应力-应变行为,如图 5-13 所示为聚丙烯纤维的应力-应变曲线。

　　在拉伸初始,应力随应变的增加急剧上移,使这类材料具有接近于一般结晶高聚物的高起始模量,当形变达到百分之几时,发生了不太典型的屈服,应力-应变曲线发生明显转折。然而,与前面讨论过的一般结晶高聚物的拉伸行为不同,这类材料拉伸时不出现成颈现象,因而继续拉伸时,应力会继续以较缓慢的速度上升,而且达到一定形变量后,移去载荷时形变可以自发回复,虽然在拉伸曲线与回复曲线之间形成较大的滞后圈,但弹性形变回复率有时可高达 98%。

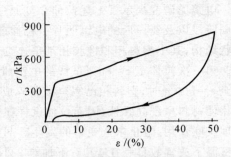

图 5-13　硬弹性聚丙烯典型的硬弹性行为

对于这种硬弹性材料的特殊力学行为,已提出了许多模型解释。由于硬弹性最先是在结晶高聚物上发现的,并从硬弹聚丙烯的形态学研究中发现大量与应力方向相垂直的片晶结构的存在,因此人们很自然地把硬弹性与片晶结构关联起来,据此,E. S. Clark 提出了一种非常直观的、但是较为粗糙的能弹机理。简单说来,这种模型把硬弹性的来源归于晶片的弹性弯曲。图5-14 是这一模型的示意图。由于在片晶之间存在由系带分子构成的联结点,使硬弹材料在受到张力时,内部片晶将发生弯曲和剪切弹性形变,晶片间被拉开,形成网络状的结构,因而可以发生较大的形变,而且形变越大,应力越高,外力消失后,靠晶片的弹性回复,网格重新闭合,大部分形变可回复。

随着研究的进一步深入,除了继续在聚乙烯、尼龙等许多结晶高聚物中发现硬弹性之外,还发现了某些非晶聚合物,当发生大量裂纹时也表现出硬弹性行为(见图 5-15),如高抗冲聚苯乙烯,这一事实是晶片弯曲模型难以说明的。比较这些硬弹性材料的微观结构形态发现,它们都具有类似的板-微纤复合结构,在晶片之间存在大量以空洞相间的微纤,形成高的孔隙率,如图 5-16 所示的聚丙烯硬弹性行为的电镜照片。非晶材料发生裂纹时,裂纹体内也是由高度取向的分子链束构成的微纤和空洞组成的。因此,研究的焦点从晶格移到微纤上,逐渐形成了与这些微纤聚联系在一起的硬弹性的表面能机理,认为硬弹性主要是由形成微纤的表面能改变引起的。当拉伸状态下的硬弹性材料浸入各种非溶胀性的液体时,微纤的环境发生了变化,表面能改变,硬弹性材料的应力会降低。降低的程度与所用液体的表面张力和黏度有关。而且这一过程是可逆的,当液体挥发后,硬弹性材料的应力又回复到原来的水平,这些实验事实有力地支持了硬弹性的表面能机理。

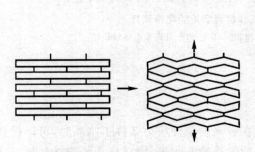

图 5-14　Clark 的能弹性模型

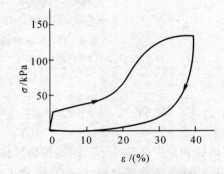

图 5-15　高抗冲聚苯乙烯的硬弹性行为

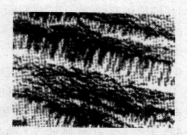

图 5-16　聚丙烯硬弹性材料的电镜照片

5.3　高聚物的塑性与屈服

5.3.1　高聚物的屈服过程及特征

一、高聚物的屈服过程

当材料在载荷下处于产生明显塑性变形的临界状态时,称为材料屈服。许多高聚物在一定的条件下都能发生屈服,有些高聚物在屈服后能产生很大的塑性形变,塑性形变与高聚物加工密切相关。在工业应用中热塑性塑料和热固性塑料往往由于屈服,即发生塑性形变而失效或断裂。高聚物的屈服和屈服后的塑性形变对塑料、薄膜或纤维的设计、加工和使用都非常重要。由于高聚物结构的复杂性,对这些现象的研究进展远远落后于其他种类的材料。

非晶玻璃态高聚物处在 $T_b \sim T_g$ 和部分结晶高聚物在 $T_g \sim T_m$ 温度区间时,其典型的拉伸工程应力-应变曲线以及试样形状的变化过程如图 5-17 所示。在拉伸的初始阶段,试样工作段被均匀拉伸。到达屈服点时,工作段局部区域出现细颈。继续拉伸时,细颈区和未成颈区的截面积都基本保持不变,但细颈长度不断扩展,未成颈段不断减少。直到整个试样工作段全部变为细颈后,才再度被均匀拉伸至断裂。

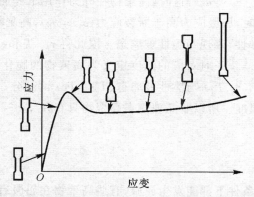

图 5-17　高聚物屈服过程的工程应力-应变曲线和试样形状的相应变化示意图

　　高聚物试样拉伸屈服出现细颈的原因有两个：①试样截面不均匀，截面较小的部位因所受的实际应力较大而首先屈服；②试样材质不均匀，局部区域薄弱，屈服应力较低，或局部应力集中，所受到的应力水平远高于平均应力。

　　细颈区应变硬化（或取向强化）的本质是该区的高分子链（链段）或结晶高聚物晶片高度取向，从而在拉伸方向上的模量（刚度）大大提高，拉伸应变时能承受更高的负荷。实际上，屈服后是应变软化和应变硬化（取向硬化）相抗衡的过程。初始阶段是软化效应占优势，出现 $d\sigma/d\varepsilon < 0$ 的失稳变形，随着塑性形变（强迫高弹形变）的发展，出现软化和硬化相平衡（$d\sigma/d\varepsilon \approx 0$）的恒应力（冷拉应力 σ_d）变形。所以在继续拉伸中，未成颈区容易被拉伸变形，不断转化为细颈区，而已成颈区本身基本保持细颈尺寸稳定不变。应变硬化是高聚物冷拉成颈的必要条件。如果高聚物屈服后，不发生应变硬化，则细颈截面不是保持恒定，而是愈来愈细，直至断裂。如果试样在拉断前卸载，或试样因被拉断而自动卸载，则拉伸中产生的大形变除少量可回复之外，大部分形变都将残留下来。

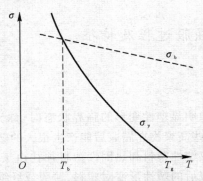

图 5 - 18　非晶态高聚物的强迫高弹态和脆性玻璃态

　　非晶态高聚物在当 $T \geqslant T_g$ 时，任何小的作用力均可引起高弹形变；而当 $T < T_g$ 时，必须有较大的外力作用才能产生强迫高弹形变。温度愈低，产生强迫高弹形变所需的应力愈大，也就是屈服应力 σ_y 愈大。另一方面，非晶玻璃态高聚物的断裂应力 σ_b 也随温度降低而增大。但是屈服应力 σ_y 和断裂应力 σ_b 对温度的依赖性存在差异（见图 5 - 18）。当温度比 T_g 低得不多时，屈服应力低于断裂应力（$\sigma_y < \sigma_b$），这时，高聚物在外力作用下先屈服后断裂，能产生强迫高弹性；当温度比 T_g 低得多时，屈服应力高于断裂应力（$\sigma_y > \sigma_b$），高聚物在屈服点尚未达到前就断裂了，不能产生强迫高弹性，表现为脆性玻璃态。因此将 $\sigma_y - T$ 和 $\sigma_b - T$ 两曲线的交点，即屈服应力与断裂应力相等（$\sigma_y = \sigma_b$）时对应的温度定义为高聚物的脆化温度（T_b）。T_b 把高聚物玻璃态分为强迫高弹态（$T_b \sim T_g$）与脆性玻璃态（$T < T_b$）两部分。T_b 是塑料脆性破坏的上限温度，塑料使用的下限温度。所以非晶玻璃态高聚物只有在 $T_b \sim T_g$ 之间才能发生屈服，表现出刚而韧的特点。

二、高聚物屈服特征

　　许多高聚物在一定的条件下都能发生屈服，有些高聚物在屈服后能产生很大的塑性形变。从表面上看，高聚物的屈服现象与金属材料的屈服现象类似，但它们的本质却很不相同。与传统的金属材料相比，高聚物的屈服具有下列特征。

(1)屈服应变大。高聚物的屈服应变比金属大得多,大多数金属材料的屈服应变约为0.01,甚至更小,但高聚物的屈服应变可高达 0.2 左右。

(2)屈服后出现应变软化。许多高聚物在超过屈服点后均有一个不大的应力下降,叫作应变软化。这时应变增加,应力反而下降。高聚物应变软化的本质目前还不大清楚。

(3)屈服应力对温度、应变速率和流体静压力有强烈的依赖性。高聚物的屈服应力随温度增加而降低,在到达它们的玻璃化温度时,屈服应力降低为零(见图 5-19)。高聚物的屈服应力随应变速率和流体静压力的增大而增加(见图 5-20 和图 5-21)。只要不是纯切应力,任何应力均有它的正应力分量,都将对高聚物的屈服应力有影响。

(4)屈服后体积略有缩小。

(5)压缩屈服应力大于拉伸屈服应力,这种现象也叫鲍辛格(Bauschinger)效应。按库仑屈服准则推导的结果,许多高聚物的压缩屈服应力约比拉伸屈服应力高 11%。

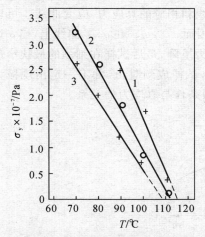

图 5-19 聚甲基丙烯酸甲酯的屈服应力随温度的变化

应变速率:1—0.2 min^{-1}; 2—0.02 min^{-1};
3—0.002 min^{-1}

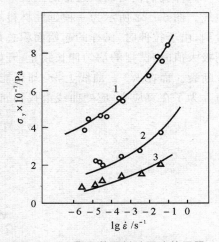

图 5-20 聚甲基丙烯酸甲酯的屈服应力对应变速率的依赖性

1—23℃,压缩; 2—60℃,拉伸; 3—90℃,拉伸

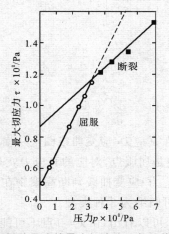

图 5-21 聚甲基丙烯酸甲酯的最大切应力 τ 与流体静压 p 的依赖关系

○—屈服时; ■——断裂时

5.3.2 高聚物拉伸的真应力-应变曲线及 Considere 作图判据

当高聚物材料在外力作用下产生大形变时,由于试样横截面变化很大,真应力与工程应力之间差别很大。在讨论高聚物的屈服与塑性时,真应力-应变曲线更能说明问题。假定试样变形时体积不变,即 $A_0 l_0 = Al$,并定义伸长比 $\lambda = l/l_0 = 1 + \varepsilon$,则实际受力的截面积为

$$A = \frac{A_0 l_0}{l} = \frac{A_0}{1 + \varepsilon} \tag{5-22}$$

真应力 σ' 为

$$\sigma' = \frac{F}{A} = (1 + \varepsilon)\sigma \tag{5-23}$$

这样我们便可以从通常的工程应力-应变曲线,按式(5-23)换算,作出拉伸真应力-应变曲线。图 5-22 所示为一种延性材料的工程应力-应变曲线和相应的真应力-应变曲线。可以看到,由于拉伸时,试样的起始面积总是最大的,$A_0 > A$,因而 $\sigma' > \sigma$。在 $\sigma-\varepsilon$ 曲线上,当 σ 达到极大值时,试样的均匀伸长终止,开始成颈,并使工程应力下降,最后试样在细颈的最狭窄部位断裂。而在 $\sigma'-\varepsilon$ 曲线上,σ' 却可能随 ε 增加单调升高,试样成颈时,σ' 并不一定出现极大值。为了在真应力-应变曲线上找到屈服点,必须找出屈服条件与真应力的关系。

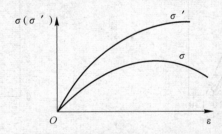

图 5-22 拉伸工程应力-应变曲线与拉伸真应力-应变曲线

在工程应力-应变曲线上屈服点处(极值点)$d\sigma/d\varepsilon = 0$,而由式(5-23),$\sigma = \sigma'/(1+\varepsilon)$,有

$$\frac{d\sigma}{d\varepsilon} = \frac{1}{(1+\varepsilon)^2}\left[(1+\varepsilon)\frac{d\sigma'}{d\varepsilon} - \sigma'\right] = 0 \tag{5-24}$$

得到

$$\frac{d\sigma'}{d\varepsilon} = \frac{\sigma'}{1+\varepsilon} = \frac{\sigma'}{\lambda} \tag{5-25}$$

或者

$$\frac{d\sigma'}{d\varepsilon} = \frac{d\sigma'}{d\lambda} = \frac{\sigma'}{\lambda} \tag{5-26}$$

根据式(5-25)或(5-26),在真应力-应变曲线图上从横坐标上 $\varepsilon = -1$ 或 $\lambda = 0$ 处向 $\sigma'-\varepsilon$ 曲线作切线(见图 5-23),切点便是屈服点,对应的真应力就是屈服应力 σ'_y。这种作图法称为 Considere 作图法。它对根据真应力-应变曲线判断高聚物在拉伸时成颈和冷拉十分有用。

高聚物的真应力-应变曲线可归纳为 3 种类型。

第一种类型如图 5-24 所示,可以看出,由 $\lambda = 0$ 点不可能向 $\sigma'-\lambda$ 曲线作切线,$d\sigma'/d\lambda$ 总是大于 σ'/λ。因此,这种高聚物拉伸时,随应力增大而均匀伸长,但不能成颈。

第二种类型如图 5-23 所示，由 $\lambda=0$ 点可以向 $\sigma'-\lambda$ 曲线引一条切线，即曲线上有一个点满足 $d\sigma'/d\lambda=\sigma'/\lambda$，此点即屈服点，高聚物均匀伸长到这点成颈，随后细颈逐渐变细负荷下降，直至断裂。

第三种类型如图 5-25 所示，由 $\lambda=0$ 点可向曲线引两条切线，即曲线上有两个点（Y' 和 D）满足 $d\sigma'/d\lambda=\sigma'/\lambda$，$Y'$ 点即屈服点，$\sigma=\sigma'/\lambda$ 在 Y' 点处达到极大值。进一步拉伸时，σ'/λ 沿曲线下降，直至 D 点，之后张力稳定在 D 点而试样细颈增长，即出现冷拉，进一步拉伸则沿曲

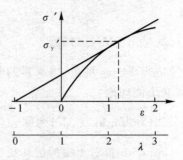

图 5-23　Considere 作图法

线的陡峭部分发展，直到断裂。这是又成颈又冷拉的高聚物的 $\sigma'-\lambda$ 曲线。

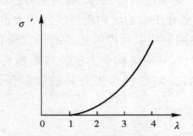

图 5-24　不成颈高聚物的 σ' 对 λ 曲线

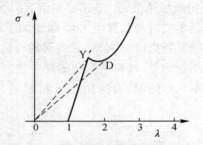

图 5-25　屈服冷拉高聚物的 σ' 对 λ 曲线

要使材料能够产生屈服与冷拉，一般来说要使材料介于脆性和延性并产生均匀变形之间的力学状态。最适宜的一些材料状态条件为：

（1）结晶度为 $35\% \sim 75\%$ 的结晶高聚物 $T > T_g$；

（2）非晶态高聚物，温度略低于 T_g；

（3）显示有次级转变的高聚物介于主转变和次级转变的温度区间；

（4）部分取向的非晶态高聚物。

5.3.3　组合应力下的屈服判据

材料在单向拉伸或压缩状态下的屈服应力很容易由测定拉伸（或压缩）应力-应变曲线得到。若在组合应力状态下确定材料的屈服条件，需要依据强度理论，找到一种各应力分量的函数，对于所有的实验，即对应不同的应力组合，它均匀达到一临界值，这种函数就叫作"屈服判据"，它的一般形式可以写成各应力分量的函数，即

$$f(\sigma_{xx}, \sigma_{yy}, \sigma_{zz}, \sigma_{xy}, \sigma_{yz}, \sigma_{zx})$$

函数 f 的真实形式要受若干条件的限制。在对高聚物的屈服进行研究时，作了很多简化处理，包括忽略高聚物的 Bauschinger 效应，在此基础上提出了以下几种屈服判据。

一、Tresca 判据

Tresca 屈服判据是针对金属材料提出来的，它对聚合物的适用范围是有限的。他指出，剪切作用最大方向上的剪切应力达到某一临界值 σ_s 时，材料屈服。这个判据也称最大切应力

理论。

二、Von Mises 判据

Von Mises 提出,当材料的剪切应变能达到某一临界值时,就产生屈服。这个判据也称最大变形能理论。

三、Coulomb(或 Mc)判据

Coulomb 曾对土壤的破坏提出了一个更为普遍的判据。在某平面出现屈服行为的临界切应力 σ_s 与垂直于该平面的正压力成正比,即

$$\sigma_s - \mu \sigma_N = 常数$$

式中,μ 是内摩擦系数;σ_N 是屈服平面上的法向应力。对于压缩应力,σ_N 应为负号。因此,于任一平面出现屈服时的临界应力 σ_s 随施加于该平面的垂直压力的增加而呈线性增大。

这种屈服判据(Mc 判据)对高聚物很适用。前述两种屈服判据的适用范围比较有限。

需要注意的是,材料在复杂的受力状态下使用时,仅从简单的受力实验来推断其抵抗破坏的能力是不充分的,只有应用屈服判据综合考虑材料受到各种作用力时的屈服条件才是有效的。

5.3.4 剪切带与银纹

无论非晶玻璃态高聚物还是结晶态高聚物,在拉伸屈服冷拉过程中都会变化为取向态结构。但是,依据高聚物结构的不同,一般韧性高聚物可发生屈服和冷拉现象,并在局部薄弱区域易形成剪切带结构,而一般脆性高聚物在拉应力下不发生屈服冷拉现象,而是形成银纹结构。因此高聚物的屈服除了表现为前面已讨论的大的塑性变形外,还可以表现为剪切带与银纹。

一、剪切带及其结构形态

1. 剪切带的形成

双折射或二向色性实验结果表明,一些韧性高聚物单向拉伸至屈服点发生应变软化后,常可看到试样上某些局部区域出现与拉伸方向成大约 45°角的剪切滑移变形带(见图 5-26),说明该种材料的屈服过程中,剪切应力分量起着重要作用,这与屈服判据是一致的。

下面从应力分析来说明这一现象。考虑一个横截面积为 A_0 的试样,受到轴向拉力 F 的作用,如图 5-27 所示。

这时,横截面积上的应力 $\sigma_0 = F/A_0$。如果在试样上任意取一倾斜面,设其与横截面的夹角为 α,则其面积 $A_\alpha = A_0/\cos\alpha$,作用在 A_α 上的拉力 F 可以分解为沿平面法线方向和沿平面切线方向的两个分力,这两个分力互相垂直,分别记为 F_n 和 F_s。显然,$F_n = F\cos\alpha$,$F_s = F\sin\alpha$,因此,这个斜截面上的法应力 $\sigma_{\alpha n}$ 和切应力 $\sigma_{\alpha s}$ 分别为

$$\sigma_{\alpha n} = \frac{F_n}{A_\alpha} = \sigma_0 \cos^2\alpha \tag{5-27}$$

$$\sigma_{\alpha s} = \frac{F_s}{A_\alpha} = \frac{\sigma_0 \sin 2\alpha}{2} \tag{5-28}$$

即试样受到拉力时,试样内部任意截面上的法应力和切应力只与试样的正应力 σ_0 和截面的倾角 α 有关,拉力一旦确定,σ_{an} 和 σ_{as} 只随截面倾角而变化。

当 $\alpha = 0°$ 时,则 $\sigma_{an} = \sigma_0$,$\sigma_{as} = 0$;当 $\alpha = 45°$ 时,则 $\sigma_{an} = \dfrac{\sigma_0}{2}$,$\sigma_{as} = \dfrac{\sigma_0}{2}$;当 $\alpha = 90°$ 时,则 $\sigma_{an} = 0$,$\sigma_{as} = 0$。以 σ_{an} 和 σ_{as} 对 α 作图,可以得到如图 5-28 所示的曲线。就切应力而言,当截面倾角等于 $45°$ 时,达到了最大值,法向应力则以横截面上为最大。

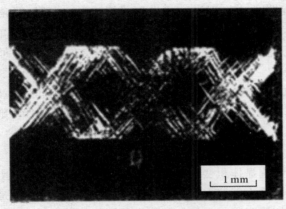

图 5-26　PS 在 60℃ 单轴拉伸到开始屈服时截面的偏光显微照片

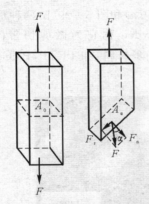

图 5-27　单轴拉伸应力分析示意图

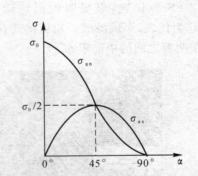

图 5-28　任意截面上的切应力和法应力与截面倾角的关系曲线

对于倾角为 $\beta = \alpha + \dfrac{\pi}{2}$ 的另一个截面,运用式(5-27),式(5-28),同样可以有

$$\sigma_{\beta n} = \sigma_0 \cos^2\alpha = \sigma_0 \sin^2\alpha \tag{5-29}$$

$$\sigma_{\beta s} = (\sigma_0 \sin 2\beta)/2 = -(\sigma_0 \sin 2\alpha)/2 \tag{5-30}$$

由式(5-27)、式(5-29)可得

$$\sigma_{an} + \sigma_{\beta n} = \sigma_0 \tag{5-31}$$

即两个互相垂直的斜截面上的法向应力之和是一定值,等于正应力。

由式(5-28)和式(5-30)可得

$$\sigma_{as} = -\sigma_{\beta s} \tag{5-32}$$

即两个互相垂直的斜面上的剪应力的数值相等,方向相反,它们是不能单独存在的,总是同时出现,这种性质称为切应力双生互等定律。

根据拉伸试样应力分析的结果,就不难理解高聚物拉伸时的种种现象。不同高聚物有不同的抵抗拉伸应力和剪切应力破坏的能力。一般,韧性材料拉伸时,斜面上的最大切应力首先达到临界屈服应力时,试样上出现与拉伸方向成约 45°角的剪切滑移变形带(或互相交叉的剪切带),相当于材料屈服。进一步拉伸时,变形带中由于分子链高度取向使强度提高,暂时不再发生进一步变形,而变形带的边缘则进一步发生剪切变形。同时,倾角为 135°的斜面上也要发生剪切滑移变形。因而,试样逐渐生成对称的细颈。对于脆性材料,在最大切应力达到临界屈服应力之前,正应力已超过材料的拉伸强度,试样不会发生屈服,而在垂直于拉伸方向上断裂。

实际上,单向拉伸或压缩试验产生的剪切带倾角很少恰为 45°,一般大于 45°。这是因为材料形变时体积变化等原因造成的。如果材料受到组合应力的作用,则截面倾角与试样的受力状态有关。

2.剪切带的结构

剪切屈服是一种没有明显体积变化的形状扭变,一般又分为扩散剪切屈服和剪切带两种。扩散剪切屈服是指在整个受力区域内发生的大范围剪切形变,剪切带是指只发生在局部带状区域内的剪切形变。剪切屈服不仅在外加剪切力作用下能够发生,而且拉伸应力、压缩应力都能引起。

例如对于非晶态高聚物,压缩应力下可以形成图 5-29(a)和图 5-29(b)两种形态的滑移带。一类以 PS 为代表,形成明锐而细微的滑移带,Bowden 称它为微剪切带;另一类以 PMMA、PC 为代表,形成漫散而粗宽的带区。当然还有许多材料,如 PETP,PVC 和 EP 等,显示出介于两者之间的中间形态。

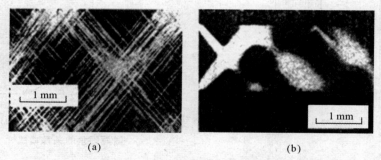

(a)　　　　　　　　　　　　(b)

图 5-29　PS 及 PMMA 在压缩载荷下屈服时截面的偏光显微照片

注:PS 呈现的微剪切带(a)以及 PMMA 呈现宽的和扩散的剪切带(b)

Bowden 指出,两者的差别主要在于扩展速率,起控制作用的是应变软化率 $-(\mathrm{d}\sigma'/\mathrm{d}\varepsilon)_{\dot\varepsilon}$ 和 σ_y 的应变率敏感性 $(\mathrm{d}\sigma_y/\mathrm{d}\ln\dot\varepsilon)_\varepsilon$,并可取它们的比值作表征

$$\varepsilon_{sb} = -\left(\frac{\mathrm{d}\sigma_y}{\mathrm{d}\ln\dot\varepsilon}\right)_\varepsilon \Big/ \left(\frac{\mathrm{d}\sigma'}{\mathrm{d}\varepsilon}\right)_{\dot\varepsilon} \tag{5-33}$$

ε_{sb} 越小就越倾向于形成微剪切带。例如,PMMA 在室温和 PS 在 80℃ 的 ε_{sb} 的值分别为 0.11 和 0.20,倾向于形成漫散的剪切带;而对于室温的 PS,ε_{sb} 值下降至 0.016,则倾向于形成微剪切带。

　　微剪切带的形态参数经测定大致如下：带内的剪切应变可达 2.50，带的厚度为 500～1 000 nm，带束的取向大致与压缩轴成 38°交角。而且已经发现，带区内剪切应变可以通过加热到 T_g 以上温度而消除。Brady 和 Yeh 通过透射电镜观察还表明，带区内有更精细的结构，是由 20～100 nm 直径的微纤束组成的。

　　对于漫散的带区形态，Kramer 有过仔细的研究。实测表明，带区的剪切应变相对比较低。但由于带区的范围远比微剪切带宽，所以宏观的变形表现仍比微剪切带大。漫散带区的取向，经测定是比较正常为±45°。

二、银纹

1. 银纹的形成

　　银纹是某些高聚物在拉应力或拉应力分量（如弯曲试样的受拉面）作用下，在某些局部薄弱地方出现应力集中而产生局部的"塑性形变"和取向（拉伸屈服），以至在材料表面或内部出现垂直于拉应力的微细凹槽。银纹面（银纹的两个张开面，即银纹与本体的界面）总是垂直于拉应力。银纹面内的银纹质是由高度取向的微纤束和空穴组成，如图 5-30 所示。

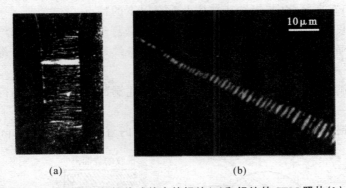

(a)　　　　　　　　　(b)

图 5-30　聚苯乙烯拉伸试件中的银纹(a)和银纹的 SEM 照片(b)

　　高聚物在其储存或使用过程中，或者在拉伸过程中，由于应力和/或环境介质的作用，常会出现裂纹。裂纹区的折光指数低于聚合物本体的折光指数，在两者的界面上有全反射现象，看上去呈现银色的闪光（见图 5-30），因此又将之称为银纹（Craze）。银纹是高分子材料特有的现象，大多数发生在非晶态聚合物中，如 PS，PMMA，PC，PVC，PPO 等。如条件合适，也会在结晶态高聚物，如 PE，PP，PET，POM 中形成。某些结晶高聚物中虽然也可以产生银纹，但由于材料不透明，因此银纹并不明显，长期以来一直认为在结晶高聚物的形变和断裂过程中银纹化并不起重要作用。

　　一些环境因素如溶剂等对银纹的形成有促进作用。能在高聚物中引发银纹的因素主要有两类。

　　(1)应力因素。在材料的受力形式中应有拉应力的分量。实验表明，银纹总是垂直于拉应力方向，纯压缩力不产生银纹。例如材料受到弯曲载荷时，仅在受拉的一侧产生银纹。应力产生的银纹，其银纹平面往往垂直于拉伸轴向，并形成图 5-31(a)所示的有序排布。

　　(2)环境因素。与某些活性介质接触，即使不受外载荷作用，有时也会形成银纹，见图 5-31(b)。这类银纹的银纹面呈杂乱无序排布，无明显的方向性。研究表明，这类银纹是与化学介质的渗入有关,但仍需要有拉伸应力。有些构件发生环境应力开裂,原因是构件中存在残余应力,再加上在其存放或使用过程中有活性介质渗入,引发出银纹并导致开裂。

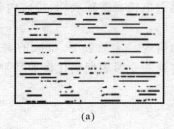 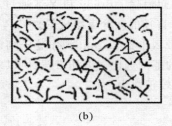

(a)　　　　　　　　　　　(b)

图 5－31　银纹区的顶视外观

(a)有序银纹；　(b)无序银纹

　　银纹虽然不同于裂纹,但银纹的形成标志着材料受到损伤,导致某些性能恶化,如透明度、光洁度等,但主要的是力学性能恶化,因此银纹与材料的断裂密切相关。

　　2.银纹的结构特点

　　在非晶的玻璃态高聚物中,银纹从结构上看有以下的特点。

　　(1)银纹由伸长的孔洞和在主应力方向上取向的微纤组成。这种内部结构很像海绵状物(见图 5－32)。表面银纹、内部银纹以及裂纹尖端的银纹通常都有这种海绵状的特征。这意味着银纹的结构并不明显依赖于环境条件。

　　(2)银纹中孔洞含量一般约为 $50\%\sim80\%$,每个孔洞的直径约 20 nm,孔洞互连,中间仅被微纤阻隔,形成一个连续的网状(见图 5－33)。

　　(3)在负载下银纹微纤沿形变方向高度取向,它们的直径约为 $6\sim45$ nm。

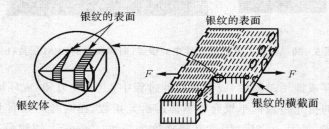

图 5－32　高聚物银纹的结构示意图

　　高聚物中产生的银纹尺寸及疏密程度与材质的均匀性有关。材质愈均匀,银纹就愈是细、浅、密。以航空有机玻璃为例,分子量高、分子量分布较窄的 3 号有机玻璃出现的银纹比分子量低且分子量分布较宽的 4 号有机玻璃的银纹就要细而浅,因为材质愈均匀,在应力作用下,材料内部各处的应力分布就愈均匀。应力不够高时,各处都不出现银纹;应力足够高时,许多微区同时出现银纹。相反,如果材质很不均匀,存在某些特别薄弱的区域,则银纹必然在这些区域首先出现并长大。

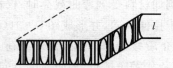

图 5－33　聚合物圆筒状微纤组成的银纹

3.银纹的发展

小圆孔附近银纹形成的实验事实(见图 5-34)表明,银纹的增长平行于平面应力场中较小的那个主应力矢量。由于较小的主应力矢量的等值线与较大的主应力矢量的等值线是正交的,表明较大主应力是作用在垂直银纹平面的方向,也即平行于银纹区的分子取向轴。

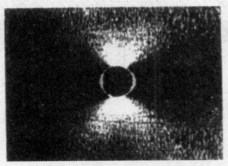

图 5-34　在水平方向经受张应力的 PMMA 板中,圆孔附近的银纹图像

该实验仅仅涉及表面银纹,在更为一般的组合应力作用下,银纹形成的应力判据可以用应力偏量 σ_b 表示为

$$\sigma_b = |\sigma_1 - \sigma_2| \geqslant A + \frac{B}{I_1} \tag{5-34}$$

式中,$I_1 = \sigma_1 + \sigma_2$,是应力的第一不变量,$A,B$ 是与温度有关的常数,$A < 0, B > 0$。

银纹的生长有两种形式,即银纹尖端的向前扩展和银纹宽度的增加。此外,银纹凹陷深度随银纹宽度线形增加,当其深度达到一平台值后就停止增加。

一般认为银纹尖端的向前生长遵循基于 Taylor 弯月面不稳定机理。该理论认为,银纹尖端存在着一个楔形区域,区域里的聚合物由于应变软化和塑性形变而形成一种类流体层。银纹尖端就是在这个类流体层中不稳定前进。这一模型已在许多聚合物材料中获得证实。模型所预示的尖端应力集中程度以及银纹内部空洞间距与实验事实相符(见图 5-35)。

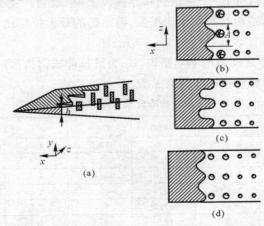

图 5-35　银纹弯月面不稳定机理扩展示意图(阴影区是高聚物)

(a)立体视图；　(b)垂直 y 方向的剖面图；　(c)垂直 y 方向的剖面图；　(d)垂直 y 方向的剖面图

宽度增加有两种可能的机理,一种是银纹微纤的蠕变,另一种是材料本体/银纹界面软化

层中未银纹化的物质被逐渐转变成微纤。尽管有研究认为银纹微纤的蠕变是主要的原因,但近期的研究表明对应力银纹的增宽仅考虑蠕变是不够的,界面软化层的转入可能是更主要的机理(见图5-36)。

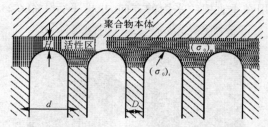

图5-36 银纹增宽的界面转入机理示意图

银纹微纤的定长拉伸比λ和银纹微纤断裂位置几乎都在银纹/本体材料的界面处,这一结果使人们更加倾向接受第二种机理。该机理认为,在取向银纹与材料本体之间的界面处存在一个应变软化层或称为活性区,其厚度依赖于局部的应变速率和温度,与银纹微纤直径大致相当。活性区内分子链受到银纹应力的作用而解缠结或断裂,不断地转入银纹微纤中,使银纹微纤长度增大,银纹增宽。最近的研究认为,银纹微纤的转入是通过微细观颈缩过程完成的。因此,可以在真实应力工程应变曲线上通过 Condidere 图解的方法确定微颈缩发生的起始应力和应变,并可将它们视为银纹引发应满足的应力和应变条件。

关于银纹的终止过程,目前还没有一个普遍的认识。银纹的终止方式是多样的,银纹与银纹的作用,银纹与剪切带、空洞以及与分散相橡胶粒子的相遇,都已被证明是有效的银纹终止手段,但以哪种方式为主导还取决于材料的微观结构。

根据上述讨论可以得知,银纹发展过程中微纤的拉伸过程与细颈扩展的宏观冷拉过程是相当的,只是前者发生在亚微观尺度。根据银纹中材料的体积分数。可以直接导出微纤的拉伸比。

研究表明,非晶态聚合物的分子量达到临界值以上时,就会产生分子间的缠结,形成物理交联结构。而微纤的缠结结构与其拉伸比相关,缠结链的最大拉伸比 λ_{max} 可表示为

$$\lambda_{max} = L_e/d$$

其中,d 为微纤网络缠结点之间链的平均距离,L_e 为链拉伸成锯齿形的长度。

几种聚合物的分子参数和银纹体参数见表5-3。

表5-3 聚合物的分子参数和银纹体参数

高聚物[①]	$\overline{M_c}$[②]	L_e/nm	d/nm	λ_{max}	λ
PTBS	43 400	6.0	12.5	4.8	7.2
PVTS	25 000	47.0	10.7	4.4	4.5
PS	10 000	41.0	9.6	4.3	3.8
PSMAL	19 200	40.0	10.1	4.0	4.2
PMMA	9 150	19.0	7.3	2.6	2.0
PSMLA	8 980	19.0	6.1	3.1	2.6
PPO	4 200	16.5	5.5	3.0	2.6
PC	2 490	11.0	4.4	2.5	2.0

注:①PTBS 为聚叔丁基苯乙烯,PVTS 为聚对甲基苯乙烯,PSMLA 为聚苯乙烯–马来酸酐共聚物;②$\overline{M_c}$ 为网络缠结点间的分子量。

微纤的缠结链伸长比 λ 与 L_e 有关。缠结点密度高时，L_e 小，λ 值也小，缠结链伸展较困难，容易发生应变硬化，这种情况下银纹化形变不会得到充分发展；当应力增大到剪切屈服应力时，试样即可产生剪切形变。例如，PC 和 PPO 的 λ 较小，不易发生银纹化，这类韧性较好的聚合物的塑性形变主要是剪切形变。而 PVTS、PS 等脆性聚合物，因缠结点密度低，L_e 较大，λ 值也较大，它们的缠结链伸长长度大，容易产生银纹化。

对于那些能形成稳定银纹结构的脆性聚合物。实际测得的缠结链伸长比 λ 均小于理论的最大伸长比 λ_{max}，即达到一定的伸长比后，由于缠结链的取向导致应变硬化，伸长不再增加，银纹结构得以稳定。外力的进一步作用将使银纹在长度方向上发展或者引发更多的新银纹。但若 L_e 很大，伸长比 λ 可达到很高的数值以至接近 λ_{max} 甚至超过 λ_{max}，此时缠结网络已经破坏，发生了解缠或分子链的断裂。例如，表 5-3 中 PTBS，PVTS 的 λ 值均超过其 λ_{max}，说明这些脆性聚合物在张应力作用下不能形成稳定的银纹结构，银纹的进一步发展必将导致材料的脆性断裂。因此，这些脆性聚合物虽然容易产生银纹，但却难以使银纹结构稳定，因而也就不能发生屈服。

表 5-3 中的 λ 值大部分在 2～7 范围内，这对银纹体本身的形变来说，形变量是不小的。但是银纹在整个聚合物试样中的体积分数是有限的，因此银纹的形变对脆性聚合物的宏观形变贡献不大。

4. 银纹与断裂

银纹化可以是玻璃态聚合物断裂的先决条件，也可以是聚合物屈服的机理。

银纹继续发展，最终可形成裂纹。银纹与裂纹不同，银纹中含有银纹质，因而可以承载，具有一定的力学性能。银纹与裂纹（crack）主要区别有以下 4 点。

(1) 银纹可以发展到与试样截面可比拟的尺寸而不引起断裂，而慢速扩展的裂纹不可能达到这样大的尺寸；

(2) 试样中一旦产生银纹，卸载后，室温下，银纹也不会闭合，而裂纹试样卸载后可闭合；

(3) 在恒定拉伸载荷作用下，银纹可以恒速扩展，而裂纹将加速扩展；

(4) 材料的弹性模量不随银纹化程度明显变化，但大量裂纹的出现会导致材料弹性模量的明显下降。

采用溶剂感生方法，可以制备出全银纹化的试件，对它进行拉伸试验，可测得所谓银纹质的拉伸应力-应变曲线（如 PC）。银纹中存在沿加载方向取向的微纤，因此虽然含有约 50% 的孔洞它仍能承受应力。图 5-37 所示是由乙醇中取出的 PC 试样的银纹的应力-应变曲线。银纹微纤的纵向模量与非银纹化的微纤几乎相同。而且在应变出现急剧的跃变以后应力-应变行为经历一个类似于屈服的过程。从加载以及卸载曲线可以看到银纹中的微纤比未形成银纹材料的延展性要高很多。在银纹中的滞后损耗比在未形成银纹的材料中的要大很多。对 PS 中的银纹也得到了相似的应力-应变曲线。

由应力产生的银纹的应力-应变曲线如图 5-38 所示的 PS，银纹区中不同部位的微纤束的应力-应变状态处于图中实线所示的范围内，顶点对应于银纹顶尖，最低点对应于银纹的饱和厚度部位。

银纹虽然与裂纹不同，但它与材料的断裂行为密切相关，它与裂纹相结合，会使裂纹沿银纹区扩展，并促成脆性断裂。但另一方面也发现，在增韧的多相材料中，或是当材料处于 T_g 附近或平面应力状态时，它会以大量成核的方式在全体积范围内形成。由于增加了能量的消耗,所以有提高材料韧性的作用。

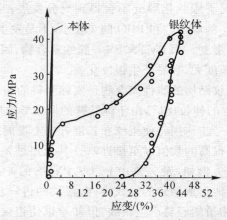

图 5-37　PC 经乙醇处理后形成的银纹体的应力-应变行为

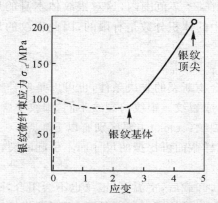

图 5-38　PS 应力银纹中微纤束的拉伸应力-应变曲线

脆性高聚物的断裂与银纹密切相关。裂纹往往(但不一定)始于银纹,并通过银纹扩展(见图 5-39),当银纹中的应力水平超过银纹底部微纤束的强度时,微纤束断裂,一部分银纹转化为裂纹;应力水平继续提高时,裂尖银纹区向前扩展,同时,通过银纹底部微纤的断裂,裂纹也向前扩展。正是由于脆性高聚物的裂纹前缘总有一个(或多个)通过局部塑性形变而扩展的银纹,断裂过程需吸收较多的能量。所以,高聚物玻璃态即使在脆化温度以下,韧性也比无机玻璃高得多。

一般情况,在高聚物(特别是很易形成银纹的高聚物)受张力诱导的断裂过程中,在突然失效之前试样表面已经存在很多银纹——即出现了"应力发白"(stress whitening)现象。断裂是在这些银纹中的一条开始发生。通常认为在银纹的中肋上发生微纤断裂。然而近年来研究结果表明,所有的微纤的断裂都是在银纹-本体高聚物的界面上开始引发的。对银纹破坏及其导致

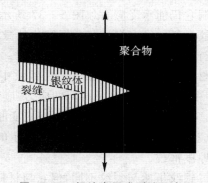

图 5-39　银纹发展成裂纹示意图

断裂过程的描述可总结如下。

（1）当银纹在厚度方向生长，银纹在本体界面上引发微纤破裂，并扩展形成较大的孔洞。引发过程常常发生在银纹中的非均质，例如杂质的周围。引发过程可用 Weibull 统计学来描述。

（2）每一个这样的孔洞开始生长时都是独立的，但最终相互紧密接触。最后在垂直于应力方向形成一个裂纹。

（3）当裂纹达到某一尺寸，它们穿过中肋或沿银纹平面已银纹化和未银纹化材料的界面区通过，破坏更多的微纤而不断推进。

（4）经过上述 3 个步骤的若干条裂纹彼此相连导致宏观断裂。

5.3.5　高聚物屈服的微观解释

目前对高聚物屈服的微观解释提出了不同的几种机理，但它们不能解释屈服过程的所有现象。归纳起来，高聚物屈服的微观解释有如下几种。

一、自由体积的解释

很早就有人认为外加应力会增加高分子链段的活动性，从而降低高聚物的 T_g。如果在外应力作用下，高聚物的 T_g 已降低到试验温度，高分子链段能完全运动，高聚物产生屈服。从自由体积观点来看，在外应力作用下，试样自由体积应有所增加才能允许链段有较高的活动性，从而导致屈服。事实上，各向等压应力确实提高高聚物材料的屈服应力，因为各向等压应力迫使试样体积缩小。

目前已经推出 $\dfrac{\mathrm{d}T_g}{\mathrm{d}P} = \dfrac{TV\Delta\alpha}{\Delta C_p}$，如聚乙酸乙烯酯、聚异丁二烯和天然橡胶的 $\mathrm{d}T_g/\mathrm{d}P$ 为 0.022℃／大气压，聚氯乙烯为 0.016℃／大气压，聚碳酸酯为 0.044℃／大气压。

自由体积理论的困难之处在于高聚物屈服时的体积并不是增大的。因此有人提出可能在外应力作用下，占有体积的变化能允许自由体积的增加而不增大总的体积。

二、缠结破坏

可以把屈服直观地认为是近邻分子间相互作用——无论是拓扑缠结还是凝聚缠结的破坏，显然这类过程是完全可能存在的。它能很容易解释材料在屈服后迅速产生的应变软化现象，也能解释屈服应力的压力依赖性，因为缠结点的解开需要局部的额外空间，但不清楚的是它们将在决定屈服应力上起多大的作用。

三、埃林（Eyring）理论

黏度的埃林理论认为，把液体中的分子考虑为处于其最近邻组成的假晶格上，有外力作用时液体发生流动，其分子就从原来位置移向邻近的另一个位置。外力有助于液体分子克服近邻分子形成的位垒。对于高聚物的屈服，可以认为高分子链段是在位垒两边热振动，外加应力将降低向前跃迁的位垒，而增加向后跃迁的位垒，使得向前跃迁比向后跃迁更容易。如果假定试样宏观的应变速率正比于链段净向前跃迁的速度，利用化学反应中过渡状态理论，在单位时

间里分子跃过位垒向前移动的链段数即跃迁速度为

$$\upsilon = \upsilon_0 e^{-E_0/kT} \tag{5-35}$$

这里 E_0 是位垒高度，υ_0 是频率因子。如果施加一应力，那么向应力方向移动的位垒将降为 $(E_0 - \frac{1}{2}\sigma\lambda A)$，这里 λ 是移动的距离，A 是单位假晶格垂直于剪切应力的截面积，因此 $\frac{1}{2}\sigma\lambda A$ 实际上是链段从一个位置移向距离为 λ 的另一个位置所做的功。同理向后跃迁的位垒将增加为 $(E_0 + \frac{1}{2}\sigma\lambda A)$，这样，向前和向后跃迁的速率将分别为

$$\upsilon_{前} = \upsilon_0 e^{\left(-E_0 - \frac{1}{2}\sigma\lambda A\right)/kT} \tag{5-36}$$

和

$$\upsilon_{后} = \upsilon_0 e^{-\left(E_0 + \frac{1}{2}\sigma\lambda A\right)/kT} \tag{5-37}$$

如果记 $\lambda A = \gamma$，γ 具有体积的量纲，叫"Eyring体积"或"活化体积"(activation colume)，它表示高分子链段在发生塑性形变时作为整体发生运动时的体积。那么向前和向后跃迁速度之差为有效速度 V，则

$$V = \upsilon_{前} - \upsilon_{后} = \upsilon_0 e^{-E_0/kT}\left(e^{\gamma\sigma/2kT} - e^{-\gamma\sigma/2kT}\right) = 2\upsilon_0 e^{-E_0/kT} \sinh\left(\frac{\gamma\sigma}{2kT}\right) \tag{5-38}$$

有效速度正比于宏观应变速率，则

$$\dot{\varepsilon} = 2\upsilon_0 e^{-E_0/kT} \sinh\left(\frac{\gamma\sigma}{2kT}\right)$$

上式改写为

$$\sigma_y = \sigma = \frac{2kT}{\gamma} \sinh^{-1}\left(\frac{\dot{\varepsilon}}{2\upsilon_0} e^{E_0/kT}\right) \tag{5-39}$$

即外应力引起分子的定向流动，当应力达到 Eyring 方程给出的塑性应变速率 $\dot{\varepsilon}$ 时的临界应力值时，即为屈服应力 σ_y。这就是由埃林理论给出的屈服应力与应变速率的一般关系式。由于 x 较小时，$\sinh^{-1}x \approx x$，x 较大时，$\sinh^{-1}x \approx \lg x$，则在低应变速率和高温时，屈服应力是小的。此时，式 (5-39) 表明屈服应力与应变速率呈线性关系，有

$$\sigma_y \propto \dot{\varepsilon}$$

是类似牛顿流体的行为，其物理意义是位垒两边向前跃迁几乎与向后跃迁一样多。

在高应变速率和低温时，式 (5-39) 变为

$$\sigma_y \approx \frac{2kT}{\gamma}\left(\lg \frac{\upsilon_0}{\dot{\varepsilon}} + \frac{E_0}{kT}\right) \tag{5-40}$$

在一定温度下，上式可简化为

$$\sigma_y = A + B\lg\dot{\varepsilon}$$

当把非晶高聚物的屈服过程看成是链段的不可逆滑移流动时，用 Eyring 理论便能说明屈服应力与温度和应变速率的依赖性。如图 5-40 和图 5-41 所示分别为 PC 和 PMMA 的屈服应力对温度和应变速率关系的实验曲线，可见，实验结果与 Eyring 理论相一致

依据 Eyring 理论还可以推导出高分子链段越过位垒的平均时间 t。已知链段跃迁的有效速度为

$$V = 2\upsilon_0 e^{-\frac{E_0}{KT}} \sinh\left(\frac{\gamma\sigma}{2KT}\right)$$

链段越过位垒的平均时间 $t = \dfrac{1}{V}$。考虑到材料屈服时的应力值较高，$\gamma\sigma \gg KT$，取高应力下的

近似 $\sinh\left(\dfrac{\gamma\sigma}{2KT}\right) \approx \exp\left(\dfrac{\gamma\sigma}{2KT}\right)/2$，

可得

$$t = \frac{1}{V} = t_0 \exp\left(\frac{E_0 - \gamma\sigma}{KT}\right) \tag{5-41}$$

式中，σ 是作用在材料上的平均宏观应力，活化体积 γ 具有微观应力集中系数的作用，不过它不是物理上的体积，而只是分子链段截面积和位移的乘积，具有体积的量纲。t 即链段运动的松弛时间（τ）。可见，作用在高聚物材料上的应力降低了链段运动的活化能，因而使松弛时间缩短。当应力增加到足够高，以致使松弛时间减小到与外力作用时间（如拉伸速率）同一数量级时，使得在玻璃态原本被冻结的链段能越过位垒而运动，高聚物就发生了屈服。

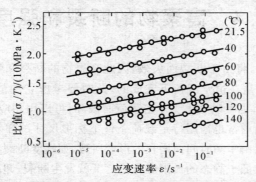

图 5-40   聚碳酸酯屈服应力对温度和应变速率的关系

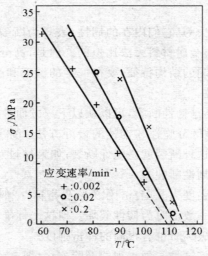

图 5-41   聚甲基丙烯酸甲酯屈服应力对温度和应变速率的关系

四、罗卜特森(Robertson)模型

罗卜特森模型吸取了应力使高聚物的 T_g 降低的观点和高分子链段跃迁的思想，认为外加

应力迫使分子接受一种新的更类似于橡胶的构象,当构象变得与 T_g 时的构象类似时就发生屈服。与埃林模型不同的是在罗卜特森模型中不是高分子链段的跃迁,而是高分子链段顺式和反式构象的变换。罗卜特森模型假定顺式和反式构象在能量上是不相等的(这与埃林模型中不同),认为反式状态比顺式状态的能量小一个 ΔE,因此,在 $T > T_g$ 时高聚物中所具有的顺式和反式构象数目有一个分布(假定符合波尔兹曼分布)。但在 $T < T_g$ 时的顺式构象将被冻结在玻璃态。若有一剪切应力作用于这高聚物,应力的效应是迫使某

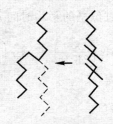

图 5-42 剪切应力迫使反式构象向顺式构象的转换

些链段从反式向顺式构象转换,到顺式构象增加得足够多时,就发生屈服(见图 5-42)。

5.4 高聚物的断裂和强度

高聚物在载荷作用下,将由于断裂而失效,因此高聚物的断裂和强度是其重要的应用性能之一。高聚物的断裂可以是在恒定载荷下完成的,此时要考虑它的静态强度、刚性(如模量)、变形能力(如断裂延伸率);也可以是承受冲击载荷而破坏,可以用相应载荷速率下得到的应力-应变曲线下的面积来表示,通常也采用特定载荷条件下标准尺寸试样发生断裂所需冲击能量来表示;高聚物的破坏也可以由于随时间而增长的形变所致,如蠕变断裂;在许多实际应用中,高聚物要承受交变载荷,可能在低于静态的极限应力值之下就发生断裂,即高聚物的疲劳破坏。

5.4.1 脆性断裂和韧性断裂

高聚物材料的显著优点之一是它们内在的韧性,表现为断裂前能够吸收大量的能量。高分子材料的这一特性是所有非金属材料无法比拟的。但是,高分子材料的内在韧性并非总能表现出来,各种高聚物具有不同的结构特征,要在一定的温度和受力状态下方能表现出韧性,离开了这种环境就表现出脆性。

材料的破坏是脆性断裂还是韧性断裂,可以从以下三方面进行判别。

(1)应力-应变曲线。这是区分脆性和韧性的最好方法。如果材料只发生普弹性小形变,在屈服之前就发生断裂,那么这种断裂就是脆性断裂;如果材料发生屈服或发生与链段运动对应的高弹形变后才断裂,则为韧性断裂。

(2)断裂能量。可把冲击强度为 $2~kJ/m^3$ 作为临界指标,一般刻痕试样的冲击强度小于这一数值时为脆性破坏,大于这一数值时为韧性破坏。但这一标准并不是绝对的,例如玻璃纤维增强的聚酯塑料,甚至在脆性破坏时也有很高的冲击强度。

(3)试样断裂表面的形态。这是一种直观的经验方法,图 5-43 示意了脆性和韧性断裂表面的形态差异。

在不同的实验条件下,同一高聚物可表现为脆性或韧性。改变实验条件如温度和应变速率,可以实现脆性和韧性的相互转化。

图 5-44 所示为聚丙烯在拉伸作用下屈服强度及断裂强度随温度的变化曲线,随着温度

的升高,材料由脆性转化为韧性。

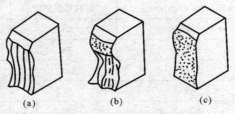

图 5-43　试样破坏后的表面形态类型

(a)脆性;　(b)中间状态;　(c)韧性

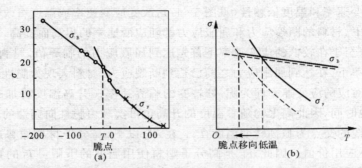

图 5-44　聚丙烯的断裂强度和屈服强度的温度依赖关系(a)和温度对脆韧转变点的影响(b)

　　如图 5-45 所示是聚甲基丙烯酸甲酯试样的弯曲脆性断裂强度和拉伸屈服强度与温度的关系,表明两者都随温度升高而下降,但下降的程度不同。

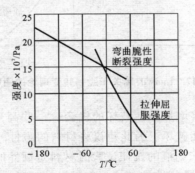

图 5-45　聚甲基丙烯酸甲酯的断裂与屈服强度同温度的关系

　　如图 5-46 所示是高抗冲聚苯乙烯(HIPS)在不同拉伸速率时的应力-应变曲线,表明随着拉伸速度的增加,材料的韧性变差(见表 5-4)。

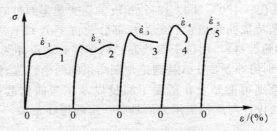

图 5-46　不同拉伸速度下 HIPS 的拉伸曲线

表 5-4 图 5-46 所表现的 HIPS 的拉伸实验曲线

曲线号	拉伸速度/(2.54 cm·min^{-1})	相对屈服强度	断裂延伸率/(%)
1	0.05	239	22.2
2	0.25	268	26.0
3	1.25	317	22.3
4	5.0	353	12.0
5	20.0	334	3.5

　　Ludwik 等人假定材料的脆性破坏和塑性流动是两个独立的变化过程,断裂应力与屈服应力具有不同的应变速率和温度依赖性(见图 5-47),改变应变速率或温度可改变材料的破坏方式。在一定温度下,材料的断裂应力和屈服应力都随应变速率的提高而提高,但屈服应力对应变速率更敏感,以至于在较低的应变速率下首先达到屈服应力的临界值,材料表现为韧性;而在较高的应变速率下,在达到屈服应力之前已达到断裂应力,材料表现为脆性。图 5-47(a)中两条曲线的交点对应的应变速率即为脆-韧转变的临界速率。升高温度将加速运动单元的运动速率,缩短松弛时间,因此高聚物随着温度的升高也可实现由脆性向韧性的转变,如图 5-47 中所示的两条曲线的交点为脆韧转变温度 T_b。在 T_b 以下,高分子材料像普通玻璃一样一敲即碎,失去了实际应用价值。因此 T_b 是高分子塑料使用温度的下限。T_b 的数值除同材料本身有关外,显然还受应变速率的影响,增加应变速率将使 T_b 升高。

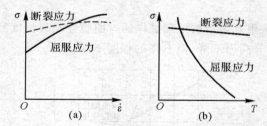

图 5-47 Ludwik 等关于脆韧转变理论的图解说明

　　如果在试样上刻上凹槽,将增加脆性破坏的机会。一些高聚物材料在无刻痕时为韧性破坏,而刻上槽痕就可能发生脆性破坏。为此建议将材料的脆性-韧性行为分为三类:$\sigma < \sigma_y$,材料是脆性的;$\sigma_y < \sigma < 3\sigma_y$,在未刻痕的拉伸试验时材料是韧性的,引入刻痕时材料是脆性的;$\sigma > 3\sigma_y$,材料无论是否有刻痕都是韧性的。

　　图 5-48 所示为 13 种高聚物材料的 σ-σ_y 关系。其中 σ_y 是以每分钟 50% 的应变速率分别在 20℃ 和 −20℃ 测定的拉伸屈服应力,如果材料拉伸是脆性的,则采用单轴压缩的屈服应力代替。这里选择 −20℃ 时的拉伸(或压缩)结果是因为它大致相当于 20℃ 时高速应变(冲击)下的屈服应力。σ 是在 −180℃ 下以 18%/min 的应变速率测得的弯曲强度。根据所列高聚物的性质,可绘出两条特征曲线把它们分为三部分。位于 A 线右边的为脆性材料,位于 A 线与 B 线之间的为刻痕脆性材料,而位于 B 线左边的即使有刻痕亦为韧性材料。所得到的 A 线与 B 线的比率 σ/σ_y 分别约等于 2 与 6,是理论预期结果的两倍,从趋势上看与 Ludwik 假说是一致的,具体数值上的差别可能是 σ 在低温下测量以及用弯曲试验代替拉伸试验引起的。σ-σ_y 图对高聚物材料的设计与选择应用方面具有一定的指导意义。

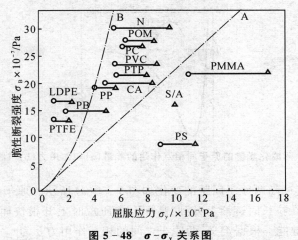

图 5 - 48　$\sigma - \sigma_y$ 关系图

注:各种高聚物在$-180℃$下的σ_B对$-20℃$($\triangle$)和$+20℃$($\bigcirc$)下的σ_y作图,线 A 右边为脆性
高聚物,线 B 左边为韧性高聚物,线 A 和线 B 间的高聚物不刻痕为韧性,刻痕为脆性

5.4.2　高聚物的理论强度和实际强度

材料的强度表征材料抵抗断裂的能力。固体材料的理论强度可以从组成原子间的相互作用势能估算得到。从分子结构的角度来看,高聚物之所以具有抵抗外力破坏的能力,主要靠分子内的化学键力和分子间的范德华力和氢键。

一、理论强度

高聚物断裂的微观机理如图 5 - 49 所示。如果高分子链的排列方向是平行于受力方向的,则断裂时可能是化学键的断裂或分子间的滑脱,如果高分子链的排列方向是垂直于受力方向的,则断裂时可能是范德华力或氢键的破坏。

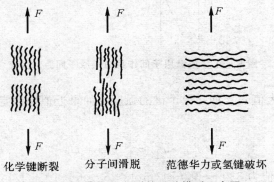

图 5 - 49　高聚物断裂的 3 种模型示意图

按第一种方式断裂时,断裂强度(若用单位面积上的破坏应力计算)与单位面积上的化学键的数目和强度有关,高聚物的断裂必须破坏所有的高分子链。首先从键的能量曲线(见图5 - 50)出发,计算破坏一个聚乙烯分子的化学键需要多大的力。

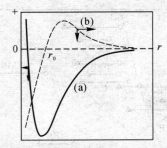

图 5-50　形成化学键的原子间相互作用的能量(a)和作用力(b)与距离的关系

C—C 键的能量 U 随两原子间距的变化如图 5-50(a) 所示。原子间距被拉长和压缩时，体系能量都要升高。在拉长时逐渐上升到"高坪"，在压短时上升很快而形成"峭壁"。体系能量最低为 U_0，即等于键能。根据定义，两原子之间的相互作用力 σ 为

$$\sigma = \frac{dU}{dr} \tag{5-42}$$

它随距离 r 而变化(见图 5-50(b))。显然 $r > r_0$ 时，$\sigma > 0$，此时为引力；$r < r_0$ 时，$\sigma < 0$，此时为斥力；在 $r = r_0$ 时，引力和斥力相等，$\sigma = 0$。如果使键破坏则需做功，做功的大小实际上就是键能 U_0 的大小，有

$$U_0 = \int_{r_0}^{\infty} \sigma dr \tag{5-43}$$

若以 γ_0 为原点，原子间距拉长的形变 x 为横坐标，力 σ 为纵坐标，可重新作出图 5-51 所示的曲线。

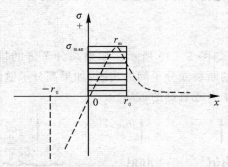

图 5-51　成键原子间作用力随原子间距的变化

显然，此曲线的极大值 σ_{max} 即是单个键的强度。如果近似地假定图中矩形的面积与曲线下的面积相等，则有

$$\sigma_{max} \cdot r_0 \approx \int_{r_0}^{\infty} \sigma dx = U_0 \tag{5-44}$$

C—C 键 U_0 的数值为 $330 \sim 380 \ kJ/mol \approx 5 \sim 6 \times 10^{-19} \ J/bond$，$r_0 \approx 0.15 \ nm$，则有

$$\sigma_{max} = 3 \sim 4 \times 10^{-9} \ N/bond$$

这就是单个键的强度。

更严格的处理应从键的势能函数 U 考虑。对于化学键，通常可采用莫尔斯(Morse)势函数，有

$$U = U_0 \{ \exp [-2b(r-r_0)] - 2\exp [-b(r-r_0)] \} \tag{5-45}$$

式中，U_0 表示键的离解能，r_0 表示两原子间平衡距离即键长，b 为常数，可写为

$$b = 2\pi v \left(\frac{\mu}{2U_0} \right)^{1/2} \tag{5-46}$$

式中，v 是分子中原子的振动频率，μ 是折合能量。引力函数是势能函数的微分，即

$$\sigma = -\frac{dU}{dr} = 2bU_0 \exp [-2b(r-r_0)] - 2bU_0 \exp [-b(r-r_0)] \tag{5-47}$$

根据，$\dfrac{d^2U}{dr^2} = 0$ 的条件，可求得

$$r_{max} = \frac{br_0 - \ln 2}{b} \tag{5-48}$$

与 r_{max} 对应的引力极大值 σ_{max} 为

$$\sigma_{max} = 2bU_0 (e^{-\ln 2} - e^{-2\ln 2}) = \frac{bU_0}{2} \tag{5-49}$$

所以，只需知道 b 和 U_0 的数值，即可求得键的强度。对 C—C，C=C，C≡C 键，b 值可由下列经验公式求出，即

$$b \approx \frac{3.22}{r_0} \tag{5-50}$$

带入式(5-49)，则有

$$\sigma_{max} \approx 1.61 \frac{U_0}{r_0} \tag{5-51}$$

将式(5-51)和式(5-44)进行比较，结果是相当令人满意的。

从 X 射线衍射数据可以计算出聚乙烯链的横向面积约为 0.2nm^2，因此 1m^2 面积内完全平行排列的分子链数目(N)为 5×10^{18} 个/m^2，所以 N 个键同时断裂的最大理论强度(σ_t)应为

$$\sigma_t = 每个键的强度(\sigma_{max}) \times 单位面积上的键数目(N) =$$
$$(4 \times 10^{-9}) \times (5 \times 10^{18}) \text{Pa} = 20 \text{GPa} \tag{5-52}$$

实际上，即使是高度取向的结晶高聚物，其拉伸强度也要比上述理论值小几十倍。

按第二种方式断裂时，即高聚物的断裂必须使分子间的氢键或范德华力全部破坏。分子间有氢键的高聚物，如聚乙烯醇和尼龙等，它们每 0.5nm 链段间的摩尔内聚能如果以 20kJ/mol 计算，并假定高分子链总长为 100nm，则总的摩尔内聚能约为 4 000kJ/mol，比共价键的键能高 10 倍以上。即使分子间没有氢键，只有范德华力，如聚乙烯、聚丁二烯等，每 0.5nm 链段的摩尔内聚能以 5kJ/mol 计算，那么总长为 100nm 的高分子链的摩尔内聚能将为 1 000kJ/mol，也比共价键的键能高好几倍。所以高聚物的断裂完全由分子间滑脱是不可能的。

按第三种情况断裂时，即高聚物断裂是部分氢键或范德华力的破坏。氢键的解离能以 20kJ/mol 计算，作用范围约为 0.3nm，范德华力的解离能以 8kJ/mol 计算，作用范围约为 0.4nm，则拉断一个氢键和范德华键所需要的力分别约为 1×10^{-10} N 和 3×10^{-11} N。假设每 0.25nm^2 上有一个氢键或范德华键，便可估算出高聚物的理论拉伸强度分别为 400MPa 和 120MPa。这个数值与实际测得的高度取向纤维的强度同数量级。

根据以上分析估算，一般认为，由于实际高聚物的取向情况达不到理想状态，断裂时将首先发生未取向部分的氢键或范德华力的破坏，然后应力集中到取向的主链上，将主链拉断。但

是,即使按第三种情况估算的理论强度也仍然比实际强度高得多。表 5-5 为一些典型高聚物的拉伸模量 E 和拉伸强度 σ 的实测数据以及理论估算 σ_{th} 值。

表 5-5　一些典型高聚物的 E、σ 实测数据与理论估算 σ_{th} 值的比较

材　料	E/MPa	σ/MPa	σ_{th}/MPa
PMMA(典型非晶态高聚物)	3 000	50	300
HDPE(典型半结晶体高聚物)	2 000	20	200
EP(典型热固性高聚物)	3 500	70	350
PA6(典型高聚物纤维)	6 000	500	500
聚丁二炔单晶纤维	60 000	2 000	6 000

一般说来,由高分子链化学键强度或链间相互作用力强度估算的理论强度比高聚物实际强度大 $100\sim1\,000$ 倍,因此提高高聚物的强度还有很大的潜力。

二、强度与模量

强度与模量之间存在一定的关系,利用莫尔斯势函数的计算方法可对之进行估算。从式(5-49)已知:

$$\sigma_{max} = \frac{bU_0}{2}$$

但是模量 E 为

$$E = \left(\frac{d\sigma}{dr}\right)_{r=r_0} \cdot r_0 = 2b^2 U_0 \cdot r_0 \tag{5-53}$$

σ_T 和 E 之比为

$$\frac{\sigma_T}{E} = \frac{1}{4br_0} \tag{5-54}$$

如代入 b 的经验值($b \approx \frac{3.22}{r_0}$),则

$$\sigma_T \approx 0.1E \tag{5-55}$$

这个结果与剪切屈服应力和剪切模量的关系是完全一致的。

三、实际强度与应力集中

一般认为高聚物的实际强度与理论强度产生如此巨大的差异,是由于材料内部的应力集中造成的。引起应力集中的缺陷有几何的不连续,如孔、空洞、缺口、沟槽、裂纹等;材质的不连续,如杂质的质点;载荷的不连续以及由于不连续的温度分布产生的热应力和由于不连续的约束产生的应力集中。

材料缺陷可能是材料所固有的,如材料可能含有杂质颗粒、成块不相溶的添加剂、共混物中分散不良可能造成过大的第二组分颗粒、分子量太低使熔体在冷却过程中形成微孔和出现裂纹等。

材料的缺陷也可能来源于产品结构设计,如断面的急剧变化、开设的孔洞及缺口、不成弧形的拐角以及不合理的浇口位置等。

加工条件不合理也会引入缺陷,如加工 PVC 时由于温度过低或时间过短而引起的不均匀的凝聚结构以及颗粒间的不良结合,管材等的焊接时形成的接口,注塑工艺中不同熔流相遇时

出现的熔接面等。总之,加工条件选择不当,或机械加工粗糙,浇口不齐等都是引起应力集中的潜在原因。使用中也会引入缺陷,如粗鲁的装卸会引起表面凹陷等。

上述材料中的缺陷引起的应力集中,使材料受外力作用时,缺陷尖端的应力比材料所受到的平均应力大得多。这样,在材料内的平均应力达到它的理论强度以前,缺陷尖端的应力就已达到该材料的理论强度,材料便在那里开始破坏,并最终引起宏观断裂,这就是应力集中效应的后果。

下面我们对材料中存在的应力集中现象进行分析。

如果在无限大平面(薄板,平面应力)有一椭圆孔(见图5-52),孔的长轴与应力垂直,则椭圆孔两端的拉伸应力为

$$\sigma_t = \sigma_0 \left(1 + \frac{2c}{b}\right) \tag{5-56}$$

式中,σ_t 是椭圆孔两端集中的应力,σ_0 是薄板上的平均应力,c 是孔在垂直于应力方向的半轴长,b 是孔在平行于应力方向上的半轴长。上式说明 $\frac{c}{b}$ 越大,应力在孔端越集中。若是 $c \gg b$,孔的外形就相当线裂纹,在这种情况下裂纹尖端处的最大应力 σ_m 可以表示为

$$\sigma_m = \sigma_0 \left(1 + 2\sqrt{\frac{c}{\rho}}\right) \approx 2\sigma_0 \sqrt{\frac{c}{\rho}} \tag{5-57}$$

式中,c 为裂纹长度的一半,ρ 为裂纹尖端的曲率半径。对于 $c \gg \rho$ 的尖锐裂纹,σ_m 可能是 σ_0 的几十甚至几百倍。

实际高聚物材料总是带有许多缺陷或裂纹的,它们分布在材料的各个部分。对材料强度影响最大的因素是分布在材料表面的裂纹以及分布在材料中的一些致命的缺陷。如果能消除裂纹或钝化裂纹的锐度,则材料的强度就会相应提高。例如,玻璃纤维表面用氢氟酸侵蚀后,强度明显提高。另外,由于在较小的试样中出现致命缺陷的几率比大试样的小,因而从小试样测定的拉伸强度一般比从大试样测得的高。普通块状玻璃的强度很低,拉成直径仅几至几十微米的玻璃纤维后,强度比钢还高,而且玻璃纤维的直径越细,强度越高。

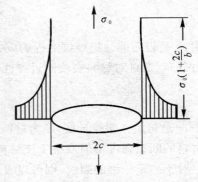

图 5-52　带椭圆孔薄板上的应力分布

因此在估算材料的强度时,不仅应考虑分子内和分子间的作用力,还应考虑缺陷的影响。

5.4.3　Griffith 脆性断裂理论

一、裂纹失稳破坏的能量准则

由于外力作用形式不同,可以将材料破坏时产生的裂纹分为三种基本组态,即张开型(Ⅰ型)、滑开型(Ⅱ型)和撕开型(Ⅲ型)(见图 5-53)。从工程上考虑,材料破坏时张开型裂纹最普遍也最危险的,容易引起低应力脆性断裂,这里仅对它进行讨论。

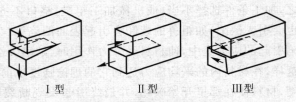

Ⅰ型　　　　Ⅱ型　　　　Ⅲ型

图 5 - 53　裂纹的三种组态

Griffith 基于材料脆性断裂时能量的变化提出了脆性断裂理论,用于处理无机玻璃的断裂问题,格里菲思(Griffith)理论也可以用于描述高聚物(如聚甲基丙烯酸甲酯、聚苯乙烯等)的脆性断裂。格里菲思理论认为,断裂要产生新的裂纹表面,需要一定的表面能,断裂产生新表面所需要的表面能是由内部弹性储能的减少来供给的;弹性储能在材料中的分布是不均匀的,在材料的微裂纹附近有很大的弹性储能集中,因此断裂从这一集中区开始,首先产生裂纹,从而导致材料的破坏。弹性储能提供了裂纹扩展产生新表面所需的能量,故称为裂纹扩展力。

根据格里菲思理论,当裂纹扩展(dc)所引起的弹性储能的减少(裂纹扩展力 -dU)大于或等于裂纹扩张形成新表面 dA 所需增加的表面能(γdA)时,裂纹开始扩展。而裂纹一旦开始扩展后,裂纹长度增加,裂纹扩展力(弹性储能)也增加,使可用的能量大于表面功,超过部分的能量表现为动能。这样裂纹继续扩展,速度加快,这就是裂纹的失稳扩展。因此裂纹失稳扩展的临界条件为

$$-\frac{dU}{dc} \geqslant \gamma \frac{dA}{dc} \tag{5-58}$$

式中,γ 是表面能。把裂纹附近的应力分布视为一个椭圆形小孔在垂直于长轴方向上受力的应力分布,通过对材料裂纹附近弹性储能的估计,可以推导出脆性材料的拉伸强度为

$$\sigma_b = \sqrt{\frac{2E\gamma}{\pi c}} \tag{5-59}$$

式中,c 是初始半裂纹长度,E 为材料的弹性模量。式(5-59)就是脆性断裂的能量准则,它表明材料的断裂强度不但取决于该材料的性能参数 γ,而且也依赖于材料所含裂纹的长度。

对于一条三维的裂纹,则可以表达为

$$\sigma_b \geqslant \sqrt{\frac{2E\gamma}{(1-\upsilon^2)\pi c}} \tag{5-60}$$

式中,υ 是泊松比。

对含裂纹高聚物平板进行的大量试验表明,拉伸强度 σ_b 与 $c^{-\frac{1}{2}}$ 成正比,然而从 $\sigma_b - c^{-\frac{1}{2}}$ 曲线斜率得到的表面能数据一般为 $10^{-4} \sim 10^{-3} \mathrm{J/m^2}$,比理论高聚物的表面能 $10^{-7} \mathrm{J/m^2}$ 高好几个数量级。这是因为高聚物材料即使在脆性断裂的裂纹引发与扩展中,裂纹尖端也必定产生塑性形变(如前所述,裂纹通过银纹而扩展)。因而断裂中产生单位新表面所需的能量远远超过纯表面能。所以式(5-59)中 γ 的真正含义应该是高聚物的断裂表面能。它包括两部分,一部分是破坏原子间作用而创造单位新表面所需的能量 γ_s,另一部分是裂尖区塑性形变中所消耗的能量 γ_p,即 $\gamma = \gamma_s + \gamma_p(\gamma_p \gg \gamma_s)$。因此,当裂纹失稳扩展时产生单位新表面所需要的能量为 2γ,令 $G_{Ic} = 2\gamma$,定义 G_{Ic} 为临界应变能释放速率。

二、裂纹失稳的临界应力强度因子准则

将式(5-59)右边的分母移到左边,得到

$$\sigma_b \sqrt{\pi c} = \sqrt{2E\gamma} \qquad (5-61)$$

把 $\sigma\sqrt{\pi c}$ 定义为应力强度因子 K_I(下标 I 表示张开型裂纹),把 $\sqrt{2E\gamma}$ 定义为临界应力强度因子 K_{Ic},于是由式(5-61)可得到判断一个含尖裂纹的材料失稳扩展的临界应力强度因子准则;任何材料的应力强度因子等于或大于由该材料性质(E,γ)决定的临界应力强度因子时,裂纹失稳扩展导致材料发生断裂,即 $K_I \geqslant K_{Ic}$ 时,材料发生断裂。

从 K_I 的定义可知,K_I 是一个试验变量,表明材料的断裂既与所受的应力有关,又与裂纹的长度有关。在一定的使用应力 σ 下,只要 c 小于一定的值,则材料的安全使用可得到保证。如果已知材料的临界应力强度因子,又知道该材料在使用中所受的应力值,便能计算出材料不发生断裂所允许的裂纹长度;反过来,如果已知材料中的裂纹长度,则可以计算它所允许承受的应力。如有机玻璃室温下慢裂纹开始增长时 $K_{Ic} = 900\mathrm{kN/cm^{2/3}}$,刚要发生断裂时的 $K_{Ic} = 1\,800\mathrm{kN/cm^{2/3}}$,如果材料所受的应力 $\sigma = 500\mathrm{kN/cm^2}$,则可算出发生慢断裂和快的临界半裂纹长度分别为 9.8mm 和 39.2mm。

K_{Ic} 是一个仅与材料性质有关的常数,它表征材料阻止裂纹扩展的能力,是材料抵抗脆性破坏能力的韧性指标,通常称之为断裂韧性,在工程上具有重要的意义。

虽然 K_{Ic} 定义为 $\sqrt{2E\gamma}$,但要从材料的 E 和 γ 来确定 K_{Ic} 是困难的,主要因为 γ 的精确测定有困难。通常是测定一定几何形状试样的断裂强度与裂纹长度的关系,通过数学分析求得。常用于断裂研究的试样形式如图5-54所示。这类试样的特点是都属张开型断裂模式,测试中能很好地控制裂纹的扩展,从而获得有用和重现的结果。表5-6综合列出几种高聚物的 K_{Ic} 值。

表 5-6　不同高聚物的 K_{Ic} 值(平面应变断裂)

高聚物	K_{Ic}/(MPa·m$^{1/2}$)	试样	温度/℃	加载速度/(mm·min^{-1})
Epoxy	1.12	SENB	23	1.0
HDPE	1.18	SENB	23	5.0
PS	1.29	SENB	RT	0.076
	1.00	CT	RT	0.03
PMMA	1.97	SENB	20	0.5
PVC	2.81	SENB	20	0.5
PBT	2.73	SENT	RT	SS
PP	3.37	SENB	−60	0.1
	4.1	SENB	−60	0.5
POM	4.05	SENB	20	0.1
PA66	3.84	SENB	−40	0.1
PPO	4.85	CT	RT	0.03
PEEK	5.0	SENT	RT	0.254

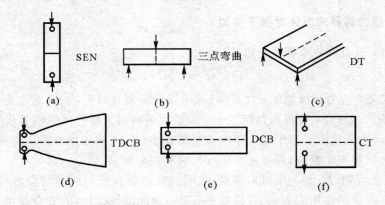

图 5 – 54　高聚物断裂研究中常用的试样形式

(a) 单边缺口(SEN)；　(b) 三点弯曲；　(c) 双扭变(DT)；
(d) 斜面双悬臂梁(TDCB)；　(e) 双悬臂梁(DCB)；　(f) 紧凑拉伸(CT)

根据格里菲斯理论，在平面应力条件下，有

$$K_{Ic} = EG_{Ic} \tag{5-62}$$

式(5 – 62)对薄片适用。而在平面应变条件下，有

$$K_{Ic} = EG_{Ic}(1 - v^2) \tag{5-63}$$

式(5 – 63)适用于厚板。式中，$G_{Ic} = 2\gamma$ 称为临界应变能释放速率，它的单位是 $J \cdot m^{-2}$，v 是材料泊松比。

K_{Ic} 和 G_{Ic} 是用来表征材料断裂韧性的两个参量。从工程上来说临界应力强度因子 K_{Ic} 比临界应变能释放速率更有用，而 G_{Ic} 更直接地同微观断裂过程发生关系。

5.4.4　断裂的分子动力学理论

如前所述，格里菲思理论本质上是一个热力学理论。它只考虑了断裂形成新表面所需要的能量与弹性储能减少之间的关系，没有考虑高聚物材料断裂的时间因素。

断裂的分子动力学理论即茹柯夫理论认为，材料的断裂也是一个松弛过程，宏观断裂是微观化学键断裂的一个活化过程，与时间有关。把高聚物分子链的化学键视为断裂的元过程，它们断裂积累的结果导致大块试件的破坏。由电子顺磁共振(ESR)技术可以直接观测固体高聚物共价键断裂时产生的自由基，这为断裂的动力学理论提供了最直接的证据。采用质谱和红外光谱技术也可以间接推断出在高聚物材料断裂时有主价键发生破裂的可能性。

对半结晶高聚物，当应力超过断裂应力的 60% 以上时，才能检出自由基，浓度一般为 $10^{16}/cm^3$；对于玻璃态高聚物，自由基浓度小于 $10^{14}/cm^3$，一般不能检出；而对交联的弹性体，低于 T_g 之下(如 $-120℃$ 时)也可能观察到自由基的出现，然而一旦加热到 T_g 之上，由于分子的活动性加大，自由基很快消失。

断裂的动力学理论是根据化学反应过渡状态理论引申而来的，它把化学键的破坏视为一个活化过程，要克服一定的位垒。在应力条件下时，位垒(活化能)将降低，可表示为

$$U = U_0 - F(\sigma) \tag{5-64}$$

式中，U 和 U_0 分别代表有、无外力存在时的位垒；而 $F(\sigma)$ 是应力 σ 的某一函数，最简单的函数形式是与应力成正比，即

$$F(\sigma) = \gamma\sigma \tag{5-65}$$

而化学键破裂的频率与位垒成指数关系，即

$$\upsilon = \upsilon_0 \exp\left[\frac{-(U_0 - \gamma\sigma)}{kT}\right] \tag{5-66}$$

式中，υ_0 是热振动频率，其值约为 $10^{12} \sim 10^{13}\,\mathrm{s}^{-1}$，$U_0$ 是断键过程激活能（活化能），γ 是包含应力集中因子的活化体积。

假定当一定数量的键（N）发生了断裂，余下的键不能再支承负荷，即发生了宏观上的断裂过程，这就是断裂条件。所以在一定应力之下，样品从加负荷至破裂的时间 t_f 称为材料的寿命。材料寿命与所施加的应力之间的关系为

$$t_f = \frac{N}{\upsilon} = \frac{N}{\upsilon_0}\exp\frac{U_0 - \gamma\sigma}{kT} \tag{5-67}$$

或

$$\ln t_f = C + \frac{U_0 - \gamma\sigma}{kT} \tag{5-68}$$

可见，外力降低了断裂活化能，致使断裂过程加快，断裂时间缩短。

这一理论已为许多材料（包括金属、陶瓷和高聚物材料）的实验数据所证实。如图 5-55 所示，温度一定时，高聚物的 $\ln t_f$ 与 σ 之间呈良好的线性关系；断裂时间 t_f 随应力 σ 的提高而缩短，或者说，材料受载时间越长，断裂强度越低；改变温度时，断裂强度对受载时间的依赖性随温度的提高而增加，只有在极低温度下，才可以认为断裂强度与受载时间无关。

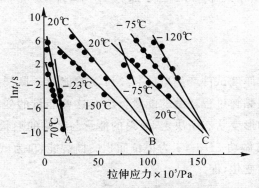

图 5-55 不同温度下几种高聚物断裂时间 t_f 与应力的关系
A— 未取向的 PMMA； B— 粘胶纤维； C— 聚己内酰胺

目前已通过实验测得多种高聚物的断键活化能（见表 5-7）。对大多数热塑性塑料而言，U_0 为 $120 \sim 300\,\mathrm{kJ/mol}$，与它们的热分解活化能非常接近。

表 5-7　几种热塑性塑料的断键活化能和热分解活化能

塑料名称	断键活化能 /(kJ·mol⁻¹)	热分解活化能 /(kJ·mol⁻¹)
聚氯乙烯	146	134
聚乙烯	226	230
聚甲基丙烯酸甲酯	226	215～222
聚丙烯	235	230～243
聚四氟乙烯	314	315～335
尼龙 66	118	180

另外实验表明,增塑、取向和增强等措施对材料断键活化能U_0几乎没有影响,但能改变活化体积γ的大小(见表 5-8)。U_0的不变性表明高聚物断裂时必定包括高分子链化学键的断裂,一切改变分子间作用力从而改变材料强度的措施,本质上是通过改变γ值达到的。γ是材料中应力微观不均匀分布的量度。在受载时间相同的条件下,材料的γ值愈小,即应力分布越均匀,则其强度就越高。一般地说,取向和增强使γ值减小,而增塑使γ值提高。

表 5-8　卡普纶纤维的t_0、U_0和γ值

纤维	t_0/s	$U_0/(kJ·mol^{-1})$	$\gamma/(kJ·m·mol^{-1}·n^{-1})$
强取向	10^{-12}	45	$0.12×10^{-3}$
弱取向	10^{-12}	45	$0.18×10^{-3}$

由于高聚物的断裂是一个过程,因此不能根据它们的瞬时强度而应根据它们的持久强度来计算许用应力。高聚物材料的长时力学性能在工程上更有意义。

5.4.5　高弹态高聚物的撕裂强度和拉伸强度

一、橡胶的撕裂能

撕裂能定义为每单位厚度试件产生单位裂纹所需的能量。撕裂能包括了表面能、塑性流动耗散的能量以及不可逆黏弹过程耗散的能量。所有这些能量的变化皆与裂纹长度成正比,且主要由裂纹尖端附近的形变状态所决定,故总的能量与试样的形状和加力的方式无关。

设裂纹增加长度dc需做功$TDdc$,T为单位面积的撕裂能,D为试片的厚度,裂纹产生过程所做的功等于弹性储能的变化,即

$$-\left[\frac{\partial U}{\partial c}\right]_l = TD \tag{5-69}$$

式中,下标l指的是在非自由力边界部分定位移条件下微分。T相当于2γ,与玻璃态高聚物的情况一样,除表面自由能外,还包括了裂纹扩展时其尖端区域的塑性功。

在如图 5-56 所示的"裤形"撕裂实验中,将一片橡胶均匀切割后,在力F作用下使试样撕裂。撕裂试样尖端处应力的分布是复杂的,倘若试样"腿"部足够长,其分布不依赖于撕裂的

深度。

如在力 F 作用下试样撕裂 Δc 距离所做的功为 $\Delta W = 2F\Delta c$，此时忽略了在撕裂尖端处和"腿"部间材料伸长的任何变化。

因为撕裂能 $T = \dfrac{\Delta W}{D\,\Delta c}$，得 $T = \dfrac{2F}{D}$，故很易于测量。

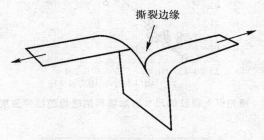

图 5-56 标准"裤形"撕裂试验

重要的一点是橡胶的撕裂与其抗张强度并没有直接的关系。撕裂能是将橡胶试样拉伸至极大伸长时所需的能量，它和橡胶的应力-应变曲线的形状和黏弹行为有关。例如我们可以比较两种不同的橡胶，第一种抗张强度高，断裂延伸率很低，其黏弹损耗也很低；第二种抗张强度低，断裂延伸率高，且有很高的黏弹损耗。虽然抗张强度低，但第二种橡皮可能有较高的撕裂能。

二、橡胶的拉伸强度

Bueche 和 Berry 考虑了一个适合于橡胶的 Griffith 方程

$$\sigma_B = \left(\frac{2\gamma E}{\pi c}\right)^{1/2} \tag{5-70}$$

式（5-70）考虑了拉伸强度与表面能、模量及裂纹长度的关系。该方程经修正后并考虑到橡胶在拉伸断裂时大形变的条件，假定其临界裂纹的大小为 $10^{-2}\,\mathrm{mm}$，由此可计算出一系列硅橡胶的表面能。如同前面计算玻璃态高聚物的情况一样，测量到的表面能较计算值大两个数量级。从另一角度上来看，如使计算值与测量值相等，则裂纹的大小应为 $10^{-4}\,\mathrm{mm}$，这又比实验中直接观察到的裂纹尺寸小得多。由此得出结论，断裂过程中大部分能量消耗于黏弹损耗及塑性流动。

若在试样中引入预定的裂纹，根据拉伸强度、杨氏模量和裂纹大小的关系作了直接验证Griffith 理论的实验，其结果汇总于图 5-57 及图 5-58 中。他们发现拉伸强度与裂纹长度和杨氏模量之间呈线性关系而不是平方根关系。由此使他们重新考虑一系列辐照硅橡胶在断裂点所产生的临界应力，他们发现，虽然这些试样的极限断裂延伸率相差甚大，然而其临界应力则十分相近。考虑到表面能计算值与实验值之间的差别，因此对弹性体的破坏而言，用临界应力判据较之用 Griffith 能量判据更好。

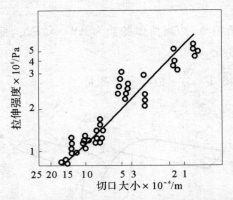

图 5 - 57　预先引入裂纹的尺寸对加填料的硅橡胶拉伸强度的影响

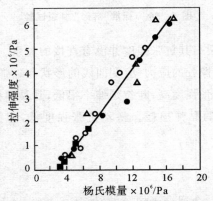

图 5 - 58　加有各种填料的一系列硅橡胶的拉伸强度与杨氏模量的关系
○—氧化硅；　●—燃烧法氧化硅；　△—经处理后的氧化硅；　■—商品填料 carrara

三、橡胶抗张强度的分子理论

　　大多数关于橡胶强度的分子理论都将破坏视为临界应力现象来处理。根据此理论,橡胶实际强度低于理论强度的原因,是由于试样中存有缺陷。并进一步假定如橡胶的基本化学组成相同,其缺陷影响强度下降的因素也相同,由此就有可能考虑交联度及起始分子量对强度的影响。

　　Bueche 考虑了三向理想交联网(见图 5 - 59)模型的抗张强度。

　　考虑橡胶的 1 个体积单元,其边长为 1cm,体积单元的边平行于理想交联网的 3 个分子链的方向。假设此体积单元中有 v 个分子链,以及交联网的每一根分子绳有 n 条分子链,因此有 n^2 根绳通过此体积单元的表面。为了得到 n 和单位体积交联网中分子链数(它是与橡胶弹性理论有联系的)的关系,通过此体积单元表面分子绳的数目乘以每根分子绳的链数应为 $\frac{1}{3}v$,由于分子绳有 3 个方向,有

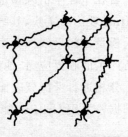

图 5 - 59　交联网模型

$$n^3 = \frac{1}{3}\upsilon$$

$$n = (\upsilon/3)^{1/3} \tag{5-71}$$

将应力 σ 平行于分子绳的一个方向作用于试样上,设试样中的分子绳同时断裂,而单个分子绳的强度为 σ_c,有

$$\sigma_B = n^2\sigma_c \tag{5-72}$$

对实际的交联网而言,υ 是单位体积的有效链数,它由 Flory 公式给出,即

$$\upsilon = \upsilon_a \left[1 - \frac{2\,\overline{M_c}}{\overline{M_n}} \right] \tag{5-73}$$

式中,υ_a 为单位体积中实际的链数,$\overline{M_c}$ 及 $\overline{M_n}$ 分别表示交联点间的平均分子量和高聚物的数均分子量(对交联点而言,每根分子链至少有两个交联点,即 $\overline{M_n} > 3\,\overline{M_c}$)。

由此可得到

$$\sigma_B \propto \left[1 - \frac{2\,\overline{M_c}}{\overline{M_n}} \right]^{2/3} \tag{5-74}$$

Flory 也研究过天然橡胶拉伸强度与分子量的关系。Bueche 注意到 Flory 得到的对丁基橡胶的拉伸强度与分子量 $\overline{M_n}$ 间的关系符合 $\left[1 - \dfrac{2\,\overline{M_c}}{\overline{M_n}} \right]^{2/3}$。如预期的那样,增加交联度使拉伸强度增加,但当交联度很高时,则有所下降。Flory 将拉伸强度的下降归因于交联影响了橡胶的结晶作用,然而对于无结晶作用的 SBR 橡胶而言,Taylor 和 Darin 也发现了有类似的效应。因此 Bueche 提出了另外一种解释,他认为上述的简单模型之所以失败,是因为假设了每一根链都同样承受断裂荷重,虽然对低交联度而言这是很好的近似,但在高交联度时这是不可能的。

在橡胶中加入增强填料如炭黑或二氧化硅,能极大地提高橡胶的拉伸强度,这在技术上有相当重要的意义。这类填料使作用的外力分散于分子链间,因此降低了断裂发展的机会。

5.4.6 高聚物的冲击破坏

冲击试验是用以衡量材料在高速状态下的韧性,或对动态断裂的抵抗能力的一种试验方法。材料的冲击强度与材料的其他极限性质不同,它是指某一标准试样在断裂的单位面积上所需要的能力,而不是通常所指的"断裂应力"。冲击强度 σ_i 通常定义为试样在冲击载荷 W 的作用下断裂时单位截面积所吸收的能量,即

$$\sigma_i = \frac{W}{bd} \tag{5-75}$$

式中,b,d 为试样横截面的尺寸。

冲击强度不是材料的基本参数,而是一定几何形状的试样在特定试验条件下韧性的一个指标。因此只有在试样形状和大小相同,又在相同试验条件下测得的冲击强度数据,才具有工程上的可比性,用以确定不同的高聚物材料的脆性或韧性。而对玻璃钢等这类增强塑料,即使是以脆性形式断裂,其冲击强度值仍然是很高的。

冲击试验有很多种方法,如摆锤式冲击实验、落球式冲击实验和高速拉伸试验等。摆锤式

冲击实验根据试样的固定方式可以分为简支梁实验(Charpy 实验,试样两端被支承,摆锤冲击试样的中部)和悬臂梁实验(Izod 实验,试样的一端被固定,摆锤冲击自由端),其装置如图 5-5 所示。两者试样皆可用带缺口的和无缺口的。采用无缺口试样时,冲击强度的单位为 kJ/m^2,对于缺口试样,采用试样单位缺口宽度吸收的能量为单位,即冲击强度的单位为 kJ/m。

在摆锤式冲击实验中,测量到的能量实际上包括有五种能量成分

$$W = U_1 + U_{SD} + U_B + U_{mv} + U_{mk} \tag{5-76}$$

式中,U_1 是将试样加速的能量;U_{SD} 是使试样弯曲和破断的能量;U_B 是摆锤压入试样并使之变形的能量;U_{mv} 和 U_{mk} 则是实验机的振动能和弹性储能。除了 U_1 以外,要分离这些能量是很困难的,因此采用总能量作为冲击韧性的指标实际上包含着很大的不确定性。

为了克服冲击实验中仅能测量总能量的缺点,近年来发展了能对冲击过程中试样的载荷 P-位移 Δ 或载荷 P 与时间 t 作出检测的示波冲击实验装置。其原理为在 Charpy 或 Izod 冲击试样上、或摆锤上、或夹固试样的冲击仪铁砧上固定压力传感器或电阻应变片,使在上述不同部位的冲击力或冲击应变转变成电信号,并经过适当放大后送出延迟示波器显示和照相记录,如图 5-60 所示,因此这种冲击实验又称为仪表冲击实验。用仪表冲击测定出的不同高聚物材料的六种不同破坏方式如图 5-61 所示。除了典型脆性或延性断裂外,多数情况下是以复合方式断裂的。可见,用仪表冲击实验特别适用于研究多相高聚物,复合材料以及延性方式破坏的高聚物材料。

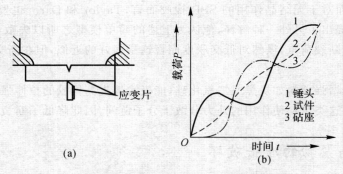

图 5-60 示波冲击试验原理示意图

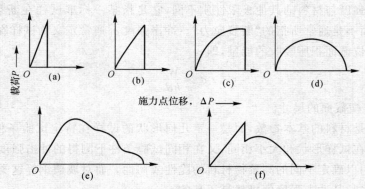

图 5-61 示波冲击测得的各种材料的 $P-\Delta$ 曲线

(a)脆断; (b)半脆断; (c)半延断; (d)延断; (e)带复合撕裂的延断; (f)脆性开裂-止裂的复合断裂

冲击实验的数据受很多因素如温度、试样尺寸和成型工艺等的影响。如果在试验机上安装－150～120℃的恒温控制设备，便可以测定在高、低温下高分子材料的冲击破坏性能。图5－62所示是甲基丙烯酸甲酯-丁二烯-苯乙烯共聚物（MBS）在不同温度下的冲击负载—时间曲线和缺口冲击强度随温度的变化曲线。

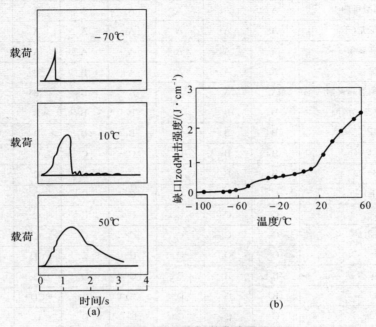

图 5‑62　MBS 的曲线图

（a）MBS 在 3 个不同温度下，Izod 仪表冲击实验的负载-时间图；　（b）冲击强度-温度图

由图上可以看到橡胶增韧高分子在 3 个不同温度范围的冲击强度和冲击破坏机理是不同的。

在低温区（$T < -50℃$），橡胶相处于玻璃态，在整个破坏过程中不能松弛，即橡胶相的赤道平面上不能引发银纹，材料呈脆性破坏。

在中间温度区（$-50℃ < T < 20℃$）冲击破坏开始时，在样品缺口根部的裂纹速度较低，橡胶球粒赤道面上能引发银纹；而在裂纹高速扩展时，材料呈现脆性破坏。

在高温区（$T > 20℃$）在缺口根部引发裂纹以及随后裂纹高速扩展时，在橡胶球赤道平面上能引发大量银纹，吸收冲击能量，显示出增韧作用。

在低温冲击时，MBS 样品端面外观光洁；而在高温时，样品端面发白（应力变白）；在中间温度时，端面的起始部分发白，随后端面光洁。发白的端面就是在橡胶球赤道面上引发了大量银纹以及空洞、银纹界面上反射光的结果。

按 Charpy 冲击强度可以把材料从脆性到韧性分成四类，即脆性（A），试样甚至在无缺口时断裂；钝缺口脆性（B），钝缺口试样冲击脆断，而无缺口试样不断裂；锐缺口脆性（C），在锐缺口时试样冲击断裂；韧性（D），即使在锐缺口时试样也不断裂。表 5‑9 是各种高聚物在不同温度下的分类情况。

表 5-9　热塑性塑料的冲击强度

材料	温度/℃							
	−20	−10	0	+10	+20	+30	+40	+50
聚苯乙烯	A	A	A	A	A	A	A	A
聚甲基丙烯酸甲酯	A	A	A	A	A	A	A	A
玻璃填充的尼龙(干)	A	A	A	A	A	A	A	B
甲基戊烯高聚物	A	A	A	A	A	A	A	AB
聚丙烯	A	A	A	A	B	B	B	B
抗银纹丙烯酸酯类高聚物	A	A	A	A	B	B	B	B
聚对苯二甲酸乙二醇酯	B	B	B	B	B	B	B	B
聚缩醛	B	B	B	B	B	B	C	C
未增塑聚 PVC	B	B	C	C	C	C	C	D
CAB	B	B	B	C	C	C	C	C
尼龙(干)	C	C	C	C	C	C	C	C
聚砜	C	C	C	C	C	C	C	C
高密度聚乙烯	C	C	C	C	C	C	C	C
PPO	C	C	C	C	C	CD	D	D
丙烯-乙烯共聚物	B	B	B	C	D	D	D	D
ABS	B	D	CD	CD	CD	CD	D	D
聚碳酸酯	C	C	C	C	D	D	D	D
尼龙	C	C	C	D	D	D	D	D
PTFE	BC	D	D	D	D	D	D	D
低密度聚乙烯	D	D	D	D	D	D	D	D

　　需要特别指出的是高聚物冲击强度对试件和最终制品加工条件非常敏感。如图 5-63 所示是不同 ABS 试样的 Izod 冲击强度对加工条件的依赖性,由图可得出下述结论。

　　(1)冲击强度显著依赖于加工条件——注塑机身温度。一种材料即使是在严格一致的测试条件下也不只出现单一的冲击强度值。因此,数据表中列出单一的值可能会引起严重的误解。

　　(2)冲击强度明显地依赖于拉应力方向与模塑时熔体流动方向之间的角度。在这里,拉伸应力沿流动方向所测得的冲击强度一般要比垂直于流动方向时的高,因为在使用时破坏总是发生在材料最弱的方向上。因此如果人们引用由端部设浇口的注模试样所得到的悬臂梁式冲击强度,就会对其材料的质量得出错误的评价。

　　(3)从沿流动方向切取的试样所得到的结果表明,170℃是最佳的机身温度,从而垂直于流动方向切取的试样结果则表明,机身温度 230℃ 时更好。显然,机身温度较低时,由于熔体黏度较高,模塑试样有更大的各向异性,为得到正确结论,必须进行垂直于流动方向的测试。

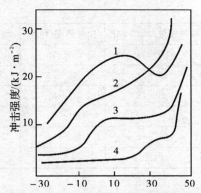

图 5 - 63　注塑机身温度和施加应力的方向对 ABS 试样冲击强度的影响

1—170℃平行；　2—230℃平行；　3—230℃垂直；　4—170℃垂直

5.4.7　影响高聚物强度和韧性的因素

影响高聚物强度和韧性的因素很多。高聚物表现出脆性行为还是韧性行为取决于分子链对外力是协同地还是分别地响应。高聚物对应力的分子响应是由它的化学结构(如分子链结构、分子量及分子量分布、交联密度、缠结密度等等)，凝聚态结构(如结晶与非晶，结晶度与结晶形态、取向等)，材料所处的力学状态(相对于玻璃化转变温度和其他的转变温度)和外力条件(如载荷类型、加载速度、加载温度等)所决定的。总的来说，可以分为两类：一类是与高聚物本身结构有关的因素；另一类是与外界条件有关的因素，包括温度、湿度、应变速率、流体静压力等。下面分别加以讨论。

一、化学结构

如前对理论强度的分析，高聚物的强度来源于主链化学键和分子间的相互作用力，因此能够提高化学键能以及分子间作用力的因素均可使高聚物强度提高。

相对于非极性高聚物，极性高聚物由于结构中引入的极性基团甚至氢键将使分子间的作用力提高，因而有利于提高材料的强度(见表 5 - 10)。例如，低压聚乙烯的拉伸强度只有 9～15MPa；聚氯乙烯因有极性基团，拉伸强度达 50MPa；聚酰胺结构中有氢键，拉伸强度可高达 60～83MPa，且氢键密度越高，材料的强度越高。但从韧性的角度考虑，如果极性基团过密，致使阻碍高分子链段的活动性，虽然强度有所提高，但材料变脆。

表 5 - 10　几种常用塑料的力学性能(试样厚度为 3.2 mm)

材　料	密度/(g·cm^{-3})	拉伸模量/×10^{2}MPa	拉伸强度/MPa	断裂延伸率/(%)	冲击强度/(J·m^{-1})
聚乙烯(低密度)	0.915～0.932	1.5～2.8	9.0～14.5	100～650	不断
聚乙烯(高密度)	0.952～0.965	10.5～10.9	22～31	10～1 200	21～210
聚氯乙烯	1.30～1.58	24～41	41～52	40～80	21～1 070
聚四氟乙烯	2.14～2.20	4.0～5.5	14～34	200～400	160
聚丙烯(等规)	0.90～0.91	11～16	31～41	100～600	21～53

续 表

材　料	密度/(g·cm⁻³)	拉伸模量/×10²MPa	拉伸强度/MPa	断裂延伸率/(%)	冲击强度/(J·m⁻¹)
聚苯乙烯	1.04～1.05	23～33	35～52	1.0～2.5	19～24
聚甲基丙烯酸甲酯	1.15～1.20	22～31	45～76	2～10	15～32
酚醛树脂	1.24～1.32	25～48	34～62	1.5～2.0	13～210
尼龙66	1.13～1.15	—	75～83	60～300	43～110
聚酯(PET)	1.34～1.39	25～41	59～72	50～300	12～35
聚碳酸酯	1.20	24.0	66	110	850

主链含有芳杂环的高聚物,其强度和模量都比脂肪族主链高聚物高。例如,芳香尼龙的强度和模量比普通尼龙的高,聚苯醚比脂肪族聚醚高,双酚 A 型聚碳酸酯比脂肪族聚碳酸酯高。另外,由于这类高聚物的主链刚性大,链段都比较长。温度低于它们的 T_g 时,虽然链段运动被冻结,那些小于链段的运动单元仍具有一定的运动能力,因而它们的 T_b 远远低于 T_g,甚至远远低于室温。例如,双酚 A 聚碳酸酯的 T_g 为170℃,T_b 为−200℃,因此,这类高聚物在很宽的 $T_b \sim T_g$ 范围内都能出现屈服与冷拉,表现出良好的韧性。由于主链含芳杂环的高聚物兼具良好的刚度、强度和韧性,新型的工程塑料大多具有这类主链结构。

当在侧链上引入芳杂环时,也可以抑制高分子链段的运动,使刚性增加,高聚物的强度和模量提高,如聚苯乙烯的强度和模量高于聚乙烯,但其冲击强度降低。

分子链运动程度增加,分子间的距离增大,分子间的作用力减小,因而高聚物的拉伸强度降低,冲击强度提高,如高压聚乙烯的拉伸强度低于低压聚乙烯,但冲击强度高于低压聚乙烯。

二、分子量及分子量分布

对分子量不同的同系高聚物而言,在分子量较低时,断裂强度随分子量的增加而提高,在分子量较高时,强度对分子量的依赖性逐渐减弱,分子量足够高时,强度实际上与分子量无关(见图 5-64 和图 5-65)。这是由于强度取决于分子间的作用力。分子量越高,分子间作用力越大,因而强度越高。但是,当分子量足够大时,分子间的作用力可能接近或超过主链化学键能,分子间还能发生缠结形成物理交联点,这时,材料的强度就由分子间的作用力和化学键力共同承担了,因而对分子量的依赖性变得不明显了。因此,每一种高聚物都存在一个临界分子量 M_c,当分子量高于临界分子量时,强度对分子量的依赖性就不明显了。例如有机玻璃的临界分子量约为 2×10^5。

高分子材料都要求有一定的分子量。例如,聚乙烯的分子量在 12 000 以上才能成为塑料,聚酯和尼龙的分子量需在 10 000 以上才能纺成有用的纤维。

合成高聚物的分子量都有一定的分散性。如果材料中存在分子量低于临界分子量的级分,则材料的强度会受到明显的影响,在使用中容易出现开裂现象。4 号航空有机玻璃板材在大气曝晒中,第四年就在表面出现零星分布的银纹,第五年就发展成长达几至几十厘米的龟裂状裂纹,原因之一就是因为板材的平均分子量较低,分布较宽,含有较多的低分子量级分(包括因老化降解产生的低分子级分)。

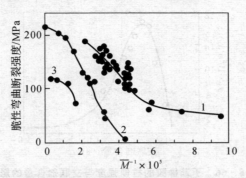

图 5-64　高聚物的脆性断裂强度与分子量的关系(-196℃)

1—PE；　2—PMMA；　3—PS

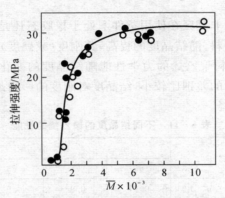

图 5-65　丁基橡胶的强度与起始(硫化前)分子量的关系

高聚物的屈服强度与分子量的关系不大。因此,当材料的断裂强度随分子量的增加而提高时,材料的脆化温度逐渐降低;在相同的温度下,材料的韧性提高。人们制取超高分子量聚乙烯($\overline{M}=5\times10^5\sim4\times10^6$)的目的之一就是为了提高它的抗冲击性能。它的冲击强度在室温下比普通聚乙烯提高 3 倍多,在-40℃,提高 18 倍之多。

三、交联

将线型高分子适度交联可有效地增加分子链间的作用力,使高聚物材料的断裂强度提高。如聚乙烯经辐射交联后拉伸强度可提高一倍,冲击强度提高 3~4 倍。对于初始分子量很低的热固性树脂而言,必须通过化学交联,形成三维网络结构才能使之具有工程应用所需的强度和刚度。对于起始分子量很高的橡胶而言,轻度的交联能大幅度提高它的断裂强度,但交联密度过高,强度反而迅速下降(见图 5-66)。因为交联密度较高时,交联点的分布不均匀。在外力作用下,应力往往集中在少数网链上,促进橡胶断裂。在许多航空橡胶件失效案例中,大量的失效事件是由于橡胶加工中混料不匀,局部过硫化(交联度太高)或贮存不当引起早期过硫化而造成的。

交联对分子量很高的刚性高聚物的断裂强度几乎没有影响,但能提高它们的屈服强度。因此,交联通常是使塑料的 T_b 提高。

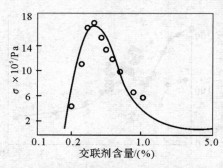

图 5-66　丁苯橡胶的拉伸强度与交联剂含量的影响

四、结晶

部分结晶高聚物按其中非晶区在使用条件下处于橡胶态还是玻璃态,可分为韧性塑料和刚性塑料两类。对于韧性塑料,随结晶度的提高,其刚度(或硬度)、强度提高,而韧性下降。表5-11列出了典型的韧性塑料聚乙烯的力学性能随结晶度的变化。对于刚性塑料,由于非晶区玻璃态的模量与晶态模量的差别比较小,结晶度对刚度的影响是有限的,但会明显降低材料的韧性,甚至强度也有所下降。

表 5-11　不同结晶度的聚乙烯的性能

性　　能	结　晶　度			
	65	75	85	95
相对密度/(kg·m^{-3})	0.91	0.93	0.94	0.96
熔点/℃	105	120	125	130
拉伸强度/MPa	14	18	25	40
伸长率/(%)	500	300	100	20
冲击强度/(J·m^{-2})	54	27	21	16
硬　　度	130	230	380	700

除结晶度外,球晶大小也是影响结晶性高聚物强度与韧性的重要因素,而且在有些情况下,球晶大小的影响超过结晶度的影响。部分结晶高聚物的强度在很大程度上取决于折叠链晶片之间与球晶之间的"连结链"的数目,连结链越多,材料的强度越高。通常,当结晶性高聚物在缓慢冷却中形成大球晶时,尽管折叠链晶片本身的晶体结构比较完善,但晶片之间和球晶之间的"连结链"却比较少,而且晶片之间和球晶边界之间还是"杂质"浓度最高的区域,成为材料中最薄弱的微区,使材料的强度和韧性降低。相反,如果采取适当的工艺措施,例如加入成核剂,使材料中形成均匀的小球晶或微晶,则由于"连结链"数目多,结构均匀,有可能同时获得良好的刚性、强度和韧性。如图5-67所示为不同球晶尺寸的聚丙烯 PP 的拉伸应力-应变实验曲线的比较图。

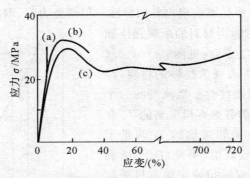

图 5－67　不同球晶尺寸的 PP 的拉伸应力-应变曲线比较

(a)$d_{cp}\approx126\mu m$；　(b)$d_{cp}\approx87\mu m$；　(c)$d_{cp}\approx46\mu m$

五、取向

取向对材料力学性能最大的影响是使材料呈明显各向异性,即材料平行于取向方向上的强度和模量高于垂直于取向方向上的相应值。

如图 5－68 所示是取向对多数延性高聚物,特别是结晶高聚物的应力-应变性能影响的示意图。取向的高聚物材料,在平行于取向方向上进行试验,其屈服强度较大,而其断裂延伸率比横向(垂直方向)试验时的断裂延长率小。这是因为对取向的结晶材料进行横向拉伸时,取向的微晶被破坏,而重新沿力作用方向再结晶取向,即容易冷拉。至于脆性材料,由于屈服应力很大,在再取向过程发生之前,材料就断裂了。取向度对

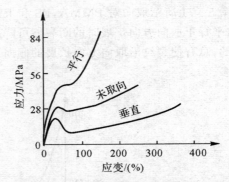

图 5－68　延性高聚物的应力-应变行为

断裂强度的影响如图 5－69 所示,随着取向度的增大,平行于取向方向的强度增大,而垂直于取向方向的强度则降低。

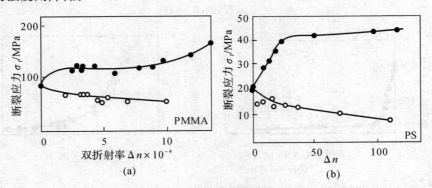

图 5－69　断裂应力 σ_f 随取向双折射率 Δn 的变化曲线

●—纵向　○—横向

(a)PMMA；　(b)PS

取向也能使材料的屈服强度表现出各向异性。但研究表明，取向对屈服强度的影响远低于对断裂强度的影响。因此，当材料的断裂强度随取向程度提高时，材料的 T_b 下降（见图5-70）。这样，一些未取向时在室温下表现为脆性的材料，经拉伸取向后可能转变为韧性材料。最典型的一个例子是有机玻璃。未拉伸的普通有机玻璃的 T_b 在室温附近，而双轴拉伸定向有机玻璃的 T_b 可低于室温，拉伸度（取向度）比较高时，可使 T_b 下降到 $-40℃$。因此，在常温下，双轴拉伸定向有机玻璃不仅强度比普通有机玻璃高，而且韧性也好得多。受子弹射击时，在定向有机玻璃上可能只留下子弹穿孔，而不发生玻璃的大面积破裂。我国战斗机上已普遍采用双轴拉伸定向有机玻璃作座舱罩。

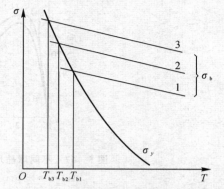

图 5-70　取向使脆化温度下降示意图
（取向度按曲线序号依次增加）

但并不是取向程度越高，材料的韧性越好。当取向程度很高时，高分子链高度伸展，在外力作用下，在取向方向上继续形变的能力很小（模量和屈服强度都很高），材料则又表现出脆性。如图 5-71 所示取向对 PMMA，PS 和 PVC 的断裂能的影响。由图可见，随着取向度增大，裂纹平行于取向方向扩展时的断裂能可降低一个数量级。裂纹沿垂直取向方向扩展是非常困难的，总有使裂纹沿取向方向扩展的倾向。显然这反映了分子间的撕裂要比切断分子链容易得多。

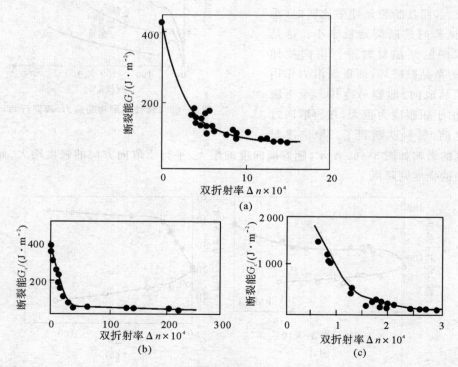

图 5-71　3 种典型材料的断裂能 G_c 与取向度 Δn 的关系

相对于平行于取向方向,裂纹沿垂直于取向方向的扩展是非常困难的,而是使裂纹体现出沿取向方向扩展的倾向,因此分子间的撕裂要比切断分子链容易,因此取向有利于阻止裂纹沿垂直于分子链的方向扩展。这一点可以以橡皮为例加以说明。如果在橡皮试样上预制一个垂直于拉伸方向的切口,然后进行拉伸,那么试样拉不了多长,切口便向纵深方向很快扩展,不需要很高的应力即可将它拉断。但如果先把橡皮拉得很长,使其中的高分子链高度取向,然后再在横向划一切口,则切口将顺拉伸方向扩大,且切口尖端钝化为大圆弧状,拉断该试样所需的应力远远高于预制切口试样的强度。

此外,材料在拉伸取向的过程中,能通过链段运动,使局部高应力区发生应力松弛,从而使材料内的应力分布均化。这也是取向材料强度较高的原因之一。

六、增塑剂

一般在高聚物中加入增塑剂将削弱了高分子之间的相互作用,会导致材料的断裂强度下降。强度的降低值与加入的增塑剂量约成正比。但有些脆性塑料加入增塑剂后强度反而提高。这是因为加入增塑剂后,材料中高分子链段的活动性有所增加。如果增塑材料中产生了裂纹,裂尖应力集中处的高分子链段能通过运动沿应力方向取向,从而使裂尖钝化,降低裂纹扩展速率。

另一方面,加入增塑剂也能降低材料的屈服强度,从而提高材料的韧性。但有些增塑剂可能会抑制高分子链上某些基团的运动,使材料在玻璃态时反而变脆,这种现象称为反增塑现象。

水对许多高聚物都是一种增塑剂。特别是高分子链上带有亲水基团的酚醛、尼龙和有机玻璃等,吸水后模量和强度明显下降,断裂延伸率和冲击强度提高。但是有些高聚物在吸水量超过某一临界值后,不仅强度下降,韧性也变坏了。例如,有机玻璃的吸水量超过约 1% 后,缔合的水分子在有机玻璃的空穴中所起的作用会像刚性填料一样,使材料模量提高,强度和韧性减小。

七、共聚和共混

共聚和共混是对高聚物的力学性能改性的重要方法,改性高聚物的性能与共聚或共混的组分的性能、共聚或共混的方式,各组分的形态等因素有关,是一个复杂的问题。实际应用的各种橡胶材料中大多是共聚物,如丁苯橡胶、丁腈橡胶、丁基橡胶、乙丙橡胶和各种氟橡胶。在用橡胶增韧塑料方面,最成功的例子是用橡胶改性聚苯乙烯获得的高抗冲聚苯乙烯和 ABS 树脂。在用塑料补强橡胶以及塑料改性塑料方面也有许多成功的例子。

用接枝共聚、嵌段共聚和共混方法获得的高分子合金大多是两相(或多相)体系。改性的效果与两相的化学组成和结构、两相的分子量、分散相的含量、粒径、交联度和接枝率等因素有关,也与两相之间的相互作用力有关。图 5-72 给出了用橡胶增韧聚氯乙烯的共混物中,丙烯腈含量与共混物冲击强度之间的关系。由图 5-72 可见,橡胶中丙烯腈含量在 10%~25% 之间时,共混物的冲击强度最高。表 5-12 给出了分别用接枝和共混的方法改性聚苯乙烯的效果,接枝的效果比共混的效果好得多。因为接枝共聚物中,两相间的相互作用力较强,有利于应力传递从而能加强分散相对连续相性能的影响。

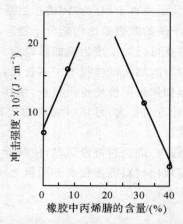

图 5-72 橡胶增韧聚氯乙烯中橡胶内丙烯腈的含量对共混物冲击强度的影响

表 5-12 接枝与共混改性聚苯乙烯的冲击强度比较

聚合物	橡胶相力学损耗 $\tan\delta$	冲击强度(缺口)/(J·m⁻¹)
聚苯乙烯	—	16
聚苯乙烯+5%丁苯胶(共混)	0.030	21
聚苯乙烯+5%丁苯胶(接枝)	0.080	64
聚苯乙烯+5%顺丁胶(共混)	0.045	16
聚苯乙烯+5%顺丁胶(接校)	0.110	53

八、受力环境的影响

如前所述,高聚物的破坏过程也是一个松弛过程,因此受力环境如温度、应变速率和流体静压力等外界条件对它们的强度和韧性有显著的影响。

1. 温度

一般非晶态高聚物,对应于其模量-温度曲线上不同温度下典型的拉伸应力-应变曲线如图 5-73 所示。

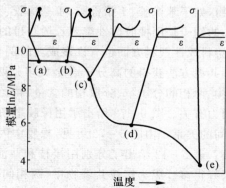

图 5-73 一般非晶态高聚物在不同温度下典型的拉伸应力-应变曲线

(a) $T<T_b$,脆性断裂; (b) $T<T_g$,延性断裂; (c) $T<T_g$,冷拉塑性变形;

(d) $T>T_g$,橡胶行为; (e) $T\gg T_g$,黏流体行为

　　如图 5－74 所示是有机玻璃在室温附近几十度温度范围内的一组拉伸应力-应变曲线,可见,随温度升高,有机玻璃的模量、屈服强度和断裂强度下降,断裂延伸率增加,在 4℃ 时,有机玻璃是典型的刚而脆的材料,而在 60℃ 时,已变成典型的刚而韧的材料了。

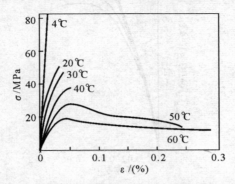

图 5－74　温度对有机玻璃拉伸应力-应变行为的影响

　　高聚物处于脆性状态时($T < T_b$),其断裂强度受温度的影响不大。温度下降时,强度略有提高。但是,高聚物处于其他状态时,其断裂强度有明显的温度依赖性。图 5－75 给出了非晶态高聚物的断裂强度(以真应力表示)与温度的关系曲线。高弹态高聚物的断裂强度随温度的下降而急剧提高,到温度略低于 T_g 时,断裂强度达到最大值。之后,随温度的继续下降,强度又大幅度降低,直至 $T < T_b$ 时,脆性强度又随温度降低而略有提高。这条曲线可以用加载时高聚物所产生的裂纹的扩展和高分子取向来解释。裂纹的扩展导致材料断裂,而取向使材料增强。在温度较高时($T > T_g$),取向发展相当快,高弹性变大。而在明显低于 T_g 的玻璃态时,这种取向非常困难。裂纹的扩展在小取向材料中进行,随温度降低,裂纹长大速度增大,使取向更难,不易使裂尖钝化,因而导致材料强度显著下降。在 T_b 以下的脆性状态,裂纹的扩展和强度增大的速度只与温度有关。

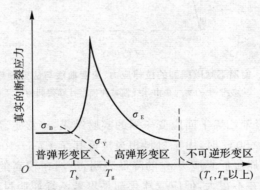

图 5－75　非晶态高聚物的断裂真应力与温度的关系曲线

2.应变速率

　　高聚物材料的应力-应变曲线与应变速率有关。如图 5－76 和图 5－77 所示的 PMMA 以及 PC 应力-应变曲线与应变速率的关系。当应变速率增加时高聚物的拉伸强度和模量也增加,对于刚性高聚物和一些橡胶,其断裂延伸率通常随拉伸速率的增大而减小。

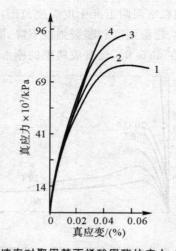

图 5 - 76 应变速率对聚甲基丙烯酸甲酯的应力-应变行为的影响

1—5.2mm/min； 2—20.2mm/min； 3—30.6mm/min； 4—32.5mm/min

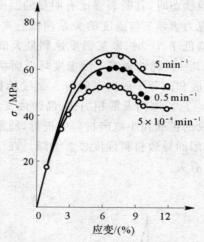

图 5 - 77 室温下聚碳酸酯的拉伸应力-应变曲线与应变速率的关系

注：图中的实线是由非线性黏弹模型计算得到的

如图 5 - 78 所示为聚苯乙烯平面应变压缩的实验结果，当接近 T_g 时，聚苯乙烯的本体黏弹性变得很明显。在 75 ～ 80℃ 时，由于材料相当接近其 T_g（$T_g = 100$℃），弹性模量很明显地与温度和拉伸速率有关。屈服后真应力 σ_t 的降低表明，虽然在较高的温度和较低的拉伸速率下应变软化的数量和强度并不很大，但应变软化却是聚苯乙烯屈服过程所固有的特征。注意，对于最低的应变速率 $\dot{\varepsilon}_t$，在 80℃ 测试时观察不到应变软化。

事实上，所有的玻璃态高聚物在拉伸、压缩或剪切作用下，屈服后均发生应变软化。由图 5 - 78 可以看出，真应力在发生一定程度的应变软化之后增加，即产生应变硬化。由对比可见，增加应变速率和降低温度对应力应变曲线的影响是等效的。低温下，正常应变速率时出现的应力应变性质，同样可以在高温下增大应变速率来再现。

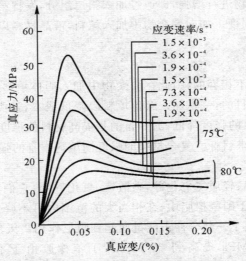

图 5-78　在平面应变压缩实验中测量的聚苯乙烯的真应力-真应变曲线

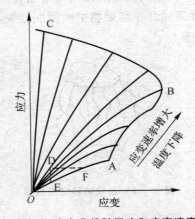

图 5-79　应力-应变曲线随温度和应变速率的变化

如果在不同温度和不同应变速率下测定一种高聚物的拉伸应力-应变曲线,将各曲线的断裂点连结起来,则可得到如图 5-79 中所示 ABC 曲线所示的断裂包络线。假定在某一温度和某一拉伸速率下,使材料的应力-应变行为为沿 OB 发展到 D,然后维持应力不变,则材料的伸长应变将随时间逐渐增加(蠕变),直到 F 点断裂,如果在发展到 D 点后,维持应变不变,则材料的应力将随时间逐渐衰减(应力松弛),直到 E 点断裂。

5.4.8　高聚物的增强与增韧

一、高聚物的增强

高聚物就力学强度和刚度而言,与金属材料还有相当的差距,对高聚物增强有助于进一步提高它的使用性能,拓展它的应用领域。目前,除了上述从结构因素上考虑聚合物强度外,还可通过复合的形式对高聚物进行增强,即通过加入第二组分,发挥第二组分以及它们之间的协同作用,来提高高聚物的强度。如向聚合物中加入填料,液晶材料以及目前研究的热点纳米材料等。

1. 固体填料

固体填料同高聚物是不相容的,因此在高聚物中加入固体填料将形成多相复合材料。加入固体填料有两个方面的目的:一是加入廉价填料以降低成本,这类填料一般只起稀释作用,称为惰性填料,它将使材料的强度降低;另一目的是提高材料的强度,这类填料称为活性填料,这时不把降低成本作为追求目标。复合材料的强度同填料本身的强度和填料与高聚物的亲和程度有关。

粉状填料有木粉、炭黑、轻质二氧化硅、碳酸镁、氧化锌等,它们同某些塑料或橡胶复合可使性能显著改善。木粉加于酚醛树脂中,在相当大的范围内可不降低拉伸强度而大幅度地提高冲击强度,因为木粉吸收了一部分冲击能量而起到阻尼作用。天然橡胶中添加 20% 的胶体炭黑,拉伸强度可从 16 MPa 提高到 20 MPa。丁苯橡胶由于不能产生结晶,强度只有 3.5 MPa,加入炭黑后的补强效果尤其明显,可达 22～25 MPa,接近天然橡胶水平。

粉状填料的补强机理一般认为是其活性表面同高聚物作用产生了附加的交联结构(见图 5-80),因此加入填料的增强效果同其在高聚物中的浸润性关系很大。如亲油的炭黑对橡胶的补强作用要比普通炭粉好得多。

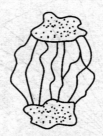

图 5-80 粉状填料增强机理

一些惰性填料在活化剂存在下可作为活性填料使用。例如天然橡胶中含有脂肪酸、蛋白质等表面活性物质,致使惰性的碳酸镁、氯化锌等产生补强效应,而把这种填料用于不含表面活性剂的合成橡胶中就没有补强作用。

较早使用的纤维状填料是棉、麻、丝等天然纤维,后来发展起来的玻璃纤维以其高强度和低廉价格的优势而被广泛应用。近年来,又开发了许多特种纤维,如碳纤维、石墨纤维、硼纤维、超细金属纤维与晶须纤维等,作为特种增强填料,以其高模量、耐热、耐磨、耐化学试剂等优异性能在宇航、电讯和化工等行业得到特殊应用。纤维填料在橡胶制品中主要作为骨架,用以承担应力,如通常采用的纤维织物-帘子线,根据材料的不同应用可选用棉纱、人造丝、尼龙、玻璃纤维以及钢丝等。热固性树脂一般呈脆性,使用各种纤维织物与树脂制成复合材料,可使脆性得到根本的改观。以玻璃布与热固性树脂制成的玻璃纤维层压塑料——玻璃钢的强度可与钢媲美,以环氧树脂制成的玻璃钢其比强度(强度与相对密度的比值)可超过高级合金钢。除了使用织物外,也可用短玻璃纤维增强热塑性塑料,称为玻璃纤维增强塑料。增强材料的拉伸、压缩、弯曲强度等可大幅度提高,冲击强度可能有所下降,但缺口敏感性则有明显改善。表

5-13 列出了若干玻璃纤维增强塑料与金属材料的强度的数据。表 5-14 对比了几种高聚物以玻璃纤维增强前后的性能变化。

表 5-13 几种金属材料和玻璃纤维增强塑料的强度对比

材料名称	相对密度	拉伸强度/MPa	比强度
高级合金钢	5.0	1 260	158
A₃钢	5.85	390	50
16 铝合金	2.8	410	150
铸铁	5.4	240	32
聚酯玻璃钢	1.8	280	160
环氧玻璃钢	1.73	490	280
酚醛玻璃钢	1.75	196	112
20%~40%玻璃纤维增强尼龙 66	1.30~1.52	95~214	140
20%~40%玻璃纤维增强尼龙 610	1.15~1.52	90~240	158
30%玻璃纤维增强聚碳酸酯	1.4	120~130	91
30%玻璃纤维增强聚砜	1.45	124	85
30%玻璃纤维增强线型聚酯	1.6	132~142	89
30%玻璃纤维增强 ABS 树脂	1.23~1.36	55~130	96
30%玻璃纤维增强聚乙烯	1.10	62	56
30%玻璃纤维增强聚丙烯	1.05~1.24	41~62	50
30%玻璃纤维增强聚苯乙烯	1.2~1.3	62~82	63

表 5-14 玻璃纤维增强塑料的性能对比

材料		拉伸强度/MPa	伸长率/(%)	冲击强度/(J·m⁻¹缺口)	弹性模量/MPa	热变形温度/℃
聚乙烯	未增强	23	60	78	820	48
	增强	76	3.8	236	6 200	126
聚苯乙烯	未增强	58	2.0	16	2 700	85
	增强	96	1.1	131	8 300	104
聚碳酸酯	未增强	62	60~100	638	2 200	132~138
	增强	140	1.7	195~471	11 700	145~149
聚甲醛	未增强	67	60	75	2 700	110
	增强	82	1.5	42	5 600	168
尼龙 66	未增强	67	60	54	2 700	65~86
	增强	210	2.2	199	6 000~12 400	≥200

纤维增强塑料的机理是依靠其复合作用,即利用纤维的高强度承载应力,利用基体树脂的塑性流动及其与纤维的粘结性传递应力,如图 5-81 所示。

图 5 - 81 玻璃纤维/环氧树脂复合材料的剪切破坏断面的 SEM 照片

2.高分子液晶

随着高分子液晶的商品化,20 世纪 80 年代后期发展起来了应用高分子液晶与工程塑料共混制备高性能复合材料的新途径。采用的高分子液晶(LCP)一般为带有柔性链段的热致型主链液晶。液晶增强剂在共混材料中形成微纤以及引发横穿晶的结构而起到增强作用。液晶与高聚物基体匹配性良好的复合材料表现出高强度、高耐磨性和优良的加工性能等多方面的优异性能。与固体纤维增强材料不同,热致液晶增强材料的微纤结构可由棒状分子链段在加工过程中于共混物基体中就地形成,因此把它称为"原位"复合技术。随着增强剂含量的增加,复合材料的弹性模量和拉伸强度增加而断裂延伸率下降,由韧性向脆性转变。

如图 5 - 82 所示为聚醚醚酮/LCP 聚酯复合材料的拉伸屈服强度和脆性断裂强度同 LCP 含量的关系。在 LCP 含量为 10% 以下材料延性破坏,高于这一含量则呈脆性破坏。在 LCP 含量为 75% 左右时 σ_B 出现极大值,此时 σ_y 约为未增强塑料的 σ_y 的 2 倍。尽管材料在 LCP 大于 10% 时呈脆性破坏,但因为模量的大幅度提高仍可使其冲击强度增加,在 90% LCP 含量时,Izod 冲击强度是纯 LCP 的 2 倍,比纯聚醚醚酮提高 10 倍以上(见图 5 - 83)。表 5 - 15 比较了几种高聚物材料增强前后的力学性能。

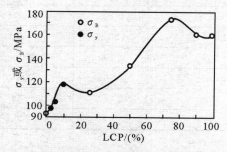

图 5 - 82 聚醚醚酮/LCP 复合材料的拉伸屈服强度和脆性断裂强度与 LCP 含量的关系

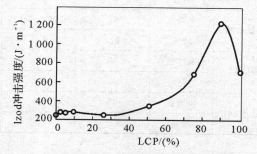

图 5 - 83 聚醚醚酮/LCP 复合材料的冲击强度与 LCP 含量的关系

表 5 - 15　几种高聚物的液晶增强效果（LCP 含量 30%）

材　料		拉伸强度/MPa	伸长率/(%)	拉伸模量/GPa	弯曲强度/MPa	弯曲模量/GPa	冲击强度/(J·m⁻¹)
聚醚砜	未增强	63.6	122	2.50	101.9	2.58	75.4
	LCP 聚酯	125.5	3.8	4.99	125.9	6.11	35.2
	LCP 聚酯酰胺	172.4	2.6	5.82	155.2	6.78	—
聚碳酸酯	未增强	66.9	100	2.32	91.3	2.47	—
	LCP 聚酯	121	3.49	5.72	132	4.54	14.8
	LCP 聚酯酰胺	154	4.2	6.55	136	5.00	12.8
聚乙烯亚胺	未增强	91.0	59	3.05	141	3.34	24.7
	LCP 聚酯	129	4.3	5.15	156	4.78	19.1
	LCP 聚酯酰胺	95.8	1.54	5.45	103	6.12	15.6
PET	未增强	68	232	1.56	—	—	—
	LCP 增强	294	4.4	6.97	—	—	—

3. 纳米填料

纳米材料通常是指微观结构上至少在一维方向上受纳米尺度 1～100nm 调制的各种固态材料。根据构成晶粒的空间维数，可分为纳米结构晶体（三维纳米结构）、层状纳米结构（二维纳米结构）、纤维状纳米结构（一维纳米结构）及零维原子簇（簇组装）四大类。

由于纳米材料的特殊结构，产生了几种特殊效应，即纳米尺度效应、表面界面效应、量子尺寸效应和宏观量子隧道效应。这些纳米效应导致该种新型材料在力学性能、光学性能、磁学性能、超导性、催化性质、化学反应性、熔点、蒸气压、相变温度、烧结以及塑性形变等许多方面具有传统材料所不具备的纳米特性。

聚合物基纳米复合材料是指分散相尺度至少有一维小于的高性能、高功能材料。其制备方法主要有以下几种。

(1)插层复合法。

这是制备聚合物/黏土纳米复合材料的主要方法。该法是将单体分散、插入经插层剂处理过的层状硅酸盐片层之间或将聚合物与有机黏土混合，利用层间单体聚合热或聚合物/黏土熔融共混时的切应力，破坏硅酸盐的片层结构，使其剥离成单层，并均匀分散在聚合物基体中，实现聚合物与黏土纳米尺度上的复合（见图 5-84）。

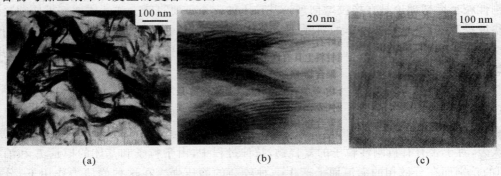

(a)　　　　　　　　　(b)　　　　　　　　　(c)

图 5-84　黏土/聚合物复合材料各种状态电镜照片

(a)简单混合；　(b)插层；　(c)剥离

（2）共混法。

这一方法包括熔融共混、溶液或乳液共混、机械共混等。该法所得复合材料虽然也表现出某些优异的性能和功能，但由于纳米粒子（例如纳米 $CaCO_3$、纳米 SiO_2、纳米 TiO_2 等）具有极高的表面能，自身易于团聚，在聚合物基体中难以均匀分散以及无机分散相与有机聚合物基体间界面结合弱等问题，其应用受到了一定限制。当今，纳米材料的分散与表面改性问题已成为研究的热门课题。

（3）原位聚合或在位分散聚合法。

该法应用在位填充，使纳米粒子在单体中均匀分散，然后在一定条件下就地聚合，形成复合材料。制得的复合材料填充粒子分散均匀，粒子的纳米特性完好无损；同时，只经一次聚合成型，不需要热加工，避免了由此产生的降解，保证基体各种性能的稳定。

（4）溶胶-凝胶法。

这种方法由前驱物 $R-Si(OCH_3)_3$ 开始反应，其中 R 是可聚合的有机结构单元。无机相是由 $-Si(OCH_3)_3$ 基团的水解和缩合生成的体型硅酸盐，有机相是由 R 聚合而成的高分子，有机-无机两相间以 $C-Si$ 共价键连接。该法制备过程初期就可以在纳米尺度上控制材料结构。其缺点为凝胶干燥过程中，溶剂，小分子，水的挥发导致材料的收缩与脆裂。

二、高聚物的增韧

1. 橡胶或弹性体增韧

这种结构以刚性的连续相作为高聚物的基体，在其中分散一定粒度的微细橡胶相，同时要求两相之间有良好的界面作用。

采用橡胶增韧的热塑性聚合物包括聚苯乙烯、聚甲基丙烯酸甲酯、聚烯烃如（HDPE）、尼龙类、聚碳酸酯、聚甲醛和聚酯（如 PET、PBT）等；热固性聚合物有环氧树脂、酚醛树脂和聚酰亚胺等。其中典型的代表是 HIPS 和 ABS 共聚物。

如在聚丙烯的增韧中，可采用的橡胶和弹性体有多种，如乙丙橡胶（EPR）、顺丁橡胶（BR）、丁苯橡胶（SBR）、三元乙丙橡胶（EPDM）、SBS 弹性体、POE 弹性体等。无论采用何种橡胶或弹性体增韧聚丙烯，最终增韧效果的好坏与聚丙烯的性质、橡胶的性质以及聚丙烯与橡胶粒子之间的相互作用密切相关。例如，聚丙烯是均聚还是共聚产品，聚丙烯的分子量、分子量分布、聚丙烯的结晶度；橡胶的 T_g、橡胶的分子量及分布；橡胶与聚丙烯树脂的相容性的好坏，橡胶在聚丙烯基质中分散的情况、粒径大小、分散的形态，橡胶的用量等。

2. 非弹性体增韧塑料

刚性粒子增韧理论是在橡胶增韧理论基础上的一个重要飞跃。弹性体增韧可使塑料的韧性大幅度提高，但同时又使基体的强度、刚度、耐热性及加工性能大幅度下降。为此，人们提出了刚性粒子增韧聚合物的思想，希望在提高塑料韧性的同时保持基体的强度，提高基体的刚性和耐热性，为高分子材料的高性能化开辟新的途径。

（1）有机刚性粒子增韧。

1984 年，Kurauchi 和 Ohta 在研究 PC/ABS 和 PC/AS 共混物的力学性能时，首先提出了有机刚性粒子（ROF）增韧塑料的新概念，并且用"冷拉"概念解释了共混物韧性提高的原因。他们认为，对于含有有机刚性粒子的复合物，拉伸过程中，由于粒子和基体的模量 E 和泊松比 ν 之间的差别而在分散相的赤道面上产生一种较高的静压强。在这种静压力作用下，分散相粒子在垂直于赤道面发生屈服冷拉,产生大的塑性形变,从而吸收大量的冲击能量,材料的韧性得以提高。具体地说,当作用在有机刚性粒子分散相赤道面上的静压力大于刚性粒子塑性形变所需的临界静压力时,粒子将发生塑性形变而使材料增韧,这即所谓的脆韧转变的冷拉机理。随着粒子用量的增加,刚性粒子所受的应力场强度随着粒子的相互接近而降低,且随着共混组成比的接近和粒子间距的减小,强度降低的现象愈加显著,即粒子的含量增加到一定程度后,增韧效果变差,这与 Kurauchi 的结论是一致的,这是因为这时 ROF 粒子间的相互作用已不能忽略。

另一些研究者重复了 Kurauchi 和 Ohta 的实验结果,又研究了 PC/PMMA,PC/PPS、PBT/ AS、尼龙/PS、PVC/PS 等体系,其中只有 PC/PMMA 显示增韧效果。他们同样以应力分析为基础,用冷拉概念来解释增韧机理。再如,用不同份数的 MBS 改性 PVC,制得不同模量的共混体系,再添加 PMMA 刚性粒子。发现添加 PMMA 具有明显增韧效果的共混组分都处于韧性对 MBS 用量变化敏感的区域,说明有机刚性粒子与基体间要有合适的脆韧匹配。

总结前人的研究结果,可得出有机刚性粒子增韧塑料必须满足下列条件:基体的模量 E_1、泊松比 ν_1、和粒子的模量 E_2、泊松比 ν_2 要有一定的差异,一般要求 $E_1 < E_2$,$\nu_1 > \nu_2$;基体与 ROF 有一定的脆韧匹配性,基体本身要有一定的强韧比;要求分散的粒子与基体的界面黏结良好,以满足应力传递,从而保证在刚性粒子的赤道面上产生强的压应力;粒子的分散浓度应适当,浓度过大或过小都会导致韧性的下降。

(2)无机刚性粒子增韧。

有机刚性粒子增韧的新概念,被认为是刚性粒子增韧思想的起源。随后,用量大、价廉并能赋予材料各种独特性能的无机刚性粒子(RIF)增韧塑料立即引起了人们极大的兴趣。一般来说,对于无机粒子增韧体系,基体韧性、无机粒子形状、尺寸及含量、无机粒子与基体间的界面作用是决定增韧效果的内因。

基体韧性不同,无机刚性粒子增韧的效果也不同。目前广泛研究的无机刚性粒子增韧体系主要是准韧性偏脆性的 PP、PE 等基体;过渡型基体 PVC 也有少量报道,其断裂行为既有剪切屈服又有银纹破坏;但对于脆性基体如 PS 和 SAN 等,用无机刚性粒子增韧的报道很少。

对于化学结构相同的聚合物,增韧效果还与基体的分子量、分子间作用力、结晶度、晶型等有关。总之,准韧性基体必须具有一定韧性和一定的强韧比,才能实现无机刚性粒子增韧。

如果把无机粒子视作惰性粒子,则决定增韧效果的主要因素为粒径大小及其分布,粒子含量等。粒径和粒径分布影响无机粒子填充体系的脆韧转变。粒径小的粒子相对于大颗粒,其表面缺陷少,非配位原子多,与聚合物发生物理或化学结合的可能性大,若与基体黏结良好,就有可能在外力作用下促进基体脆韧转变。例如,选用粒径分别为 $6.6~\mu m$,$7.14~\mu m$ 和 $15.9~\mu m$ 的三种碳酸钙填充 HDPE,发现其临界体积分数分别为 9.3%,10.7% 和 22.3%。碳酸钙粒径越小,临界体积分数越小,材料冲击强度越大;当碳酸钙粒径较大(如 $15.9~\mu m$)时,几乎没有增韧效果。此外,对 HDPE/$CaCO_3$ 复合体系的研究也表明,其他条件相同时,随着碳酸钙粒径的减小及其分布的变窄,复合材料的冲击强度明显提高。并且,其拉伸强度和弯曲强度也呈增大趋势(但仍低于基体)。当碳酸钙粒径过大且分布过宽时,碳酸钙的加入反而引起材料缺口冲击强度的显著下降,起不到增韧作用。

一定粒径和粒径分布的无机刚性粒子分散于准韧性基体,只有当粒子浓度超过临界值 φ_c 时,体系韧性才迅速增大。在 φ_c 处发生脆韧转变。当 $\varphi > \varphi_c$ 后,体系韧性随 φ 值增大而提高,并于一定几时达到最大。超过 φ_c 韧性随 φ 增大而又急速降低,变为脆性破坏。

复合体系的界面是指聚合物基体与无机粒子之间化学成分有显著变化的、构成彼此结合的、能起载荷传递作用的微小区域,如图 5-85 所示,通过界面相和界面作用,将基体与粒子结合成一个整体。并传递能量,终止裂纹扩展,减缓应力集中,使复合体系韧性提高。

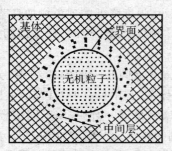

图 5-85　复合体系的界面模型

界面作用的强弱和界面相的形态除与基体、粒子种类有关外,还与表面处理剂密切相关。

目前较为普遍的观点是:界面作用太弱,意味着复合体系的相容性太差,导致无机刚性粒子在体系中分散差,不能很好地传递能量,复合体系于裂纹增长前脱黏而于界面处破坏,不利于增韧;但界面作用太强,则空洞化过程受阻,同时限制诱导产生剪切屈服,也对增韧不利。因此,应控制适当的强度范围。

界面形态也决定着复合体系的增韧效果。一般认为,界面相若能保证粒子与基体具有良好的结合性,并且本身为具有一定厚度的柔性层,则有利于材料在受到破坏时引发银纹,终止裂纹,既可消耗大量能量,又能较好地传递应力,达到既增韧又增强的目的。

例如,在 HDPE/CaCO$_3$ 复合材料中加入马来酸酐接枝 SEBS(SEBS-g-MAH),由于碳酸钙呈碱性,马来酸酐基团呈酸性,两者之间发生强的酸碱作用而形成离子键,提高了基体与碳酸钙之间的粘结性,复合材料的屈服强度随 SEBS-g-MAH 填充量的增大而提高;但当 SEBS-g-MAH 用量超过 4% 时,由于界面层太厚,传递应力能力减弱,复合材料的屈服强度反而下降。

下面简单介绍几种常见的界面作用理论。

化学键理论是最古老和最重要的理论,它的主要论点是处理无机粒子表面的偶联剂应既含有能与无机粒子起化学作用的官能团,又含有与基体起化学作用的官能团,由此在界面上形成共价键结合。这种理论实质是强调增加界面的化学作用是改进复合材料性能的关键。化学键理论在偶联剂的选择方面有一定的指导意义。

物理吸附理论认为,无机粒子与基体之间的结合是属于机械咬合和基于次价键作用的物理吸附。偶联剂的作用主要是促进基体和无机粒子表面完全浸润。目前看来,物理吸附理论确实是极为重要的,它可作为化学键理论的一个补充。

变形层理论认为,无机粒子经表面处理后,在界面上形成一层塑性层,可以松弛并减小界面应力。在这一理论的基础上又有经过修正的优先吸附理论和柔性层理论,即认为偶联剂会导致生成不同厚度的柔性基体界面层,而柔性层厚度与偶联剂本身在界面区的数量无关。

拘束层理论认为界面区(包括偶联剂部分)的模量介于基体和无机粒子填料之间时,则可以均匀地传递应力。这时,吸附在无机粒子表面上的基体要比本体更为聚集紧密,且聚集密度随着与界面区距离的增大而减弱。

从以上讨论可知,无机刚性粒子增韧塑料必须具备以下条件:基体要有一定强韧比;无机粒子粒径及用量应合适;无机粒子与基体间界面粘结应良好;无机粒子在基体中应分散良好。

3. 增韧机理

(1)橡胶或弹性体增韧塑料机理。

目前被人们普遍接受的这一类型的材料的增韧理论为多重银纹化理论、剪切屈服理论,逾渗理论,微孔及空穴化理论等。

多重银纹化理论是 Bucknall 和 Smith 在基于 Schmitt 橡胶粒子作为应力集中物设想的基础上提出的,这一理论认为这些应力集中物引发基体产生大量银纹,耗散冲击能量。此后,Bucknall 和 Kramer 分别对此理论进行了补充,进一步提出了橡胶粒子又是银纹的终止剂以及小粒子终止银纹的思想。

剪切屈服理论的前身是屈服膨胀理论。该理论是由 Newman 和 Styella 在 1965 年提出的。其主要思想是橡胶粒子在周围的基体相中产生了三维静张力,由此引起体积膨胀,使基体的自由体积增加,玻璃化温度降低,产生塑性变形。但该理论没有解释材料发生剪切屈服时常常伴随的应力发白现象。

银纹-剪切带理论是在早期增韧理论的基础上,逐步建立起的橡胶增韧塑料机理的初步理论体系。该理论是 Bucknall 等在 20 世纪 70 年代提出的,认为橡胶颗粒在增韧体系中发挥两个重要的作用:一是作为应力集中中心诱发大量银纹和剪切带,二是控制银纹的发展并使银纹及时终止而不致发展成破坏性裂纹。银纹尖端的应力场可诱发剪切带的产生,而剪切带也可阻止银纹的进一步发展。银纹或剪切带的产生和发展消耗能量,从而显著提高材料的韧性。进一步的研究表明,银纹和剪切带所占比例与基体性质有关,基体的韧性越高,剪切带所占的比例越大;同时也与形变速率有关,形变速率增加时,银纹化所占的比例提高还与形变类型等有关。由于这理论成功的解释了一系列实验事实,因而被广泛采用。

上述早期的增韧理论只能定性地解释一些实验结果,未能从分子水平上对材料形态结构进行定量研究,又缺乏对材料形态结构和韧性之间相关性的研究。

逾渗理论是处理强无序和具有随机几何结构系统常用的理论方法,可被用来研究在临界现象的许多问题。20 世纪 80 年代,Wu 将逾渗理论引入聚合物共混物体系的脆韧转变分析,使得脆韧转变过程从定性的图像观测提高到半定量的数值表征,具有十分重要的意义。

对于准韧性聚合物为基体的橡胶增韧体系,其橡胶平均粒间距 T 如图 5-86 所示。图中,d 为橡胶的平均粒径。当橡胶的体积分数 φ_{rc} 和基体与橡胶的亲和力保持恒定时,体系脆韧转变发生在临界橡胶平均粒径 d_c 值时,且 d_c 随 φ_{rc} 的增大而增大,其定量关系为

$$d_c = T_c \left[(\pi/6\varphi_{rc})^{1/3} - 1 \right]^{-1} \tag{5-77}$$

式中,T_c 为临界基体层厚度(即临界粒子间距),φ_{rc} 为临界橡胶相体积分数。该式是共混物发生脆韧转变的单参数判据。Wu 认为,只有当体系中橡胶粒子间距小于临界值时才有增韧的可能。与之相反,如果橡胶颗粒间距远大于临界值,材料表现为脆性。T_c 是决定共混物能否出现脆韧转变的特征参数,它对于所有通过增加基体变形能力增韧聚合物共混物都是适用的。其增韧机理为:当 $T > T_c$ 时,分散相粒子之间的应力场相互影响很小,基体的应力场是这些孤立的粒子的应力场的简单加和,故基体塑性变形能力很小,材料表现为脆性;当 $T = T_c$ 时,基体层发生平面应变到平面应力的转变,降低了基体的屈服应力,当粒子间的剪切应力的叠加

超过了基体平面应力状态下的屈服应力时,基体层发生剪切屈服,出现脆韧转变。当T进一步减小。剪切带迅速增大,很快布满整个剪切屈服区域。值得一提的是,T_c的大小除了与基体本身性质有关之外,还受到材料加载方式、测试温度和测试速度的影响。

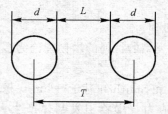

图 5 - 86　粒间距 T 示意图(基体层厚度)

在此基础上,Wu建立了塑料脆韧转变的逾渗模型。Wu提出,当橡胶分散在塑料中时,每个橡胶粒子与其周围的基体球壳形成平面应力体积球,如图 5 - 87 所示。

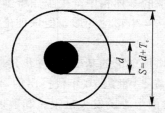

图 5 - 87　橡胶周围的应力体积球示意图(图中阴影部分为橡胶粒子)

S 为应力体积球的直径。在橡胶粒子间距 T/T_c 时,相邻平面应力体积球发生关联,出现逾渗通道,体系发生脆韧转变,对应的临界平面应力体积球直径(S_c) 为

$$S_c = d_c + T_c \tag{5-78}$$

式中,d_c 为临界橡胶平均粒径,T_c 为临界基体层厚度。此时,对应的橡胶相体积分数 φ_{rc} 定义为逾渗阈值。该值随橡胶平均粒径减小而减小。

随着平面应力体积球的体积分数(V_s) 增大,发生关联的平面应力体积球的数目增多,相互连接,形成大小不一的逾渗集团。当 V_s 增大到逾渗阀值(V_{sc}) 时,剪切屈服出现一条贯穿整个区域的逾渗通道,体系发生脆韧转变。临界平面应力体积球分数(V_{sc}) 为

$$V_{sc} = \varphi_{rc} \, (S_c/d_c)^3 \tag{5-79}$$

Wu的这一理论是增韧理论发展的一个突破,但也存在不足,主要表现在该理论模型是建立在橡胶粒子在基体中呈简立方分布,粒子为球形且大小相同的假设条件下,忽略了粒子形状、尺寸分布及空间分别对材料韧性的影响。为此,理论尚待进一步完善。

由应力分析可知,橡胶相粒子赤道面的应力集中效应最大,在该处容易发生基体与分散相的界面脱黏,形成微孔。同时,与基体相比,橡胶粒子的泊松比更高,断裂应力值更低。当所受外力达到断裂应力值时,橡胶粒子内部会产生空洞。这些微孔和空穴的形成可吸收能量,使基体发生脆韧转变。例如,Van der Wal 和 Gaymans 研究了 PP/EPDM 体系,发现橡胶粒子空洞化是材料变形的主要机理。J. U. Starke 指出,在 EPR 增韧共聚聚丙烯的断裂过程中,橡胶粒子的空洞化是形变的第一步。当 PP/EPR 共混比为 80/20 时,空洞化橡胶粒子之间的基体通过剪切屈服形成空洞带,但空洞带分布不均匀,且彼此孤立。随着橡胶含量增加到出现脆

韧转变后,空洞带结构遍布整个试样,且在垂直于拉伸方向上出现了类银纹的丝状结构,这即 Argon 等所称的银纹洞。

（2）无机刚性粒子增韧塑料的机理。

在无机刚性粒子增韧塑料的机理中有代表性的是逾渗理论、裂纹受阻机理以及积分理论。

在对改性 EPDM 增韧 PA-66 的研究中,Wu 同样提出了临界粒子间距普适判据的概念。如对于 HDPE/CaCO$_3$ 复合材料,用特种界面偶联剂处理可得到具有准脆韧转变的超韧的 HDPE/CaCO$_3$ 复合材料。研究结果表明,其脆韧转变也遵从 L_c 判据和逾渗模型转变定律。而未加特种偶联剂表面处理的 HDPE/CaCO$_3$ 复合材料,缺口冲击强度随碳酸钙的 V_f 增加急剧减少,表明具有适当的界面性能的填充复合材料其脆韧转变特征和橡胶增韧准韧性聚合物的规律相似。

对于高聚物的韧性随刚性粒子体积分数增加而提高的现象,Lange 用裂纹受阻理论进行了解释。Lange 认为,与位错通过晶体的运动相类似,材料中的裂纹也具有线张力,当遇到不可穿透的阻碍物时,裂纹被阻止。未通过阻碍物,裂纹将弯曲绕行,从而导致断裂能的增加。Lange 导出了断裂能 G_{rc} 和阻碍物分散度 D_s 的关系为

$$G_{rc} = G_{rco} + \frac{T_l}{D_s} \qquad (5-80)$$

式中,G_{rco} 为基体的断裂能;T_l 为裂纹线张力;D_s 是粒子直径 d_f 的函数,$D_s = 2d_f \times / (1-V_f)/3V_f$。

上述两式表明,对于一定粒子直径 d_f,断裂能随 V_f 增加而增加。在 V_f 值较小时,这一规律和实验现象吻合。但是实验发现,随着 V_f 增加,G_{rc} 值达到一最大值。然后减小,说明在高填充量时,裂纹阻止理论是不适用的。

J 积分概念最早在研究金属材料时提出,其理论依据是:在塑性较大的材料中,裂纹尖端的应力和应变场具有单值性,可以由一个自裂纹自由表面下任意一点开始,绕裂纹尖端,终止于裂纹自由表面上任意一点回路的积分值表示,这一积分就称为 J 积分。J 积分值与路径无关,反映裂纹尖端附近应力应变场的强度,同时它又代表着向缺口区域的能量输入,可作为大规模塑性屈服时的裂纹判据。

J 积分可以简单定义为势能 U 随裂纹长度 a 降低的速率,有

$$J = \frac{-1}{B} \left(\frac{\partial U}{\partial a} \right)_\Delta \qquad (5-81)$$

式中,B 为样条宽度,Δ 为形变。

当 J 积分超过其临界值,即 $J > J_c$ 裂纹开始生长,J 是与裂纹长度、试件几何形状和加载方式无关的材料参数。

用断裂力学的 J 积分法研究碳酸钙增韧聚丙烯的断裂韧性,结果认为,由于碳酸钙的加入,使聚丙烯基体的应力集中状况发生了变化。拉伸时,基体对粒子的作用在两极表现为拉应力,在赤道位置则为压应力,同时由于力的相互作用,球粒赤道附近的聚丙烯基体也受到来自填料的反作用力,3 个轴向应力的协同作用有利于基体的屈服。另外,由于无机刚性粒子不会产生大的伸长变形,在拉应力作用下,基体和填料会在两极首先产生界面脱黏。形成空穴,而赤道位置的压应力为本体的 3 倍,其局部区域可产生提前屈服。应力集中产生屈服和界面脱黏都需要消耗更多的能量,这就是无机刚性粒子的增韧作用。众多的研究结果表明,只有超细

的无机刚性粒子的表面缺陷少,非配对原子多,比表面积大,与聚合物发生物理或化学结合的可能性大,粒子与基体间的界面粘结时可以承受更大的载荷,从而达到既增强又增韧的目的。

5.5 高聚物其他断裂模式概述

到目前为止,我们只讨论了高聚物在直接加载条件下的脆性与韧性断裂。讨论这种断裂模式对揭示高聚物材料的力学特性和断裂机理是有重要意义的,但是从高聚物制品使用的角度来看,由于设计时已力图保证制品在使用中所受的应力水平远远低于材料在使用条件下的断裂强度,所以除非制品中存在着意料不到的危险缺陷,或制品遭受到非正常大应力作用,一般不应出现在使用载荷直接作用下的断裂。相反,疲劳断裂、蠕变断裂、环境应力开裂和磨损磨耗等断裂模式却是高聚物制品失效中更常见的断裂模式。为此,下面对这些断裂模式作一简单的介绍。

5.5.1 疲劳断裂

疲劳试验测试材料在交变应力或应变作用下的力学性能,用来评价材料在多次重复作用力下的抗破坏能力。疲劳性能用疲劳寿命和疲劳极限表征。疲劳寿命(一般用 N_f 表示)是指在给定的振动条件下试样产生破坏所需要的周数,周数越大表示材料的抗疲劳性能越好。疲劳寿命同材料所受交变应力振幅的大小有关,某些材料在足够低的应力下几乎永远不发生破坏。把材料刚好不发生疲劳破坏的最大应力振幅称为材料的疲劳极限或耐久极限。就是说,当所有的应力振幅小于材料的疲劳极限时,材料将永远不断裂。许多高聚物的疲劳极限一般是其拉伸强度的 20%～35%。在选择振动的环境下使用的高聚物材料时,应使其疲劳极限高于最大振动应力,不能仅考虑拉伸或弯曲强度。

通常用材料的疲劳寿命与所受的应力水平之间的关系曲线(见图 5-88)表征材料的疲劳特征,这种曲线常称为 S-N 曲线。

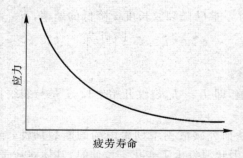

图 5-88 材料的疲劳特性曲线(S-N 曲线)示意图

疲劳寿命同测试条件有关。针对不同的应力环境而设计了不同的试验条件,这些条件是:①交变应变的振幅保持不变;②交变应力的振幅保持不变;③交变应力或应变的振幅随时间增加。第一种情况下,材料一旦产生裂纹,应力将有很大的下降,以致试样在短期内不发生破坏。第二种情况下,材料一旦产生裂纹应变幅度立即增大,试样很快就会破坏。在最后一种情况下,应力与应变幅度持续增大,试样更容易破坏。因此三种不同条件下测定的疲劳寿命依次下降。只有在相同条件下测定的结果才能相互比较。

材料的疲劳过程是材料中微观局部损伤的扩展过程。材料的疲劳过程包括疲劳裂纹的引发和扩展(包括慢速扩展和快速扩展)两个阶段。假设在一定的疲劳条件(包括应力水平、最大最小的应力之比、温度、作用频率等)下,材料中引发疲劳裂纹所需经受的应力循环次数为 N_i,裂纹扩展直至材料发生宏观断裂所需经受的应力循环次数为 N_p,则

$$N_f = N_i + N_p \qquad (5-82)$$

N_i 和 N_p 在整个疲劳寿命 N_f 中所占的比例与材料中包含的缺陷状况有关。对于一块带缺口试样来说,可能 $N_f \approx N_p$;对于一根表面经精心处理因而缺陷数目少、缺陷小的纤维试样来说,$N_f \approx N_i$。

高聚物的疲劳断口上也有镜面区和粗糙区之分。镜面区是疲劳裂纹慢速扩展阶段形成的。在镜面区可以观察到许多以断裂源为中心的同心圆弧状疲劳条带。离断裂源越远,条带间距越宽。疲劳条带是判断材料是否疲劳断裂最重要的形貌特征。

5.5.2　蠕变断裂

材料在低于其断裂强度的恒定应力作用下,应变随时间逐渐增加,最后发生宏观断裂的现象称为蠕变断裂,也叫作静态疲劳。高聚物从蠕变开始(即从受到恒定应力作用的时刻起)直至断裂所需的时间 t 与所受应力 σ 的关系一般符合下式所示的规律:

$$t = Ae^{-B\sigma} \qquad (5-83)$$

即

$$\ln t = \ln A - B\sigma \qquad (5-84)$$

式中,A 和 B 在一定的应力范围内是常数。如图 5-89 所示为聚乙烯在双轴拉伸条件下的蠕变断裂时间与应力的关系曲线。

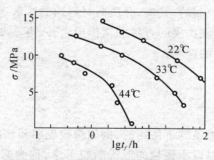

图 5-89　聚乙烯在双轴拉伸条件下的蠕变断裂时间与应力的关系曲线

研究表明,高聚物的蠕变断裂有以下几个特点:①材料在高应力水平下发生的蠕变断裂往往是韧性断裂,断裂应变大,而在低应力水平下发生的断裂往往是脆性断裂,断裂应变小。在一定的应力水平范围内,蠕变断裂发生韧脆转变,图 5-89 中所示曲线的折点就是韧-脆转变点。②在韧性蠕变断裂过程中,材料会出现"发白"现象。"发白"的原因是材料内部出现了许多空穴。③在像聚苯乙烯和有机玻璃之类的脆性材料的蠕变断裂过程中,材料内必定产生许

多应力银纹。应力水平越高;银纹密度越高。制件在长期使用中出现"发白"或应力银纹是蠕变断裂的征兆。

5.5.3 环境应力开裂

环境应力开裂是材料在使用中因介质(腐蚀性介质、溶剂或某种气氛)和应力的共同作用而产生许多小裂纹甚至发生宏观断裂的现象。这类断裂模式有下述特点。

(1)裂纹始于材料表面,裂纹张开面与拉伸应力方向垂直。

(2)使材料产生环境应力开裂的应力水平比该种材料的断裂强度低得多,甚至在材料不受外力作用的情况下,其内部存在的残余应力也可能使它在一定的环境中发生开裂。

(3)各种材料在一定的环境中,有一个产生环境应力开裂所需的最低应力值,称为临界应力。当材料所受的应本水平低于这个临界值时,不发生环境应力开裂。

(4)材料在环境应力开裂中产生的许多小裂纹,大多因邻近裂纹的抑制作用不易扩展,只有少数裂纹互相贯穿导致材料宏观断裂。

表征材料抗环境应力开裂的指标是该材料的标准条状试样在单轴拉伸和接触某种介质的条件下直至断裂所需的时间。

引起高聚物材料发生环境应力开裂的介质是有机溶剂、水、某些表面活性剂和臭氧等。有机溶剂容易促进塑料,特别是非晶态塑料的环境应力开裂。例如有机玻璃在苯、丙酮、乙酸乙酯和石油醚中,聚碳酸酯在四氯化碳中。水和表面活性剂容易引起聚乙烯发生环境应力开裂。臭氧容易使不饱和碳链高聚物,尤其是不饱和碳链橡胶发生环境应力开裂。例如天然橡胶只要在微量臭氧和5%的应变条件下就能开裂。介质对高聚物的作用是促进高聚物的降解或对高聚物产生溶剂化作用,从而降低局部材料的屈服强度或断裂强度,促使材料产生银纹或裂纹。

高聚物所受的应力水平越高,因环境应力开裂而断裂所需的时间越短。表面看来,环境应力开裂的速率是受应力水平控制的,其实,介质向材料内的扩散速率是更重要的控制因素。应力水平提高时,除了应力对裂纹扩展的直接加速作用之外,更重要的是促进介质向材料内的扩散速率,从而加快了应力开裂的速率。

5.5.4 磨损磨耗

有些高聚物制件是在摩擦条件下使用的,例如橡胶轮船和塑料传动零件(齿轮、齿条、轴承等)。制件受摩擦时,表面材料以小颗粒的形式断裂下来,称为磨损磨耗。很难说磨损磨耗的机理纯粹是材料的断裂过程,因为制件在摩擦中产生的热量能使材料升温,温度过高时,会引起材料的局部熔化、降解和氧化反应等。不过,制件在摩擦中表面材料以碎屑形式掉落下来毕竟意味着断裂是磨损磨耗的主要机理。

习题与思考题

1. 说明下列概念：

拉伸强度, 拉伸屈服强度, 真应力, 冲击强度, 屈服和冷拉, 银纹, 应力发白, 临界应力强度因子。

2. 各种塑料的最高使用温度和最低使用温度是多少？为什么？

3. 为什么高聚物屈服行为可通过应力-应变曲线这样的图解方式研究？

4. 从典型的非晶态高聚物的拉伸应力-应变曲线上能得到什么信息？

5. 高聚物的应力-应变曲线有哪几种类型？各自有什么特点？

6. 什么是真应力和真应变？为什么在研究屈服行为时要用真应力和真应变？

7. 试画出下列实验曲线：

　a. 不同温度下 PMMA 的应力-应变曲线；

　b. 不同应变速率的 HDPE 的应力-应变曲线；

　c. 不同应变速率和温度下的应力-应变曲线；

　d. 取向高聚物在不同方向拉伸时的应力-应变曲线。

8. 总结讨论高聚物分子量对高聚物下列性能的影响，并说明选择分子量的原则：T_g, T_m, T_f, T_b, σ_y, σ_b, 冲击强度。

9. 在塑料-橡胶共混高聚物中，橡胶含量对共混高聚物的模量、强度、延伸率、冲击强度、耐热性等，有何影响？

10. 总结讨论高聚物的结构因素和外界条件对塑料主要性能（如形变性能、强度和韧性等）影响的基本规律。

11. 什么是脆性断裂和韧性断裂，如何判定？为什么说断裂表面形状和断裂能是区别脆性和韧性断裂最重要的指标？

12. 温度对高聚物的屈服有什么影响？如何利用屈服强度的温度依赖性和断裂强度的温度依赖性的不同来解释分子量、支化、侧基、交联和增塑等内外因素对高聚物脆韧性的影响？

13. 为什么实际高聚物的强度要比理论强度小很多？你是如何认识应力集中的？

14. 格里菲思如何从能量的角度来考虑材料的断裂问题？理论的要点是什么？

15. 什么是银纹？表现在哪些方面？产生的原因是什么？银纹与一般所说的裂纹有什么区别？

16. 银纹在玻璃态高聚物的脆性断裂中起着什么重要作用？

17. 什么是冲击强度？它与材料其他极限性能有什么不同？

第六章　高聚物的高弹性

高聚物处于高弹态时,链段可以自由地运动。当受外力(如拉伸力)作用时,通过链段运动对外力作出响应,提供宏观的形变;当外力除去后,通过链段回缩的运动使形变回复,因而宏观上观测到了可逆的弹性形变。不同的高聚物在高弹态时的形变能力是不同的。高分子量的柔性链高聚物,如经过适度交联的天然橡胶(顺式1,4-聚异戊二烯)、顺丁橡胶(顺式1,4-聚丁二烯)、二甲基硅橡胶(聚二甲基硅氧烷)、乙丙橡胶(乙烯丙烯无规共聚物)、丁苯橡胶(丁二烯苯乙烯共聚物)、氟橡胶(偏氟乙烯全氟丙烯共聚物)等,它们的玻璃化温度 T_g 远低于室温,在很宽的温度范围均可处在高弹态,有很高的弹性形变能力,在应力作用下可伸长数倍甚至十倍以上,除去外力后又可恢复到原来的尺寸。这种独特的高弹态形变是金属材料和其他低分子固体材料所没有的。通常把这种可逆弹性限度很大的物质称为弹性体,这些弹性体所显示的弹性称为高弹性,这种可逆的弹性形变称为高弹形变。

由热力学角度高弹形变区可分为平衡态高弹形变和非平衡态高弹形变。平衡态高弹形变是高弹形变的发展和回复始终与外界条件相平衡,即瞬时、平衡、可逆的高弹形变为平衡态高弹形变,这是理想高弹性;如果高弹形变的发展与回复始终滞后于外界条件的变化,即为非平衡态高弹形变,此时高弹形变是时间的函数,这是实际橡胶高弹性的表现。

在本章中主要讨论平衡高弹形变。平衡态高弹形变是理想的橡胶高弹性,实际上当橡胶处在高弹态的平台区($T_g + 30℃ \sim T_d$)时,其高弹性也仅可视为准平衡高弹态。用热力学方法研究平衡高弹形变虽不很完善,但平衡高弹理论仍能较好地解释橡胶高弹性的力学行为。

6.1　橡胶高弹形变的分子运动机理及高弹性特点

高弹态是高聚物特有的力学状态。低分子固体熔化后变为液体,进一步变为气体。而高聚物固体除了玻璃态或结晶态固体外,还存在高弹态固体,表现出特有的高弹性力学行为。

6.1.1　橡胶高弹形变的分子运动机理

高聚物分子的链段是由主链上若干个 σ 单键内旋转所形成的独立运动单元,像小分子一样,是一个无规热运动单元。在高弹态时,链段可以自由运动,像小分子一样做"微布朗运动",因而高分子链可以具有非常多的分子构象。

在没有受外力作用时,高分子链总是趋向使分子构象熵最大的卷曲分子构象;在受外力作用时,高分子链分子构象将随之改变,形成一个应变状态。如等温拉伸橡胶,拉伸前高分子链呈卷曲分子构象(平衡态 Ⅰ),分子构象数多,构象熵大;而拉伸后,高分子链通过链段运动使高分子链转变为较伸展的分子构象(平衡态 Ⅱ),分子构象数少,构象熵小;当高分子链被完全拉直后,其分子构象数只有一个。这样,高弹形变的过程就是分子构象熵减小的过程。这种构象熵的变化在宏观上表现为显著的、可逆的高弹形变。若高分子链由 N 个链段组成,其理论的极限伸长比可达 $L_{max}/(\overline{h^2})^{1/2} \approx \sqrt{N}$($L_{max}$ 为完全伸直链长,$\overline{h^2}$ 为均方末端距)。即高分子链的链段数目愈多,高分子链愈柔顺,高弹形变的能力愈大。

而当拉伸外力被解除后,高弹形变即可回复。高弹形变的回复是由于高分子链力图保持卷曲的分子构象而产生了反抗拉伸形变的回缩张力(即橡胶的回弹力,宏观表现即为高弹模量),使伸展的分子构象回缩到原来卷曲的分子构象的结果。这一自发回复的过程即是热力学熵增的原理。

下面来分析高弹形变中分子内能的变化。分子内能主要包括分子的热运动动能和分子的位能。等温拉伸时,温度不变,分子热运动动能不变。橡胶类高聚物多为弱极性或非极性分子,分子内邻近原子间的相互作用力比较小,高弹态时链段已有足够高的热运动动能,高分子链不同构象的能量差别也很小。当高分子链的构象转变所需活化能相对于热运动动能可以忽略不计时,高分子链类似于链段自由连接的高斯链,因此,分子的位能也不变。这样,在等温拉伸橡胶的高弹形变过程中,可定性地认为分子的内能几乎是不变的。

因此,橡胶高弹形变的分子运动机理是链段的自由运动,其本质是在外力作用下高分子链构象熵变化而引起的熵弹性,这一过程中内能几乎不变。

6.1.2 高聚物高弹性的特点

高聚物高弹性的主要特点表现如下。

(1)弹性形变很大。高聚物高弹形变的伸长率可高达 $1\,000\%$,而一般金属、陶瓷材料等的弹性应变不超过 1%。

(2)高弹模量低。高聚物的模量一般为 $0.1 \sim 1.0\,MPa$,而金属材料的普弹模量高达 $10^4 \sim 10^5\,MPa$;高聚物的高弹模量随绝对温度的升高成正比地增大,而金属材料的普弹模量则随温度升高而减小。

(3)快速拉伸(绝热过程)时,高弹态高聚物的温度升高,而金属材料则温度下降。

(4)理想高弹形变对力的响应是瞬时的,高弹模量与时间无关;而实际高弹体高弹形变对力的响应不是瞬时的,高弹模量是时间的函数。

6.2 橡胶高弹性的热力学分析及实验评价

6.2.1 橡胶高弹性的热力学分析

对于平衡高弹形变即理想高弹形变,可利用热力学定律进行分析。

把橡皮试样当作热力学体系,环境就是外力、温度、压力等。设长度为 l_0 的橡皮试样等温条件下受外力 f 拉伸,伸长为 dl。由热力学第一定律可知,体系内能的变化 dU 等于体系吸收的热量 dQ 与体系对外做功 dW 的差,即

$$dU = dQ - dW \tag{6-1}$$

橡皮试样被拉长时,体系对外做的功包括两部分,一部分是拉伸过程中体积变化所做的功 $p\mathrm{d}V$(体系对环境做功,热力学符号为正);另一部分是拉伸过程中形状变化所做的功 $-f\mathrm{d}l$(环境对体系做功,热力学符号为负)。可得

$$\mathrm{d}W = p\mathrm{d}V - f\mathrm{d}l \tag{6-2}$$

根据热力学第二定律,对于等温可逆过程:

$$\mathrm{d}Q = T\mathrm{d}S \tag{6-3}$$

代入式(6-1)可得

$$\mathrm{d}U = T\mathrm{d}S - p\mathrm{d}V + f\mathrm{d}l \tag{6-4}$$

一、等容条件

在恒定的温度、等容条件下,橡皮试样在拉伸过程中体积几乎不变,即 $\mathrm{d}V \approx 0$,故

$$\mathrm{d}U = T\mathrm{d}S + f\mathrm{d}l \tag{6-5}$$

得

$$f = \left(\frac{\partial U}{\partial l}\right)_{T,V} - T\left(\frac{\partial S}{\partial l}\right)_{T,V} \tag{6-6}$$

此为等容条件下的橡胶状态方程。在等容条件下,分子间距不变,即分子间的相互作用不变,只需考虑由于分子构象的改变而引起的能量和熵的改变。因此上式的物理意义是,外力作用在橡皮试样上,一方面使橡皮试样的内能随伸长而变化,另一方面使橡皮试样的熵随伸长而变化。或者说,在橡皮试样内产生的与外力相平衡的张力是由于伸长变形时内能发生变化和熵发生变化引起的。

设

$$f_U = \left(\frac{\partial U}{\partial l}\right)_{T,V}$$

$$f_S = -T\left(\frac{\partial S}{\partial l}\right)_{T,V}$$

可得

$$f = f_U + f_S \tag{6-7}$$

式中,f_U 为橡皮试样内能变化的贡献;f_S 为橡皮试样熵变的贡献。

理想高弹性形变的发展与回复是瞬时、平衡、可逆的,即链段运动是完全自由的,不存在分子内邻近原子间的相互作用,因而拉伸过程中就不需要克服这种相互作用而做功。或者说,在橡皮试样被拉伸形变过程中所形成的各种构象都具有相同的位能,因此等温拉伸橡皮试样的高弹形变前后没有内能变化。即

$$f_U = \left(\frac{\partial U}{\partial l}\right)_{T,V} = 0$$

故得

$$f = f_S = -T\left(\frac{\partial S}{\partial l}\right)_{T,V} \tag{6-8}$$

式(6-8)的物理意义表明,橡皮试样内的平衡张力仅仅是熵变产生的。

下面依据热力学分析解释高弹性的特点。

在等温拉伸过程中橡皮试样的内能几乎是不变的,则

$$f \mathrm{d}l = -T \mathrm{d}S = -\mathrm{d}Q \tag{6-9}$$

它表明在高弹形变过程中,外力所做的功全部转化为高分子链分子构象熵的减少,或者说伴随有放热效应。当橡皮试样被拉伸时,$\mathrm{d}l > 0$,$f > 0$,故 $\mathrm{d}Q < 0$,体系是放热的(热力学符号放热为负);当橡皮试样被压缩时,$\mathrm{d}l < 0$,$f < 0$,故 $\mathrm{d}Q < 0$,体系仍是放热的。释放的热量表现为橡皮试样温度的升高。图 6-1 是天然橡胶绝热拉伸时温度随伸长率的变化。如果橡皮试样恒长度下的比热容为 C_l,则温度升高为 $-\mathrm{d}Q/C_l$。可逆过程中 $\mathrm{d}Q = T\mathrm{d}S$,因此橡皮试样从未应变长度 l_0 被拉伸到 l 时,总的升温数值为

$$\Delta T = -\int_{l_0}^{l} \frac{T}{C} \left(\frac{\partial S}{\partial l} \right)_T \mathrm{d}l \tag{6-10}$$

因为 $\left(\dfrac{\partial S}{\partial l} \right)_T$ 可以由 f-T 关系确定,故 ΔT 可由上式计算。

由图 6-1 可见,当伸长率超过 300% 时温升很快。这是由于在高应变区可能出现结晶现象而释放出"潜热"造成的热效应。由拉伸实验和收缩实验之间缺乏可逆性可证明有结晶作用产生。

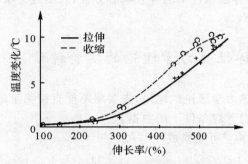

图 6-1　绝热拉伸(或收缩)时温度的变化

当温度升高时,高分子链的链段热运动加剧,高分子链趋于卷曲分子构象的倾向愈大,回缩张力就愈大,所以高弹模量随温度的升高而增大。

二、等压条件

等容条件虽然有助于用分子观点解释橡胶高弹性,但其实验条件却不易实现。为了以实验验证式(6-6)的结论,先要将不能被直接测量的量 $\left(\dfrac{\partial S}{\partial l} \right)_{T,V}$ 变换为可测量的量。

根据吉布斯(Gibbs)自由能的定义,有

$$G = H - TS = U + pV - TS \tag{6-11}$$

对于微小的变化,有

$$\mathrm{d}G = \mathrm{d}U + p\mathrm{d}V + V\mathrm{d}p - T\mathrm{d}S - S\mathrm{d}T \tag{6-12}$$

将式(6-4)代入上式,则得

$$\mathrm{d}G = f\mathrm{d}l + V\mathrm{d}p - S\mathrm{d}T \tag{6-13}$$

可见 G 是 p,T,l 的函数,则

$$\left(\frac{\partial G}{\partial p} \right)_{T,l} = V, \quad \left(\frac{\partial G}{\partial T} \right)_{P,l} = -S, \quad \left(\frac{\partial G}{\partial l} \right)_{T,P} = f \tag{6-14}$$

在等压等温条件下，$dp=0$，$dT=0$，由式（6-13），得

$$dG = f dl \tag{6-15}$$

即外力所做的功，等于体系自由能的增加，则熵变

$$\left(\frac{\partial S}{\partial l}\right)_{T,p} = -\frac{\partial}{\partial l}\left(\frac{\partial G}{\partial T}\right)_{l,p} = -\frac{\partial}{\partial T}\left(\frac{\partial G}{\partial l}\right)_{T,p} = \left(\frac{\partial f}{\partial T}\right)_{l,p} \tag{6-16}$$

即在 p,l 不变时，外力 f 随温度的变化反映了试样伸长时熵的改变，而内能的变化由式（6-14）可知

$$\left(\frac{\partial H}{\partial l}\right)_{T,p} = \left(\frac{\partial G}{\partial l}\right)_{T,l} + T\left(\frac{\partial S}{\partial l}\right)_{T,p} = f - \left(\frac{\partial f}{\partial T}\right)_{l,p} \tag{6-17}$$

则

$$f = \left(\frac{\partial H}{\partial l}\right)_{T,p} - T\left(\frac{\partial S}{\partial l}\right)_{T,p}$$

或

$$f = \left(\frac{\partial H}{\partial l}\right)_{T,p} + T\left(\frac{\partial f}{\partial T}\right)_{l,p} \tag{6-18}$$

式（6-18）即为在等压等温条件下的橡胶状态方程，表明外力增加了体系的焓和减小了体系的熵。

6.2.2　橡胶高弹性热力学理论的实验评价

为了以实验验证上述热力学理论的结果，先要将不能直接测量的量转变为可测量的量，可将等温等压条件换算成等温等容条件下的数据。

式（6-6）中的 $(\partial S/\partial l)_{T,V}$ 可变换成

$$\left(\frac{\partial S}{\partial l}\right)_{T,V} = -\left[\frac{\partial}{\partial l}\left(\frac{\partial G}{\partial T}\right)_{l,p}\right]_{T,V} = -\left[\frac{\partial}{\partial T}\left(\frac{\partial G}{\partial l}\right)_{T,p}\right]_{l,V} = -\left(\frac{\partial f}{\partial T}\right)_{l,V} \tag{6-19}$$

则式（6-18）可以改写成

$$f = \left(\frac{\partial U}{\partial l}\right)_{T,V} + T\left(\frac{\partial f}{\partial T}\right)_{l,V} \tag{6-20}$$

这里 $(\partial f/\partial T)_{l,V}$ 的物理意义是：在试样的长度 l 和体积 V 保持不变的条件下，试样张力随温度的变化，它是可以直接从实验中测量的。

实验时，将橡皮试样在一恒定温度下等温拉伸到一定长度 l，然后测定维持同样伸长在不同温度下的张力 f。因为橡胶的热力学方程式是按平衡热力学处理得到的，改变实验温度时，必须等待足够长的时间，使张力达到平衡值为止。为了验证是否达到平衡态，一般还分别作升温和降温测量对照。以张力 f 对绝对温度 T 作图，当试样拉伸比不太大时可得到一直线。$f-T$ 直线的斜率为 $(\partial f/\partial T)_{l,V}$，截距为 $(\partial u/\partial l)_{T,V}$。以不同的拉伸比作平行实验，在 f 对 T 的图上便得到一组直线，如图6-2所示。

实验结果表明，在相当宽的伸长范围和温度范围内，维持同样拉伸比的张力随温度升高而增大，且保持良好的线性关系。直线的斜率随伸长率的增加而增加，也即在同一温度下，随伸长率增大产生的张力愈大，且各直线外推到 $T=0$ K 时，几乎都通过坐标的原点，即

$$\left(\frac{\partial u}{\partial l}\right)_{T,V} \approx 0 \tag{6-21}$$

式（6-21）说明橡皮试样被拉伸时，内能几乎不变，而主要引起熵的变化。

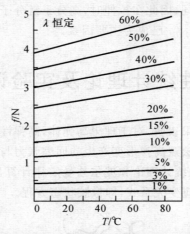

图 6 - 2 固定拉伸比 λ 时天然橡胶的拉力 f - T 的关系曲线

实际橡胶高弹体$(\partial U/\partial l)_{T,v}$并不等于 0。已知拉伸橡皮试样内能变化对张力的贡献及熵的变化对张力的贡献分别为

$$\left(\frac{\partial U}{\partial l}\right)_{T,v} = f_U \tag{6-22}$$

$$T\left(\frac{\partial f}{\partial T}\right)_{l,v} = -T\left(\frac{\partial S}{\partial l}\right)_{T,v} = f_S \tag{6-23}$$

进一步作较精细的实验,测定某一温度下不同伸长率时的 f, f_S 和 f_U 值,对伸长率作图,如图 6 - 3 所示。

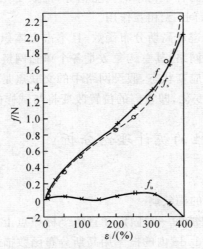

图 6 - 3 根据图 6 - 2 的结果作 f, f_U, f_S 对 ε 图

由图可见,熵的变化对张力的贡献是主要的,而内能的变化对张力的贡献很小,仅在高伸长率时较明显地偏离了 0 线。偏离的原因主要有两点,一是实际上实验是在等压条件下进行的,而热力学公式是在等容条件下推导出来的,实际橡胶高弹形变时体积变化并不为 0,因而实验得到 f_U 值与定义的$(\partial U/\partial l)_{T,v}$之间有偏差;二是在进行热力学分析时,假设橡胶是理想弹性体,实际上橡胶在高弹形变时,单键内旋转并不是完全自由的,由内旋转形成的高分子链

的各种分子构象的位能也不相同,因此在拉伸时,高分子链分子构象的变化必然引起内能的变化。特别在高伸长区($\sim 10\%$),f_U已成为主要因素。

6.3　橡胶高弹性统计理论及实验评价、修正和应用

对高弹性热力学分析的结果表明,对于理想高弹体,高弹性的本质是熵弹性。熵弹性的分子运动机理使得有可能把橡胶宏观高弹形变产生的回缩张力与高分子链相应的分子构象变化联系起来,应用高分子链的构象统计理论和玻尔兹曼定律计算出橡胶交联网变形时的体系熵变,进一步推导出宏观的应力-应变关系式,即橡胶状态方程。

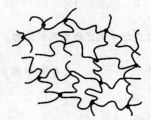

图 6－4　交联网络结构模型

为了便于进行统计热力学分析,假设理想橡胶弹性体的交联网络(见图 6－4)符合以下 4 个假设。

(1) 交联网络中每个网链的各个构象的位能相等,构象变化不引起体系内能变化,可将每个网链看作是高斯链,分子内(间)无相互作用。

(2) 每个网链的构象分布遵从高斯分布函数,且不占有体积。

(3) 交联网络为各向同性网络,其总构象数是各个单独网链构象数的乘积。

(4) 无论在应变状态或非应变状态,假设网络中的交联点是固定在它的平均位置上的,当形变时,这些交联点将仿射地变化,即它们的位置改变将与试样的宏观形变具有同一比例。

6.3.1　橡胶高弹性的统计理论分析

按以下 4 个步骤进行分析。

(1) 计算未形变时一个链的构象熵。

如果把交联网链第 i 个网链的一端固定在直角坐标原点上,另一端 P_i 落在点(x_i, y_i, z_i)处(见图 6－5) 的小体积元 $\mathrm{d}x\mathrm{d}y\mathrm{d}z$ 内的概率用高斯分布函数描述,则可得

$$W(x_i, y_i, z_i)\mathrm{d}x\mathrm{d}y\mathrm{d}z = \left(\frac{\beta}{\sqrt{\pi}}\right)^3 \mathrm{e}^{-\beta^2(x^2+y^2+z^2)}\mathrm{d}x\mathrm{d}y\mathrm{d}z \tag{6-24}$$

$$\beta^2 = \frac{3}{2Zb^2} \tag{6-25}$$

式中,Z 为网链的链段数;b 为链段长度。

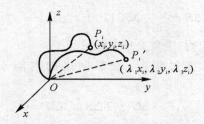

图 6-5 网链"仿射"变形前后的坐标

如果 $dxdydz$ 为单位小体积元,则网链构象数同几率密度 $w(x_iy_iz_i)$ 成比例。根据玻尔兹曼定律,体系的熵 S 与体系的微观状态数(即网链的构象数)W 的关系为

$$S = K\ln W \tag{6-26}$$

式中,K 为玻尔兹曼常数。

因此,设未形变时一个网链的构象熵为 S_{iu},则

$$S_{iu} = C - K\beta^2(x_i^2 + y_i^2 + z_i^2) \tag{6-27}$$

式中,C 为常数。

(2) 计算形变后一个网链的构象熵 S_{id} 及其构象熵变 ΔS_i。

当拉伸形变后,第 i 个网链的 P_i 端点位置落在点 $P'_i(x'_i, y'_i, z'_i)$ 处(图 6-5)。设三维轴向拉伸比为 $\lambda_1, \lambda_2, \lambda_3$,则 $x' = \lambda_1 x_i$,$y' = \lambda_2 y_i$,$z' = \lambda_3 z_i$。

这样,形变后一个网链的构象熵 S_{id} 为

$$S_{id} = C' - K\beta^2(\lambda_1^2 x_i^2 + \lambda_2^2 y_i^2 + \lambda_3^2 z_i^2) \tag{6-28}$$

式中,C' 为常数。

设一个网链高弹形变前后产生的构象熵变为 ΔS_i,则

$$\Delta S_i = S_{id} - S_{iu} = -K\beta^2 \left[(\lambda_1^2 - 1)x_i^2 + (\lambda_2^2 - 1)y_i^2 + (\lambda_3^2 - 1)z_i^2\right] \tag{6-29}$$

(3) 计算交联网络高弹形变产生的总构象熵变 ΔS。

设理想弹性体交联网络的单位体积内网链数目为 N,则单位体积网络形变前后的总构象熵变为 N 个交联网链构象熵变的加和,即

$$\Delta S = -K\beta^2 \sum_{i=1}^{N} \left[(\lambda_1^2 - 1)x_i^2 + (\lambda_2^2 - 1)y_i^2 + (\lambda_3^2 - 1)z_i^2\right] \tag{6-30}$$

由于每个网链的末端距都不相等,依据假设取其平均值,则

$$\Delta S = -K\beta^2 \sum_{i=1}^{N} \left[(\lambda_1^2 - 1)\overline{x_i^2} + (\lambda_2^2 - 1)\overline{y_i^2} + (\lambda_3^2 - 1)\overline{z_i^2}\right] \tag{6-31}$$

因为交联网络是各向同性的,所以

$$\overline{x_i^2} = \overline{y_i^2} = \overline{z_i^2} = \frac{1}{3}\overline{h^2} \tag{6-32}$$

式中,$\overline{h^2}$ 为形变前网链的均方末端距。

按假设条件网链的均方末端距等于高斯链的均方末端距,即 $\overline{h^2} = \overline{h_0^2}$,则式(6-31)变为

$$\Delta S = -\frac{1}{3}\overline{h_0^2}KN\beta^2 \sum_{i=1}^{N} \left[(\lambda_1^2 - 1) + (\lambda_2^2 - 1) + (\lambda_3^2 - 1)\right] \tag{6-33}$$

又知 $\beta^2 = \dfrac{3}{2zb^2} = \dfrac{3}{2\overline{h_0^2}}$,代入上式得交联网络高弹形变产生的总构象熵变为

$$\Delta S = -\frac{1}{2} NK \left[\lambda_1^2 + \lambda_2^2 + \lambda_3^2 - 3\right] \tag{6-34}$$

（4）交联橡胶状态方程（应力-应变关系方程）。

假设在等温拉伸高弹形变过程中，交联网络的内能不变，所以亥姆霍兹自由能（Helmholtz）的变化为

$$\Delta F = \Delta U - T\Delta S, \quad \Delta U = 0$$

$$\Delta F = -T\Delta S = \frac{1}{2} NKT \left[\lambda_1^2 + \lambda_2^2 + \lambda_3^2 - 3\right] \tag{6-35}$$

如果在等温拉伸过程中橡胶的体积不变，则外力对体系做的功等于体系自由能的增加，即

$$W = \Delta F = \frac{1}{2} NKT \left[\lambda_1^2 + \lambda_2^2 + \lambda_3^2 - 3\right] \tag{6-36}$$

式中，ΔF 为弹性储能函数，它的物理意义表示在外力作用下，单位体积橡胶在高弹形变过程中所储存的能量，它是形变参数 $(\lambda_1, \lambda_2, \lambda_3)$ 和橡胶的结构参数 (N) 以及温度 (T) 的函数。

在单向拉伸情况下，令在 x 方向拉伸，$\lambda_1 = \lambda \left(\lambda = \dfrac{l}{l_0}\right)$，$\lambda_2 = \lambda_3$，且拉伸时体积不变，$\lambda_1 \cdot \lambda_2 \cdot \lambda_3 = 1$，$\lambda_2 = \lambda_3 = \dfrac{1}{\sqrt{\lambda}}$。

则式（6-36）弹性储能函数可写成

$$W = \frac{1}{2} NKT \left(\lambda^2 + \frac{2}{\lambda} - 3\right) \tag{6-37}$$

又因为 $\mathrm{d}W = f\mathrm{d}l$，故可得

$$f = \left(\frac{\partial W}{\partial l}\right)_{T,V} = \left(\frac{\partial W}{\partial \lambda}\right)_{T,V} \left(\frac{\partial \lambda}{\partial l}\right)_{T,V} = \frac{NKT}{l_0} \left(\lambda - \frac{1}{\lambda^2}\right) \tag{6-38}$$

因为 N 为橡胶交联网络单位体积内的网链数目（或称网链密度），故 l_0 为单位长度，则上式可写为

$$f = NKT \left(\lambda - \frac{1}{\lambda^2}\right)$$

或写成

$$\sigma = \frac{f}{A_0} = NKT \left(\lambda - \frac{1}{\lambda^2}\right) \tag{6-39}$$

式中，A_0 为初始单位面积，$A_0 = 1$（面积单位）。

此式即为交联橡胶状态方程，它描述了交联橡胶的应力与伸长比的关系。

N 也可用交联点间网链的平均分子量 $\overline{M_c}$ 表示，它们之间存在以下关系

$$\frac{N \overline{M_c}}{\widetilde{N}} = \rho \quad \text{或} \quad N = \frac{\rho \widetilde{N}}{M_c}$$

式中，$\widetilde{N}$ 为阿伏伽德罗常数；ρ 为高聚物密度。因为 $K\widetilde{N} = R$，R 为气体常数，上式橡胶状态方程可写为

$$\sigma = \frac{\rho RT}{M_c} \left(\lambda - \frac{1}{\lambda^2}\right) \tag{6-40}$$

在上述推导中，没有引进与橡胶分子链化学结构有关的参数，因此所得到的橡胶状态方程适合于各种橡胶材料。

对于理想弹性体的高弹性,应力-应变关系应服从胡克定律 $\sigma = E\varepsilon$,为此,将交联橡胶状态方程式中的 $\left(\lambda - \dfrac{1}{\lambda^2}\right)$ 项展开,有

$$\lambda = 1 + \varepsilon \quad \left(\varepsilon = \frac{l - l_0}{l_0}\right)$$

$$\lambda^{-2} = (1 + \varepsilon)^{-2} = 1 - 2\varepsilon + 3\varepsilon^2 - 4\varepsilon^3 + \cdots$$

当应变 ε 很小时,略去高次方项,$\lambda^{-2} \approx 1 - 2\varepsilon$,则式(6-40)可以写为

$$\sigma = 3\frac{\rho R T}{M_c}\varepsilon \tag{6-41}$$

上式表明,只有当应变很小时,交联橡胶的应力-应变关系符合胡克定律。

根据各向同性理想弹性体材料的拉伸模量与剪切模量的关系,有

$$E = 2G(1 + \nu) - 3G \tag{6-42}$$

由于交联橡胶弹性形变时体积几乎不变,泊松比 $\nu \approx 0.5$。这样,交联橡胶的剪切模量即为

$$G = \frac{\rho R T}{M_c} \tag{6-43}$$

这一关系式说明橡胶的弹性模量随温度的升高和交联网链平均分子量的减小而增大。此时将剪切模量 G 代入式(6-40),则交联橡胶状态方程可写为

$$\sigma = G\left(\lambda - \frac{1}{\lambda^2}\right) = \frac{E}{3}\left(\lambda - \frac{1}{\lambda^2}\right) \tag{6-44}$$

因此,在橡胶弹性理论的研究中,有时也将 $\left(\lambda - \dfrac{1}{\lambda^2}\right)\Big/3$ 定义为拉伸应变。根据式(6-44)以 σ 对 $\left(\lambda - \dfrac{1}{\lambda^2}\right)\Big/3$ 作图可得直线,图6-6所示为天然橡胶10℃和60℃的实验结果。

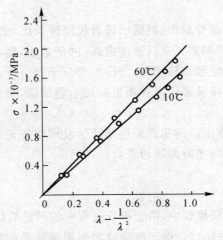

图6-6　天然橡胶在10℃和60℃时的 σ 对$(\lambda - 1/\lambda^2)$ 作图

6.3.2　橡胶高弹性统计理论的实验评价

为了检验由统计热力学导出的交联橡胶状态方程,按式(6-44)计算天然橡胶的理论曲线与实验曲线进行比较,如图 6-7 所示。

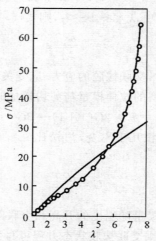

图 6-7　天然橡胶的应力-应变曲线

——○—— 实验值,—— 按 σ 对$(\lambda - 1/\lambda^2)$ 计算的理论值

由图 6-7 可见,当拉伸比 $\lambda < 1.5$ 时,理论曲线与实验曲线比较符合,拉伸比 λ 比较大时,偏差就很大。通过实验进一步研究了造成偏差的可能的原因,并对其进行相应的修正。

一、非高斯效应

在大形变的非结晶性交联橡胶中,网链已接近极限伸长比,交联网链为高斯链模型的假设此时已不适用,造成与理论的偏离。交联密度愈高,网链愈短,越容易出现非高斯效应。这从高分子链分子运动机理的角度很容易理解。此时,高分子链分子运动的形式已由链段运动转变为键长键角的变化。普弹模量要比高弹模量高几个数量级,继续发生形变所需的张力就急剧升高。

进一步定量的研究,用修正后的非高斯链统计学及网络理论建立的橡胶状态方程及其理论曲线能在更大的伸长比下与实验曲线相符合。

二、应变诱导结晶

在大形变的可结晶性交联橡胶中,由于形变过程中的网链沿拉伸方向取向,使高分子链有序化程度增加,有利于结晶的形成。由于应变取向而形成结晶的现象称为应变诱导结晶。显然,随拉伸比增大,应变诱导结晶的趋势愈大。如图 6-8 所示为天然橡胶在 0℃ 和 60℃ 下的应力-拉伸比实验曲线。0℃ 的曲线表现了应变诱导结晶效应使橡胶弹性模量迅速提高。当 $\lambda = 4$ 以上时,拉伸应力急剧升高,X 射线衍射证明此时有结晶出现。结晶的产生,相当于增加了许多"物理交联点",会使橡胶弹性模量迅速升高。同时继续形变时,晶区的高分子链的链段已失去了运动能力,即失去了高弹性,只能发生因键长键角变化引起的普弹形变,从而引起实验对理论的偏差。而 60℃ 的曲线,拉伸过程几乎没有结晶效应。大形变时产生的偏差类同非结晶交联橡胶的非高斯效应造成实验对理论的偏差。

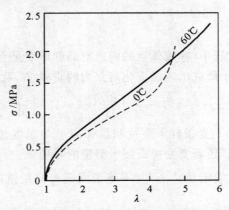

图 6 - 8　天然橡胶在 0℃ 和 60℃ 时的应力-应变曲线

三、非理想交联网 —— 有效网链和无效网链

由图 6 - 7 可以看出,在某形变范围,处于同一伸长比时,实验值低于理论值。因为实际的交联高聚物不可能形成完美的、理想的交联网络,除了形成对弹性有贡献的有效网链外,还可能形成只有一端固定在交联点上,另一端是自由的自由链 —— 端链,或者形成封闭的链圈(见图 6 - 9),它们对弹性是没有贡献的。因此对总的网链数 N 有必要进行修正。

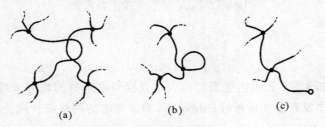

图 6 - 9　网络缺陷类型
●— 交联点,　○— 链末端
(a) 物理交联;　**(b)** 链圈;　**(c)** 自由链

如果单位体积理想交联网的网链数 $N_0 = \widetilde{N}\left(\dfrac{\rho}{M_c}\right)$,每个高分子链交联后都有两个端链,当忽略物理交联和端链时,单位体积橡胶中实际的有效网链的数目 N 应修正为

$$N = \widetilde{N}\left(\frac{\rho}{M_c} - \frac{2\rho}{M_n}\right) = \frac{\widetilde{N}\rho}{M_c}\left(1 - \frac{2\overline{M_c}}{M_n}\right) \tag{6-45}$$

式中,$\overline{M_n}$ 为交联前橡胶的数均摩尔质量。由此可得

$$G = \frac{\rho R T}{M_c}\left(1 - \frac{2\overline{M_c}}{M_n}\right) \tag{6-46}$$

$$G = \frac{\rho RT}{\overline{M_c}}\left(1 - \frac{2\overline{M_c}}{\overline{M_n}}\right)\left(\lambda - \frac{1}{\lambda^2}\right) \qquad (6-47)$$

只有当 $\overline{M_n} \gg \overline{M_c}$ 时,上述修正可以忽略。

四、内能的贡献

实际的高弹体在形变过程中,橡胶体系的内能对高弹形变是有贡献的,这与热力学分析结果相矛盾。为此,人们进一步研究出内能变化对张力的贡献 f_U 及其所占比例

$$\frac{f_U}{f} = 1 - \frac{f_s}{f} = 1 - \frac{T}{f}\left(\frac{\partial f}{\partial T}\right)_{l,V} = 1 - \left(\frac{\partial \ln f}{\partial \ln T}\right)_{l,V} \qquad (6-48)$$

根据式(6-48),在 l,V 不变条件下直接测量张力 f 与温度 T 的关系,即可以求出 f_U/f 值。但由于恒容实验的困难,还需要变换成便于测量的物理量。

实际橡胶网链的均方末端距是 $\overline{h^2}$,$\overline{h^2}$ 并不等于网链为高斯链的均方末端距 $\overline{h_0^2}$($\overline{h^2} \neq \overline{h_0^2}$),这时橡胶状态方程则变为

$$f = A_0 \sigma = A_0 NKT\left(\frac{\overline{h^2}}{\overline{h_0^2}}\right)\left(\lambda - \frac{1}{\lambda^2}\right) \qquad (6-49)$$

式中,A_0 为试样起始截面积;$\overline{h^2}$ 为网链的均方末端距,与体积有关,为在体积 V 下网络处于未畸变时的均方末端距;$\overline{h_0^2}$ 为高斯链的均方末端距,它与温度有关,表示在指定温度下相应的高斯链的均方末端距。

对上式取对数,并当 l,V 不变(等伸长、等体积)时对 $\ln T$ 求导可得

$$\left(\frac{\partial \ln f}{\partial \ln T}\right)_{l,V} = 1 - \left(\frac{\partial \ln \overline{h_0^2}}{\partial \ln T}\right)_{l,V} \qquad (6-50)$$

则

$$\frac{f_U}{f} = \left(\frac{\partial \ln \overline{h_0^2}}{\partial \ln T}\right)_{l,V} \qquad (6-51)$$

式(6-51)的物理意义表示内能贡献的大小直接与高斯链的均方末端距随温度的变化有关。只有当链的尺寸没有温度依赖性的情况下,如像基本的网络统计理论中所假设的那样,内能的贡献才消失。

Flory 证明,对于任何链,如果可旋转的链节足够多时,不管其几何结构如何,其末端距的统计分布都可以简化为高斯统计分布,即使围绕单键的内旋转并不是完全自由的,而是受到"势垒"或其他因素阻碍时,这一结论也是正确的。但此时"等价"高斯链的均方末端距 $\overline{h_0^2}$ 将是温度的函数。

均方末端距的大小与链中反式构象,左、右式构象的含量有关。反式构象的含量增加,均方末端距 $\overline{h^2}$ 增大;而左、右式构象含量增加,则使均方末端距 $\overline{h^2}$ 减小。由于反式构象和左、右式构象的位能不同,因而温度变化将引起各种构象在链中含量的变化,结果导致均方末端距的变化和内能的变化。橡胶试样被拉伸时,也是改变各种构象的含量,其效果与改变温度一样使体系内能变化。

$\left(\dfrac{\partial \ln \overline{h_0^2}}{\partial \ln T}\right)$ 的值可以选择不同 θ 温度的 θ 溶剂,用光散射法测量,也可以用黏度法测量。表

6-1 给出了若干高聚物的 $\overline{h_0^2}$ 随温度变化的数据和 f_U/f 值。

表 6-1 几种高聚物的 $\overline{h_0^2}$ 随 T 的变化和 f_U/f 值

高聚物	温度范围 /℃	$\dfrac{\mathrm{d}\ln\overline{h_0^2}}{\mathrm{d}T}\times10^3$	$\dfrac{f_U}{f}=\dfrac{\partial\ln\overline{h_0^2}}{\partial\ln T}$
聚乙烯	140～190	$-1.0(\pm0.1)$	$-0.45(180℃)$
聚苯乙烯(无规)	120～170	0.37	0.16(150℃)
聚异丁烯	20～95	$-0.08(\pm0.06)$	$-0.03(50℃)$
聚1-丁烯(无规)	140～200	$0.50(\pm0.04)$	0.21(150℃)
聚1-丁烯(等规)	40～200	$0.09(\pm0.07)$	0.04(150℃)
聚二甲基硅氧烷	30～100	$0.78(\pm0.06)$	0.25(50℃)
聚环氧乙烷	30～90	$0.23(\pm0.02)$	0.07(50℃)
天然橡胶	$-20～+25$	$0.41(\pm0.04)$	0.13(50℃)

从表 6-1 中可以看到,非晶态聚乙烯的 $\overline{h_0^2}$ 的温度系数 $\left(\dfrac{\mathrm{d}\ln\overline{h_0^2}}{\mathrm{d}T}\right)$ 值和内能贡献 f_U/f 都是负值,这一事实可以从聚乙烯的分子链结构特征解释。当聚乙烯分子链为全反式构象时,分子链具有最高的空间伸展构象,而构象位能则最低,即具有最低能量的分子构象(T)。当聚乙烯分子链中的部分 C—C 键取左右式构象时,分子链的末端距减小,但是由于分子内邻近的基团 —CH$_2$— 之间的推斥作用,将使构象位能升高。当升高温度时,附加的热能增加了高能态左右式构象的含量,因而使 $\overline{h_0^2}$ 减小,其温度系数为负数。若拉伸非晶态聚乙烯试样时,分子链末端距增大,分子链由无规线团沿力的方向伸展,部分左右式构象转为反式构象,使构象位能降低,因而使其内能的贡献 f_U/f 为负值。

聚二甲基硅橡胶和天然橡胶等高聚物的均方末端距温度系数 $\left(\dfrac{\mathrm{d}\ln\overline{h_0^2}}{\mathrm{d}T}\right)$ 值和内能贡献 f_U/f 值都是正值。对此,同样可以从高分子链结构特征得到解释。以聚二甲基硅氧烷橡胶为例,其高分子主链骨架由硅原子和氧原子交替连接而成。由于 Si—O 键比较长,而 Si—O—Si 键角又特别大,主链取反式构象时可以减少侧甲基的排斥作用。然而因为 Si—O—Si 和 O—Si—O 两键角大小不等,若取全反式构象时的构象位能反而比取顺-反式构象位能高 13.3kJ/mol。即具有最低能量的分子构象为 $(CT)_n^{\ast}$。当升高温度时,附加的热量使部分顺式构象转变为反式构象,使聚二甲基硅橡胶分子链更为舒展,均方末端距增大,其温度系数为正值。若拉伸聚二甲基硅橡胶试样时,高分子链末端距增大,高分子链的反式构象含量增加,从而使构象位能升高,其内能的贡献 f_U/f 值为正值。

事实上大多数实验数据是在等压下测定的,只有采用等压测量,才可以得到更精确的 f_U/f 值。在等压条件下橡胶高弹形变过程内能变化对张力的贡献 f_U 及其所占比例为

$$\frac{f_U}{f}=1-\left(\frac{\partial\ln f}{\partial\ln T}\right)_{P,l}-\frac{A\beta T}{3}\left(\frac{\partial\ln f}{\partial\ln l}\right)_{T,P} \tag{6-52}$$

式中,A 为各向异性因子,β 为体积膨胀系数。

五、体积变化和非仿射形变

实际橡胶在形变时体积会发生约 10^{-4} 数量级的变化,即体积变化,需对体积不变的假设

进行修正。

假定有一个体积为 V_0 的立方体,每边长为 l_0。单轴拉伸后长度为 l,伸长比 $=l/l_0$,体积变为 V。假定试样在拉伸前有一个流体静压力使体积也为 V,这样起始的长度就不是 l_0,而是 $l'=l_0 (V/V_0)^{1/3}$,单向拉伸的拉伸比 $\lambda'=l/l'$,拉伸方向的伸长比为 $\lambda'_1=\lambda_1 (V_0/V)^{1/3}$。根据不可压缩条件

$$\lambda'_1 \lambda'_2 \lambda'_3 = 1, \quad \lambda_1 \lambda_2 \lambda_3 = \frac{V}{V_0} \tag{6-53}$$

因为交联网络是各向同性的,所以

$$\lambda_1 = \lambda'_1 \left(\frac{V}{V_0}\right)^{1/3} = \lambda' \left(\frac{V}{V_0}\right)^{1/3} \tag{6-54}$$

$$\lambda_2 = \lambda_3 = \lambda'_1 \left(\frac{V}{V_0}\right)^{1/3} = \lambda'^{-1/2} \left(\frac{V}{V_0}\right)^{1/3} \tag{6-55}$$

单轴拉伸引起的自由能变化为

$$\Delta F = \frac{1}{2} NKT \left(\frac{\overline{h^2}}{h_0^2}\right) \left[\left(\lambda'^2 + \frac{2}{\lambda'}\right) \left(\frac{V}{V_0}\right)^{2/3} - 3\right] \tag{6-56}$$

式中,N 为交联网未形变前网链的总数。

而

$$f = \left(\frac{\partial F}{\partial l}\right)_{T,V} = \left(\frac{\partial F}{\partial \lambda'}\right)_{T,V} \left(\frac{\partial \lambda'}{\partial l}\right)_{T,V} = \frac{1}{l'} \left(\frac{\partial F}{\partial \lambda'}\right)_{T,V} = \frac{NKT}{l'} \left(\frac{\overline{h^2}}{h_0^2}\right) \left(\lambda' - \frac{1}{\lambda'^2}\right) \left(\frac{V}{V_0}\right)^{2/3} \tag{6-57}$$

根据 $\sigma = f/A_0$,$A_0 l_0 = V_0$,$l' = l_0 (V/V_0)^{1/3}$,$N = N_0 V_0$(N_0 为网链密度),$\lambda' = \lambda (V_0/V)^{1/3}$,则上式可推导得

$$\sigma = \frac{f}{A_0} N_0 KT \left(\frac{\overline{h^2}}{h_0^2}\right) \left(\lambda - \frac{V}{V_0} \frac{1}{\lambda^2}\right) \tag{6-58}$$

这是在高斯链理论基础上考虑了变形时体积变化而得出的橡胶状态方程。

近年来的研究还发现交联网络的变形不是仿射变形,特别是在较高的应变下更是如此。一般,交联点的波动会使模量减小,作为一种简单的修正,引入一个校正因子 A_φ,则剪切模量 $G = N_0 KT$ 经校正非仿射形变后为

$$G = A_\varphi N_0 KT, \quad A_\varphi < 1 \tag{6-59}$$

考虑一种变形完全非仿射的极限情况,Flory 提出了一种理想的"虚幻网络"的设想,这种交联网的相邻网链可以相互横切,完全排除交联点周围网链缠结的存在,从而使交联点的波动完全不受阻碍。在"虚幻网络"情况下,校正因子 A_φ 为

$$A_\varphi = 1 - \frac{2}{\varphi} \tag{6-60}$$

式中,φ 为交联点的官能度,即从一个交联点向外发射的网链的数目。

高斯网络理论的研究进展,特别是 Flory 的研究发展了更加严格的高斯网络理论,研究了单键内旋转时内能位垒的作用,已经能够预测体系的体积变化,也考虑了分子内能效应,从而为恒容或恒压条件下观测到的热力学效应提供了一种分子或结构解释的基础。

6.3.3　橡胶状态方程的应用

虽然理想橡胶高弹性的热力学理论有许多不完善的地方,但实际橡胶是最接近理想高弹性的弹性材料。用它预测实际橡胶的弹性模量、模量与温度的关系以及应变不大时的应力-应变关系仍然是十分成功的,具有一定的实用意义。

一、橡胶状态方程的普适性

由理想橡胶高弹性的热力学理论推导出橡胶单向拉伸的应力-应变关系式(通常称为橡胶状态方程)中,没有引入与橡胶高分子链化学结构有关的结构参数,因此橡胶状态方程适用于各种橡胶材料,即橡胶状态方程的普适性。

二、测定橡胶的弹性模量

由橡胶状态方程可知,橡胶拉伸时的应力-应变关系是非线性的。当橡胶应变 ε 较小时,由测定其应力-应变曲线的起始线性段部分可计算橡胶的弹性模量 E 或 $G(E \approx 3G)$ 值。

当橡胶应变 ε 较大时,应力-应变关系已不服从胡克定律,因而弹性模量已不是常数,此时可测量确定应变 ε 或伸长比 λ 条件下的表观模量 $E_{表观} = \dfrac{\sigma}{\varepsilon}$。表观模量也不是常数值,工程上用"定伸强度"表征表观模量值,如 300% 定伸强度,500% 定伸强度等。

三、测定橡胶交联度

依据橡胶状态方程,橡胶弹性模量 E 或 G 为

$$E \approx \frac{3\rho RT}{M_c} \quad 或 \quad G \approx \frac{\rho RT}{M_c}$$

可见,在一定的温度下,橡胶弹性模量与网链平均分子量(即交联点间平均分子量)成反比例关系,通过测定弹性模量值即可测出网链平均分子量 $\overline{M_c}$ 值。$\overline{M_c}$ 值的大小表示交联程度的大小。当弹性模量愈高时,计算出的 $\overline{M_c}$ 值愈小,表明橡胶的交联度愈大。在橡胶的配方工艺研究上,常用此测定方法来控制橡胶的交联度的大小。

6.4　橡胶弹性的唯象理论

统计理论处理小形变时是令人满意的。事实上,要求仅仅一个结构参数的统计理论结果完满地解释实际橡皮大形变的特性是不可能的,进一步引入结构参数在理论上又是困难的。为了得到橡胶一般性质的更为精确的数学表达式,不得不借助"唯象"的处理方法,即不涉及任何分子结构概念或分子结构参数而基于数学推理的方法。目的是寻找描述橡胶性质的最普遍或最简便的途径,而不用作相应的分子的或物理意义的解释或说明。唯象理论是通过修改储能函数的形式说明实验结果,不涉及任何分子结构参数,纯属宏观现象的描述。

现已发展了许多形式的唯象理论,从用数学方法来描述单向拉伸的应力-应变行为到由一

个或几个假设把各种应变形式联系起来的理论都有。例如 Mooney – Rivlin 理论和 Ogden 等。但是唯象理论基于对应变能函数的修正，简单地加一个附加项希望解决与统计理论的偏差是不可能的，唯象理论也仍需要做某种细节上的修正。

6.4.1　Mooney – Rivlin 理论

当一橡皮发生形变时，外力所做的功一定储存在这个变形了的橡皮里。因此，唯象理论仍以储能函数作为基本点，这时参数只是 λ_1，λ_2 和 λ_3，均可通过实验测定。

储能函数 W 只能是形变 λ_1，λ_2，λ_3 的函数，即

$$W = W(\lambda_1, \lambda_2, \lambda_3)$$

考虑下列假定：橡胶是不可压缩的，在未应变状态下是各向同性的；简单剪切形变的状态方程可由胡克定律描述。M. Mooney 从对称性出发，由纯粹的数学论证，推导出橡胶材料的应变储能函数

$$W = C_1(\lambda_1^2 + \lambda_2^2 + \lambda_3^2 - 3) + C_2\left(\frac{1}{\lambda_1^2} + \frac{1}{\lambda_2^2} + \frac{1}{\lambda_3^2} - 3\right) \qquad (6-61)$$

式中，C_1，C_2 为两个常数，推导过程无明确的物理意义。

但是，与高斯网络统计理论比较，可以认为，式（6-61）第一项与统计理论的储能函数形式相同，即与弹性模量有关，则有

$$C_1 = \frac{1}{2}NKT$$

因此，可以把统计理论看成是 Mooney 理论在 $C_2 = 0$ 时的特殊情况，即 C_2 可作为对统计理论偏差的量度。

从 Mooney 函数公式出发，可以导出各种应变状态下的状态方程。对于单轴拉伸或压缩，$\lambda_1 = \lambda$，$\lambda_2 = \lambda_3 = (1/\lambda)^{1/2}$，代入式（6-61），可得

$$W = C_1(\lambda^2 + 2/\lambda - 3) + C_2(1/\lambda^2 + 2\lambda - 3) \qquad (6-62)$$

进一步得到

$$\sigma = 2(C_2 + C_2/\lambda)(\lambda - 1/\lambda^2) \qquad (6-63)$$

按照这个方程，以 $\sigma/2(\lambda - 1/\lambda^2)$ 对 $1/\lambda$ 作图应得到一斜直线，斜率为 C_2，在 $\lambda = 1$ 处的截距为 $C_1 + C_2$。而按统计理论关系，$\sigma/2(\lambda - 1/\lambda^2)$ 对 $1/\lambda$ 图应是一水平线。

一组不同硫化程度的天然橡胶试样的实验事实证明（见图 6-10），当 $\lambda < 2$ 时，Mooney 方程比统计理论可以更好地描述橡胶弹性模量的伸长比依赖性。即 C_2 基本保持不变，C_1 则随交联程度的增加而增大，说明 C_1 为网络结构的函数，与统计理论的 $\frac{1}{2}G$ 相似。

R. S. Rivlin 从数学角度出发，讨论了应变储能函数可采取的最一般形式。Rivlin 认为，储能函数只能是 λ 的偶次函数。其中最简单的三个偶次幂函数为

$$I_1 = \lambda_1^2 + \lambda_2^2 + \lambda_3^2 \qquad (6-64)$$
$$I_2 = \lambda_1^2\lambda_2^2 + \lambda_2^2\lambda_3^2 + \lambda_3^2\lambda_1^2$$
$$I_3 = \lambda_1^2\lambda_2^2\lambda_3^2$$

这三个表达式同坐标轴的选择无关，称为应变不变量。关于 λ_i 的更复杂的偶次幂函数可借助于这三个基本形式导出。

如果橡胶是不可压缩的,则 $I_3 = 1$,弹性储能为 I_1 和 I_2 两个应变不变量的函数,可写成级数展开的形式

$$W = \sum_{i=0, j=0}^{\infty} c_i (I_1 - 3)^i (I_2 - 3)^j \tag{6-65}$$

这里,取 $(I_1 - 3)$ 和 $(I_2 - 3)$ 而不直接取 I_1 和 I_2 是为了在零应变时满足 $W = 0$ 的条件。同理可知,$c_{00} = 0$。

取展开式的 $i = 1, j = 0$ 一项时,上式对应于统计理论导出的结果。取 $i = 1, j = 0$ 和 $i = 0$, $j = 1$ 两项,上式则对应于 Mooney 储能公式。

Rivlin 进一步研究表明,Mooney 方程对橡胶单向拉伸过程是适合的,但却不能反映双向拉伸的实验结果,即不能作为储能函数的一般形式。而 Rivlin 提出的应变储能函数的一般形式既可适用于单向拉伸,又可适用于双向拉伸。

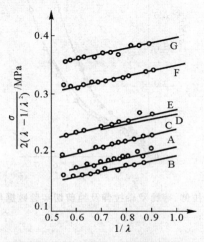

图 6-10　不同硫化程度天然橡胶单向拉伸的 Mooney 图

6.4.2　Ogden 理论

Ogden 认为,单就橡胶弹性性能的表达式而言,可以完全抛开应变储能函数必须是拉伸比的偶次幂函数的限制,于 20 世纪 70 年代提出了不可压缩橡胶的储能函数的另外一种表达式为

$$W = \sum_n \frac{\mu_n}{a_n} (\lambda_1^{a_n} + \lambda_2^{a_n} + \lambda_3^{a_n} - 3) \tag{6-66}$$

式中,a_n 为任意常数,μ_n 为弹性结构参数。

对式(6-66)求偏导数并引入材料受力方式的条件可以得出三种主应力的表达式,即

单轴拉伸： $\qquad \lambda_1 = \lambda, \quad \lambda_2 = \lambda_3 = (1/\lambda)^{1/2}$

$$\sigma_1 = \sum_n \mu_n (\lambda^{a_n-1} - \lambda^{-a_n/i-1}) \tag{6-67}$$

等比双轴拉伸： $\qquad \lambda_1 = \lambda^{-2}, \quad \lambda_2 = \lambda_3 = \lambda$

$$\sigma_2 = \sigma_3 = \sum_n \mu_n (\lambda^{a_n-1} - \lambda^{-2a_n-1}) \tag{6-68}$$

纯剪切条件：
$$\lambda_1 = \lambda, \quad \lambda_2 = 1, \quad \lambda_3 = 1/\lambda$$
$$\tau_{21} = \sum_n \mu_n (\lambda^{a_n-1} - \lambda^{-a_n-1}) \tag{6-69}$$

将上述公式的计算结果与实验数据比较，如图 6-11 所示，表明三项求和式表示的理论公式与实验结果在 $\lambda < 7$ 时十分吻合。三项求和式的 6 个参数为

$\mu_1 = 6.2 \times 10^5 \, \text{Pa}；\qquad \mu_2 = 0.012 \times 10^5 \, \text{Pa}；\qquad \mu_3 = 0.10 \times 10^5 \, \text{Pa}；$

$a_1 = 1.3；\qquad\qquad\quad a_2 = 5；\qquad\qquad\qquad a_3 = -2.0$

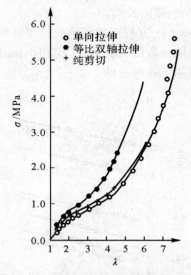

图 6-11　硫化天然橡胶单向拉伸、等比双轴拉伸及纯剪切实验数据与 Ogden 公式计算结果的比较

6.5　影响橡胶高弹性的结构因素

橡胶已在国民经济各个领域中成为不可替代的重要材料之一，橡胶高弹性是高聚物特有的性能，高弹性的应用主要用于减震、密封和阻尼等。表征高弹性能的主要力学物理量如静态力作用下的拉伸强度、断裂伸长率、定伸强度（表观模量）、永久变形等；而在动态力作用下的动态模量、力学损耗或力学损耗角正切（tanδ）等力学物理量属黏弹性范畴，将在下一章中讲述。获得优良性能的橡胶材料，取决于可作为橡胶类材料的高聚物自身的结构、各种配合剂品种及比例（硫化剂、硫化促进剂、填料、防老剂等）以及硫化成型工艺、使用的环境条件（如温度、频率、气体氛围）等多种因素。本节主要讲述高聚物的结构因素及使用温度对橡胶高弹性力学性能的影响。

6.5.1　柔性高分子链结构

具有柔性高分子链的聚合物可以作为橡胶材料，这一类高聚物的 T_g 要远远低于室温。这样，在室温范围条件下，高聚物处在高弹态，可满足大多数橡胶制品对高弹性力学性能的要

求。如天然橡胶 T_g 为 $-70℃$，丁苯橡胶 T_g 为 $-60℃$，丁腈-30 橡胶 T_g 为 $-41℃$，聚二甲基硅橡胶 T_g 为 $-120℃$，氟橡胶(偏氟乙烯全氟丙烯共聚物) T_g 为 $-55℃$ 等。

6.5.2　高分子链间适当的交联

橡胶高分子链间适当的交联或硫化可以阻止高弹形变过程中发生不可逆的高分子链相对位移产生的塑性形变，同时这种交联不应抑制链段的运动从而影响其高弹形变的产生。

一、表征橡胶交联网链结构的几个参数及其相互关系

用以表征橡胶交联网链结构的几个参数为：网链总数 N 和网链密度 N_0（$N_0 = N/V$，其中 V 为总体积），交联点数目 μ 或交联点密度 μ/V，网链的平均分子量 $\overline{M_c}$。对于一个完善的交联网（没有端链和封闭的链圈），它们之间的关系与交联点的官能度 φ 有关。这几个参数之间的定量关系为

$$\varphi_\mu = 2N \tag{6-70}$$

$$\overline{M_c} = \rho/N_0 \tag{6-71}$$

式中，ρ 为橡胶密度。

二、交联程度对橡胶高弹性的影响

根据橡胶高弹性热力学统计理论导出的橡胶状态方程为

$$\sigma = \frac{\rho RT}{\overline{M_c}} \left(\lambda - \frac{1}{\lambda^2} \right)$$

$$E = \frac{3\rho RT}{\overline{M_c}} \quad \text{或} \quad G = \frac{\rho RT}{\overline{M_c}}$$

可知，随着交联程度的增大（μ 增大），网链平均分子量 $\overline{M_c}$ 减小，或者说交联网链密度 N_0 增大，橡胶的弹性模量增大。当同样伸长率时所需的拉伸力或者说产生的回缩张力（即回弹力）增大。当交联程度很大时，使极限伸长率（即断裂伸长率）降低。

网链平均分子量的大小或者说网链密度的大小，是由橡胶在交联（或硫化）过程中产生的交联点数目 μ 决定的。如果我们能够引入数目已知的化学交联点，忽略缠结的物理交联点的影响，那么就可依据热力学统计理论计算其模量的近似值，实现对橡胶弹性模量的设计和预测。要实现这一目标，存在实验和理论两方面的困难。尽管许多学者进行了实验和理论方面的研究，至今还未能确立一个能精确表达模量的理论公式，但是，橡胶高弹性热力学统计理论在预估橡胶高弹性能的应用上仍具有重要的价值。

从高弹性分子运动机理可以判断，随着橡胶交联密度的增大，网链平均分子量 $\overline{M_c}$ 变小，链段运动受的阻力增大，即降低了链段的活动能力，使橡胶的 T_g 升高，降低了橡胶的耐寒性。

6.5.3　高聚物的分子量

橡胶类高聚物在交联或硫化前（生胶）的平均分子量很高，这样它所含的分子链的端链数就很少。由于端链是交联网中的不完善结构因素，它对弹性没有贡献。按单位体积实际橡胶

中的有效网链数目校正后的橡胶状态方程见式(6-47)。

可以看出,在一定温度下,橡胶的拉伸强度除与交联后网链的平均分子量$\overline{M_c}$有关外,若增大交联前的数均分子量$\overline{M_n}$,端链数目减少,则抗张强度增大,如图6-12所示。

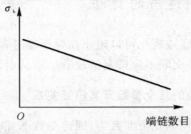

图 6-12 σ_b 与端链数目的关系

常用橡胶类高聚物如天然橡胶的平均分子量为70万,聚二甲基硅橡胶为40万～70万。这样经适度交联后,橡胶网链的平均分子量$\overline{M_c}$较大,可以提供橡胶良好的高弹性能。

6.5.4 结晶的影响

对于柔性高分子链结构,若分子链的对称性差,且空间立构规整性也差,又没有氢键作用时,即使在低温或高拉伸比时也不易结晶。如氟橡胶(偏二氟乙烯全氟丙烯共聚物)、乙丙橡胶(乙烯和丙烯无规共聚物)等。而有些柔性高分子链具有一定的空间立构规整性或链的对称性,在一定条件下就会发生结晶作用。如顺式聚异戊二烯(天然橡胶)、顺式(1,4)聚丁二烯、聚二甲基硅橡胶等,当在低温时发生结晶或在高拉伸比时发生应变诱导结晶。一旦发生结晶作用,橡胶高分子链的链段失去运动能力,即橡胶失去了高弹性能,但引起应力-应变曲线上强度值的急剧升高,有利于提高其极限性质。表6-2给出一组典型的定量数据,说明了随着温度的升高抑制了应变诱导结晶作用,使拉伸顺式(1,4)聚丁二烯交联网的结晶程度降低,使其极限性质 —— 断裂拉伸比降低。但是,在高于T_g的某低温区即发生结晶作用,则会降低橡胶的耐寒性。

表 6-2 不同温度下顺-1,4-丁二烯交联网的极限性质

$T/℃$	模量开始上升的拉伸比 λ_u	极限性质	
		模量的最大上升 /(%)	断裂拉伸比 λ_b
5	3.27	54.2	6.64
10	3.48	30.1	6.22
25	4.03	4.3	5.85
40	—	0.0	5.68

6.5.5 结构与使用温度

优良的交联橡胶应具有宽的使用温度范围,特别是国防工程、宇航工程、信息技术等尖端

科学技术提出高性能橡胶材料的要求,不但具有高的热稳定性(T_d 高),而且具有很好的耐寒性(T_g 低),即使用温度范围($T_g \sim T_d$)宽。

一、改善高温耐老化性,提高热稳定性

实际使用的橡胶是经过适当交联或硫化,具有网状结构,因而最高使用温度可达其分解温度 T_d。这样,交联橡胶的热稳定似乎应当是很好的。但实际上,无论是天然橡胶还是合成橡胶,在高温下会很快发生氧化裂解、交联、臭氧龟裂或其他物理因素的破坏,很少能在 120℃ 以上长期保持其物理力学性能。例如天然橡胶在 102℃ 经 8h 后拉伸强度损失 25%,170℃ 经 8h 后已失去使用价值;丁苯-30 橡胶在 149~177℃ 伸长率损失极为严重;丁腈-40 橡胶在 121℃ 以上浸入合成燃料油中,很短时间表面就呈现龟裂;氯丁橡胶超过 177℃ 时,其扯断力也迅速下降。因此,为了提高橡胶的热稳定性,必须从改变橡胶的化学结构和选择合适的配方,改善其耐高温老化性能。

1. 改变橡胶的主链结构

天然橡胶和大多数合成橡胶都是双烯烃的高聚物或共聚物,其主链结构中含有大量双键。实验表明,双键容易被臭氧破坏导致裂解;双键旁的 α 次甲基上的氢容易被氧化,导致裂解或交联,因此天然橡胶和顺丁橡胶等都容易高温老化。而不含双键的乙丙橡胶、丙烯腈—丙烯酸酯橡胶,以及含双键较少的丁基橡胶的耐高温老化性均较好。因此,减少高分子链主链结构中的双键,是提高橡胶热稳定性的途径之一。

改变主链结构提高橡胶热稳定性的第二个途径是合成分子主链均为键能大的非碳原子的高聚物。如聚二甲基硅橡胶,由于 Si—O 键的键能大于 C—C 键的键能,主链中又没有双键,所以可在 200℃ 以上长期使用。此外,分子主链中含有硫原子的聚硫橡胶等也有很好的耐老化性。

2. 改变取代基的结构

如果主链的结构相同,双键或单键的数量相近,则橡胶的耐高温氧化性受取代基性质的影响很大。带有供电取代基者容易氧化,而带吸电取代基者较难氧化。例如天然橡胶和丁苯橡胶,取代基是供电的甲基和苯基,耐高温老化性较差。而取代基是吸电的氯丁橡胶,由于氯原子对双键和 α 氢都有保护作用,所以它是双烯类橡胶中耐热性最好的橡胶。和天然橡胶相比,乙丙橡胶的侧基虽也是供电的甲基,但乙丙橡胶主链是饱和的,不含双键,所以耐氧化性优于天然橡胶。但它和带吸电取代基的、同样的饱和主链的氟橡胶相比,则其耐高温氧化性差得多,氟橡胶的使用温度高达 300℃。

3. 改变交联链的结构

硫化橡胶的耐热性和强度与交联链的结构和长短有关。例如天然橡胶用硫磺和促进剂进行交联,由于加硫量、所用促进剂以及硫化条件的不同,可形成不同形式的硫桥(见图 6-13)。

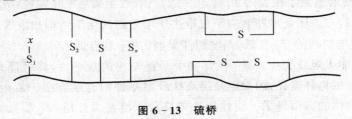

图 6-13 硫桥

其中 $n \geqslant 3$, $y \geqslant 1$, x 是促进剂分解出的残基。又如氯丁橡胶用氧化锌 ZnO 硫化,交联链为—C—O—C—;天然橡胶用过氧化物交联或辐射交联形成 C—C 交联链。由表 6-3 各种交联键的键能数据可以看出,选择键能较大的交联链结构也是提高橡胶热稳定性的有效途径之一。

表 6-3 橡胶中常见交联键键能

交联键	键能/(kJ·mol^{-1})	交联键	键能/(kJ·mol^{-1})
C—O	103.9	C—S—S—C	59.4
C—C	93.0	S—S—S—S	47.5
C—S—C	68.0		

应当指出,除了高聚物的结构外,配合剂——如防老剂等——的用量和性质以及使用环境等对橡胶老化性能也有很大影响,问题是比较复杂的。在同样条件下老化,丁基橡胶等饱和的橡胶在高温氧化时主要是发生断链裂解,所以老化后会变软;而主链中含双键比例较高的橡胶如丁苯胶、氯丁胶等老化时常以交联为主而发生硬化;而聚氨酯类橡胶,由于主链含有 —O—C—NH— 基,虽耐高温氧化,但在潮湿条件下特别容易水解而老化。表 6-4 给出了
$\overset{\|}{O}$

几种主要橡胶的 T_g 和使用温度范围。

表 6-4 几种主要橡胶的 T_g 和使用温度范围

橡胶名称	T_g/℃	大致使用温度范围/℃	橡胶名称	T_g/℃	大致使用温度范围/℃
顺 1,4-聚异戊二烯	−70	−50～+120	丁腈共聚物(70/30)	−40	−35～+175
顺 1,4-聚丁二烯	−105	−70～+140	乙烯丙烯共聚物(50/50)	−60	−40～+150
丁苯共聚物(75/25)	−60	−50～+140	聚二甲基硅氧烷	−120	−70～+275
聚异丁烯	−70	−50～+150	偏氟乙烯全氟丙烯共聚物	−55	−50～+300
聚 2-氯丁二烯(含 1,4 反式 85%)	−45	−35～+180			

二、降低 T_g,避免结晶,改善耐寒性

T_g 是橡胶类高聚物使用的最低温度。耐寒性不足的原因是由于在低温下橡胶会发生玻璃化转变或发生结晶,从而导致橡胶变硬、变脆和丧失弹性。

用增塑剂增塑橡胶高聚物,可增加高分子链的活动能力,削弱高分子间的相互作用,因而使 T_g 降低,提高橡胶的耐寒性。例如,氯丁橡胶的 T_g 是 −45℃,用癸二酸二丁酯($T_g \approx$ −80℃)增塑,可使增塑氯丁橡胶的 T_g 降至 −62℃;若改用磷酸三甲酚酯($T_g \approx$ −64℃)增塑,则 T_g 只能降至 −57℃。因此增塑效应不仅取决于增塑剂的化学结构和浓度,而且还与增塑剂本身的 T_g 有关。增塑剂的 T_g 愈低,则增塑高聚物的 T_g 就愈低。

用共聚方法(如无规或交替共聚)破坏高分子链结构的规整性,降低高聚物的结晶能力,是避免高聚物结晶的良好途径,因而也是提高橡胶耐寒性的有效方法。乙丙橡胶是降低高聚物结晶能力获得弹性的典型例子。线性聚乙烯高分子链是柔性链,T_g 很低,但由于高分子链

的高度规整性使它具有高度的结晶性,因此聚乙烯是作为结晶塑料被广泛应用的。当用丙烯与乙烯在齐格勒型催化剂的作用下共聚获得的乙丙共聚物,则是一种很好的橡胶弹性体,其 $T_g \approx -60℃$,也是耐寒性较好、耐热氧化性和耐臭氧龟裂性较好的橡胶材料。

增塑也可以降低高聚物结晶性(如降低熔点),但由于增大了高分子链的活动性,也为形成结晶结构创造了条件。共聚虽也能降低高聚物的 T_g,但其更显著的作用是降低结晶能力,因而也是提高橡胶耐寒性的有效方法。

但是,对于任何橡胶材料,除了弹性要求外,还必须有较高的强度。结晶能力降低显然有损于强度。例如天然橡胶、丁基橡胶、顺丁橡胶和氯丁橡胶等,都是结构规整的结晶性橡胶,其纯的生胶就有较好的强度,而丁苯、丁腈、乙丙橡胶等结构不规整的非结晶性橡胶,不加炭黑补强时,其强度是很低的。因此当用降低结晶能力改善橡胶的耐寒性时,必须兼顾其强度性能。

6.6　热塑性弹性体简介

6.6.1　热塑性弹性体的一般概念

热塑性弹性体是常温下具有橡胶高弹性,高温下可塑化成型的一类弹性体材料。热塑性弹性体分子链是由两部分构成,一是具有在室温下处于高弹态的弹性成分,称作"橡胶段"或"软段";二是在常温下处在玻璃态或结晶态,而在高温下又可塑化或熔化的成分,称作"塑料段"或"硬段"。

橡胶段聚集在一起形成热塑性弹性体的"连续相",塑料段聚集在一起形成热塑性弹性体的"分散相",也是热塑性弹性体的"物理交联"区域。

按照高分子链结构的特点,热塑性弹性体的分类如图 6-14 所示。

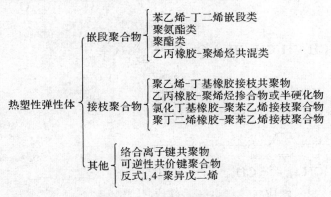

图 6-14　热塑弹性体的分类

热塑性弹性体具备橡胶和塑料的种种优异的物理力学性能,如加工成型时不用硫化,耐寒性好,可回收使用,易溶解以及可用于共混、共聚等改性方法以提高高分子材料的韧性及耐冲击性等特点,已被广泛应用于汽车工业、宇航工业、制鞋工业、胶黏剂和热熔胶等领域。用热塑性弹性体研究高分子凝聚态的织态结构,为了解亚微观领域高分子链的分子运动及远程结构提供了极为宝贵的信息。因此,不仅工业界关注热塑性弹性体,而且高分子材料科学技术及理论界均认为研究热塑性弹性体的结构与性能具有十分重要的实际意义和理论意义。

6.6.2 热塑性弹性体的结构

一、热塑性弹性体的近程结构

热塑性弹性体高分子链化学结构应具有以下几个特征。

(1)在每一高分子链中同时有分子间作用力足够大的物理交联段(或在较高温度下能解离的化学键)和自由旋转能力较大的高弹性链段。例如

SBS: $-(CH_2-CH)_A-(CH_2-CH=CH-CH_2)_B-(CH_2-CH)_A$

硬段　　　　　软段　　　　　硬段

聚氨酯型: $-[O-CH_2CH_2CH_2CH_2-O-\underset{O}{C}-(CH_2)_n-\underset{O}{C}]_m$

软段

$-[O-(CH_2)_4-O-\underset{O}{C}-\overset{H}{N}-\text{〈苯环〉}-CH_2-\text{〈苯环〉}-\overset{H}{N}-\underset{O}{C}-O]_n$

硬段

Hytrel(聚酯型): $-[(O-CH_2CH_2CH_2CH_2)_{\sim 14}O-\underset{O}{C}-\text{〈苯环〉}-\underset{O}{C}]_m$

软段

$-[O-CH_2CH_2CH_2CH_2-O-\underset{O}{C}-\text{〈苯环〉}-\underset{O}{C}]_n$

硬段

含硅型: $-[O-\underset{CH_3}{\overset{CH_3}{Si}}-\text{〈苯环〉}-\underset{CH_3}{\overset{CH_3}{Si}}]_{4\sim 80}-[O-\underset{CH_3}{\overset{CH_3}{Si}}]_{10\sim 20}$

硬段　　　　　软段

由上可知,软段中多半含有内聚能小的基团,而硬段中则包含内聚能较大的基团。

(2)热塑弹性体的每一个嵌段要有足够的长度。当硬段过长,软段过短时,其共聚物在常温下主要表现为耐冲击性塑料制品的性质;反之,硬段过短,软段过长时,失去硬段的物理交联能力,在不硫化的条件下易发生塑性流动或甚至引起冷流。常见的 SBS 共聚物的 S 段(苯乙烯)的分子量为 $1\times10^4\sim3\times10^4$,B 段(丁二烯)的分子量为 $5\times10^4\sim10\times10^4$。至于其他热塑

性弹性体,随化学结构不同,最佳分子量范围也有所不同。

(3)要有适当的排列次序和连接方式。从共聚物分子链的排列组合考虑,主要分为线性嵌段共聚物和支链型共聚物两种。

线型嵌段共聚物有$(AB)_n$型,ABA,BAB,$(AB)_{\overline{n}}A$型等。此外还有星型嵌段共聚物。

支链型共聚物有两种类型,一是主链是软段,支链是硬段,二是主链是硬段、而支链是软段。

二、热塑性弹性体高分子链的远程结构

1.分子量大小

热塑性弹性体高分子链的形态与分子量有关。分子量愈大,它所能形成的分子构象数目愈多。可以用一般表征高聚物分子量的方法,表征热塑性弹性体的各种平均分子量。

如 AB 型嵌段共聚物的数均摩尔质量

$$\overline{M_n} = \frac{\sum\limits_t N_i(aM_{10} + bM_{20})}{\sum\limits_t N_i} \tag{6-72}$$

式中,$i = a + b$,每一嵌段中有 a 个 M_1 单体,b 个 M_2 单体;M_{10},M_{20} 分别为单体 M_1 和 M_2 的分子量。

数均分子量也可以用加和的方式表示

$$\overline{M_n}(M_1) = \frac{\sum\limits_a N_a aM_{10}}{\sum\limits_a N_a}, \quad \overline{M_n}(M_2) = \frac{\sum\limits_b N_b bM_{20}}{\sum\limits_b N_b}$$

则

$$\overline{M_n} = \overline{M_n}(M_1) + \overline{M_n}(M_2) \tag{6-72}$$

2.高分子链的形态

热塑性弹性体高分子链的形态同一般高聚物一样,在热力学平衡态时总是趋于热力学状态几率最大的形态或者说体系熵值最大的分子构象 —— 动态的卷曲分子构象。假设为理想高分子链(高斯链),也可以用均方末端距或均方回转半径表征高分子链的形态,且二者之间存在如下关系$\overline{S^2} = \dfrac{1}{6}\overline{h_0^2}$。

3.固态热塑性弹性体的微观相分离结构与形态

热塑性弹性体高聚物无论在稀溶液、浓溶液以及固态凝聚(集)态时都有微观相分离现象。这种现象的实质是嵌段或接枝共聚物高分子链自身"分子内相分离"的反映。

形成相分离结构意味着高分子链中的硬段和软段不相容。其原因从两种高分子链段混合时热力学自由能的变化分析。

两种高聚物相容的热力学条件为

$$\Delta G = \Delta H - T\Delta S \leqslant 0$$

通常情况 $\Delta H > 0$,两种高聚物溶度参数不同,且两种高聚物的硬段或软段的链长都比较长,彼此互相扩散、渗透很困难,因此溶解需要吸热。同时,两种高分子链的混合熵 ΔS 也不大,因此 $\Delta H > T\Delta S$,即 $\Delta G > 0$,为不相容体系。相分离结构的示意图如图 6-15(a),(b)

所示。

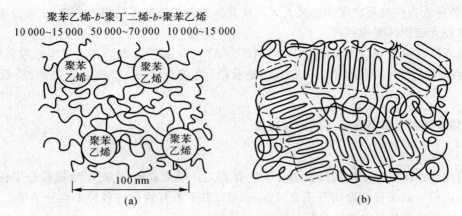

图 6-15   相分离结构
(a)S—B—S 三嵌段共聚物的微观形态示意图; (b)聚醚酯嵌段共聚物的微观结构和链构象模型

　　微观相分离的结构与形态对热塑性弹性体的物理力学性能有很大影响,因此研究高分子链的超分子结构具有重大的理论意义。近年来,从热力学、动力学及形态学角度进行了许多研究工作。值得提出的是"分子配位模型"的理论。他们对嵌段和接枝共聚物分别提出了如图 6-16 所示的分子配位模型,这种模型有三个特点。一是两个嵌段结合点处在两相界面上;二是两种嵌段中某一类嵌段完全处于分散相中;三是两种嵌段完全分离,各占有自己的体积。

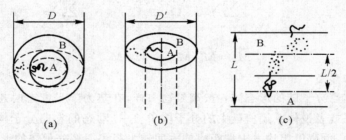

图 6-16   A-B 嵌段的分子配位模型
(a)球状; (b)柱状; (c)等层

　　某一 A 嵌段的体积分数为

$$\overline{V_A} = \frac{V_A}{V_A + V_B} \tag{6-74}$$

式中,V_A 为 A 段体积,V_B 为 B 段体积。

　　由图 6-17 可见,当 A 段为硬段时,A 区成为物理交联区。所以一种溶剂只对 B 嵌段起溶解作用时,只能引起溶胀作用。相反,B 嵌段为硬段时,这种物理交联效果就会消失。

　　由图 6-18 分子配位模型中可以清楚地看出 A、B 两段相分离的具体图像。应用统计热力学方法推导得相平衡时,每一个物理交联区域包含的嵌段链数目的关系式为

$$q = \frac{4\pi (3V_A)^3 \widetilde{N} \gamma_{AB}^3}{(3KNT)^3} \tag{6-75}$$

式中，V_A 为 A 硬段体积分数，$\tilde{N}$ 为阿伏伽德罗常数，γ_{AB} 为 A 段物理交联区域表面能，K 为玻尔兹曼常数。

上式表明，当表面能变大（即非球型）时，每一个物理交联区（棒状或片状）所包含的嵌段链数目迅速增加；相反，当加热弹性体时，分散相易于分隔成小型分散相，所以 q 与温度的三次方成反比。它说明热塑性弹性体的相分离结构不仅与 A/B 值有关，且同温度有关。

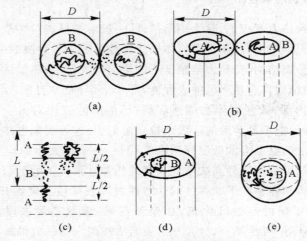

图 6-17　ABA 型分子配位模型

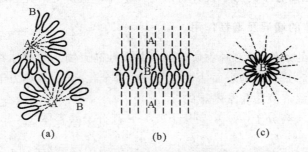

图 6-18　B 为主链、A 为支链的分子配位模型

同时，化学结构、分子量、成型加工工艺（如挤出、压延、旋转模塑等）以及需制备溶液时的溶剂结构及溶液浓度等均影响热塑性弹性体的结构和形态，也直接影响到热塑性弹性体的物理力学性能。

6.6.3　热塑性弹性体的物理性能

一、热塑性弹性体的热转变温度

热塑性弹性体的相分离结构首先反映在热转变温度上。由于高分子链中保留着不同高聚物的嵌段（或接枝）结构，对于非晶态热塑性弹性体，常常保持着各自的 T_g 而具有数个 T_g 值。如 SBS 嵌段共聚物为非晶态热塑性弹性体，各嵌段有自身的 T_g，S 段（苯乙烯段）的 T_g 约为

100℃,B 段(丁二烯段)约为－4℃。

对于结晶性热塑性弹性体,较典型的例子是苯乙烯-氧化乙烯嵌段共聚物(PS－PEO),具有一个 T_g(PS 段)转变及一个 T_m 熔点(PEO)。

当改变硬段或软段的分子结构和分子量时,都会改变热塑性弹性体的热性能。

二、热塑性弹性体的溶解性

根据高聚物结构和热力学理论,除个别溶剂外,一般溶剂只能对热塑性弹性体的某一段具有有效的溶解能力。但事实上,热塑性弹性体能快速地溶解于各种溶剂中,其原因如下。热塑性弹性体具有微观相分离结构,从热力学角度不如均匀溶液稳定;热塑性弹性体具有大量的分相结构,而每一个分相结构具有相当大的表面能,等于溶解前已"打散"了结构,溶剂分子容易扩散和渗透到高聚物内部,致使高聚物加速溶解;已溶解的嵌段对另一类嵌段起着"助溶作用"。也即被溶解的嵌段把不易溶解的嵌段牵拉到溶剂中,这种现象也称作增溶作用。

热塑性弹性体溶液的黏度常常低于同一浓度、同一分子量大小的均聚物溶液的黏度。适当选择溶剂或混合溶剂可配制各种高浓度低黏度的热塑性弹性体的黏结剂、涂料等制品。

各种热塑性弹性体和在常温下非弹性的热塑性嵌段或接枝共聚物开辟了新的乳化体系。近年来人们研究合成了新的高效乳化剂,如聚苯乙烯-聚氧乙烯嵌段热塑性弹性体(PS－PEO,PEO－PS－PEO 等)可作油-水型大分子表面活性剂。特别值得提出的是在医学高分子领域愈来愈多的现象反映出许多生物高分子的功能来自于它的亲水(硬段)-疏水(软段)嵌段结构,因此嵌段型功能高分子的分子设计将成为一个非常重要的研究领域。

三、热塑性弹性体的增混及增韧作用

在没有任何溶剂的条件,第三种物质使两个共混性高聚物之间增加共混作用称为"增混作用"。这第三种物质称为"高聚物表面活性剂"或称"合金化剂"。从热力学观点看,两种高聚物形成真正的高分子共混溶液是非常困难的。

$$高分子(A) ＋ 高分子(B) \rightarrow 高分子共容体(C)$$

$$G_1 \qquad\qquad G_2 \qquad\qquad G_3$$
$$H_1 \qquad\qquad H_2 \qquad\qquad H_3$$
$$S_1 \qquad\qquad S_2 \qquad\qquad S_3$$

式中,G 为自由能,H 为热焓,S 为熵。

此时 $\Delta G = G_3 - G_1 - G_2$,$\Delta H = H_3 - H_1 - H_2$,$\Delta S = S_3 - S_1 - S_2$,$\Delta G = \Delta H - T\Delta S$。

当 $\Delta G < 0$ 时,共混高聚物才能互溶。因为不同高分子各自的分子间作用力很大,常常要吸热才能共混,此时 $\Delta H > 0$。而两种高聚物共混时熵的增加很有限,即使温度较高,$T\Delta S$ 项仍然不大,所以很难达到 $\Delta G < 0$ 的热力学条件。在这种情况下,若在 A,B 两种共混的高聚物中加入 A－B 型接枝或嵌段共聚物,这种共聚物大分子链具有双重溶解性,致使均聚物 A 与它的 A 链段聚集在一起,均聚物 B 与它的 B 链段聚集在一起,从而增加 A、B 高聚物之间的共混性,即为热塑性弹性体的增混作用(或称大分子乳化作用)。因此,许多研究者们正在探索利用热塑性弹性体来改善大品种高聚物的性能。例如,聚苯乙烯(PS)和低密度聚乙烯(LDPE)之间的共混是很困难的,不论组分配比如何,都得到两相分布极不均匀的共混物的实验结果。然而在共混物中加入 7.5 份弹性较大的 PS－LDPE(50∶50)接枝共聚物时,则可以得到两相分布

均匀的共混材料。其共混材料的冲击强度类似用橡胶接枝物改性的高冲击聚苯乙烯（HIPS）。再如，可用 SBS 热塑弹性体卓有成效地改善 PS，PP，PE 等物理力学性能。如 PS 只要同约 10％ 的 SBS 共混，就能使冲击强度提高一倍左右。用 10％SBS 同耐冲击性和耐寒性较差的 PP 共混，落球式冲击强度增加了几倍。LDPE 和 HDPE 与 SBS 共混，冲击强度显著提高达 10～20 倍。可见，热塑性弹性体有增混作用，也有增韧作用，对高聚物材料的改性和应用具有很大的现实意义。

6.6.4　热塑性弹性体的力学性能

热塑性弹性体之所以广泛地作为弹性体以及增混剂、增韧剂使用，首先与它的力学性能和硫化（交联）橡胶力学性能相似有密切关系。

一、热塑性弹性体的拉伸应力-应变行为

热塑性弹性体的固体凝聚态为微观相分离的织态结构，即不但有弹性区还有物理交联区。而通常的硫化橡胶的固体凝聚态为均相的非晶态结构。因此热塑性弹性体的拉伸应力-应变行为即与硫化橡胶相似，也有不同的地方。如图 6-19 所示为热塑性弹性 SBS 同交联丁苯橡胶的拉伸应力-应变实验曲线。

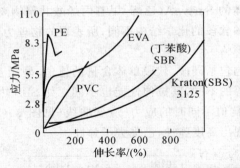

图 6-19　热塑性弹性体与其他高聚物应力-应变曲线的比较

由图可见，初始伸长率部分 SBS 的拉伸应力大于交联丁苯橡胶的拉伸应力，当伸长率较大时，两条曲线的差异变大。进一步的研究认为，这是由于热塑性弹性体的物理交联区域起到了高聚物中加入填充剂的作用，而与交联橡胶的交联点的作用不同，当拉伸时产生了应变放大的填充效应。当高聚物中含有某种填充剂时，应力 σ_F 可用 Guth-Smallwood 方程描述

$$\sigma_F = \sigma(1 + 2.5\varphi_s + 14.1\varphi_s^2) \tag{6-76}$$

式中，φ_s 为填充物占的体积分数，σ 为无填充物时的应力。

将 σ（唯象理论导出公式）代入可得

$$\sigma_F = \left(\frac{\rho RT}{M_c} + \frac{2C_2}{\lambda}\right)\left(\lambda - \frac{1}{\lambda^2}\right)(1 + 2.5\varphi_s + 14.1\varphi_s^2) \tag{6-77}$$

式中，C_2 为常数，$0 < \lambda < 4$。其实验曲线如图 6-20 所示。

由图 6-20 可以看出，上述理论比较符合实验结果，这表明热塑性弹性体中物理交联区域在拉伸过程中的填充效应是客观事实，是影响其物理力学性能的重要因素。

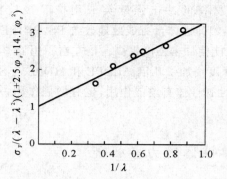

图 6 - 20　$\sigma_F / \left(\lambda - \dfrac{1}{\lambda^2}\right)(1+2.5\varphi_s+14.1\varphi_s^2)$ 与 $\dfrac{1}{\lambda}$ 的关系

二、影响热塑性弹性体拉伸性能的主要因素

1. 化学结构的影响

目前热塑性弹性体种类很多,其中主要的几种类型有以下几种。聚苯乙烯-聚二烯烃-聚苯乙烯类(如有 SBS,SIS 的 Kraton 类),聚酯链为主干的 Hytrel 类,聚氨酯为主体的 Roylar 类,Estane 类,聚酰胺类(PEA,PEEA 等),聚乙烯丁基橡胶接枝共聚物的 ET 类,聚饱和烃嵌段共聚物 TPR 类,聚离子体的 SurlynA(乙烯/甲基丙烯酸共聚物离聚体)等。

这些高聚物中的硬段和软段的化学结构不同,所表现的物理力学性能有很大的差异。

2. 嵌段或接枝结构的影响

嵌段或接枝结构的影响包括硬段/软段单体含量的比值、硬段及软段分子量的大小、嵌段的连接方式(线型或星型)等的不同,其拉伸性能也不同。如 SBS 热塑性弹性体中聚苯乙烯 S 段和聚丁二烯 B 段的 S/B 比值不同时的应力-应变曲线(见图 6 - 21),随聚苯乙烯 S 段的增长,拉伸应力增大,甚至表现出高度脆性,已失去了弹性。

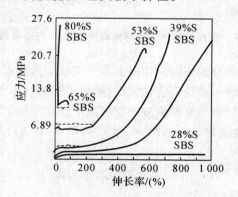

图 6 - 21　S/B 比值对产品应力-应变的影响

3. 温度的影响

热塑性弹性体的使用温度范围为 T_g 以上(软段)直至物理交联区或络合离子键交联区被破坏的温度以下。

过低的温度使弹性区失去弹性,而过高温度会破坏"交联结构",受力会产生不可逆的形变,使弹性恶化或失去。

　　温度对热塑性弹性体拉伸性能的影响同其他高聚物类似,随着温度的升高,拉伸强度降低;而断裂伸长率的变化为先随温度升高而增大,进一步温度升高则断裂伸长率降低,如图6－22所示。

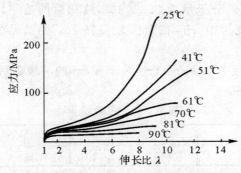

图 6－22　温度对 SBS 应力-应变曲线的影响

习题与思考题

　　1.用高弹形变的机理讨论高弹性的特点有哪些?

　　2.试述交联橡胶平衡态高弹形变热力学分析的依据和所得结果的物理意义。

　　3.交联橡胶高弹性统计热力学理论的根据是什么? 这个理论存在哪些缺陷? 为什么?

　　4.交联橡胶状态方程的物理意义是什么? 如何应用?

　　5.什么是热塑弹性体? 举例说明它与交联橡胶物理-力学性能间的相似处与不同处。

　　6.由橡胶高弹性热力学和橡胶状态方程解释下列问题:

　　(1)挂有一个固定质量物体的已拉伸的橡皮带,当温度升高时其长度减小;

　　(2)交联程度不同的同一橡胶品种,它们的模量、拉伸强度、断裂伸长率不相等;

　　(3)已被溶剂溶胀了的橡胶试样更符合理想橡胶理论方程

　　7.绘示意图说明结晶性和交联程度对橡胶弹性模量的影响。

　　8.理想橡胶的应力-应变曲线的起始斜率是 2.0×10^6 Pa,把体积为 4.0 cm^3 的这种橡胶试条缓慢可逆地拉伸到其原来长度的两倍,需要做多少焦耳功?

　　9.一理想橡胶试样被从原长 5.00 cm 拉伸到 16.0 cm,发现其应力增加 1.50×10^5 Pa,同时温度升高了 5 ℃(从 27 ℃升到 32 ℃)。如果忽略体积随温度的变化,问在 27 ℃下,伸长 1‰时的模量是多少?

　　10.一片密度为 0.95 g/cm^3 的理想橡胶,如果它的初始分子量是 10^5,而交联后网链的分子量为 $5\,000$,假设没有其他网络缺陷,试估算它在室温 27 ℃时的剪切模量。

　　11.一交联橡胶试片,长 2.8 cm,宽 1.0 cm,厚 0.2 cm,重 0.518 g,于 25 ℃时将它拉伸一倍,测定张力为 9.8 N,估算试样的网链的平均分子量。

　　12.27 ℃时,把一硫化橡胶试样拉长一倍,拉伸应力为 7.25×10^5 Pa,试样的泊松比近似为 0.50,试估算:

(1)每立方厘米中的网链数目;

(2)初始剪切模量;

(3)初始拉伸模量;

(4)拉伸过程中每立方厘米橡胶放出的热量。

13.天然橡胶未硫化前的分子量为 3.0×10^4,硫化后网链平均分子量为 6 000,密度为 0.90 g/cm³。如果要把长度为 10 cm,截面积为 0.26 cm² 的试样在 25℃下拉长到 25 cm,问需用多大的力?

14.用宽度为 1 cm,厚度为 0.2 cm,长度为 2.8 cm 的一橡皮试条,在 20℃时进行拉伸试验,得到如表 6-5 所示结果:

表 6-5 试验结果

负荷/g	0	100	200	300	400	500	600	700	800	900	1 000
伸长/cm	0	0.35	0.70	1.2	1.8	2.5	3.2	4.1	4.9	5.7	6.5

如果橡皮试样的密度为 0.964 g/cm³,试计算橡皮试样网链的平均分子量。

第七章　高聚物的黏弹性

　　材料在外力的作用下要产生相应的响应即应变,不同材料对应力的响应是不同的,如图 7-1 所示。理想的弹性固体服从胡克定律,应力正比于应变,应力恒定时,应变是一个常数,撤掉外力后,应变立即回复到 0;理想的黏性液体服从牛顿定律,应力正比于应变速率,在恒定的外力作用下,应变的数值随时间而线性增加,撤掉外力后,应变不再回复,即产生永久形变。实际物体的力学行为大都偏离这两个定律。高聚物的分子运动强烈地依赖于温度和外力作用的时间,在外力作用下,其应变行为可同时兼有弹性材料和黏性材料的特征,应变的大小既依赖于应力又依赖于应变速率,应变既包含有不可回复的永久形变,又包含有可回复的弹性形变。这种兼具黏性和弹性的性质称为黏弹性。高聚物的分子运动表现出明显的黏弹性特征,这是高聚物最重要的物理特性。

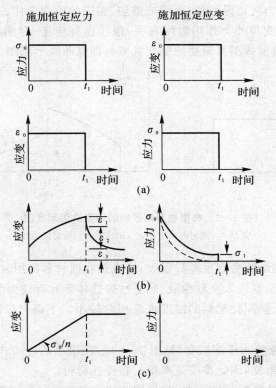

图 7-1　(a)理想弹性体、(b)黏弹性体和(c)纯黏性体的形变

　　如果黏弹性可由服从胡克定律的线性弹性行为和服从牛顿定律的线性黏性行为的组合来描述,就称为线性黏弹性,否则就称为非线性黏弹性。本章仅讨论线性黏弹性的范围。

7.1 黏弹性的力学现象

高聚物在力的作用下力学性质随时间而变化的现象称为力学松弛。在恒定应力或恒定应变作用下的力学松弛称为静态黏弹性,最基本的表现形式是蠕变现象和应力松弛;在交变应力作用下的力学松弛称为动态黏弹性,最基本的表现形式是滞后现象和力学损耗。

7.1.1 静态黏弹性——蠕变和应力松弛

一、蠕变现象

1.蠕变及分子运动机理

蠕变是在一定温度和远低于该材料断裂强度的恒定外力作用下,材料的形变随时间增加而逐渐增大的现象。外力可以是拉伸、压缩或剪切,相应的应变为伸长率、压缩率或剪切应变。高聚物黏弹性材料的应变与外力作用时间有关,描述这种应变-时间关系的曲线称为蠕变曲线。如图7-2所示为典型线型高聚物的蠕变发展与回复曲线示意图。

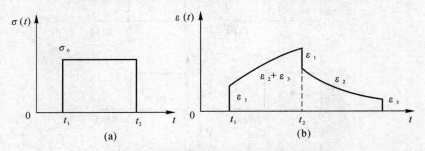

图 7-2 典型线型高聚物的蠕变曲线示意图

(a)应力 $\sigma(t)$ 随时间的变化; (b)应变 $\varepsilon(t)$ 随时间的变化

实际上,各类高聚物的蠕变现象差异很大,这也是在选材和应用时特别关注的高聚物材料的尺寸稳定性问题。如交联或未交联橡胶、热塑性弹性体等具有较为明显的蠕变现象,而玻璃态或结晶态热塑性塑料、热固性塑料的蠕变现象相对较小。下面列举高聚物材料蠕变的几个典型的实例。

例1 未交联天然橡胶的压缩蠕变(见图7-3)。在很小的应力作用下,很短的时间内橡胶即发生了明显的蠕变形变,因此橡胶是典型的黏弹性材料。

例2 几种高聚物23℃时的蠕变曲线(见图7-4(a))和100℃时聚碳酸酯的蠕变曲线(见图7-4(b))。聚砜、聚苯醚、聚碳酸酯等杂链含芳环的刚性链高聚物在较高的应力作用下,经数千小时常温下的蠕变应变也不超过3%。其他如聚甲醛、聚酰亚胺、聚苯硫醚等工程塑料都属于蠕变不显著的高聚物,也即尺寸稳定性好的高聚物。

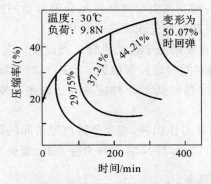

图 7 - 3　未交联天然橡胶的压缩蠕变曲线和回弹曲线

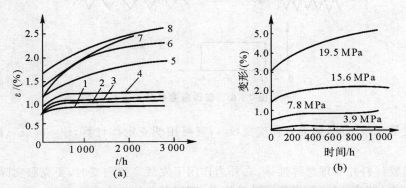

图 7 - 4　几种高聚物 23℃ 时的蠕变曲线(a)以及 100℃ 时聚碳酸酯的蠕变曲线(b)

1—聚砜；　2—聚苯醚；　3—聚碳酸酯；　4—改性聚苯醚；　5—ABS(耐热级)；　6—聚甲醛；　7—尼龙；　8—ABS

例 3　25℃时醋酸纤维素的蠕变曲线(见图 7-5)。塑料中也有蠕变应变很大(＞30％)的高聚物如醋酸纤维素。其他如聚乙烯、增塑聚氯乙烯、聚四氟乙烯等也是塑料中蠕变较大的高聚物。

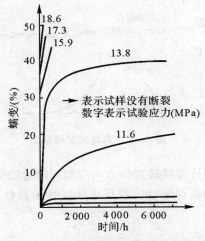

图 7 - 5　25℃ 时醋酸纤维素的蠕变曲线

上述的实例说明高聚物的蠕变现象与其结构及分子运动的模式有着直接的关系,下面将从高聚物的结构和分子运动机理对蠕变现象进行分析。

以图7-2为例,分析蠕变现象的分子运动机理。当温度一定,在 t_1 时刻给橡胶材料施加一定的负荷 σ_0,拉伸应变 $\varepsilon(t)$ 随时间的延长而增加。当在 t_2 时刻除去负荷,$\sigma=0$,形变又逐渐回复。这一蠕变的发展与回复过程包括了三种应变:ε_1(普弹应变),ε_2(高弹应变),ε_3(黏流应变)。

在 t_1 时刻,当高聚物受到外力作用时,高分子链内原子间的键长和键角瞬时发生变化(原子的振动周期约为 $10^{-10} \sim 10^{-13}$ s),当 t_2 时刻外力除去时,普弹应变能立刻回复,可表示为如图7-6所示模型。

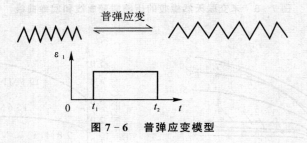

图7-6 普弹应变模型

这种应变量是很小的,称为普弹应变(ε_1),它可用胡克定律计算,$\varepsilon_1 = \sigma_0/E_1$($E_1$ 为普弹模量)。

实际的橡胶材料并非理想弹性体,在外力作用下发展高弹应变时,要克服实际存在于分子内和分子间的相互作用以及无规热运动的能量,链段并非能完全自由运动。同时,链段运动不能瞬时完成对外力的响应,因此在外力作用下的高弹应变为非平衡态高弹应变。每个高分子链在每一时刻形成的链段数目及链段大小均不相同,不同大小链段的松弛时间 τ 也不同。这样,在外力作用下,随着时间 t 的延长,具有松弛时间 τ 与实验观测时间 t 相近的链段相继发生运动,使高分子链沿力的方向择优运动,由卷曲分子构象变为较伸展分子构象。当在 t_2 时刻除去外力后,高弹应变可逐渐回复,如图7-7所示。

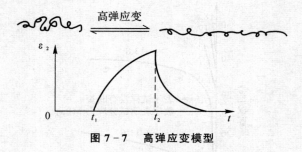

图7-7 高弹应变模型

这些松弛时间长短不同的许多链段对外力响应而相继运动的加和(或称叠加)过程,提供了宏观上比普弹应变大得多的高弹形变。按唯象学线性黏弹性理论(力学模型)可推导出高弹应变 ε_2,则

$$\varepsilon_2 = \frac{\sigma}{E_2}(1 - e^{-\frac{t}{\tau}})$$

式中,$(1 - e^{-t/\tau})$ 为蠕变函数,常用 $\Psi(t)$ 表示;τ 为松弛时间或推迟时间,与链段运动的黏度 η_2

和高弹模量 E_2 有关，$\tau = \eta_2 / E_2$，t 为实验观测时间。

未交联的线型高聚物（如未交联橡胶）在长时间外力作用下，链段协同运动导致高分子整链的相对滑移，产生黏性流动。当除去外力后，黏流应变是不可回复的，所以又称为不可逆应变或永久应变，如图 7-8 所示。

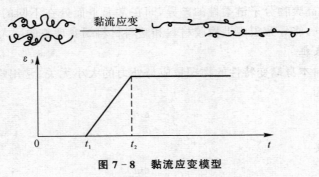

图 7-8　黏流应变模型

黏流应变表示为 ε_3，ε_3 与时间的关系遵从牛顿定律，$\varepsilon_3 = \dfrac{\sigma_0}{\eta_3} t$（$\eta_3$ 为材料的本体黏度）。

因此，当外力作用时间足够长时，未交联线型高聚物蠕变过程中任一时刻的应变量是普弹应变、高弹应变和黏流应变的叠加，其总应变为

$$\varepsilon(t) = \varepsilon_1 + \varepsilon_2 + \varepsilon_3 = \frac{\sigma_0}{E_1} + \frac{\sigma_0}{E_2}(1 - e^{-t/\tau}) + \frac{\sigma_0}{\eta_3}t = \varepsilon_0 + \varepsilon_\infty(1 - e^{-t/\tau}) + \frac{\sigma_0}{\eta_3}t \qquad (7-1)$$

三种应变的相对比例依具体条件不同而不同。

如果 $t_2 - t_1 = t \gg \tau$ 则 $e^{-t/\tau} \to 0$，$\varepsilon_2 \to \varepsilon_\infty$（平衡高弹应变值），即只要外力作用时间比高聚物的松弛时间长得多，则高弹应变可充分发展达到平衡高弹应变。但黏流应变将继续随时间线性地增加。因而蠕变曲线的最后部分可以认为是纯粹的黏流应变，由这段曲线的斜率 $\eta_3 = \dfrac{\sigma_0 \cdot \Delta t}{\Delta \varepsilon}$，可以计算高聚物材料的本体黏度 η_3，或者由回复曲线得到的 ε_3 值，按 $\eta_3 = \dfrac{\sigma_0(t_2 - t_1)}{\varepsilon_3}$ 计算高聚物材料的本体黏度。

若是交联橡胶作蠕变实验时，不会发生黏流应变。当外力作用时间足够长时，高弹应变 ε_2 可以逐渐发展到与外力 σ_0 相平衡的平衡态应变值 ε_∞。当在 t_2 时刻除去外力后，ε_1 和 ε_2 这两种弹性应变可逐渐完全回复（见图 7-9）。这样，交联橡胶的总应变为

$$\varepsilon(t) = \varepsilon_1 + \varepsilon_2 = \frac{\sigma_0}{E_1} + \frac{\sigma_0}{E_2}(1 - e^{-t/\tau}) = \varepsilon_0 + \varepsilon_\infty(1 - e^{-t/\tau}) \qquad (7-2)$$

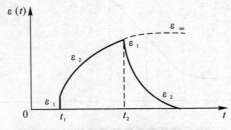

图 7-9　交联高聚物的蠕变曲线

当半刚性或刚性链高聚物常温下处于玻璃态或结晶态时,链段运动几乎被冻结,即链段运动的松弛时间 τ 很大。在外力作用下 ε_2 很小,分子之间的内摩擦黏滞阻力也很大(η_3 很大),所以 ε_3 也很小,主要是 ε_1 普弹应变,因此总的蠕变应变将很小。若是交联结构的热固性塑料,则蠕变应变更小。

由此可见,由于高聚物分子链柔性的差异,同在常温下而处在不同的力学状态,高分子链分子运动状态的不同,将导致宏观上橡胶材料和塑料材料蠕变现象的巨大差异。

2.蠕变现象的表征

表征高聚物材料本身蠕变特性的物理量应与外力的大小无关,常用蠕变柔量来表征蠕变现象。柔量的定义为

$$J = \frac{\varepsilon}{\sigma} \tag{7-3}$$

蠕变柔量的定义

$$J(t) = \frac{\varepsilon(t)}{\sigma} \tag{7-4}$$

即为单位应力的蠕变应变量。

对于线型高聚物,蠕变柔量为

$$J(t) = \frac{\varepsilon(t)}{\sigma} = J_0 + J_\infty (1 - e^{-\frac{t}{\tau}}) + \frac{1}{\eta} t \tag{7-5}$$

式中,J_0 为普弹柔量,J_∞ 为平衡高弹柔量。

对于交联高聚物的蠕变柔量为

$$J(t) = \frac{\varepsilon(t)}{\sigma} = J_0 + J_\infty (1 - e^{-\frac{t}{\tau}}) \tag{7-6}$$

当 $t \gg \tau$ 时,$J(t)$ 达到平衡态值。

蠕变速率是以双对数坐标中蠕变柔量随时间的变化来表示的,图7-10所示的非晶态高聚物的蠕变速率。该曲线的形式与线性坐标的蠕变曲线不同(见图7-2),但它与线性坐标的温度—形变曲线很相似,两者都能明确地区分出高聚物的三种力学状态和两个转变。从双对数坐标蠕变曲线上玻璃化转变区得到的特征时间 τ 就是推迟时间。当恒定应力的作用时间 $t \ll \tau$ 时,非晶态高聚物表现为玻璃态,蠕变柔量极低;当 $t \gg \tau$ 时,非晶态高聚物可先后表现为高弹态和黏流态;当 t 与 τ 接近时,表现出明显的玻璃化转变,体现出高聚物的黏弹性特征。

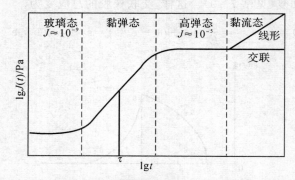

图 7 - 10 非晶态高聚物蠕变的 $\lg J(t)$ - $\lg t$ 图

在线性坐标的温度—形变曲线上由玻璃态向高弹态转变的转变区,得到的是特征温度 T_g。当 $T \ll T_g$ 时,非晶态高聚物表现为玻璃态;当 $T \gg T_g$ 时,先后表现为高弹态和黏流态。

然而需要区别的是,蠕变曲线是在一定温度下,高聚物的力学性质(形变)随时间的变化;而温度—形变曲线是观测时间即升温速率为一定时,高聚物的力学性质(形变)随温度的变化。这两个曲线有如此的相似性,表明在一定温度下改变观测时间和在一定的观测时间下改变温度对高聚物的力学行为具有等效作用。

通常,将双对数坐标蠕变曲线上任一点的斜率定义为蠕变速率,即 $\dfrac{d\lg J(t)}{d\lg t}$。蠕变速率的物理意义是高聚物的蠕变柔量随力的作用时间变化的大小。如果随力的作用时间 $\lg t$ 的延长,高聚物蠕变柔量 $\lg J(t)$ 明显地增大,则表明蠕变速率很大,但此时并非蠕变柔量值 $\lg J(t)$ 最大。由图 7-10 可见,不同的力学状态和转变区,蠕变速率不同。对于固体高聚物黏弹体,玻璃态的蠕变速率很小,蠕变柔量随时间的变化几乎为一水平线。在高弹态平台区,为准平衡高弹态,蠕变速率几乎为 0。在玻璃化转变区,蠕变柔量随时间延长明显增大,因而蠕变速率最大。

3. 蠕变的实验方法

蠕变实验是在恒温恒负荷下检测试样的应变量随时间的变化。图 7-11 所示是具有较高精度和较宽温度范围(20~200℃)的高温蠕变仪示意图。高聚物试样是直径为 2.5 mm,长度为 30 cm 的单丝。测试时将单丝试样夹在下夹具上,上夹具通过连杆与螺旋测微计相连,下夹具连杆的下端穿过差动变压器的铁芯与负荷相连。夹好的试样置于一浸入恒温油浴槽内的铜管中以保持测试温度恒定。样品发生蠕变时,差动变压器的铁芯将偏离平衡位置,使其输出增大,调节螺旋测微计头,使铁芯回复到中心位置(输出最小,用示波器观察),则从螺旋测微计头上可读到试样长度的增量。测微计的精度为 0.001 cm,恒温温度控制精度为 ±0.1℃,测定一个温度的蠕变曲线约需 20 h。此类仪器适用于低应变的蠕变,可不考虑试样截面积在负荷下的变化。

二、应力松弛

1. 应力松弛现象及分子运动机理

应力松弛是指在恒定温度下,快速(短时间内)施加外力,使高聚物试样产生一定的形变,维持这一形变不变所需的应力(等于高聚物试样的内应力)随时间增长而逐渐衰减的现象。应力随时间变化的曲线称为应力松弛曲线。例如密封用的橡胶圈在使用过程中,虽然橡胶圈的压缩变形未改变,但密封效果会随时间的增长而逐渐减小,甚至会完全失去密封作用,这正是发生应力松弛的结果。

图 7-12 所示为典型的应力松弛曲线示意图。由图可见,在恒定温度和维持应变不变的情况下,线型高聚物的应力会松弛衰减到 0,而交联高聚物的应力会松弛到与应变相平衡的应力值。

同样,不同高聚物材料的应力松弛差异也很大。在选材和应用时,对高聚物材料的应力松弛这一黏弹性能的要求也不同。如上述密封用的橡胶材料,要求应力松弛愈小愈好,应力松弛时间 τ,即当材料内部的应力衰减到初始应力的 $1/e$ 时所需的时间,就是密封材料的寿命。而对于注射成型的聚碳酸酯塑料制品,则要求有一定的应力松弛,以消除制品内存在的内应力,防止制品在存放和使用过程中的变形及应力开裂等现象。下面列举一些高聚物应力松弛的实例。

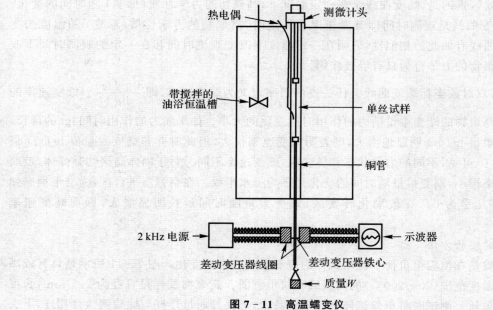

图 7-11 高温蠕变仪

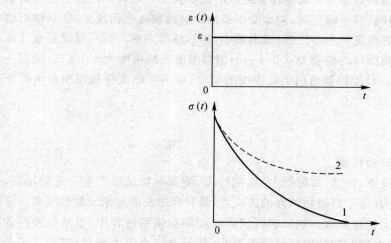

图 7-12 典型的应力松弛曲线示意图

1—线型高聚物; 2—交联高聚物

例1 一些高聚物在 25℃时的应力松弛曲线(见图 7-13)。

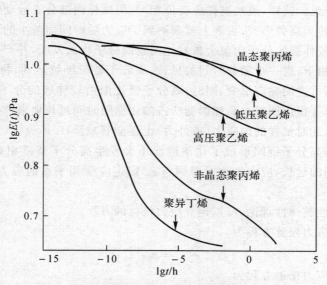

图 7-13 一些高聚物在 25℃ 时的应力松弛曲线

例 2 天然橡胶在 100℃ 时定伸长的应力松弛曲线（见图 7-14）。

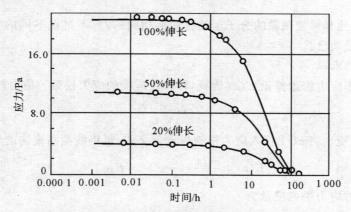

图 7-14 天然橡胶在 100℃ 时定伸长的应力松弛曲线

对比这两个例子发现，聚异丁烯和天然橡胶的应力松弛是很显著的，而一些结晶塑料的应力松弛是非常缓慢、不显著的。

以未交联橡胶为例，对应力松弛这一黏弹性力学行为的分子运动机理进行分析。

当初始时刻 t_0 时，给试样快速加载，使试样突然产生一定的形变。这时的形变为弹性形变，包括由键长键角变化引起的普弹形变（这是主要部分）以及跟得上外力作用的小链段运动单元运动引起的高弹形变。因此，初始形变主要是普弹形变，普弹模量很高，因而维持初始形变所需的应力 σ_0 也较大。与此同时，也产生了大小相同、方向相反的自发的回缩内应力。

在初始形变自发回缩内应力的作用下，随着时间的延长，那些松弛时间较长的链段，先后沿力的方向逐渐由卷曲分子构象向伸展分子构象运动，发展了高弹形变，即逐渐对形变做出贡献，同时普弹形变得以回复。由于高弹模量远低于普弹模量，因此试样维持同样应变的内应力减小,发生了应力松弛。这样,虽然试样应变值相同,但试样内部分子运动机理改变了,形变的性质也由普弹形变转为高弹形变,宏观上就观测到了应力随时间而减小的现象。与此同时,高弹形变后高分子链较伸展的分子构象会自发地向卷曲分子构象发展,并产生回缩的回弹力。

在回弹力的作用下,进一步随着时间的延长,高分子链段继续运动,将导致高分子整链的相对位移,产生了不可逆的黏流形变,同时,高分子链逐渐由较伸展的分子构象回缩变为卷曲的分子构象,高弹形变得以回复。高弹形变所占的比例随时间延长愈来愈少,直至全部高弹形变被黏流形变取代,此时试样的内应力(或外力)也逐渐衰减至 0。

当橡胶交联后,高分子链间形成了化学键而不会发生高分子整链相对位移的黏流形变。这时,随着观测时间的延长,应力松弛发展到与 ε_∞ 恒定应变相平衡的应力值 ε_∞ 时为止,而不会松弛到 0。

采用唯象学线性黏弹性理论,可以建立应力松弛的方程。

线型高聚物的应力松弛方程为

$$\sigma(t) = \sigma_0 e^{-\frac{t}{\tau}} \tag{7-7}$$

交联高聚物的应力松弛方程为

$$\sigma(t) = (\sigma_0 - \sigma_\infty) e^{-\frac{t}{\tau}} + \sigma_\infty \tag{7-8}$$

式中,σ_0 为初始应力,σ_∞ 为与恒定应变平衡时的应力,$e^{-t/\tau}$ 为应力松弛函数,常用 $\varphi(t)$ 表示,τ 为应力松弛时间。

可见,应力松弛和蠕变现象的分子运动机理是相同的,只不过在不同的实验条件下,观测不同的宏观物理量而已。

2. 应力松弛的表征

应力松弛采用应力松弛模量 $E(t)$ 表征,即单位应变的应力松弛。应力松弛模量定义为

$$E(t) = \frac{\sigma(t)}{\varepsilon_0} \tag{7-9}$$

式中,ε_0 为初始应变。将 $\sigma(t)$ 代入应力松弛模量定义式,可得线型高聚物的应力松弛模量为

$$E(t) = \frac{\sigma(t)}{\varepsilon_0} = \frac{\sigma_0}{\varepsilon_0} e^{-t/\tau} = E_0 e^{-t/\tau} \tag{7-10}$$

交联高聚物的应力松弛模量为

$$E(t) = \frac{\sigma(t)}{\varepsilon_0} = (E_0 - E_\infty) e^{-t/\tau} + E_\infty \tag{7-11}$$

式中,E_0 为初始应力松弛模量;E_∞ 为 $t/\tau \to \infty$ 时的平衡应力松弛模量。

交联高聚物在初始形变中普弹形变贡献较大,E_0 很高;但当 $t/\tau \to \infty$ 时,高弹性占主导地位,因 $E_\infty \ll E_0$,所以式(7-11)近似为

$$E(t) = E_0 e^{-t/\tau} + E_\infty \tag{7-12}$$

对于交联橡胶材料,E_∞ 实际上就是平衡高弹模量。

图 7-15 所示为非晶态高聚物的应力松弛模量与时间关系的双对数坐标图。该曲线与线性坐标中的模量-温度曲线相似,也表明了时间与温度的等效关系。

从高聚物双对数坐标应力松弛曲线的转变区可得到应力松弛时间 τ。在应力松弛过程中,改变维持恒定形变的时间,非晶态线型高聚物先后呈现玻璃态($t \ll \tau$)、高弹态($t \gg \tau$)和黏流态($t \gg \tau$)。双对数坐标应力松弛曲线上任何一点的斜率 $\dfrac{\mathrm{d}\lg E(t)}{\mathrm{d}\lg t}$,定义为应力松弛速率。

由图可见,在不同力学状态和转变区,应力松弛速率不同。

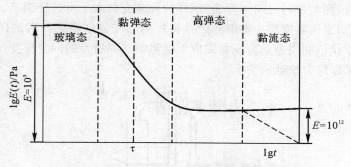

图 7 - 15　双对数坐标中的应力松弛曲线

应力松弛速率的物理意义,表明高聚物的应力松弛模量 $\lg E$(或 $\lg G$) 随力的观测时间 $\lg t$ 变化的大小。如果随着观测时间 $\lg t$ 的延长,高聚物应力松弛模量 $\lg E$(或 $\lg G$) 明显地衰减,则表明应力松弛速率很大。如图 7 - 15 中所示玻璃化转变区($t \approx \tau$)应力松弛速率最大。

3. 应力松弛的实验方法

橡胶和低模量高聚物的应力松弛实验,可以使用简单的杠杆式拉伸应力松弛仪,如图 7 - 16 所示。平衡重锤 1 的质量和位置是固定的,由可移动重锤 2 的位置来调节通过杠杆 4 加在试样上的负荷。在初始时间 t_0 时,快速施加一负荷,即可移动重锤 2 达某一位置,使试样产生一定的形变和初始的应力,且使杠杆支点"0"两边的力矩相平衡,此时触点开关 3 为开启状态。随着时间的增长,杠杆逐渐失去了平衡,由于支点"0"左侧的力矩变小,而使杠杆向右侧倾斜落下,使触点开关 3 落下后处于闭合状态。这时驱动马达 5 工作,驱使可移动重锤 2 向力矩减小的方向移动,直至使杠杆 4 重新达到平衡,触点 3 重新开启断开电路。随着时间的延长,左侧的力矩又继续变小,故如此重复以上的过程。支点左侧(试样一侧)力矩逐渐变小的原因是维持试样的形变或应变不变条件下,试样的内应力随时间延长而逐渐减小,即作用于试样上的拉力随时间延长而逐渐减小的结果。这就是应力松弛现象。这样,试样的应力松弛情况可随时间 t 跟踪记录可移动重锤 2 的位置,获得应力松弛曲线。

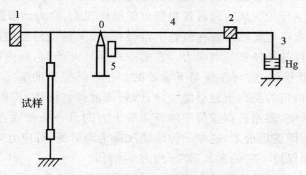

图 7 - 16　杠杆式拉伸应力松弛仪原理图

0—支点;　1—平衡重锤;　2—移动重锤;　3—触点开关;　4—载荷杆;　5—驱动马达

图 7 - 17 是一种较精确地测量装置——应力松弛仪示意图。应力松弛实验是在恒温恒应变下检测应力随时间的变化。其原理是利用模量比试样的模量大得多的弹簧片,通过弹簧片

的形变来检测高聚物试样被拉伸时的应力松弛。试样置于恒温箱中,并且同弹簧片相连。当试样被拉杆拉长时,弹簧片同时向下弯曲;试样拉伸应变的大小由拉杆调节。拉伸力为弹簧片的弹性力,通过差动变压器或应变电阻测定弹簧片的形变量来确定。当试样发生应力松弛时弹簧片逐渐回复原状。利用差动变压器或应变电阻测定弹簧片的回复形变,然后换算成应力,即可测出高聚物试样应力松弛的情况。

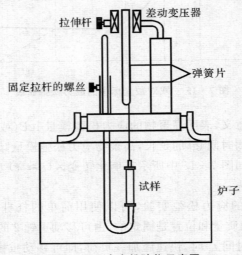

图 7 - 17 应力松弛仪示意图

7.1.2 动态黏弹性——滞后现象和力学损耗

一、滞后现象与力学损耗

高聚物材料在实际使用时,往往受到大小和方向不断变化的外力的作用。例如轮胎、齿轮、减震器、消声器等都是受着复杂的动态交变应力的作用。高聚物材料在这种动态应力或应变作用下的黏弹性力学行为表现为滞后现象和力学损耗现象,称为动态黏弹性。

图 7-18 所示为未硫化天然橡胶在恒温下慢慢拉伸,又慢慢回复的应力-应变曲线,在这一过程中橡胶受周期性的拉伸和压缩应力。在第一次循环开始时,应力随伸长率增加而迅速增加,表示高弹性发展很快,这与在室温下橡胶的松弛时间很短的事实相符合。当伸长达到100%左右时,橡胶在恒定的负荷下也会继续伸长,好像液体的流动,说明此时已有塑性形变。除去应力,橡胶逐步回缩,回缩过程按位于伸长曲线下方的另一条曲线进行,表现为形变严重落后于应力,这种现象即滞后现象,这样的伸缩曲线称为滞后圈,待应力完全除去,试样也不能恢复到原来的长度,而保持一定的永久形变(约为140%)。

滞后现象产生的分子运动机理是由于高分子链段运动时受到分子内和分子间相互作用的内摩擦阻力和无规热运动影响,使链段运动跟不上外力的变化,所以应变滞后于应力,即在高聚物中存在着力学松弛。内摩擦阻力越大,链段运动越困难,应变也就越跟不上应力的变化,滞后现象越明显,因此不同化学结构的高聚物材料的滞后现象有明显差异。柔性链高聚物(如橡胶材料)的滞后现象严重,而刚性链高聚物(如各类塑料)一般滞后现象不明显。同时,滞后现象还强烈地依赖于外界条件,如外力作用的频率和温度等。

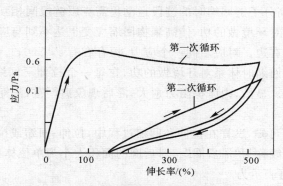

图 7－18　未硫化橡胶的应力-应变滞后圈

　　而永久形变的产生,是由于未交联橡胶在拉伸过程中发生了塑性形变。实验证明,在第一次拉伸时橡胶在取向时已部分结晶,变成较接近于弹性形变的状态,故在第二次循环的伸缩中,滞后现象大大减小,相应的永久形变也减小。经过几次循环,永久形变就几乎不发生变化而形成比较重复的滞后圈,这是由于橡胶内部的结构变化已固定下来。如果橡胶经过适当的硫化,第一循环的滞后圈就会大大减小,并形成比较重复的滞后圈,且由于交联结构的存在,不发生塑性流动,不存在永久变形,如图 7－19 所示。

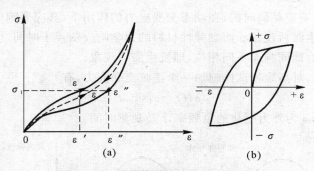

图 7－19　硫化橡胶的应力-应变曲线

(a)拉伸-回缩循环；　(b)拉伸-压缩循环

注:(a)中的虚线表示交联橡胶拉伸与回缩为平衡态过程时的曲线

　　在图 7－18 以及 7－19 中,应力-应变曲线下面的面积,表示拉伸和回缩过程中所做功的大小,相当于材料在整个过程中所吸收和放出的能量。显然,伸长和回缩两个过程有一能量差,这个能量差表示在一次拉伸和回缩过程中所消耗的能量,称为力学损耗。

　　力学损耗产生的原因与滞后现象密切相关。对于理想弹性体,应变完全跟得上应力的变化,回缩曲线与拉伸曲线重合在一起,如图 7－19 中虚线所示。这时,拉伸形变时环境对体系做的功等于形变回缩时体系对环境做的功,整个循环过程没有滞后现象,也没有能量损耗。而黏弹性材料在交变应力下发生滞后现象。在拉伸时,外力(环境)对高聚物体系做的功,一方而要克服链段的无规则热运动动能,使高分子链沿力的方向择优取向运动,使卷曲分子构象改变为较伸展分子构象;另一方面提供链段择优取向运动时克服链段间相互作用内摩擦阻力所需要的能量,就消耗了部分外力做的功,结果使高聚物应变响应达不到与其应力相适应的平衡应变值,拉伸形变曲线在平衡曲线的左边;当形变回缩时,伸展的高分子链重新卷曲起来,高聚物体系对环境做功,这时高分子链回缩时的链段运动仍需克服链段间相互作用的内摩擦阻力,也要消耗部分高聚物体系对环境做的功,使高聚物回缩应变也达不到与应力相适应的平衡值,回缩曲线落在平衡曲线的右边。对应于同一个应力,恒存在有 $\varepsilon' < \varepsilon < \varepsilon''$。因此,拉伸形变时环境对体系做的功大于形变回缩时体系对环境做的功,在每一个拉伸—回缩循环周期中有一部分功转化为热能被损耗掉。显然,内摩擦阻力愈大,滞后现象愈严重,消耗的功也愈大,即力学损耗也愈大。

由图7-18和7-19可知,试样在拉伸和回缩过程中,拉伸-回缩或拉伸-压缩循环的应力应变关系所构成的闭合曲线称为"滞后圈"。滞后圈的面积大小为单位体积试样在每一个循环周期中所损耗的功 ΔW,可表示为

$$\Delta W = \oint \sigma(t) \, \mathrm{d}\varepsilon(t) = \oint \sigma(t) \, \frac{\mathrm{d}\varepsilon(t)}{\mathrm{d}t} \mathrm{d}t \qquad (7-13)$$

二、动态黏弹性的表征

动态黏弹性的理想受力状态是材料受到周期性变化的外力,由此产生的应变响应也是周期性的。数学上,对于各种复杂的动态交变的应力或应变都可以用若干个正弦函数的组合来描述。因而动态力学实验一般是在对试样施加正弦应力或正弦应变的条件下进行的。

1. 动态模量 —— 复数模量

弹性材料的力学响应是瞬时的,在动态交变应力的作用下,其应变响应与应力同频同相位地周期性变化,不发生滞后现象。而黏弹性材料的力学响应依赖于时间,应变响应的周期性变化滞后于应力的变化,即同频而不同相位,即发生滞后现象。

如图 7-20 所示,对高聚物试样施加一个正弦交变应力,有

$$\sigma(t) = \sigma_0 \sin\omega t \qquad (7-14)$$

式中,σ_0 为应力振幅,ω 为外力变化的角频率,t 是观测时间。

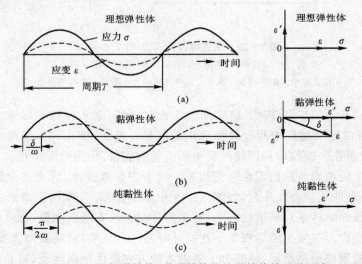

图 7-20　理想弹性体、黏弹性体及纯黏性体的正弦形变

对于弹性材料,应变响应可表示为

$$\varepsilon(t) = \varepsilon_0 \sin \omega t \qquad (7-15)$$

对于黏性牛顿流体,应变响应可表示为

$$\int_{\varepsilon(t_0)}^{\varepsilon(t)} d\varepsilon(t) = \frac{1}{\eta} \int_{t_0}^{t} \sigma(t) dt \qquad (7-16)$$

由式(7-14)和式(7-16)得

$$\varepsilon(t) = \varepsilon_0 \sin \left(\omega t - \frac{\pi}{2} \right) \qquad (7-17)$$

表明黏性牛顿流体的应变变化比应力变化滞后 $\pi/2$ 相位。

黏弹性材料的力学响应在弹性材料与黏性材料之间,应变的变化要落后于应力的变化一个相位角 δ,δ 值在 0 到 $\pi/2$ 之间。因此对于黏弹性材料,应变响应可表示为

$$\varepsilon(t) = \varepsilon_0 \sin (\omega t - \delta) \qquad (7-18)$$

也可以选择应变 $\varepsilon = 0$ 作为 t 起点,这时应力领先于应变一个 δ 相位角,即

$$\varepsilon(t) = \varepsilon_0 \sin \omega t$$
$$\sigma(t) = \sigma_0 \sin (\omega t + \delta) \qquad (7-19)$$

将应力展开为

$$\sigma(t) = \sigma_0 \sin \omega t \cos \delta + \sigma_0 \cos \omega t \sin \delta \qquad (7-20)$$

由此可见,应力是由两个部分组成:与应变同相的,幅值为 $\sigma_0 \cos\delta$,用于弹性形变;与应变相差 $\pi/2$ 的,幅值为 $\sigma_0 \sin\delta$,用于克服内摩擦阻力。于是有两种模量 E' 和 E'':

$$E' = \left(\frac{\sigma_0}{\varepsilon_0} \right) \cos \delta \qquad (7-21)$$

$$E'' = \left(\frac{\sigma_0}{\varepsilon_0} \right) \sin \delta \qquad (7-22)$$

E' 表示在力方向上产生的应变可将外力做的功转变为能量在试样中储存起来,这是使弹性形变可回复的弹性储能,因而 E' 称为储能模量。E'' 表示在应变过程中克服内摩擦阻力转变为热能所损耗的能量,因此 E'' 称为损耗模量。此时应力展开式变为

$$\sigma(t) = E' \varepsilon_0 \sin \omega t + E'' \varepsilon_0 \cos \omega t = E' \varepsilon_0 \sin \omega t + E'' \varepsilon_0 \sin \left(\omega t + \frac{\pi}{2} \right) \qquad (7-23)$$

为便于把动态模量用一个复数表示,可以将动态交变应力和应变写成复数的圆振函数形式

$$\varepsilon(t) = \varepsilon_0 e^{i\omega t} \qquad (7-24)$$
$$\sigma(t) = \sigma_0 e^{i(\omega t + \delta)} \qquad (7-25)$$

此时复数模量为

$$E^* = \frac{\sigma(t)}{\varepsilon(t)} = \frac{\sigma_0}{\varepsilon_0} e^{i\delta} \qquad (7-26)$$

将 $e^{i\delta}$ 按尤拉公式展开,有

$$e^{i\delta} = \frac{\sigma_0}{\varepsilon_0} (\cos \delta + i \sin \delta) \qquad (7-27)$$

代入式(7-26),得

$$E^* = \frac{\sigma_0}{\varepsilon_0} (\cos \delta + i \sin \delta) \qquad (7-28)$$

定义

$$E' = \frac{\sigma_0}{\varepsilon_0} \cos \delta \qquad (7-29)$$

$$E'' = \frac{\sigma_0}{\varepsilon_0} \sin \delta \qquad (7-30)$$

则动态模量(即复数模量)为

$$E^* = E' + iE'' \qquad (7-31)$$

也可以将 E^*,E',E'' 与 δ 的关系清楚地表示在复平面上,如图 7-21 所示,复数的实部为储能模量 E',虚部为损耗模量 E''。

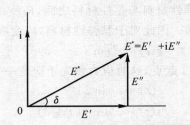

图 7-21 表示在复平面上的复数模量

动态模量的大小用 E^* 的绝对值表示为

$$|E^*| = \sqrt{E'^2 + E''^2} \qquad (7-32)$$

通常 $E'' \ll E'$,所以常用 E' 直接代表材料的动态模量。

2. 复数柔量

对黏弹性高聚物材料施加正弦交变应力 $\sigma(t) = \sigma_0 e^{i\omega t}$ 时,产生了同频不同相位的正弦交变应变响应,即

$$\varepsilon(t) = \varepsilon_0 e^{i(\omega t - \delta)} \qquad (7-33)$$

按照柔量的定义和动态模量的定义,可以推导得复数柔量为

$$J^* = \frac{\varepsilon(t)}{\sigma(t)} = \frac{\varepsilon_0 e^{i(\omega t - \delta)}}{\sigma_0 e^{i\omega t}} = \frac{\varepsilon_0}{\sigma_0} e^{-i\delta} \qquad (7-34)$$

将 $e^{-i\delta}$ 展开为

$$e^{-i\delta} = \cos \delta - i\sin \delta \qquad (7-35)$$

代入上式,得

$$J^* = \frac{\varepsilon_0}{\sigma_0} (\cos \delta - i\sin \delta) \qquad (7-36)$$

定义

$$J' = \frac{\varepsilon_0}{\sigma_0} \cos \delta \qquad (7-37)$$

$$J'' = \frac{\varepsilon_0}{\sigma_0} \sin \delta \qquad (7-38)$$

则复数柔量为

$$J^* = J' - iJ'' \qquad (7-39)$$

其中实数部分 J' 为储能柔量,虚数部分 J'' 称为损耗柔量。

根据复数模量和复数柔量的定义可知,二者之间互为倒数关系,即 $E^* = 1/J^*$,有

$$E^* = \frac{1}{J^*} = \frac{1}{J' - \mathrm{i}J''} = \frac{J' + \mathrm{i}J''}{(J' - \mathrm{i}J'')(J' + \mathrm{i}J'')} = \frac{J' + \mathrm{i}J''}{J'^2 + J''^2} =$$

$$\frac{J'}{|J^*|^2} + \mathrm{i}\frac{J''}{|J^*|^2} = E' + \mathrm{i}E'' \tag{7-40}$$

$$E' = \frac{J'}{|J^*|^2}, \quad E'' = \frac{J''}{|J^*|^2}$$

但静态黏弹性力学行为中蠕变柔量和应力松弛模量之间不存在这种倒数关系。

3. 力学损耗

根据力学损耗的概念有多种不同的表征方式。

(1)黏弹性高聚物材料在正弦应力或正弦应变作用下的应力-应变曲线达到平衡时,形成一个稳定的滞后圈。将滞后圈面积积分后,计算得到每个循环周期中单位体积试样损耗的能量为力学损耗 ΔW。

将式(7-26)代入式(7-19)得

$$\Delta W = \oint \sigma(t) \frac{\mathrm{d}\varepsilon(t)}{\mathrm{d}t}\mathrm{d}t = \int_0^{\frac{2\pi}{\omega}} (E'\varepsilon_0 \sin \omega t + E''\varepsilon_0 \cos \omega t) \frac{\mathrm{d}(\varepsilon_0 \sin \omega t)}{\mathrm{d}t}\mathrm{d}t = \pi E''\varepsilon_0^2 \tag{7-41}$$

它表明每一循环周期的力学损耗正比于损耗模量和应变振幅的平方。

同理,由复数柔量可以推导出每一循环周期力学损耗的表达式为

$$\Delta W = \pi J''\varepsilon_0^2 \tag{7-42}$$

(2)定义每个循环周期中损耗能量 ΔW 与最大储存能量 W 之比值为力学损耗 ψ。

$$\psi = \frac{\Delta W}{W} = \frac{\pi E''\varepsilon_0^2}{\frac{1}{2}\pi E'\varepsilon_0^2} = 2\pi \frac{E''}{E'} \tag{7-43}$$

令 $\dfrac{E''}{E'} = \tan\delta$,则

$$\psi = 2\pi\tan\delta \tag{7-44}$$

可见以损耗角正切或损耗因子 $\tan\delta$ 也可表征力学损耗。

还可以以剪切模量表示力学损耗,有

$$\tan\delta = \frac{G''}{G'} \tag{7-45}$$

(3)根据力学损耗概念,不同的动态力学实验方法定义的物理参量不同,力学损耗的表征也不同。如扭摆式自由振动法动态力学实验定义相继两个振动振幅之比的自然对数(称为对数减量 Δ)表征力学损耗,即

$$\Delta = \ln \frac{A_i}{A} \tag{7-46}$$

A_i, A_{i+1} 分别表示第 $i, i+1$ 个振动的振幅。当振幅衰减地愈快,其对数减量也愈大,表明试样的力学损耗就愈大。

(4)工程上常用单位时间损耗能量的发热量 Q 表征力学损耗,即

$$Q = \Delta W f \tag{7-47}$$

式中,f 为交变应力或应变的线频率。

7.2 线性黏弹性的数学描述

黏弹性材料的应力与应变之间不具有简单的关系。线性黏弹性现象数学描述的目的是建立包含时间参量的本构关系,把应力、应变及其他黏弹性参数联系起来。

7.2.1 玻尔兹曼叠加原理

玻尔兹曼(Boltzmann)叠加原理是线性黏弹性的理论基础,它给出了应力与应变随时间变化的积分表达式。利用这一关系可以将不同的黏弹性参数联系起来。

一、线性黏弹性积分表达式

高聚物是典型的黏弹性材料,玻尔兹曼叠加原理是高聚物黏弹性非常重要的原理。这个原理指出,高聚物黏弹性力学行为是其整个历史进程中诸松弛过程的线性加和的结果。对于蠕变过程,形变是整个负荷历史的函数。每个阶跃式加荷对高聚物变形的贡献是独立的,总的蠕变是各个加荷引起的蠕变的线性加和;对于应力松弛,每个应变对高聚物的应力松弛的贡献也是独立的,高聚物的总应力等于历史上诸应变引起的应力松弛的线性加和。利用这个原理,我们可以根据有限的实验数据,预测高聚物在很宽时间范围内的力学性质。

现以图 7 - 22 为例,讨论玻尔兹曼叠加原理。

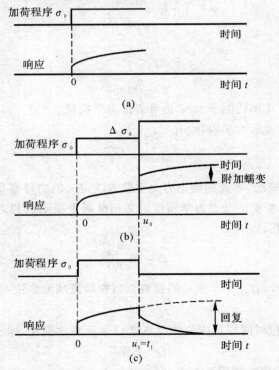

图 7 - 22 黏弹性固体对单阶负荷(a)、二阶负荷(b) 的加荷、去荷(c) 的响应情况

对于黏弹性高聚物蠕变实验,考虑在 0 时刻,给试样加上应力 σ_0,则该负荷在时刻 t 时对应变贡献为

$$\varepsilon_0(t) = \sigma_0 J(t) \tag{7-48}$$

式中,$J(t)$ 为材料的蠕变柔量,是时间的函数。如果在时刻 u_1 施加于试样上的应力为 $\Delta\sigma_1$,则它在 t 时刻引起的应变为

$$\varepsilon_1(t) = \Delta\sigma_1 J(t - u_1) \tag{7-49}$$

按照玻尔兹曼叠加原理,如果在 0 时刻加荷 σ_0,在 u_1 时再加荷 $\Delta\sigma_1$,则在 t 时刻($t > u_1$)的应变 $\varepsilon(t)$ 为 $\varepsilon_0(t)$ 和 $\varepsilon_1(t)$ 的和,即

$$\varepsilon(t) = \sigma_0 J(t) + \Delta\sigma_1 J(t - u_1) \tag{7-50}$$

这样,当加上 $\Delta\sigma_1$ 应力后产生的附加蠕变为

$$\varepsilon'_c(t - u_1) = \sigma_0 J(t) + \Delta\sigma_1 J(t - u_1) - \sigma_0 J(t) = \Delta\sigma_1 J(t - u_1) \tag{7-51}$$

它表示由阶跃加荷 $\Delta\sigma_1$,所产生的附加蠕变 $\varepsilon'_c(t - u_1)$ 等于在 u_1 之前没有施加任何负荷,而在时间 u_1 时刻施加一个 $\Delta\sigma_1$ 应力所产生的蠕变(见图 7-22)。对于多次阶跃加荷的情况(见图 7-23),在 $u_1, u_2, u_3, \cdots, u_n$ 分别施加应力 $\Delta\sigma_1, \Delta\sigma_2, \Delta\sigma_3, \cdots, \Delta\sigma_n$,在 t 时刻($t > u_n$)的应变为

$$\varepsilon(t) = \sum_{i=1}^{n} \Delta\sigma_i J(t - u_i) \tag{7-52}$$

式(7-52)即是玻尔兹曼叠加原理的数学表达式。

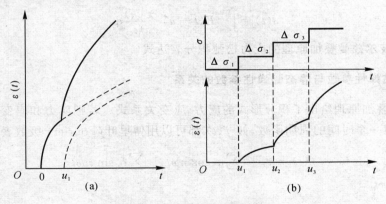

图 7-23　多次阶跃加荷的情况

(a) 相继作用在试样上的两个应力所引起的应变的线性加和;　(b) 阶跃加荷程序下的蠕变叠加

对于线型高聚物,其中

$$J(t - u_i) = J_0 + J_\infty (1 - e^{-\frac{t - u_i}{\tau}}) + \frac{1}{\eta}(t - u_i) \tag{7-53}$$

$\Delta\sigma_i J(t - u)$ 为 u_i 时刻增加 $\Delta\sigma_i$ 应力使高聚物试样在 t 时刻时产生的蠕变应变。如果是连续加荷的,加荷随时间的变化率为 $\partial\sigma(u)/\partial u$,则

$$\varepsilon(t) = \int_{-\infty}^{t} J(t - u) \mathrm{d}\sigma u = \int_{-\infty}^{t} J(t - u) \frac{\partial\sigma(u)}{\partial u} \mathrm{d}u \tag{7-54}$$

这里积分下限取 $-\infty$ 是因为 t 以前的整个历史对 t 时的应变都有贡献。上限取 t 是因为 t 以后的应力对 t 时的应变没有影响。式(7-54)给出了玻尔兹曼叠加原理的积分表达式,即描述线性黏弹性的应力和应变作为时间的函数的积分表达式。

由图 7－22 进一步分析蠕变的回复。

当时间 $t = 0$ 时,施加应力 σ_0;而在时间 $u_1 = t_1$ 时除去应力 σ_0 之后,到达时间 $u = t$ 时的应变 $\varepsilon(t)$ 为 ε_1 和 ε_2 之和,即

$$\varepsilon(t) = \varepsilon_1 + \varepsilon_2 = \sigma_0 J(t) - \sigma_0 J(t - t_1) \tag{7-55}$$

ε_1 和 ε_2 分别表示加上 σ_0 应力和除去 σ_0 应力(相当于加上一个 $-\sigma_0$ 应力)时的应变。因此,回复应变 $\varepsilon(t - t_1)$ 可定义为起始应力作用下,到达 t 时预期的蠕变值与实际测定蠕变值之差值。即回复应变为

$$\varepsilon(t - t_i) = \sigma_0 J(t) - [\sigma_0 J(t) - \sigma_0 J(t - t_1)] = \sigma_0 J(t - t_1) \tag{7-56}$$

由此可以看出,蠕变的回复应变和在时间 t_l 施加 σ_0 应力所产生的蠕变值是相同的。它表明蠕变的应变和回复的应变大小一样,这也是玻尔兹曼叠加原理所要说明的第二个结果。

用玻尔兹曼叠加原理可以把应力松弛行为表示为与蠕变行为完全对应的数学形式。若应力松弛实验的程序为设时间 u 分别等于 $t_l, t_2, t_3, \cdots, t_n$ 时,施加应变增量分别为 $\Delta\varepsilon_1, \Delta\varepsilon_2, \Delta\varepsilon_3, \cdots, \Delta\varepsilon_n$,于是在时间 $u = t$ 时总的应力为

$$\sigma(t) = \Delta\varepsilon_1 E(t - t_1) + \Delta\varepsilon_2 E(t - t_2) + \Delta\varepsilon_3 E(t - t_3) + \cdots + \Delta\varepsilon_n E(t - t_n) =$$
$$\sum_{i=1}^{n} \Delta\varepsilon_i E(t - t_i) \tag{7-57}$$

当应变连续变化时,则

$$\sigma(t) = \int_{-\infty}^{t} E(t - u) \frac{\partial\varepsilon(u)}{\partial u} du \tag{7-58}$$

式(7－58)为玻尔兹曼叠加原理的应力松弛积分表达式。

二、动态黏弹性参数与静态黏弹性参数的关系

玻尔兹曼叠加原理给出了积分形式的应力-应变关系式。若把应力和应变作为周期性变化的函数,任何一个时间的周期函数,如 $f(t)$ 都可以用傅里叶(Fourier)级数表示为

$$f(t) = a_0 + \sum_{1}^{\infty} a_n \cos n\omega t + \sum_{1}^{\infty} b_n \sin n\omega t \tag{7-59}$$

其中,a_0, a_n, b_n 为

$$a_n = \frac{2}{T} \int_{-\frac{T}{2}}^{+\frac{T}{2}} f(t) \cos n\omega t \, dt \tag{7-60}$$

$$b_n = \frac{2}{T} \int_{-\frac{T}{2}}^{+\frac{T}{2}} f(t) \sin n\omega t \, dt \tag{7-61}$$

$$a_0 = \frac{1}{T} \int_{-\frac{T}{2}}^{+\frac{T}{2}} f(t) \, dt \tag{7-62}$$

式中,$\omega = \frac{2\pi}{T}$,T 为时间周期。

对于一个静态过程,相当于周期 $T \to \infty$ 的情况。在物理意义上意味着有无限个频率分量彼此靠得很近,当 $T \to \infty$ 时它们相互间的距离 l/T 趋近于 0。这样,以傅里叶级数表示的时间函数就成为连续频谱函数,数学上称为傅里叶积分,

$$f(t) = \frac{1}{2\pi} \int_{-\infty}^{+\infty} g(\omega) e^{i\omega t} \, d\omega \tag{7-63}$$

式中，$g(\omega)$ 为频率分量。

上式为傅里叶积分的一般表达式。利用傅里叶积分关系，可以推导出动态黏弹性参数和静态黏弹性参数的关系。

首先推导静态拉伸应力松弛模量和动态拉伸模量的关系。

上述玻尔兹曼叠加原理的应力松弛积分表达式详见式(7-58)。令 $s = t - u$，则式(7-58)可写成

$$\sigma(t) = -\int_0^\infty E(s) \frac{\partial \varepsilon(t-s)}{\partial s} \mathrm{d}s \tag{7-64}$$

但是，此时设应变为周期性变化的函数：

$$\varepsilon(t-s) = \varepsilon_0 \mathrm{e}^{i\omega(t-s)} \tag{7-65}$$

则

$$\frac{\partial \varepsilon(t-s)}{\partial s} = -i\omega\varepsilon_0 \mathrm{e}^{i\omega(t-s)} = -i\omega\varepsilon(t)\mathrm{e}^{i\omega s} \tag{7-66}$$

代入式(7-64)，得

$$\sigma(t) = \varepsilon(t) \int_0^\infty i\omega E(s) \mathrm{e}^{-i\omega s} \mathrm{d}s \tag{7-67}$$

动态模量 $E^*(\omega)$ 为

$$E^*(\omega) = \frac{\sigma(t)}{\varepsilon(t)} = \int_0^\infty \omega E(s) \sin \omega s \, \mathrm{d}s + i\int_0^\infty \omega E(s) \cos \omega s \, \mathrm{d}s \tag{7-68}$$

储能模量和损耗模量分别与上式的实部和虚部对应：

$$E'(\omega) = \int_0^\infty \omega E(s) \sin \omega s \, \mathrm{d}s \tag{7-69}$$

$$E''(\omega) = \int_0^\infty \omega E(s) \cos \omega s \, \mathrm{d}s \tag{7-70}$$

应用傅里叶积分关系由以上公式可导出：

$$E(S) = \frac{1}{2\pi} \int_{-\infty}^{+\infty} \frac{E^*(\omega)}{i\omega} \mathrm{e}^{i\omega t} \mathrm{d}\omega = \frac{1}{\pi} \int_0^\infty [E'(\omega) \sin \omega s + E''(\omega) \cos \omega s] \, \mathrm{d}\ln \omega \tag{7-71}$$

$$E'(s) = \frac{2}{\pi} \int_0^\infty E'(\omega) \sin \omega s \, \mathrm{d}\ln \omega \tag{7-72}$$

$$E''(\omega) = \frac{2}{\pi} \int_0^\infty E''(\omega) \cos \omega s \, \mathrm{d}\ln \omega \tag{7-73}$$

由此可见，静态应变条件下观测应力的响应特性。可以用无限个不同频率分量的正弦交变应变作用下的应力响应的叠加来描述。

同理，类似的推导也可以得出，在静态应力下观测应变的响应特性，可以用无限个不同频率分量的正弦交变应力作用下的应变响应的叠加来描述，即静态蠕变柔量和动态柔量（复数柔量）的关系式。

7.2.2　线性黏弹性的力学模型

玻尔兹曼叠加原理给出了描述线性黏弹性的积分表达式。还有一种与它等效的理论，可以用微分方程描述线性黏弹性的应力和应变作为时间的函数，一般常用的微分方程为

$$a_0\sigma + a_1\frac{\mathrm{d}\sigma}{\mathrm{d}t} + a_2\frac{\mathrm{d}^2\sigma}{\mathrm{d}t^2} + \cdots = b_0\varepsilon + b_1\frac{\mathrm{d}\varepsilon}{\mathrm{d}t} + b_2\frac{\mathrm{d}^2\varepsilon}{\mathrm{d}t^2} + \cdots$$

如在方程两边各取第一项即为胡克弹性体的情况;左边取第一项,右边取第二项则为牛顿流体的情况;一般可取有限项描述黏弹性的实验数据。这类微分方程的建立可由唯象理论即对一定的力学模型体系的理论分析来实现。线性黏弹性的唯象理论已发展得比较完善和充分,为黏弹性研究提供了必要的基础。

一、描述高聚物黏弹性行为的力学元件

为了从现象上模拟高聚物的黏弹性力学行为,采用两种基本力学元件(见图7-24),一种是胡克弹簧,其运动服从胡克定律,应力正比于应变,比例系数为杨氏模量,其倒数为弹簧的柔量;另一种是牛顿黏壶,其应变对应于活塞在充满黏度为η的液体的圆筒中的相对运动,可用牛顿流动定律描述其应力-应变关系。力学模型的方法是把这两种元件按一定方式组合起来,建立组合体系的运动方程,并用来描述实际高聚物的黏弹性力学行为。

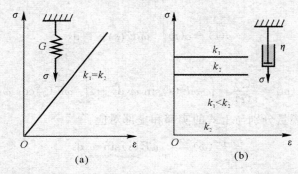

图7-24 描述高聚物黏弹性行为的两个力学元件:弹簧(a)和黏壶(b)以及它们的应力-应变曲线

弹簧的应变没有时间依赖性所以不同形变速率(k_1和k_2)的应力-应变曲线是同一条线。黏壶的应变有明显的时间依赖性不同形变速率(k_1和k_2)的应力-应变曲线就是不同的线,高速率的拉伸需要更大的拉力。

最简单的力学模型是由一个弹簧和一个黏壶以串联或并联的方式所构成,即Maxwell模型和Kelvin(或Voigt)模型。

二、麦克斯韦尔(Maxwell)模型

Maxwell模型由一个弹簧和一个黏壶串联而成(见图7-25(a))。体系的总应变ε为弹簧的应变ε_1和黏壶的应变ε_2之和,体系的总应力与元件各自的应力彼此相等。

因为$\varepsilon = \varepsilon_1 + \varepsilon_2$,所以

$$\frac{\mathrm{d}\varepsilon}{\mathrm{d}t} = \frac{\mathrm{d}\varepsilon_1}{\mathrm{d}t} + \frac{\mathrm{d}\varepsilon_2}{\mathrm{d}t} \tag{7-74}$$

由胡克定律和牛顿定律可知:

$$\frac{\mathrm{d}\varepsilon_1}{\mathrm{d}t} = \frac{1}{E}\frac{\mathrm{d}\sigma}{\mathrm{d}t}$$

$$\frac{\mathrm{d}\varepsilon_2}{\mathrm{d}t} = \frac{\sigma}{\eta} \tag{7-75}$$

由此可得 Maxwell 模型的运动方程为

$$\frac{\mathrm{d}\varepsilon}{\mathrm{d}t} = \frac{1}{E}\frac{\mathrm{d}\sigma}{\mathrm{d}t} + \frac{\sigma}{\eta} \tag{7-76}$$

Maxwell 模型可以模拟线型高聚物的应力松弛过程。

如图 7 - 25(b) 所示,在应力松弛实验中,使试样快速达到应变 ε_0 并维持恒定,对于 Maxwell 模型,弹簧的应变响应 ε_1 是瞬时的,对黏壶应变 ε_2 则由于黏滞作用,在开始时来不及应变。随着时间的延长,两个元件的应变情况不断地变化,但始终满足 $\varepsilon_0 = \varepsilon_1 + \varepsilon_2$。因此,$\varepsilon_0$ 起始应变完全由弹簧贡献,而两个元件的起始应力均为 σ_0。若固定模型两端,即模拟维持应变 ε_0 不变的条件,接着就发生了应力松弛现象。即随后黏壶受弹簧回缩应力的作用克服黏滞阻力被慢慢拉开,弹簧逐渐回缩,应力也逐渐衰减。此时,总应变由弹簧应变和黏壶应变分担。当观测时间 t 很长时,弹簧的应变最后回缩到 0,应力也将松弛到 0,此时应变 ε_0 完全由黏壶的应变提供。

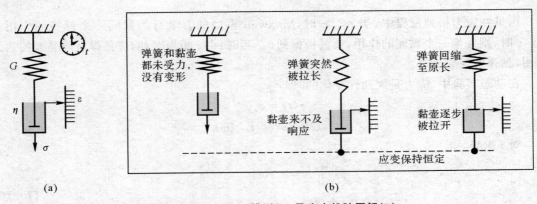

图 7 - 25 Maxwell 模型(a) 及应力松弛图解(b)

因为总应变恒定,所以 $\dfrac{\mathrm{d}\varepsilon}{\mathrm{d}t} = 0$,代入运动方程(7 - 76),得

$$\frac{1}{E}\frac{\mathrm{d}\sigma}{\mathrm{d}t} + \frac{\sigma}{\eta} = 0$$

当 $t = 0$ 时,$\sigma = \sigma_0$,则有

$$\int_{\sigma_0}^{\sigma(t)} \frac{\mathrm{d}\sigma}{\sigma} = -\int_0^t \frac{E}{\eta}\mathrm{d}t$$

由此可得到 Maxwell 模型给出的应力随时间变化的方程为

$$\sigma(t) = \sigma_0 e^{-t/\tau} \tag{7-77}$$

式中,$\tau = \dfrac{\eta}{E}$ 称为松弛时间。

当 $t = \tau$ 时,$\sigma = \sigma_0 e^{-1}$。所以 τ 表示形变固定时,应力松弛到起始应力的 e^{-1} 倍时所需要的时间。τ 由弹簧的模量和黏壶的黏度来决定,说明松弛过程是弹性行为和黏性行为共同作用的结果。不同材料的应力松弛行为对应于力学元件的不同的模量与黏度。如图 7 - 26 所示为 $E = 10^6$ Pa,$\eta = 5 \times 10^6$ Pa·s,$\tau = 5$ s 的 Maxwell 模型的应力松弛曲线。

把式(7 - 77)两边除以 ε_0,得应力松弛模量的表达式为

$$E(t) = E_0 e^{-t/\tau} \tag{7-78}$$

式中，$E_0 = \sigma_0/\varepsilon_0$，表示起始模量。显然它等于胡克弹簧的模量 E。以 $\lg E(t)/\lg E(0)$ 对 $\lg t/\tau$ 作图得图 7-27。

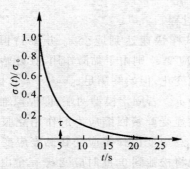 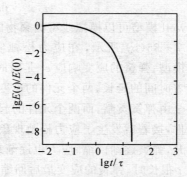

图 7-26　Maxwell 模型的应力松弛曲线　　图 7-27　Maxwell 模型的应力松弛模量与 t 的关系

可见在应力松弛过程中，当 $t \leqslant \tau$ 时，Maxwell 模型的力学行为如同一个弹簧的作用。$t \gg \tau$ 时，则好像一个黏壶的作用，模量松弛到 0。当时 t 与 τ 相当时，响应是弹簧与黏壶的共同作用，黏弹性现象显著。

在动态实验中，应力是周期性变化的，即

$$\sigma(t) = \sigma_0 e^{i\omega t}$$

$$\varepsilon(t) = \sigma(t)/E^*(\omega)$$

对 t 求导，得

$$\frac{d\sigma(t)}{dt} = i\omega\sigma(t)$$

$$\frac{d\varepsilon(t)}{dt} = i\omega\sigma(t)/E^*(\omega) \tag{7-79}$$

代入运动方程（7-76）中，有

$$\frac{i\omega\sigma(t)}{E^*(\omega)} = \frac{i\omega\sigma(t)}{E} + \frac{\sigma(t)}{\eta}$$

两端除以 $\sigma(t)$，并令 $\tau = \eta/E$，整理上式得

$$E^*(\omega) = \frac{Ei\omega\tau}{1 + i\omega\tau} = \frac{E\omega^2\tau^2}{1 + \omega^2\tau^2} + i\,\frac{E\omega\tau}{1 + \omega^2\tau^2} \tag{7-80}$$

于是有

$$E^*(\omega) = E' + iE'' \tag{7-81}$$

$$E' = \frac{E\omega^2\tau^2}{1 + \omega^2\tau^2}$$

$$E'' = \frac{E\omega\tau}{1 + \omega^2\tau^2}$$

$$\tan\delta = \frac{1}{\omega\tau}$$

这些关系给出的曲线如图 7-28 所示。定性地说，和的形状与实际相似，但 $\tan\delta$ 的形状与实际不符。

Maxwell 模型在应用中存在着一些不足之处。不管是描述应力松弛还是动态力学性能，

只给出了一个松弛时间;不能描述交联高聚物的黏弹性行为;不能描述实际高聚物的蠕变,因为在恒定应力 $\sigma = \sigma_0$ 条件下,$\mathrm{d}\sigma/\mathrm{d}t = 0$,则 $\mathrm{d}\varepsilon/\mathrm{d}t = \sigma_0/\eta$,只有牛顿流动,显然这是不真实的;在 Maxwell 模型中求得的 $tg\delta$ 为一直线,这与事实不符;转变区小。

三、开尔文(Kelvin)–沃伊特(Voigt)模型

Kelvin 模型是由一个胡克弹簧与一个牛顿黏壶并联构成的(见图 7 − 29)。这时两个力学元件的应变与总应变相等 $\varepsilon = \varepsilon_1 = \varepsilon_2$,而应力为两个力学元件共同承受。随着时间的延长,应力在两个元件上的分布不断变化着,但始终满足 $\sigma_0 = \sigma_1 + \sigma_2$。由此得到 Kelvin 模型的运动方程为

$$\sigma_0 = E\varepsilon + \eta \frac{\mathrm{d}\varepsilon}{\mathrm{d}t} \tag{7-82}$$

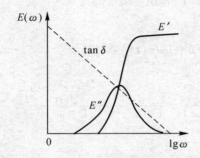

图 7 − 28 **Maxwell 模型的动态力学行为**

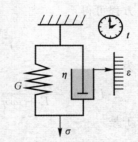

图 7 − 29 **Kelvin 模型**

Kelvin 模型可以用来模拟交联高聚物高弹形变的蠕变过程。

当拉力作用在模型上时,由于黏壶黏滞阻力的存在,弹簧不能立刻被拉开,应变响应不能跟上应力而迅速发生,只能随着黏壶的逐渐形变弹簧慢慢被拉开,因此形变是逐渐发展的。它模拟了链段运动必须克服内摩擦阻力而逐渐发展高弹形变的蠕变过程。如果外力除去,在弹簧回缩力作用下(模拟高弹形变的回弹力),使整个模型的形变由于受黏壶的阻滞也慢慢回复。这与交联高聚物蠕变的发展与回复过程的情形一致。

在蠕变过程中,应力保持不变,$\sigma = \sigma_0$ 为常数,于是

$$\frac{\mathrm{d}\varepsilon(t)}{\sigma_0 - E\varepsilon(t)} = \frac{\mathrm{d}t}{\eta}$$

当 $t = 0$ 时 $\varepsilon = 0$,积分上式,得

$$\varepsilon(t) = \frac{\sigma_0}{E}(1 - e^{-t/\tau}) = \varepsilon_\infty(1 - e^{-t/\tau}) \tag{7-83}$$

式中 ε_∞ 为 $t \to \infty$ 时的平衡应变;$\tau = \eta/E$ 称为推迟时间,也是蠕变过程的松弛时间。上式除以 σ_0 可得蠕变柔量为

$$J(t) = J_\infty(1 - e^{-t/\tau}) \tag{7-84}$$

在蠕变回复过程中,$\sigma = 0$,运动方程此时为

$$E\varepsilon(t) + \eta \frac{\mathrm{d}\varepsilon(t)}{\mathrm{d}t} = 0$$

即

$$\frac{\mathrm{d}\varepsilon}{\mathrm{d}t} = -\frac{E}{\eta}\mathrm{d}t$$

以 $\varepsilon(0)$ 表示开始回复时的应变,积分上式得

$$\varepsilon(t) = \varepsilon_0 \mathrm{e}^{-t/\tau} \tag{7-85}$$

这是模拟蠕变回复过程的方程,蠕变应变以 $\mathrm{e}^{-t/\tau}$ 的倍率降低。

用 Kelvin 模型也可以用来模拟高聚物的动态力学行为。当给予模型的应变为

$$\varepsilon(t) = \varepsilon_0 \mathrm{e}^{\mathrm{i}\omega t}$$

则有

$$\frac{\mathrm{d}\varepsilon(t)}{\mathrm{d}t} = \mathrm{i}\omega\varepsilon(t)$$

以及

$$\sigma(t) = \varepsilon(t)/J^*(\omega)$$

代入模型运动方程可得

$$\frac{\varepsilon(t)}{J^*(\omega)} = E\varepsilon(t) + \mathrm{i}\omega\eta\varepsilon(t) \tag{7-86}$$

解得复数柔量为

$$J^*(\omega) = \frac{1}{E + \mathrm{i}\omega\eta} = \frac{1}{E(1 + \mathrm{i}\omega\tau)} = \frac{J}{1 + \omega^2\tau^2} - \mathrm{i}\frac{J\omega\tau}{1 + \omega^2\tau^2} \tag{7-87}$$

式中 $\tau = \eta/E$,于是

$$J' = \frac{J}{1 + \omega^2\tau^2}$$

$$J'' = \frac{J\omega\tau}{1 + \omega^2\tau^2}$$

则

$$J^*(\omega) = J'' - \mathrm{i}J' \tag{7-88a}$$

$$\tan\delta = \frac{J''}{J'} = \omega\tau \tag{7-88b}$$

上述关系的图像表示如图 7-30 所示。定性地说,J' 和 J'' 的曲线形状与实际相似,但 $\tan\delta$ 的形状仍与实际不符。

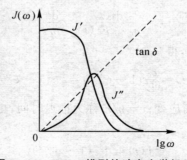

图 7-30 Kelvin 模型的动态力学行为

用 Kelvin 模型处理应力松弛过程是不合适的,因为黏壶的黏度的限制,体系不可能发生瞬时形变。

同样,Kevlin 模型也存在着不足之处。不能呈现高聚物蠕变时的瞬时普弹性;没有能反映线型高聚物可能存在的流动;不能用来描述高聚物的应力松弛行为,因为在 $\varepsilon = \varepsilon_0$,运动方程 $\sigma / \eta = G\varepsilon_0 / \eta$,即 $\sigma = G\varepsilon_0$,是线性弹性行为;不管是描述应力松弛时间还是动态力学性能,模型只给出了一个松弛时间,且转变区较小;求得的 $\tan\delta$ 是一条直线,与事实不符。

应用玻尔兹曼叠加原理给出的变换关系,由式(7 - 78)可导出式(7 - 80),(7 - 81),由(7 - 84)出发,可导出式(7 - 87),(7 - 88)。因此,力学模型符合玻尔兹曼叠加关系。反过来,从模型直接得到了这些公式,表明玻尔兹曼叠加关系成立,即玻尔兹曼叠加原理与力学模型对黏弹行为的描述是等效的。

四、四元件模型和三元件模型

1. 四元件模型

四元件模型是根据高分子的分子运动机理设计的(见图 7 - 31)。考虑到高聚物的形变是由三个部分组成的。第一部分是由分子内部键长键角改变引起的普弹形变,这种形变是瞬时完成的,因而可以用一个硬弹簧 E_1 来模拟;第二部分是链段运动引起的高弹形变,这种形变是随时间而变化的,可以用弹簧 E_2 和黏壶 η_2 并联起来模拟;第三部分是由高分子链滑移引起的黏性流动,这种形变是随时间线性发展的,可以用一个黏壶 η_3 来模拟。线型高聚物的总形变等于这三部分形变的总和,因此模型应该把这三部分元件串联起来,构成的四元

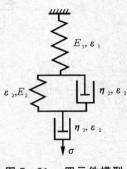

图 7 - 31　四元件模型

件模型可以看作是 Maxwell 模型和 Voigt 模型串联而成的。通过这样四个元件的组合,可以从高分子结构和分子运动的观点出发,说明高聚物在任何情况下的形变都有弹性和黏性存在。

四元件模型适于描述线型高聚物的蠕变过程。蠕变过程中 $\sigma = \sigma_0$,因而高聚物的总应变为

$$\varepsilon(t) = \varepsilon_1 + \varepsilon_2 + \varepsilon_3 = \frac{\sigma_0}{E_1} + \frac{\sigma_0}{E_2}(1 - e^{-t/\tau}) + \frac{\sigma_0}{\eta_3}t$$

即

$$\varepsilon(t) = \varepsilon_0 + \varepsilon_\infty(1 - e^{-t/\tau}) + \frac{\sigma_0}{\eta}t \qquad (7 - 89)$$

或

$$J(t) = J_0 + J_\infty(1 - e^{-t/\tau}) + \frac{1}{\eta}t$$

图 7 - 32 所示是四元件模型的蠕变曲线和回复曲线,以及各时刻对应的模型各元件的相应行为。与图 7 - 33 给出的天然橡胶的蠕变实验得到的蠕变曲线和回复曲线比较,定性地讲,四元件模型与实验是颇为符合的。

2. 三元件模型

在二元件的 Maxwell 模型和 Kelvin(或 Voigt)模型中,仅用一个弹簧元件表示弹性,无法区分普弹性与高弹性。用如图 7 - 34 所示的两种三元件模型,能很好地模拟交联高聚物的蠕变和应力松弛现象。与上述同理,可推导得相应的蠕变方程和应力松弛方程。

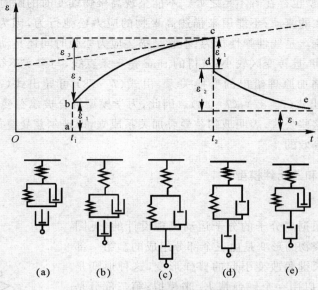

图 7 - 32　四元件模型的蠕变行为

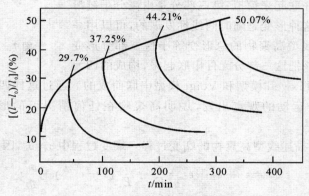

图 7 - 33　天然橡胶的压缩蠕变曲线

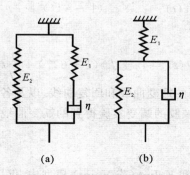

图 7 - 34　两种三元件模型

由三元件模型推导得交联高聚物的蠕变方程和应力松弛方程分别为

交联高聚物的蠕变方程为

$$\varepsilon(t) = \varepsilon_0 + \varepsilon_\infty (1 - e^{-\frac{t}{\tau}}) \tag{7-90}$$

$$J(t) = J_0 + J_\infty (1 - e^{-\frac{t}{\tau}}) \tag{7-91}$$

交联高聚物的应力松弛方程为

$$\sigma(t) = (\sigma_0 - \sigma_\infty) e^{-t/\tau} + \sigma_\infty \tag{7-92}$$

$$E(t) = (E_0 - E_\infty) e^{-t/\tau} + E_\infty \tag{7-93}$$

7.2.3　广义力学模型与松弛时间和推迟时间分布

上述诸模型虽然可以表示高聚物黏弹性行为的主要特征,但过分简单,尤其是它们都只能给出具有单一松弛时间的指数形式的响应;而实际高聚物由于结构的复杂性及其运动单元的多重性,实际力学松弛过程不止一个松弛时间,而是一个分布很宽的连续谱,须采用多元件组合模型模拟。

一、广义力学模型

1. 广义 Maxwell 模型

广义 Maxwell 模型是取任意多个 Maxwell 模型单元并联而成,如图 7-35(a) 所示。每个模型单元由具有不同模量的弹簧和不同黏度的黏壶组成,因而具有不同的松弛时间。

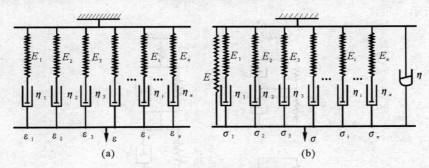

图 7-35　广义 Maxwell 模型

(a) 广义 Maxwell 模型;　(b) 一般广义 Maxwell 模型

当模型在恒定应变 ε_0 作用下,其应力响应为诸模型单元应力之和,有

$$\sigma(t) = \sigma_1 + \sigma_2 + \cdots + \sigma_i + \cdots + \sigma_n$$

即

$$\sigma(t) = \varepsilon_0 \sum_i^n E_i e^{-t/\tau_i} \tag{7-94}$$

应力松弛模量为

$$E(t) = \sum_i^n E_i e^{-t/\tau_i} \tag{7-95}$$

对于线型高聚物,还应考虑模拟高分子整链的运动,需再并联一个黏壶,这时恒定的形变

为黏流形变,但应力松弛模量松弛到 0。

对于交联高聚物,在外加载荷初始时高聚物的普弹形变以及时间 t 足够长时应力松弛模量最后不能松弛到 0,而是松弛到平衡态值 E_∞,需再并联一个模量为 E 的弹簧,这时应力松弛模量表示为

$$E(t) = E_\infty + \sum_i^n E_i \mathrm{e}^{-t/\tau_i} \tag{7-96}$$

它们可以用一个更一般的广义 Maxwell 模型来模拟,如图 7-35(b) 所示。

广义 Maxwell 模型和一般 Maxwell 模型也可以分别推导周期性应力和应变下的动态模量。广义 Maxwell 模型描述的储能模量和损耗模量为

$$E'(\omega) = \sum_i^n \frac{E_i \omega^2 \tau_i}{1 + \omega^2 \tau_i} \tag{7-97}$$

$$E''(\omega) = \sum_i^n \frac{E_i \omega \tau_i}{1 + \omega^2 \tau_i} \tag{7-98}$$

一般广义 Maxwell 模型描述的储能模量和损耗模量为

$$E'(\omega) = E_\infty + \sum_i^n \frac{E_i \omega^2 \tau_i}{1 + \omega^2 \tau_i} \tag{7-99}$$

$$E''(\omega) = \omega \eta + \sum_i^n \frac{E_i \omega \tau_i}{1 + \omega^2 \tau_i} \tag{7-100}$$

2. 广义 Voigt - Kelvin 模型

广义 Voigt - Kelvin 模型是把一系列 Kelvin 或 Voigt 模型单元串联起来而成,如图 7-36(a) 所示。

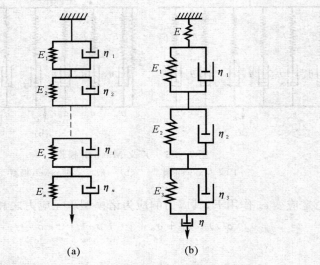

图 7-36　广义 Kelvin - Voigt 模型示意图

(a) 广义 Kelvin - Voigt 模型;　(b) 一般广义 Kelvin - Voigt 模型

当模型在恒定应力作用下,体系的总应力 σ 等于各个模型单元的应力 σ_i,体系的总应变 $\varepsilon(t)$ 为各个模型单元应变 ε_i 之和。即总应力为常数:

$$\sigma = \sigma_0$$

$$\sigma_1 = \sigma_2 = \cdots = \sigma_i = \cdots = \sigma_n = \sigma_0$$

若第 i 个模型单元的应变为 ε_i，则

$$\varepsilon_i = \varepsilon_{i(\infty)} (1 + e^{-t/\tau_i})$$

总应变为

$$\varepsilon(t) = \varepsilon_1 + \varepsilon_2 + \cdots + \varepsilon_i + \cdots + \varepsilon_n$$

即

$$\varepsilon(t) = \sum_i^n \varepsilon_i = \sum_i^n \varepsilon_{i(\infty)} (1 - e^{-t/\tau_i}) \tag{7-101}$$

蠕变柔量为

$$J(t) = \frac{\varepsilon(t)}{\sigma_0} = \sum_i^n J_i (1 - e^{-t/\tau_i}) \tag{7-102}$$

上述模型模拟的形变实际上是可回复的高弹形变。考虑到高聚物的普弹形变和线型高聚物的黏流形变，需再串联一个弹簧 (E) 和一个黏壶 (η)，以表示更一般的情况，如图 7-36(b) 所示。此时蠕变柔量的表达式为

$$J(t) = J_0 + \sum_i^n J_i (1 - e^{-t/\tau_i}) + \frac{t}{\eta} \tag{7-103}$$

同理，广义 Kelvin-Voigt 模型和一般广义 Kelvin-Voigt 也可以分别推导周期性交变应力和应变下的动态柔量。广义 Kelvin-Voigt 模型描述的储能柔量和损耗柔量为

$$J'(\omega) = \sum_i^n \frac{J_i}{1 + \omega^2 \tau_i} \tag{7-104}$$

$$J''(\omega) = \sum_i^n \frac{J_i \omega \tau_i}{1 + \omega^2 \tau_i} \tag{7-105}$$

一般广义 Kelvin-Voigt 模型描述的储能柔量和损耗柔量为

$$J'(\omega) = J_0 + \sum_i^n \frac{J_i}{1 + \omega^2 \tau_i} \tag{7-106}$$

$$J''(\omega) = \frac{1}{\omega \eta} + \sum_i^n \frac{J_i \omega \tau_i}{1 + \omega^2 \tau_i} \tag{7-107}$$

当 $i \to \infty$，那么加和将为积分所代替，有限数目的常数（E_i 或 J_i，τ_i）将为包含一个独立变量 τ 的连续函数 $E(\tau)$ 或 $J(\tau)$ 所代替，则式(7-95)、式(7-96)、式(7-102)和式(7-103)分别为

$$E(t) = \int_0^\infty E(\tau) e^{-t/\tau} d\tau$$

$$E(t) = E_\infty + \int_0^\infty E(\tau) e^{-t/\tau} d\tau$$

$$J(t) = \int_0^\infty J(\tau) (1 + e^{-t/\tau}) d\tau$$

$$J(t) = J_0 + \int_0^\infty J(\tau) (1 + e^{-t/\tau}) d\tau + \frac{t}{\eta}$$

二、松弛时间和推迟时间分布

当广义 Maxwell 模型单元数无限多时，其模量可写成积分形式。式中 $E(\tau)$ 的原意是松弛

时间为 τ 的单元的弹簧的模量。这是宏观物理量,它是分子运动的宏观反映。若从分子运动角度来理解 $E(\tau)$,把松弛时间为 τ 的分子运动模式对体系模量的贡献看作为 $e^{-t/\tau}$,而体系的总模量为所有分子运动模式的贡献的总和。那么,$E(\tau)d\tau$ 就意味着松弛时间在 τ 到 $(\tau + d\tau)$ 之间的那些运动模式的多少,也即表示具有松弛时间 $(\tau \sim \tau + d\tau)$ 的 Maxwell 模型单元的多少,它模拟了具有松弛时间为 $(\tau \sim \tau + d\tau)$ 的链段运动单元的多少或称"浓度"的大小。$E(\tau)$ 因 τ 的不同而满足一定的分布,称为松弛时间分布或松弛时间谱。由于松弛时间要在很宽的数量级范围内变化,采用对数时间标尺更为方便。为此定义一个新的松弛时间谱 $H(\ln \tau)$:

$$H(\ln \tau)d\ln \tau = E(\tau)d\tau \tag{7-108}$$

当松弛时间谱 $H(\ln \tau)$ 或 $E(\tau)$ 为一个独立变量 τ 的连续函数时,应力松弛模量为

$$E(t) = \int_{-\infty}^{+\infty} H(\ln \tau)e^{-t/\tau}d\ln \tau \tag{7-109}$$

类似地可定义推迟时间的对数分布或推迟时间谱 $L(\ln \tau)$:

$$L(\ln \tau)d\ln \tau = J(\tau)d\tau \tag{7-110}$$

当推迟时间谱 $L(\ln \tau)$ 或 $J(\tau)$ 为一个独立变量 τ 时,蠕变柔量的表达式为

$$J(t) = \int_{-\infty}^{+\infty} L(\ln \tau)(1 - e^{-t/\tau})d\ln \tau \tag{7-111}$$

对动态实验的情况做类似处理,可得

$$E'(\omega) = \int_{-\infty}^{+\infty} \frac{H(\ln \tau)\omega^2 \tau^2}{1 + \omega^2 \tau^2}d\ln \tau \tag{7-112}$$

$$E''(\omega) = \int_{-\infty}^{+\infty} \frac{H(\ln \tau)\omega\tau}{1 + \omega^2 \tau^2}d\ln \tau \tag{7-113}$$

$$J'(\omega) = \int_{-\infty}^{+\infty} \frac{L(\ln \tau)}{1 + \omega^2 \tau^2}d\ln \tau \tag{7-114}$$

$$J''(\omega) = \int_{-\infty}^{+\infty} \frac{L(\ln \tau)\omega\tau}{1 + \omega^2 \tau^2}d\ln \tau \tag{7-115}$$

当如图 7-35(b) 和图 7-36(b) 所示为更一般的广义力学模型时,松弛时间谱 $H(\ln \tau)$ 动和推迟时间谱 $L(\ln \tau)$ 均为一个独立变量 τ 的连续函数时,相应于图 7-35(b) 所示的应力松弛模量为

$$E(t) = E_{\infty} + \int_{-\infty}^{+\infty} H(\ln \tau)e^{-t/\tau}d\ln \tau \tag{7-116}$$

相应的动态储能模量和损耗模量分别为

$$E'(\omega) = E_{\infty} + \int_{-\infty}^{+\infty} \frac{H(\ln \tau)\omega^2 \tau^2}{1 + \omega^2 \tau^2}d\ln \tau \tag{7-117}$$

$$E''(\omega) = \int_{-\infty}^{+\infty} \frac{H(\ln \tau)\omega\tau}{1 + \omega^2 \tau^2}d\ln \tau \tag{7-118}$$

相应于图 7-36(b) 的蠕变柔量为

$$J(t) = J_0 + \int_{-\infty}^{+\infty} L(\ln \tau)(1 - e^{-t/\tau})d\ln \tau + \frac{t}{\eta} \tag{7-119}$$

相应的动态储能柔量和损耗柔量分别为

$$J'(\omega) = J_0 + \int_{-\infty}^{+\infty} \frac{L(\ln \tau)}{1 + \omega^2 \tau^2}d\ln \tau \tag{7-120}$$

$$J''(\omega) = \frac{1}{\omega\eta} + \int_{-\infty}^{+\infty} \frac{L(\ln\tau)\omega\tau}{1+\omega^2\tau^2} d\ln\tau \qquad (7-121)$$

应力松弛模量、储能模量和损耗模量都与同一个松弛时间谱相关。蠕变柔量、储能柔量和损耗柔量也服从同一个推迟时间谱。因此,知道材料的 $H(\ln\tau)$ 或 $L(\ln\tau)$ 可计算各种黏弹性参数。也就是说 $H(\ln\tau)$ 松弛时间谱和 $L(\ln\tau)$ 推迟时间谱决定高聚物材料的黏弹性能。

上面的方程提供了求松弛时间谱和推迟时间谱的方法,但实际上这种运算是非常复杂的,常用近似的方法。第一种方法为采用经验函数的近似计算法,以交联高聚物为例,由应力松弛模量求松弛时间谱,即

$$E(t) = E_\infty + \int_{-\infty}^{+\infty} H(\ln\tau) e^{-t/\tau} d\ln\tau \qquad (7-122)$$

当 $\tau=0$,$e^{-t/\tau}=0$;$\tau=\infty$,$e^{t/\tau}=1$。因此可用一个阶梯函数来代替 $e^{-t/\tau}$,如图 7-37 所示。

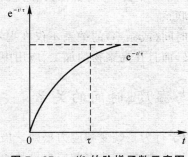

图 7-37 $e^{-t/\tau}$ 的阶梯函数示意图

现用 $\tau \geq t$ 时为 1,而 $\tau \leq t$ 时为 0 来代替,则积分式可近似为

$$E(t) \approx E_\infty + \int_{\ln t}^{+\infty} H(\ln\tau) d\ln\tau$$

当 $t=\tau$ 时,则

$$-\left[\frac{dE(t)}{d\ln\tau}\right]_{t=\tau} = H(\ln\tau) \qquad (7-23)$$

即松弛时间谱近似地等于应力松弛模量-对数时间曲线的负斜率,因此

$$H(\ln\tau) = -\frac{1}{2.303}\left[\frac{dE(t)}{d\lg t}\right]_{t=\tau} \qquad (7-124)$$

这是个非常简单、粗糙、由实验测定近似计算的方法。

要得到精确的松弛时间分布,实验数据需要至少包括 8～15 个数量级的时间范围。实际上这样做是不可能的。那么常用的第二种方法是依据时-温等效原理(WLF 法),实验测定不同温度下应力松弛曲线,然后移动作叠合主曲线的方法(见后章节)。

从理论研究方面考虑,人们希望把力学松弛过程同实际分子运动过程直接地联系起来,以高分子的分子运动为基础研究其黏弹行为,从而导致了黏弹性分子模型理论的建立与发展。它可以从理论上对高聚物黏弹性力学行为进行一些估计,如预测高聚物松弛时间谱,这就是第三种方法。

7.3 高聚物黏弹性同温度、时间或频率的关系

前面关于黏弹性的数学描述讨论了黏弹性参数与时间或频率的关系,它们是在温度恒定的前提下推导出的。高聚物的黏弹性是高聚物分子运动的宏观反映,而高聚物分子运动的松弛时间同温度有关,因此温度发生变化时,高聚物黏弹性响应时间也必然发生变化。在固定测试时间或频率的前提下改变温度,高聚物黏弹性参数的数值将随之改变。随着温度的逐步升高,非晶态线型高聚物依次表现出玻璃态、玻璃化转变区、高弹态和黏流态的力学性能。这同在恒定温度下随时间的延长高聚物力学性能的变化规律是类似的。因此,黏弹性参量可分别作为温度和时间(或频率)的函数用图形表示,前者称为黏弹性温度谱,后者称为黏弹性时间(或频率)谱,两者之间存在一定联系。

研究高聚物黏弹性同温度、时间(或频率)的关系不仅在揭示高聚物的力学特性及其分子运动机理上具有重要的科学意义,而且在高聚物的加工、应用中也具有重要的实际意义。

7.3.1 静态黏弹性与温度、时间的关系

高聚物静态黏弹性的重要力学行为是蠕变和应力松弛。描述高聚物静态黏弹性力学行为的黏弹性参数蠕变柔量、应力松弛模量、蠕变速率和应力松弛速率都是时间和温度的函数。在进行比较时,应在同温度或温度范围下比较不同观测时间的蠕变或应力松弛行为;或在同一观测时间或时间范围内比较不同温度下的蠕变或应力松弛行为。

一、温度对蠕变的影响

高聚物的分子运动的温度依赖性大都遵从阿伦尼乌斯方程,分子运动的松弛时间 τ 为

$$\tau = \tau_0 e^{\Delta H/RT}$$

可见,升高温度可以使高聚物的各种分子运动单元的松弛时间减小,即加速所有的松弛过程。

如前所述,高聚物的蠕变以及蠕变柔量均与松弛时间有关,按唯象理论推导出的一定温度下的蠕变方程:

线型高聚物

$$\varepsilon(t) = \varepsilon_0 + \varepsilon_\infty(1 - e^{-t/\tau}) + \frac{\sigma_0}{\eta}t \quad \text{或} \quad J(t) = J_0 + J_\infty(1 - e^{-t/\tau}) + \frac{1}{\eta}t$$

交联高聚物

$$\varepsilon(t) = \varepsilon_0 + \varepsilon_\infty(1 - e^{-\frac{t}{\tau}}) \quad \text{或} \quad J(t) = J_0 + J_\infty(1 - e^{-\frac{t}{\tau}})$$

在不同温度下研究试样的蠕变行为时,蠕变方程中的松弛时间 τ 值随温度变化按阿伦尼乌斯方程的规律而变化。取相同的观测时间范围 $t(0 \sim t)$,定性分析不同温度下的蠕变现象,如图 7-38 和图 7-39 所示。

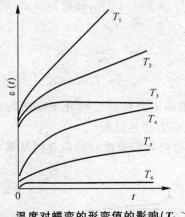

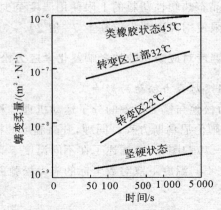

图 7 - 38　温度对蠕变的形变值的影响($T_1 > T_2 >$ $T_3 > T_4 > T_5 > T_6$)　　图 7 - 39　一种增塑聚氯乙烯在不同温度下的蠕变柔量

对给定结构的高聚物,当处在较低温度($T < T_g$)时,链段运动的松弛时间很大,$t \ll \tau$,链段运动很困难,高聚物处于玻璃态。按蠕变方程可知,此时对恒定应力的响应主要是普弹应变或普弹柔量(也包含高分子链的小运动单元的响应应变),蠕变值较小。且在 t 观测时间内蠕变应变随时间的变化很小,即蠕变速率很小。如图 7 - 38 中所示 T_6 的蠕变曲线及图 7 - 38 中所示坚硬状态的蠕变柔量曲线。

随着温度升高,高聚物的分子热运动能量和自由体积(或称自由空间)都增大,使分子各种运动单元的松弛时间减小,也即蠕变过程的推迟时间减小。当升至较高温度($T_g < T < T_f$)时,链段运动的松弛时间大大减小,$t \gg \tau$,链段可以自由运动,高聚物处高弹态。瞬时响应应变增大,包括普弹应变和高弹应变(其中平衡高弹应变所占的比例随温度升高而增大)。按蠕变方程可知,此时蠕变应变或模量主要是平衡态高弹应变或平衡态高弹柔量。非平衡态高弹应变部分随时间 t 很快接近平衡态,最终达平衡态值 ε_∞ 或 J_∞。在 t 观测时间内,蠕变应变或柔量随时间变化很小,即蠕变速率很小,对交联高聚物,此时蠕变应变可达平衡态值 ε_∞ 或 J_∞。如图 7 - 38 中所示 T_3 的蠕变曲线。

当高聚物处于 T_g 附近的玻璃化转变区时,链段运动的松弛时间与观测时间为同数量级,即 $t \approx \tau$,这时链段热运动能量和自由体积不足,链段运动不自由,但可逐渐对外力作出蠕变响应,如图 7 - 38 中 T_4 的蠕变曲线。按蠕变方程可知,此时主要为非平衡态高弹应变 $\varepsilon(t) \approx \varepsilon_\infty (1 - e^{-t/\tau})$。蠕变应变或柔量随时间的变化很大,如图 7 - 39 中所示 22℃ 的蠕变柔量曲线,以曲线斜率 $d\lg J(t)/d\lg t$ 表征的蠕变速率最大。它表明了对于固体高聚物,在玻璃化转变区高聚物的蠕变黏弹性力学行为最显著。

当温度高于流动温度 T_f 时,$t \gg \tau$,非晶线型高聚物处于黏流态。按蠕变方程可知,在 t 时间内会发生不可逆的黏性流动,且蠕变速率也很大。如图 7 - 38 中所示 T_1,T_2 的蠕变曲线。

综上所述,高聚物的蠕变是温度和时间的函数,即 $\varepsilon(t) = f(T, t)$。这是由于不同温度下的分子运动机理不同,因而在相应温度条件下蠕变现象对时间的依赖性不同,也即蠕变速率不同。

在高聚物制品的实际应用中,为了避免发生明显的蠕变,除其他因素之外,考虑温度的影响时,非晶态热塑性塑料的上限使用温度至少应低于 T_g 值 $20 \sim 30℃$;橡胶制品必须交联或硫化,且下限使用温度至少应高于 T_g 值 $20 \sim 30℃$。

二、温度对应力松弛的影响及化学应力松弛现象

1. 温度对应力松弛的影响

应力松弛与蠕变现象的分子运动机理是相同的,因而应力松弛过程分子运动的松弛时间 τ 也遵从阿伦尼乌斯方程。同理,升高温度同样也加速应力松弛过程。

图 7-40 和图 7-41 描述了在不同温度下高聚物应力松弛模量曲线的示意图及聚甲基丙烯酸甲酯在不同温度下双对数坐标的应力松弛曲线。

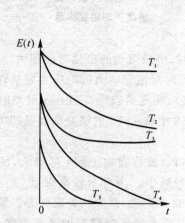

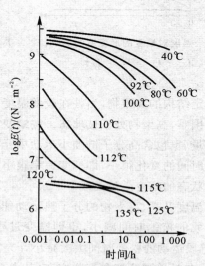

图 7-40　温度对应力松弛的影响($T_1 < T_2 <$
$T_3 < T_4 < T_5$)

图 7-41　聚甲基丙烯酸甲酯在不同温度下的应力松弛

已知按唯象学线性黏弹性理论推导出在一定温度下的应力松弛方程为
线型高聚物

$$\sigma(t) = \sigma_0 e^{-t/\tau} \quad 或 \quad E(t) = E_0 e^{-t/\tau}$$

交联高聚物

$$\sigma(t) = (\sigma_0 - \sigma_\infty) e^{-t/\tau} + \sigma_\infty \quad 或 \quad E(t) = (E_0 - E_\infty) e^{-t/\tau} + E_\infty$$

当 $t/\tau \to \infty$ 时,高弹性占主导地位,由于 $E_\infty \ll E_0$,所以上式可近似简化为

$$E(t) = E_0 e^{-t/\tau} + E_\infty$$

取相同的观测时间范围 $t(0 \sim t)$,定性分析不同温度下的应力松弛黏弹性力学行为。

对给定结构的高聚物,当处在较低温度时($T < T_g$),链段运动的松弛时间很大,$t \ll \tau$,高聚物处于玻璃态。按应力松弛方程可知,恒定一定应变的初始应力或应力松弛模量很大,主要为普弹模量。且在时间 t 内应力松弛模量(或应力)变化很小,即应力松弛速率 $\mathrm{dlg}\, E(t)/\mathrm{dlg}\, t$ 很小。如图 7-40 中所示 T_1 的应力松弛曲线及图 7-41 中所示 40℃ 的应力松弛曲线。

当升至较高温度($T_g < T < T_f$)时,此时链段运动的松弛时间大大减小,$t \gg \tau$,高聚物处于高弹态。瞬时响应的初始应力 σ_0 或模量 E_0 随温度升高而变小。按应力松弛方程可知,此时

应力松弛模量（或应力）主要为平衡高弹模量 E_∞（或 σ_∞）。在时间 t 内应力松弛模量（或应力）变化很小，即应力松弛速率很小。对于交联高聚物，应力松弛可达平衡态值 E_∞（或 σ_∞）。如图 7-40 中所示 T_3 的应力松弛曲线和图 7-41 中所示 125℃ 的应力松弛曲线。

当高聚物处于 T_g 附近玻璃化转变区时，链段运动的松弛时间与观测时间为同数量级，即 $t \approx \tau$，链段逐渐运动，应力松弛明显。按应力松弛方程可知，此时应力松弛模量主要为非平衡态高弹模量。且在时间 t 内应力松弛模量随时间的变化很大，即 $\mathrm{d}\lg E(t)/\mathrm{d}\lg t$ 表征的应力松弛速率很大。如图 7-41 中所示 110℃ 和 112℃ 时的应力松弛曲线。它表明了在玻璃化转变区，固体高聚物应力松弛黏弹性力学行为最显著。

当温度高于流动温度 T_f 时，$t \gg \tau$，非晶线型高聚物处于黏流态。按应力松弛方程可知，在 t 时间内应力松弛模量快速松弛到 0。如图 7-40 中所示 T_f 的应力松弛曲线。

综上所述，高聚物应力松弛模量（或应力）也是温度和时间的函数，即 $E(t)=f(T,t)$。由于在不同的温度下分子运动的机理不同，因而在相应温度条件下的应力松弛模量 $E(t)$ 或应力 $\sigma(t)$ 对时间的依赖性明显不同，即应力松弛速率不同。

应力松弛对高聚物的应用有利也有害。对于塑料材料要求有一定的应力松弛，使高聚物制品在生产和使用过程中不易产生大的内应力、不易翘曲变形或开裂。因此塑料类高聚物分子链结构不是愈刚愈好，而应是带有一定柔性结构的刚性高聚物为好。

对橡胶密封材料，希望应力松弛愈小愈好。松弛时间 τ 决定其使用寿命。如当 $t=\tau$（t 为使用时间）时，$\sigma(t)=\sigma_0 \mathrm{e}^{-1}$，即此时橡胶的弹性力只有初始弹性力的 e^{-1}（约为 0.37 倍），弹性明显降低，几乎完全失去密封性能。

2. 化学应力松弛

对塑料而言，多数塑料使用温度远低于其分解温度，不必考虑因高温而产生化学变化的问题。但交联橡胶使用的上限温度为分解温度。当在较高温度下使用时，常发生氧化裂解等化学变化，造成分子主链或交联点发生高分子链断链。研究表明，交联橡胶在高温（100～130℃ 或更高温度）下的应力松弛主要是由于高分子链发生断裂引起的，称为化学应力松弛。当交联橡胶发生化学应力松弛时，其应力松弛曲线（见图 7-42）不再松弛到平衡态值 E_∞ 或 σ_∞，而是可以继续应力松弛到 0。图 7-42 中所示虚线部分为化学应力松弛部分。图 7-43 所示为交联橡胶实测的化学应力松弛曲线。

在一定温度下，在定伸长条件下开始发生化学应力松弛时，交联橡胶网络所承受的平衡应力 σ_∞ 可用橡胶状态方程表示为

$$\sigma_\infty = N_0 RT \left(\lambda - \frac{1}{\lambda^2} \right)$$

式中，N_0 为起始网链的总数。

假设交联橡胶氧化裂解发生在交联点上，断裂链的负荷不会转移到另外的网链上，断裂链不再承载，这样断裂时就发生应力松弛。经 t 时老化后，网链总数为 $N(t)$，此时交联橡胶网络承受的应力已不再是平衡应力值 $\sigma(\infty)$，而是时间的函数 $\sigma(t)$，则

$$\sigma(t) = N(t)RT \left(\lambda - \frac{1}{\lambda^2} \right) \tag{7-125}$$

式中，$N(t)$ 为 t 时未断裂可承载的网链总数。这样，经 t 时老化后应力衰减的程度为 $\sigma(t)/\sigma_0$，有

$$\frac{\sigma(t)}{\sigma(0)} = \frac{N(t)}{N_0} \tag{7-126}$$

式中，$N(t)/N_0$ 为未裂解网链分数，$\left[1 - \dfrac{N(t)}{N_0}\right]$ 即为已裂解网链分数。所以通过应力松弛实验测定 $\sigma(t)$，σ_0 值，即可求出经 t 时老化后裂解网链的百分数。

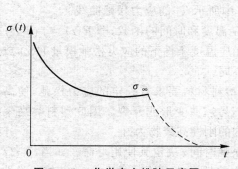

图 7-42　化学应力松弛示意图

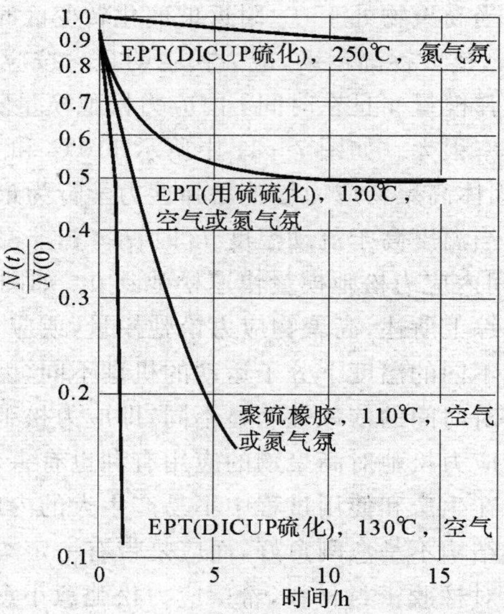

图 7-43　化学应力松弛（DICUP：过氧化二异丙苯）

进一步也可以由推导老化裂解的速度，研究橡胶的老化现象，老化反应动力学等。

设交联橡胶网络拉伸断链的速度与网链数成正比，即

$$-\frac{\mathrm{d}N(t)}{\mathrm{d}t} = KN(t) \qquad (7-127)$$

式中，K 为与温度有关的常数；$N(t)$ 为任意时刻承载的网链总数。上式积分后可得

$$N(t) = N_0 \mathrm{e}^{-Kt} \qquad (7-128)$$

令 $K = 1/\tau$。式中，τ 为橡胶老化寿命；t 为老化时间，则

$$\frac{N(t)}{N_0} = \mathrm{e}^{-t/\tau} \qquad (7-129)$$

此式表示未裂解网链数与时间 t 和 τ（即温度，因 τ 与温度有关）的相关关系。随老化时间 t 的延长，裂解断裂的网链愈多；温度愈高，裂解断裂的网链也愈多，老化寿命 τ 愈小。但网链数难以由实验直接求得。通过应力松弛实验可求得 $\sigma(t)$ 和 σ_0，且 $\sigma(t)/\sigma_0 = N(t)/N_0$，这样 $\sigma(t)/\sigma_0 = \mathrm{e}^{-t/\tau}$，取对数可得 $\ln\,[\sigma(t)/\sigma_0] = -t/\tau$，当以 $\ln\,[\sigma(t)/\sigma_0]$ 对老化时间 t 作图时，由曲线的斜率可求得交联橡胶的老化寿命 τ（见图 7-44）。

$$\tau = \frac{1}{K}$$

K 与温度的关系为

$$K = K_0 \mathrm{e}^{-\Delta u/RT}$$

式中，Δu 为橡胶老化反应活化能。则

$$\tau = \tau_0 \mathrm{e}^{\Delta u/RT} \qquad \text{或} \qquad \frac{1}{\tau} = \frac{1}{\tau_0} \mathrm{e}^{-\Delta u/RT} \qquad (7-130)$$

Δu 愈大,则橡胶愈不易老化。对上式取对数得

$$\ln\frac{1}{\tau}=\ln\frac{1}{\tau_0}-\frac{\Delta u}{RT} \tag{7-131}$$

当以 $\ln\dfrac{1}{\tau}$ 对 $\dfrac{1}{T}$ 作图时,由图 7-45 的曲线的斜率可求得交联橡胶老化反应活化能 Δu。

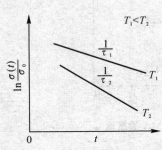

图 7-44　由 $\ln\,[\sigma(t)/\sigma_0]-t$ 关系曲线求橡胶老化寿命示意图(T 表示温度)

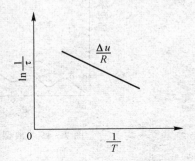

图 7-45　由 $\ln\dfrac{1}{\tau}-\dfrac{1}{T}$ 关系曲线求橡胶老化反应活化能示意图

由上述可知,应用化学应力松弛实验可研究橡胶老化的寿命,研究防老剂的作用机理和鉴别筛选防老剂等,具有重要的理论价值和实际意义。

7.3.2　动态黏弹性与温度、频率的关系

高聚物动态黏弹性的重要力学行为是滞后和力学损耗(或力学内耗)。描述高聚物动态黏弹性力学行为的黏弹性参数如复数模量 E^*、储能模量 E' 和损耗模量 E'',复数柔量 J^*、储能柔量 J' 和损耗柔量 J'',力学损耗 ΔW 或力学损耗角正切 $\tan\delta$ 等,都是时间(或频率 ω)的函数,也都是温度的函数。高聚物制件在许多应用场合都受动态交变应力的作用。如高聚物作结构材料使用时,主要利用它们的强度和刚度,即弹性,要求在使用温度和频率范围内复数模量较高;作为减震或隔音材料使用时,则主要利用它的阻尼作用(力学损耗),即黏性,要求在一定的温度和频率范围内有较高的力学损耗。作为轮胎使用的橡胶材料,若力学损耗过高,会在行驶中使轮胎升温太高而易于老化,减少轮胎的寿命;但一定的力学损耗有利于减缓轮胎与地面的打滑。可见,不同的应用目的,对高聚物黏弹性参数的要求是不同的。

高分子各种运动单元的热运动对温度和时间有强烈的依赖关系,高聚物的动态力学性能与温度和频率也密切相关。常用动态力学性能的黏弹性参数随温度变化的温度谱和随频率变化的频率谱(通称 Dynamic Mechanical Analysis 谱,简称 DMA 谱)来描述高聚物动态黏弹性参数与温度和频率的关系。

一、动态黏弹性的温度谱

用动态力学实验方法测定高聚物 DMA 温度谱时,应维持交变应力的频率一定,如图 7-46 所示为在一定频率下典型的非晶态线型高聚物动态黏弹性参数的全域温度谱。从中不但能测定高聚物的动态模量(E' 和 E'')和力学损耗($\tan\delta$ 或 E''),而且能灵敏地反映高聚物多重分子运动的特性,是研究高聚物结构、分子运动及其与性能关系的重要方法。

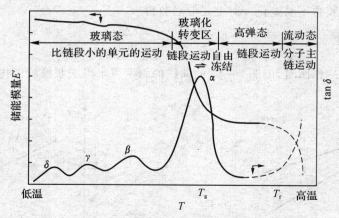

图 7-46　典型的非晶态线型高聚物的 DMA 温度谱

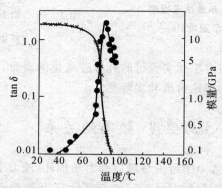

图 7-47　频率约为 1.2 Hz 时,未取向的非晶态聚对苯二甲酸乙二酯的拉伸模量和损耗因子 tanδ 温度谱

如图 7-47 所示为包括一个主转变的典型的线型非晶态高聚物动态黏弹性参数温度谱。由图可见,随着温度的升高,E' 在约 60 ~ 80℃ 急剧下降,此时 tanδ 出现一个峰形曲线。从高聚物分子运动机理分析,在同样的交变应力作用下(应力振幅 σ_0 相同,应力频率 ω 相同,交变应力周期为 $T = 2\pi/\omega$),随温度升高,应变响应的大小、形变的性质以及滞后位相角 δ 均随不同温度下分子运动方式的改变而改变,使宏观观测的储能模量 E' 以及 tanδ(或 E'')发生了变化。当温度较低时($T < T_g$),高聚物在该频率下处于玻璃态,链段几乎不能运动($\tau \gg 2\pi/\omega$),主要是键长键角运动对交变应力做出响应,这时储能模量 E' 为普弹模量。同时,由于链段根本来不及运动,力学损耗(tanδ 或 E'')也很小。当温度较高($T_g < T < T_f$)时,高聚物处高弹态,$\tau \ll 2\pi/\omega$,链段具有足够的热运动能量和自由体积而可以自由运动,储能模量 E' 相当于平衡高弹模量。这时由于链段运动已达到或已接近平衡态过程,故力学损耗(tanδ 或 E'')也很小。而当温度为玻璃化转变区 $T_g \pm (20 \sim 30℃)$ 时,$\tau \approx 2\pi/\omega$,即链段运动的松弛时间与交变应力的周期 T 为同一数量级,虽然链段运动可以在交变应力作用周期内做出力学响应,但因为需克服较大的内摩擦阻力以及链段热运动能量和自由体积的不足而消耗一部分外功,使应变响应总滞后于交变应力的变化。随着温度升高,愈来愈多的链段运动做出力学响应,使储能模量 E' 急剧降低,并过渡到高弹态的平衡高弹模量值。这样,在玻璃化转变区就出现了显著力学损耗的峰形曲线(tanδ 或 E''),表明了在玻璃化转变区的力学损耗最大。当链段运动的松弛

时间分布愈宽时,则玻璃化转变区愈宽。这时储能模量 E' 随温度的变化相对较平缓,$\tan\delta$(或 E'')的峰也比较扁而宽。

一般,以 DMA 谱测定的 α 主转变的 $\tan\delta$ 峰顶对应的温度(在相应测定频率 ω 下)为玻璃化转变温度。

二、动态黏弹性的频率谱

用动态力学实验方法也可以测定 DMA 频率谱,此时应保持恒定的温度。如图 7-48 所示为在某恒定温度下典型的非晶线型高聚物的动态黏弹性参数的频率谱图(只包含一个主转变)。

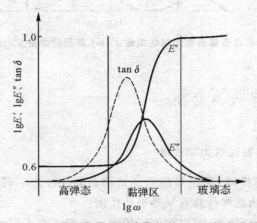

图 7-48　典型非晶线型高聚物的 DMA 频率谱图

由图 7-48 可见,频率谱图与温度谱图是相似的。随着交变应力(或应变)频率的下降,储能模量 E' 在某频率区间急剧下降,同时出现力学损耗峰形曲线($\tan\delta$ 或 E'')。

DMA 频谱图与 DMA 温度谱的原理相同,不同的仅是实验条件而已。根据高聚物分子运动机理和特点,可以很好地解释高聚物动态黏弹性参数与频率关系的规律。DMA 温度谱是固定在一定的交变应力(或应变)频率下改变温度做动态力学实验,此时外力作用的周期 $T=2\pi/\omega$(即力的作用时间)是一定的,即人为观测的时标是一定的;改变温度即改变了高聚物各种分子运动单元的松弛时间 τ,即分子运动的时标 τ 是温度的函数,遵从阿伦尼乌斯方程。在不同温度区域 τ 与 T 的相对关系不同($\tau\gg T;\tau\ll T;\tau\approx T$),分子运动状态不同,反映在宏观观测的物理量(如动态黏弹性参数)的变化规律如图 7-46 所示。DMA 频率谱是在某一恒定的温度下,改变动态交变应力(或应变)的频率做动态力学实验。温度恒定表明高聚物各种分子运动单元的松弛时间 τ 或高聚物分子运动的最可几松弛时间 τ 是一定的,即高聚物分子运动的时标 τ 是一定的。改变动态交变应力或应变的频率,即改变外力作用的周期 T,即人为观测的时标 T 是变量。在不同频率区域 τ 与 T 的相对关系不同($\tau\gg T;\tau\ll T;\tau\approx T$),分子运动状态不同,因而反映在宏观上观测的物理量(如动态黏弹性参数)的变化规律如图 7-48 所示。

高聚物动态黏弹性力学量中的复数柔量是复数模量的倒数,即

$$J^*(\omega)=\frac{1}{E^*(\omega)}\qquad\qquad(7-132)$$

因而复数柔量黏弹性参数[$J'(\omega)$,$J''(\omega)$,$\tan\delta$]和温度、频率的关系与复数模量类同。图

7-49所示即为非晶态高聚物的储能柔量$J'(\omega)$和损耗柔量$J''(\omega)$与频率关系曲线的示意图。

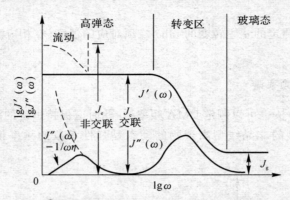

图 7-49　非晶态高聚物的储能柔量$J'(\omega)$和损耗柔量$J''(\omega)$的频谱图

7.3.3　时-温等效与转换

一、时间-温度等效的黏弹性力学现象

高聚物是典型的黏弹性体,无论是静态还是动态黏弹性力学现象,都存在一个普遍的规律,即时间和温度对高聚物黏弹性具有某种等效作用。

高聚物的力学状态及其转变,可以在不同的温度范围或在不同的外力作用时间(或频率)范围实现,如图7-50所示。

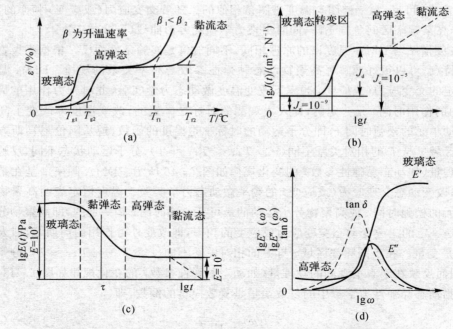

图 7-50　黏弹性力学现象与高聚物力学状态及其转变的时-温等效

(a)温度-形变曲线;　(b)双对数坐标蠕变柔量曲线;

(c)双对数坐标应力松弛模量曲线;　(d)DMA频谱图

　　观测同一个黏弹性力学现象,测量达到同一个黏弹性力学量的值,可以在不同的实验条件下实现,如图7-51所示。如图所示,观测到同一个黏弹性力学量值如蠕变的应变值$\varepsilon(t)$,应力松弛的应力值$\sigma(t)$,动态黏弹性的储能模量值E'及力学损耗$\tan\delta$值等,可以在较低的温度、较长的力作用时间(或较低的频率)测得,也可以在较高的温度、较短的力作用时间(或较高的频率)下获得。这是高聚物分子运动特点和规律的反映。

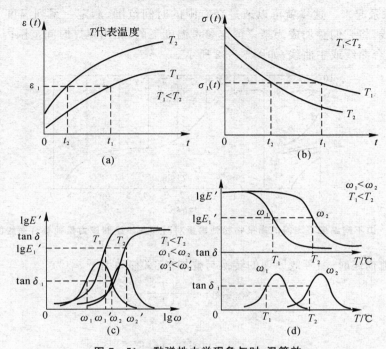

图7-51　黏弹性力学现象与时-温等效
(a)蠕变;　(b)应力松弛;　(c)DMA频谱图;　(d)DMA温度谱图

二、时-温等效原理

　　任何一种高聚物的性能均是其分子运动形式的表现,对于同一种分子运动模式表现出的高聚物的物理性质,既可以在较低温度下观察到,也可以在较长的观察时间观察到。同样交变应力作用时,同一种黏弹性力学性质,即可以在较高的温度下观察到,也可以在较低的频率(或力作用时间)观察到。可见,延长观察时间(或降低力作用频率)与升高温度对分子运动是等效的,因而对高聚物黏弹性力学行为也是等效的,这就是时-温等效原理。

　　用作飞机轮胎的橡胶在室温下呈现良好的高弹性,因为交联橡胶网络中的链段运动很自由,很容易对外力作出响应。但是当飞机高速着陆,轮胎瞬间接触地面,链段运动对这么短时间的作用力来不及做出响应,轮胎就不能显示其高弹性,而只能显示玻璃态的普弹性,好像橡胶在这一瞬间,温度下降到了T_g以下一样,从而失去橡胶弹性。正因为如此,用作飞机轮胎的橡胶要求具有很低的T_g,同时,对飞机着陆速度也有一定限制。相反,一些在室温下处于玻璃态的塑料,如有机玻璃和聚碳酸酯等,在外力缓慢拉伸下,能像橡胶一样产生大形变,好像温度升高了许多度似的。同理,比较高聚物的动态力学性能和静态力学性能时发现,同一高聚物的动态模量比静态模量高,从DMA温度谱上得到的T_g比从静态模量-温度曲线上得到的

T_g 高。

三、时-温等效的转换

1. 移动因子 α_T 的定义及其与温度的关系

按照时-温等效原理,高聚物试样在不同温度下的黏弹性力学行为可通过时间标尺(观测时间)的改变联系起来。这样就可以通过在有限的时间范围,测定一系列温度下的黏弹性力学量的实验曲线,将它们叠加成为某一恒定参考温度下的、相当宽广时间范围内黏弹性参数的变化曲线,称组合曲线或主曲线,如图 7-52 所示。

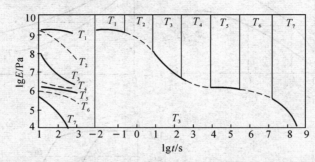

图 7-52 由不同温度下测得的高聚物松弛模量对时间曲线绘制应力松弛叠合曲线的示意图

为了定量地描述时-温等效原理的转换与叠加,定义移动因子 α_T 为

$$\alpha_T = \frac{t}{t_0} = \frac{\tau(T)}{\tau_0(T_0)} \tag{7-133}$$

或

$$\lg \alpha_T = \lg \frac{t}{t_0} = \lg \frac{\tau}{\tau_0} \tag{7-134}$$

移动因子 α_T 表示温度为 T 时的黏弹性参数(此时时标为 t,τ)转换为温度为 T_0 时的黏弹性参数(此时时标为 t_0,τ_0)在时间或频率坐标上的移动量。它是高聚物试样在不同温度下达到同一力学响应的时间比值。黏弹性力学参数与特定的分子运动相对应,当观测时间标尺与分子运动的时间标尺相当时,高聚物就表现出相应的力学行为。因此,移动因子 α_T 微观上可理解为在不同温度下同一分子运动模式的松弛时间的比值。其转换的意义为实验温度为 T 时实验曲线上所有黏弹性参数值转换为 T_0 参考温度下同一黏弹性参数值时,曲线上所有实验点的时标移动量。其时标转换示意图如图 7-53 所示。

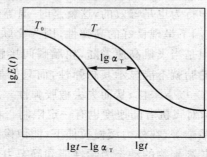

图 7-53 两个不同温度下的应力松弛曲线时-温转换示意图

不同温度下的 α_T 值常用 WLF 经验方程计算,有

$$\lg \alpha_T = \frac{-c_1(T - T_g)}{c_2 + (T - T_g)} \tag{7-135}$$

式中,普适常数 $c_1 = 17.44, c_2 = 51.6$;T 为实验温度;T_g 为参考温度。

此式适合于非晶态高聚物在 $[T_g \sim (T_g + 100℃)]$ 范围。但由于不同高聚物 c_1, c_2 值差别过大,常用 T_s 为参考温度,此时 WLF 方程为

$$\lg \alpha_T = \frac{-c_1(T - T_s)}{c_2 + (T - T_s)} \tag{7-136}$$

式中,普适常数 $c_1 = 8.86, c_2 = 101.6$;T_s 为参考温度。

此式几乎所有的非晶态高聚物在 $T_s \pm 50℃$ 范围都可适用。表 7-1 和表 7-2 分别给出了某些高聚物的 c_1 和 c_2 值及参考温度 T_s 值。

表 7-1 几种高聚物的 WLF 方程中的 c_1, c_2 值

高聚物	c_1	c_2	T_g/K
聚异丁烯	16.6	104	202
天然橡胶	16.7	53.6	200
聚氨酯弹性体	15.6	32.6	238
聚苯乙烯	14.5	50.4	373
聚甲基丙烯酸乙酯	17.6	65.5	335
"普适常数"	17.4	51.6	/

表 7-2 几种高聚物的参考温度 T_s 值

高聚物	T_s/K	T_g/K	$(T_s - T_g)/K$
聚异丁烯	243	202	41
聚丙烯酸甲酯	378	324	54
聚醋酸乙烯酯	349	301	48
聚苯乙烯	408	373	35
聚甲基丙烯酸甲酯	433	378	55
聚乙烯醇缩乙醛	380		
丁苯共聚物 B/S 75/25	268	216	52
60/40	283	235	48
45/55	296	252	44
30/70	328	291	37

根据自由体积概念及道立特(Doolittle)方程可以推导出 WLF 方程,从而 WLF 方程也获得理论上的验证。

各种高聚物都可以按照 WLF 方程直接计算各测定温度向参考值温度转移时标的移动因子 α_T 值。若 $\lg \alpha_T$ 对 $(T - T_s)$ 或 $(T - T_g)$ 作图,$\lg \alpha_T$ 与温度的关系曲线如图 7-54 所示。由此图即可知相应温度曲线的时标移动量。

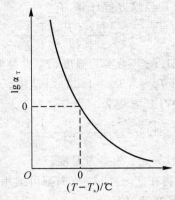

图 7-54　$\lg\alpha_T$ 与 $(T-T_s)$ 的关系曲线

但对于结晶高聚物,由于随着温度变化会引起结晶结构及结晶度的变化,因而 $\lg\alpha_T$ 不与 WLF 方程相对应,所以不能用上述方法对应作时-温等效转换。

2. 时-温等效原理的数学表达式

对于应力松弛实验,由于时间和温度的等效性,可将不同温度下测定的数条应力松弛模量曲线,沿时间对数坐标轴平移而叠合为一条主曲线。即平移前后保持曲线上所有点的应力松弛模量值相同(即保持曲线形状不变)。如把实验温度为 T 的曲线转换为参考温度为 T_0 的曲线时需沿时标(对数坐标轴) 平移量为 $\lg\alpha_T$,则时—温等效原理的应力松弛模量的数学表达式为

$$E(T,t)=E(T_0,\lg t_0)=E\left(T_0,\lg\frac{t}{\alpha_T}\right) \tag{7-137}$$

或

$$E(T,t)=E\left(T_0,\frac{t}{\alpha_T}\right) \tag{7-138}$$

如果 $T<T_0$,则 $\alpha_T>1$,$\lg\alpha_T>0$,即把低温实验曲线移动叠合到高温参考曲线上去时,应向左(短时间)移动;如果 $T>T_0$ 则。$\alpha_T<1$,$\lg\alpha_T<0$,即把高温实验曲线叠合到低温参考曲线上去时,则应向右(长时间)移动。

同理,对蠕变和动态力学性能,其时—温等效原理的数学表达式为

$$J(T,t)=J\left(T_0,\frac{t}{\alpha_T}\right) \tag{7-139}$$

$$J'(T,\omega)=J'(T_0,\alpha_T\omega) \tag{7-140}$$

$$E'(T,\omega)=E'(T_0,\alpha_T\omega) \tag{7-141}$$

3. 温度校正问题

如果忽略高聚物弹性中的普弹部分,认为所有的弹性都是高弹性,那么根据橡胶高弹性理论,模量为

$$E\propto\frac{\rho RT}{M_c}$$

可见,模量的温度依赖关系中包括有橡胶模量与绝对温度成及随温度而变化的密度成正比两项。因此,严格地讲,不同温度下的黏弹性力学松弛曲线并不能转换移动后完全重合。因

此,进行时-温等效转换还需进行温度和密度校正。即需用 $\rho_0 T_0 / \rho T$ 因子进行校正。ρ 和 ρ_0 分别为温度 T 和 T_0 时的密度。校正后的模量称为折合模量 $E_{折合}$。以应力松弛模量曲线为例,修正后的时-温等效关系表达式为

$$E_{折合} = \frac{\rho T}{\rho_0 T_0} E\left(T_0, \frac{t}{\alpha_T}\right) \tag{7-142}$$

它表示当选择参考温度为 T_0,将温度 T 的应力松弛模量转换为温度为 T_0 时的应力松弛模量时,时标轴水平移动 $\lg \alpha_T$ 后,考虑到温度改变引起分子运动能量的变化和分子运动单元微观环境的变化导致对模量的影响,以及温度改变引起密度变化对模量的影响,需在纵坐标轴上再垂直移动一个因子 $\rho T / \rho_0 T_0$(见图 7-55)。当然也可以先垂直移动后水平移动进行时-温等效转换。

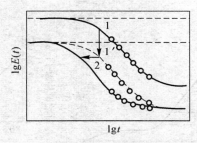

图 7-55　作叠合曲线时的垂直校正示意图

此时时-温等效关系表达式为

$$E_{折合} = \frac{\rho_0 T_0}{\rho T} E(T, t) = E_{折合}\left(T_0, \frac{t}{\alpha_T}\right) \tag{7-143}$$

同理,蠕变柔量的温度、密度校正及时-温等效关系为

$$J_{折合} = \frac{\rho T}{\rho_0 T_0} J(T, t) = J_{折合}\left(T_0, \frac{t}{\alpha_T}\right) \tag{7-144}$$

对于动态黏弹参数的时-温等效关系的温度、密度校正为

$$\frac{\rho_0 T_0}{\rho T} E'(T, \omega) = E'(T, \omega \alpha_T) \tag{7-145}$$

$$\frac{\rho_0 T_0}{\rho T} E''(T, \omega) = E''(T, \omega \alpha_T) \tag{7-146}$$

$$\frac{\rho T}{\rho_0 T_0} J'(T, \omega) = J'(T, \omega \alpha_T) \tag{7-147}$$

$$\frac{\rho T}{\rho_0 T_0} J''(T, \omega) = J''(T, \omega \alpha_T) \tag{7-148}$$

一般温度校正的改变量很小,有时不经垂直校正也能得到完好的光滑组合曲线。

应当指出,时-温等效之所以成立,是由于进行了必要的简化。从分子水平上说,当温度变化时,不同分子运动过程的松弛时间的移动必须是均一的。从唯象的观点,随着温度的升高,松弛时间谱必须作为一个整体在对数时标轴上向较短时间的方向移动。

4. 组合曲线(或称主曲线)作图法

下面以应力松弛模量曲线为例对组合曲线作图法作一介绍。

(1)在不同温度下测定有限时间范围内的应力松弛实验曲线。

（2）按选择的参考温度 T_0 确定各实验温度的校正因子 $\rho_0 T_0 / \rho T$ 值，计算温度校正后的应力松弛模量值即折合模量值 $E_{折合}$，并绘制相应的应力松弛折合模量、曲线（即将原应力松弛实验曲线做温度校正的垂直移动）。

（3）由 $\lg\alpha_T - T$ 关系曲线查出或按 WLF 方程计算出各温度 T 实验曲线相应的水平移动量 α_T 或 $\lg\alpha_T$ 值。

（4）按时-温等效关系式依次转换水平移动每一温度的应力松弛模量曲线后，即得组合曲线或称主曲线。

图 7-56 所示是利用时-温等效原理将不同温度下，在 $10^{-2} \sim 10^2$ h 时间范围内测得的聚异丁烯应力松弛曲线转换成 $T_0 = 25℃$ 的应力松弛主曲线的典型实例。

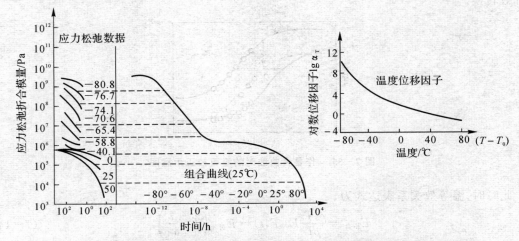

图 7-56　聚异丁烯应力松弛数据时间-温度叠加主曲线（主曲线的参考温度为 25℃）

时-温等效原理是高聚物黏弹性力学现象共同存在的基本原理，它大大简化了高聚物黏弹性的测试。高聚物的黏弹性研究，必须解决 $E(T,t) - \lg t - T$ 或 $E'(T,\omega) - \lg\omega - T$ 之间的关系。有两个独立变数，是一个三维空间的问题。现在用时-温等效原理联系了两个变数 (t,T) 或 (ω,T) 之间的关系，独立变数便减少为一个，这样就把一个空间问题化成了一个平面问题。另外，实验上，如果要得到一条包括三个力学状态和两个转变在内的、完整的应力松弛或蠕变曲线，一般需连续测试几天甚至几月，这是不现实的；如果要用一台动态黏弹仪得到从低频至高频的动态力学性能频率谱，在仪器设计上几乎是做不到的。有了时-温等效原理，就可以在不同温度下测定有限时间范围内的应力松弛或蠕变曲线，或测定有限频率范围内的动态力学性能频率谱，然后利用时-温等效原理，把不同温度下得到的曲线，通过水平位移和垂直位移，获得一条某参考温度下，覆盖许多个时间数量级的应力松弛或蠕变组合曲线，或覆盖许多个频率数量级的动态力学性能组合频率谱，这类组合曲线称为主曲线，从而便于进行高聚物黏弹性理论研究，也有利于指导生产实践。

时-温等效原理虽然具有普适性，但只适用于非晶态高聚物。部分结晶高聚物（$T \ll T_m$，T 为实验温度）、复合材料等低拉伸比、力的作用时间不太长时也可以适用。同时，时-温等效原理仅适用于线性黏弹性范围。

7.4 影响高聚物黏弹性的主要因素

7.4.1 高聚物结构的影响

一、分子链刚性和交联的影响

在一定温度下,分子链刚性愈大,链段和分子链的运动愈困难,在相同观测时间的蠕变柔量愈低。由刚性链组成的热塑性工程塑料,如聚碳酸酯、聚砜、聚苯硫醚等都具有优良的抗蠕变性。

同理,分子链的刚性限制了分子运动的能力,在相同观测时间的应力松弛也会减小。

交联的主要作用是阻止高分子链间的滑移,同时也阻碍交联点附近链段的运动。高聚物分子链间交联度增大,即降低了分子运动的能力,高聚物的蠕变和应力松弛均减弱。一般高度交联的热固性塑料的抗蠕变性比热塑性塑料更好,如图 7-57 和图 7-58 所示。

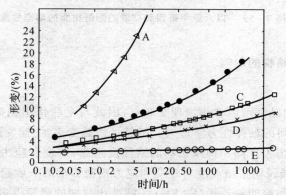

图 7-57　不同分子量和交联度的丁苯橡胶在 24℃ 的蠕变曲线

A— 未交联,$\overline{M_w}$ = 280 000；　B ～ E— 交联,$\overline{M_c}$ 分别为 29 000,18 200,14 000,5 200

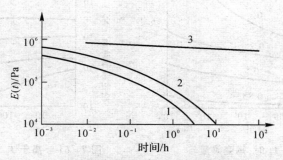

图 7-58　不同分子量和交联度的聚异丁烯橡胶的应力松弛曲线

1— 分子量为 475 000；　2— 分子量为 860 000；　3— 交联

对动态黏弹性的影响如图 7-59 所示,随交联度增大,动态模量增大,力学损耗峰变宽(交联不均匀)。

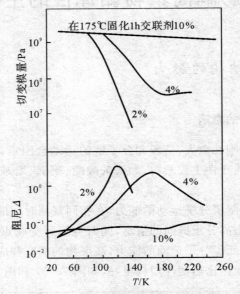

图 7-59　以六亚甲基四胺交联的酚醛树脂的动态性能

二、高聚物凝聚态结构的影响

1. 结晶的影响

部分结晶高聚物的晶区可以看作物理交联点,因此与交联作用相似。结晶主要影响高聚物在 $T_g \sim T_m$ 温度区间的黏弹性力学行为。结晶可使蠕变柔量、蠕变速率和应力松弛速率下降,而使应力松弛模量增大。同一种高聚物的结晶度愈高,蠕变和应力松弛速率愈低。图 7-60 和图 7-61 实验曲线说明了结晶度对蠕变和应力松弛影响的一般趋势。

某些结晶高聚物,如聚四氟乙烯(PTFE)的蠕变比预期的明显得多,这是由于在应力作用下发生晶面滑移、晶粒取向而引起的。

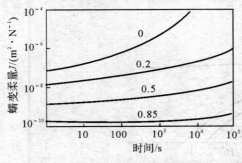

图 7-60　高于 T_g 时,蠕变柔量与
结晶度的关系

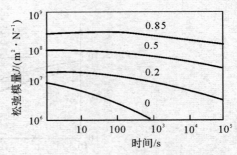

图 7-61　高于 T_g 时,应力松弛模量与
结晶度的关系

结晶对高聚物的动态黏弹性有显著的影响。在 $T_g \sim T_m$ 温度区域,部分结晶高聚物的动

态模量随结晶度增大而增大,如图7-62所示。在中等结晶度以下时,图7-62中曲线可用下式近似地描述为

$$\lg G' = x_c \lg G'_c + (1 - x_c) \lg G'_a \qquad (7-149)$$

式中,x_c为表示结晶度;G'_c为完全结晶高聚物的储能切变模量;G'_a为该高聚物处非晶玻璃态时的储能切变模量;G'为部分结晶高聚物的储能切变模量。此对数混合法则适用于许多连续的二相体系。

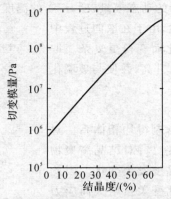

图7-62 部分结晶高聚物的动态模量随结晶度的变化

结晶高聚物力学损耗的大小主要取决于非晶区的玻璃化转变。随结晶度增大,玻璃化转变的力学损耗减小,且力学损耗峰移向高温侧。如聚丙烯动态力学性能与结晶的关系(见图7-63)。玻璃化转变力学损耗峰的极大值可近似表示为

$$\tan\delta = \frac{G''}{G'} \approx (1 - x_c) \left(\frac{G''}{G'} \right) \qquad (7-150)$$

由于结晶高聚物结构的复杂性,在结晶态,除了非晶区的玻璃化转变力学损耗峰外,还有一个或数个与结晶相有关的力学损耗峰,如图7-64聚乙烯的力学损耗温度谱所示。

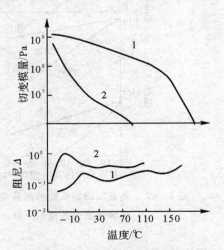

图7-63 聚丙烯动态力学性能

1— 结晶聚丙烯; 2— 非晶态为主的聚丙烯

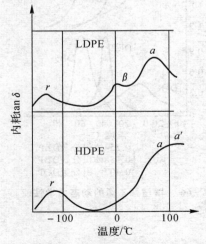

图7-64 低密度聚乙烯和高密度聚乙烯的力学损耗温度谱

2. 取向的影响

分子取向的结果,使高聚物材料具有各向异性。在相同的观测时间,取向高聚物在取向方向上的蠕变柔量比未取向高聚物低得多,部分原因是取向方向上模量提高。

对于双轴取向高聚物薄膜比未取向高聚物的蠕变要小,而应力松弛模量升高。

取向对结晶高聚物和非晶高聚物的动态模量的影响相似。取向高聚物的纵向储能模量 E'_L 比未取向高聚物的模量大,而垂直于取向方向的横向储能模量 E'_T 小于未取向高聚物的模量。图 7-65 所示为取向聚乙烯的动态模量(E',E'')的温度谱图。

对于结晶高聚物的损耗特性,由于在取向过程中发生了结晶度和结晶形态的变化而变得更复杂。取向和结晶的综合影响,往往使 T_g 升高,并使与玻璃化转变相关的力学损耗降低。

3. 增塑、共聚及共混的影响

增塑和无规共聚的方法通常制得均相体系。对非晶态高聚物的作用主要是改变 T_g;对结晶高聚物的作用是降低其 T_m,以及使结晶度发生变化。因此增塑和无规共聚通常使高聚物蠕变柔量增大而应力松弛模量减小。

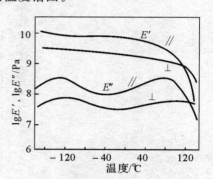

图 7-65 取向聚乙烯的实数和虚数模量随温度的变化

增塑和无规共聚体系的动态力学损耗峰的温度(T_g 或 T_m)降低,且使损耗峰变宽,如图 7-66 所示。一般共聚使结晶性高聚物 T_m 降低和结晶度下降的程度比增塑剂的影响更大;良好的增塑剂使 T_g 降低的程度比共聚的影响大,如图 7-67 所示。

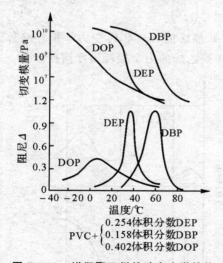

PVC + $\begin{cases} 0.254\text{体积分数DEP} \\ 0.158\text{体积分数DBP} \\ 0.402\text{体积分数DOP} \end{cases}$

图 7-66 增塑聚乙烯的动态力学性能

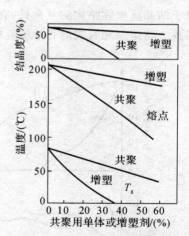

图 7-67 共聚和增塑引起的结晶度、熔点和玻璃化温度的相对下降

共混高聚物是两种或两种以上均聚物的物理混合体系。它们的性能和黏弹行为取决于组分间的相容性。如果组分是相容的,则共混高聚物类似于同样组分的无规共聚物,只有一个位

于组分均聚物玻璃化温度之间的 T_g；如果组分是不相容的，则共混高聚物为多相体系，出现对应于组分的两个或多个 T_g。如图 7-68 和图 7-69 所示。实际上，多数共混高聚物是不相容或部分相容的高聚物多相体系。

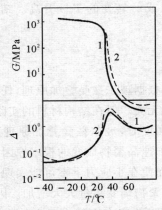

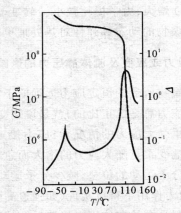

图 7-68　相容的共混聚合物的动态力学性能
1— 聚乙酸乙烯酯和聚丙烯酸甲酯 50/50 摩尔比的混合物；
2— 乙酸乙烯酯-丙烯酸甲酯共聚物

图 7-69　不相容共混聚合物的动态力学性能
（聚苯乙烯和苯乙烯-丁二烯共聚物
混合物）

接枝或嵌段共聚物，分子水平上也是非均相的多相体系。动态力学转变与松弛行为也不同于均相高聚物。例如，天然橡胶和聚甲基丙烯酸甲酯的某种接枝共聚物的动态力学温度谱（见图 7-70）中存在两个转变与松弛现象，它们分别对应于两种均聚物自身的 T_g，表明天然橡胶和聚甲基丙烯酸甲酯接枝链是不相容的。

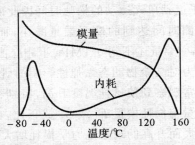

图 7-70　天然橡胶和聚甲基丙烯甲酯的某种接枝共聚物的动态力学性能

7.4.2　其他外界因素的影响

一、热处理的影响

通常将结晶高聚物在 T_m 以下或将非晶态高聚物在 T_g 以下进行退火处理后，可降低它们的蠕变和应力松弛速率。例如，经退火的聚甲基丙烯酸甲酯，其蠕变速率只有快速冷却试样的 1/50。由分析退火处理作用的机理可知，退火处理首先能消除高聚物的残余内应力。同时，对非晶态高聚物还能促进其体积松弛，减少分子的自由体积；对结晶性高聚物可改变结晶形态、可继续二次结晶使结晶结构更完善以及提高结晶度等。因此,退火热处理对静态黏弹性的影响是降低了分子运动能力的结果。

基于上述原理,热处理对高聚物动态黏弹性影响的一般规律是,经热处理后,其动态模量(如 E',G')增大、力学损耗减小、α 转变温度(α_a 转变的 T_g 或 α_c 转变的 T_m)升高。结晶高聚物比非晶高聚物的动态黏弹性对热处理更为敏感。

二、应力或应变及流体静压力的影响

当高聚物所受的恒定应力远远低于它的断裂强度时,根据玻尔兹曼叠加原理,任何时候蠕变应变和应力总是成正比的,就是说蠕变柔量与应力大小无关。但在结构材料的实际应用中,常遇到要承受大应力的情况,当应力接近高聚物的断裂强度时,玻尔兹曼叠加原理已不适用了。这时蠕变柔量随大应力的增大而急剧增加。大应力加速高聚物蠕变的根本原因是应力有助于降低分子运动的位垒,减少分子运动的松弛时间,从而使在小应力下不可能实现的分子运动,在大应力作用下得以实现(如强迫高弹性)。因而使高聚物蠕变柔量大大增加。因此,为保证高聚物制品在长期使用中保持尺寸的稳定性,使制品承受的应力应远小于它的临界应力值(屈服应力)。

应变对应力松弛的影响与应力对蠕变的影响类似。在小应变的情况下,一定时间内的应力松弛模量与初始恒定的应变无关。当初始应变较大时,应力或应力松弛模量会快速下降。这时,玻尔兹曼叠加原理不再适用。例如 ABS 塑料和聚碳酸酯,当初始应变接近屈服应变时,显示出特别急速的应力松弛现象。因此,只要初始应变远小于屈服应变时应力松弛就很缓慢,其原因与应力对蠕变的影响相同。

流体静压力对高聚物黏弹性影响的一般规律是,高聚物所受的流体静压力愈高,高聚物分子的自由体积就愈少,各种分子运动单元运动的松弛时间因此而延长,所以使高聚物的蠕变和应力松弛速率降低,在一定观测时间达到的蠕变柔量减小,而应力松弛模量增高。例如在 34.45MPa 作用下,聚乙烯的蠕变柔量还不到 0.1MPa 下相应值的 1/10。

应力或应变以及流体静压力对高聚物动态黏弹性影响的研究做得不多。由于高聚物材料存在损耗,增大应变振幅时,通常观察到使试样温度升高,特别在高频情况下的温度上升更为显著。已知每一周期产生的热量与损耗模量 E'' 或 G'' 成正比,也与应变振幅的平方成正比。这表明试样温度随应变振幅增大而升高的现象是力学损耗增大的结果。试样温度升高又会引起模量和损耗的进一步变化。当应力或应变的振幅在某个临界值以上时,则随振幅增大模量下降,损耗 $\tan\delta$ 或 E'' 增大,如图 7-71 所示。

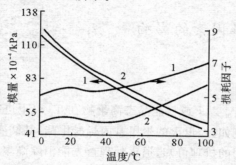

图 7-71　聚丙烯的动态力学性质(1 高于、2 低于临界形变极限)

7.5 高聚物动态黏弹性的实验研究方法及应用

高聚物动态黏弹性的实验研究,应用不同的原理已发展了许多测试方法,主要有四类,即自由振动法、强迫共振法、强迫非共振法和声波传播法。各类方法的测试频率范围及其适用的模量和力学损耗范围见表7-3。根据高聚物材料的性质可选择不同的测试方法。各种方法也可以配合使用,以便对高聚物黏弹性有全面的了解。下面简要介绍几种实验室易于实现的动态黏弹性实验研究方法的基本原理。

表7-3 各类动态力学试验方法的适用范围

方法	频率/Hz	模量/MPa	力学损耗
自由振动法	$0.1 \sim 10$	$10^{-2} \sim 10^{4}$	$0.01 \sim 5(\Delta^{*})$
强迫共振法	$50 \sim 50\,000$	$10^{3} \sim 10^{5}$	$0.1 \sim 0.01(\tan\delta)$
强迫非共振法	$10^{-3} \sim 10^{2}$	$10^{0} \sim 10^{5}$	$0.002 \sim 9.99(\tan\delta)$
声波传播法	$10^{5} \sim 10^{7}$	$> 10^{3}$	—

* Δ 为对数减量 $\Delta = \pi \cdot \tan\delta$

7.5.1 自由振动法

一、扭摆分析

扭摆分析(Torsion pcndulum analysis,TPA)是利用自由振动测试高聚物黏弹性的方法,如图7-72所示是由试样、夹具和一个惯性体所组成的扭摆仪的原理图。

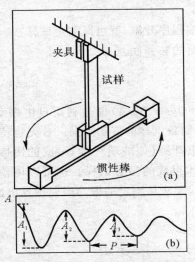

图7-72 扭摆仪原理图(a)和阻尼振动曲线(b)

高聚物试样的上端或下端被一夹具固定，另一端通过夹具与一能自由转动的惯性体相连。当外力使惯性体扭转一个角度时，高聚物试样受一扭转变形。外力除去后，由于试样的弹性回复力使惯性体开始按一定周期作扭转自由振动，因此这一装置称为扭摆仪。由于试样内部高分子的内摩擦作用，振动受到阻尼衰减，振幅随时间增长而减小，如图 7 - 68(b) 所示。振动周期 P 与试样的刚性有关，振幅随时间的衰减与试样的力学损耗有关。

在扭摆分析中，力学损耗通常用对数减量 Δ（又称力学阻尼）来衡量，它定义为两个相继振动的振幅比值的自然对数，即

$$\Delta = \ln \frac{A_1}{A_2} = \ln \frac{A_2}{A_3} = \cdots = \ln \frac{A_n}{A_{n+1}} \tag{7 - 151}$$

式中，A_1 为第一个振幅；A_2 为第 2 个振幅；以此类推。如果实验是在真空中进行的，则振幅的衰减是试样的力学损耗所致。

扭摆分析测定的是高聚物的动态剪切模量，即

$$G' = \frac{1}{KP^2}(4\pi^2 - \Delta^2) \tag{7 - 152}$$

$$G'' = \frac{4\pi I \Delta}{KP^2} \tag{7 - 153}$$

式中，I 为振动体系的转动惯量；K 为由试样几何尺寸决定的常数；P 为振动周期。由于对数减量很少超过 1，G' 可近似用下式计算：

$$G' = \frac{4\pi^2 I}{KP^2} \tag{7 - 154}$$

式中的转动惯量 I 通常用实验方法测定。

将式(7 - 153)和式(7 - 154)相除，可得

$$\tan\delta = \frac{G''}{G'} = \frac{\Delta}{\pi} \tag{7 - 155}$$

因此，试样的动态剪切模量 G' 可以从振动周期 P 求得，力学损耗可以用对数减量表示。高聚物试样的刚性愈大，振动周期就愈短；高聚物试样的内摩擦作用愈大，振幅衰减得就愈快，其对数减量就愈大。

若将试样置于加热炉内，按程序升温，就可以测定试样在 $-185 \sim 250℃$ 温度范围的动态力学温度谱图，以研究高聚物材料的黏弹性。

二、扭辫分析

扭辫分析（torsion braid analysis，TBA）也是利用自由振动测试高聚物动态黏弹性的方法，原理同扭摆分析，区别在于制备试样的方法不同。首先将待测材料制成浓度大于 5% 的溶液或将其熔融，然后浸渍在一束纤维（如玻璃纤维）编成的惰性物质辫子上，再抽真空除去溶剂，得到由待测材料和惰性载体组成的复合试样。也可以用预浸料裁成细股直接编成辫子。这种几何形状不规则的复合体，无法从测定的振动周期计算出试样的精确剪切模量，一般仅用 $1/P^2$ 表示试样的相对刚度。

7.5.2　强迫共振法——振簧法

振簧法（vibrating reed method）是通过强迫共振测定材料杨氏模量和力学损耗的方法。

图 7-73 所示为是振簧仪示意图。将片状或纤维状试样（簧片）一端固定在电磁振动系统中，施加一个周期性变化的力或力矩，使之强迫振动，由检测器测定振幅。试样的振幅是驱动力频率的函数。改变振动频率，簧片的振幅将随之变化。当驱动力频率与试样的固有频率相等时，试样的振幅最大，对应的频率叫作共振频率 f_r，如图 7-74 所示。

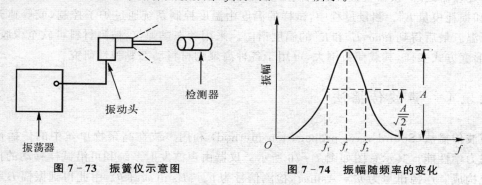

图 7-73　振簧仪示意图　　　　　图 7-74　振幅随频率的变化

试样的动态模量和力学损耗由共振频率 f_r 与共振半宽度频率 $\Delta f_r = f_2 - f_1$ 计算，有

$$E' = B\rho L^4 f_r^2 / D^2 \tag{7-156}$$

$$E'' = B\rho L^4 f_r \Delta f_r / D^2 \tag{7-157}$$

$$\tan\delta = \frac{E''}{E'} = \frac{\Delta f_r}{f_r} \tag{7-158}$$

式中，D，L 和 ρ 分别为试样的宽度、试样自由端长度和试样密度；B 为与试样形状和共振阶数有关的常数，如矩形截面试样第一次共振 $B_1 = 38.4$，第二次共振 $B_2 = 0.975$，圆形截面试样的 $B_1 = 51.05$，$B_2 = 1.305$；Δf_r 是试样振幅为最大振幅的 $1/\sqrt{2}$ 时所对应的两个频率之差，称共振半宽度频率。此方法适用于研究刚性较大的高聚物的动态黏弹性。振簧仪的频率范围为 50 ～ 500 Hz。高聚物试样也可以在 $-180 \sim 250\,^\circ\text{C}$ 范围内测定其动态力学温度谱图。

7.5.3　强迫非共振法——动态黏弹仪

强迫非共振法使用的仪器的典型代表是 20 世纪 50 年代末日本著名学者高柳素夫发明的动态黏弹仪，其示意图如图 7-75 所示。

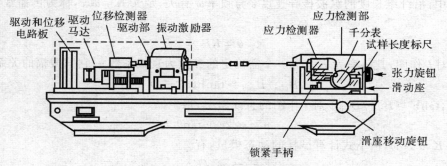

图 7-75　动态黏弹仪示意图

　　动态黏弹仪通常有几种测量频率可供选择,试样两端经过夹具、连杆分别与驱动器、应力传感器和位移检测器相连接,试样在恒定的预张力下由驱动器施加一个固定频率的正弦伸缩振动,应力传感器和位移检测器分别检测到同样振动频率的正弦应力和正弦应变信号,经仪器的信号处理器处理,仪器直接给出它们之间的相位差(即力学损耗角)的正切值,$\tan\delta$、储能模量 E' 和损耗模量 E''。测量过程中,试样的温度由温度控制系统通过炉子控制,或等速升温或维持恒温。最后得到 $\tan\delta$,E' 和 E'' 的温度谱图。采用动态黏弹仪,被测材料可软至橡胶,硬至金属,形变方式多样,其载荷范围大,可用于各种高聚物材料动态黏弹性研究。

7.5.4　声波传播法

　　声波传播法(Sound wave propagation method)利用声波在高聚物单丝中的传播性质测定动态力学性能。其示意图如图 7-76 所示。仪器由声波发射系统和可沿试样移动的拾音检测系统构成。声源讯号为 $u_i = A\sin\omega t$,检测信号为 $u_p = B\sin(\omega t + \theta)$,由此得到振幅 B 和相角差 θ,它们随检测点离开试样起点的距离 l 而发生变化。

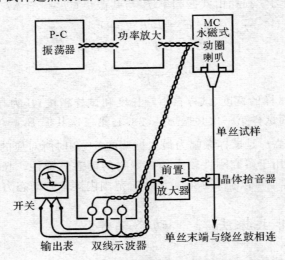

图 7-76　声速法模量测试仪示意图

　　试样中,沿纤维长度的纵波传导速度 c 与频率 ω 有关,定义 $K = \omega/c$,称为传播常数,它同 θ 的关系为

$$\theta = Kl \tag{7-159}$$

以 θ 对 l 作图,其斜率为 K。另一个需确定的参数为衰减系数 α,它同振幅的关系为

$$B_{max}/B_{min} = \tanh(\alpha l - \beta) \tag{7-160}$$

因此,$\tanh^{-1}(B_{max}/B_{min})$ 对 l 作图的直线斜率,得

$$\alpha = \omega/2c + \tan\theta \tag{7-161}$$

根据 K,α 及 ω,由下式计算试样的动态模量,有

$$E' = \rho\omega^2/K^2 \tag{7-162}$$

$$E'' = 2\alpha\omega^2\rho/K^3 = 2\alpha c^2\rho/\omega \tag{7-163}$$

式中,ρ 为试样密度。

7.5.5　动态力学分析应用举例

高聚物的动态力学性能灵敏地反映了高聚物分子运动的状况。每一特定的运动单元发生"冻结"到"自由"的相互转变($\alpha,\beta,\gamma,\delta\cdots$转变)时,都会在动态力学温度谱或频谱图上出现一个模量突变的台阶和力学损耗峰。高聚物的分子运动不仅与高分子链结构有关,而且与高分子凝聚态结构密切相关。高分子凝聚态结构又与工艺条件或过程有关。因而动态力学分析已成为研究高聚物的工艺—结构—分子运动—力学性能关系的一种十分有效的手段。同时,动态力学分析所需试样小,可以在宽阔的温度或频率范围内连续测定,只需数小时即可获得高聚物材料的模量和力学损耗的全面信息。而且在动态应力条件下应用的制品,测定其动态力学性能数据更接近于实际情况。因此,动态力学分析技术在许多领域得到了广泛的应用。下面仅简单地列举几个应用的例子。

一、未知材料的初步分析

测定未知材料的动态力学谱(DMA 谱),将它与已知的 DMA 谱图进行对比,可初步确定未知材料的类型。例如,有一种透明材料,想知道它究竟是聚苯乙烯,有机玻璃还是聚碳酸酯等,只要测出它的 DMA 温度谱,与各种透明塑料的 DMA 温度谱一一对照,即可得到答案。

ABS 品种很多,虽然基本成分都是丙烯腈、丁二烯、苯乙烯所组成,但性能差别可能很大。例如有甲、乙、丙三种 ABS,就耐寒性相比较甲最优,丙最差。用红外分析技术找不出造成这种差别的结构原因。如果分别测定它们的 DMA 温度谱图,实验结果如图 7 - 77 所示。发现这三种 ABS 的低温损耗峰对应的温度不同,分别为 $-80℃$,$-40℃$ 和 $-5℃$。低温损耗峰的温度愈低,材料的耐寒性愈好。根据低温损耗峰的位置进一步推断,这三种 ABS 在结构上的主要差别在于橡胶相的组成不同,甲为聚丁二烯($T_g\approx-80℃$),乙为丁苯橡胶($T_g\approx-40℃$),丙的橡胶相为丁腈橡胶($T_g\approx-5℃$)。

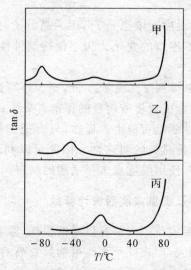

图 7 - 77　三种 ABS 的 $\tan\delta$ - T 曲线

二、评价塑料的耐热性和低温韧性

测定塑料的 DMA 温度谱,不仅可获得以力学损耗峰顶或损耗模量峰顶对应的温度,即表征塑料耐热性的特征温度 T_g(非晶态塑料)和 T_m(结晶态塑料),而且还可得知模量随温度的变化情况,因此比工业上常用的热变形温度和维卡软化点更加科学。同时,还可以依据具体塑料产品使用模量的要求,准确地确定产品的最高使用温度。

塑料的低温韧性主要取决于组成塑料的高分子在低温下是否存在链段或比链段小的运动单元的运动,这可以通过测定它们的 DMA 温度谱中是否有低温损耗峰进行判断。图 7-78 所示为部分结晶高聚物典型的 DMA 温度谱示意图。低温损耗峰所处的温度愈低,强度愈高,则可以预料这种塑料的低温韧性越好。因此,凡存在明显的低温损耗峰的塑料,在低温损耗峰顶对应的温度以上具有良好的冲击韧性。例如聚乙烯的 T_g 为 $-80℃$,是典型的低温韧性塑料。在 $80℃$ 出现明显次级转变损耗峰的非晶态塑料聚碳酸酯,是耐寒性最好的工程塑料。相反,缺乏低温损耗峰的聚苯乙烯塑料是所有塑料中冲击强度最低的塑料。当使用 T_g 远低于室温的顺丁橡胶改性后,在 $-70℃$ 有了明显损耗峰的改性聚苯乙烯,就成为低温韧性好的高抗冲聚苯乙烯。

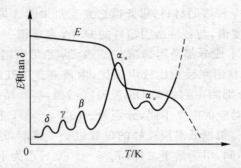

图 7-78　部分晶态高聚物的典型动态力学温度谱示意图

对于复合材料,短期耐热的温度上限也是 T_g,因为高分子材料的一切物理-力学性能在 T_g 或 T_m 附近都发生急剧的甚至不连续的变化。为了保持制件性能的稳定性,使用温度不得超过 T_g 或 T_m。

从 DMA 温度图谱除了可以得到 T_g(或 T_m)外,至少还可以得到关于被测试样耐热性的下列信息,材料在每一温度下储能模量值或模量的保留百分数;材料在各温度区域内所处的物理状态;材料在某一温度附近,性能是否稳定。显然,只有把工程设计的要求和材料随温度的变化结合起来考虑,才能准确评价材料的耐热性。因此可以利用 DMA 温度谱获得的上述几种信息来决定高分子材料的最高使用温度或选择适用的材料。

三、表征高聚物的阻尼特性及提供减震器设计参数

若在整个要求使用的工作温度范围内都有较高的损耗,即 $\tan\delta$ 大,$\tan\delta - T$ 曲线变化较平缓,与温度坐标之间的包络面积大,即表征了该高聚物具有高的阻尼特性。

在民用工业、通讯、交通及航空航天等领域,为了减震、防震或吸音、隔音等都需要使用具有较高阻尼特性的材料。利用材料的 DMA 温度谱图,可以选择在特定温度范围内适用的阻

尼材料。如在 $-60 \sim 150℃$ 范围内损耗大，且损耗峰足够宽的氟硅橡胶，为某航空壁板最适用的阻尼材料。

在机械结构中，橡胶材料广泛用于各种减震器和弹性联轴中。减震器的减震效果用运动响应系数 M 表征，则有

$$M = \frac{x_0}{x_s} = \frac{1}{\sqrt{(1 - f_2 f_n^2)^2 + 4\left(\dfrac{c}{c_0}\right)^2 \dfrac{f_2}{f_n}}} \qquad (7-164)$$

式中，x_0 为在动态力作用下支承体系的位移振幅；x_s 为动态力的静位移振幅；f 为动态频率；f_n 为支承体系的自振频率；c/c_c 为支承体系的临界阻尼比。

当 $M \geq 1$ 时，减震器无减震作用；$M < 1$ 时，有减震作用，其值愈小，减震效率愈高。可见，减震器的减震效果取决于减震器的动态频率与自振频率之比 f/f_n 以及减震器的临界阻尼比 c/c_c。

减震器的自振频率与减震材料动态储能模量 E' 之间的关系为

$$f_n = 4.98 \sqrt{\frac{AE'}{W}} \qquad (7-165)$$

式中，A 为与减震器几何形状有关的常数；W 为被支承物体的质量；AE' 为减震器的动刚度。临界阻尼比 c/c_c 与减震材料的力学损耗 $\tan\delta$ 之间的关系为

$$\frac{c}{c_c} = \frac{\tan\delta}{\sqrt{4 + \tan^2\delta}} \qquad (7-166)$$

可见，橡胶减震材料的动态储能模量 E' 和力学损耗 $\tan\delta$ 是橡胶减震器的重要设计参数。

四、判断共混高聚物的相容性

判断共混高聚物组分间相容性的方法之一是玻璃化转变温度法。以双组分共混高聚物为例，如果组分之间完全相容，则共混物为单相体系，只有一个 T_g，其值介于两组分均聚物的 T_{g1} 和 T_{g2} 之间，与组分配比有关。反之，如果组分之间完全不相容，则共混物为两相体系，各相分别为组分均聚物，因而共混物有两个玻璃化转变温度 T_{g1} 和 T_{g2}，并不随组分配比而变化。如果组分之间有部分相容性，则共混物也是两相体系，也有两个 T_g，但两个 T_g 范围都将变宽并彼此靠拢，组分配比愈接近，两个 T_g 靠得愈近。而测定多相体系 T_g 最好的方法是 DMA 技术。图 7-79 为聚氯乙烯／聚丁二烯共混物的 DMA 温度谱的实测曲线。由图可见，该共混体系分别在 $-100℃$ 和 $86℃$ 出现两个玻璃化转变。而且，聚丁二烯含量增加时，两个损耗峰的位置基本不变，由此判断聚氯乙烯和聚丁二烯是基本不相容的。

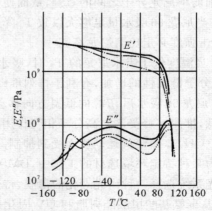

图 7-79　聚氯乙烯／聚丁二烯共混物的 DMA 温度谱
—100/0；— · —100/5；— · · —100/15

五、评价高聚物材料的耐环境能力

为了选择在特定环境中使用的最佳塑料,或为了充分发挥某种塑料或某复合材料的特长,将它应用于最佳条件下,都必须对塑料和复合材料的耐环境因素(水、氧、光等)影响的能力做出评价。评价内容往往包括两方面:高聚物材料老化前后的性能变化;分析造成性能变化的结构变化本质。为此,常常需要用较多试样并通过大量的实验才能完成。而采用 DMA 技术时,从 DMA 温度谱,不仅可迅速跟踪材料在老化过程中刚度和冲击韧性的变化,而且可以同时分析引起性能变化的结构和分子运动变化的原因。高聚物材料在老化中,结构主要变化是交联或致密化,分子链断裂和产生新的化合物。由此引起的分子运动的主要变化是各种分子运动单元的运动活性受到抑制或加速。这类变化常常可能在 $\tan\delta - T$ 谱图的内耗峰上反映出来,见表 7-4。

表 7-4　塑料在老化过程中分子运动的变化在 $\tan\delta - T$ 谱图上的反映

谱图的变化	谱图变化的原因和结果
玻璃化转变峰向高温移动	交联或致密化,分子链柔性降低
玻璃化转变峰向低温移动	分子链断裂,分子链柔性增加
次级转变峰高度增加	相应的分子运动单元的活动性增加
次级转变峰高度降低	相应的分子运动单元的活动性降低
新峰的产生	发生化学反应

以尼龙66为例,图7-80所示是尼龙66吸水前后的DMA温度谱。由图可见,干尼龙有三个内耗峰,α 峰(70℃),β 峰(-40℃)和 γ 峰($-120 \sim -110$℃),分别对应于主链链段运动、酰胺基局部运动和酰胺键之间的 $(CH_2)_n$ 的运动。比较干尼龙和吸水尼龙的 DMA 温度谱,至少可得到如下的信息。

(1)尼龙66随吸水量的增加,T_g 大幅度下降。分析其原因,由于尼龙分子与水分子形成氢键而削弱了尼龙分子之间的氢键,从而使分子链柔性增加,T_g 下降。

(2)当尼龙66吸水量足够大以致 T_g 降至室温之下时,吸水尼龙在室温附近便处于韧性塑料区,冲击强度必定比干尼龙高。

(3)当温度低于吸水尼龙的 T_g 时,吸水尼龙的模量反比干尼龙的模量高,说明尼龙吸水后,由于分子链柔性的增加,有利于排列堆砌,从而提高了结晶度。

(4)尼龙66吸水后,β 峰向低温方向移动,说明酰胺链的运动变得更为自由,但 γ 峰的高度明显降低,推测 γ 峰受水与高分子相互作用的影响,吸水量增加时,水与高分子之间的相互作用增强,$(CH_2)_n$ 短链的运动反而受到抑制。

在为某种特定环境选材的工作中,DMA 技术更是一种快速择优的方法。例如,某单位需要为灯光系统选择一种耐光老化的薄膜,待选材料有六种:尼龙6、PET、乙烯/丙烯酸共聚物、PES、水基聚氨基甲酸甲酯树脂和 UV 固化硫醇树脂,以每种待选材料的薄膜制备试样,在规定的老化条件下加速老化不同的时间,测定它们的 $\tan\delta - T$ 谱,结果如图 7-81 所示。从图7-81可以看出,只有乙烯/丙烯酸共聚物(c)及水基聚氨基甲酸醋树脂(e)在经历规定的老化条件下加速老化之后,其 $\tan\delta - T$ 谱没有多大变化,从而可以迅速得出结论,这两种材料制成的薄膜适合用于灯光系统。

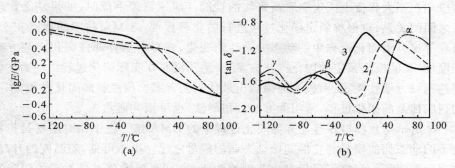

图 7 - 80 尼龙 66 吸水前后的性能变化

(a)水分对模量的影响； (b)水分对损耗的影响曲线

1—干态； 2—相对湿度 50％环境吸水后； 3—相对湿度 100％环境吸水后

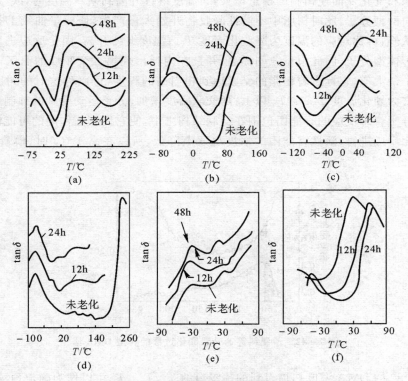

图 7 - 81 六种待选材料的 tanδ - T 曲线

六、预浸料或树脂的固化工艺研究和质量控制

在国内外，许多航空、航天的复合材料构件是采用预浸料成型的。一旦选定预浸料的类型和铺层方法后，预浸料的固化工艺便是整个生产过程中最关键的部分。因为其中的树脂和纤维正是在这一工艺过程中成为复合材料的。同样的预浸料，在不同的工艺条件下固化可以形成性能差异很大的复合材料，固化工艺对复合材料的高温力学性能的影响更为显著。

在研究聚合物固化过程方面，传统的化学分析手段对固化最后阶段的反应不够灵敏，而这个最后阶段却在很大程度上决定交联高聚物的性能。应用物理手段时,如果缺乏物理性能与固化程度之间的关系,也很难确定固化过程进行的完善程度。DMA 技术的优点在于,既能跟踪预浸料在等速升温固化过程中的动态力学性能变化,获得对制订部件固化工艺方案极其重要的特征温度,又能模拟预定的固化工艺方案,获悉预浸料在实际固化过程中的力学性能变化以及最终达到的力学性能,从而较快地筛选出最佳工艺方案。预浸料的固化过程,本质上是预浸料中的树脂体系的固化过程,常用的方法为扭辫法,也可用共振法。

图 7-82 所示是预浸料在等速升温固化过程中的 DMA 谱。图中相对刚度是指预浸料在任一温度下的动态储能模量与它的起始动态储能模量之比。由图可见,随温度的升高,预浸料的刚度在经历了短暂的缓慢下降后发生急剧的跌落,这是因起始分子量不高的树脂升温软化引起的,此时内耗曲线上出现第一个峰,对应的温度称为软化温度 T_s;随后,在一定的温度范围内,预浸料的刚度变化不大,这是由于温升既会使树脂的黏度及模量继续下降,又会导致聚合物的链生长和支化从而使树脂的模量增大;当温度继续升高到某一温度时,线型的和支化的分子开始转向网型分子,此时树脂中不溶性凝胶物开始大量产生,使模量曲线上拐,内耗曲线上出现一肩状峰,可称对应的温度为凝胶化温度 T_{gel};温度继续升高,固化反应进一步进行,网型分子转变为体型分子,因此模量急剧提高,并且在内耗出现第二个驼峰的温区,模量的增长速率经历一个最大值,它标志着树脂的交联达到相当高的程度,可以称这时的树脂硬化了,相应的温度称之为硬化温度 T_h;在 T_h 以上,随交联密度增加,分子运动受到的抑制也增加,已形成的体型大分子将未反应的官能团包围在交联结构之中,使它们相互作用的可能性大为减小,并且随着固化反应进行,活性官能团的浓度也逐渐降低,所以在高于 T_h 时,模量的增长速度逐渐减小。

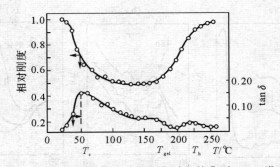

图 7-82 预浸料等速升温固化过程的典型 DMA 谱

从图 7-82 的 DMA 温度扫描得到的预浸料的 T_s,T_{gel},T_h 可以作为确定预浸料固化温度的参考温度。例如,固化温度应取在 T_{gel} 附近或比 T_{gel} 高一点处;后处理温度可取在 T_h 附近或略高于 T_h。为了通过链生长和支化从而使树脂增黏,可以选择 T_s 以上数十度至 T_{gel} 之间某个温度恒温预固化一段时间,同时在这时间内加压(如加压温度选在 T_s 以下或 T_{gel} 以上,会由于树脂太硬,压力加不上,造成孔隙率大;如加压温度选在 T_s 附近,又会导致流胶和贫胶)。

在对制件的固化工艺初选了若干个方案之后,可用预浸料试样按每一个方案作 DMA 试验,以满足使用性能固化完全、缩短固化周期为原则筛选最佳固化温度和固化时间。判断复合材料是否固化完全,最简单的办法是对已固化材料多次测定它的 DMA 温度谱。如果材料已完全固化,则多次测定中得到的 DMA 温度谱基本重合。否则,DMA 温度谱中的模量和玻璃化转变温度会逐次提高。

应用 DMA 技术也可以判断预浸料的存放质量和存放寿命。

习题与思考题

1.什么是蠕变现象和应力松弛现象？其本质是什么？举例说明生活中哪些现象是蠕变现象，哪些是应力松弛现象，这些现象对高聚物的使用性能有什么利弊。

2.若分别对高聚物（线性的和交联的）施加较长时间的恒定应力，将产生一大形变，分别讨论：

(1)它可能包含有哪几种形变？为什么？

(2)怎样鉴定这几种形变？

3.交联橡胶在动态应力-应变行为中出现滞后和力学损耗现象，是典型的动态黏弹性力学行为。

(1)试说明对应于同一应力，回缩时的应变值大于拉伸时应变值的原因是什么。

(2)阐明拉伸曲线、回缩曲线和滞后圈，它们分别所包围面积的物理意义。

(3)举例说明力学损耗在实际中的应用，并阐明力学损耗大小与频率及温度的关系及其在研究工作中的意义。

4.试总结橡胶材料力学性能（包括高弹性和黏弹性）与高聚物结构和分子运动三者之间的关系。

5.分析对比静态和动态应力（或应变）下的黏弹性力学现象可得出的结论。

6.试分析说明高聚物黏弹性各种力学现象中的时-温等效原理。

7.移动因子 α_T 的定义式是什么？它代表的物理意义是什么？试讨论由应力松弛实验结果，依据时—温等效原理转换为 T_g 温度下的组合主曲线的原理、方法和步骤。（画出示意图表示）

8.用唯象理论描述高聚物线性黏弹性的二元件力学模型是怎样的模型。试由模型推导出相应的蠕变和应力松弛的运动方程，分析方程所描述的黏弹性力学现象。为什么不能用这样单一的力学模型来定量描述高聚物线性黏弹性的力学现象呢？

9.试讨论影响高聚物黏弹性的主要因素。

10.以某种高聚物材料作为两根管子接口法兰的密封垫圈，假设该材料的力学行为可以用 Maxwell 模型来描述。已知垫圈压缩应变为 0.2，初始模量为 3×10^6 Pa，材料应力松弛时间为 300 d，管内流体的压强为 0.3×10^6 Pa，问多少天后接口处将发生泄漏？

11.某高聚物的蠕变行为可近似用下式表示为

$$\varepsilon(t)=\varepsilon_\infty\,(1-e^{-t/\tau})$$

若已知平衡应变值为 600%，而应变开始半小时后可达到 300%，试求：

(1)高聚物蠕变的推迟时间 τ；

(2)应变量达到 400% 时需要的时间 t。

12.聚苯乙烯在同样的应力下进行蠕变，求在 423 K 时比 393K 或 378 K 时的蠕变应答值快多少？已知聚苯乙烯的 $T_g=358$ K。

13. 在一个动态力学实验中，应力 $\sigma = \sigma_0 \sin \omega t$，应变 $\varepsilon = \varepsilon_0 \sin (\omega t - \delta)$。试证明样品在极大扭曲时，弹性储能（$W_{at}$）与一个完整周期内所消耗的功（$\Delta W$）之间的关系为

$$\frac{\Delta W}{W_{at}} = 2\pi \tan\delta = 2\pi \frac{G''}{G'}$$

14. 若静态下测定某橡皮的 $T_g = -40\,^\circ\!\mathrm{C}$，若在动态应力下（如 1 000 Hz），它能否在 $-40\,^\circ\!\mathrm{C}$ 下使用？为什么？

15. 为了减轻桥梁的震动，常在桥梁的支点处垫上衬垫。当货车的轮距为 10m，并以每小时功 60km 的车速通过桥梁时，欲缓冲其震动，今有三种高聚物抗震材料可供选择：

(1) $\eta_1 = 10^9\,\mathrm{Pa \cdot s}$，$E_1 = 2 \times 10^7\,\mathrm{Pa}$；

(2) $\eta_2 = 10^7\,\mathrm{Pa \cdot s}$，$E_2 = 2 \times 10^7\,\mathrm{Pa}$；

(3) $\eta_3 = 10^5\,\mathrm{Pa \cdot s}$，$E_3 = 2 \times 10^7\,\mathrm{Pa}$；

问选择哪一种最合适？

16. 用于模拟某一线型高聚物的蠕变行为的四元件模型的参数为：$E_1 = 5.0 \times 10^8\,\mathrm{Pa}$，$E_2 = 1.0 \times 10^8\,\mathrm{Pa}$，$\eta_2 = 1.0 \times 10^8\,\mathrm{Pa \cdot s}$，$\eta_3 = 5.0 \times 10^{10}\,\mathrm{Pa \cdot s}$。蠕变试验开始时，应力为 $\sigma_0 = 1.0 \times 10^8\,\mathrm{Pa}$，经 5s 后，应力增加至两倍，求 10s 时的应变值。

第八章　高聚物熔体的流变性

当温度超过流动温度 T_f 或熔点 T_m 时,高聚物处于黏流态,并成为熔体。高聚物熔体的主要力学特性,就是流变性,即在外力作用下熔体流动。熔体的流动不仅表现出黏性形变(不可逆形变),而且表现出弹性形变(可逆形变)。因此,用"流动性"这一术语已不能确切地表达高聚物的流动与形变,而应该用"流变性"这一词汇。流变学是研究材料流动和变形的科学,高聚物流变学是流变学的一个分支。

高聚物流变学的主要研究对象是应力作用下高分子材料产生弹性、塑性和黏性形变的行为以及影响这些行为的各种因素诸如聚合物的结构与性质、温度、力的大小和作用方式、作用时间以及聚合物体系的组成等的相互关系。

高聚物熔体的流动机理与小分子液体不同,小分子液体的流动是在外力作用下,分子与空穴相继向某一方向跃迁;而高聚物熔体内要形成许多能容纳整个大分子的空穴并使整个大分子的跃迁难以实现,一般来说,高聚物的流动单元不是整个大分子链,而是链段,通过链段的相继跃迁实现整个大分子的流动,与蚯蚓的蠕动类似。高聚物熔体流动的另外一个特点是在外力作用下流动时,除了分子链发生相对位移形成不可逆形变外(即黏性形变),还有卷曲分子链伸展形成的构象变化,当外力去除后,大分子链又会自发地发生卷曲,即伴随高弹形变。

聚合物材料特别是热塑性塑料的加工,都是在熔融态进行的。例如,挤压、挤出、注射、吹塑、浇注薄膜以及合成纤维的纺丝等。因此,聚合物材料在一定温度条件下的流动性,是加工成型的主要依据。

高聚物的流变行为十分复杂,诸如高聚物熔体在黏性流动时不仅有弹性效应,而且还有热效应,因此,准确测定高聚物的流变行为就十分困难。迄今为止,有关聚合物的流变性的解释很多都基于定性或者经验性的基础上,若干定量的描述还需要附加条件,不能完全符合真实的条件。所以高聚物流变学是一门半经验的物理学科,很多理论知识有待完善。

8.1　流变学的基本概念

8.1.1　流动方式

按照不同的作用方式,可以将液体的流动方式分为三种基本类型。第一种流动是层流,这是液体最常见的流动方式。在层流时,液体各质点的速度都向着流动方向,基本上没有左右移动现象;而当紊流时,液体各质点的速度除了向着流动方向外,还有次要的左右移动。在层流中,产生速度梯度场,如图 8-1 所示。具有横向速度梯度场的流动称为剪切流动或简称为切流动。由于高聚物熔体的黏度大,流速低,在加工过程中切变速率一般小于 $10^4 s^{-1}$,形成层流。

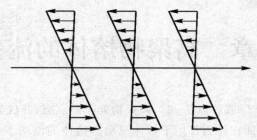

图 8-1　横向速度梯度场

　　剪切流动或切流动是高聚物熔体的主要流动方式,按照流动的边界条件可进一步划分为两种。由于运动边界造成的流动称为库爱特流动或拖流动,它可由运动的平面、圆柱面、圆锥面带动(见图 8-2)。边界条件相对静止,由压力梯度产生的流动称为泊肃叶流动或者压力流动。例如由流动液体静压差或者外施压力引起的通过两平面间隙和圆管的流动(见图 8-3)。

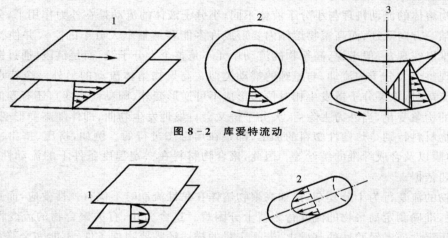

图 8-2　库爱特流动

图 8-3　泊肃叶流动

　　第二种流动是拉伸流动,特点是液体流动的速度梯度方向与流动方向相平行,具有纵向速度梯度场,流动速度沿流动方向变化(见图 8-4)。高聚物熔体除了单轴拉伸外,还有双轴拉伸。吹塑成型中型坯离开环形口模的流动,纺丝中熔体离开喷丝孔的流动,熔体在截面突然缩小的管道或模具中的收敛流动,薄膜经过双向拉伸时的流动,吸塑成型中板材在模具内的扩张流动等都含有拉伸流动的成分。

　　第三种流动是液体在各向等值压力(流体静压力)作用下的流动,即体积的压缩。高聚物熔体在高压下成型时,能产生这种流动,这种流动比较少见。

　　高聚物熔体在成型加工中的流动是复杂的,往往是剪切、拉伸、体积压缩的复合。例如熔体在截面积逐渐缩小的管道中进行收敛流动时就同时存在着拉伸流动和剪切流动。因此,单纯从一种流动方式出发研究的流变规律与实际成型加工还有一定的差距。

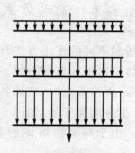

图 8-4　纵向速度梯度场

8.1.2　非牛顿流体

在剪切流动中,表征切应力 σ_τ 与切变速率 $\dot\gamma$ 之间关系的曲线称为流动曲线。按照流动曲线的不同,可将液体的流动分为牛顿型流体和非牛顿型流体两大类。

一、牛顿流体

描述牛顿型层流行为的最基本的定律是牛顿流动定律。设平行板流动流体中液层之间的距离为 dy,液层所受的切应力为 σ_τ,上下二层速度差为 dV(见图 $8-5$),则液层的速度梯度为 dV/dy。实验证明,切应力与速度梯度成正比,即

$$\sigma_\tau = \eta \frac{dV}{dy} \tag{8-1}$$

这就是牛顿定律。比例系数 η 称为牛顿流体黏度(Newtonian fluid viscosity)或绝对黏度。η 是液体自身所固有的性质,其大小表征液体抵抗外力引起流动形变的能力。

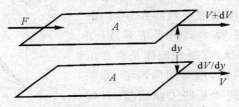

图 8-5　平行板间流体的切流动

从应力应变的角度看,dV/dy 就是剪切速率。因为 $dV = dx/dt$(其中 x 是距离),因而有

$$\frac{dV}{dy} = \frac{1}{dy}\left(\frac{dx}{dt}\right) = \frac{1}{dt}\left(\frac{dx}{dy}\right)$$

式中,dx/dy 是剪切应变,即 $d\gamma = dx/dy$,则有

$$\frac{dV}{dy} = \frac{d\gamma}{dt} \tag{8-2}$$

令 $\dot\gamma = \dfrac{d\gamma}{dt}$ 为剪切速率,则牛顿流动定律可改写为

$$\sigma_\tau = \eta\dot\gamma \tag{8-3}$$

σ_τ 的单位为 Pa,$d\gamma/dt$ 的单位为 s^{-1},η 的单位为 Pa·s。

凡流动行为符合牛顿流动定律式(8-3)的流体就称为牛顿流体。牛顿流体的黏度在一定温度下为常数,它仅与流体分子的结构和温度有关,与切应力或切变速率无关。其切应力 σ_τ 与切变速率 $\dot\gamma$ 的关系曲线为过原点的直线,如图8-6所示,直线的斜率即为牛顿流体黏度或简称牛顿黏度。

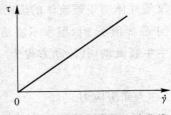

图 8-6　牛顿流体的流动曲线

牛顿流体的黏度不随剪切速率而变化,始终为一常数,牛顿流体中的应变具有不可逆性质,应力解除后应变以永久形变保持下来,呈现纯黏性流动的特点。

一般说来,小分子流体可看作是牛顿流体,而包括高聚物熔体和浓溶液在内的许多流体并

不服从牛顿定律。只有某些高聚物如聚碳酸酯、偏二氯乙烯-氯乙烯共聚物等在一定的条件下可作为牛顿流体来处理。

二、非牛顿流体

不服从牛顿定律的流体,统称为非牛顿流体。非牛顿型流动的特点是,其切应力与切变速率之间呈非线性的关系,而且它的黏度在一定温度下并不是一个常数,而是随切应力、切变速率的变化而变化,甚至有些还随时间而变化。根据切应力与切变速率呈非线性关系的特征,可将非牛顿型流动的流体分为三大类:黏性流体、有时间依赖性的流体和黏弹性体系。

黏性流体,其剪切速率只依赖于所施加的切应力,即剪切速率与切应力有函数关系,而与切应力施加的时间长短无关。

有时间依赖性的流体,其特点是剪切速率不仅依赖于切应力的大小,而且还与切应力施加的时间有关。这类非牛顿流体有两种:触变性流体和震凝性流体。触变性流体是指在恒温和恒定的切变速率下,切应力随时间而递减(即黏度随时间而递减)的流体。像油墨、高分子冻胶、某些高分子浓溶液(如涂料)就是触变性流体。相反,震凝性流体是指在恒温和恒定的切变速率下,切应力随时间而递增(即黏度随时间而增加)的流体,例如某些工业淤浆、石膏冰体系等。

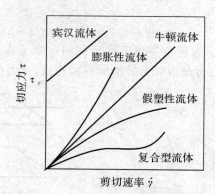

图 8-7 各种类型的流动曲线

黏弹性体系是指既有流体的黏性行为,又有固体的弹性行为的体系。高聚物是典型的黏弹性体系,而并非单纯的黏性液体。

下面仅讨论最为常见的黏性流体,高聚物熔体和浓溶液通常都属于这种流体。

非牛顿黏性流体的流动曲线如图 8-7 所示。根据流动曲线的特征,非牛顿黏性流体具有如下几种类型。

1. 宾汉塑性体

宾汉塑性体与牛顿流体的流动曲线均为直线,但不通过原点。这种流体的特征是,当切应力 σ_τ 小于临界值 σ_y 时,根本不流动,其形变行为类似于胡克弹性体。只有当 σ_τ 大于临界值 σ_y 时才产生牛顿流动,其流动方程为

$$\sigma_\tau - \sigma_y = \eta\dot{\gamma} \tag{8-4}$$

式中,σ_y 称为屈服应力。

符合这种规律的流动称为塑性流动或宾汉流动。塑性流动可以看作是弹性和黏性的组合。许多含填料的高聚物体系(如硝酸纤维素塑料,聚氯乙烯塑料)就属宾汉塑性体。泥浆、牙膏、油漆和沥青等也属于宾汉流体。

2. 假塑性体

假塑性体是非牛顿型流体中最常见、最重要的一种,橡胶和绝大多数的高聚物机器塑料的熔体和浓溶液,都属于假塑性流体。对假塑性体,切应力 σ_τ 与切变速率 $\dot{\gamma}$ 不呈线性关系,即 σ_τ 与 $\dot{\gamma}$ 之间不再为一常数,根据与牛顿流体黏度的类比,把比值 $\sigma_\tau/\dot{\gamma}$ 定义为表现黏度 η_a,有

$$\eta_a = \eta(\dot{\gamma}) = \frac{\sigma_\tau(\dot{\gamma})}{\dot{\gamma}} \tag{8-5}$$

由图 8-8 可以看出,相应于流动曲线上某点的表观黏度是此点切应力 σ_τ 与切变速率 $\dot{\gamma}$ 的比值,或切应力与原点相连直线的斜率,而流变曲线上任一点的斜率,称为该切变速率或切应力下的稠度或微分黏度,它是流动曲线上该点切线的斜率,即

$$\eta_c = \frac{\mathrm{d}\tau}{\mathrm{d}\dot{\gamma}}$$

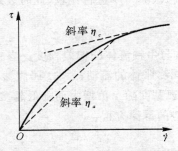

图 8-8 表观黏度和微分黏度定义图

因此,假塑性流体的特征是表观黏度随剪切速率或剪切应力的增大而减小,故称为切力变稀流体。图 8-9 是高聚物流动曲线的实例,表示不同分子量的聚二甲基硅氧烷、聚苯乙烯和高密度聚乙烯的流动特性。

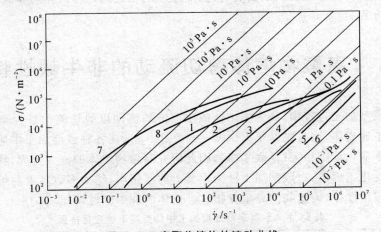

图 8-9 高聚物熔体的流动曲线

1—6:聚二甲基硅氧烷,35℃; 黏均分子量:1—160 000;2—84 000;3—31 000;

4—14 500; 5—5 400; 6—2 400; 7—聚苯乙烯; 8—高密度聚乙烯

3.膨胀性流体

膨胀性流体的 $\sigma_\tau/\dot{\gamma}$ 也非常数,因而同样可定义表观黏度。膨胀体的特征是表观黏度随切应力、切变速率的增大而增大,故称为切力增稠流体。含有高体积分数固相粒子的悬浮体系(如高聚物悬浮液、泥沙),某些高聚物熔体-填料体系(含填料的聚己内酰胺熔体、乳液聚合的聚氯乙烯－增塑剂糊状体系、沥青等)都属于膨胀体。

三、非牛顿流体的幂律方程

描述假塑性和膨胀性流体的非牛顿流体的流动行为,最常用的是幂律方程:

$$\sigma_{\tau} = K\dot{\gamma}^n \qquad (8-6)$$

式中,K 为流体的稠度,K 愈大,流体愈黏;n 为流变指数或流动指数、非牛顿黏度,用来表征液体偏离牛顿型流体的程度。K 和 n 是与材料有关的非牛顿参数。

通过和牛顿流体的流变方程式(8-3)进行比较,此时表观黏度可表示为

$$\eta_a = \frac{\sigma_{\tau}}{\dot{\gamma}} \qquad (8-7)$$

流变指数 n 表示非牛顿流体与牛顿流体的偏差程度。当 $n=1$ 时,式(8-6)变为牛顿流动方程,K 即为牛顿黏度 η;$n>1$ 属膨胀体的流动;$n<1$ 属假塑性体流动。n 值越小于 l,假塑性流动偏离牛顿流动方程越远,表观黏度随 $\dot{\gamma}$ 值增大而降低越多,非牛顿性愈强。

式(8-6)可改写为其他形势的幂律方程:

$$\dot{\gamma} = k\sigma_{\tau}^m \qquad (8-8)$$

这是工程上常用的幂律方程,式中 $m=1/n$,$k=1/K$,k 称为流动系数。对假塑性体,$k>1$,如橡胶的 k 为 $3\sim7$,塑料的 k 为 $1\sim4$。

必须指出,上述幂律方程并无明确的物理意义。实践表明,幂律方程也仅适合于中等 $\dot{\gamma}$ 范围。对大多数流体来说,当 $\dot{\gamma}$ 值变化范围较小时,K,k,n 和 m 可近似地看作常数。此外,它没有很好反映流体的弹性形变,因此,要更合理、更全面的描述高聚物熔体的非线性流动,需要更为复杂的流变方程。

8.2　高聚物熔体剪切流动的非牛顿性特征

在高聚物成型加工过程中,高聚物熔体或浓溶液的流动以剪切流动最为普遍。由于高聚物熔体多为非牛顿流体,而且黏度很大($10^0\sim10^6$ Pa·s),在各种成型加工中熔体所受的切应力以及切变速率变化范围很大(见表8-1),因此研究高聚物熔体的流变行为,特别是表观黏度随切变速率而变化的规律,对成型加工极为重要。前已指出,绝大多数高聚物熔体和溶液的流动行为类似于假塑性体,因此我们着重分析这类流体的非牛顿性特征。

表8-1　　高聚物成型加工中切变速率的变化范围

加工方法	切变速率 /s^{-1}	加工方法	切变速率 /s^{-1}
压制	$1\sim10$	纺丝	$10^3\sim10^5$
混炼与压延	$10\sim10^2$	注射	$10^3\sim10^5$
挤出	$10^2\sim10^3$		

8.2.1　高聚物熔体的普适流动曲线

由于高聚物熔体在加工过程中切变速率的变化范围很大,因此表征切应力 σ_{τ}-切变速率 $\dot{\gamma}$

的流动曲线一般为双对数坐标，即是 $\lg \sigma_\tau - \lg \dot\gamma$ 流动曲线，将式（8-6）写成对数形式为

$$\lg \sigma_\tau = \lg K + n \lg \dot\gamma \tag{8-9}$$

对于牛顿流体，$\lg \sigma_\tau - \lg \dot\gamma$ 流动曲线图是斜率为 1（即 $n=1$）的直线，在 $\lg \dot\gamma = 0$（即 $n = 1s^{-1}$）线上交点的 σ_τ 值就是 η 值（这时 $K = \eta$），如图 8-10 所示。

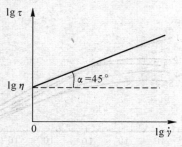

图 8-10　牛顿流体的 $lg\tau - lg\dot\gamma$

对非牛顿假塑性高聚物熔体，其 $\lg \sigma_\tau - \lg \dot\gamma$ 流动曲线一般如图 8-11 所示。为了更直观表达剪切速率对假塑性体黏度的影响，可由图 8-10 直接画出 $\lg \eta_a - \lg \dot\gamma$ 关系曲线，如图 8-12 所示。

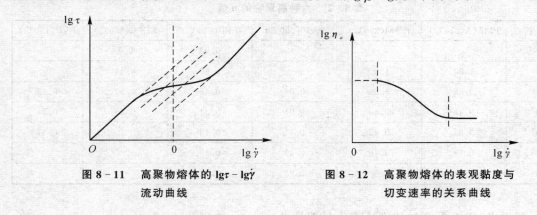

图 8-11　高聚物熔体的 $lg\tau - lg\dot\gamma$ 流动曲线　　**图 8-12　高聚物熔体的表观黏度与切变速率的关系曲线**

从图 8-11 和图 8-12 可见，假塑性高聚物熔体的流动曲线包括三个区域：在很低切变速率区是斜率为 1（即 $n=1$）的直线，符合牛顿流动，有时称为第一牛顿（流动）区；在很高切变速率区是另一条斜率为 1（即 $n=1$）的直线，也符合牛顿流动，可称为第二牛顿（流动）区；在这两个区域之间，即非牛顿性特征区域称为假塑性区。假塑性区的曲线呈反 S 形，按式（8-9），其斜率为 $\dfrac{\mathrm{d}\lg \sigma_\tau}{\mathrm{d}\lg \dot\gamma} = n$，且 $n < 1$。它表示随着切变速率 $\dot\gamma$ 增大引起黏度下降程度的大小，熔体发生切力变稀。

高聚物熔体在第一牛顿区的黏度称为零切变速率黏度 η_0；在第二牛顿区的黏度则称为无穷切变速率黏度 η_∞。显然，在图 8-11 上斜率为 $n=1$ 的直线代表等黏度线（黏度不随切变速率而变）。将第一、第二牛顿区斜率为 $n=1$ 的直线延长至与 $\lg \dot\gamma = 0$ 垂线的交点，可得到 $\lg \eta_0$ 和 $\lg \eta_\infty$。从假塑性区曲线上任一点所引斜率为 1 的直线与 $\lg \dot\gamma = 0$ 直线的交点，可得到该切变速率下的表观黏度 η_a。从图 8-12 可见，零切变速率黏度 η_0 最大，无穷切变速率黏度 η_∞ 最小，而表观黏度 η_a 介于二者之者。

　　在高聚物成型加工中,熔体的切变速率达不到第二牛顿区,熔体的切变速率大多处于假塑性区,因为远在达到这个区域之前熔体已出现不稳定流动,图8-13所示为典型高聚物流动曲线的实例。表8-2列出六种高聚物在不同切变速率下的 n 值。由表中数据也可看出,在所研究的切变速率范围内,随切变速率值的增大, n 值减少,即熔体的表观黏度下降。

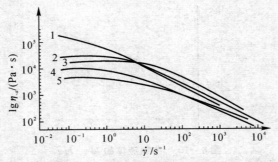

图8-13　典型高聚物熔体表观黏度与切变速率的关系曲线(200℃)
1— 高密度聚乙烯;　2— 聚苯乙烯;　3— 聚甲基丙烯酸甲酯;　4— 低密度聚乙烯;　5— 聚丙烯

表8-2　六种高聚物的 n 值

切变速率 s^{-1}	PMMA(230℃)	POM(200℃)	PA66(280℃)	EPR(230℃)	LDPE(170℃)	PVC(150℃)
10^{-1}				0.93	0.7	
1	1.00	1.00		0.66	0.44	
10	0.82	1.00	0.96	0.46	0.32	0.62
10^{2}	0.46	0.80	0.91	0.34	0.26	0.55
10^{3}	0.22	0.42	0.71	0.19		0.47
10^{4}	0.18	0.18	0.40	0.15		
10^{5}			0.28			

　　一般说来,表观黏度与切变速率不呈线性关系,在一定的切变速率范围内,表观黏度随切变速率的增加下降较快,当切变速率达到一定值后,黏度下降很小(见图8-14),这种非牛顿性在高聚物成型加工中具有重要的实际意义。在高聚物成型加工时,一般应选择表观黏度对切变速率不敏感的切变速率范围。因为这样既可大大降低熔体的黏度,从而减少功率消耗,提高生产率,又能保证产品质量的稳定,即不会由于切变速率微小的波动引起黏度的急剧变化。由图8-14可见,对于加有填料的天然橡胶的加工,调节切变速率为 $400s^{-1}$ 比较合适。

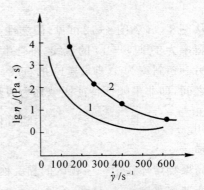

图8-14　天然橡胶的流动曲线
1— 填料为炭黑;　2— 填料为陶土

8.2.2　高聚物熔体假塑性流动曲线的解释

对高聚物熔体或溶液的假塑性流动曲线形状的解释有许多理论,如构象理论,缠结理论,松弛理论等。从高分子构象的改变出发,在足够小的切应力或切变速率下流动时,高分子构象分布不改变,流动服从牛顿定律(相当于第一牛顿区)。当切应力或切变速率较大时,高分子构象及分布发生变化,大分子偏离平衡构象而沿流动方向取向,结果使大分子间的相对运动更加容易,这时表现黏度随切应力或切变速率的增大而下降(相当于假塑性区)。当切应力或切变速率增加到一定程度后,大分子的取向达到极限状态,取向程度不再随切应力或切变速率而变化,熔体又服从牛顿定律,表观黏度又成为常数(相当于第二牛顿区)。

缠结理论解释认为,在高聚物熔体中,高分子链间存在缠结。缠结有两种类型:一种是柔性分子链相互扭曲成结(几何缠结);另一种是大分子间形成的范德华交联点。在形成熔体这样高的温度下,有人认为第一种缠结是主要的。由于缠结的存在,可以认为熔体具有拟网结构,不过这种网状结构是可变的。由于分子的无规热运动,缠结点可在一处解开而又在另一处迅速形成,始终趋向与外界条件(温度、外力等)相适应的动态平衡。在低切变速率下,熔体中被切应力破坏的缠结来得及重建,处于动态平衡的拟网结构的密度不变,所以熔体黏度不变,表现为牛顿流体行为。当切变速率超过一定值后,随着切变速率的增加,缠结的解开速率越来越大于形成速率,动态平衡被打破,即拟网结构越来越少,因此熔体的黏度随切变速率的增加而下降,表现为假塑性流体行为。当切变速率大到被破坏的缠结完全来不及重建时,黏度降至最小值并不再改变,又表现为牛顿流体行为。

上述两种解释并不矛盾,而是互相补充的。高分子在切应力下沿流动方向取向的结果,必然使熔体在黏性流动中伴有高弹形变,这已为大量的实验所证实。此时,测得的表观黏度,实际上是由不可逆的黏性流动和可逆的弹性形变汇合在一起所反映的黏度。真正的黏度应该是对黏性流动而言,所以表观黏度比真正的黏度值要小。

高聚物熔体的物理结构(包括缠结)的变化是可逆的,受力时结构破坏,黏度下降,静止时结构又形成,黏度又增加到波动前的值。这一点也为实验所证实。

必须指出,高聚物熔体-填料体系,高聚物分散体系(如胶乳)的流动特性是很复杂的。除了以上所说的切力变稀流动之外,还有切力增稠流动(膨胀体)。这是切力作用下体系结构形成的结果。例如高树脂浓度的乳液聚合聚氯乙烯(颗粒直径 $0.5\mu m$)的增塑剂糊状体系,当树脂浓度在 50%(体积百分数)以上时,就有显著的切力增稠现象。如果在 $0.5\mu m$ 中的聚氯乙烯颗粒中混入 $0.14\mu m$ 以下的小颗粒乳液聚合聚氯乙烯,就变为切力变稀的流动。

8.3　高聚物熔体切黏度测定方法

黏度是表征高聚物熔体和溶液流动性的指标。高聚物熔体的流动性是影响成型加工的重要因素,并最终会影响高聚物产品的物理力学性能。例如,分子取向对模塑产品、薄膜和纤维的力学性能有很大的影响,而取向的方式和程度主要由成型加工过程中流动场的特点和高聚物的流动行为所决定。因此测定物料的流变性能,了解物料流动性大小及流变规律,对控制成型加工工艺及提高产品质量有者重要意义。

高聚物熔体切黏度的测定仪器主要有三种,即落球式黏度计,毛细管流变计和转动黏度计(同轴圆筒或锥板)。高聚物熔体切黏度测定方法的基本原理如图 8-15 所示,高聚物熔体黏度测定方法以及每种方法适用的切变速率范围和测得的黏度范围见表 8-3。

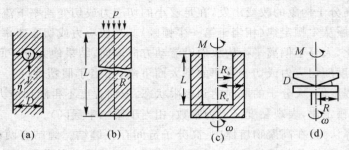

图 8-15 黏度测定方法的示意图
(a)落球法; (b)毛细管法; (c)旋转圆桶法; (d)圆锥-圆板法

表 8-3 高聚物熔体黏度的测定方法和范围

仪 器		切变速率范围/s^{-1}	黏度范围/Pa·s
落球黏度计		$<10^{-2}$	$10^{-3} \sim 10^{3}$
毛细管黏度计		$10^{-1} \sim 10^{6}$	$10^{-1} \sim 10^{7}$
转动黏度计	平板式	$10^{-3} \sim 10^{1}$	$10^{3} \sim 10^{8}$
	同轴圆筒式	$10^{-3} \sim 10^{1}$	$10^{-1} \sim 10^{11}$
	锥板式	$10^{-3} \sim 10^{1}$	$10^{2} \sim 10^{11}$

8.3.1 落球式黏度计

可测定极低切变速率下的切黏度,适合测定具有较高切黏度的牛顿流体。其原理是,当一半径为 r,密度为 ρ_s 的圆球,在黏度 η,密度为 ρ 的无限延伸的流体(即流体盛于无限大容器中)中运动时,按斯托克斯定律,小球所受的阻力为 $6\pi\eta r v$。其中,v 为小球下落的速度。

圆球在流体中下落的动力为重力与浮力之差,即 $\frac{4}{3}\pi r^3 (\rho_s - \rho) g$。其中,$g$ 为重力加速度。根据牛顿第二定律可得出圆球运动方程为

$$\frac{4}{3}\pi r^3 \rho_s \frac{\mathrm{d}v}{\mathrm{d}t} = \frac{4}{3}\pi r^3 (\rho_s - \rho) g = 6\pi\eta r v \qquad (8-10)$$

当达到稳定态,即圆球等速下落时,$\frac{\mathrm{d}v}{\mathrm{d}t} = 0$,因此,从式(8-10)可得

$$\eta = \frac{2}{9} \frac{(\rho_s - \rho) g r^2}{v} \qquad (8-11)$$

这就是斯托克斯方程,测定的黏度为零切变速率黏度或简称为零切黏度。

从落球法实验中,得不到切应力、切变速率等基本流变学参数,故无法研究聚合物黏度的剪切速率依赖性。但由于落球法是在低切变速率下进行黏度测定的,因此可以作为毛细管黏

度计及转动黏度计在测定流变曲线时低剪切速率下的补充。

8.3.2　毛细管黏度计

在测定高聚物熔体切黏度时,毛细管黏度计用的最为广泛。其优点是结构简单,可以在较宽的范围内调节切变速率和温度,得到十分接近于加工条件的流变物理量。常用的切变速率范围为 $10^1 \sim 10^6 \, \text{s}^{-1}$,切应力为 $10^4 \sim 10^6 \, \text{Pa}$。除了测定黏度外,毛细管黏度计还可用来观察高聚物的熔体弹性以及不稳定流动现象。毛细管黏度计的装置示意图如图 8 - 16 所示。

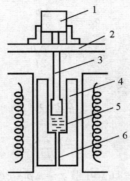

图 8 - 16　毛细管黏度计

1— 测力头；　2— 十字头；　3— 活塞杆；　4— 活塞筒；　5— 熔体；　6— 毛细管

装置有不同内径 D 和长径比 L/D 的毛细管与料筒相接。料筒内加入物料后,即由加热线圈加热熔融,然后由活塞杆以设定的速度将物料挤压出毛细管,熔体从毛细管被挤出时,其抵抗形变而产生的黏性阻力作用于活塞杆,由连接于活塞杆上部的测力装置输出信号至记录仪中。使用一组不同的速度 v 值,相应可以测出一组力值 F。由负荷 F 和十字头(或活塞杆)下降速度 v 值可以计算 $\sigma_\tau - \dot{\gamma}$ 及 $\eta_a - \dot{\gamma}$ 之间的关系。

考虑一个不可压缩流体在半径为 R 的圆管中的层流(见图 8 - 17)。

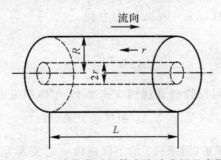

图 8 - 17　流体在毛细管中流动分析示意图

在无限长的圆管中取一长度为 L、压力差为 Δp 的液柱,由于是层流,所以图中虚线部分的圆柱液体所受的力是平衡的,即在半径为 r 的圆柱面上,稳流时,阻碍流动的黏流阻力应与两端压差所产生的促进液柱流动的推动力相平衡。即

$$\pi r^2 \cdot \Delta p = 2\pi r L \sigma_\tau \qquad\qquad (8 - 12)$$

$$\sigma_\tau = r \cdot \frac{\Delta p}{2L} \tag{8-13}$$

σ_τ 为圆柱面上的切应力。当 $r = R$（管壁时），压差 Δp 可由所加负荷求出，即

$$\Delta p = \frac{4F}{\pi d_P^2} \tag{8-14}$$

式中，d_P 为活塞杆的直径。则

$$\sigma_{\tau_R} = \frac{\Delta p \cdot R}{2L} = \frac{2R}{\pi d_P^2 \cdot L} \cdot F \tag{8-15}$$

因为

$$\sigma_\tau = \eta \dot{\gamma}$$

$$\sigma_\tau = r \cdot \frac{\Delta p}{2L}$$

$$\sigma_{\tau_R} = R \cdot \frac{\Delta p}{2L}$$

所以，牛顿切变速率 $\dot{\gamma}$ 与压差 Δp 的关系式为

$$\dot{\gamma} = \frac{\Delta p \cdot r}{2\eta L} \tag{8-16}$$

$$\dot{\gamma}_R = \frac{\Delta p \cdot R}{2\eta L} \tag{8-17}$$

因为，$\dot{\gamma} = -dv/dr$，所以由式（8-16）可得 $\dot{\gamma} = \Delta p \cdot r/2\eta L = -dv/dr$，将此式对 r 积分，边界条件为 $r = R$，此处的 $v = 0$，则

$$-\int_v^0 dv = \int_r^R \frac{\Delta p \cdot r}{2\eta L} dr$$

$$v(r) = \frac{\Delta p}{4\eta L}(R^2 - r^2) = \frac{\Delta p \cdot R^2}{4\eta L}\left[1 - \left(\frac{r}{R}\right)^2\right] \tag{8-18}$$

由式（8-18）可知，对于牛顿流体，在径向的线速度分布为抛物线分布。

将式（8-18）对 r 作整个界面的积分，可求出体积流率 Q，即

$$Q = \int_0^R v(r) 2\pi r dr = \int_0^R \frac{\Delta p}{4\eta L}(R^2 - r^2) 2\pi r dr = \frac{\pi R^4 \Delta p}{8\eta L} \tag{8-19}$$

式（8-19）为管中层流时的 Hagen - Poiseuille 方程。

从式（8-19）得

$$2\eta L = \frac{\pi R^4 \Delta P}{4Q}$$

将此式代入式（8-17），可得管壁表观切变速率 $\dot{\gamma}_R$ 与体积流率 Q 的关系为

$$\dot{\gamma}_R = \frac{\Delta p R}{2\eta L} = \frac{4Q}{\pi R^3} \tag{8-20}$$

因为，体积流率 Q 与十字头（活塞杆）的下降速度 v 的关系为

$$Q = \frac{\pi}{4} d_P^2 v \tag{8-21}$$

所以

$$\dot{\gamma}_R = \frac{4Q}{\pi R^3} = \frac{d_P^2}{R^3} v \tag{8-22}$$

式（8-22）是按牛顿流体导出的，实际聚合物熔体为非牛顿流体，经推导可得非牛顿流体

切变速率 $\dot{\gamma}_{R改正}$ 与牛顿流体的切变速率 $\dot{\gamma}_R$ 之间的关系为

$$\dot{\gamma}_{R改正} = \frac{(3n+1)\dot{\gamma}_R}{4n} \tag{8-23}$$

式中，n 为非牛顿指数。

因为

$$\sigma_{\tau_R} = K\dot{\gamma}_{R改正}^n = K\left[\left(\frac{3n+1}{4n}\right)\dot{\gamma}_R\right]^n$$

所以

$$\lg \sigma_{\tau_R} = \lg K + n\lg \dot{\gamma}_R$$

以 $\lg \sigma_{\tau_R}$ 对 $\lg \dot{\gamma}_R$ 作图，所得曲线上各点的斜率即为 n，即 $n = \dfrac{\mathrm{d}\lg \sigma_{\tau_R}}{\mathrm{d}\lg \dot{\gamma}_R}$。通常，在 $\dot{\gamma}_R$ 变化 $1\sim$ 2 个数量级的范围内，n 近似为常数。故可分段按对应的 $\dot{\gamma}_R$ 值计算 n 值。

除切变速率的非牛顿修正外，对切应力值有时还需要进行"入口修正"。这是由于物料被挤入毛细管时，流速和流线变化，引起黏性的摩擦能量耗散（节流损失）和弹性的拉伸形变（物料弹性形变吸收能量），这两项能量的损失使毛细管入口处的压力降特别大，形成"入口效应"。压力差 Δp 并不反映入口处的真实压力降，因此作用在毛细管壁的实际切应力变小。加之，要求压力降或者压力梯度 $\Delta p / L$ 均匀，由于入口效应又产生了误差。所以通常需要对切应力进行"入口修正"。实验表明，使用较大长径比($L/d > 40$)的毛细管时，入口压力降与毛细管中的压力降相比，可以忽略，此时，允许略去"入口修正"。

如果考虑"入口修正"时，按照 Bagleg 修正因子法，式(8-13)管壁切应力则变成

$$\sigma_\tau = \frac{\Delta p}{2(L/R+e)} = \frac{\Delta p - \Delta p_0}{2L/R} \tag{8-24}$$

式中，e 称为 Bagleg 修正因子。Bagleg 修正因子的测定方法如图 8-18 所示，在恒定的切变速率下测定几种不同毛细管的压力降 Δp，然后把 $\Delta p - L/R$ 曲线外推至压力降为零，便可得到 e 值。式(8-24)中的 Δp_0 相当于给定切变速率下，当毛细管长度为零时的压力降。

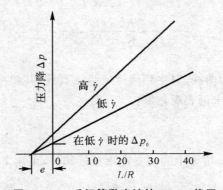

图 8-18　毛细管黏度计的 Bagleg 修正

8.3.3　旋转黏度计

流体在转动黏度计的流动为库爱特流动（见图8-2），转动黏度计的形式很多，有同轴圆筒

式、锥板式、环板式、平板式等,如图 8-19 所示。下面对常用的同轴圆筒式和锥板式作简单介绍。

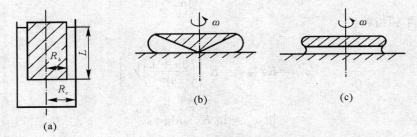

图 8-19　转动黏度计示意图
(a) 同轴圆筒式；　(b) 锥板式；　(c) 平行板式

一、同轴圆筒旋转黏度计

这种黏度计有两种形式,一种外筒转动,内筒固定不动,另一种正好相反,其内筒转动,外筒固定。这里介绍后一种黏度计。

设内筒浸入被测流体内的深度为 L,内筒以角速度 ω 转动,流体的流动服从牛顿定律,从牛顿定律可导出流体的黏度表达式为

$$\eta = \frac{M}{4\pi L\omega}\left(\frac{1}{R_b^2} - \frac{1}{R_c^2}\right) \qquad (8-25)$$

式中,M 为转矩,R_b 为内筒半径,R_c 外筒半径。上式只适用于牛顿流体,称为玛古累斯方程。在测得转矩 M 和角速度 ω 后,根据黏度计的几何尺寸,可求得流体的牛顿黏度。

在流变学中,需测定切变速率和切应力的关系。距离旋转轴任意距离 r 处的切应力和切变速率分别为

$$\sigma_{\tau_R} = \frac{M}{2\pi R^2 L} \qquad (8-26)$$

$$\dot{\gamma}_r = \frac{2\omega}{r^2} \cdot \frac{R_b^2 \cdot R_c^2}{R_c^2 - R_b^2} = A \cdot \frac{\omega}{r^2} \qquad (8-27)$$

式中,A 为仪器常数。

用 σ_{τ_R}-$\dot{\gamma}_r$ 作图可得流动曲线,对牛顿流体应呈一直线,其斜率为 η。对非牛顿流体,可按毛细管流变计的非牛顿改正求得表观黏度。

二、锥板旋转黏度计

当锥板夹角 θ 小于 $4°$ 时,熔体中的切变速率接近均一,可用下式表示,即

$$\dot{\gamma} = \frac{\omega}{\theta} \qquad (8-28)$$

式中,ω 为锥板转动的角速度。切应力可由转矩 M 求得

$$\sigma_\tau = \frac{3M}{2\pi R^3} \qquad (8-29)$$

式中,R 为锥板的半径。

从式(8-28)和(8-29)可得到熔体的黏度公式为

$$\eta = \frac{\sigma_\tau}{\omega} = \frac{3\theta M}{2\pi\omega R^3} = \frac{1}{b} \cdot \frac{M}{\omega} \tag{8-30}$$

式中, $b = \dfrac{2\pi R^3}{3\theta}$ 为仪器常数。此式对牛顿流体和非牛顿流体均适用。

8.4　影响高聚物熔体黏度的因素

在对高聚物进行各种加工成型时,必须使高聚物具有合适的流动性,即具有适当的黏度。不同的加工方法要求不同的流动性。一般来说,注射成型要求流动性大些,挤出成型要求流动性小些,吹塑成型要求流动性介于这二者之间。即使是同一种加工方法,所需流动性的大小也因制品形状的复杂程度而异。因此,了解高聚物熔体的黏度及其变化规律,从而严格控制高聚物的流动性是十分重要的。

8.4.1　高聚物分子结构对熔体切黏度的影响

流体的黏度来源于分子间的内摩擦。因此,分子间作用力小,分子链柔顺性大、分子量较小的高聚物具有好的流动性。

一、高分子链结构单元的极性

通常而言,极性高聚物的分子间作用力比非极性高聚物大,流动性差。也可以说,对于分子量接近的不同高聚物,刚性链的高聚物黏度比柔性链的高聚物黏度大。例如,顺丁橡胶的结构简单,取代基均为氢, T_g 低($-100\,℃$),链段活性大,为柔性链,因此黏度小,流动性好,甚至常温下也会出现由于自重产生的"冷流现象"。而刚性很强的高聚物,如极形的聚氯乙烯、聚丙烯腈,含氢键的聚酰胺、聚乙烯醇、聚酰亚胺,含芳环的聚碳酸酯、聚苯醚、聚砜、聚酰亚胺等黏度都很高,加工相对较为困难。

二、分子量

高聚物的流动是整个大分子链的重心发生位移的结果,大分子链重心的位移是许多链段的协同位移产生的。分子量愈高,大分子链包含的链段数愈多。为了使大分子链重心位移而需要完成的链段协同位移次数就愈多,因此熔体的黏度愈大,而熔融指数则愈小。

熔融指数与分子量之间有如下关系

$$\lg (MI) = A - B\lg \overline{M}$$

式中, A、B 为材料常数。由于分子链的支化度和支链的长短等因素对熔融指数也有影响,因此只有对同一结构的高聚物,才能用熔融指数衡量其分子量的大小。

线型高聚物的零切黏度与重均分子量 $\overline{M}_w$ 的关系如图 8-20 所示,直线的交点对应的分子量称为临界分子量 $\overline{M}_c$。

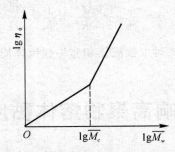

图 8 - 20　熔体零切黏度与分子量的依赖性

零切黏度 η_0 与分子量的经验关系式为

当 $\overline{M_w} > \overline{M_c}$ 时,有

$$\eta_0 = k_1 M^{3.4} \qquad (8-31)$$

当 $\overline{M_w} < \overline{M_c}$ 时,有

$$\eta_0 = k_2 M^{1.0\sim1.5} \qquad (8-32)$$

式中,k_1,k_2 为经验常数,图 8 - 21 所示是 11 种不再来源和不同分子量的聚丙烯表观黏度与黏均分子量的关系,它们的实验点均落在同一直线上,斜率为 3.5,符合式(8 - 31)。至于在很高切变速率区的无穷切变黏度 η_∞ 是正比于分子量,还是与分子量无关,目前尚不清楚。

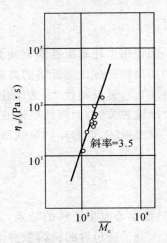

图 8 - 21　11 种聚丙烯的 η_∞ 与黏均分子量的关系

临界分子量 $\overline{M_c}$ 是一个重要的结构参数。当 $\overline{M_w} > \overline{M_c}$ 时,η_0 正比于 M 要大得多的原因,一般认为是高分子链间的相互缠结,形成了网状结构。因此 $\overline{M_c}$ 可以看作为发生分子链缠结的最小分子量值。这也是高聚物固体的温度 — 形变曲线上出现高弹态平台所需的最小分子量值,即在 $\overline{M_w} < \overline{M_c}$ 时没有高弹态。因此有人把 $\overline{M_c}$ 值作为划分小分子和高分子的界限。表 8 - 4 列出一些高聚物的 $\overline{M_c}$ 值和 $\overline{M_c}$ 所包含的主链上的原子数 Z_c。

表 8 - 4 一些高聚物的临界分子量和临界链长

高聚物	$\overline{M_c}$	Z_c	高聚物	$\overline{M_c}$	Z_c
聚乙烯	3 500	250	聚丙烯腈	1 300	50
聚丙烯	7 000	330	聚丁二烯	6 000	440
聚苯乙烯	35 000	670	聚异戊二烯	10 000	590
聚氯乙烯	6 200	200	聚对苯二甲酸乙二酯	6 000	310
聚甲基丙烯酸甲酯	30 000	600	聚己内酰胺	5 000	310
聚乙酸乙烯酯	25 000	580	聚碳酸酯	3 000	140

分子量不仅决定了熔体的流动性(黏度),而且也影响熔体的流变性(即黏度对剪切速率的依赖性)。分子量与流变性的关系如图 8 - 22 所示。从图可见,高聚物熔体开始出现非牛顿流动的切变速率值(即从水平线转为曲线的转折点对应的切变速率值)随分子量的增加而减小。这可能是因为分子量大,缠结点多,易使分子链取向,弹性表现显著的缘故。

从成型加工的角度来看,降低分子量可以降低黏度,改善加工性能,但又会影响制品的力学强度和橡胶的弹性。所以在三大合成材料的生产中要恰当地调节分子量的大小。

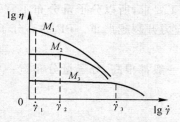

图 8 - 22 分子量对流变性能的影响$(M_1 > M_2 > M_3)$

三、分子量分布

分子量分布主要影响熔体的流变性。当分子量相同时,分子量分布宽的聚合物出现非牛顿流动的切变速率比分子量分布窄的要低,如图 8-23 所示。从图 8-23 可见,当切变速率较小时,分子量分布宽的熔体的黏度较高,这是因为平均分子量相同而分布宽的高聚物中必然有较多的特长和特短的分子,特长分子链对黏度的贡献大。当切变速率增大时,分布宽的高聚物熔体首先出现黏度下降,并在较高的切变速率值范围内具有比分布窄的低得多的黏度。因此,分子量分布宽的高聚物在加工条件下应有较好的流动性。

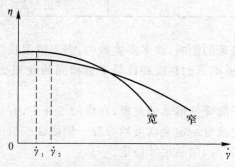

图 8 - 23 分子量相同而分布不同的高聚物熔体的流动曲线

由于分子量分布宽窄对熔体黏度的切变速率依赖性影响很大,因此通常在极低切变速率下测定的熔融指数 MI 不能反映熔体在注射成型时的流动性(见表 8-5)。

表 8-5 三个高密度聚乙烯试样的熔融指数与分子量分布的关系

试样	MI	多分散性
甲	0.12	36
乙	0.14	7.7
丙	1.60	3.2

试样甲、乙分子量(MI 值)相似,但分布宽窄差距很大,试样丙的分子量小得多,但分子量分布窄.若以注射成型时充满一定的平板模所需熔体液压来衡量波动性的好坏,则甲比乙好得多,也比丙的流动性为好。因此对注射成型的塑料,如在荷重 2.16 kg 测定熔融指数则更能反映实际的流动性。由于分子量分布对 $\lg\eta$-$\lg\sigma_\tau$ 图的影响很大,其简易可行的办法是,在同一温度下,用荷重 10 kg 和 2.16 kg 测得的熔融指数的比值来粗略地表征试样的分子量分布并指示其流动性能。

虽然分子量分布较宽对加工有利,但也会影响制品的力学强度。对塑料而言,由于分子量一般都较低,流动性已能满足加工要求,所以分子量分布不宜过宽。例如聚碳酸酯,低分子量多时,端基和单体杂质含量多,应力开裂越严重。PP 的高分子量部分含量越多,流动性越差,可纺性越差。

与塑料相反,橡胶的分子量一般都很高,分子量分布宽一些能增加其流动性,对其物理—力学性能几乎没有影响。

四、支化

当分子量相同时,分子链的支化度及支链长度对熔体切黏度的影响很大。一般说来,短支链的存在使高分子链的链间距增大,相互作用比较小,分子链的缠结可能性变小,因而其熔体黏度较直链的低。例如,比较聚乙烯、聚丙烯、聚丁烯-1 在相同特性黏数值$[\eta]^{145}=100$ mL/g 的熔融指数,可知短支链越长,其熔体黏度越低(见表 8-6)。

表 8-6 相同$[\eta]$下熔融指数的比较

试 样	—CH$_2$—CH$_2$—	CH$_3$ | —CH—CH$_2$—	CH$_2$—CH$_3$ | —CH—CH$_2$—
$[\eta]=100$ 时的分子量	45 000	89 000	320 000
聚合度	1 600	21 000	5 700
熔融指数(190℃)	1.0	1.6	4.1

长支链对熔体黏度有显著的影响,许多实验表明,当支链很长以至于支链本身就能产生缠结时,支链高聚物在低切变速率下的黏度要比分子量相同的线型高聚物高。而且支化度越大黏度增加越多。

由于短支链支化高分子能降低熔体的黏度,在橡胶工业中,有时为了改进胶料的加工性而在胶料中掺入一定量的支化或有一定交联度的橡胶。例如在胶料中加入少量的再生胶就能获得较好的流动性,成型压出容易,制品尺寸稳定。

8.4.2　熔体结构

高聚物熔体应该是微观均一的,但在温度较低时并非如此。突出的例子是乳液聚合的聚氯乙烯,在 160～200℃ 挤出时,从挤出物断面的电子显微镜观察发现仍有颗粒结构,即熔体中的颗粒结构尚未完全消失。因此熔体的流动不是完全的剪切流动,还有颗粒的滑动,这就使乳液聚合聚氯乙烯在 160～200℃ 之间的熔体黏度比[η]相同的悬浮聚合聚氯乙烯小好几倍;在 200℃ 以上时,熔体中颗粒完全消失,流动性变得与悬浮聚合聚氯乙烯无甚差别。乳液聚合聚苯乙烯也有类似情况。另一例子是全同立构聚丙烯,它在 208℃ 以下时仍存在分子链的螺旋构象,当切变速率达到一定值时,分子链伸直,熔体黏度突然增加一个数量级,甚至可能使流动突然停止。即使降低切变速率也不回复到流动态,只有加热至 208℃ 以上才能回复,这是由于高聚物熔体在切应力下结晶所致。已由实验证明这样突然凝固的聚丙烯晶体中分子链是高度单轴取向的。再一个例子是高密度聚乙烯,在高液压(1 000×10⁴ MPa) 下于 170℃ 以下挤出达到一定切应力时,熔体黏度突然下降一个数量级。如果是毛细管挤出,则不能维持恒定切变速率值的流动,是否由于高压下导致熔体结构的改变还不清楚。

8.4.3　加工条件对高聚物熔体切黏度的影响

一、温度

温度对高聚物熔体黏度的影响很大,虽然有许多描述这种关系的公式,但没有一个适用于所有高聚物和整个温度范围内的公式。当温度高于某种高聚物的熔点时,熔体黏度的温度依赖性用阿累尼乌斯(Arrhenius) 表示为

$$\eta = Ae^{\Delta E/RT} \qquad (8-33)$$

或

$$\ln \eta = \ln A + \frac{\Delta E}{RT}$$

式中,ΔE 为流动活化能,A 是与结构有关常数,R 是气体常数。艾林(Fyring) 曾用他的流体空穴理论解释了这个公式。按照这一理论,流体中存在着空穴,它们在流体中无规则地运动,由于分子从一个位置向另一个位置的跃迁,它们不断被填满又不断地重新产生。分子每一次跃迁都要跃过一个高度为 ΔE 的能垒,因此流体流动时需要活化能。

前面已指出,对高聚物来说,ΔE 与分子量无关。但实验证明,在非牛顿流动区,应有很大的切变速率依赖性 —— 随切变速率的增加而降低。例如聚丙烯的切变速率增加 10 倍时,ΔE 值约减小至 1.42×10^4 J/mol。这说明,高切变速率下高聚物熔体黏度的温度敏感性比在低切变速率小得多,因此,在测定高聚物的流动活化能 ΔE 时,必须采用恒定的切变速率。

毫无疑问,ΔE 应与高分子的结构有关。由图 8-24 和表 8-7 可见,分子链刚性越大,流动活化能越高,黏度对温度的敏感性越大。在加工时只要少许改变温度,其流动性就可以显著增加,如聚碳酸酯就属于这种情况。而对于柔性的聚甲醛和聚乙烯,因其流动活化能很低,黏度对温度的敏感性较小,即使温度升高 10℃,切黏度也降低不了一个数量级。对于活化能大的

高聚物，在加工时往往采用提高成型温度的办法来提高物料的流动性。但必须注意保持成型温度的恒定，以减少由于物料流动性的波动而对制品质量的影响。

表 8 - 7　一些高聚物的流动活化能

高聚物	$\Delta E/(\mathrm{kJ \cdot mol^{-1}})$
高密度聚乙烯	$28.3 \sim 29.2$
低密度聚乙烯	48.8
聚丙烯	$37.5 \sim 41.7$
聚苯乙烯	$94.6 \sim 104.2$
聚氯乙烯	$147 \sim 168$
聚酰胺	63.9
聚对苯二甲酸乙二酯	79.2
聚碳酸酯	$108.3 \sim 125$
ABS(20% 橡胶)	108.3
ABS(30% 橡胶)	100
ABS(40% 橡胶)	87.5

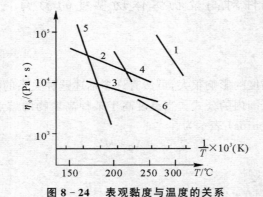

图 8 - 24　表观黏度与温度的关系

1— 聚碳酸酯(4MPa)；　2— 聚乙烯(4MPa)；　3— 聚甲醛；
4— 聚甲基丙烯酸甲酯；　5— 乙酸纤维素(4MPa)；　6— 聚酰胺(250℃)

为了评价某一高聚物熔体流动性对温度的敏感性，一个实用的办法是给定切变速率下，测定熔体在相差 40℃ 的两个温度下的切黏度，以它们的比值来作为熔体黏度对温度敏感性的指标。

在实际成型时，温度与切应力是主要的工艺条件。因此在选择工艺条件时，必须综合考虑两者对熔体黏度的影响。例如注射成型长流程薄壁制件时，要求高聚物有较好的流动性，以保证物料充满模腔。如果注射的是聚甲醛、聚乙烯之类的对切应力敏感性大而对温度敏感性小的高聚物，则主要应加大柱塞压力或螺杆转速，以增加物料的流动性；反之，对刚性高聚物（如聚碳酸酯、聚砜）应首先考虑提高料筒温度。

当温度接近和低于流动温度时，高聚物黏度与温度的关系不再服从式(8 - 25)，就是说流动活化能 ΔE 不再是常数、随温度的降低而增加。这可解释如下，导致大分子位移的链段协同跃迁(分段移动)取决于链段跃迁的能量和自由体积的大小。当温度较高时,高聚物的自由体积较大,后一条件能满足,因此链段的跃迁仅取决于它的能量,这类似于一般的活化过程,符合式(8-25)。但当温度较低时,自由体积随温度降低而减小,第二个条件变得不充分,因此链段跃迁不再是一般的活化过程,而与自由体积有关。

WLF 根据自由体积理论推导出高聚物黏度与温度的关系式。推导是从适用于小分子流体的道立特累(Dollite)方程

$$\eta = A\exp\left(\frac{BV_0}{V_f}\right) \tag{8-34}$$

出发的。式中,η 为流体的黏度,A 和 B 为常数,V_0 和 V_f 分别为流体的占有体积和自由体积。

以 f 表示自由体积分数 V_f/V(V 为流体的总体积),代入式(8-34),并写成对数形式为

$$\ln \eta = \ln A + B\left(\frac{1}{f} - 1\right) \tag{8-35}$$

定义自由体积分数为

$$f = f_r + \alpha_f(T - T_r) \tag{8-36}$$

式中,f 和 f_r 分别为温度 T 和参考温度 T_r 时的自由体积分数,α_f 为自由体积分数的膨胀系数。

若以 $\eta(T)$ 与 $\eta(T_r)$ 分别表示温度 T 和 T_r 时体系的黏度,根据式(8-35)和式(8-36)可得:

当 $T > T_r$ 时,有

$$\ln \eta(T) = \ln A + B\left(\frac{1}{f_r + \alpha_f(T - T_r)} - 1\right) \tag{8-37}$$

当 $T = T_r$ 时,有

$$\ln \eta(T_r) = \ln A + B\left(\frac{1}{f_r} - 1\right) \tag{8-38}$$

式(8-37)减式(8-38),得

$$\ln \frac{\eta(T)}{\eta(T_r)} = B\left(\frac{1}{f_r + \alpha_f(T - T_r)} - \frac{1}{f_r}\right)$$

或

$$\lg \frac{\eta(T)}{\eta(T_r)} = \lg \alpha_T = -\frac{B}{2.303 f_r}\left(\frac{T - T_r}{\frac{f_r}{\alpha_f} + (T - T_r)}\right) \tag{8-39}$$

式中,α_T 为移动因子。

令 $C_1 = \dfrac{B}{2.303 f_r}$,$C_2 = \dfrac{f_r}{\alpha_f}$,则

$$\lg \frac{\eta(T)}{\eta(T_r)} = \lg \alpha_T = \frac{-C_1(T - T_r)}{C_2 + T - T_r} \tag{8-40}$$

这就是 WLF 方程式,根据大量实验结果,对多数非结晶高聚物若选用 T_g 作参考温度($T_g = T_r$),在 $T_g < T < T_g + 100℃$ 范围内,$B_1 \approx 1$,$C_1 = 17.44$,$C_2 = 51.6$。因此式(8-40)变为

$$\lg \frac{\eta(T)}{\eta(T_g)} = \lg \alpha_T = \frac{-17.44(T - T_g)}{51.6 + T - T_g} \tag{8-41}$$

式(8-41)为半经验方程式。对大多数非结晶高聚物，T_g 时的黏度 $\eta(T_g)=10^{13}\,\mathrm{Pa\cdot s}$，因此，知道了高聚物的 T_g，就能计算出高聚物在 T_g 至 $T_g+100℃$ 范围内的黏度。

二、切变速率和切应力

前面已讨论过，加大切变速率和切应力能降低高聚物熔体的表观黏度，这对高聚物加工是极为重要的。图8-12和图8-25分别示出一些高聚物表观黏度的切变速率和切应力依赖性。从图可见，表观黏度的切应力依赖性比切变速率依赖性更能明显反映流动性能与分子结构的关系。有些高聚物如聚甲醛、聚乙烯对切应力的敏感性较大。有些高聚物如聚碳酸酯和聚甲基丙烯酸甲酯，对切应力的敏感性较小。这可能与分子链的柔顺性有关。柔性大的分子链在切应力下易改变构象而取向，因此其切黏度对切应力敏感。尼龙熔体的黏度对切应力的敏感性很小，这可能是由于其分子量较小的缘故。

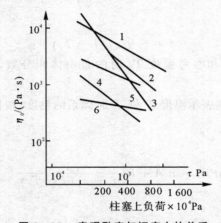

图 8-25　表观黏度与切应力的关系

1—PC:280℃；　2—PE:200℃；　3—POM:200℃；　4—PMMA:200℃；　5—CA:180℃；　6—PA:230℃

三、压力

高聚物在挤出，注射等成型过程中，作用于熔体的压力能达到相当高的数值。压力增加会使熔体的流动性降低。因此有必要研究压力对熔体黏度的影响。

一般认为流体的黏度与其自由体积有关，当流体受压时，自由体积减小，分子间作用力增大，熔体黏度增加，甚至无法加工。同小分子相比，高聚物熔体的分子堆砌密度较小，受压力作用时体积变化较大，切黏度的变化更为剧烈。

高聚物切黏度对压力的敏感性，可用黏度压力系数来表征，即

$$K=\frac{1}{\eta}\cdot\frac{\mathrm{d}\ln\eta}{\mathrm{d}p} \tag{8-42}$$

式中，p 为静压力。表8-8列出了几种高聚物的黏度压力系数值。

表 8 – 8　几种高聚物熔体的黏度压力系数

高聚物	$T/℃$	$K \times 10^8/Pa^{-1}$
低密度聚乙烯	210	1.43
高密度聚乙烯	170	0.68
聚丙烯	210	1.50
聚苯乙烯	165	4.3
聚苯乙烯	190	3.5
聚甲基丙烯酸甲酯	235	2.14
聚碳酸酯	270	2.35
聚二甲基硅氧烷	40	0.73

从表 8 - 8 的数据可以看出，高聚物结构不同，对压力的敏感程度也不同。一般说来，带有体积较大的侧芳基（如苯基）或分子量较大的和密度较低的高聚物，其压力系数较大。如聚苯乙烯，其黏度受压力的影响最显著，有实验表明，它在 196℃ 压力增加到 123.6 MPa 时，黏度增加了 134 倍。所以当注射成型聚苯乙烯时，压力对黏度的影响不容忽视。

在挤出、注射成型时，高聚物熔体的黏度因压力升高而增加的值，往往会被熔体的剪切发热而抵消一部分，因而不易觉察。此外，切变速率对黏度的降低作用也掩盖了压力对黏度的影响。然而压力增大毕竟引起黏度增大。在加工时有时为了提高生产率而同时提高温度和压力，结果两种相反的作用抵消，熔体的黏度基本保持不变。如果施加的压力过大，压力的效应可以超过温度的效应，黏度反而升高。

8.4.4　共混物的组成

随着高聚物工业的发展，用不同高聚物的共混构成合金来提高高聚物材料的物理机械性能的方法已经引起人们的重视，对共混物流变性能的研究也越来越多，由于两相高聚物在毛细管中流动时，分散相的形变程度不同于连续相的形变程度，因此，在毛细管中相界面上的切变速率是随处变化的。然而，只要没有滑脱，相界面上的切应力是连续的，与分散相形变的程度无关。考虑到达一点，描述共混物黏度和弹性与共混物组成的关系通常以切应力为参数。实验表明大部分共混物熔体为切力变稀流体，其黏度随剪切应力增加而减小，共混物黏度与温度的关系符合 Arrhenius 方程，尽管人们对产生这种现象的原因及其流动机理尚不完全清楚，但还是对其黏度与组成的关系进行了分析并做了定量描述。

Lee 和 White 提出了所谓"对数混合律"：

$$\ln \eta = \varphi_1 \ln \eta_1 + \varphi_2 \ln \eta_2 \tag{8-43}$$

式中，φ_1、φ_2 为组分 1 和组分 2 的体积分数；η, η_1, η_2 分别为相同温度和切变速率下共混物、组分 1 和组分 2 的黏度。

Alle 等从高聚物共混物在毛细管中流动的形态出发，对具有由许多连续微纤形态的两相：

$$1/\eta = \varphi_1/\eta_1 + \varphi_2/\eta_2 \tag{8-44}$$

以上黏度与组成的关系比较简单，只需知道共混物组成和纯组分的黏度，就可预测共混物的黏度。事实上,能用上述简单方程描述的共混物体系并不多见。由于共混体系黏度随组成变化的复杂性,Takayanayi 等提出了另一种方程,可使共混物的黏度落在下列方程的包络线内,有

$$\eta/\eta_1 = [3\eta_1 + 2\eta_2 - 3(\eta_1 + \eta_2)\varphi_1] / [3\eta_1 + 2\eta_2 - 3(\eta_1 - \eta_2)\varphi_1] \qquad (8-45)$$

式中,φ_1 为组分 1 的体积分数。聚丁二烯/顺式聚戊二烯的混合物体系满足该式。

Manero 等利用 Williams 提出的动态网络模型建立了预测高聚物共混物流动行为的理论表达式,为

$$\eta(\gamma) = \phi_1 W_1 / \eta_1^0 / (1 + b_1^0 \gamma^m) + \phi_2 W_2 / \eta_2^0 / (1 + b_2^0 \gamma^m) \qquad (8-46)$$

式中,ϕ_1,ϕ_2 分别为组分 1 和组分 2 相互作用的组分依赖系数;W_1,W_2 为组分 1 和组分 2 的质量分数;η_1^0,η_2^0 为组分 1 和组分 2 的零切黏度;m、b_1^0、b_2^0——与缠结点消失速率和缠结点产生速率有关的参数。

实践表明,该方程较好地表征了高密度聚乙烯和低密度聚乙烯的流动行为。

Mcallisten 考虑分子间的相互作用,从三维模型导出描述简单流体混合物的黏度方程式(8-41),Carley 等将其用于高聚物共混体系,取得了良好的效果。

$$\ln K = x_1^3 \ln K_1 + x_2^3 \ln K_2 + 3x_1^2 x_2 \ln K_{12} + 3x_1 x_2^2 \ln K_{21} + 3x_1^2 x_2 \ln \left(\frac{2\overline{M_1} + \overline{M_2}}{3} \right) +$$

$$3x_1 x_2^2 \ln \left(\frac{\overline{M_1} + 2\overline{M_2}}{3} \right) + x_1^3 \ln \overline{M_1} + x_2^3 \ln \overline{M_2} \qquad (8-47)$$

式中,K 为高聚物共混体系的运动黏度;x_i 为第 i 种组分的摩尔分数;$\overline{M_i}$ 为第 i 种组分的平均分子量;K_i 为第 i 种组分的运动黏度,$K_i = \eta_i (V_T)i$;$(V_T)i$ 为第 i 种组分在温度 T 时的比容;η_i 为第 i 种组分的表观黏度。

实践表明,式(8-47)能很好地表达 PBT/PA6,PBT/PET 等共混体系的黏度与组成的关系。

8.4.5 添加剂

在高聚物加工中,为了改善性能、降低成本、染色、增加流动性等,往往要在高聚物中加入某些添加剂,如短纤维、填料、颜料、润滑剂、增塑剂、热稳定剂、阻燃剂等。这些添加剂会在不同程度上影响高聚物的流变性。可将上述这些添加剂分成两类,即粉末状或纤维状的固体物质和能与高聚物相容或混合的流体物质(一些物质在室温下不与高聚物相容,但在高聚物的熔点之上能相容或混容)。一般地讲,固体物质加到高聚物中有时会使高聚物的剪切黏度有所增大,增大的程度与流体中粒子填充剂体积分数及剪切速率有关。在低剪切速率下,剪切黏度随填充剂增加而升高的程度要比高剪切速率大些。

图 8-26 所示是低密度聚乙烯加入二氧化钛的实验结果。

固体添加剂对高聚物熔体黏度的影响可用多种经验关系式表达。对于粒子浓度较小的填充体系,体系黏度可以表示为粒子填充体积分数 φ 的幂级数,即

$$\frac{\eta(\varphi,\gamma)}{\eta(0,\gamma)} = 1 + A(\gamma)\varphi + B(\gamma)\varphi^2 + C(\gamma)\varphi^3 + \cdots$$

对于粒子浓度较大的填充体系,则宜采用 Arrhenius 型经验公式

$$\ln \frac{\eta(\varphi)}{\eta(0)} = a\varphi \qquad\qquad (8-48)$$

$$\ln \frac{\eta(\varphi)}{\eta(0)} = \frac{2.5\varphi}{1-c\varphi} \qquad\qquad (8-49)$$

式中，a，c 均为常数，对牛顿流体 a 和 c 分别为 4.58 和 $1.0 \sim 1.5$。

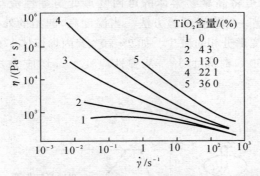

图 8-26   不同 TiO$_2$ 含量的低密度聚乙烯熔体的切黏度-切变速率曲线

图 8-27 所示为各种填充体系的 $\eta(\varphi)/\eta(0)-\varphi$ 的关系曲线。

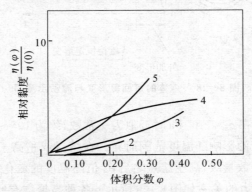

图 8-27   各种加有填加剂的高聚物熔体的 $\eta(\varphi)/\eta(0)-\varphi$ 的关系曲线
1— 滑石粉/PP； 2—TiO$_2$/HDPE； 3—TiO$_2$/PP； 4—CaCO$_3$/PP； 5—TiO$_2$/LDPE

8.5   高聚物熔体的弹性表现

高聚物熔体在切应力下不但表现出黏性流动，而且表现出弹性形变。这种弹性形变的性质是高分子链特有的高弹形变：弹性形变的发展和回复都是松弛过程。当熔体的分子量大，力作用的时间短或速度快，温度在熔点或流动温度以上不多时，由于黏性流动的形变不大，所以弹性形变的表现就更为显著。

高聚物熔体的弹性表现是成型加工中必须充分重视的问题，因为熔体的弹性形变及其随后的松弛过程会对制品的外观和尺寸稳定性产生不利影响，造成制品尺寸精度难以控制、表面出现缺陷、收缩内应力等。但熔体的弹性表现也有有力的一面，如利用熔体的弹性实现"记忆效应",制造热收缩管和热膨胀管。

8.5.1 熔体的黏弹性

用同轴圆筒黏度计,可将高聚物熔体的可回复形变与黏性流动产生的形变分开,如图 8-28 所示。实际上,这是一种蠕变试验方法。当温度高,起始的外加形变大,维持恒定形变的时间长,均能使弹性形变部分相对减少。如 $\theta = 20°$,聚丙烯熔体 176℃ 时弹性形变可达 70% 以上,232℃ 时为 45%,260℃ 时为 15%。从弹性应变 $\gamma_{弹}$,切应力 σ_τ,可以定义熔体的切模量 G 为

$$G = \frac{\sigma_\tau}{\gamma_{弹}} \qquad (8-50)$$

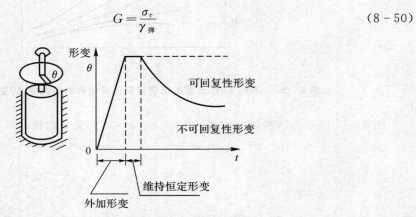

图 8-28 熔体的可回复形变与流动示意图

高聚物熔体的切模量在 $\sigma_\tau < 10^4$ Pa 时近似为一常数,约为 $10^3 \sim 10^5$ Pa 之间,以后随 σ_τ 的增加而增大。温度对 G 值的影响随温度范围而异。在熔点或稍高于熔点时,G 值从橡胶态的 $10^8 \sim 10^7$ Pa 下降 2～4 个数量级,高于熔点之后,G 值随温度的变化就不大了。六种热塑性塑料熔体弹性切模量与切应力的关系如图 8-29 所示。各种高聚物有所不同,聚烯烃熔体的 G 值几乎与温度和相对分子量无关,而聚甲基丙烯酸甲酯的 G 值随温度上升而减小,随相对分子量增高而增大。

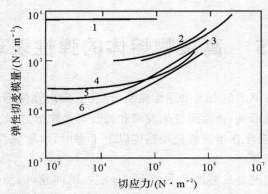

图 8-29 六种热塑性塑料熔体在常压下切变弹性数据

1— 尼龙 66,285℃; 2— 尼龙 11,220℃; 3— 缩醛共聚物,200℃; 4—LDPE,190℃;

5— 丙烯酸类高聚物,230℃; 6— 乙丙共聚物,230℃

熔体弹性形变在外力去除后的松弛快慢由松弛时间 $\tau = \eta / G$ 决定,如形变的实验时间比熔体的松弛时间长得多,则形变主要反映黏性流动,因为弹性形变在此时间内几乎都松弛了。反之,如果形变的实验时间尺度远比熔体的 τ 值小,则形变主要反映弹性,因为黏性流动产生的形变还很小。与切黏度相比,熔体的切模量对温度,液压和相对分子量并不敏感,但都显著地依赖于相对分子量分布。当相对分子量足够大,特别是分子量分布宽时,高聚物熔体的弹性表现特别显著。因此相对分子量分布宽度是高聚物熔体弹性表现的主要控制因素。这应当从松弛时间来理解。相对分子量大,则熔体黏度大,松弛时间长,弹性形变松弛缓慢,相对分子量分布宽,则熔体切模量低,松弛时间分布也宽,因此弹性形变大而松弛时间长,熔体的弹性表现就特别显著。

熔体的黏弹性也可由动力学测定,即以动态黏度表征。在交变应力作用下,熔体的黏性和弹性反映不同.弹性形变与应力同相位或接近同相位,但其应变速度 $\dot{\gamma}_弹$ 较应力 σ_τ 或应变 γ 超前 $90°$,不消耗能量,黏性形变的情况正好相反,其应变速率 $\dot{\gamma}_黏$ 与应力 σ_τ 同相位,消耗能量。如果仍以 $\sigma_\tau / \dot{\gamma}$ 定义动态黏度,而 $\dot{\gamma}$ 是 $\dot{\gamma}_弹$ 和 $\dot{\gamma}_黏$ 的总和,则此动态黏度有与 σ_τ 同相位的组分,也有落后于 σ_τ $90°$ 相位的组分,因此要用复合黏度:

$$\eta^{\#} = \eta' - i\eta'' \tag{8-51}$$

来表示动态黏度。这里 η' 动态黏度,而落后于 $\sigma_\tau 90°$ 相位的组分 η'' 与熔体的切模量有关,表示弹性部分。$\eta^{\#}, \eta', \eta''$ 都是依赖于温度和振动频率的量。动态实验中的频率与稳态流动中的切变速率有相同的量纲(都是 s^{-1}),$\dot{\gamma}$ 应与 ω 成正比。动态黏度的频率依赖性与稳态流动的表观黏度的切变速率依赖性相当,只是动态实验的振幅很小,是小形变,而稳态流动是大形变。有些实验结果表明,$\lg |\eta^{\#}| - \lg\omega$ 曲线与 $\lg\eta - \lg\dot{\gamma}$ 曲线完全重叠。

由于高聚物熔体具有弹性,在流动时会引起许多在牛顿流体中观察不到的特殊现象,主要有法向应力效应、挤出物胀大和不稳定流动。

8.5.2 法向应力效应

当高聚物熔体或浓溶液在各种旋转黏度计中或在容器中搅拌时,在旋转剪切作用下,流体会沿内筒壁或转动轴上升,发生包轴或爬竿现象(见图 8-30),这种现象称为韦森堡效应。韦森堡效应是弹性流体法向效应的一种表现。牛顿流体没有这种效应,相反,由于离心力的作用,轴的旋转反而会引起牛顿流体液面的下降。

对牛顿流体来说,由于它在切流动时没有弹性形变,作用于体积单元上的法向应力(正应力)三个分量相等,即

$$\sigma_{11} = \sigma_{22} = \sigma_{33} = -p$$

因此,牛顿流体切流动时除受切应力外,还受压力 p 的作用。弹性流体则不然,它在切流动中伴有弹性形变,三个法向应力分量不等(见图 8-31),即

$$N_1 = \sigma_{11} - \sigma_{22} > 0$$

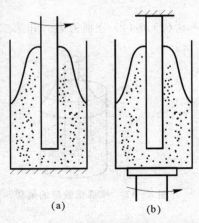

图 8-30 高聚物熔体或浓溶液的包轴现象(a) 和爬竿现象(b)

$$N_2 = \sigma_{22} - \sigma_{33} < 0$$

式中，N_1，N_2 分别称为第一和第二法向应力差，一般 N_1 为正，N_2 为负。由此可见，弹性流体之所以产生法向应力差，是由于其中的弹性部分受纯切应力的作用，产生了拉伸应力和压应力，从而造成原来三个法向应力不再相等。然而有关这方面的精确的分子解释目前还不完全了解。但可用包轴现象为例作简单的定性解释。

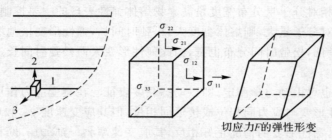

切应力F的弹性形变

图 8-31　黏性流动中的弹性变形

如图 8-32 所示，在这种现象中，流体的流线是轴向对称的封闭圆环。由于剪切作用，一方面使弹性流体沿着流动方向受拉伸，拉伸了的分子链产生最大法向应力差 σ_{11}，使流体处于张紧状态，限制了它的流动；另一方面，会在垂直于流动轴方向（垂直于剪切面）产生正向推力 σ_{22}，这两个力（σ_{11} 和 σ_{22}）的差值就是第一法向应力差。同理有第二法向应力差。由于 $\sigma_{11} > \sigma_{22}$，所以流动层被拉伸，层与层之间处于张紧状态，因面产生向内侧的张力，这种张力向内作用强迫流体流向旋转轴，只能使流体自界面发生形变，而且由于靠近旋转轴壁面上的剪切速率最大，因此法向应力差最大（N_1 随 $\dot\gamma$ 的增加而增大），结果使流体沿转轴向上爬。

实验表明，N_1 和 $|N_2|$ 都随切变速率 $\dot\gamma$ 的增加而增加（见图 8-33）。在低 $\dot\gamma$ 值下，高聚物熔体的弹性表现可忽略，故 N_1 和 N_2 接近于零。在较高的 $\dot\gamma$ 值下，$|N_1| > |N_2|$，通常 $|N_2| \approx 1/10\, |N_1|$，故 N_1 又称为主法向应力差。当 $\dot\gamma$ 值很高时，高聚物熔体的 N_1 值可比剪切应力 σ_{12} 大。法向应力差与切变速率之间的关系，通常可用下式表示

$$N_1 = \theta_1(\dot\gamma)\dot\gamma^2 \tag{8-52}$$

$$N_2 = \theta_2(\dot\gamma)\dot\gamma^2 \tag{8-53}$$

式中，$\theta_1(\dot\gamma)$，$\theta_2(\dot\gamma)$ 分别为第一和第二法向应力材料函数。

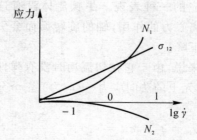

图 8-32　韦森堡效应的解释示意图　　图 8-33　法向应力差与 $\dot\gamma$ 的关系

法向应力差可用锥板式黏度计、同轴圆筒黏度计，毛细管黏度计等来测定。下面就以锥板式黏度计为例说明测定法向应力差的原理。

当高聚物熔体旋转时产生的法向应力差总是力图把锥与板分开。因此可用压力传感器测得使锥和板分开的轴向力 F，这个力是对锥或板的总推力，由此可计算出对锥或板的净推力 F' 为

$$F' = F - \pi R^2 p_0 \qquad (8-54)$$

式中，p_0 单位为 Pa，R 为锥的半径。第一法向应力差可用下式计算：

$$N_1 = \frac{2F'}{\pi R^2} \qquad (8-55)$$

至此，我们可以看出，为了全面理解高聚物的流变性，不仅要测出切应力与切变速率的关系，求出表观黏度这个材料函数，而且要测定法向应力差与切变速率的关系，求出材料函数 $\theta_1(\dot{\gamma})$、$\theta_2(\dot{\gamma})$。

必须指出，法向应力效应通常对高聚物加工是不利的，例如在挤出时要产生抱轴现象，挤出物胀大等。但在某些情况下法向应力效应起着重要的作用，例如导线的涂覆（包胶）工艺。在发生熔体破裂之前，法向应力有助于涂覆层厚度均一、表面光滑。

8.5.3　挤出物胀大

这是指高聚物熔体挤出模口后其直径增大的现象，又称为巴拉斯效应。如挤出管子时，管径和管壁厚度都胀大。挤出物胀大程度用胀大比（die swell ration）B 表示，它等于挤出物最大直径 d_∞ 与模口直径 d 之比。

挤出物胀大也是高聚物熔体的弹性表现，即弹性的记忆效应。出模孔后要回复到它进模孔前的形状（见图 8-34），可以设想至少有两个因素产生挤出物胀大。

(1) 熔体进入模孔时流线收缩，流动方向上产生速度梯度，因而熔体在拉应力分量作用下产生弹性形变。这部分形变一般在经过模孔的时间内还来不及完全松弛，出模孔之后，外力对分子链的作用解除，高分子链就会由伸展状态重新回缩为卷曲状态，形变回复，发生出口膨胀。

(2) 在模孔内流动时由于切应力和法向应力差的作用产生弹性形变，出模后也要回复。当模孔的长径比 L/D 小时前者是主要的，当 L/D 很大时（$L/D > 16$）后者是主要的。然而当切变速率一定时，挤出物胀大比 B 随毛细管长径比的增加而下降。其原因在于，毛细管流动中的分子取向实际上主要是毛细管入口区（inlet zone）的拉伸流动引起的，而不是由毛细管内的切变所引起。因此，在毛细管较长时，入口区造成的高聚物分子取向在毛细管内会部分松弛掉。挤出物胀大比 B 强烈地依赖于切变速率。对牛顿流体和很低的切变速率下的高聚物熔体，B 应为 1.0，但实测为 1.1。在熔体出现非牛顿性的切变速率下，挤出物胀大比开始显著增加，这是因为剪切速率增加时熔体的弹性形变会变得更大。如图 8-35 所示。由于温度愈高，取向分子的松弛也愈快，所以在切变速率不变的情况下，挤出物胀大往往随温度的升高略有下降，然而温度升高时，作为切变速率函数的 B 的最大可能值也变得较高。温度愈高，出现 B 最大值的切变速率也愈高。

一般说来，相对分子量增大，相对分子量分布变宽，长支链支化程度增大时，B 值增加。显然，相对分子量增大会引起熔体更大的弹性形变，因此 B 值增加是可以理解的。但相对分子量分布，长支链支化引起 B 值增加的原因尚不很清楚。

加入填料能减小高聚物的挤出胀大。刚性填料的效果最为显著,甚至像耐冲击 ABS 材料的橡胶或微粒凝胶颗粒也能使挤出物胀大减小。因为填料确实能增加切模量,所以它的上述作用还不能解释得很清楚。

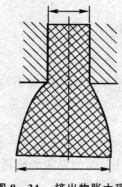

图 8-34　挤出物胀大现象

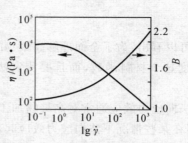

图 8-35　胀大比与 $\dot{\gamma}$ 的关系

在塑料成型加工中,挤出物胀大与制品尺寸的精确性和稳定性有很大的关系,对制品强度也有一定的影响。在制品设计时,必须充分考虑模口尺寸和胀大程度的关系。一般来说,模口尺寸要小一些,才能达到预定的制品尺寸。

8.5.4　不稳定流动

当切应力不是很大时,高聚物熔体挤出物表面是光滑的,但当切应力达到某一临界值(约 10^5 Pa)时,高聚物熔体往往会出现不稳定流动,使挤出物外表不光滑。随着切应力的增加,挤出物的外观依次出现表面粗糙(如鲨鱼皮状),尺寸周期性起伏(如呈波纹状,竹节状、螺旋状),直至破裂成碎块,如图 8-36 所示。挤出物的这些外形畸变现象统称为不稳定流动或弹性湍流。熔体破裂(melt fraction)是其中最严重的情况。

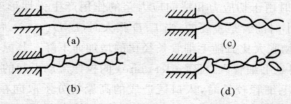

图 8-36　挤出物的形状畸变(切应力从(a) 到(d) 递增)
(a) 波浪形；　(b) 竹节形；　(c) 螺旋形；　(d) 不规则破碎

对于高聚物熔体,其黏度大、黏滞阻力大,在较高的切变速率下,弹性形变增大。当弹性形变的储能达到或者超过克服黏滞阻力的流动能量时,导致不稳定流动的发生。因此,把高聚物这种弹性形变储能引起的湍流称为高弹湍流。

引起高聚物弹性形变储能剧烈变化的主要流动区域通常是模孔入口处、毛细管壁以及模孔出口处。

不同高聚物熔体呈现出不同类型的不稳定流动。研究表明,可找到某些类似于雷诺准数的物理量来确定出现高弹湍流的临界条件。

(1) 临界切应力 τ_{mf}。

实验表明,各种高聚物出现不稳定流动的临界切应力值变化不大,约在 $(0.4 \sim 3) \times 10^5$ Pa。但各种高聚物因其熔体的黏度不同,因此开始出现不稳定流动的切变速率值变化很大,相差可达几个数量级。相对分子量大时临界切变速率小,相对分子量分布宽时此临界值增大。

熔体挤出时,当切应力接近 10^5 Pa 时,往往使挤出出现熔体破碎现象。以不同高聚物熔体出现不稳定流动时的切应力取其平均值可得到临界切应力 $\tau_{mf} = 1.25 \times 10^5$ Pa。

(2) 弹性雷诺准数 N_w。

弹性雷诺准数又称韦森堡值,该准数将熔体破碎的条件与分子本身的松弛时间 τ 和外界切变速率 $\dot{\gamma}$ 的关系为

$$N_w = \tau \cdot \dot{\gamma} \tag{8-56}$$
$$\tau = \eta/G \tag{8-57}$$

式中,η 为高聚物的熔体黏度;G 为高聚物熔体的弹性剪切模量。

当 $N_w < 1$ 时,熔体为黏性流动,弹性形变很小;当 $N_w = 1 \sim 7$ 时,熔体为稳态黏弹性流动;当 $N_w > 7$ 时,熔体为不稳定或弹性湍流。

(3) 临界黏度降。

另一个衡量高聚物不稳定流动的临界条件是临界黏度降。即随切变速率增大,当熔体黏度降至零切黏度的 0.025 倍时,则发生熔体破碎,即

$$\eta_{mf}/\eta_0 = 0.025$$

式中,η_{mf} 为高聚物熔体破裂时的熔体黏度;对任何高聚物,只要知道 η_0,就可求出 η_{mf}。

引起不稳定流动的机理目前尚不十分清楚。已提出了各种观点,这些观点大都认为不稳定流动与熔体的弹性有关。主要的观点有两种:一种认为同高聚物和毛细管壁间的滑黏现象有关,实际上,管壁处流速不等于零,而黏贴于管壁处的熔体会在高切应力下脱离管壁,发生弹性回缩而滑动。另一种观点认为,熔体破裂一般是拉伸应力,而不是切应力造成的。当熔体从截面较大的管道流入截面较小的管道时,熔体会受到拉伸应力的作用,管道的横截面变化愈慢即入口角愈小,则熔体通过时受到的拉伸应变愈小。如果拉伸应力或拉伸应变非常大,则熔体就会以类似于橡皮断裂的方式断裂。发生熔体破裂时,高聚物中的取向分子急速回到解取向的状态。在熔体再次破裂以前,又必须重新建立起这种取向。于是这种周期性的破裂使得挤出物外观发生周期性的变化。

对不稳定流动研究得比较详细的是聚烯烃熔体。结果表明,这类熔体的不稳定流动和挤出物畸形有两种类型。第一种类型,是线型高聚物如高密度聚乙烯和聚丙烯等熔体,在进入模孔前流线扫过容器的整个截面,流线分布是对称的(见图 8-37(a)),挤出物外形畸变的程度随模孔长度 L 的增长而增加,入口的几何形状对于出现挤出物畸变的临界应力值影响不大。当切变速率增大到一定程度时,挤出物出现螺旋畸变,畸变频率随管长 L 的增加而减少,幅度增大。看来这一类高聚物的畸变主要是出口弹性回复引起的,而且与管壁处熔体的滑黏有关。因此这一类型的挤出物畸变是表面层现象。第二种类型,是支化高聚物,如低密度聚乙烯和聚苯乙烯熔体,进入模孔以前的流线是酒杯形的,在死空间呈旋涡(见图 8-37(b)),在流速较小时产生的旋涡,对挤出物形状影响较小。当切变速率增加到一定值时,进入模孔的流线会发生

周期性的暂时间断,此时旋涡中的熔体进入模孔。这两部分熔体入模孔前所受的力不同,挤出后的松弛也不同,使挤出物出现周期性畸变。一般认为,进入模孔的直线发生周期性间断很可能是熔体弹性断裂的结果。这种类型的周期性畸变随摸孔长度的增加而减小。畸变频率较第一类小一个数量级。这类畸变的主要因素是入口效应,畸变是整体现象。

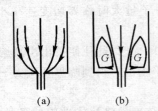

(a)   (b)

图 8-37   熔体流入毛细管前的流线
(a) 线型高聚物;   (b) 支化高聚物

为了避免熔体在模孔入口处的死空间,可将模孔入口设计成流线型,这样可以加大挤出率。此外,提高温度可使熔体破裂在更高的切变速率下发生。温度愈高,要达到临界破裂应力就要更高的切变速率

8.6   拉伸流动和拉伸黏度

特鲁顿发现,对于牛顿流体进行单轴拉伸时,拉伸应力 $\sigma_{拉}$ 与拉伸应变速率 $\dot{\varepsilon}$ 有类似于牛顿定律的规律,即

$$\sigma_{拉} = \bar{\eta}\dot{\varepsilon} \tag{8-58}$$

式中,$\bar{\eta}$ 为拉伸黏度,又称为特鲁顿黏度,研究表明,牛顿流体的拉伸黏度为剪切黏度的 3 倍。拉伸应变速率 $\dot{\varepsilon}$ 也是拉伸流动速度梯度,即 $\varepsilon = \dfrac{d\varepsilon}{dt} = \dfrac{1}{L}\dfrac{dL}{dt}$

牛顿流体双轴拉伸时,如果在 x 方向和 y 方向拉伸应变速率相同,则 z 方向变薄,此时

$$\dot{\varepsilon}_x = \dot{\varepsilon}_y = \dot{\varepsilon}$$
$$\sigma_{xx} = \sigma_{yy} = \bar{\bar{\eta}}\dot{\varepsilon} \tag{8-59}$$
$$\bar{\bar{\eta}} = 2\bar{\eta} = 6\eta$$

这时 $\bar{\bar{\eta}}$ 为双轴拉伸黏度。双轴拉伸黏度为单轴拉伸黏度的 2 倍,为切黏度的 6 倍。

高聚物熔体的拉伸黏度在形变速率 $\dot{\varepsilon}$ 很小时服从特鲁顿规律,当拉伸速率增大后,拉伸黏度不再等于相应切变速率下剪切黏度的 3 倍,而可能是切黏度的几十倍到几百倍,且拉伸黏度随拉伸应变速率和拉伸应力而变化,不再保持常数。

为了寻找拉伸流动的规律,人们进行了大量的试验工作。发现有三种情况,一种是拉伸黏度与拉伸应力无关,如聚甲基丙烯酸甲酯、共聚甲醛、尼龙 66;另一种是拉伸黏度随拉伸应力的增加而减少,如乙烯丙烯共聚物;第三类是拉伸黏度随拉伸应力增加而增加,如低密度聚乙烯。图 8-38 所示是 5 种高聚物的拉伸黏度与拉伸应力的关系。高聚物熔体的拉伸黏度与拉伸应变速率的关系也有 3 种情况,如聚异丁烯、聚苯乙烯的 $\bar{\eta}$ 随 $\dot{\varepsilon}$ 的增大而增大,高密度聚乙烯的 $\bar{\eta}$ 随 $\dot{\varepsilon}$ 的增大而减少,有机玻璃、ABS 树脂、聚酰胺、聚甲醛的 $\bar{\eta}$ 与 $\dot{\varepsilon}$ 无关。目前尚缺乏理论来

说明高聚物熔体拉伸黏度的变化规律,某一高聚物的单轴拉伸黏度和双轴拉伸黏度与 $\sigma_{拉}$ 和 $\dot{\varepsilon}$ 关系只能由实验确定。

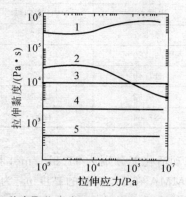

图 8-38 五种高聚物在常压下拉伸黏度与拉伸应力的关系

1—低密度聚乙烯,170℃; 2—丙烯/乙烯共聚物,230℃; 3—丙烯酸酯类高聚物,230℃;

4—缩醛类高聚物,200℃; 5—尼龙 66,285℃

从高聚物熔体拉伸流动的分子运动机理来看,拉伸速率的增加会引起大分子链缠结的破坏,导致拉伸黏度降低;但也会使大分子链的取向增大,取向后大分子间的作用力增大,从而引起拉伸黏度的增加。至于最终拉伸黏度究竟是增大还是减小,要视哪一种趋势占优。

在高拉伸应力下高聚物拉伸行为的不同,对加工具有重要的意义。凡是拉伸黏度随拉伸应力增大的高聚物,比较适合纺丝和吹塑。原因是如果试样的某一部分存在缺点,因拉伸会使此处截面尺寸变小,引起该点的拉伸应力增大。但拉伸应力的增大又导致了拉伸黏度的增大,使该点的继续伸长受到限制,致使试样的伸长主要发生在黏度低的其他部位,从而使原先的薄弱部位不致断裂,形变能均匀发展,其结果是制品的粗细或厚薄能够比较均匀,成型过程能够顺利进行下去。

习题与思考题

1.解释牛顿黏度、表观黏度、微分黏度、零切变速率黏度、无穷切变速率黏度、拉伸黏度的概念。

2.高聚物加工成型的温度范围及分子量的选择原则是什么?

3.拉伸流动和剪切流动的主要区别是什么?

4.熔体的流变曲线有哪些类型?解释切变速率对黏度的影响机理。

5.影响高聚物熔体流动性的因素有哪些?

6.举例说明高聚物熔体弹性行为的表现有哪些,这些弹性表现对成型加工会有什么影响?

7.在相同温度下,用旋转黏度计测得了种高分子流体在不同切变速率下的切应力数据见表 8-9。试做出切应力-切变速率关系图,判别它们各为何种类型流体,其相应的流变方程的一般表达式是什么?

表 8 - 9　3 种高分子流体的切应力数据

$\dot{\gamma}/s^{-1}$	σ_τ/Pa		
	甲基硅油	PVC 增塑糊	聚丙烯酰胺
5.40	5.837	7.82	1.728
9.00	9.780	13.26	2.808
18.20	17.49	24.90	4.714
27.00	29.32	42.79	7.560
81.00	87.64	129.0	18.2

8. 已知 PE 和 PMMA 的流动活化能分别为 41.8kJ/mol 和 192.3kJ/mol，PE 在 473K 时的黏度 $\eta_{(473)}$ 为 91Pa·s^{-1}，而 PMMA 在 513K 时的黏度 η_{513} 为 200Pa·s^{-1}。试求：

(1)PE 在 483K 和 463K 时的黏度，PMMA 在 623K 和 503K 时的黏度；

(2)说明链结构对高聚物黏度的影响；

(3)说明温度对不同结构高聚物黏度的影响。

9. 已知聚苯乙烯的临界分子量为 35 000，平均数均分子量为 250 000 的聚苯乙烯在 220℃ 时的零切黏度为 5 000Pa·s，试估算在临界分子量时的零切黏度和分子量在 20 000 时的零切黏度。

10. 某高聚物以 1×10^6 Pa 的压力差通过直径 2mm、长度 8mm 的毛细管时的流率为 0.05cm³/s，在同样的温度下，以 5×10^6 Pa 的压力差试验时，流率为 0.5cm³/s，问该熔体在毛细管中的流动是牛顿型流动还是非牛顿型流动？熔体的切变速率和表观黏度是多少？

11. 已知一旋转黏度计的规格为：内筒外壁半径 3.2cm，外筒内壁半径 4cm，在恒温下测定高聚物熔体黏度时，内筒浸入熔体的高度为 5cm。如果在角速度为 16s^{-1} 时测得扭矩为 1N·m，试按牛顿流体计算该高聚物熔体的黏度、最大剪切应力和最大切变速率。如果在角速度为 20s^{-1} 时，测得的扭矩为 1.8N·m，而角速度为 40s^{-1} 时，测得的扭矩为 2.8N·m，问在这一段速度范围内，熔体是牛顿型流体还是非牛顿型流体？并求其流变学参数。

第九章　高聚物的电性能、热学性能和光学性能

9.1　高聚物的电性能

　　高聚物的电性能是指高聚物在外加电压或电场作用下的行为及其所表现出来的各种物理现象。高聚物的电学性能包括高聚物在交变电场中的介电性能，在弱电场中的导电性能或绝缘性能，在强电场中的击穿现象，在高聚物表面的静电现象以及压电性、热电性、铁电性以及光导电性、电致发光等。因此，高聚物对电场的响应可以分为两个主要部分，一是介电性能；二是本体电导性能。表征介电性能的参数是介电常数和介电损耗；表征本体电导性能或绝缘性能的参数是电导率或电阻率以及介电击穿强度。

　　各种固体材料按其电导率（或电阻率）的大小可以分为绝缘体、半导体、导体和超导体，如图 9-1 所示。其中，绝大多数高聚物是绝缘体，也称电介质，具有低的电导率，低的介质损耗和高击穿强度，加上其他优良的物理-化学性能和加工性能，使高聚物在电气工业中成为不可缺少的绝缘材料和介电材料，并被广泛应用。

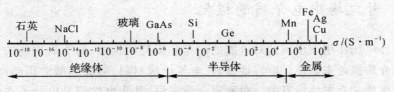

图 9-1　金属、半导体和绝缘体的室温电导率

　　科学技术的发展对高聚物的电性能提出了各种各样的要求，这就推动了对高聚物电性能的深入研究，并进一步合成了具有特定电性能的高聚物。近年来科学家已对高聚物驻极体、光导体、半导体、导体甚至超导体进行了研究，取得了许多成就，其中有的已经付诸实用。高聚物的室温电导率如图 9-2 所示。

　　各种电气工程对高聚物的介电性和电导性有不同的要求。电器绝缘要求材料电阻率和击穿强度高，介电损耗小。对运输带、地毯、衣服、人造卫星天线和套管材料，则要求有中等的电导率（$9^{-7}\sim10^0$ S/m）以消除其摩擦积累的静电电荷。对电磁屏蔽材料，一般要求电导率超过 10^0 S/m。对制造电容器的材料，要求介电损耗小而介电常数大和电击穿强度高。无线电遥控技术需要优良的高频和超高频绝缘材料。因此通过对高聚物电性能的研究，可以为电气工程提供选材的数据和理论依据。

　　高聚物电性能的测试可以在很宽的频率范围下进行，相对于动态力学性能的测量，在研究分子运动上显示出有更大的优越性，高聚物电性能往往可以非常灵敏地反映材料内部结构的变化和分子运动状况。并且由于高分子链中极性基团的明确性，电性能测定对确定分子运动

单元的归属有"指纹"的效果。因此对高聚物介电性能的研究,已成为研究高聚物结构和分子运动的一种有力手段。

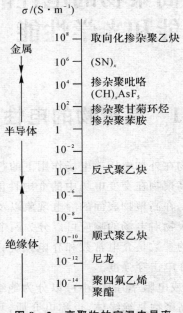

图 9 - 2　高聚物的室温电导率

9.1.1　外电场中电介质的极化

高聚物在外电场作用下出现的对电能的贮存和损耗的性质,称为高聚物的介电性。通常用介电常数和介质损耗来表征。电容器材料、电气绝缘材料,射频和微波用超高频材料、隐身材料等都与高聚物的介电性能有关。对所有介质来说,其介电性都是由分子在外电场中的极化引起的。

电介质在外电场下发生极化的现象,是其内部分子和原子所带的电荷在电场中运动的宏观表现。高分子内原子间主要由共价键连接,成键电子对的电子云偏离两成键原子的中间位置的程度,决定了键是极性的或非极性的以及极性的强弱。

键的极性强弱和分子极性的强弱分别用键矩和分子偶极矩来表示。偶极矩 μ 定义为正负两个电荷中心(极)之间的距离 d 和极上电荷 q 的乘积,即

$$\mu = qd \tag{9-1}$$

偶极矩是一个矢量,与物理上相反,化学上习惯规定其方向从正到负。在国际单位制中,偶极矩的单位是库仑·米(C·m),习惯上采用德拜(Debye),用 D 表示为

$$1D = 3.33 \times 10^{-30} C \cdot m$$

在外电场的作用下,电介质分子中电荷分布所发生的相应变化统称为极化,按照极化的机理可分为电子极化、原子极化、取向极化等。

一、电子极化和原子极化

电子极化是外电场作用下电介质分子中原子的价电子云相对于原子核的位移,原子极化是外电场作用下电介质分子中原子核之间的相对位移。这两种极化的结果使电介质分子的电荷分布变形,因此统称为变形极化或诱导极化,由此产生的偶极矩称为诱导偶极矩 μ_1。它的大小与电场强度 E 成正比,有

$$\mu_1 = \alpha_d E \tag{9-2}$$

$$\alpha_d = \alpha_1 + \alpha_2 \tag{9-3}$$

式中,α_d 称为变形极化率;α_1 和 α_2 分别为电子极化率和原子极化率。α_1 和 α_2 的大小与温度无关,仅取决于电介质分子中电子云的分布情况。

一般说来,外加电场强度比之于核作用于电子的原子内电场要小得多,因此电子极化率很小,而原子极化率更小。另外,由于电子运动的速度很大,所以电子极化所需的时间极短,约 $10^{-15} \sim 10^{-13}$ s,原子极化时间稍长,在 10^{-13} s 以上。

二、取向极化

取向极化发生在具有永久偶极矩的极性分子中。在无外电场时,由于分子的热运动,偶极矩的指向是无序的,所以总的平均偶极矩较小,甚至为零。在外电场作用下,极性分子除了诱导极化外,还会发生转动而沿电场方向排列(见图9-3),即发生取向极化。取向极化产生的偶极矩的大小取决于偶极子的取向程度。分子的永久偶极矩和电场强度愈大,偶极子的取向度愈大;相反,温度愈高,分子热运动能量愈高,极性分子愈不易沿外电场方向取向排列,取向度愈小。研究表明,取向偶极矩 μ_2 与绝对温度 T 成反比,与极性分子的永久偶极 μ_0 的平方成正比,与外电场 E 成正比,即

$$\mu_2 = \frac{\mu_0}{3KT} \cdot E = \alpha_0 E \tag{9-4}$$

$$\alpha_0 = \frac{\mu_0}{3KT} \tag{9-5}$$

式中,K 为波尔兹曼常数;α_0 称为取向极化率。

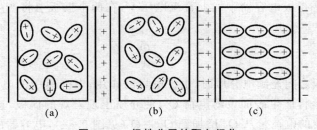

图 9-3 极性分子的取向极化

(a) 无电场作用; (b) 有电场作用; (c) 电场很强,温度较低

当极性电介质分子在电场中转动时,需要克服分子间的作用力,故完成这种极化所需的时间比诱导极化长。对小分子,约需 10^{-9} s 以上,取决于分子间作用力的大小;对于高聚物电介质,其取向极化可以是不同运动单元的取向,包括小的侧基到整链,因此高聚物完成取向极化所需的时间范围很广。

非极性电介质分子在外电场中只产生诱导偶极矩，而极性电介质分子在外电场中产生的偶极矩是诱导偶极矩和取向偶极矩之和，即

$$\mu = \mu_1 + \mu_2 = \alpha E \tag{9-6}$$

极性电介质分子极化率为

$$\alpha = \alpha_d + \alpha_0 = \alpha_d + \frac{\mu_0}{3KT} \tag{9-7}$$

非极性电介质分子极化率为

$$\alpha = \alpha_d$$

以上讨论的是单个分子产生的偶极矩。如果单位体积体内有 N 个分子，每个分子产生的平均偶极矩为 μ，则单位体积内的偶极矩 P 为

$$P = N\mu = N\alpha E \tag{9-8}$$

P 通常称为电介质的极化度（或极化强度），它表明在外电场中电介质极化度（或极化强度）与分子极化率的关系。

三、界面极化

除了上述三种极化外，还有一种产生于非均相介质界面处的界面极化。由于界面两边的组分具有不同的极性或电导率，在电场作用下将引起电荷在两相界面处聚集，从而产生极化。这种极化所需要的时间较长，从几分之一秒至几分钟。一般非均质高聚物材料如共混高聚物、泡沫高聚物和填充高聚物都能产生界面极化。即使是均质高聚物也因含有杂质或缺陷以及高聚物中晶区与非晶区共存等而产生界面，在这些界面上同样能产生极化。由于界面极化所需时间较长，一般随电场频率增加而下降，因此界面极化主要影响低频率（$10^{-5} \sim 10^2$ Hz）下的介电性能。已发现在非常低的频率下测出的高聚物的介电常数远高于中频或高频下测定的外推值。

9.1.2 介电常数

一、介电常数的概念

如果在一真空平行板电容器中加上直流电压 V，在两个极板上将产生一定量的电荷 Q_0，则电容器的电容为

$$C_0 = \frac{Q_0}{V} \tag{9-9}$$

当电容器两极板之间充满电介质时，由于电场的作用，电介质中的电荷发生再分布，靠近极板的电介质表面上将产生表面束缚电荷 Q'，使介质出现宏观的偶极，这一现象称为电介质的极化。此时电容器的电荷量从 Q_0 增加到 $Q_0 + Q'$（见图 9-4），电容器的电容也相应增加到 C，即

$$Q = Q_0 + Q'$$
$$C = \frac{Q}{V} \tag{9-10}$$

含有电介质的电容器的电容与该真空电容器的电容之比称为该电介质的介电常数（也称介电系数），即

$$\varepsilon = \frac{C}{C_0} \qquad\qquad (9-11)$$

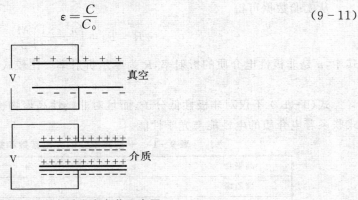

图 9 - 4　介质感应电荷示意图

可见介电常数是一个表征电介质贮存电能能力的物理量,因而是介电材料的一个重要的性能指标。电介质的极化程度愈大,则极板上感应产生的电荷量 Q' 愈大,介电常数也就愈大。因此,介电常数在宏观上反映了电介质的极化程度。

二、介电常数与分子极化率

分子极化率是表征电介质在外电场中极化程度的微观物理量,介电常数是表征电介质在外电场中极化程度的宏观物理量,因此介电常数与分子极化率 α 之间存在着必然的关系。按经典静电理论计算作用于分子上的局部电场与外电场的关系推导可得克劳修斯-摩索缔(Clausius - Mosotti)方程:

$$P = \frac{\varepsilon - 1}{\varepsilon + 2} \cdot \frac{M}{\rho} = \frac{4}{3}\pi\widetilde{N}\alpha \qquad\qquad (9-12)$$

式中,P 称为摩尔极化率,M 为分子量,ρ 为密度,$\widetilde{N}$ 为阿伏伽德罗常数。

对非极性电介质:

$$P_0 = \frac{\varepsilon - 1}{\varepsilon + 2} \cdot \frac{M}{\rho} = \frac{4}{3}\pi\widetilde{N}\alpha_{d} \qquad\qquad (9-13)$$

对弱极性电介质,式(9 - 12)可写成

$$P = (\frac{\varepsilon - 1}{\varepsilon + 2}) \cdot \frac{M}{\rho} = \frac{4}{3}\pi\widetilde{N}(\alpha_{d} + \alpha_0) = \frac{4}{3}\pi\widetilde{N}\left(\alpha_{d} + \frac{\mu_0}{3KT}\right) \qquad (9-14)$$

此式称为德拜方程,这里认为极化质点引起的内电场近似为零,因而只适用于分子间作用力很小的体系,即非极性或弱极性的高聚物。可见对于非极性电介质,摩尔极化率与温度无关,而弱极性电介质的摩尔极化率随温度的升高而减小(见图 9 - 5)。

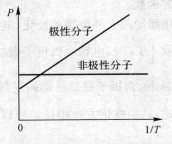

图 9 - 5　摩尔极化率与温度的关系

从实验数据可得

$$R = P_0 = \left(\frac{n^2-1}{n^2+2}\right)\frac{M}{\rho} \qquad (9-15)$$

式中,n 是非极性电介质的折射率,R 为摩尔折射率。比较式(9-12)和式(9-15)可得

$$\varepsilon = n^2 \qquad (9-16)$$

式(9-16)不仅对非极性低分子,而且对非极性高聚物也是适用的(见表9-1)。可见,此式联系着电介质的电性能与光学性能。

表 9-1　一些高聚物的介电常数和折射率

高聚物	ε	n	n^2
聚乙烯	2.28	1.51	2.38
聚苯乙烯	2.55	1.60	2.56
聚四氟乙烯	2.05	1.40	1.96
聚异丁烯	2.38	1.51	2.28

克劳修斯-摩索缔(Clausius - Mosotti)方程不适用于极性的电介质。将极性的电介质溶于溶剂中,假定溶剂与溶质的极化率满足简单的加和性,则有

$$\alpha_1 f_1 + \alpha_2 f_2 = \frac{3}{\tilde{N}} \cdot \frac{\varepsilon_{12}-1}{\varepsilon_{12}+2} \cdot \frac{M_1 f_1 + M_2 f_2}{\rho_{12}} \qquad (9-17)$$

式中,下标1,2和12分别表示溶剂、溶质和溶液;f 表示摩尔分数。极性电介质的极化率可由上式通过溶液和溶剂的极化率数据计算。所得的 α_2 一般同溶液浓度有关,这是因为溶液中溶质分子之间相互作用不能完全消除的原因。为了消除这种效应,需将结果外推到无限稀,即 $f_2 \rightarrow 0$ 的情况。

9.1.3　介电损耗

一、介电损耗的概念

在交变电场中电介质会损耗部分能量而发热,这就是介电损耗。产生介电损耗的原因有两个。一是电介质所含的微量导电载流子在电场作用下流动时,由于克服内摩擦力需要消耗部分电能,即电导损耗。对非极性高聚物来说,电导损耗可能是主要的。另一原因是偶极取向极化的松弛过程引起的。这种损耗是极性高聚物介电损耗的主要部分。

电子极化、原子极化和取向极化都是一个速度过程,只是前二种极化的速度极快。在交变电场中,三种极化都是电场频率的函数。

当电场频率很低时,三种极化都能跟上外电场的变化,电介质将不产生损耗,如图9-6(a)所示。当电场变化从0到 $\frac{1}{4}$ 周期($\frac{1}{4}T$)时,电场对偶极子做功,使偶极子极化并从电场吸收能量;在 $\frac{T}{4} \sim \frac{T}{2}$ 期间,随电场强度减弱,偶极子靠热运动回复到原状,这时取得的能量又全部还给了电场。在后半周期,也是如此,只是极化方向相反。所以在电场变化一周时,电介质不损耗能量。

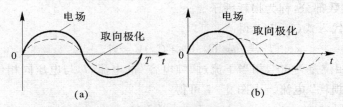

图 9 - 6　偶极取向随电场变化图

（a）偶极转动与电场同步；（b）偶极转动滞后于电场

当电场频率提高时，首先是取向极化跟不上电场的变化（见图 9 - 6(b)），这时电介质放出的能量小于吸收的能量，这个能量差消耗于克服偶极子取向时所受的摩擦阻力，从而使电介质发热，这就产生了介质损耗。当电场频率进一步提高时，偶极子的取向极化完全跟不上电场的变化，取向极化不发生，因而介质损耗急剧下降。

由于电子极化和原子极化极快，由它们引起的损耗发生在更高的频率范围，即当外电场的频率与电子或原子的固有振动频率相同时，发生共振吸收，损耗了电场的能量。原子极化损耗在红外光区；电子极化损耗在紫外光区。因此，在电频区，只有取向极化引起的介质损耗。

二、介电损耗的表征

为了表征介电损耗，可研究电容器的能量损耗情况。一个理想（真空）电容器在交变电场作用一周时没有能量损耗。因此当对它施加交流电压 $V = V_0 e^{i\omega t}$ 时，产生的电流 I 总是超前电压相位 $90°$，则

$$I = C_0 \frac{dV}{dt} = i\omega C_0 V \tag{9-18}$$

式中，C_0 为电压的振幅，ω 为电场的角频率。如果对一个充满电介质的电容器施加交变电场，当交变电场频率使电介质的取向极化不能完全追随外电场的变化时，则发生介质损耗，这时通过电介质电容器的电流 I' 与外加电压的相位差不再是 $90°$，而是 $90° - \delta = \varphi$（见图 9 - 7）。

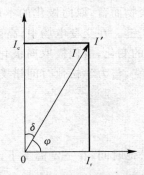

图 9 - 7　交变电场中电容器的电流与电压的矢量图

I' 与外加电压的关系为

$$I' = \varepsilon^* \cdot C_0 \frac{dV}{dt} = i\omega \varepsilon^* C_0 V \tag{9-19}$$

$$\varepsilon^* = \varepsilon' - i\varepsilon'' \tag{9-20}$$

式中，ε^* 称为复数介电常数，ε' 为复数介电常数的实数部分，也就是实验测得的介电常数，ε'' 为

复数介电常数的虚数部分,称为损耗因子。

将式(9-20)代入式(9-19)得

$$I' = (i\omega\varepsilon'C_0 + \omega\varepsilon''C_0)V = iI_c + I_r \qquad (9-21)$$

式中,I_c 与电压的相位差为90°,相当于流过"纯电容"的电流,I_r 与电压同相位,相当于流过"纯电阻"的电流,即"损耗"电流。由图9-7可得

$$\tan\delta = \frac{I_r}{I_c} = \frac{\omega\varepsilon''C_0V}{\omega\varepsilon'C_0V} = \frac{\varepsilon''}{\varepsilon'} \qquad (9-22)$$

式中,δ 称为介质损耗角,$\tan\delta$ 称为介质损耗(介质损耗角正切),是表征电介质介电损耗的物理量。其物理意义可从下面的分析看出。介质电容器损耗的功率大小 P 为

$$P = V \cdot I'\cos\varphi \qquad (9-23)$$

由于 $\cos\varphi = \sin\delta$,故得

$$P = V \cdot I'\sin\delta = VI_c\tan\delta$$

$$\tan\delta = \frac{P}{VI_c} = \frac{每个周期内介质损耗的能量}{每个周期内介质贮存的能量}$$

上式表明,介质损耗 $\tan\delta$ 的物理意义是交变电场作用的每一周期内电介质损耗电场能量的大小。对理想电容器,$\tan\delta = 0$。因此,小的损耗角正切值表示能量损耗小。从式(9-22)可见,ε'' 正比于 $\tan\delta$,因此也常用 ε'' 来表示材料介质损耗的大小,通常称 ε'' 为介质损耗因子,$\tan\delta$ 常被称为介电损耗角正切或介电损耗。

作为绝缘材料或电容器材料的高聚物,一般要求它的介质损耗愈小愈好。否则,不仅会消耗较多的电能,还会引起材料本身发热,加速材料老化。反之,如果需要对高聚物高频加热进行干燥、模塑或对塑料薄膜进行高频焊接,则要求高聚物具有较高的介电损耗值。

9.1.4 介电松弛和介电松弛谱

对小分子而言,外电场强度越大,偶极子的取向度越大;温度越高,分子热运动对偶极子的取向干扰越大,取向度越小。对高聚物而言,取向极化的本质与小分子相同,但具有不同运动单元的取向,从小的侧基到整个分子链。在交变电场中,高聚物中与多种运动单元有关的偶极取向极化的响应总是滞后于外电场的变化,故偶极取向极化过程被称为介电松弛过程。高聚物完成取向极化所需的时间范围很宽,与力学松弛时间谱类似,也具有一个时间谱,称为介电松弛谱。

一. 小分子的介电松弛

对于小分子电介质,只有一个松弛时间,在一定温度下,交变电场中的德拜方程为

$$\frac{\varepsilon^* - 1}{\varepsilon^* + 2}\frac{M}{\rho} = \frac{4}{3}\pi\widetilde{N}\left(\alpha_1 + \alpha_0\frac{1}{1 + i\omega\tau}\right) \qquad (9-24)$$

这里忽略了原子极化。式中 ω 为交变电场的角频率,τ 为偶极取向的松弛时间。

当 $\omega \rightarrow 0$ 时,介电常数相当于静电场下的介电常数 ε_0,式(9-24)变为

$$\frac{\varepsilon_0 - 1}{\varepsilon_0 + 2}\frac{M}{\rho} = \frac{4}{3}\pi\widetilde{N}(\alpha_1 + \alpha_0) \qquad (9-25)$$

当 $\omega \rightarrow \infty$ 时,式(9-24)变为

$$\frac{\varepsilon_\infty - 1}{\varepsilon_\infty + 2} \frac{M}{\rho} = \frac{4}{3}\pi \widetilde{N} \alpha_1 \qquad (9-26)$$

式中，ε_∞ 是光频时的介电常数。

将式(9-24)、式(9-25) 和式(9-26) 联立可以得

$$\left.\begin{aligned} \varepsilon^* &= \varepsilon_\infty + \frac{\varepsilon_0 - \varepsilon_\infty}{1 + i\omega\tau} \\ \tau &= \tau^* \frac{\varepsilon_0 + 2}{\varepsilon_\infty + 2} \end{aligned}\right\} \qquad (9-27)$$

式(9-27) 称为德拜色散方程式。将式(9-27) 分解，可得到复数介电常数的实数部分 ε'、虚数部分 ε'' 和介电损耗 $\tan\delta$：

$$\varepsilon' = \varepsilon_\infty + \frac{\varepsilon_0 - \varepsilon_\infty}{1 + \omega^2\tau^2} \qquad (9-28)$$

$$\varepsilon'' = \frac{(\varepsilon_0 - \varepsilon_\infty)\omega\tau}{1 + \omega^2\tau^2} \qquad (9-29)$$

$$\tan\delta = \frac{(\varepsilon_0 - \varepsilon_\infty)\omega\tau}{\varepsilon_0 + \omega^2\tau^2\varepsilon_\infty} \qquad (9-30)$$

在低频区($\omega \to 0$)，所有的极化都能完全追随电场的变化，介电常数达到最大值，即 $\varepsilon' \to \varepsilon_0$，而介电损耗最小，即 $\varepsilon'' \to 0$ 和 $\tan\delta \to 0$；在光频区($\omega \to \infty$)，偶极取向极化不能进行，只发生电子极化，介电常数很小，$\varepsilon' \to \varepsilon_\infty$，介电损耗也小。在上述二个极限频率范围内，偶极的取向不能完全追随电场的变化，介电常数下降，出现介电损耗。介电常数下降的频率范围称为反常色散区。在反常色散区，介电常数变化最迅速的一点，ε'' 出现极大值。将 ε'' 对 ω 求导，从 $\dfrac{\mathrm{d}\varepsilon''}{\mathrm{d}\omega} = 0$ 可以得到 $\omega\tau = 1$。将 $\omega = \dfrac{1}{\tau}$ 分别代入式(9-28) 和式(9-29)，可得

$$\varepsilon''_{max} = \frac{\varepsilon_0 - \varepsilon_\infty}{2} \qquad (9-31)$$

$$\varepsilon' = \frac{\varepsilon_0 + \varepsilon_\infty}{2} \qquad (9-32)$$

对于 $\tan\delta$-ω 曲线，其最大值出现在

$$\omega\tau = \sqrt{\frac{\varepsilon_0}{\varepsilon_\infty}}$$

$$\tan\delta_{max} = \frac{\varepsilon_0 - \varepsilon_\infty}{2}\sqrt{\frac{1}{\varepsilon_0\varepsilon_\infty}} \qquad (9-33)$$

以上讨论的介电损耗，称为德拜松弛，可用图9-8来表示。小分子在外电场中发生的介电松弛接近于德拜松弛。

将德拜方程式(9-28) 和(9-29) 中消去 $\omega\tau$，可得

$$\left[\varepsilon' - \frac{\varepsilon_0 + \varepsilon_\infty}{2}\right]^2 + (\varepsilon'')^2 = \left[\frac{\varepsilon_0 - \varepsilon_\infty}{2}\right]^2 \qquad (9-34)$$

上式是一个圆的方程。如以 ε'' 对 ε' 作图，可得到一个半圆(见图9-9)，称为科尔-科尔圆弧，其半径为 $\dfrac{\varepsilon_0 - \varepsilon_\infty}{2}$，圆心的坐标为($\dfrac{\varepsilon_0 + \varepsilon_\infty}{2}$, 0)。科尔-科尔图也可用来说明 ε'、ε'' 和 $\tan\delta$ 随 $\omega\tau$ 的变化关系。

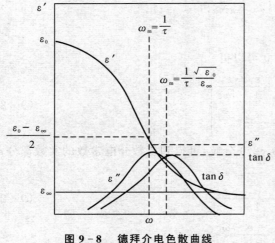

图 9 - 8　德拜介电色散曲线

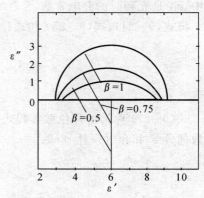

图 9 - 9　科尔-科尔圆弧

二、高聚物的介电松弛谱

因为高聚物分子有不同大小的运动单元,如不同长度的链段和取代基团等,这决定了高聚物中偶极取向具有较宽的松弛时间分布。

为了描述高聚物的介电松弛,科尔-科尔(Cole - Cole)提出了对德拜方程式的修正式。科尔-科尔在德拜公式(9-27)中引入松弛时间的分布参数 $\beta(0 < \beta \leqslant 1)$,则

$$\varepsilon^* = \varepsilon_\infty + \frac{\varepsilon_0 - \varepsilon_\infty}{1 + (i\omega\tau_\beta)^\beta} \tag{9-35}$$

式中,τ_β 为最可几松弛时间。以 ε' 对 ε'' 作图,当 $\beta=1$ 时,即为德拜方程式,可得到半圆。当 β 小于1时,得到的是圆弧(见图9-10),介电色散宽度随之增加。τ 的分散性越大,β 越接近于零。由式(9-35)可得

$$\varepsilon' = \varepsilon_\infty + (\varepsilon_0 - \varepsilon_\infty)\frac{1 + (\omega\tau_\beta)^\beta\cos\dfrac{\beta\pi}{2}}{[1 + 2(\omega\tau_\beta)^\beta\cos\dfrac{\beta\pi}{2} + (\omega\tau_\beta)^{2\beta}]} \tag{9-36}$$

$$\varepsilon'' = (\varepsilon_0 - \varepsilon_\infty)\frac{(\omega\tau_\beta)^\beta\sin\dfrac{\beta\pi}{2}}{[1 + 2(\omega\tau_\beta)^\beta\cos\dfrac{\beta\pi}{2} + (\omega\tau_\beta)^{2\beta}]} \tag{9-37}$$

同理也可以解得圆的方程为

$$\left[\varepsilon' - \left(\frac{\varepsilon_0 + \varepsilon_\infty}{2}\right)\right]^2 + \left[\varepsilon'' + \frac{\varepsilon_0 - \varepsilon_\infty}{2}\cot g\frac{\beta\pi}{2}\right]^2 = \left[\frac{\varepsilon_0 - \varepsilon_\infty}{2}\cos ec\frac{\beta\pi}{2}\right]^2 \tag{9-38}$$

依照此式也可以作 ε' 和 ε'' 关系的科尔-科尔图,许多高聚物都近似符合。

在正弦交变电场下,介电松弛谱与在正弦交变力场下的动态力学松弛时间谱有相同的数学表达式

$$\frac{\varepsilon'(\omega) - \varepsilon_\infty}{\varepsilon_0 - \varepsilon_\infty} = \int_{-\infty}^{\infty}\frac{F_e(\ln\tau)}{1 + \omega^2\tau^2}\mathrm{d}\ln\tau \tag{9-39}$$

$$\frac{\varepsilon''(\omega)_{\infty}}{\varepsilon_0 - \varepsilon_{\infty}} = \int_{-\infty}^{\infty} \frac{F_e(\ln \tau)\omega\tau}{1 + \omega^2\tau^2} \mathrm{d}\ln \tau \tag{9-40}$$

式中，$F_e(\ln \tau)$ 即为介电松弛谱(归一化的松弛时间分布)。因此,损耗峰的宽度实际上是由对应的具有单值的松弛时间的许多小峰叠加的结果。在交变电场中,高聚物的介电松弛行为——介电常数 ε' 和损耗因子 ε'' 与频率的关系的总频谱图如图9-11所示,这就是高聚物的介电松弛谱,由低频到高频依次用 α,β,γ 等命名这些损耗峰。介电松弛谱也可以用介电损耗 $\tan\delta$ 作为纵坐标表示。

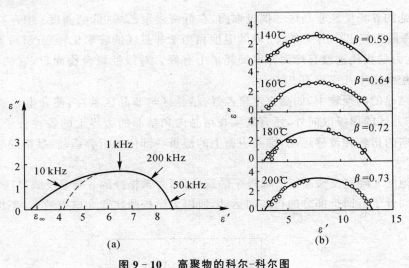

图9-10　高聚物的科尔-科尔图

(a) 聚醋酸乙烯酯；　(b) 尼龙 610(50% 结晶)

同样,在宽广的温度范围内测定固体高聚物的介电损耗,也可观察到多个损耗峰,即可得到介电松弛的温度谱,如图9-12所示,每个损耗峰分别对应于不同尺寸的运动单元的偶极,在电场中取向的极化程度和偶极取向松弛过程所损耗的电场能量。在温度谱上按高温到低温的顺序,依次用 α,β,γ 等命名这些损耗峰。

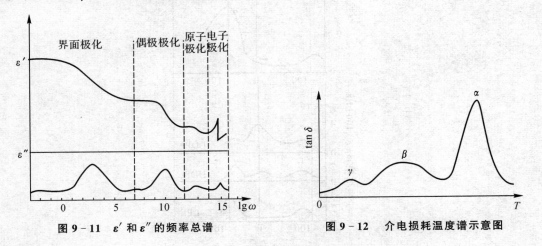

图9-11　ε' 和 ε'' 的频率总谱　　　**图9-12　介电损耗温度谱示意图**

可见介电松弛谱与力学松弛谱极为相似,相对而言,在反映分子运动单元的程度上,介电松弛谱比力学松弛谱更为灵敏。图 9－13 所示为三种不同的聚乙烯的力学松弛与介电松弛谱的比较,最明显的特点是,在两种谱中的 α,β,γ 三种主要松弛都发住在大致相同的温度。然而对于同一种聚乙烯,两种谱的峰并不处在完全相同的位置。这可能是由于测定介电损耗用的频率比测定力学损耗时的频率高得多所致。温度升高会使分子运动加快,所以力学损耗的 α 峰出现的温度要比介电损耗的高。γ 峰是与非晶态中更小单元(侧基或链端)的运动有关。对聚乙烯样品,不管结晶度高低,它们都有非晶区,因此 γ 峰都发生在同一温度,这是与理论一致的。

介电松弛的 β 峰反映非晶区的偶极取向,在低密度聚乙烯(低结晶度)中存在较多的非晶区。因此 β 峰最为突出。出现介电 β 峰的温度相当于非晶区的玻璃化转变(链段运动),它不损耗能量,因此力学损耗谱没有峰而介电损耗谱中有峰。对线性聚合物而言,它的结晶度很高,因此在介电松弛谱中几乎没有 β 蜂。

在部分结晶的高聚物中,如高密度聚乙烯,结晶区与非晶区共存,使介电松弛谱变得更复杂,除了在非晶区的偶极取向外,还有发生在结晶内和结晶的边界上的各种分子运动,如伸直链沿链轴方向的扭转和位移运动,结晶表面上的链折叠部位的折叠运动,晶格缺陷处的基团运动等。

介电松弛的 α 峰是反映晶区中偶极子的旋转,而力学松弛的 α 峰是反映晶区的分子运动,它是晶片表面分子链回折部分的再取向运动,所以力学松弛比起介电松弛来,平均松弛时间较长且峰较宽。

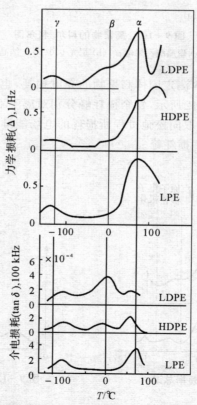

图 9－13　不同结晶度聚乙烯的力学松弛谱与介电松弛谱的比较

高聚物的介电谱测量可广泛用于高聚物结构的研究。例如,非极性高聚物如聚乙烯、聚四氟乙烯等应没有极性基,但介电损耗谱测试表明,它们具有偶极松弛,这是由杂质(如催化剂、抗氧剂等)和氧化产物引起的。如图 9−14 所示为氧化后的聚乙烯的 tanδ 与羰基含量的关系。这样微量的羰基,即使用光谱法来测定也有困难,但可明显地反映在介电损耗值的变化上,由此可见介电损耗法能灵敏地反映高聚物的化学结构。

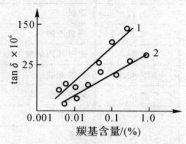

图 9−14　聚乙烯的 tanδ 与羰基含量的关系
1— 高压聚乙烯,25℃,5×10^7 Hz；　2— 低压聚乙烯,20℃,400Hz

9.1.5　影响高聚物介电性的因素

一、聚合物分子结构

介电性是分子极化的宏观反映。在三种形式的极化中,偶极的取向极化对介电性的影响最大。因此,介电性与分子的极性有密切的关系,分子的极性用偶极矩来衡量,见表 9−2。

表 9−2　某些共价键的键距和分子偶极距

键矩				分子偶极矩	
键	键矩[D]	键	键矩[D]	键	键矩[D]
C—C	0	C—N	1.4	CH_4	0
C—C	0	C—F	1.81	C_6H_6	0
C—H	0.4	C—Cl	1.86	H_2O	1.85
C—N	0.45	C—O	2.4	CH_3Cl	1.87
C—O	0.7	C—N	3.1	C_2H_5OH	1.76

电介质分子偶极矩是分子中所有键矩的矢量和。对高聚物来说,由于分子链的构象较复杂,分子链偶极矩的统计平均计算比较困难,因此实际上只能定性地估计某种高聚物的极性,通常用重复单元的偶极矩来衡量高分子的极性。按照重复单元偶极矩的大小,可以将高聚物划分为四类,随着偶极矩的增大,聚合物的极性增大,介电常数增大。表 9−3 中列举了一些高聚物的介电常数。

非极性高聚物：　　$\mu = 0D$　　　　　　　$\varepsilon = 2.0 \sim 2.3$
弱极性高聚物：　　$0 < \mu \leqslant 0.5D$　　　　$\varepsilon = 2.3 \sim 3.0$
中等极性高物：　　$0.5 < \mu \leqslant 0.7D$　　　$\varepsilon = 3.0 \sim 4.0$

强极性高聚物： $\mu > 0.7D$ $\varepsilon = 4.0 \sim 7.0$

表 9 - 3   常见高聚物的介电常数(60Hz)

聚合物	ε	聚合物	ε
聚四氟乙烯	2.0	乙基纤维素	$3.0 \sim 4.2$
四氟乙烯-六氟丙烯共聚物	2.1	聚酯	$3.00 \sim 4.36$
聚 4 -甲基-1 -戊烯	2.12	聚砜	3.14
聚丙烯	2.2	聚氯乙烯	$3.2 \sim 3.6$
聚三氟氯乙烯	2.24	聚甲基丙烯酸甲酯	$3.3 \sim 3.9$
低密度聚乙烯	$2.25 \sim 2.35$	聚酰亚胺	3.4
乙-丙共聚物	2.3	环氧树脂	3.7
高密度聚乙烯	$2.30 \sim 2.35$	聚甲醛	3.7
ABS 树脂	$2.4 \sim 5.0$	尼龙 6	3.8
聚苯乙烯	$2.45 \sim 3.10$	尼龙 66	4.0
高抗冲聚苯乙烯	$2.45 \sim 4.75$	聚偏氟乙烯	$4.5 \sim 6.0$
乙烯-醋酸乙烯酯共聚物	$2.5 \sim 3.4$	酚醛树脂	$5.0 \sim 6.5$
聚苯醚	2.58	硝化纤维素	$7.0 \sim 7.5$
硅树脂	$2.75 \sim 4.20$	聚偏氯乙烯	8.4
聚碳酸酯	$2.97 \sim 3.17$		

同样,高聚物极性也明显地影响其介电损耗,极性越大,介电损耗越大,见表 9 - 4。

表 9 - 4   常见高聚物介电损耗角正切 tanδ(20℃ ,50Hz)

高聚物	tan$\delta \times 10^4$	高聚物	tan$\delta \times 10^4$
聚四氟乙烯	<2	环氧树脂	$20 \sim 100$
聚乙烯	2	硅橡胶	$40 \sim 100$
聚丙烯	$2 \sim 3$	氯化聚醚	100
四氟乙烯-六氟丙烯共聚物	<3	聚酰亚胺	$40 \sim 150$
聚苯乙烯	$1 \sim 3$	聚氯乙烯	$70 \sim 200$
聚砜	$6 \sim 8$	ABS 树脂	$40 \sim 300$
聚碳酸酯	9	尼龙 6	$100 \sim 400$
聚三氟氯乙烯	12	尼龙 66	$140 \sim 600$
聚苯醚	20	聚甲基丙烯酸甲酯	$400 \sim 600$
聚邻苯二甲酸二烯丙酯	80		

高聚物的介电性能除受到分子极性的大小及极性基团的密度的影响外,极性基团的运动能力对其介电性能也有明显的影响。

极性基团在分子链上所处的位置明显影响到其活动性。一般说来,主链上的极性基团的活动性小,它的取向需主链的构象发生变化,因而这种极性基团对介电常数的影响较小;而侧基上的极性基团,特别是柔性的极性侧基,因其活动性较大,对介电常数的影响较大。

高聚物的支化和交联都将影响分子的运动能力,从而影响偶极的取向程度,并进一步影响高聚物的介电性能。高聚物的交联通常阻碍极性基团取向,因此热固性高聚物的介电常数和介电损耗均随交联度的提高而下降。如酚醛树脂结构中含有大量的极性基团,极性很强,但只要固化比较完全,它的介电常数和介电损耗仍不甚高。支化使分子链间作用力减弱,分子链活动能力增加,因而使介电常数和介电损耗增大。

分子结构的对称性对介电常数也有很大的影响。对称性越高,介电常数越小,对同一高聚物,全同立构介电常数高,间同立构介电常数低,而无规立构介于两者之间。

二、凝聚态结构和力学状态

高聚物的凝聚态结构和力学状态与分子的运动密切相关,也影响偶极的取向程度。

结晶能抑制链段上偶极的取向极化,因此高聚物的介电损耗随结晶度的增加而下降。当高聚物的结晶度大于 70% 时,链段上偶极的极化有时完全被抑制,介电性能可降低至一最低值。

对非晶态高聚物,其力学状态对介电性能也有影响。在玻璃态下,链段运动被冻结,结构单元上的极性基团的取向受到了链段的牵制。但在高弹态,极性基团的取向则不受链段的牵制,所以同一高聚物在高弹态的介电常数和介电损耗要比玻璃态大。如聚氯乙烯所含的极性基团密度几乎比氯丁橡胶多一倍,而室温介电常数后者却几乎是前者的 3 倍;当温度提高到 T_g 以上时,高聚物的介电常数将大幅度上升,如聚氯乙烯的介电常数将 3.5 增加到约 15,聚酰胺的介电常数从 4.0 增加到将近 50。

高聚物凝聚态结构的改变也能在介电松弛谱上反映出来。图 9-15 所示为聚对苯二甲酸乙二醇酯的非晶态、晶态和取向态的介电损耗曲线。由图可见,由侧基旋转引起的 β 峰位置不受凝聚态结构改变的影响,但其强度随结晶和取向略有下降;α 峰的位置随结晶或取向而移向高温,并且峰值显著下降。

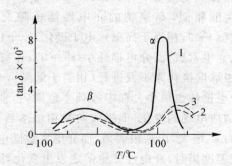

图 9-15　聚对苯二甲酸乙二酯的 tanδ 与温度的关系
1— 非晶态;　2— 晶态;　3— 取向态

高聚物的介电性质是工业部门选用绝缘材料的重要依据。通常高聚物绝缘材料是在 T_g(非晶态高聚物) 和 T_m(晶态高聚物) 温度以下使用的,α 损耗峰是不出现的。在航空、航天等某些条件下使用的高聚物往往必须兼备极低的介电常数($\varepsilon < 2$) 和极低的介质损耗($\tan\delta \leqslant 1 \times 10^{-4}$),例如取代陶瓷作雷达天线罩的透波材料。这时,在满足结构强度要求的情况下可考虑选用某些非极性高聚物的蜂窝或泡沫结构材料,从而使介电常数达到预定指标。表 9-5 中列举出了几种泡沫塑料的介电常数值。

表 9 - 5   几种泡沫塑料的介电常数

泡沫塑料	ABS	醋酸纤维	聚乙烯	聚苯乙烯	有机硅树脂
ε'	1.63	1.12	1.1	1.02~1.06	1.2

与电气和电子工程的要求相反,在介质高频加热的应用中却需要高介电性能的高聚物。在这里,加热效率往往用比较系数 J 来表示,J 可定义为

$$J = \frac{1}{\varepsilon' \tan \delta}$$ (9-41)

由于在交变电场作用一周时产生的热与 ε' 和 $\tan\delta$ 的乘积成正比,因此 J 值愈接近 1 的高聚物愈有利于高频介质加热。表 9-6 给出一些高聚物的 J 值。这些数据可在实际场合应用。例如,在某一特定操作过程中酚醛树脂的高频介质加热所需时间为 30s,在相同操作过程中聚苯乙烯加热所需的时间便是 $30 \times (1\,330/1.9) = 421\,000s$,即 5.83h。因此就介质加热而言,聚苯乙烯是极为不良的高聚物。

表 9 - 6   某些高聚物的高频介质加热的比较系数

高聚物	J	高聚物	J
聚苯乙烯	1 330	聚甲基丙烯酸甲酯	4~15
聚乙烯	11 00	聚酰胺	1.5~15
ABS 树脂	40	脲醛树脂	3.8
聚对苯二甲酸乙二酯	20~35	三聚氰胺甲醛树脂	2.4
聚氯乙烯	20	酚醛树脂	1~1.9

三、外界条件的影响

如前对介电松弛的讨论,在交变电场下,电场的频率和温度对介电性能均有明显的影响。

与高聚物的动态力学性能相似,高聚物的介电性能也随交变电场频率而变化(见图 9-16)。当电场频率较低时($\omega \to 0$,相当于高温),电子极化、原子极化和取向极化都跟得上电场的变化,因此取向程度高、介电常数大、介电损耗小($\varepsilon'' \to 0$);在高频区(光频区),只有电子极化能跟上电场的变化,而偶极取向极化来不及进行(相当于低温),介电常数降低到只有原子极化、电子极化所贡献的值,介电损耗也很小。在中等频率范围内,偶极子能跟着电场变化而运动,但运动速度又不能完全适应电场的变化,偶极取向的相位落后于电场变化的相位,一部分电能转化为热能而损耗,此时 ε'' 增大,出现极大值,而介电常数随电场频率增高而下降。

当固定电场频率而测定温度谱时,介电性能也随之发生变化,图 9-17 所示为不同频率下单一松弛峰的温度谱实例。温度过低,分子活动性过小,以至于偶极的转动取向完全跟不上电场变化时,ε' 和 ε'' 都很小。升高温度,使偶极的取向加速,但又不完全能跟上电场的变化,即发生滞后于电场变化的偶极取向的松弛过程,这时 ε' 和 ε'' 都增大。进一步升高温度,一些偶极的取向完全跟得上电场的变化,即这些偶极的取向为平衡过程,不滞后于电场,不发生松弛,这时 ε'' 又变得很小。而介电常数通过一个峰值后缓慢地随温度升高而下降,这是因为加剧了分子热运动使偶极在电场中的取向程度降低。在高聚物介电常数随温度的变化中还反映了高聚物密度随温度的变化。因为随温度升高,单位体积的分子数减少(密度降低),极化度 P 和介电常数也随之降低。当测试电场频率增高时,介电常数和损耗因子的峰温移向高温。

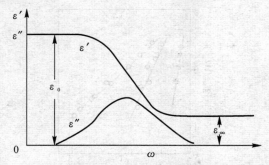

图9-16 ε′和ε″随电场交变频率的变化

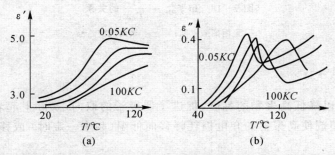

图9-17 聚乙烯醇缩丁醛的介电常数和损耗因子的温度依赖性

上述影响主要是对极性高聚物的取向极化而言。对非极性高聚物,由于温度对电子极化及原子极化的影响不大,因此介电常数随温度的变化可以忽略不计。

由介电松弛谱图可测出各运动单元的活化能。已知偶极子在电场中取向,必须具有足够的能量以克服位垒,这种速度过程也服从阿仑尼乌斯方程,即

$$\tau = A\exp\left(\frac{\Delta H}{RT}\right) \quad \text{或} \quad \ln\tau = \ln A + \frac{\Delta H}{RT} \tag{9-42}$$

在介电松弛谱图上,ε''出现最大值的条件为$\omega\tau=1$,由此可得$\dfrac{1}{\tau}=2\pi f_{max}$($f$为交变电场频率),代入式(9-42)后,由各个损耗峰对应的f_{max}和T_{max},以$\ln f_{max}$对$\dfrac{1}{T_{max}}$作图,可得一直线,其斜率为$\dfrac{\Delta H}{R}$,由此可求得偶极取向的活化能(见图9-18)。表9-7给出一些高聚物的α和β松弛的活化能ΔH_α和ΔH_β。

表9-7 一些高聚物的ΔH_α和ΔH_β(J/mol)

高聚物	ΔH_α	ΔH_β
聚丙烯酸甲酯	238	63
聚甲基丙烯酸甲酯	460	84
聚氯代丙烯酸甲酯	544	109
聚乙酸乙烯酯	272	42
聚氯乙烯	423	63

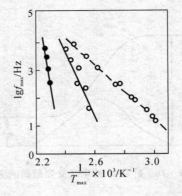

图 9-18　$\ln f_{\max} \sim \dfrac{1}{T_{\max}}$ 的关系

• —聚丙烯酸甲酯；　◦ —聚丙烯酸乙酯

四、增塑剂

加入增塑剂可以降低高聚物的黏度，促进了偶极子的取向，实际上起着与升温相同的效果。因此，加入增塑剂使高聚物的介电损耗峰移向低温（频率一定时）或移向高频（温度一定时）。

图 9-19 所示为不同增塑剂（二苯酚）含量的聚氯乙烯的介电温度谱。由图可见，当同一 ε' 和 ε'' 值比较时，增塑剂含量的增加相当于温度升高。

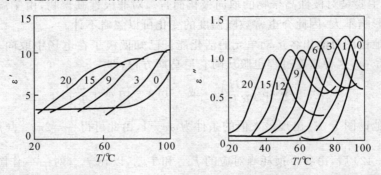

图 9-19　聚氯乙烯的 ε' 和 ε'' 的温度依赖性（曲线上的数字为增塑剂含量）

在高聚物中加入极性增塑剂，不但使损耗峰移向低温，并且由于引入了新的偶极损耗而使介电损耗增加。例如在聚苯乙烯中加入增塑剂苯甲酸甲酯，使常温下的 $\tan\delta$ 值增加约 10 倍。实际上，增塑高聚物体系的介电损耗是比较复杂的，一般地说，高聚物—增塑剂体系大致可以分成三类：(a) 高聚物和增塑剂都是极性的，(b) 只有高聚物是极性的，(c) 只有增塑剂是极性的。第一种情况下，介电损耗峰的强度随组成变化将出现一个极小值，而后两种情况下，由于极性基团浓度随组成变化而减小，介电损耗峰的强度将单调地逐渐减小。各种情况下，介电损耗都随增塑剂含量增加而移向低温（见图 9-20）。

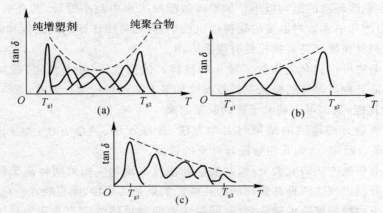

图 9 – 20　不同的高聚物–增塑剂体系的介电损耗峰变化情况示意图

（a）极性–极性；　（b）极性–非极性；　（c）非极性–极性

五、杂质

杂质对高聚物的介电性能影响很大。导电杂质和极性杂质（特别是水）会大大增加高聚物的电导电流和极化度，因而使介电性能严重恶化（见图 9 – 21）。对于非极性高聚物来说，杂质是引起介电损耗的主要原因。用金属有机催化剂合成的高聚物，必须经过特别的纯化后才能使用，因为即使是微量的催化剂对介电损耗也会带来严重的影响。

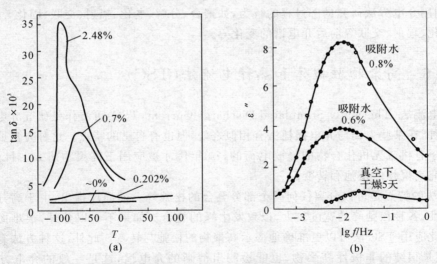

图 9 – 21　聚砜的介电损耗（a）及酚醛–纤维素层压板中界面损耗（b）与含水量的关系

极性高聚物由于吸水从而对介电性能产生重大影响是常常碰到的问题。一般说来，水在低频下会产生离子电导引起介电损耗；在微波频率范围内，它发生偶极松弛，出现损耗峰；在水–高聚物界面，还会发生界面极化，结果在低频下出现损耗峰。因此，易于吸水的极性高聚物，其应用受到限制。例如，聚乙酸乙烯酯和聚氯乙烯在干燥状态下介电性能接近，但由于前者暴露在潮湿空气中时介电损耗增大，以致不像后者那样广泛地应用于电气工业。也有一些塑料的介电性能受到潮湿环境的影响极小。如聚碳酸酯浸入水中数小时后,其介电性能变化仍然很小。聚碳酸酯的介电常数对温度的依赖性也较小,因而可用作印刷线路板和电容器薄膜等。

总之,介电测量在研究高聚物松弛有很多应用。

(1)利用介电法可得到介电常数 ε' 和介电损耗 ε'' 的温度谱(频率恒定)或频率谱(温度恒定)。从而来表征某种高聚物的极大损耗峰温度和极大损耗峰频率。因此,可以算出各种转变 (α、β、γ 峰)的活化能,从而可以和分子运动联系起来

(2)将介电测量方法得到的结果与力学方法、膨胀计法、热学方法(如 DSC)、核磁共振(NMR)等方法联合起来,达到互相验证和补充的目的。

(3)利用介电松弛方法研究共聚物、共混物和接枝高聚物。如果两种高聚物机械混合,二者又不相容,则分别出现这两种高聚物的内耗峰。如果是共聚物,则反映在介电谱上有一个新的内耗峰,且处于两种均聚物的转变之间,同时随着两种单体浓度而改变。对于接枝高聚物,如果主链是非极性的,接上去的支链是极性的,则在链段运动时,接枝产物就有内耗峰;如果主链是极性的,接上去的支链是非极性的,这时的大分子运动才能产生内耗峰。

(4)利用介电松弛方法来研究不同空间立构(不同取代基和取代基位置不同)的高聚物。

(5)研究热处理对介电松弛的影响,因为同一种试样由于热历史不同表现在介电谱上也不同。

(6)研究拉伸和取向对介电谱的影响。拉伸方向不同,介电转变也不同。

(7)研究增塑作用,像 PMMA 和 PVC 这样的高聚物,用不同的增塑剂增塑和增塑剂含量不同,反映在介电谱上是有差异的。

(8)利用介电方法研究动态过程的行为,如聚合、分解、老化、辐射、交联、固化等过程,也可以研究老化、辐射、交联等前后介电谱的变化等。

9.1.6　高聚物驻极体和热释电流法(TSC)

热释电流法(Thermally Stimulated Discharge Current,TSC)可看作是研究介电损耗方法的一个变种,在某些方面与介电损耗法有相似之处,但也有自己的特点。这种方法原来是用于测量小分子有机或无机化合物的释放电荷的,70 年代才被应用于高聚物研究。目前,已大量用它来研究高聚物的松弛和转变。

TSC 法的特点是可以分离任何两个部分叠合的松弛峰。前面已指出,由于高分子运动单元的多重性,各种松弛峰的宽度较大,以致发生峰的叠合。如果不予以分开,很难揭示松弛与转变。因此应用 TSC 法可以更准确地揭示高聚物的松弛与转变。此外,这种方法有很高的灵敏度,即使是很纯的非极性高聚物,也能检测出清晰的介电谱,这是一般的介电方法难以达到的。

一、高聚物驻极体

用 TSC 法研究高聚物的介电谱,首先要把高聚物制成驻极体(或称驻电体)。所谓驻极体是指一寿命很长的带电电介质,一端带正电,另一端带负电。

高聚物驻极体可用不同的方法制得,但目前大多使用强静电场法。即将高聚物薄膜夹在两个电极中,加热到某一较高温度(称为极化温度),施加强直流电场(称为极化电场)进行极

化,经过一定时间(称为极化时间)后,在保持电场的情况下使高聚物薄膜冷却到低温(如室温),去掉电场,结果使薄膜的带电状态保持下来,从而形成了驻极体。可以证明,驻极体表面的电荷量与邻近电极的电荷量相等,但符号相反。

为了制得性能优良的驻极体,必须控制极化条件。极化温度通常选择在高于 T_g 但低于 T_m 的温度范围内(例如聚四氟乙烯的极化温度为 $150 \sim 200℃$),以使高聚物的链段上偶极有足够的活动性。极化电压一般为 $10^5 \sim 10^6$ V/cm,极化时间可以为几分钟到几小时。总的要求是使高聚物的偶极在极化温度以下能充分极化。

由于大多数高聚物是绝缘体,具有优良的贮存电荷的能力,并可制成柔性的薄膜,因此高聚物驻极体的发展很快。目前,有两类高聚物特别引人注目。一是高绝缘的高聚物,如聚四氟乙烯和氟乙烯-丙烯的共聚物,它们具有极长的贮存有效电荷的能力,制成的驻极体具有很长的寿命;二是极性高聚物,如 β-晶形的聚偏氟乙烯(在这种晶形中分子链呈现锯齿形的反反反反(TTTT)构象,在垂直其链轴的方向有很大的偶极矩),其驻极体显示高度的偶极取向,被认为是最好的压电和热电高聚物之一。

目前,聚偏氟乙烯、聚四氟乙烯、聚对苯二甲酸乙二酯、聚碳酸酯、聚丙烯等高聚物超薄膜驻极体($6 \sim 25\mu m$)已广泛用作传声隔膜,并在许多仪器仪表中得到了应用。

二、热释电流法

如果将高聚物驻极体升温以激发其分子链的偶极运动,极化电荷将被释放出来。这时用微电流计可记录到退极化电流。在退极化电流-温度(或时间)图谱上(见图 9-22)出现电流极大值时的温度与极化场强、极化温度无关,仅取决于高聚物分子偶极取向机理,因此可以用来研究高聚物的分子运动。这就是驻极体的热释电流法 TSC(或称退极化电流法)。

图 9-22 中曲线 b 是氟塑料驻极体退极化电流温度图谱,各种松弛峰仍相互交叠。TSC 法的一个突出优点就是可运用分步退极化法分离任何两个部分叠合的松弛峰。图中曲线 a_1 和 a_2 是与 b 同一驻极体样品的分步退极化电流温度谱,即热释电流介电松弛温度谱。它是在退极化温度刚过第一峰值,即得曲线 a_1 之后迅速冷却至室温,重新升温测量放电电流,得到曲线 a_2。可见,采用分步退极化法可使重叠的松弛峰分离,清晰地分辨出一系列单峰,而这些单峰才是各别松弛过程的真实写照。

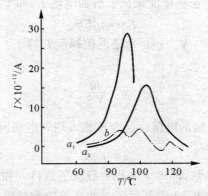

图 9-22 氟塑料的 TSC 谱(曲线 b 的电流坐标为 $I \times 10^{-11}$A)

必须指出,目前对 TSC 的本质尚有不同的看法,而且对不同的高聚物,释放电流的机理也不完全相同,因此对 TSC 谱的解释尚存在困难。有时需要用其他方法(如动态力学法)对照并综合分析。

9.1.7 高聚物的导电性

一般来说,高聚物是绝缘的,这是由于共价键连接的高分子链没有能自由运动的电子(载流子),而且靠范德华力堆砌的高聚物分子之间距离大,电子云交叠差,载流子的移动也极为困难。理论计算表明,纯净高聚物的电导率仅为 10^{-25} S/cm。实际高聚物绝缘体之所以没有达到这样低的电阻率,是因为高聚物本体中杂质的影响。这些杂质包括少量没有反应的单体、残留的引发剂、各种助剂,乃至吸附的微量水汽,它们可以使高聚物的电导率提高好几个数量级,也就是说,一般高聚物的载流子主要来自外部杂质,其中无机杂质比有机杂质影响更大。

近年来,随着对高聚物导电性的研究,发现高聚物在一些特定结构形式下也具有导电性,其电导率甚至可以达到半导体的性质。如一些高聚物电解质,其解离出来的离子即可使高聚物具有导电性。除此之外,研究还发现若高分子分子链上的电子云有一定程度交叠,可在相邻碳原子之间运动,即可使高聚物具有导电性,如聚乙炔、聚苯、聚苯胺等;此外在电子给体与电子受体间形成电荷转移络合物,也可具有导电性,如由电子给体四硫化富瓦烯(TTF)和电子受体四氰代对二次甲基苯醌(TCNQ)电荷复合物的高分子化产物。

一. 高聚物导电性的表征

大多数高聚物都是电绝缘体,其电绝缘性常用电阻率 ρ 或电导率 σ 表示。微观上,物质的电导是载流子在电场作用下在物质内部的定向迁移。载流子可以是电子、空穴,也可以是离子等。

设 dQ 为时间 dt 内经过面积 S 的电荷量,那么传导电流为

$$I = \frac{dQ}{dt} = nqV_0S \tag{9-43}$$

式中,n 是单位体积(1cm³)内载流子的数目,q 是每个载流子所带电荷,V_0 是载流子的迁移速度。假定在所加电场下载流子迁移速度正比于所加电场 E,即 $V_0 = \mu E$,则

$$I = nq\mu ES \tag{9-44}$$

这里 μ 是载流子的迁移率(cm² · V⁻¹ · s⁻¹),是电位梯度 E 等于 1 个单位(1 V/cm)时的载流子迁移速度。电导率定义为

$$\sigma = \frac{Id}{VS} \tag{9-45}$$

式中,d 是样品的厚度,V 为施加的电压。当介质放入均匀电场时,即 $E = \dfrac{V}{d}$,则有

$$\sigma = nq\mu \tag{9-46}$$

上式中包括了两个重要参数,即单位体积中载流子数目 n 和载流子的迁移率 μ,介质的电导性即取决于这两个参数。表 9-8 中列举了一些高聚物的载流子及迁移率。

表 9-8　一些高聚物的载流子及迁移率

高聚物	载流子*	温度 /K	迁移率 /(cm² · V⁻¹ · s⁻¹)
聚对苯二甲酸乙二醇酯	N	293	1×10^{-10}
	P	295	1×10^{-4}
聚乙烯	N	340	1×10^{-11}
	P	368	9×10^{-10}
聚乙烯咔唑	P		1×10^{-6}
聚乙烯咔唑＋(TNF)₀.₂	N		2×10^{-8}
聚苯乙烯	N		1.4×10^{-4}
	P		1.3×10^{-6}
聚氯乙烯	N		7×10^{-4}
聚甲基丙烯酸甲酯			2.5×10^{-11}

注：* N—— 电子；P—— 空穴。

高聚物中载流子的浓度和迁移率均随温度的升高按指数规律增加，因此高聚物的电导率与绝对温度的关系可表示为

$$\sigma = \sigma_0 e^{\frac{-E_c}{RT}} \tag{9-47}$$

式中，σ_0 为常数，E_c 是电导活化能。所以电导过程可以看作是一个热活化过程。它表明随温度的升高，高聚物的电导率升高，导电性提高。

二、绝缘电阻率

迄今为止，作为绝缘体的高聚物仍是研究的重点。在工业上，常用电阻率来表示高聚物绝缘性的大小，它是电导率的倒数。根据欧姆定律，式(9-45)可写成

$$\sigma = \frac{1}{R} \cdot \frac{d}{S} \tag{9-48}$$

式中 R 为试样的电阻。电阻率为

$$\rho = \frac{1}{\sigma} = R \cdot \frac{S}{d} \tag{9-49}$$

电阻率分为体积电阻率和表面电阻率。把试样置于电极间，外加直流电压 V，测得流经试样体积内的电流 I_v，试样的体积电阻为 R_v，则

$$R_v = \frac{V}{I_v}$$

则试样的体积电阻率为

$$\rho_v = R_v \frac{V}{I_v} \tag{9-50}$$

式(9-48)中的 S 表示测量电极的面积，d 仍为试样的厚度。如果在试样的一个面上放置两个电极。施加直流电压 V，测得沿两电极间试样表面层上流过的电流 I_s，则可得到试样的表面电阻为

$$R_s = \frac{V}{I_s} \tag{9-51}$$

表面电阻的测试可采用平面电极或环电极,对平面电极,表面电阻率 ρ_s 为

$$\rho_s = R_s \frac{L}{b} \qquad (9-52)$$

对环电极,表面电阻率为

$$\rho_s = R_s \frac{2\pi}{\ln \dfrac{D_2}{D_1}} \qquad (9-53)$$

式中,L 是平行电极的长度(cm),b 是平行电极间的距离(cm),D_2 是环电极的内径(cm),D_1 是环电极的外径(cm)。

电阻在千欧到兆欧的试样的电阻率或电导率,采用简单的二探针法就可以保证测量的精度,但对于高电导率的试样,如导电高聚物,探针与试样之间的接触电阻相对较大,这时应采用四探针法以消除接触电阻。

三、高聚物电绝缘性的基本特点

高聚物电绝缘体的体积电阻率约在 $10^8 \sim 10^{18} \, \Omega \cdot m$ 之间。在直流电场下流经高聚物电绝缘体的电流一般有三种。一种是瞬时充电电流,它是在加上电场瞬时的、由电子和原子极化引起的电流;第二种称为吸收电流,它随电场作用时间的增加而减少,存在时间大约几秒到几十分钟,可能是偶极取向极化、界面极化、空间电荷极化等引起的;第三种称为漏导电流,是通过高聚物的恒稳电流,其特点是不随时间而变化。如果经过 t_1 时间充电后,两电极间短路放电时,也可观察到三种电流的变化规律(见图 $9-23$)。

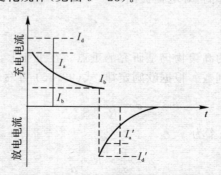

图 9 - 23　在直流电场下流经高聚物电绝缘体的电流
I_d—瞬时充电电流;　I_a—吸收电流;　I_b—漏导电流;　I_d—瞬时放电电流

高聚物的电导性只取决于漏导电流,因此在测量高聚物的电导率或电阻率时,必须除去吸收电流。工业上规定测定电流时,读取 1 分钟时的数值。

一般认为,高聚物绝缘体中的载流子来源于外部的杂质,因此其电导是离子型的。在一些特殊情况下,某些外部因素也能引起高聚物非离子型的电导。例如,当测定电压较高时,从电极中可以发射出电子注入高聚物中而成为载流子。

杂质对电导率的影响很大,如纯化后高聚物的电阻率呈现数量级的增大。无机杂质比有机杂质的影响更大,其中尤以水的影响为最甚。非极性高聚物如聚乙烯表面不受水分润湿,因此不能形成连续的湿膜。极性高聚物如聚乙烯醇是亲水介质,在潮湿空气中,表面将出现很薄的吸附水膜,这时表面电阻率急剧降低,甚至周围湿度下降时,仍然保持很高的数值。多孔性

材料的吸水性很强,泡沫塑料、酚醛层压板等均属这类情况。复合材料的电阻率与填料的特性有很大关系,在大多数情况下取决于填料的亲水程度。例如,以橡胶填充的聚苯乙烯,在水中浸渍前后电导率相差二个数量级,而用木屑填充的聚苯乙烯在同样情况下电阻率猛降八个数量级。因此当我们选用高聚物电绝缘材料时,不仅要测定它们的介电性能,还必须考虑电阻率受湿度的影响。这点在选用航空电器材料时尤为重要。例如飞机从低温高空突然飞入高湿度的气流时,如果电讯绝缘材料的吸湿性较大,则可因表面电阻率的猛降而使通信设备一时失效。

高聚物的电绝缘性也与分子结构有关。一般极性高聚物的绝缘性比非极性差,这可能是因为前者的介电常数较高,使杂质离子间的库伦引力降低,从而促进了杂质的离解。

电导活化能随高聚物的交联度的增加而增加,结晶也有同样的影响。因此,交联和结晶使电阻率升高。例如聚三氟氯乙烯的结晶度从 10% 增至 50% 时,电阻率增高 10～1 000 倍。这和高聚物的导电机理有关。高聚物主要是离子型电导,交联和结晶使高聚物的自由体积减小,从而使离子迁移率减小,电阻率升高。

四、导电高聚物

导电高聚物是由具有共轭 π 键的高聚物经化学或电化学"掺杂"使其由绝缘体转变为导体的一类高聚物材料,如聚乙炔、聚对苯硫醚、聚对苯撑、聚苯胺、聚吡咯、聚噻吩及 TCNQ 电荷络合高聚物等。它们不同于由金属或碳粉与高聚物共混而制成的复合型导电塑料,在其自身的化学结构中即带入载流子。导电高聚物不仅具有由于掺杂而带来的金属特性(高电导率)和半导体(P 和 n 型)特性之外,还具有高聚物结构的可分子设计性,可加工性和密度小等特点。

导电高聚物在能源、光电子器件、信息、传感器、分子导线和分子器件、电磁屏蔽、金属防腐和隐身技术方面有着广泛、诱人的应用前景。由它们制作的大功率高聚物蓄电池、高能量密度电容器、微波吸收材料、电致变色材料,都已获得成功。

导电高聚物主要有三类,即具有共轭结构的高聚物、高分子电荷转移络合物以及有机金属高聚物,此外某些聚合物电解质也可以具有导电性。

1. 具有共轭双键的高聚物

人们很早就已发现一些具有共轭双键结构的有机小分子化合物具有半导体的性质,如图 9-24 所示。

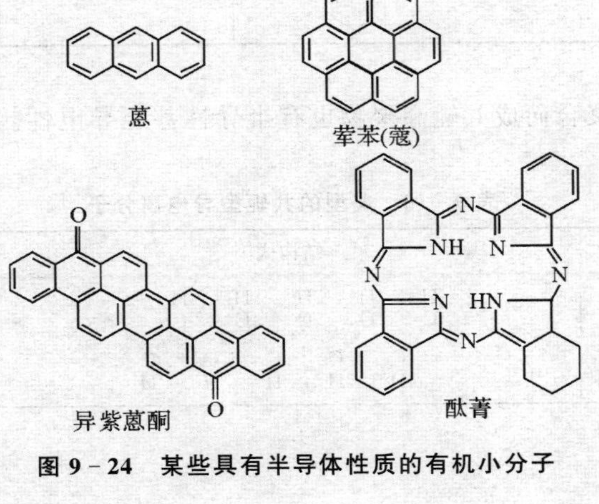

图 9-24　某些具有半导体性质的有机小分子

共轭双键结构体系的半导体性能与 π 电子的非定域化有关。我们知道,双键由一对 σ 和一对 π 电子构成。在具有共轭双键的化合物中 σ 电子定域于 C—C 键上,π 键的二个 π 电子并没有定域在某个碳原子上,它们可以从一个 C—C 键转位到另一个 C—C 键上,即具有在整个分子链上延伸的倾向。也就是说分子内 π 电子云的重叠产生了为整个分子共有的能带,从这个意义上讲,π 电子类似于金属导体中的自由电子。实验证明,π 电子沿着分子链的迁移率与它所表现出的增高的电导是相对应的。由表 9-9 给出的一些芳香烃的电阻率可见,随着稠环数的增加,也即分子共轭程度的增加,其体积电阻率 ρ_v 降低了几个数量级。因此,完整共轭结构高聚物的分子量愈大,电导率愈高。

表 9-9　某些芳香烃的电性能

化合物		电阻率/$(\Omega \cdot cm)$	禁带宽/eV
苯 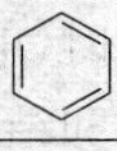		—	~ 5
萘 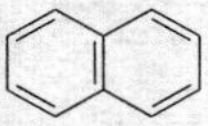		$\sim 10^{19}$	3.7
蒽 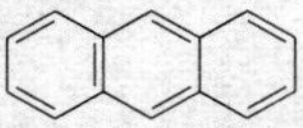		$\sim 10^{16}$	1.93
丁省 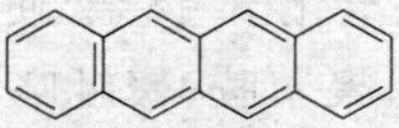		$\sim 1.3 \times 10^{16}$	1.70
戊省 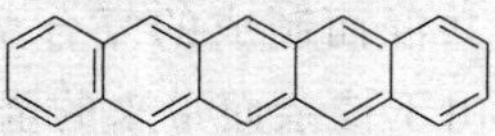		$\sim 3 \times 10^{13}$	1.50
紫蒽酮 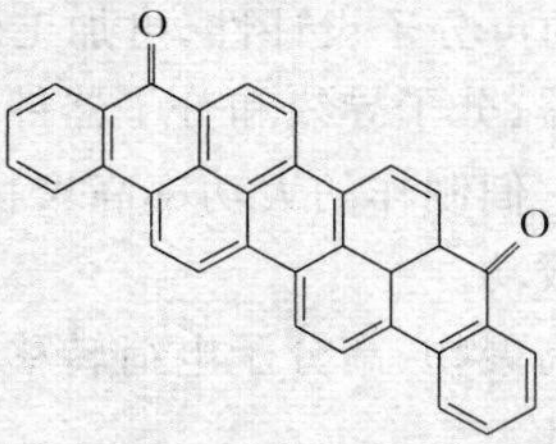		2×10^{10}	0.75
紫蒽烯 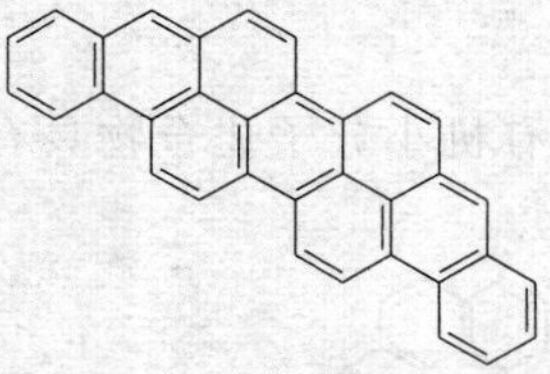		2×10^{14}	0.85

这样,由共轭分子聚合而成共轭高聚物也有半导性甚至导电性。典型的共轭型导电高分子见表 9-10。

表 9-10　典型的共轭型导电高分子

导电高聚物(合成年份)	结构式	室温电导率/$(S \cdot cm^{-1})$
反式聚乙炔 PA(1977)	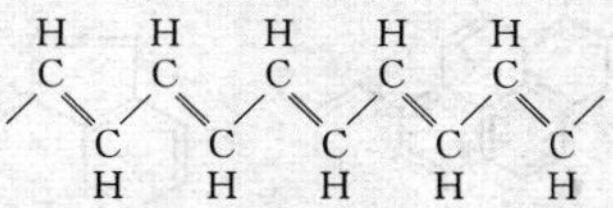	10^4

续 表

导电高聚物(合成年份)	结构式	室温电导率/(S·cm^{-1})
聚吡咯 PPy(1978)	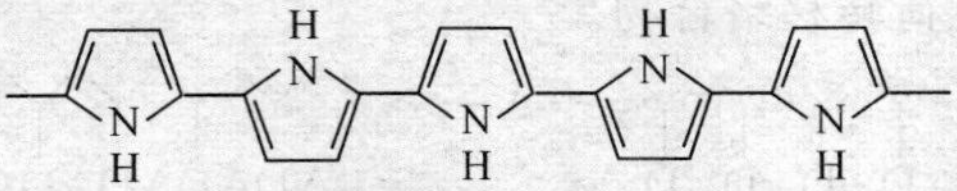	10^3
聚噻吩 PTh(1981)	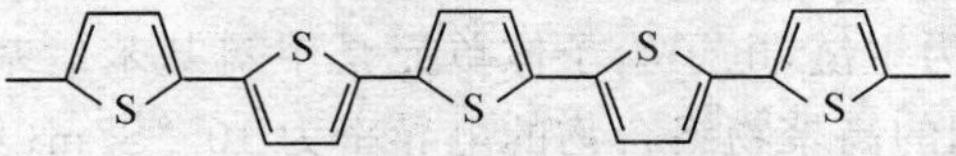	10^3
聚对苯 PPP(1979)	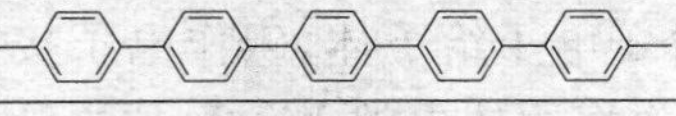	10^3
聚苯乙炔 PPV(1979)	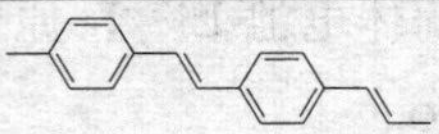	10^3
聚苯胺 PANi(1980)	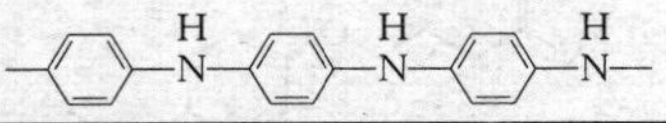	10^2

例如聚炔类的聚乙炔和聚苯乙炔,它们的电子云在高分子内交叠,只是由于分子量不高,而且共轭不完善,它们才是半导体。但是最近发现聚硫化氮(SN)$_n$单晶在分子链方向具有金属电导,室温时 $\sigma = 2 \times 10^3\,\mathrm{S/m}$,可能的结构是

$$=\overset{+}{\underset{\cdot\cdot}{\mathrm{S}}}-\mathrm{N}=\overset{\cdot}{\underset{\cdot\cdot}{\mathrm{S}}}-\mathrm{N}=\overset{\cdot}{\underset{\cdot\cdot}{\mathrm{S}}}-\mathrm{N}=$$

此外,碳化高聚物如经拉伸的聚丙烯腈纤维经高温碳化后实际上就形成了人造石墨(见图 9-25),在石墨纤维轴方向呈现金属电导 $\sigma = 10^{10}\,\mathrm{S/m}$。

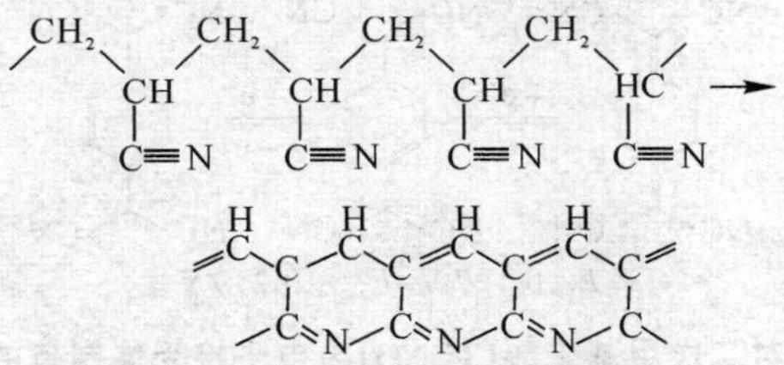

图 9-25 由聚丙烯腈碳化制备石墨纤维

2. 电荷转移络合物和自由基-离子化合物

电子转移络合物和自由基-离子化合物是另一类导电性有机化合物。它是由电子给予体和电子接受体之间靠电子的部分或完全转移而形成的,即

$$\mathrm{D} + \mathrm{A} \rightarrow \mathrm{D}^{\delta+} \mathrm{A}^{\delta-} \quad \text{电荷转移络合物}$$

$$\mathrm{D} + \mathrm{A} \rightarrow \mathrm{D}^{+} \mathrm{A}^{\cdot-} \quad \text{自由基-离子化合物}$$

电荷转移量 δ 主要决定于给体(D)的电离位 I_D 和受体(A)的电子亲和力。D 的最高占有轨道愈高,A 的最低空轨道愈低,分子间的电荷传递愈易进行。实际电荷转移络合物总是由电离位小的 D 分子和亲和力大的 A 分子组成。电荷转移可发生在 D 和 A 分子之间,也可发生在它们的激发态之间。

已有报导的电荷转移络合物多半由给体型高聚物 D 与 A 组成,形成脆性的固体,其电导性是通过电子给予体与电子接受体之间的电荷转移而传递电子造成的,因而电导率具有明显

的各向异性,其中沿交替堆砌的方向最高。为了将这种高导电性与柔性长链高聚物的韧性和可加工性结合起来,有人把电子给予体结构作为侧基接到高分子主链上,然后加入电子接受体化合物,以形成高聚物的电荷转移络合物。

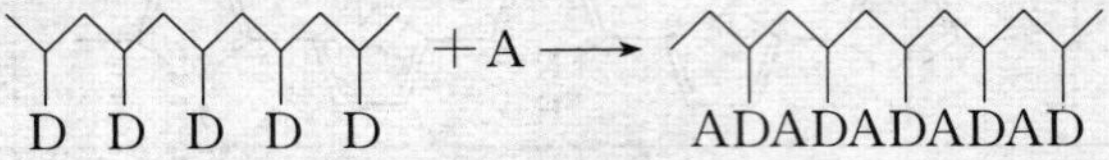

$$D \quad D \quad D \quad D \quad +A \longrightarrow \quad ADADADADAD$$

例如选择聚乙撑亚胺为主链,电子给予体单元是甲巯基苯氧基,而以 2,4,5,7-四硝基芴酮作为电子接受体,则得到的高聚物络合物的电导率为 10^{-9} S/m(见图 9-26)。当采用聚 2-乙烯吡啶或聚乙烯咔唑作为高分子电子给予体,碘作电子接受体制备的聚 2-乙烯吡啶-碘的电导率约为 10^{-1} S/m,它已在高效率固体电池 Li-I$_2$ 原电池中得到了实际应用。

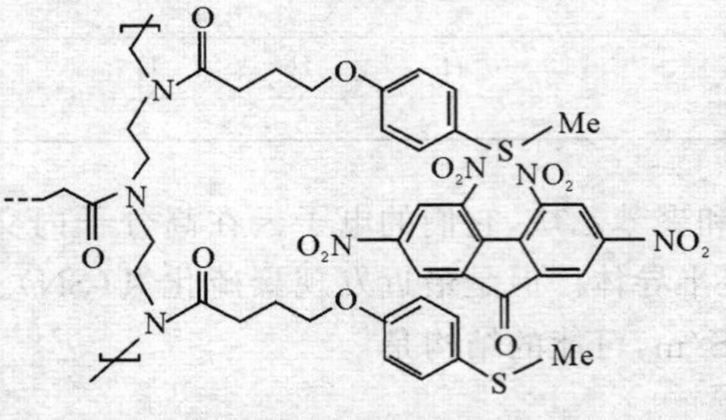

图 9-26　以聚乙撑亚胺为主链的高聚物电荷转移络合物

自由基-离子化合物中,主要以四氰代对二次甲基苯醌(TCNQ)为电子接受体,它能接受电子形成自由基-负离子或双负离子(见图 9-27)。

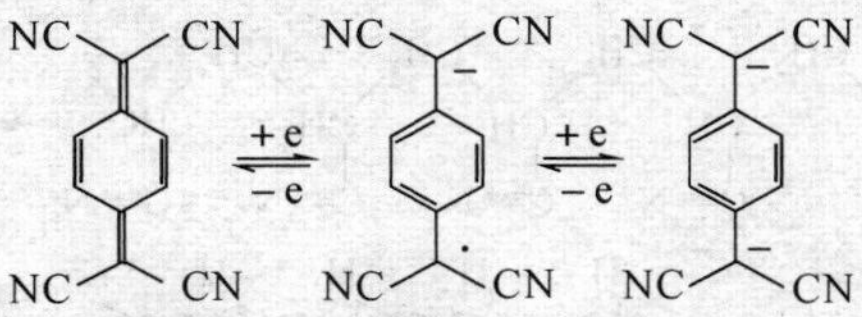

$$E_1 = 0.127 \text{ V}, \quad E_2 = -0.219 \text{ V}$$

图 9-27　由四氰代对二次甲基苯醌(TCNQ)为电子接受体制备的自由基-离子化合物

从氧化还原电位 E 可以看出,自由基-负离子 TCNQ$\cdot^-$ 具有很好的稳定性,因此 TCNQ 易与强电子给予体形成自由基-离子化合物。如由 TCNQ 与四硫代富瓦烯(TTF)形成的自由基-离子化合物电导率高达 10^5 S/m。其中生成的自由基-离子本身紧密整齐堆切,形成电子通道,电子的迁移是通过中性分子(自由基-离子)双基离子间互相转变时的电子交换来实现的,因而电导性也有明显的各向异性。

如果用高聚物正离子作为主链,把 TCNQ 自由基-负离子串起来,则可得到高聚物的自由基-离子化合物。理想的正离子中心应是极性的和芳香的,如聚 2-乙烯吡啶-TCNQ 络合物(—CH—CH$_2$— [TCNQ]$^-$)。选择立构规整高聚物,使高聚物在固体中取合适的构象以允

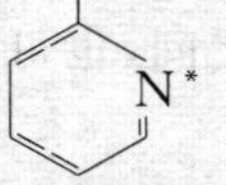

许 TCNQ 单元形成良好的整齐堆切,可望得到最佳的电导率,目前得到最高电导率为 1S/m。含 TCNQ 的弹性体,虽电导率仅 10^{-6} S/m,但拉伸形变达到 80% 时,电导性仍能不受破坏。

3.金属有机高聚物

将金属元素引入高聚物主链即得到金属有机高聚物。由于有机金属基团的存在,使高聚物的电子电导增加。其原因是金属原子的 d 电子轨道可以和有机结构的 π 电子轨道交叠,从而延伸分子内的电子通道,同时由于 d 电子轨道比较弥散,它甚至可以增加分子间的轨道交叠,在结晶的近邻层片间架桥。这类高聚物可分为主链型高分子金属络合物、金属酞菁高聚物和二茂铁型金属有机高聚物。如 1,5 -二甲酰 2,6 -二羟基萘二肟的二价铜的络合物(图 9 - 2(8)a),其电导率达 $10^{-3} \sim 10^{-2}$ S/m。聚铜酞菁(图 9 - 28(b)),具有二维电子通道的平面结构电导率高达 5S/m。当有机金属高聚物中的过渡金属原子存在混合氧化态时,则它可以提供一种新的、与有机骨架无关的导电途径,电子直接在不同氧化态的金属原子间传递,就像在自由基-离子化合物中,电子直接在自由基-离子的不同氧化态之间传递一样,因为电子传递完全不需要有机骨架参与,所以即使有机骨架是非共轭的也没有关系。聚二茂铁(或含二茂铁的高聚物,见图 9 - 28(c)),原为电绝缘体,当加入 TCNQ 等电子受体使其中部分二价铁被氧化成三价铁时,形成混合价态,则电导率提高到 10^{-4} S/m。

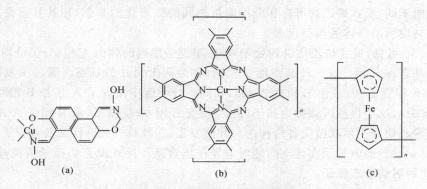

图 9 - 28 金属有机高聚物结构式

五、导电高聚物中的载流子及导电机理

1.具有两个能量相同基态(基态的简并)的导电高聚物中的载流子

(1)反式聚乙炔的孤子。

聚乙炔是结构最简单的导电高分子,它是由 —CH 单元组成的准一维结构的共轭高分子,主链上含有交替排列的 C—C 单键及 C=C 双键,单键长 1.45Å,双键长 1.35Å,每个碳原子为 $sp^2 p_z$ 杂化,可提供一个可导电的 π 电子。按双键、单键两端的两个 H 的位置,聚乙炔具有七种异构体,常见的如图 9 - 29 所示。

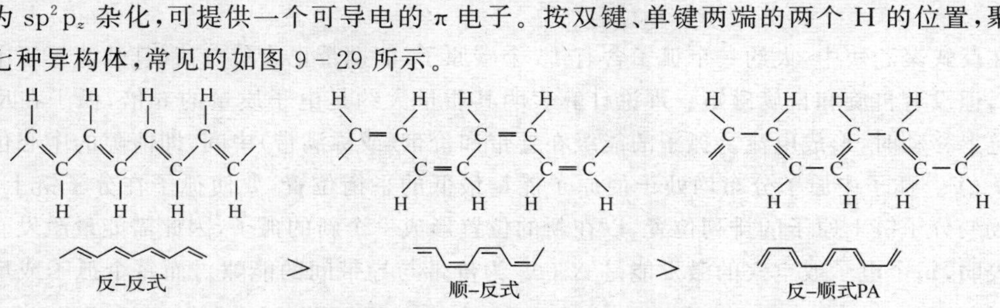

反-反式 > 顺-反式 > 反-顺式PA

图 9 - 29 聚乙炔常见的几何异构体及它们的稳定性

聚乙炔的室温导电率仅有$10^{-8}\,\mathrm{S/m}$,这主要是由于聚乙炔与普通的三维立体结构的碱金属不同,是准一维结构材料。而一维结构材料的载流子由于在低温下难以克服存在的禁带能隙而不导电,必须在一定温度以上,当热能大到足以克服存在的能隙时才能变为导体。

一维结构材料的这种由绝缘体到导体的转变称为 Peierls 相变。Peierls 相变温度与一维结构材料的能隙有关,能隙越大,相变温度越高。聚乙炔的能隙高达 1.5～1.8 eV,相变温度高达数千度,而此时聚乙炔早已分解。故聚乙炔在常温下是绝缘体,但经过掺杂能转变为导体或半导体。

早在 20 世纪 50 年代,Peierls 便指出一维结构材料存在 Peierls 不稳定性,即原来等距离排列的一维晶格能量较高,是不稳定的,在电子和原子核晶格的相互作用下,其原子一定要发生位移,位移后可使体系能量降低。对于聚乙炔,由于能带是半充满的,碳原子会发生这样的位移,所有奇数碳向左(右)移动,偶数碳随之向右(左)移动,理论计算和实验测得碳原子位移约 0.4 nm,从而形成交替出现的长键(单键)和短键(双键),并且两个相邻的原子形成了一个新的原胞。这种两个非等距排列的原子配对组成新原胞的过程称为二聚化。由于奇偶数碳原子移动的方向不同,反式聚乙炔可存在两种能量相同的二聚化的基态,称其基态是简并的,是这类本征型高聚物半导体的典型代表。

由图 9-30 可见,反式聚乙炔链均处于双键-单键…序列的称为 A 相,分子链均为单键-双键…序列的基态称 B 相。这二种基态能量相同,称为两个简并的基态。通过激发,使分子链的一部分由 A 相变 B 相(或由 B 相变 A 相),在同一分子链中出现了 A 相和 B 相间的过渡区(图中虚线部分),这个过渡区就称为孤子(由 A 相变 B 相)或反孤子(由 B 相变 A 相)。因此,孤子是反式聚乙炔分子单双键交替结构的一种激发态,它既具有波动性又具有粒子性,既容易产生,又容易运动。荷电孤子在运动时能对电导作出贡献。反式聚乙炔孤子的波峰形式像一个台阶,由此得名畴壁型孤子。

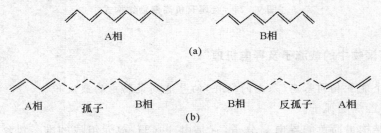

图 9-30　反式聚乙炔的两个简并基态与孤子
(a)反式聚乙炔的两个简并基态;　(b)孤子的形成

在反式聚乙炔中,大约一个孤子含有 15 个碳原子,能携带正或负电荷(其数值等于电子的电量),但没有自旋和自旋磁矩。理论计算表明其质量大约是电子质量的 6 倍,孤子在反式聚乙炔链上移动时,形成电流。孤子的能级在导带和价带(或称满带)中间,即能隙的中心位置约为 0.7 eV。孤子中原子分布均处于使原子能量最低的平衡位置,要使孤子在分子链上流动,就要改变分子链上原子的排列位置,以在新的位置形成一个新的孤子,因此需能量激发。理论计算表明,每个电子或空穴的激发能是 Δ_0(Δ_0 为价带与导带间的能隙),而每个孤子或反孤子的激发能为 $E_s = \dfrac{2\Delta_0}{\pi}$,小于电子或空穴的激发能,因而先出现的载流子是孤子/反孤子,而不是电子或空穴。孤子沿着分子链方向的迁移率约为 $2m/(V \cdot S)$，键上的迁移活化能仅为 $0.002eV$。反式聚乙炔的激发能 E_s 约为 $0.44eV$。由于反式聚乙炔 A 相和 B 相是相互对称的，因此正反孤子中的原子分布也是对称的。孤子可以失去一个电子带正电而成正孤子，或得到一个电子带负电而成负孤子。

必须指出，孤子和电子(或空穴)在激发形式上有根本差别。一般地，产生一个电子或空穴只需将一个电子从价带激发到导带中，原子的晶格结构及电子的能带结构都不改变。当产生一个孤子时，除了使一个电子从价带跃迁到能隙中央的孤子能级外，要引起整个原子晶格和所有的电子状态的改变，可以说孤子是一种"集体激发"，是所有电子和整个原子晶格协同作用的结果。

(2)反式聚乙炔的单极化子。

由于孤子与反孤子是同时存在的，两者间存在相互作用。又由于它们各有三种带电状态，因此按总电荷可划分为三类不同的情况。

1)总电荷为 0。此时孤子与反孤子带异号电荷，或均为中性孤子。由于带异号电荷的孤子相互吸引使其不断靠近，最后相互湮灭，因此这种带电状态的孤子-反孤子对不能稳定存在。

2)总电荷为 $\pm 2e$。此时孤子与反孤子带同号电荷，相互排斥，而成为两个独立的畴壁。

3)总电荷为 $\pm e$。此时孤子与反孤子一个荷电，另一个为中性孤子。当距离较远时两者相互吸引，距离太近则相互排斥，因此存在一个平衡距离，其能级存在一个极小值，理论计算表明该极小值为 $2^{3/2}\Delta_0/\pi$。此时形成一个束缚态，束缚着的"孤子-反孤子对"即称极化子。它的原子核位置畸变的范围大约是一个孤子的 124 倍。

因此只有当总电荷为 $\pm e$ 的孤子-反孤子对才能形成稳定的束缚态。在反式聚乙炔中极化子的电荷只能是 $\pm e$，称电子极化子或空穴极化子，也称单极化子，不存在中性或带 $\pm 2e$ 的极化子。极化子有两个分立的能级，一个是 $2^{1/2}\Delta_0/\pi$，另一个是 $-2^{1/2}\Delta_0/\pi$，是从孤子和反孤子的两个定域状态中产生的。同理，要使极化子在分子链上流动，需要能量激发。极化子的激发能为 $2^{3/2}\Delta_0/\pi$，高于孤子的 $2\Delta_0/\pi$，但低于电子或空穴的 Δ_0，也小于孤子-反孤子对的激发能 $4\Delta_0/\pi$。按照各种元激发能的大小可以列出如下的顺序孤子(反孤子)＜极化子＜电子(或空穴)＜孤子-反孤子对＜电子-空穴对(电子-空穴对 $E=2\Delta_0$)。

2. 具有一个基态(基态非简并)的导电高聚物的载流子

一些共轭结构高聚物如聚噻吩、聚对苯撑和聚吡咯等只有一个基态(A 相)，B 相的能量高于 A 相，基态 A 相和 B 相结构的能量不相等，称为基态非简并。对于聚苯胺，由于存在不同的氧化状态(完全还原态 A_1、中间氧化态 A_2 和完全氧化态 B)，不同的氧化状态具有不同的能量，也是基态非简并的。图 9-31 所示为非简并基态共轭高分子的不同基态的结构。这类共轭结构高聚物不能形成可以独立运动的孤子和反孤子，而是形成一直处于束缚态的不可分离的孤子—反孤子对，此即极化子。可以形成的极化子共有五种：中性极化子、带一个电荷的电子(负电)极化子和空穴(正电)极化子、带二个电荷的带负电双极化子和带正电的双极化子。如图 9-32 所示为聚苯的极化子和双极化子示意图。

综上所述，在导电高分子中存在孤子、荷电孤子、极化子和双极化子等多种载流子，这些载流子的不同特性决定了导电高分子的载流子传输、电导率、磁化率及导电机制等与常规的金属和半导体是不同的。

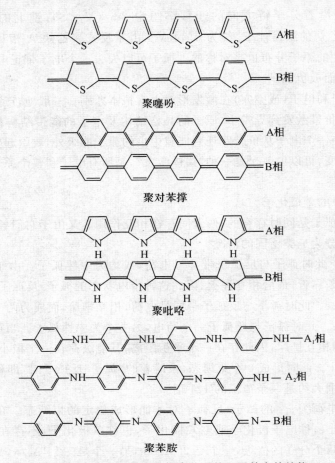

图 9 - 31 非简并基态共轭高分子的不同基态的结构

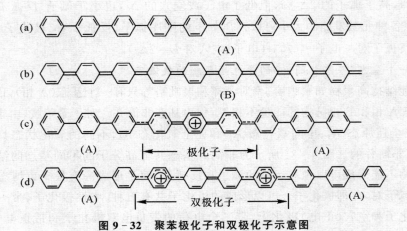

图 9 - 32 聚苯极化子和双极化子示意图

(a)基态 A； (b)基态 B； (c)极化子； (d)双极化子

3. 导电高聚物的导电机制

通常导电高聚物具有共轭结构的 π 电子,在一定条件下(如掺杂、热、光或电场等),π 电子和原子核相互作用的结果，可形成各种载流子，这些载流子具有一定的能量。按照半导体能带理论，假设高分子为准一维晶格模型，导电高聚物的能带结构示意图如图 9-33 所示，孤子能带在价带（高聚物是满带）和导带（高聚物是空带）之间能隙（禁带）的中心位置，极化子能带位于能隙中两个分立的能级。由于单极化子和双极化子所具有的能量不同，它们在能隙中的位置也不同。它们的位置均大大缩小了能隙的宽度，使高分子从绝缘态（能隙很大）进入了导电状态（能隙很小）。但高分子链上只有一些局部的区域形成载流子，载流子处于导电状态，其余高分子链部分则为非导电状态（或称绝缘状态）。只有载流子在高聚物分子链内及分子链间传输流动，才能实现电导过程。

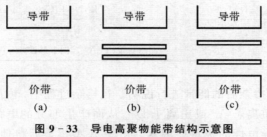

图 9-33　导电高聚物能带结构示意图
(a)孤子能带；　(b)极化子能带；　(c)双极化子能带

对于这种准一维的不均匀导电体系，载流子传输的导电模型主要有三个，即一维变程跃迁（VRH）模型、受限涨落诱导隧道（FIT）模型及金属岛（MI）模型。目前最流行的导电高分子的导电模型是颗粒金属岛模型。该模型充分考虑到导电高分子的各向异性及内部的不均匀性，综合了 VRH 模型和 FIT 模型的优点，认为整个导电体系由高电导率的金属区及包围在金属区周围的绝缘区所组成。宏观电导率与链内电导率及链间电导率有关。链内电导率取决于导电高分子的组成及本身的特性，链间电导率与导电高分子的链间排列有关。在金属岛内，由于是有序的三维导体，其电导率取决于链内电导率，而在绝缘区，必须依靠"跃迁"或"隧道效应"来传递载流子. 因此对一定的导电高分子而言，链内电导率是导电体系所能达到的最高的宏观电导率，绝缘区的有序化程度直接决定了"跃迁"或"隧道效应"的难易，是整个导电体系宏观电导率的瓶颈。拉伸和结晶均有利于改善非金属区的有序化程度，对提高电导率的作用十分明显，如聚乙炔、聚对苯撑乙烯撑在拉伸 3~6 倍后拉伸方向电导率提高 1~2 个数量级，聚苯胺拉伸 250~350％ 后电导率可达 350S·cm⁻¹。但在垂直于拉伸方向的电导率变化不大，由此造成电导率的高度各向异性，如聚乙炔电导率的各向异性可达 1 000，聚苯胺电导率的各向异性也达到 24。理论计算表明，金属岛的尺寸可达 250Å，金属岛内的电导率可达 10^6 S·cm⁻¹以上。从这个意义上说导电高分子的电导率还有很大的提高余地。

六、导电高聚物的掺杂及其体系的载流子

导电高分子的能隙较大，如聚乙炔的能隙为 1.5~1.8eV，聚噻吩的能隙约 2.0eV，聚吡咯、聚苯胺的能隙超过 3eV，即使是目前被认为能隙最低的聚异硫茚的能隙也在 1.0eV 左右，它们由绝缘体到导体的转变（Peierls 相变）温度均在数千度以上，因此常温下一般是绝缘体，必须经过掺杂（doping）才能导电。

适用于导电高分子的掺杂剂很多，主要有卤素、Lewis 酸、质子酸、过渡金属卤化物等受体

型掺杂剂及碱金属、氨、季铵盐等给体型掺杂剂,具体如表 9 - 11 所示。

表 9 - 11　典型掺杂剂

	卤素	Br_2, Cl_2, I_2
受体型	Lewis酸	BF_3, PF_5, SbF_5, AsF_5
	(电化学掺杂)	$(BF_4^-, PF_6^-, SbF_6^-, AsF_6^-)$
	质子酸	$HNO_3, H_2SO_4, HClO_4, HCl, HF, FSO_3H, CF_3SO_3H, CH_3SO_3H, C_{12}H_{25}-p-C_6H_4-SO_3H$
	过渡金属卤化物	$FeCl_3, MoCl_5, WCl_5, SnCl_4, MoF_5, RuF_5, TaBr_5, SnI_4$
	有机分子	TCNQ, TCNE, C60
给体型	碱金属	Li, Na, k, Cs
	胺	NH_3
	季铵盐	四乙基铵(TEA^+),四丁基铵($TbuA^+$)

以聚乙炔为例,对其掺杂后的能带进行说明。在掺杂过程中,电子受体或电子给体分别接受或给出一个电子变成负离子 A⁻ 或正离子 D⁺,从而产生部分的电荷转移,这种部分电荷转移是共轭高聚物出现高导电性的极重要因素。由于 A 型掺杂后将使高聚物本体的价带产生空穴,从而使费米能级 E_F 向下移动,D 型掺杂后相反地将有电子注入导带,使费米能级 E_F 向上移动,它们的作用都是使价带与导带之间的能隙变窄,从而增强了聚乙炔的金属性(见图 9 - 34)。

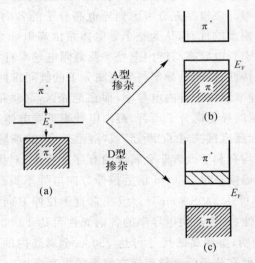

图 9 - 34　聚乙炔掺杂前后的能带

(a)掺杂前有能隙 ΔE_g 致使 PA 不能导电;　(b)A 型掺杂后的能带能隙变窄;　(c)D 型掺杂后的能带能隙也变窄

根据掺杂过程中是否发生电子得失,导电高分子的掺杂可分为氧化还原掺杂和非氧化还原掺杂两类。绝大部分导电高分子的掺杂伴随电子得失,属于氧化还原掺杂。目前仅发现聚苯胺的质子酸掺杂无电子得失,因此聚苯胺是唯一可以进行非氧化还原掺杂的导电高分子。正是掺杂剂的引入,在掺杂过程中发生电荷的部分转移,使得在杂质附近高聚物的共轭键发生形变以及晶格畸变,导致导电高聚物的分子被激发,产生了可传递电荷的载流子(孤子、极化子、双极化子等),才具有较高的电导率。

导电高分子的掺杂率在 $1\%\sim50\%$,通常超过 6%才有较高的电导率。掺杂剂后的导电高分子,除了激发形成孤子、荷电孤子、极化子和双极化子等载流子外,掺杂剂本身也形成了带正电或负电的对离子载流子依附在导电高分子链上。掺杂后的导电高分子的主链原子发生了位移,但掺杂剂不能嵌入到主链原子之间,只能存在于导电高分子的主链与主链之间。

典型导电高分子链的掺杂态结构如图 9-35 和图 9-36 所示。

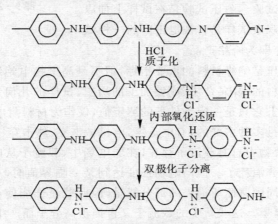

图 9-35　中间氧化态聚苯胺的质子酸掺杂

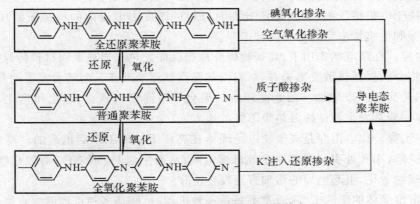

图 9-36　不同氧化态聚苯胺的掺杂

9.1.8　高聚物的介电击穿

前面讨论的都是高聚物在弱电场中的行为。在弱电场中,高聚物电绝缘体的电流-电压关系服从欧姆定律。但在强电场($10^5\sim10^6$ V/cm)中,随着电压的升高,电流-电压关系不再服从欧姆定律,电流比电压增大得更快。当电压升至某临界值时,高聚物中形成了局部电导,从而使它丧失电绝缘性能,这种现象称为介电击穿(见图 9-37)。

击穿时,材料的化学结构遭到破坏(通常是焦化、烧毁)。导致材料击穿的电压(见图 9-37 的 C 点)称为击穿电压,它表示一定厚度的试样所能承受的极限电压。在均匀电场中,试样的击穿电压随厚度的增加而增加。因此通常用击穿电压 V_c 与试样厚度 d 之比,即电击穿强度 E(或介电强度)来表示高聚物电绝缘体的耐电压指标,有

$$E = \frac{V_c}{d} \qquad (9-54)$$

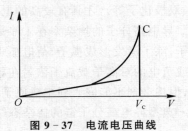

图 9-37 电流电压曲线

击穿试验是一种破坏性试验,一般常用非破坏性的耐压试验来代替电击穿试验。耐压试验是在试样上加以额定电压经规定时间后观察试样是否被电击穿的一种试验,如果试样未被电击穿即为合格产品。

电击穿强度和耐电压是绝缘材料的重要指标,但不是高聚物电绝缘体的特征物理量。因为这些指标受高聚物材料的缺陷、杂质、成型加工的历史、试样的几何形状、环境条件、测试条件等因素的影响。实际上它只是一定条件下的测定值,仅作为材料耐电压的相对比较。

电击穿的机理可以是多种多样的,有电击穿,电机械击穿、热击穿、化学击穿等。

(1)电击穿。在高聚物中总有载流子存在,在弱电场中,载流子从电场中获得的能量在与周围分子的碰撞中大部分消耗了。但当电场强度达到某一临界值时,载流子从外部电场获得的能量大大超过它们与周围碰撞所损失的部分能量,因此载流子能使被撞击的高分子链发生电离,产生新的电子或离子。这些新生的载流子又再撞击高分子而产生更多的载流子,如此继续就会发生所谓的"雪崩"现象,以致电流急剧上升,最后达到电击穿破坏。

(2)电机械击穿。如果高聚物材料在低于电击穿所需的电场强度下就发生变形,那么击穿强度主要取决于电机械压缩,即当电压升高时材料的厚度因电应力的机械压缩作用而减小。一般把电击穿和电机械击穿统称为内部击穿。

(3)热击穿。在强电场作用下,高聚物因介质损耗而发热。当高聚物材料传导热量的速度不足以及时将介质损耗热散发出去时,材料内部温度就逐渐升高。而随着温度的升高,电导率增加,介质损耗又进一步增加。如此循环的结果会导致高聚物氧化、熔化和焦化,以致击穿。显然,热击穿一般都发生在试样散热最不好的地方。

(4)化学击穿。化学击穿是高聚物电绝缘体在高压下长期工作后出现的。高电压能在高聚物表面或缺陷、小孔处引起局部的空气碰撞电离,从而生成 O_3 或 NO_2 等氧化物,这些化合物都能使高聚物老化,引起电导的增加直至发生击穿。

高聚物电绝缘体的实际击穿,通常不只是一种机理,可能是多种机理的综合结果。

由于高聚物的介电击穿是一个很复杂的过程,还存在着许多未知因素,因此有关介电击穿与高聚物结构的关系至今还知之甚少。图 9-38 所示为一些线型高聚物的电击穿强度对温度的依赖关系。一般说来,当温度低于 T_g 时,电击穿强度随温度的升高下降较少,而且介电击穿机理主要是电击穿。当温度高于 T_g 时,电击穿强度随温度的升高迅速下降,原因在于除了电击穿外,还存在热击穿、电机械击穿等"二次"击穿。

在高聚物结构因素中,以极性对电击穿强度的影响较为显著。一般的结论是,当温度低于 T_g 时,高聚物的极性增加,击穿强度提高。总的来说,高聚物电击穿强度的最高值在 20℃ 时为 $100 \sim 900 \text{MV/m}$,有的极性高聚物的击穿强度值甚至可超过 $1\,000 \text{MV/m}$。例如,在 $-195℃$,聚乙烯的击穿强度为 680MV/m,聚甲基丙烯酸甲酯的击穿强度为 $1\,340 \text{MV/m}$。极性基团对击穿强度的正效应可解释为在高电场作用下的加速电子被偶极子散射,从而降低了电

击穿的几率。一些高聚物的击穿强度列于表 9 - 12 中,可以看出,对同一种高聚物,薄膜试样比块状厚试样的击穿强度高很多。

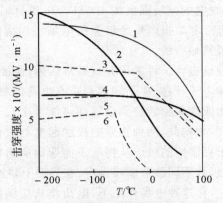

图 9 - 38　高聚物的电击穿强度-温度曲线

1—聚甲基丙烯酸甲酯;　2—聚乙烯醇;　3—氯化聚乙烯;　4—聚苯乙烯;　5—聚乙烯;　6—聚异丁烯

表 9 - 12　某些高聚物的击穿强度工程数据

高聚物	$E_b(MV \cdot m^{-1})$	高聚物	$E_b(MV \cdot m^{-1})$
聚乙烯	18～28	聚乙烯薄膜	40～60
聚丙烯	20～26	聚丙烯薄膜	100～140
聚甲基丙烯酸甲酯	18～22	聚苯乙烯薄膜	50～60
聚氯乙烯	14～20	聚酯薄膜	100～130
聚苯醚	16～20	聚酰亚胺薄膜	80～110
聚砜	17～22	芳香聚酰胺薄膜	70～90
酚醛树脂	12～16		
环氧树脂	16～20		

　　高聚物的分子量、交联度、结晶度的增加也可增加击穿电压,特别是在高温区(高于 T_g)的击穿强度,这是因为上述结构因素能提高高聚物的热击穿能力。

9.1.9　高聚物的静电作用

一、静电的产生和起电机理

　　当高聚物之间或高聚物与其他物体接触或摩擦后,高聚物表面会产生静电现象。高聚物及其制品的静电现象通常在它们生产和加工时已形成。一般说来,静电现象对高聚物加工和制品的使用是个不利因素,因此,工业上迫切要求解决这个问题。

　　根据目前的认识,任何两个固体,不论其化学组成是否相同,只要它们的物理状态不同,其内部结构中电荷载体能量的分布也就不同。当这样两种固体接触时,在固—固表面就会发生电荷再分配。在它们重新分离之后,每一个固体都将带有比接触前过量的正(或负)的电荷,这种现象称为静电现象。

高聚物电绝缘体与金属接触而从金属取得的电荷密度已被测量出,其值在 $10^{-5} \sim 10^{-3} C/m^2$。电荷密度为 $10^{-4} C/m^2$ 相当于每 10^4 个表面原子有一个电荷单元,即接触起电的绝对值是极小的。如果气体放电的电场强度按 4.0MV/m 推算,这相当于表面电荷密度为 $3.6 \times 10^{-5} C/m^2$,如此小的电荷密度却能产生足够强的电场将周围的空气击穿,从而产生火花。因此,高聚物的静电效应是极其显著的。

目前,对接触起电的机理已进行了许多研究。通常认为,在接触时电荷从一个物体转移到另一物体可以有三种方式,即电子转移、离子转移和带有电荷的材料的转移(例如高聚物和金属摩擦时,金属转移到高聚物或高聚物转移到金属都可能发生)。许多试验研究表明,电荷转移往往源于电子的转移。正因为如此,两种物质的接触起电与它们的功函数有关。所谓功函数(或称为逸出功),就是电子克服核的吸引从物质表面逸出所需的最小能量。不同的物质具有不同的功函数。当二种功函数不同的金属接触时,在界面上将产生电场,其接触电位差与一对金属的功函数之差成正比。在这种电场作用下,电荷将从功函数小的金属向功函数大的金属转移,直到接触界面上形成的双电层产生的反电位差与接触电位差相抵消时为止。结果功函数高的金属带负电,功函数低的金属带正电,而接触界面上电荷转移量 Q 与材料的功函数差 $(\varphi_1 - \varphi_2)$ 和接触面积 S 成正比。在热力学平衡状态下,有

$$Q = \alpha S (\varphi_1 - \varphi_2) \tag{9-55}$$

式中,α 是一系数。对大多数材料,式(9-55)是适用的。

当高聚物与金属接触时,界面上也发生类似的电荷转移,而且多数情况下电子是由金属转移到高聚物。

两种高聚物接触时的起电原理与金属相似,即功函数高的带负电,功函数低的带正电。表9-13列出一些高聚物的功函数。摩擦起电的情况要比接触起电复杂得多,其机理尚不完全了解。对尼龙66与不同金属在室温氮气流中摩擦起电的实验结果表明,对功函数大的金属,尼龙66带正电;对功函数低的金属,尼龙66带负电。即金属与高聚物的摩擦起电,基本上由它们的功函数大小所决定。在高聚物与高聚物摩擦时,所带电荷的正负取决于材料的介电常数。一般认为,介电常数大的高聚物带正电,介电常数小的带负电,

列出高聚物的起电顺序。任何两种高聚物摩擦时,排在前面的高聚物带正电,后面的带负电。将表9-13和表9-14比较可看出,高聚物的摩擦起电顺序与其功函数顺序基本一致。

表 9-13　高聚物的功函数

高聚物	功函数/eV	高聚物	功函数/eV
聚四氟乙烯	5.75	聚乙烯	4.90
聚三氟氯乙烯	5.30	聚碳酸酯	4.80
氯化聚乙烯	5.14	聚甲基丙烯酸甲酯	4.68
聚氯乙烯	5.13	聚乙酸乙烯酯	4.38
氯化聚醚	5.11	聚异丁烯	4.30
聚砜	4.95	尼龙66	4.30
聚苯乙烯	4.90	聚氧化乙烯	3.95

表 9-14　高聚物的起电顺序

聚氨酯	尼龙66	羊毛	蚕丝	黏纤	皮肤	纤维素（棉）	乙酸纤维素	聚甲基丙烯酸甲酯	聚乙烯醇缩甲醛	聚对苯二甲酸乙二醇酯	聚丙烯腈	聚氯乙烯	聚碳酸酯	聚氯醚	聚偏三氯乙烯	聚苯乙烯	聚苯醚	聚丙烯	聚四氟乙烯

$+$　→　$-$

　　摩擦起电只是导致高聚物电荷积累的一个方面。在摩擦过程中高聚物不断起电，又不断泄漏，因此电荷的积累是这两个过程的动态平衡。如果电荷只靠材料体内泄漏来消除，则相当于电阻电容放电，电荷按指数规律衰减，即

$$Q = Q_0 e^{-\frac{t}{\tau}} \qquad\qquad (9-56)$$

式中，Q_0 为起始电量，t 为时间，τ 称为放电时间常数，它与材料的介电常数和电阻率成正比。

　　由于高聚物大多数是绝缘体，放电时间很长，电荷衰减很慢。例如，聚乙烯、聚四氟乙烯、聚苯乙烯、有机玻璃等的静电可保持几个月。所以摩擦起电后静电来不及泄漏而保持下来。

由于高聚物电荷衰减很慢，通常用起始静电量衰减至一半，即 $Q = \frac{1}{2}Q_0$ 时所需的时间来表示高聚物泄漏电荷的能力，称为高聚物的静电半衰期，表 9-15 给出了某些高聚物带静电的半衰期。

表 9-15　高聚物带静电的半衰期

高聚物	半衰期/s	
	正电荷	负电荷
聚乙烯基咔唑	0.18	0.24
赛璐珞	0.30	0.30
聚 N,N-二甲基丙烯酰胺	0.66	0.48
聚丙烯酸	1.5	0.96
羊毛	2.5	1.55
棉花	3.6	4.80
聚 N-乙烯基吡咯烷酮	41.0	15.8
聚丙烯腈	667	687
尼龙66	936	720

二、静电的危害和消除

　　一般说来，静电作用对高聚物的加工和使用是有害的，其危害性通过 3 种方式表现出来。

　　(1) 吸引力和斥力。静电的吸引力和斥力给一些工艺过程带来困难，这在合成纤维和电影胶片工业中表现尤为突出。另外，在静电的吸引力作用下，高聚物表面吸附灰尘和水汽，从而大大降低制品质量。

（2）触电。在一般情况下,静电不至于对人身造成直接的伤害,但经常会给生产操作带来困难。例如,在生产电影胶片时,产生的静电压有时可高达几千伏,使人经常触电,在塑料制品使用时,也会发生触电现象。

（3）放电。静电所引起的放电包括火花放电和电晕放电。放电对产品、人身或设备的安全具有更大的威胁,特别是当现场有易燃易爆物时,放电可引起燃烧和爆炸。

从静电作用的危害性可见,消除静电的确是高聚物加工和使用中的实际问题。

从静电积聚过程可知,消除和减少静电可以从两方面着手,一是尽量控制电荷的产生,二是使产生的电荷尽快地泄漏。一般说来,控制电荷的产生较为困难,因此主要靠提高材料的表面电导率来消除静电。

一般认为,当高聚物的表面电阻率 $\rho_s < 10^{10} \Omega$ 时,静电电荷会较快地泄漏,从而消除静电作用。消除高聚物静电的方法基本有两种。一种是加入导电性填料(例如金属细屑、炭黑和碳纤维等),从而达到所需的电导率。另一种方法是加入抗静电剂使高聚物表面活化,提高表面电导率。抗静电剂主要是一些表面活化剂,它们的分子结构为 R—Y—X,其中 R 为亲油基,X 为亲水基,Y 为连接基。典型的亲油基为 C_{12} 以上的烷基,典型的亲水基有羟基、羧基、磺酸基和醚键等。根据抗静电剂分子中的亲水基能否电离,抗静电剂分为离子型和非离子型两类,离子型还可进一步分为阳离子型、阴离子型和两性离子型。由于离子型抗静电剂可以直接利用本身的离子导电性泄漏电荷,所以目前用得最多。例如阳离子型抗静电剂硬脂酰胺丙基 β-羟乙基-二甲基硝酸胺（$C_{17}H_{35}CONHCH_2CH_2CH_2N(CH_3)_2CH_2CH_2OHNO_3$）可广泛用于聚乙烯、聚丙烯、聚苯乙烯、聚氯乙烯、ABS、聚碳酸酯等高聚物,其使用方法既可配成溶液或乳液（一般浓度为 0.5%~2.0%）直接涂布于塑料制品表面,也可在高聚物加工过程中通过混炼方法添加到高聚物中去。目前抗静电剂种类很多,每种抗静电剂只适用于某些高聚物。有关选择抗静电剂的理论尚未建立,一般由实验确定。

静电现象也有有利的一面,如静电现象可应用于高聚物的静电喷涂、静电印刷、静电分离和混合等。

9.2 高聚物的热学性能

材料的热学性能表示高聚物在温度条件下所表现出的性能特点,包括热容、热膨胀、热传导、热稳定性、耐热性、熔化和升华等。材料的各种热性能的物理本质均与分子或原子热振动有关。

9.2.1 热容

热容是表征分子或原子热运动的能量随温度变化的物理量。热容定义为物体温度升高 1K 所需要增加的能量。不同温度下,物体的热容不一定相同,所以在温度 T 时物体的热容为

$$C_T = \left(\frac{\partial Q}{\partial T} \right)_T \tag{9-57}$$

式中,热容的单位为 J/K。显然,物体的质量不同,热容不同。1 g 物质的热容称为比热容,单

位是 J/(K·g)，1 mol 物质的热容称为摩尔热容，单位是 J/(K·mol)。工程上所用的平均热容是指物质从温度 T_1 到 T_2 所吸收的热量的平均值，即

$$C_{平均} = \frac{Q}{T_2 - T_1} \tag{9-58}$$

平均热容是比较粗略的，T_1 到 T_2 的温度范围越大，精度越差，应用时应注意适用的温度范围。

另外，物体的热容还与它的热过程有关，假如加热过程是恒压条件下进行的，所测定的热容称为恒压热容（C_p）。假如加热过程保持物体容积不变，所测定的热容称为恒容热容（C_v）。由于恒压加热过程中，物体除温度升高外，还要对外界做功，所以温度每提高 1K 吸收更多的热量，即 $C_p > C_v$，有

$$C_p = \left(\frac{\partial Q}{\partial T}\right)_p = \left(\frac{\partial E}{\partial T}\right)_p$$

$$C_v = \left(\frac{\partial Q}{\partial T}\right)_V = \left(\frac{\partial E}{\partial T}\right)_V$$

式中，Q 为热量，E 为内能。

在 1p 世纪就已发现了两个有关晶体热容的经验定律。一个是元素的热容定律——杜隆—珀替定律：恒压下元素原子的摩尔热容为 25J/(K·mol)。另一个是化合物的热容定律——柯普定律：化合物分子的摩尔热容等于构成此化合物分子各元素的原子摩尔热容之和，$C_v = \sum n_i C_i$（其中 n_i、C_i 分别是化合物中各元素的原子个数和原子摩尔热容）。根据晶格振动理论可得出经典的热容理论，在固体中用谐振子代表每个原子在一个自由度的振动，能量按自由度均分，每一自由度的振动的平均动能和平均势能为 $\frac{1}{2}kT$，每个原子有三个振动自由度，平均动能和势能之和 $3kT$，具有 $\widetilde{N}$ 个原子的 1mol 固体的总能量为 $3\widetilde{N}kT = 3RT$，$\widetilde{N}$ 是阿伏伽德罗常数，k 是波耳兹曼常数，R 为气体常数。因此，摩尔热容为 $C_v = \left(\frac{\partial E}{\partial T}\right)_V = 3R \approx 25 \text{J/(K·mol)}$。

这与上述定律接近，在高温下也与实验相符。但在低温时，热容的实验值并非恒定值，它随温度降低而减小，在接近绝对零度时，介电材料的热容值按 T^3 的规律趋于零。对于低温下热容减小的现象经典理论无法解释，需用量子理论来说明。

固体材料的摩尔热容与材料的结构关系不大，但单位体积的热容却与气孔率有关。高聚物多为半晶或无定形结构，其热容不一定符合理论式。大多数高聚物的比热容在玻璃化温度以下比较小，温度升高至玻璃化转变点时，由于热运动加剧，热容出现台阶式变化。结晶态高聚物的热容在熔点处出现极大值，温度更高时热容又减小。高聚物的热容约为 1.71J/(K·g)，密度约为 1.2g/cm³，因此它们的体积热容约为 2.14J/(K·cm³)。虽然这一热容值是从纯高聚物计算得到的，但也适合于含无机填充剂的复合材料。无机材料的比热低但密度高，因此热容也与高聚物相近。一些高聚物的热值列于表 9-16 中。

表 9 - 16　高聚物的热容

高聚物	热容/$(J \cdot g^{-1} \cdot ℃^{-1})$	高聚物	热容/$(J \cdot g^{-1} \cdot ℃^{-1})$
聚乙烯 PE	2.30	尼龙 6	1.59
乙烯-乙酸乙烯酯共聚物 EVA	2.30	尼龙 66	1.67
乙烯-丙烯酸乙烯酯共聚物 EEA	2.30	尼龙 610	1.67
聚丙烯 PP	1.92	尼龙 6(含 20%～40%玻璃纤维)	1.26～1.46
聚丙烯 PP(橡胶改性)	2.09	尼龙 11	2.43
聚四氟乙烯 PTEE	1.05	尼龙 11(含玻璃纤维)	1.76
氟化乙丙共聚物 FEP	1.17	聚碳酸酯 PC	1.26
聚三氟氯乙烯 CTFE	0.92	苯氧树脂	1.67
聚丁烯 PB	1.88	聚砜 PSU	1.30
乙基纤维素 EC	1.26～3.14	聚氯乙烯 PVC	0.84～1.17
缩醛	1.46	聚偏氯乙烯 PVDC	1.34
聚偏氟乙烯 PVDF	1.38	聚酰亚胺 PI	1.13
聚苯乙烯 PS	1.34	苯酚-甲醛树脂 PF	1.59～1.76
聚苯乙烯 PS(含 20%～30%玻璃纤维)	0.96～1.13	PR(含石棉)	1.26
苯乙烯-丙烯腈共聚物 SAN	1.34～1.42	三聚氰胺-甲醛树脂 MF(含纤维素)	1.67
丙烯腈-丁二烯-苯乙烯共聚物 ABS	1.26～1.67	脲-甲醛树脂 UF(含纤维素)	1.67
聚甲基丙烯酸甲酯 PMMA	1.46	乙丙共聚物 EP	1.05
硝酸纤维素 CN	1.26～1.67	乙丙共聚物 EP(含硅石)	0.84～1.13
乙酸纤维素 CA	1.26～1.67	聚酯(含碎玻璃)	1.05
乙酸丁酸纤维素 CAB	1.26～1.67	聚氨酯 PU	1.67～1.88
丙酸纤维素 CP	1.26～1.67	烯丙基树脂	1.09～2.30
聚苯醚 PPO(改性)	1.34	硅酮树脂 SI(含玻璃纤维)	1.00～1.26

9.2.2　高聚物的热传导

不同材料的导热性能存在很大差异,高聚物大多为热的不良导体,但其导热性也存在很大差别。

当固体材料一端的温度比另一端高时,热量会从热端自动地传向冷端,这个现象就是热传导。假如固体材料垂直于 x 轴方向的截面积为 ΔS,材料沿 x 轴方向的温度梯度为 dT/dx,在 Δt 时间内沿 x 轴正方向传过 ΔS 截面上的热量为 ΔQ,则实验证明,对于各向同性的物质,在稳定传热状态下具有傅立叶定律:

$$\Delta Q = -\lambda \cdot \frac{dT}{dx} \Delta S \Delta t \qquad (9-59)$$

式中,常数 λ 称为热导率(导热系数)。负号表示热流是沿温度梯度向下的方向流动,即 $dT/dx < 0$ 时,$\Delta Q > 0$,热量沿 x 轴正方向传递;$dT/dx > 0$ 时,$\Delta Q < 0$,热量沿 x 轴负方向传递。导热系数的物理意义是指单位温度梯度下,单位时间内通过单位垂直截面的热量,其单位为

J/(m·K·s) 或 W/(m·K)。

固体中的导热主要是由晶格振动和自由电子的运动来实现的。金属中有大量的自由电子，而且电子的质量很轻，能很迅速地传递热量，所以金属有较大的热导率，对于金属导热，晶格振动是次要的。但对于非金属材料，导热主要有晶格的振动完成。

设晶格中一质点处于较高的温度下，它的热振动较强烈，平均振幅也较大，而其邻近质点所处的温度较低，热振动较弱。由于质点间存在相互作用力，振动较弱的质点在振动较强质点的影响下，振动加剧，热运动能量增加。这样，热量就能转移和传递，使整个晶体中热量从温度较高处传向温度较低处，产生热传导现象。可见，热量是由晶格振动传递的。晶格振动存在两种传导机制，一种是光子传导，在高温下这种机制是主要的。这是由于物质中分子、原子和电子的振动、转动等运动状态的改变，会辐射出频率较高的电磁波，其中波长在 $0.4 \sim 40\mu m$ 间的可见光的近红外光具有较强的热效应，称为热射线，其传递过程为热辐射。另一种是声子量子化的传导，当温度不太高时是主要的，由声子传导决定的固体热导率的普遍形式为

$$\lambda = \frac{1}{3}\int c(v)Vl(v)\mathrm{d}v \tag{9-60}$$

式中，c 是声子的体积热容；V 是声子传播速度；l 是声子的平均自由程；v 是声子振动频率。由于晶格热振动是非线性的，晶格间存在耦合作用，这会引起声子相互碰撞，使声子的平均自由程减小，这种声子碰撞引起的散射是晶格中存在热阻的主要来源。晶格中的各种缺陷、杂质以及晶粒界面都会引起散射，也等效于声子平均自由程的减小，降低热导率。温度升高时，声子振动能量增加，碰撞几率变大，平均自由程减小，引起热导率降低。

高聚物中以共价键为主，不存在自由电子，热传导主要是通过分子（或原子）相互碰撞的声子传导，因此结晶程度就对热导率有重要影响，如结晶度高时热导率相对较高。由于高聚物很难形成完整的单晶体，因此结晶或非晶高聚物的热导率相对于金属或陶瓷都不高，如玻璃、石英、石墨、铜的导热系数分别为 $1,9.5,150,720$（$W \cdot m^{-1} \cdot K^{-1}$），一些高聚物的导热系数列于表9-17。为改善高聚物材料的热传导性，通常在有机高聚物中加入高导热性的金属粉、金属氧化物、金属氮化物、无机非金属粉、无机纤维等无机填料以提高其热导率。

表 9-17　高聚物的热导率

高聚物	导热系数/ ($W \cdot m^{-1} \cdot K^{-1}$)	高聚物	导热系数/ ($W \cdot m^{-1} \cdot K^{-1}$)
低密度聚乙烯 LDPE	0.335	尼龙 11	0.293
中密度聚乙烯 MDPE	0.335～0.419	尼龙 11(含玻璃纤维)	0.368
高密度聚乙烯 HDPE	0.334～0.519	聚碳酸酯 PC	0.192
聚丙烯 PP	0.117	聚碳酸酯 PC(含 10%～40%玻璃纤维)	0.105～0.218
聚丙烯 PP(橡胶改性)	0.126～0.168	苯氟树脂	0.176
聚四氟乙烯 PTEE	0.252	聚苯醚 PPO	0.189
氟化乙丙共聚物 FEP	0.252	聚苯醚 PPO(改性)	0.218
聚氯乙烯 PVC	0.126～0.293	聚苯醚 PPO (含 20%～30%玻璃纤维)	0.159
聚偏氯乙烯 PVDC	0.126	氯化聚乙烯 CPE	0.130
聚偏氟乙烯 PVDF	0.126	苯酚甲醛树脂 PF	0.126～0.252

续 表

高聚物	导热系数/$(W \cdot m^{-1} \cdot K^{-1})$	高聚物	导热系数/$(W \cdot m^{-1} \cdot K^{-1})$
聚苯乙烯 PS	0.080~0.138	PR(含石棉)	0.352
苯乙烯-丙烯腈共聚物 SAN	0.122~0.126	三聚氰胺-甲醛树脂 MF(含石棉)	0.545~0.712
丙烯腈-丁二烯-苯乙烯共聚称 ABS	0.189~0.335	三聚氰胺-甲醛树脂 MF(含纤维素)	0.293~0.419
聚甲基丙烯酸甲酯 PMMA	0.168~0.251	乙丙共聚物 EP	0.168~0.209
硝酸纤维素 CN	0.230	乙丙共聚物 EP(含硅石)	0.419~0.838
乙酸纤维素 CA	0.168~0.335	聚酯	0.168
乙酸丁酸纤维素 CAB	0.168~0.335	聚酯(含玻璃纤维)	0.419~0.670
丙酸纤维素 CP	0.168~0.335	ALK(含玻璃纤维)	0.628~1.05
乙基纤维素 EC	0.159~0.293	聚氨酯 PU	0.0628~0.310
缩醛均聚称	0.067~0.230	烯丙基树脂	0.201~0.209
缩醛共聚物	0.230	烯丙基树脂(含玻璃纤维)	0.209~0.629
尼龙 6	0.247	硅酮树脂 SI	0.147~0.314
尼龙 66	0.243	硅酮树脂 SI(含玻璃纤维)	0.314
尼龙 610	0.218	脲甲醛树脂 UF(含纤维素)	0.293~0.419
尼龙 6(含 20%~40%玻璃纤维)	0.218		

在高聚物中,分子内的热导率高于分子间的热导率,所以分子量的增加对热导率的提高有利。在取向的高分子材料中,取向方向上的热导率高于垂直取向方向上的热导率。在很低的温度下,高聚物的热导率随温度的升高而增大,当温度达到 100K 以上时,热导率随温度的升高而下降,在 0~100℃ 之间,不同高聚物的热导率随温度的变化规律不尽相同,但变化的幅度在 10% 以内。图 9-39、9-40、9-41 中列举了一些高聚物的热导率温度依赖性的实验结果。

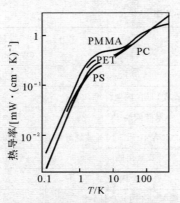

图 9-39 非晶高聚物的热导率的温度依赖性

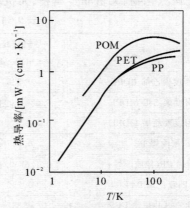

图 9-40 半晶高聚物和高度结晶的高聚物的热导率的温度依赖性

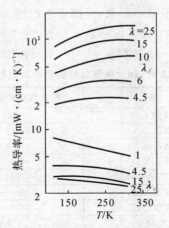

图 9-41　不同拉伸比下高密度聚乙烯轴向($\lambda_{//}$)和横向($\lambda_{\perp}$)热导率的温度依赖性

共轭高聚物具有较高的耐热性和声子各向同性传导的良好环境,具有良好的导热性。如聚乙炔的热导率为 $7.5J/(m \cdot K \cdot s)$,比塑料高 30 倍,聚吡咯的热导率为 $5.0J/(m \cdot K \cdot s)$,聚对苯撑为 $4.0J/(m \cdot K \cdot s)$,聚噻吩为 $3.8J/(m \cdot K \cdot s)$。因此导电高分子的导热能力比普通非共轭高聚物强 20～30 倍,将导电高分子与普通高聚物共混可大大提高高聚物的热导率,增强其热传导能力。

9.2.3　高聚物的热膨胀

热膨胀是由温度变化而引起材料尺寸的变化。材料受热时一般都会膨胀,热膨胀可以是线膨胀、面膨胀和体膨胀。试样中任何的各向异性都将对线膨胀和面膨胀产生影响。因此,通常总是测量取向最大的方向(或平面)以及垂直于该方向(平面)的热膨胀。

简单的固体理论表明,体膨胀系数 β 直接与热容 C_v 成正比,即

$$\beta = \gamma \frac{C_v}{V k_T} \tag{9-61}$$

这里 γ 是表征原子振动频率和材料体积 V 关系的 Gruneisen 常数,k_T 是等温压缩系数。

对各向同性材料,体膨胀系数 β,则

$$\beta = \frac{1}{V} \left(\frac{\partial V}{\partial T} \right)_p = 3\alpha \tag{9-62}$$

式中,α 为线膨胀系数。

温度增高将导致原子在其平衡位置的振幅增加。因此材料的线膨胀系数 α 取决于组分原子间相互作用的强弱。对分子晶体,其分子或原子是由弱的范德华力相关联的,因此热膨胀系数很大,约为 $10^{-4} K^{-1}$。而由共价键结合的材料,如金刚石,相互作用极强,因此热膨胀系数小很多,约 $10^{-6} K^{-1}$。对高聚物来说,沿分子链方向的原子是共价键相连的,而在垂直于分子链方向上,近邻分子间的相互作用是弱的范德华力,因此结晶高聚物和取向高聚物的热膨胀有很大的各向异性。在各向同性高聚物中,分子链是杂乱取向的,其热膨胀在很大程度上取决于微弱的链间相互作用。与金属相比,高聚物的热膨胀较大,见表 9-18。

高聚物热膨胀中还有一个特殊现象,某些结晶高聚物,其沿分子链轴方向上的热膨胀系数

是负值。也就是说温度升高,它不但不膨胀,反而发生收缩。譬如聚乙烯沿 a,b 和 c 轴方向上的热膨胀系数分别为 $\alpha_a=20\times10^{-5}\mathrm{K}^{-1}$,$\alpha_b=6.4\times10^{-5}\mathrm{K}^{-1}$ 和 $\alpha_{//}=-1.3\times10^{-5}\mathrm{K}^{-1}$。其他高聚物负膨胀系数 $\alpha_{//}$ 值在 $-1\times10^{-5}\mathrm{K}^{-1}$ 到 $-5\times10^{-5}\mathrm{K}^{-1}$ 范围内。

表 9-18 典型材料的热膨胀系数

材 料	$20{}^\circ\mathrm{C}$ 的线膨胀系数 $/10^{-5}\mathrm{K}^{-1}$
软钢	1.1
黄铜	1.9
聚氯乙烯	6.6
聚苯乙烯	6.0~8.0
聚丙烯	11.0
低密度聚乙烯	20.0~22.0
高密度聚乙烯	11.0~13.0
尼龙 66	9.0
聚碳酸酯	6.3
聚甲基丙烯酸甲酯	7.6
缩醛共聚物	8.0
天然橡胶	22.0
尼龙 66+30%玻璃纤维	3.0~7.0(与取向有关)

非晶态高聚物的热膨胀系数在 T_g 前后是不一样的,并有各自的温度依赖性。正是玻璃态和橡胶态膨胀系数的不同引入了自由体积概念。此处举例讨论取向对非晶态高聚物膨胀系数的影响。把非晶态高聚物拉伸取向,分子链将沿拉伸方向倾斜,导致沿拉伸方向上膨胀系数 $\alpha_{//}$ 的骤降和垂直方向上 $\alpha_\perp$ 的增加(约 9%～30%),从而呈现热膨胀的各向异性。取向对不同高聚物膨胀系数的影响各不相同。若以 $\alpha_\perp/\alpha_{//}$ 作为热膨胀的各向异性,室温下四种非晶态高聚物热膨胀各向异性随拉伸比的变化如图 9-42 所示。聚苯乙烯(PS)的 $\alpha_\perp/\alpha_{//}$ 较小,但聚碳酸酯(PC)和聚氯乙烯(PVC)的就较显著,这是因为后者有了很少量的结晶,而晶区间绷紧的连接分子在抑制非晶区的热膨胀方面是特别有效的。

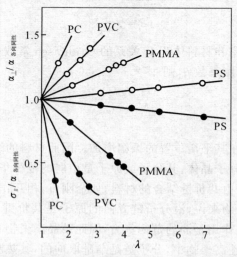

图 9-42 四种非晶态高聚物室温下 $\alpha_\perp/\alpha_{各向同性}$ 和 $\alpha_{//}/\alpha_{各向同性}$ 与拉伸比的关系

9.2.4　高聚物的耐热性和热稳定性

　　高聚物材料虽然具有很多优异的性能,但也存在着一些不足之处。与金属材料相比主要是强度不高、不耐高温、易于老化,从而限制了它的使用。人们从实践中总结出了耐热性与分子结构之间的定性关系,探索了提高高聚物耐热性的可能途径,并已合成了一系列耐高温的高聚物材料。聚酰亚胺就是其中的一种,它能在 $250\sim280℃$ 长期使用,间歇使用温度可达$480℃$。如果将聚酰亚胺制成薄膜,并和铝片一起加热,当温度达到铝片熔点时,聚酰亚胺不但保持原状,而且还有一定强度。在长期耐高温方面,虽然高聚物材料还不如金属,但在短期耐高温方面,金属反而不如高聚物。例如,导弹和宇宙飞船等飞行器在返回地面时,其头锥部在几秒至几分钟内将经受 $11\,000\sim16\,700℃$ 的高温,这时任何金属都将熔化。如果使用高聚物材料,尽管外部温度到达几万度,高聚物外层熔融乃至分解,但由于高聚物的绝热性,在这样的短时间里只有表面一层受到烧蚀,而飞行器的内部仍完好如故。

　　高聚物在受热过程中将产生两类变化。① 物理变化,即软化、熔融。② 化学变化,即环化、交联、降解、分解、氧化、水解等(后两项是热能与环境共同作用的结果)。它们是高聚物受热后性能变坏的主要原因。表征这些变化的温度参数有玻璃化温度 T_g、熔融温度 T_m 和热分解温度 T_d。从材料应用的角度来看,耐高温的要求不仅是能耐多高温度的问题,还必须同时给出耐温的时间、使用环境以及性能变化的允许范围。因此"高温 — 时间 — 环境 — 性能"这四个条件并列,才是使用材料的指标。

　　提高高聚物的耐热性和热稳定性,目前主要从以下两个方面着手。

　　从高聚物结构对其分子运动影响的观点出发,探讨提高 T_g 和 T_m 的有效途径,以提高高聚物的耐热性。

　　改变高聚物的结构以提高其耐热分解的能力。

一、高聚物结构与耐热性的关系

　　关于高聚物的结构对 T_g 和 T_m 的影响已在前面的章节进行过讨论。归结起来,欲提高高聚物的耐热性,主要有三个结构因素,即增加高分子链的刚性、使高聚物能够结晶以及进行交联,这就是所谓马克三角定理,如图 9-43 所示,其应用如附表中所列。

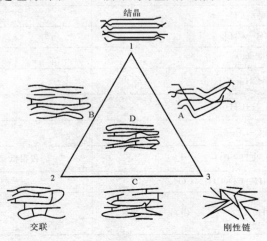

图 9-43　马克三角形原理及其应用

附表　图 9 - 43 的注释

区域	高聚物的特点	示例	用途
1	可结晶的柔性链	聚乙烯	容器,管道,薄膜
		聚丙烯	容器,管道,薄膜,舵轮
		聚氯乙烯	塑料管道,板壁
		尼龙	袜子,衬衫,上衣,外套
2	柔性链交联形成非晶态网状结构	酚醛树脂	电视机外壳,电话听筒
		硫化橡胶	轮船,运输带,皮带管
		苯乙烯交联的树脂	汽车及器械的装饰
3	刚性链	聚酰亚胺	高温绝缘材料
		梯形高聚物	防护用品
A	刚性链,部分结晶	涤纶	纤维及薄膜
		乙酸纤维素	纤维及薄膜
B	适度交联,有一定结晶性	氯丁橡胶	耐油橡胶制品
		异戊橡胶	回弹性特别好的橡胶制品
C	刚性链、部分交联	耐高温材料	喷气发动机,火箭发动机及等离子技术
D	刚性链,结晶,有交联	高强度耐高温材料	建筑及交通工具用材料

1. 增加高分子链的刚性

T_g 是高分子链柔性的宏观体现,增加高分子链的刚性,高聚物的 T_g 相应提高。对于晶体高聚物,其高分子链的刚性越大,则 T_m 就越高。

在这里需要提一下的是,在高分子主链中尽量减少单键,引进共轭双键、三键或环状结构(包括脂环、芳环、或杂环)对提高高聚物的耐热性特别有效,见表 9 - 19。近年来合成的一系列耐高温高聚物都具有这样的结构特点见表 9 - 20。例如,芳香族聚酯、芳香族聚酰胺、聚苯醚、聚苯并咪唑、聚苯并噻唑、聚酰亚胺等都是优良的耐高温高聚物材料。

表 9 - 19　高分子主链中引入共轭双键、三键或环状结构对 T_m 的影响

高聚物	$T_m/℃$
$-\!\!\!-CH_2\!\!-\!\!CH_2\!\!-\!\!\!\!-_n$	135
$-\!\!\!-CH\!\!=\!\!CH\!\!-\!\!\!\!-_n$	>800
$-\!\!\!-C\!\!\equiv\!\!C\!\!-\!\!\!\!-_n$	>2 300 转变为石墨
$-\!\!\!-\!\!\bigcirc\!\!-\!\!CH_2\!\!-\!\!CH_2\!\!-\!\!\!\!-_n$	100
$-\!\!\!-\!\!\bigcirc\!\!-\!\!CH_2\!\!-\!\!\!\!-_n$	>400
$-\!\!\!-\!\!\bigcirc\!\!-\!\!\!\!-_n$	530(分解)
$-\!\!\!-\!\!\bigcirc\!\!-\!\!CH\!\!=\!\!CH\!\!-\!\!\!\!-_n$	仅得低聚体,$n=100$ 时已不溶
$-\!\!\!-NH(CH_2)_6NH\!\!-\!\!CO(CH_2)_4CO\!\!-\!\!\!\!-_n$	235
$-\!\!\!-NH(CH_2)_6NH\!\!-\!\!CO\!\!-\!\!\bigcirc\!\!-\!\!CO\!\!-\!\!\!\!-_n$	350(分解)

续　表

高聚物	$T_m/℃$
$-[NH-\langle\bigcirc\rangle-NH-CO-\langle\bigcirc\rangle-CO]_m$ （商品名：Nomex 或 HT－1）	450
$-[NH-\langle\bigcirc\rangle-NH-CO-\langle\bigcirc\rangle-CO]_n$	570
$CH_3-C-O-(CH_2-O)_n-C-CH_2$ 　　　‖　　　　　　‖ 　　　O　　　　　　O	175
（聚苯醚，简称 PPO）	>300
$-[O(CH_2)_2O-CO(CH_2)_5CO]_n$	45
$-[O(CH_2)_2O-C-\langle\bigcirc\rangle-C]_n$	264
$-[O-(CH_2)_2O-C-\langle\bigcirc\rangle\langle\bigcirc\rangle-C]_n$	330
$-[O-\langle\bigcirc\rangle-O-C-\langle\bigcirc\rangle-C]_n$	550
$-[O-\langle\bigcirc\rangle-C]_n$ （国外商品名：Ekonol）	(550)
$-[O-\langle\bigcirc\bigcirc\rangle-O-C-\langle\bigcirc\rangle-C]_n$	630（分解）
$-[\langle\bigcirc\rangle-\overset{CH_3}{\underset{CH_3}{C}}-\langle\bigcirc\rangle-O-C-O]_n$	220～230
（聚苯并咪唑，简称 PBI）	>500
（聚苯并噻唑，简称 PBT）	>600
（聚酰亚胺，PI）	>500，不熔性树脂，T_m 已接近于分解温度

表 9 - 20　一些耐高温高聚物材料的熔融温度及耐热性能

高聚物	商品名	结构式	熔融温度/℃	性能和用途
聚碳酸酯	PC		220~230	可在 120℃ 长期使用
聚苯醚	PPO		>300	在空气中 150℃ 经 150h 无变化
吡隆			>500	耐热性比 PBI 好，短期可耐 400℃ 以上，300~350℃ 不软化，空气中 400℃ 开始分解
聚芳酰胺	Nomex(1)	由间苯二胺和间苯二甲酰氯合成	450	耐热 230℃，耐寒性、耐磨性和形稳性良好。强度比尼龙、聚酯提高 2~3 倍。可加工成纤维，用于轮胎、耐腐蚀电缆
	PRD-49(1) Kevlar-49	由对氨基苯甲酸合成		制成纤维，强度高，弹性高，密度小。用于飞机或宇宙飞船
	Kevlar-29 (B纤维)	由对苯二胺和对苯二甲酰氯合成	570	耐热、耐腐蚀、电绝缘性好。制成纤维用于电缆、军用钢盔等

续表

高聚物	商品名	结构式	熔融温度/℃	性能和用途
聚苯硫醚	Pyton	（苯环—S—）$_n$　由对二氯苯或对氯苯硫钠合成		可长期在260℃使用。难燃。在232℃空气中长期暴露不受影响。机械性能好。吸尘性小。收缩性小。用于耐腐涂层、高温轴承、活塞等。加工性好。
聚芳砜	Astrel—360	（苯环—O—苯环—SO$_2$—）$_n$		在260℃长期使用。在455℃无失重产生。机械性能好。电绝缘性好。用作薄膜、耐高温电器材料等。
EKONOL	有多种牌号	（苯环—O—苯环—C(=O)—）$_n$　由对羟基苯甲酸为主要原料合成	550	可在260℃长期使用。370~427℃短期使用。分解温度500℃。热传导性高。耐磨。耐辐射。耐蠕变。用作密封件、电器零件、特殊薄膜和纤维等。
聚酰亚胺	Pyralin	由均苯四酸酐和（4-氨基苯基）醚合成	>500	耐热性良好。275℃维持一年，300℃维持一个月。在-200~+260℃具有突出的机械性能、电绝缘性能、耐磨、耐腐蚀、耐辐射。用作薄膜涂料、模压品、层压品、黏合剂等。
聚酰胺酰亚胺	Amanim			耐热。可加入各种填料改性。价格便宜。用作涂料、模压品、黏合剂、层压品。

续表

高聚物	商品名	结构式	熔融温度/℃	性能和用途
聚醋酰亚胺	ImidecE			耐热。主要是用作涂料
聚双马来酰亚胺	Kinel Keri-mid 多种牌号	由马来酸酐与芳二胺反应,再由二胺交联	400	耐热性好。可在250℃左右保持大部分强度。加工性好。与填料相容性好。可用作结构材料,层压材料,黏合剂,纤维等。价格便宜
聚对二甲苯	Paryl-ene N	由对二甲苯制备		耐热,耐候性,电性能,耐药品性良好。在缺氧条件下,可在225℃长期使用。主要用作薄膜,涂层。熔点405℃
	Paryl-ene D			耐热性好。熔点300℃以上
				耐热性比Paryl-ene N高。熔点500℃

续表

高聚物	商品名	结构式	熔融温度/℃	性能和用途
聚苯	Saton-ax R	由对二氯苯和金属钠反应合成,此外,还有多种合成法	800	耐热性卓越。在500℃氢气中无明显分解现象。在400℃空气中无分解。耐辐射、耐药品性好。电性品性好。可作火箭喷嘴,原子能反应堆中调节棒、化工设备、耐磨材料等
聚苯并噻唑	PBT	A是氧、硫;B是芳族、脂环族、酯族	>600	耐热性好,但不熔。加工困难。进来发展了一些共聚物,加工性有所改善
聚苯并咪唑	Narmco 2801 多种牌号 (PBI)		>500	耐热,但加工困难。近出现很多品种。价格贵。性能不及聚酰亚胺全面。但最近出现很多很全面。可作纤维、薄膜、层压品、涂料等
聚苯并噁唑		由双-邻-氢基苯酚(或其衍生物)与二羧酸衍生物缩聚而成,R、R₁可为芳族或酯族		芳族结在400℃以上分解。耐水解、耐辐射、耐热。可进行交联。最近出现一些改性品种,以改善综合性能及加工性
聚噻嗯咪		R:-O、S、SO₂;Ar:对苯撑、间苯撑,由芳族四胺与双(α-二元铜)合成		耐热好。近来发展了高分子量品种。分解温度在490~530℃之间。梯形结构的品种也不断出现。是这一类比较有前途的耐热高聚物
聚苯并咪唑吡咯酮				简称吡龙,为梯形高聚物。耐热性好。耐辐射、耐化学性较差。比聚苯并咪唑和聚酰亚胺优良。可用作薄膜和聚酰亚胺等制品

续表

高聚物	商品名	结构式	熔融温度/℃	性能和用途
耐高温碳硼硅高聚物	Dexsi - 1201(11)	$\left[\begin{array}{c} CH_3 \\ \mid \\ Si-CB_{10}H_{10}C-Si \\ \mid \quad\quad\quad \mid \\ CH_3 \quad\quad CH_3 \end{array}-O\right]_n$		耐高温性能已达到或超过有机硅、氟树脂、氟碳高聚物，聚酰亚胺。系橡胶类高聚物。可作耐热密封圈、黏合剂等
	Dexsi - 1300	$\left[\begin{array}{c} CH_3 \\ \mid \\ Si \\ \mid \\ CH_3 \end{array}-O\right]_{0.997}\left[\begin{array}{c} CH_3 \\ \mid \\ Si \\ \mid \\ C-CH=CH_2 \\ O\quad O \\ B_{10}H_{10} \end{array}\right]_{0.003}$		
	多种型号	$\left[\begin{array}{c} CH_3 \\ \mid \\ Si-C \\ \mid \quad\; O\;O \\ C \quad B_{10}H_{10} \\ CH_3 \end{array}-Si-O-Si \begin{array}{c} CH_3 \\ \mid \\ C \\ \mid \\ C \end{array}\right]_n$		
聚磷氮化高聚物		$\left[\begin{array}{c} R \\ \mid \\ P=N \\ \mid \\ R \end{array}\right]_n$		可制成硬塑料、弹性体、柔软薄膜、泡沫塑料。耐热性能好
含钛高聚物				聚钛硅氧烷在600℃以下不熔融
含砷高聚物				软化点可达300℃
含铝高聚物				聚铝氧烷耐热可达538℃
含锆高聚物				在260~320℃显示高抗张强度

2.提高高聚物的结晶性

对于高分子凝聚态结构的研究表明,结构规整的高聚物以及那些分子间相互作用(包括偶极相互作用和氢键作用)强烈的高聚物均具有较大的结晶能力。

当大分子骨架的每个碳原子上的取代基团对称时,高聚物易于结晶,如聚乙烯、聚四氟乙烯。由于单烯类高聚物分子链比较柔顺,即使在较低的温度下,链段也能自由运动,因此它们的 T_g 都较低。但如果它们分子结构规整,就能够很好结晶,致使这类结晶高聚物的 T_m 大大高于相应的非晶态高聚物的 T_g。因此若采用离子型催化剂进行定向聚合,使其具有立体规整性,从而有利于高聚物结晶,可大大提高耐热性。在 $-(CH_2-CHX)_n$ 型高聚物中,X 若是较小基团或极性基团,即使是无规立构的高聚物也易于结晶。如聚乙酸乙烯酯是非晶型的,其水解产物聚乙烯醇则是结晶的。

在高分子主链或侧基中引入强极性基团,或使分子间产生氢键,都将有利于高聚物结晶(见表 9-21)。高聚物分子链间的相互作用越大,破坏高聚物分子间力所需的能量就越大,熔融温度就越高,因此若在主链上引入酰胺键($-\overset{O}{\overset{\|}{C}}-NH-$)、酰亚胺键($-\overset{O}{\overset{\|}{C}}-\overset{}{N}-\overset{O}{\overset{\|}{C}}-$)、脲键($-NH-\overset{O}{\overset{\|}{C}}-NH-$)或在侧基上引入羟基($-OH$)、氨基($-NH_2$)、腈基($-CN$)、硝基($-NO_2$)、三氟甲基($-CF_3$)等都能提高结晶高聚物的熔融温度。

表 9-21　高分子主链或侧基带极性基团或能形成氢键的高聚物熔点

高聚物	$T_m/℃$	高聚物	$T_m/℃$
聚甲醛 $-(CH_2O)_n$	175	聚四氟乙烯 $-(CF_2-CF_2)_n$	327
尼龙 6 $-(NH(CH_2)_5CO)_n$	215~223	三乙酸纤维素	306
聚丙烯腈 $-(CH_2-CH)_n$ 含CN	317	三硝基纤维素	700

对于结晶性高聚物(例如聚酰胺、聚酯),如进一步增加主链的对称因素,使分子的排列更为紧密,还能进一步提高高聚物的 T_m。

3.进行交联

交联高聚物由于链间化学键的存在阻碍了分子链的运动,从而增加了高聚物的耐热性。例如辐射交联的聚乙烯耐热性可提高到 250℃,超过了聚乙烯的熔融温度。交联结构的高聚物不溶不熔,除非在分解温度以上才能使结构破坏。因此,具有交联结构的热固性塑料,一般都具有较好的耐热性。

以上所讨论的提高高聚物材料耐热性的三方面只适用于塑料而不适用于橡胶。橡胶要求有高弹性,提高链刚性、结晶、交联均将使橡胶失去高弹性。既要有高弹性又要求高强度和耐高温,这在结构上应如何反映,目前尚缺乏一致的看法。

二、高聚物的热稳定性

在高温下高聚物可能发生两种相反的反应,即降解和交联。降解使高分子主链的断裂,导致分子量下降,使材料的物理力学性能变坏。反之,交联使高分子链间生成化学键而引起分子量的增加,适度的交联可改善高聚物的物理力学性能和耐热性能,但交联过度会使高聚物发硬、发脆,同样使性能变坏。

在许多高聚物中,降解和交联这两种反应在一定条件下几乎同时发生并达到平衡,这时在材料宏观性能上观察不到什么变化。然而,当其中某一反应起主要作用时,高聚物或因降解而破坏,或因交联过度而发硬。所以要提高高聚物的耐热性,不能单纯从提高 T_g 和 T_m 来考虑,必须同时考虑高聚物在高温下的降解和交联作用。

对高聚物热降解的研究的意义体现在三个方面。

(1)通过热降解的研究来了解各种高聚物的热稳定性,从而确定其成形加工及使用温度范围,同时采取一定措施改善其热性能。

(2)高聚物的热降解可用来回收废塑料制品,例如通过聚甲基丙烯酸甲酯的热降解来回收单体甲基丙烯酸甲酯,具有很大的经济价值。

(3)利用热降解的碎片分析高聚物的化学结构。

各种高聚物耐热分解的定量评价见表 9-22。表中 $T_{1/2}$ 是高聚物在真空中加热 30min 后质量损失一半所需要的温度叫半分解温度,K_{350} 是指高聚物在 350℃时的失重速率。

表 9-22 高聚物的热降解数据

高聚物	$T_{1/2}/℃$	$K_{350}/(\% \cdot min^{-1})$	单体产率/(%)	$E_{活化}/(kJ \cdot mol^{-1})$
聚四氟乙烯 $-\!\!\left[CF_2\!-\!CF_2\right]_n$	509	0.000 002	>95	340
聚对苯二甲撑 $-\!\!\left[CH_2\!-\!\bigcirc\!-\!CH_2\right]_n$	432	0.002	0	306
聚对亚甲基苯 $-\!\!\left[CH_2\!-\!\bigcirc\right]_n$	430	0.006	0	210
线型聚乙烯 $-\!\!\left[CH_2\right]_n$	414	0.004	<0.1	301
支化聚乙烯 $-\!\!\left[CH_2\!-\!CH_2\right]_n$	404	0.008	<0.025	263
聚三氟乙烯 $-\!\!\left[CF_2\!-\!CHF\right]_n$	412	0.017	<1	222
聚丁二烯 $-\!\!\left[CH_2\!-\!CH\!=\!CH\!-\!CH_2\right]_n$	407	0.022	2	259
聚丙烯 $-\!\!\left[CH_2\!-\!CH(CH_3)\right]_n$	387	0.069	<0.2	242
聚三氟氯乙烯 $-\!\!\left[CF_2\!-\!CFCl\right]_n$	380	0.044	27	238
聚 β-氘化苯乙烯	372	0.14	39	234
聚乙烯基环己烷	369	0.45	0.1	205
聚苯乙烯	364	0.24	40	230

续　表

高聚物	$T_{1/2}/℃$	$K_{350}/(\% \cdot min^{-1})$	单体产率/(%)	$E_{活化}/(kJ \cdot mol^{-1})$
聚甲基苯乙烯 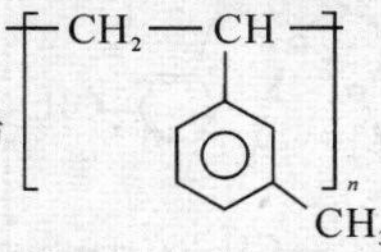 $\left[CH_2-CH\right]_n$	358	0.90	45	239
聚异丁烯 $\left[CH_2-C(CH_3)_2\right]_n$	348	2.7	20	205
聚环氧乙烷 $\left[CH_2-CH_2-O\right]_n$	345	2.1	4	192
聚三氟苯乙烯 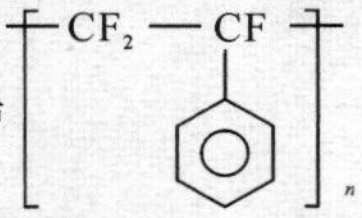 $\left[CF_2-CF\right]_n$	342	2.4	7.4	268
聚丙烯酸甲酯 $\left[CH_2-CH\right]_n$ COOCH_3	328	10	0	142
聚甲基丙烯酸甲酯 $\left[CH_2-C\right]_n$ CH_3 COOCH_3	327	5.2	>95	217
全同聚甲基环氧乙烷 $\left[CH_2-CH_2-O\right]_n$ CH_3	313	20	1	146
无规聚甲基环氧乙烷 $\left[CH_2-CH_2-O\right]_n$ CH_3	295	5	1	84
聚 α-甲基苯乙烯 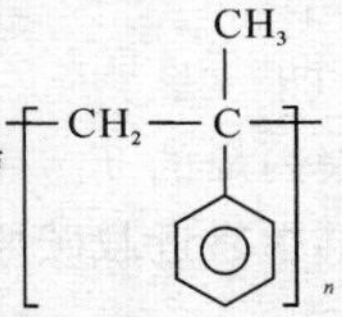 $\left[CH_2-C\right]_n$ CH_3	286	228	>95	230
聚乙酸乙烯酯 $\left[CH_2-CH\right]_n$ OCOCH_3	269	—	0	71
聚乙烯醇 $\left[CH_2-CH\right]_n$ OH	268	—	0	—
聚氯乙烯 $\left[CH_2-CH\right]_n$ Cl	260	170	0	134

（1）高聚物的热降解和交联与化学键的断裂或生成有关，因此，组成高分子的化学键的键能越大，材料就越稳定，耐热分解能力也就越强。

如果以某些高聚物的 $T_{1/2}$ 对化学键的键能作图，基本上是条直线（见图 9-44），这说明高聚物的热分解与高分子链的断裂有直接关系。因此提高高聚物的热稳定性，可以采取以下途径。

在高分子链中避免弱键，可以提高高聚物的热稳定性。

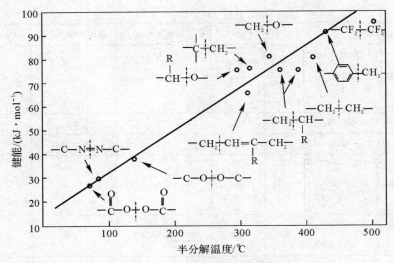

图 9 − 44　半分解温度与化学键键能的关系

在高分子链中,各种键和基团的热稳定性依次为

$$-C-C-C- \; > \; -\underset{\underset{C}{|}}{C}-C-C- \; > \; -\underset{\underset{C}{|}}{\overset{\overset{C}{|}}{C}}-C-C$$

和

$$-\underset{\underset{F}{|}}{C}- \; > \; -\underset{\underset{H}{|}}{C}- \; > \; -\underset{\underset{C}{|}}{C}- \; > \; -\underset{\underset{Cl}{|}}{C}-$$

例如聚乙烯的 $T_{1/2}=414℃$,支化聚乙烯的 $T_{1/2}=404℃$,聚丙烯的 $T_{1/2}=387℃$,聚异丁烯的 $T_{1/2}=348℃$,聚甲基丙烯酸甲酯的 $T_{1/2}=327℃$。可见,在链中靠近叔碳原子和季碳原子的键较易断裂。由高聚物的热重分析的研究也得到相同的结果。

高聚物的立体异构对它的分解温度几乎没有影响。当高分子链中的碳原子被氧原子取代时(如聚甲醛、聚氧化乙烯、聚氧化丙烯与聚甲烯相比),热稳定性降低。在高分子链中氯原子的存在将形成弱键,降低高聚物的热稳定性。因此,聚氯乙烯的热稳定性极差($T_{1/2}=260℃$)。这也可以从氯化聚乙烯的热重分析得到证明,聚乙烯的热稳定性随着氯化程度的增加而降低。

如果 C—H 键中的氢为氟原子所取代而形成 C—F 键,则可大大提高高聚物的热稳定性,例如聚四氟乙烯的 $T_{1/2}$ 高达 509℃,它的耐热分解的能力仅次于聚酰亚胺。图 9 − 45 所示为几种高聚物的相对热稳定性。

如果用其他元素部分或全部取代主链上的碳原子,则所合成的无机高聚物一般都具有很好的热稳定性。例如

$$-\underset{\underset{R}{|}}{\overset{\overset{R}{|}}{Si}}-O-\underset{\underset{R}{|}}{\overset{\overset{R}{|}}{Si}}-O-\underset{\underset{R}{|}}{\overset{\overset{R}{|}}{Si}}-$$

其中 R 可以是 $-CH_3$, $-C_2H_5$ 或 $-CH_2CF_3$ 。此类高聚物都有很好的热稳定性,但在提高温度时容易环化而降低力学性能。如果在这类主链上再引入 Al,Ti 或 Sn,例如

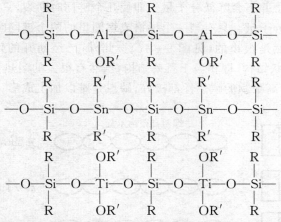

那么,这种高聚物很容易交联成兼具优良的热稳定性和优良力学性能的材料。

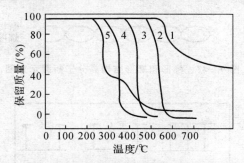

图 9-45 几种高聚物的相对热稳定性(升温速率 100℃/h)

1—聚酰亚胺; 2—聚四氟乙烯; 3—低密度聚乙烯; 4—聚甲基丙烯酸甲酯; 5—聚氯乙烯

(2)在高分子主链中避免一长串接连的亚甲基 $—CH_2—$,并尽量引入较多的环状结构(包括芳环和杂环),可增加高聚物的热稳定性。

表 9-20 中所列的一些耐高温高聚物材料都具有这样的结构特点。图 9-46 比较了聚酰亚胺、尼龙 66 及聚甲醛的相对热稳定性。

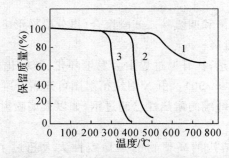

图 9-46 聚酰亚胺、尼龙 66、聚甲醛的相对热稳定性(升温速率 100℃/h)

1—聚酰亚胺; 2—尼龙 66; 3—聚甲醛

(3)合成"梯形""螺形"和"片状"结构的高聚物。所谓梯形结构和螺形结构是指高分子的主链不是一条单链,而是像"梯子"或"双股螺线"。这样,高分子链就不容易被打断,因为在这类高分子中,一个链断了并不会降低分子量。即使几个链同时断裂,只要不是断在同一个梯格或螺圈里,也不会降低分子量。只有当一个梯格或螺圈里的两个键同时断裂开时,分子量才会降低,而这样的几率当然是很小的(见图 9 - 47)。此外,已经断开的化学键还可能自己愈合(见图 9 - 48)。至于片状结构,即相当于石墨结构,当然有很大的耐热性。因此,具有"梯形"、"螺形"和"片状"结构的高聚物的耐热性都极好,缺点是难以加工成形。

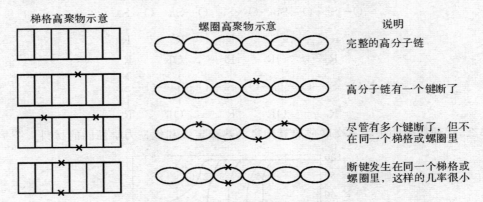

图 9 - 47   梯形和螺形结构高分子断裂示意图

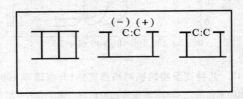

图 9 - 48   梯形结构高分子断键后自愈合作用示意图

从单链高聚物→"分段梯形"→"梯形"→"片状"高聚物,其热稳定性逐步增加(见图 9 - 49)。虽然"片状"高聚物具有最高的热稳定性,但为了兼顾加工性,往往牺牲某些稳定性,因而通常合成分段梯形或梯形的高聚物。例如聚酰亚胺、聚苯并咪唑、聚苯并噻唑都可算作分段梯形的高聚物。

若以二苯甲酮四羧酸二酐和四氨基二苯醚聚合,得分段梯形吡隆,以均苯四甲酸二酐和四氨基苯聚合,则可得全梯形吡隆。

如果将聚丙烯腈纤维加热,在升温过程中会发生环化、芳构化而形成梯形结构,继续升温处理,则可制成碳纤维(见图 9 - 50)。由 X 射线衍射图可知碳纤维具有石墨的晶体结构,芳核网状平面与纤维轴平行。碳纤维的耐热性已超过钢,以火焰喷射它们,钢板穿孔而碳纤维织物却完好无恙。

图 9 - 51 中所示梯形结构的高聚物的热稳定性大大超过了相应的聚硅氧烷,在低于 525℃ 温度下加热并不失重,耐高温可达 1 000℃。

另一种如图 9 - 52 所示的螺形结构的高聚物也有相当好的热稳定性,至 550℃ 都无失重现象。这种螺形结构高聚物既不溶也不熔,但是,如果将其中的 R' 由苯基转为甲基,则可溶于一系列溶剂中,已得到分子量大于 10 000 的高聚物。

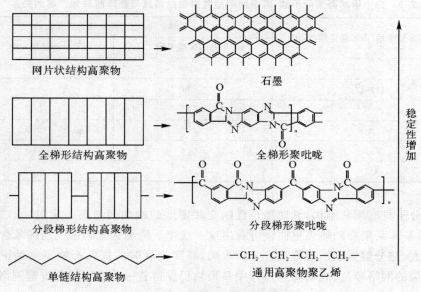

图 9-49 高聚物的链结构模型

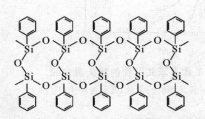

图 9-50 由聚丙烯腈制备碳纤维

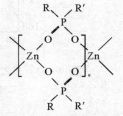

图 9-51 梯形结构的含硅聚合物　　图 9-52 螺形结构的高聚物

　　无规共聚物的热稳定性同共聚链节有关。在一些呈链式分解的聚合物链中通过共聚引入可终止自由基的链节时，可使热稳定性提高。例如甲基丙烯酸甲酯与丙烯酸甲酯无规共聚物的 $T_{1/2}$ 随丙烯酸甲酯的用量增加而有所提高，同时由于丙烯酸甲酯链节抑制了链降解，使得裂解挥发物中甲基丙烯酸甲酯的产率下降（见表 9-23）。苯乙烯与丙烯腈共聚物也有改善热稳定性的效果。有些共聚单体能作为引发中心而加速降解，这时共聚物的耐热性将低于母体共聚物。例如 α-氯代丙烯腈，其均聚物脱 HCl 尚不引起主链断裂，但同其他单体的共聚物在 HCl 脱除后，发生分子链断裂，并可以从断裂点开始引起整个分子链解聚。

表 9 - 23　甲基丙烯酸甲酯-丙烯酸甲酯共聚物的组成与热降解单体产率的关系

甲基丙烯酸甲酯/丙烯酸甲酯/mol	单体产率（占总挥发物的百分数）	
	甲基丙烯酸甲酯	丙烯酸甲酯
1/0	＞96	—
112/1	＞96	—
26/1	93	0.8
7.7/1	87	2.5
2/1	64	7.0
0/1	—	0.76

　　交联高分子具有网状结构,其热稳定性随交联密度的增加而增高。从图 9 - 53 所示的苯乙烯-三乙烯基苯共聚物的热失重曲线可看出这一规律。随着共聚物中三乙烯苯含量的增加,交联密度增大,热分解温度明显提高。分析表明,高度交联时的挥发产物主要是甲烷,而残留下不饱和结构的网络碎片,表明降解过程中高聚物仍保留着一些牢固的共价键网络。

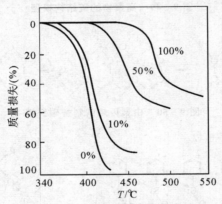

图 9 - 53　苯乙烯-三乙烯基苯共聚物的热失重曲线
图中百分数为三乙烯基苯在共聚物中的含量,升温速度 100℃/h

9.3　高聚物的光学性质

9.3.1　光的折射与非线性

　　当光从真空进入较致密的材料时,光的传播速度会降低,光在真空中的速度与在致密材料中速度的之比称为材料的折射率或折光指数:

$$n = \frac{v_{真空}}{v_{材料}}$$ (9 - 63)

　　当光线由空气入射到透明介质中时,由于光在两种介质中的传播速度不同,光路要发生变化（见图 9-54），这种现象称为光折射，光的折射用折射率 n 表征。与界面法向形成的入射角 i、折射角 γ 和两种材料的折射率的关系为

$$n=\frac{\sin i}{\sin \gamma}=\frac{n_2}{n_1}=\frac{v_1}{v_2} \tag{9-64}$$

式中 n 表示透明介质相对于空气的相对折射率，i 是光的入射角，γ 为折射角，n_1，n_2 分别为空气和透明介质的折射率，v_1，v_2 分别为光在空气和透明介质中的传输速度。实际上，折射率都是相对于空气测定的。介质相对于真空和相对于空气的折射率相差甚微，可以统称为折射率。折射率与两种介质的性质和入射光波长有关。

光波是一种电磁波，它与物质中的原子的电子体系相互作用而使介质分子极化，极化作用的结果使光的传播速度降低，因此，折射率的大小同介质的极化率有关。由电磁理论可导出下式：

$$R \equiv P_0=\left(\frac{n^2-1}{n^2+2}\right) \cdot \frac{M}{\rho}=\frac{4}{3}\pi \widetilde{N}\alpha_1 \tag{9-65}$$

$$P_0=\left(\frac{\varepsilon-1}{\varepsilon+2}\right) \cdot \frac{M}{\rho}=\frac{4}{3}\pi \widetilde{N}\alpha_d \tag{9-66}$$

称为 Lorentz-Lorentz 公式。它同方程（9-15）具有相同的形式。实际上，我们总是采用钠光的 D 线（$\lambda_D=589.3\mathrm{nm}$）测定物质的折射率，在这样的高频电场中只有电子极化发生，原子极化可忽略。可见折光指数与光频区的介电常数之间具有简单的关系：

$$n^2=\varepsilon_\infty \tag{9-67}$$

按照 Maxwell 的电磁波理论，物质的折射率和介电常数均与频率有关，即 $n^2(\nu)=\varepsilon(\nu)$。不同波长的入射光在介质中要发生色散，所以在给出折射率时，应同时标出光的波长。图 9-55 所示为聚甲基丙烯酸甲酯的折射率随波长的变化，随波长的增加，折射率下降。光频区的分子极化是电子极化与原子极化，极化率增加既使介电常数增加，又使折光指数增大。严格地讲，极化率的大小与极化基团及其所处的微观环境有关，实验上测得的是它的平均值。

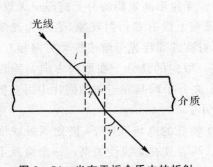

图 9-54　光在平板介质中的折射

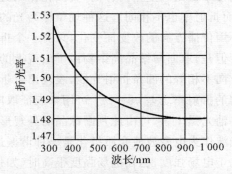

图 9-55　聚甲基丙烯酸甲酯的折射率与光波长的关系

折射率是平均极化率与分子堆砌紧密程度的函数。从分子链的化学组成来看，折射率一般按下列顺序增高：

$$—\mathrm{CF_2}— \ , \ —\mathrm{O}— \ , \ —\underset{\mathrm{O}}{\overset{\|}{\mathrm{C}}}— \ , \ —\mathrm{CH_2}— \ , \ \bigcirc \ , \ —\mathrm{CCl_2}— \ , \ —\mathrm{CBr_2}—$$

表 9-24 中列出了若干高聚物的折射率，可同上述规律相对照。

表 9 - 24　高聚物的折射率和平均极化率

高聚物	折射率 n(25℃,λ=589.3nm)	单体单元的平均极化率 $\bar{\alpha}$/(10^{-3}nm³)
聚四氟乙烯	1.3~1.4	1.8~2.1
聚二甲基硅氧烷	1.404	7.4
聚-4-甲基1-戊烯	1.46	11.0
聚醋酸乙烯酯	1.467	8.0
聚甲醛	1.48	2.4
聚甲基丙烯酸甲酯	1.488	9.7
聚异丁烯	1.509	7.3
聚乙烯	1.51~1.54	1.8
聚丙烯	1.495~1.510	5.2
聚丁二烯	1.515	7.3
聚-1,4-顺异戊二烯	1.519	9.1
聚丙烯腈	1.518	5.4
聚己二酸己二胺	1.53	24.8
聚氯乙烯	1.544	5.6
聚碳酸酯	1.585	28.1
聚苯乙烯	1.59	13.2
聚对苯二甲酸乙二酯	1.64	19.9
聚对二甲基对苯撑	1.661	13.6
聚偏二氯乙烯	1.63	7.3

　　高分子链是高度不对称的,其极化作用具有方向性。在分子的轴向和横向有不同的极化率,因而折射率也不相同。这种现象称为光的双折射。无定形高聚物的分子链段呈无规分布,光速不因传播方向的改变而变化,只有一个折射率,宏观上没有双折射现象,表现为光学各向同性。但是,取向与结晶高聚物由于宏观上的结构不对称性而将光分解成振动方向相互垂直、传播方向不相等的两条折射光线,表现出双折射效应。取向的高分子在取向方向与垂直于取向方向的折射率之差 $n_{/\!/}-n_\perp$ 可用来表征取向程度。高分子球晶在正交偏振片中因双折射而呈现出消光黑十字,可由此判断球晶的外观形状与大小。

　　光波作为电磁波使介质极化是一种谐振过程。在较低的电场强度下,极化偶极或极化强度正比于电场强度,但在电场强度很高时(如强光场),两者具有非线性关系。一个微观上的原子或分子,其极化度的一般表达式为

$$P = \varepsilon_0(\alpha E + \beta E^2 + \gamma E^3 + \cdots) \tag{9-68}$$

　　对于宏观材料有

$$P = \varepsilon_0(\chi^{(1)}E + \chi^{(2)}E^2 + \chi^{(3)}E^3 + \cdots) \tag{9-69}$$

式中,α 和 $\chi^{(1)}$ 分别为微观和宏观的线性极化率,β、$\chi^{(2)}$、γ、$\chi^{(3)}$ 等则为微观与宏观的高阶极化系数或称为非线性系数,ε_0 为真空中的介电常数。普通光波的场强很弱,高次项很小,极化强度与场强是线性关系。

在光波场强很大时,物质原子或分子内电子的运动除了围绕其平衡位置产生微小的线性振动外,还会受到偏离线性的附加振动,物质的极化相应与光波电场不再保持线性关系,介电常数往往变为时间或空间的函数,这种非线性极化引起物质光学性质的变化,使入射光的频率、振幅、偏振及传播方向均发生变化,即产生非线性效应。利用物质表现出非线性光学效应实现对光波的控制,激光倍频用的非线性光学晶体作为产生新激光波长的材料已被广泛应用。例如激光通过石英晶体时,除了透过原来频率的光线外,还可观察到频率是入射光频率的二倍的倍频光线,这就是二阶极化系数不为零。

非线性极化系数的大小与分子结构有关,凡是有利极化过程的进行以及提高极化程度的结构因素都使非线性系数增加,同时偶次项系数不为零要满足电重心不对称的结构条件。凡是具有对称性结构的材料无论它们多么容易极化、极化程度多么高,方程(9-68)和(9-69)的偶次项都为零,奇次项则不受对称性限制。

非线性光学材料的早期研究主要集中于无机材料和小分子有机晶体。高分子非线性光学材料因其有许多优势而在近年来引起了人们的兴趣,可望在光电调制、信号处理等许多方面获得应用。高分子二阶非线性光学材料的制备主要是把本身具有较大的 β 值的不对称性共轭结构单元连接到高分子链侧旁或直接与高分子材料掺杂。例如下列分子

$$NC-\text{〇}-N=N-\text{〇}-N(CH_2COOCH_3)_2$$
$$O_2N-\text{〇}-CH=CH-\text{〇}-N(CH_3)_2$$
$$(CH_3CH_2)_2N-\text{〇}-N=N-\text{〇}-CH=C(CN)_2$$

它们同高分子键接或复合,通过电晕或直流电场将其制成驻极体以便使整块材料具有宏观不对称性,即得到二阶非线性光学材料。三阶非线性系数对电结构对称性没有要求,因此关键是设计分子结构使其电子易于流动和有很大程度的极化,目前研究得较广泛的是聚双炔类高聚物。

9.3.2　光的吸收与反射

由于光是一种能量流,在光通过物质传播时,会引起物质的价电子跃迁或使原子振动,从而使光能的一部分变成热能,导致光能的衰减,这种现象称为光的吸收。光从物质中透过时,透射光强 I 与入射光强 I_0 之间的关系由郎伯-比尔定律描述为

$$I = I_0 \exp(-ab) \tag{9-70}$$

式中,b 是试样的厚度,a 是物质的吸收系数,它是材料的特征量,与材料的性质和光的波长有关。大多数有机材料在可见光范围内没有特征的选择吸收,吸收系数 a 的值很小,因此具有透明性。这是由于绝缘性材料的价电子所处的能带是满带,而光子的能量又不足以使价电子跃迁到导带,因此在可见光波长范围内吸收系数很小。进入紫外光波长区,光子能量愈来愈大,直到光子能量达到禁带宽度时,绝缘性材料的电子就会吸收光子能量从满带跃迁到导带,导致吸收系数在紫外区急剧增大。典型的材料如玻璃态的聚甲基丙烯酸甲酯,在 $360 \sim 1\,000\,nm$ 波长的范围内,除了一部分光反射外,绝大部分(90% 以上)都发生透射,吸收的只是很小的一部分。聚苯乙烯、聚乙烯醇缩丁醛等玻璃态高聚物均有类似的透光性。

高分子的颜色与其本身结构、表面特征及其所含其他物质有关。高聚物的玻璃态通常是

无色透明的。配位高分子因金属离子的配位键的电子跃迁能量恰好在可见光频率范围内,对光波产生选择性吸收而呈现出颜色。部分结晶的高聚物含有结晶和非晶两相,当光在其中传播时,遇到不均匀结构产生的次级波与主波方向不一致,会与主波合成出现干涉现象,使光线偏离原来的方向而引起散射现象,减弱透射光的强度,光散射使材料透明性下降而呈现乳白色。

非晶共混物的透光性同高聚物的相容性有关。热力学相容的共混体系,或者热力学不相容但有较高程度的相容性以至于微相尺寸小于光波波长的共混体系,具有透明性。而微相尺寸大于光波波长的不相容共混物发生光散射使其呈乳白色,不具透明性。因此根据简单的透明性试验可对共混物的相容性好坏做出判断。

对于相分布均匀的材料,光减弱的散射规律与吸收规律有相同的形式

$$I = I_0 e^{-sb} \tag{9-71}$$

式中,s 是散射系数,b 是厚度,I_0 是入射光强,I 是透过光强。综合考虑吸收与散射时

$$I = I_0 e^{-(a+s)b} \tag{9-72}$$

根据可见光的互补原理,透明性物质呈现颜色表明具有对应的互补部分光波的选择性吸收,引起选择性反射和透射,从而呈现出丰富多彩的颜色。如果对所有波长的光线都有很大的吸收,即均匀吸收,则呈现灰色乃至黑色。图 9-56 所示为不同颜色的材料的光吸收情况。

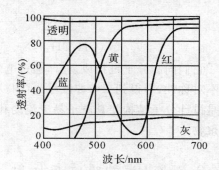

图 9-56　光透射与物体的颜色

从微观上看,高分子的化学结构是不对称的,与分子极化具有方向性的情况类似,不对称分子在不同方向的光吸收率也是不一样的,这种现象称为二向色性。若三个主方向上的吸收系数以 a_1、a_2 和 a_3 表示,则二向色性可由两个系数之差表征。宏观上光吸收的二向色性表现为吸收系数具有方向依赖性。二向色性与分子排列有关。分子链呈无规取向的高聚物试样中各个分子的微观二向色性彼此抵消,因此宏观上表现为光学各向同性。对于取向态高聚物,宏观结构是各向异性的,但在可见光区高聚物的吸收系数很小,故二向色性也难以表现出来。在红外区,高分子的原子振动对光波有选择性吸收,因而取向高分子表现出红外二向色性。取向程度越高,宏观上结构不对称性越大,平行于振动基团取向方向的 $a_{\parallel}$ 和垂直于振动基团取向方向的 $a_{\perp}$ 的差别也越大。因此可由红外二向色性研究高分子的取向程度。如果把高分子同吸收可见光的染料复合,则高分子的取向可引起染料分子的取向,复合物在可见光区可出现二向色性,从而提供了一种通过染色来研究高聚物取向的可见光二向色性法。如取向的聚乙烯醇与碘形成的复合物具有极高的可见光二向色性,用这种材料制成薄片,在光波波长为 $0.5\mu m$ 时,垂直与平行于取向方向的透光率分别为 55% 和 0.0002%,是很好的偏振片。

照射到透光材料上的光线,除了入射外,还有一部分在表面发生反射。反射角与入射角相等(见图 9-57),反射光强 I_r 为

$$I_r = \frac{I_0}{2}\left[\frac{\sin^2(i-r)}{\sin^2(i+r)} + \frac{\tan^2(i-r)}{\tan^2(i+r)}\right] \tag{9-73}$$

式中,I_0 为入射光强,i 为入射角,r 为折射角。因为折射角 r 可表示为折射率的函数,则有

$$r = \arcsin\ (\sin\ i/n)$$

所以，反射光强 I_r 同折射率和入射角有关。对于确定的材料（n 一定），反射光强随 i 的增大而增加。对于垂直入射，$i = 0$，I_r 最小，由式（9 - 73）可得

$$I_{\text{垂直}} = I_0\ \frac{(n - 1)^2}{(n + 1)^2} \tag{9 - 74}$$

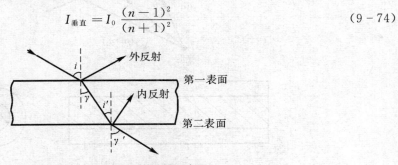

图 9 - 57　光在界面的反射示意图

随 n 的增大 I_r 值增加。高分子固体的折射率平均约为 1.5，可计算出垂直入射时反射光强约占入射光强的 8%。

通过第一表面进入到介质中的入射光并不能完全透过，除了吸收外还要在第二表面发生在界面的内反射。材料的光泽是外反射、内反射和散射的综合反映。由于在第二表面光线由光密介质进入到光疏介质中，r' 恒大于 i'，所以可实现在 i' 小于 90° 的前提下使 $r' = 90°$，这时光线完全不能透出，产生全反射。令 $r' = 90°$。由折射率的定义得到全反射的临界条件为

$$\sin\ i'_c = 1/n \tag{9 - 75}$$

根据全反射原理，只要使传播光线对两个表面的入射角 $i' \geqslant i'_c$，它就不会穿过第二表面进入空气中，因此可实现在纤维弯曲处不发生光透射损失。这是光导纤维应用的基础。光导纤维（简称光纤）是以折射率大的材料作光纤芯子（直径约 50 μm），折射率小的材料作光纤的包层（厚度约 40 μm），两种不同折射率的材料制成。大多数临界角设计在 70°～80° 以上，因此与光轴夹角为 20°～10° 以下的光线都能发生全反射在芯子内传输。光学纤维以及光在光纤中的全反射原理示意图如图 9 - 58 所示。

9.3.3　光学塑料

光学塑料是高聚物光学材料的重要组成部分。不少塑料具有很好的透明性，从而用来代替无机玻璃制作眼镜片，飞机和汽车的挡风、窗玻璃乃至透镜和棱镜等光学元件。近年来功能性高聚物光学材料研究非常热门，因为它们集透光、发光、变色、防射线、磁性和导电于一身，在高科技领域有很大的应用前景

常见的光学塑料有以下几种。

一、聚甲基丙烯酸甲酯

聚甲基丙烯酸甲酯（PMMA）是刚性硬质无色透明材料，它色散小，硬度较大，化学稳定性好，加工性好，注塑成形时光学畸变很小，密度为 1.18～1.19 g/cm³，折射率较小，约 1.492，透光率达 93%，雾度不大于 2%，特别是 PMMA 能透过 73% 紫外线，是优质有机透明材料。

PMMA 的缺点是耐热性差,吸湿性大,耐磨性和耐有机溶剂性差。

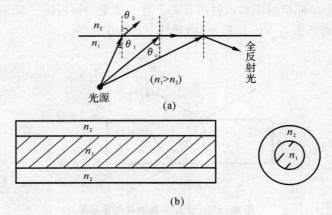

图 9-58　光在光纤中的全反射
(a)光在不同折射率介质交界面发生全反射示意图;　(b)光学纤维示意图

二、聚苯乙烯

聚苯乙烯(PS)具有一定的力学强度、化学稳定性及电气性能都较优良,差不多能完全耐水,透光性好,着色性佳,并且易于成形。其缺点是耐热性较低,较脆,而且其制品由于内应力容易碎裂,仅能于低负荷和不高的温度下使用。

三、聚碳酸酯

聚碳酸酯(PC)冲击强度特别突出,在一般热塑性树脂中是较优良的。弹性模量较高,受温度影响极小,耐热温度为120℃,耐寒达-100℃才脆化。尺寸稳定性高,耐腐蚀,耐磨性均良好。但存在着高温下对水的敏感性。PC 以其独特的高透光率、高折射率、高抗冲性、尺寸稳定性及易加工成形等特点,在光学塑料领域占有极其重要的位置。

四、聚 4-甲基戊烯-1

聚 4-甲基戊烯-1(TPX)是光学塑料中唯一的一种晶态高聚物,结晶度为 40%～65%,但由于结晶部分与非晶部分的折射率相近,所以仍是一种透明塑料。相对密度为 0.83,是所有塑料中最轻的。表面硬度较低,无毒。它的光学性能类似于丙烯酸类,折射率约 1.467,透光性能介于有机玻璃和聚苯乙烯之间。韧性好,不易磨损,耐化学腐蚀,有良好的电性能,但其成形时收缩率大(为 22%)。TPX 的缺点是易氧化,光照后受辐射而降解,受热变黄。

五、苯乙烯-丙烯腈共聚物

苯乙烯-丙烯腈共聚物(SAN)俗称透明大力胶,有较高的透明性,也具有良好的机械性能,耐化学腐蚀,耐油,印刷性能良好,是优秀的透明制品的原料。相对密度为 1.07,略重于水。其特征是坚韧、抗冲击性能好、刚性高、硬度大、透明度好。SAN 最大的缺点是对缺口非常敏感,有缺口就会有裂纹,不耐疲劳,不耐冲击。

六、聚双烯丙基二甘醇二碳酸酯

聚双烯丙基二甘醇二碳酸酯树脂具有各种性能的最佳平衡。这种材料的抗磨损能力是其他已知塑料的 33 倍，其表面硬度是 PMMA 的 40 倍。折射率为 1.498，阿贝数为 58，相对密度为 1.32。其质量轻；具有较强的抗冲击力，即使破裂，碎片刃口也较钝；化学性能惰性；导热系数低，具有较好的抗雾性能；抗凹陷，因其表面弹性大，对高速粒子的冲击可予以反弹，不易损伤表面。该材料是热固性树脂，其发展非常迅速。它主要的缺点是耐磨性不及玻璃，需要镀抗磨损膜处理，并且单体聚合过程收缩率大（14%），不适合精密成形透镜的制造。

习题与思考题

1. 说明下列概念：介电常数、介电损耗、比体积电阻、比表面电阻、电击穿强度、电导率。

2. 高分子在电场中的极化有哪几种形式？各有什么特点？

3. 试讨论影响高聚物介电常数和介电损耗的因素。

4. 为什么说高聚物的介电松弛和力学松弛的本质是相同的？

5. 从表 9-25 的数据比较 PE 和 PVC 在导电性和介电性上的优缺点，并从高聚物的结构分析其原因。

表 9-25　PE 和 PVC 的各项数据

性能 品种	$E_b/(kV \cdot mm^{-1})$	$\rho_v/(\Omega \cdot cm)$	$\tan\delta(\omega=10Hz)$	$\varepsilon(\omega=10^5Hz)$
PE	40~50	$>10^{14}$	$(3\sim5)\times10^{-4}$	2.3~2.5
PVC	15~20	$10^{12}\sim10^{13}$	$(4\sim8)\times10^{-3}$	3.2~3.6

6. 将非晶态极性聚合物的介电系数和介电损耗的变化值，对外电场的频率作图，在图上标出 ε_0，ε_∞ 以及临界频率 ω_{max}，并说明这些曲线的意义；将这些曲线与介电系数和介电损耗对温度关系的曲线进行比较。

7. 根据图 9-59 说明这几种高分子材料的介电损耗 ε'' 与温度 T 的关系。

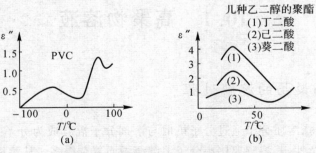

图 9-59　几种高分子材料的介电损耗 ε'' 与温度的关系

8. 什么叫聚合物的耐热性和热稳定性？如何提高聚合物的耐热性和热稳定性？

9. 讨论提高聚合物透明性的途径。

第十章 高分子溶液

　　大多数线型或支链型高聚物均可自发地溶于适当的溶剂中,形成分子水平分散的高分子溶液,它处于热力学平衡状态,具有可逆性,服从相平衡规律,因而也是能用热力学状态函数描述的真溶液。

　　高分子溶液的浓度范围很广,通常将它分为极浓溶液、浓溶液、亚浓溶液、稀溶液、极稀溶液,然而它们之间没有明确的界限,通常把浓度超过5%(质量百分数)的高分子溶液称为浓溶液,而把浓度低于1%的溶液称为稀溶液。实际上判定一种高聚物溶液属于稀溶液还是浓溶液,应根据溶液性质而不是溶液浓度高低。稀溶液和浓溶液的本质区别在于稀溶液中单个大分子链线团是孤立存在的,相互之间没有交叠;而在浓溶液体系中,高分子链之间发生聚集和缠结。

　　在生产实践中常常要应用浓溶液,例如纺丝用的溶液、油漆、涂料、胶黏剂、增塑塑料、制备复合材料用的树脂溶液等。这方面的研究着重于应用,如浓溶液的物理—力学性能、浓溶液的流变行为等。由于浓溶液的复杂性,至今还没有很成熟的理论来描述他们的性质。

　　与高分子浓溶液不同,高分子稀溶液已被广泛和深入地研究过。在高分子科学研究中,经常应用的是稀溶液。高分子稀溶液可用来进行热力学性质的研究(如高分子-溶液体系的混合熵、混合热、混合自由能等),动力学性质的研究(如高分子溶液的黏度、离心沉降等)以及高聚物分子量和分子量分布、高分子在溶液中的形态和尺寸的研究、高分子的相互作用(包括高分子链段与溶剂分子之间的相互作用)的研究。这些方面的研究都已取得了较大的成就,已经建立了描述稀溶液性质的定量和半定量关系式,同时也大大加强了我们对高分子结构以及结构与性能之间的基本规律的认识。

　　从上述可见,研究高分子溶液的性质,对于指导生产和发展高分子的基本理论都是有意义的。

10.1　高聚物溶液

10.1.1　高聚物的溶解过程

　　所谓溶解,就是指溶质分子通过分子扩散与溶剂分子混合成为分子分散的均相体系。由于高聚物结构的复杂性,其溶解要比小分子溶解缓慢而复杂得多。从溶解过程来看,不管是非晶态高聚物还是晶态高聚物,其溶解都必须经历先溶胀而后溶解的过程,如图10-1所示。即溶剂分子先渗透进入高聚物中,使高聚物体积膨胀,然后高分子才逐渐分散到溶剂中,到达完全溶解。高聚物溶解的这一特性,与高聚物的分子量很大有关。由于高分子与溶剂分子的尺寸相差悬殊,两者的分子运动速度存在着数量级的差别,因而溶剂分子首先渗入高聚物中,并与链段发生溶剂化作用。在高分子的溶剂化程度达到能摆脱高分子间的相互作用之后,高分子才向溶剂中扩散,从而进入溶解阶段。因此高分子的溶解相当费时,一般需要几小时、几天、甚至几个星期。在其他条件相似的情况下,高聚物的分子量越大,溶解过程越困难。

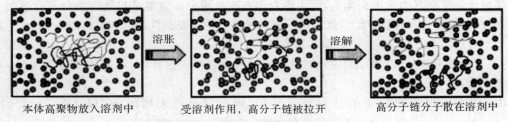

本体高聚物放入溶剂中　　　　受溶剂作用, 高分子链被拉开　　　　高分子链分子散在溶剂中

图 10－1　高聚物溶解过程的示意图

高聚物的溶胀和溶解行为与凝聚态结构有关。非晶态高聚物分子的堆砌比较疏松,分子间的相互作用力较弱,溶剂分子比较容易渗入到高聚物的内部使其溶胀和溶解。对于晶态高聚物,分子间的相互作用很强,溶剂分子渗入高聚物内部非常困难。因此,晶态高聚物的溶解比非晶态高聚物难得多,尤其是非极性的晶态高聚物,室温时几乎不溶解,只有当升高温度至熔点附近,使晶态转变为非晶态后,小分子溶剂才能渗入到高聚物内部而逐渐溶解。例如,高密度聚乙烯的熔点是 135℃,它在 135℃才能很好地溶解在十氢萘中。全同立构聚丙烯在四氢萘中也要 135℃才能溶解。而极性的晶态高聚物则能在室温下溶于强极性溶剂中。例如,聚酰胺在室温下可溶于甲苯酚、40%硫酸、苯酚-冰醋酸的混合溶剂中。聚乙烯醇可溶于水、乙醇等。这是由于极性晶态高聚物中的非晶相部分与溶剂接触时,发生强烈的溶剂化作用而溶解。但是,当所用的溶剂与高聚物的作用不是很强时,要使高聚物溶解也需要加热,例如聚酰胺在150℃左右才能溶于甲苯醇、苯胺中。可见,无论非极性或极性晶态高聚物,其溶解过程都要先使晶区熔融为非晶态后,才能经过溶胀而溶解。

高聚物溶液的黏度比纯溶剂的大很多。浓度 1%～2%的高聚物溶液浓度比纯溶剂的大15～20 倍。通常用来测定高聚物分子量的溶液浓度约为 0.01%,即使这样,用黏度计测定高聚物溶液的流出时间也比纯溶剂的流出时间大 1 倍左右;高聚物溶液浓度为 1%时,高聚物溶液的黏度可有数量级的增加,而有的高聚物溶液在浓度达 5%时已成冻胶状态(如 5%的天然橡胶的苯溶液),如浓度为 10%左右高聚物在小分子增塑剂中的浓溶液,已经是完全不能流动的固体了。这是因为高分子链虽然被大量溶剂包围,但运动仍有相当大的内摩擦力。

具有网络结构的交联高聚物,因受交联的化学键束缚,只能达到溶胀平衡而不能溶解,故称为有限溶胀。平衡时高聚物的溶胀体积与网络结构的交联度有关。交联度愈大时,溶胀体积愈小,因而可用溶胀度来测定交联度。

线性高聚物在不良溶剂中也能产生有限溶胀。例如,天然橡胶在甲醇中就能发生有限溶胀。这是因为高分子链不能被溶剂分子完全分离,而只能与溶剂部分互溶。然而当升高温度时,由于高分子热运动加剧,有限溶胀可转变为溶解。

可见高聚物的溶解过程与高聚物自身的化学结构、分子形态、凝聚态结构、分子量以及外界条件(如溶解温度)等有关。

10.1.2 高聚物溶解的热力学解释

高分子溶液是热力学平衡体系,可用热力学方法来研究。溶解过程是溶质分子和溶剂分子相互混合的过程。在恒温恒压下,这种过程能自发进行的必要条件是混合自由能 $\Delta G_M < 0$,即

$$\Delta G_M = \Delta H_M - T\Delta S_M < 0 \tag{10-1}$$

式中,T 是溶解温度;ΔS_M 和 ΔH_M 分别是混合熵和混合热。这样,可以根据 ΔS_M 和 ΔH_M 来判断溶解能否进行。

由于在溶解过程中分子的排列趋于混乱,因此混合过程熵增大,即 $\Delta S_M > 0$。按式 (10-1),ΔG_M 的正负取决于 ΔH_M 的正负大小。这里有 3 种情况。

(1) $\Delta H_M < 0$,即溶解时放热,使体系的自由能降低($\Delta G_M < 0$),溶解能自动进行。通常极性高聚物在极性溶剂中属这种情况。因为这种高分子与溶剂分子有强烈的作用,溶解时放热。

(2) $\Delta H_M = 0$,由于 $\Delta S_M > 0$,故 $\Delta G_M < 0$,即溶解能自动进行。非极性的柔顺链高聚物溶解在其结构相似的溶剂(即其氢化单体)中属这种情况。例如聚异丁烯溶于异庚烷中。

(3) $\Delta H_M > 0$,即溶解时吸热。在这种情况下,只有当 $\Delta S_M > 0$,且 $T|\Delta S_M| > |\Delta H_M|$ 时,溶解才能自动进行($\Delta G_M < 0$)。通常非极性柔性高聚物溶于非极性溶剂时就是吸热。由于柔性高聚物的混合熵很大,即使溶解时吸热也能满足 $T|\Delta S_M| > |\Delta H_M|$ 的条件,因此仍能自发溶解。例如橡胶溶于苯中是吸热的。显然,在这种情况下,升高温度有利于溶解的进行。

10.1.3 溶剂的选择原则

一、"极性相似" 原则

人们通过长期的观察和研究,总结出小分子物质溶解的规律。极性大的溶质溶于极性大的溶剂;极性小的溶质溶于极性小的溶剂。即溶质和溶剂的极性越接近,它们越容易互溶。这个规律称为"极性相似"原则。它在一定程度上适用于高聚物的溶解。例如天然橡胶、丁苯橡胶等非极性的高聚物能溶于苯、石油醚、乙烷等碳氢化合物中;非极性的聚苯乙烯能溶于苯或乙苯,也能溶于弱极性的丁酮等溶剂中;极性的聚甲基丙烯酸甲酯不易溶于苯而能很好地溶于丙酮中;聚乙烯醇则可溶于水,而聚丙烯腈可溶于二甲基甲酰胺中。

二、"溶度参数相近" 原则

从溶解的过程热力学分析知道,当非极性高聚物与溶剂混合时,$\Delta H_M > 0$。因此要使 $\Delta G_M < 0$,则 ΔH_M 愈小愈好。ΔH_M 的计算可沿用小分子液体混合时的计算公式。假定两种液体混合时没有体积变化($\Delta V = 0$),则混合热为

$$\Delta H_M = V_M \left[\left(\frac{\Delta E_1}{V_1} \right)^{1/2} - \left(\frac{\Delta E_2}{V_2} \right)^{1/2} \right]^2 \varphi_1 \varphi_2 \tag{10-2}$$

式中,V_M 为混合后的总体积,φ_1 和 φ_2 分别为溶剂和溶质的体积分数,$\Delta E_1/V_1$ 和 $\Delta E_2/V_2$ 分别为溶剂和溶质的内聚能密度。此式称为赫尔德布兰(Hilidebrand)溶度公式。

定义 $\delta_1 = \left(\frac{\Delta E_1}{V_1} \right)^{1/2}$ 为溶剂的溶度参数,$\delta_2 = \left(\frac{\Delta E_2}{V_2} \right)^{1/2}$ 为溶质的溶度参数,则式(10-2)可

写成

$$\Delta H_M = V_M (\delta_1 - \delta_2)^2 \varphi_1 \varphi_2 \qquad (10-3)$$

由上式可见,ΔH_M总是正值,要使$\Delta G_M < 0$,必须使得ΔH_M越小越好。也就是说,溶剂和溶质的溶度参数必须接近或相等。表10-1和表10-2分别列出了一些高聚物和溶剂的溶度参数。一般说来,当$|\delta_1 - \delta_2| > 1.7 \sim 2.0$时,高聚物就不能溶于该"溶剂"中。

表 10-1　某些高聚物溶度参数的实验值 δ_P $(J/cm^3)^{1/2}$

高聚物	δ_P	高聚物	δ_P	高聚物	δ_P
聚乙烯	$16.1 \sim 16.5$	聚甲基丙烯酸正己酯	17.6	丁苯橡胶	$16.5 \sim 17.5$
聚丙烯	$16.8 \sim 18.8$	聚甲基丙烯酸月桂酯	16.7	氯丁橡胶	$18.8 \sim 19.2$
聚氯乙烯	$19.4 \sim 20.5$	聚甲基丙烯酸异冰片酯	16.7	氯化橡胶	19.2
聚苯乙烯	$17.8 \sim 18.6$	聚甲基丙烯酸十八酯	16.7	乙丙橡胶	16.2
聚四氟乙烯	12.7	聚丙烯酸甲酯	$20.1 \sim 20.7$	聚硫橡胶	$18.4 \sim 19.2$
聚三氟氯乙烯	14.7	聚丙烯酸乙酯	$18.8 \sim 19.2$	聚二甲基硅氧烷	14.9
聚偏二氯乙烯	$20.5 \sim 24.9$	聚丙烯酸丙酯	18.4	聚苯基甲基硅氧烷	18.4
聚溴乙烯	$19.4 \sim 19.6$	聚丙烯酸丁酯	17.8	聚乙酸乙烯酯	$19.1 \sim 22.6$
聚环氧氯丙烷	19.2	聚丙烯酸乙烯酯	19.2	酚醛树脂	23.1
聚氯丁烯	$17.3 \sim 18.8$	聚 α-腈基丙烯酸甲酯	28.6	聚碳酸酯	19.4
聚异丁烯	$15.8 \sim 15.4$	聚 α-氯丙烯酸甲酯	20.6	聚对苯二甲酸乙二酯	21.9
聚异戊二烯	$16.2 \sim 17.0$	聚乙烯醇	47.8	聚氨基甲酸酯	20.5
聚丁二烯	$15.6 \sim 17.6$	聚丙烯腈	$26.0 \sim 31.5$	环氧树脂	$19.8 \sim 22.3$
氢化聚丁二烯（氢化82%）	16.5	聚甲基丙烯腈	21.9	硝酸纤维素	$17.4 \sim 23.5$
聚甲基丙烯酸甲酯	$18.4 \sim 19.4$	尼龙66	27.8	乙基纤维素	21.1
聚甲基丙烯酸乙酯	$16.2 \sim 18.6$	尼龙6	27.6	纤维素二乙酯	23.2
聚甲基丙烯酸丙酯	$17.9 \sim 18.2$	尼龙8	25.9	纤维素二硝酸醋	21.5
聚甲基丙烯酸正丁酯	$17.7 \sim 17.8$	聚氨酯	20.5		
聚甲基丙烯酸叔丁酯	16.9	天然橡胶	16.6		

表 10-2　常用溶剂的溶度参数 δ_s $(J/cm^3)^{1/2}$

溶剂	δ_S	溶剂	δ_S	溶剂	δ_S	溶剂	δ_S
正丁烷	13.5	对二甲苯	17.9	乙酸甲酯	19.6	正丁醇	23.1
正戊烷	14.4	乙苯	18.0	异戊醇	19.6	间甲酚	23.3
正己烷	14.9	间二甲苯	18.0	二氯甲烷	19.8	乙腈	24.3
二乙基醚	15.1	甲酸戊酯	18.0	二氯乙烯	19.8	正丙酮	24.7
正庚烷	15.2	甲基醛甲酮	18.0	二氯乙烷	20.1	二甲基甲酰胺	24.8
正辛烷	15.4	甲苯	18.2	环己酮	20.2	乙酸	25.8
乙醚	15.7	邻二甲苯	18.4	四氢呋喃	20.3	硝基甲烷	25.9
甲基环己烷	16.0	乙酸乙酯	18.6	二氧六环	20.5	乙醇	26.0

续 表

溶剂	δ_S	溶剂	δ_S	溶剂	δ_S	溶剂	δ_S
环己烷	16.8	苯	18.7	丙酮	20.5	二甲基亚砜	27.4
乙酸异丁酯	16.9	二丙酮醇	18.8	二硫化碳	20.5	甲酸	27.6
甲基异丙基甲酮	17.1	三氯化乙烯	18.9	甲酸甲酯	20.7	苯酚	29.7
乙酸戊酯	17.4	甲乙酮	19.0	苯乙酮	21.1	甲醇	29.7
乙酸丁酯	17.5	氯仿	19.0	四氯乙烷	21.3	乙二醇	32.1
四氯化碳	17.6	邻苯二甲酸二丁酯	19.2	吡啶	21.9	水	47.3
甲基丙烯酸甲酯	17.8	甲酸乙酯	19.2	苯胺	22.1		
苯乙烯	17.7	氯化苯	19.4	异丁醇	22.4		

　　溶剂的溶度参数可以计算得到。首先从溶剂的蒸汽压 P 与温度 T 的关系数据,通过克拉普朗-克劳休斯(Clapeyron - Clausins)方程求得摩尔蒸发热 ΔH_V,有

$$\frac{\mathrm{d}P}{\mathrm{d}T} = \frac{\Delta H_V}{T(V_g - V_L)} \tag{10-4}$$

　　再根据热力学第一定律换算成摩尔气化能(即内聚能)ΔE,即

$$\Delta E = \Delta H_V - P(V_g - V_L)$$

式中,V_L 和 V_g 是溶剂汽化前后的体积。如果已知溶液的摩尔体积 V_1,即可算出溶剂的溶度参数。

　　由于高聚物不能气化,因此它的溶度参数 δ_2 只能用间接法测定。通常采用的测定方法是黏度法或交联后的溶胀法。如果高聚物的溶度参数与溶剂的溶度参数相等,那么此溶剂就是该高聚物的良溶剂,高分子链在此溶液中就会充分伸展、扩张,因而溶液的黏度也最大。根据这一原理,如果我们选用各种溶度参数的液体作为溶剂,分别溶解同一高聚物,然后在相同条件下测定这些高聚物溶液的特性黏度,选黏度最大的溶液所用溶剂的溶度参数作为该高聚物的溶度参数。同样,交联高聚物在良溶剂中的溶胀度也最大,因此将交联高聚物在相同条件下在不同溶度参数的溶剂中溶胀,以平衡溶胀度最大的溶剂的溶度参数作为高聚物溶度参数(见图 10 - 2)。

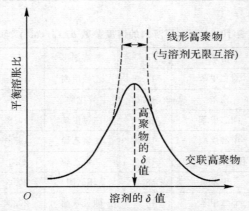

图 10 - 2　平衡溶胀法测定高聚物的溶度参数的示意图

高聚物的溶度参数还可由结构单元中各基团或原子的摩尔吸引常数 F_i 直接计算得到。斯摩尔(Small)把组合量 $(\Delta E \cdot V)^{1/2} = F$ 称为摩尔吸引常数(其中 V 为结构单元的摩尔体积),并认为结构单元的摩尔吸引常数具有加和性,即 $F = \sum F_i$。溶度参数和摩尔吸引常数有如下的关系

$$\delta_2 = \left(\frac{\Delta E_2}{V_2}\right)^{1/2} = \frac{F}{V} = \frac{\sum F_i}{V} = \frac{\rho \sum F_i}{M_0} \qquad (10-5)$$

式中,ρ 为高聚物密度,M_0 为结构单元的分子量。因此若已知结构单元中所有基团的摩尔吸引常数(见表 10-3),从式(10-5)就能计算出高聚物的溶度参数。

表 10-3 摩尔吸引常数 $F_i/(J \cdot cm^3)^{1/2}$

基团	F_i	基团	F_i
—CH₃	303.4	—C—C— (H)	421.5
—CH₂—	269.0	—C(CH₃)—CH—	(724.9)
—C— (H)	176.0	环戊基	1 295.1
—C—	65.5	环己基	1 473.3
—CH(CH₃)₃	(479.4)	苯基	1 398.4
—C(CH₃)₂—	(672.3)	对亚苯基	1 442.3
—C=C— (H H)	497.4	—F	84.5
—Cl	419.6	—CO—	538.1
—Br	527.7	—COCH—	(1 000.1)
—I	—	—COO—	668.2
—CN	725.5	—O—C—O— (O)	(903.5)
—CHCN—	(901.5)	—C—C—C— (O O)	1 160.7
—OH	462.0	—C—N— (O H)	(906.4)
—O—	235.3	—S—	428.4

例如聚氯乙烯的结构式为 $\left[CH_2\!-\!CH \right]_n$,由表 10-3 查得 —CH₂— , CH— ,
                                    |
                                    Cl

—Cl 的摩尔吸引常数分别为 $269.0(J \cdot cm^3)^{1/2}$,$176.0(J \cdot cm^3)^{1/2}$,$419.6(J \cdot cm^3)^{1/2}$。结构单元的分子量为 $M_0 = 62.5$,聚氯乙烯的密度 $\rho = 1.4$,则

$$\delta_2 = \frac{\rho \sum F_i}{M_0} = \frac{1.4 \times (269.0 + 176.0 + 419.6)}{62.5} = 19.4$$

而实验值为 $19.2 \sim 22.1$，两者很接近。

在选择高聚物溶剂时，除了使用单一溶剂外，还可使用混合溶剂。在这种情况下，溶度参数也可作为选择混合溶剂的依据。如果由两种溶剂按一定的比例配成混合溶剂，其溶度参数与某一高聚物的溶度参数接近，就可能溶解该高聚物。实验证明，混合溶剂对高聚物的溶解能力往往比单一溶剂好(见表 10-4)。甚至两种非溶剂的混合物也会对某一高聚物有很好的溶解能力。

表 10-4　某些混合溶剂的溶解能力

体系	$\delta/(\text{J} \cdot \text{cm}^{-3})^{1/2}$	单一溶剂的溶解能力	混合溶剂的溶解能力
己烷	14.9	不溶解	溶解
氯丁橡胶	18.9		
丙酮	20.4	不溶解	
戊烷	14.4	不溶解	溶解
丁苯橡胶	17.1		
乙酸乙酯	18.45	不溶解	
甲苯	18.2	不溶解	溶解
丁腈橡胶	19.1		
邻苯二甲酸二丁酯	21	不溶解	
碳酸-2,3-丁二酯	24.6	185℃时溶解	150～165℃溶解
聚丙烯腈	31.4		
丁二酰亚胺	331	约 220℃时溶解	
丙酮	20.4	不溶解	很易溶解
聚氯乙烯	19.4		
二硫化碳	20.4	不溶解	

混合溶剂的溶度参数 δ_M 可按下式计算，有

$$\delta_M = \delta_1 \varphi_1 + \delta'_1 \varphi'_1 \qquad (10-6)$$

式中，δ_1 和 δ'_1 分别为两种溶剂的溶度参数；φ 和 φ'_1 分别为两种溶剂的体积分数。例如氯乙烯和乙酸乙烯酯共聚物的 $\delta_2 = 21.2$，乙醚的 δ 为 15.2，乙腈的 δ'_1 为 24.2，二者单独均不能溶解这种共聚物，但若用 33% 乙醚和 67% 乙腈(体积分数)的混合物，则可溶解它。

必须指出，赫尔德布兰溶度公式只适用非极性的溶质和溶剂的相互混合，因为在推导该公式时只考虑了结构单元间的色散力。对于极性高聚物以及能形成分子间氢键的高聚物的溶解，赫尔德布兰公式不适用。因此，溶度参数接近的极性高聚物-溶剂体系，并不一定都能很好地互溶。例如，聚丙烯腈不能溶解在溶度参数与它接近的乙醇、甲醇、苯酚、乙二醇等溶剂中，这是因为这些溶剂的极性太弱。一般来说，对极性高聚物，可采用溶剂化作用原则来选择溶剂。

三、溶剂化作用原则

所谓溶剂化作用，就是指溶质和溶剂分子之间的作用力大于溶质分子之间的作用力，以致

使溶质分子彼此分离而溶解于溶剂中。研究表明,极性高聚物的溶剂化作用与广义的酸、碱作用有关。广义的酸是指电子接受体(即亲电体),广义的碱就是电子给予体(即亲核体)。当高分子与溶剂分子所含的极性基团分别为亲电基团和亲核基团时,就能产生强烈的溶剂化作用而互溶。常见的亲电、亲核基团的强弱次序:

亲电子基团

$$—SO_2OH \ > \ —COOH \ > \ —C_6H_4OH \ > \ =CHCN \ > \ =CHNO_2 \ >$$
$$CHONO_2 \ > \ —CH_2Cl \ > \ CHCl$$

亲核基团

$$—CH_2NH_2 \ > \ —C_6H_4NH_2 \ > \ —CON(CH_3)_2 \ > \ —CONH— \ > \ \equiv PO_4 \ >$$
$$—CH_2OCOCH_2— \ > \ —CH_2—O—CH_2—$$

例如硝化纤维素含有亲电基团 $—ONO_2$,故可溶于含亲核基团的丙酮、丁酮中;三醋酸纤维含有亲核基团 $—O—COCH_3$,故可溶于含亲电基团的二氯甲烷和三氯甲烷中。这就是按基团的酸碱性选择溶剂的一般原则。

但是,如果高分子中含有上述序列中后几个基团时,由于这些基团的亲核或亲电性较弱,溶解就不需要很强的溶剂化作用,可以溶于两序列中的很多溶剂。如聚氯乙烯含有亲电子性很弱的 $—CHCl$ 基团,可溶于环己酮、四氢呋喃中,也可溶于硝基苯中。反之,如果高分子中含有序列中的前几个基团时,由于这些基团的亲电性或亲核性很强,要溶解这类高聚物,应该选择相反系列中含有最前几个基团的液体作为溶剂。例如含有酰胺基的尼龙 6 和尼龙 66 的溶剂就是含强亲核基团的甲酸、浓硫酸、间苯酚;含亲电子基团 $—CH—CN$ 的聚丙烯腈,则要用含亲核基团 $—CON(CH_3)_2$ 的二甲基甲酰胺做溶剂。

氢键的形成是溶剂化的一种重要形式。在形成氢键时,混合热为放热$(\Delta H_M < 0)$,有利于溶解。因此,有人将溶剂按照生成氢键的倾向分为三类:弱氢键类、中等氢键类和强氢键类(见表 10-5)。

表 10-5　溶剂生成氢键倾向的分类

弱氢键类	中等氢键类	强氢键类
庚烷	碳酸亚乙基酯	乙二醇
硝基甲烷	乙丙酯	甲醇
四氯乙烷	二甲基甲酰胺	乙醇
氯苯	乙腈	甲酸
十氢化萘	二甲基乙酰胺	正丙醇
三氯甲烷	丙酮	异丙醇
苯	四氢味喃	间甲酚
甲苯	环己酮	
对二甲苯	甲乙酮	
四氯化碳	乙酸乙酯	
环己烷	乙醚	

由高分子溶液热力学理论推导及高分子-溶剂分子相互作用的 Flory - Huggins 参数 χ_1

可作为溶剂溶解性强弱的一个半定性的判据。如果 $\chi_1 < 1/2$，高聚物能溶解在所给定的溶剂中。比 1/2 小的越多，溶剂的溶解能力越好；如果 $\chi_1 > 1/2$，高聚物一般不能被溶解。因此 χ_1 偏离 1/2 的大小可作为判定溶剂溶解能力的半定量判据。表 10-6 列出几种高分子-溶剂相互作用关系的 χ_1 的值。

表 10-6 某些高分子-溶剂体系的 χ_1 值

高分子	溶剂	温度/℃	χ_1	高分子	溶剂	温度/℃	χ_1
聚异丁烯	环己烷	27	0.44	聚氯乙烯	二氧六环	27	0.53
	苯	27	0.50		丙酮	27	0.63
聚苯乙烯	甲苯	27	0.44		丁酮	53	1.74
	月桂酸乙酯	25	0.47			76	1.58
聚氯乙烯	磷酸三丁酯	53	−0.65	天然橡胶	四氯化碳	15～20	0.28
		76	−0.53		氯仿	15～20	0.37
	四氢呋喃	27	0.14		苯	25	0.44
	硝基苯	53	0.29		二硫化碳	25	0.49
		76	0.29		乙酸戊酯	25	0.49

上述选择溶剂的三个原则，是从不同角度出发而得到的规律，它们各有一定的适用范围，当然也各有局限性。在实际应用时，应将三个原则综合起来考虑，并进行试验，才能选择出合适的溶剂。例如，聚碳酸酯（$\delta_2 = 20.3$）和聚氯乙烯（$\delta_2 = 19.2$）的溶度参数接近，如果按照极性相似及溶度参数相近这两个原则来考虑，它们应能溶于极性溶剂氯仿（$\delta_1 = 19.6$）中，但实验证明氯仿和二氯甲烷只是聚碳酸酯的良溶剂，对聚氯乙烯则是不良溶剂；相反，环己酮甚至四氢呋喃（$\delta_1 = 19.5$）都是聚氯乙烯的良溶剂，对聚碳酸酯却是不良溶剂。这些现象可以从溶剂化作用原则得到解释。聚氯乙烯是一个弱亲电剂而聚碳酸酯则是一个弱亲核剂，它们的良溶剂应该是电性相反的化合物。

聚氯乙烯 环己酮

二氯甲烷

聚碳酸酯

由于高聚物结构的复杂性，影响其溶解的因素是多方面的，三个原则并不能概括所有的溶解规律，然而对大多数高聚物还是适用的。在实际选择溶剂时，要具体分析高聚物是结晶的还是非结晶的、是极性的还是非极性的、分子量大还是分子量小等，然后试用三个原则来解决问题。

必须指出，选择溶剂除了满足高聚物的溶解这一前提外，还要考虑使用的目的。后者常使选择的溶剂复杂化。例如增塑高聚物用溶剂（增塑剂）应具有高沸点、低挥发性、无毒或低毒、对高聚物的使用性能没有不利的影响等。实际上,要找到全面或主要方面能满足使用要求的溶剂,常常需要进行许多综合分析和试验工作。

10.1.4 高分子链在溶液中的分子构象与尺寸

我们知道单个高分子链的模型是无规统计线团。在溶液中,高分子链也卷曲成无规统计线团,但线团所占的体积要比纯高分子线团所占的体积要大得多(见图 10-3)。这是因为这些线团是被溶剂化的,即它们被溶剂所饱和。被线团所吸收的溶剂称为内含溶剂或束缚溶剂。在高分子稀溶液中,除了内含溶剂之外,还有自由溶剂,当然,这两类溶剂可通过扩散而达到稳定的平衡。一些实验表明,线团内含溶剂的体积可高达 $90\% \sim 99.8\%$。当然这一值并非常数,而是依赖分子量的大小、溶剂的种类和温度的不同而变化。

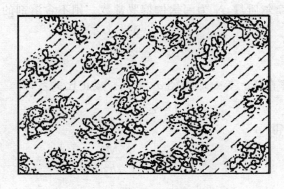

图 10-3 高分子在稀溶液中的状态

由此可见,在溶液中高分子以被溶剂饱和的线团形式存在。由于线团中孔隙的毛细管力控制着线团内的溶剂,使其成为一个整体而跟随线团一起运动,也就是说,线团和存在于线团内的溶剂可以成为一个运动单元。在高分子溶液中除了线团的移动和转动外,还有线团链段的连续运动。其结果是线团的构象不断变化着,其最可能的分子构象是黄豆状的椭圆体。

高分子在溶液中的分子构象可用高斯链来表示。高斯链的均方末端距为

$$\bar{h}_0^2 = ZA_m^2$$

式中,Z 为链段数,A_m 为链段长度。

高分子链在某一特定溶剂中的链段长度 A_m 为一常数,最大链长 L_{max} 为

$$L_{max} = ZA_m = \frac{\overline{M}}{M_0} \cdot I_M$$

式中,$\overline{M}$ 为高聚物的分子量;M_0 为链节的分子量;I_M 为链节的长度。由此可得

$$(\bar{h}_0^2)^{1/2} = (I_{max} I_M)^{1/2} = \left(A_m \frac{I_M}{M_0}\overline{M}\right)^{1/2}$$

$$(\bar{h}_0^2)^{1/2} = 常数(\overline{M})^{1/2} \tag{10-7}$$

此即库恩(Kuhn)平方根定律。

单个溶解在溶剂里的高分子线团体积,常用和椭圆形线团体积相同的等效球体积来表示,如图 10-4 所示。

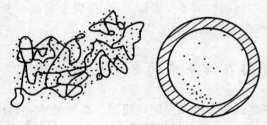

图 10 - 4　统计线团与等效球

设单个高分子链质量为 m

$$m = \frac{\overline{M}}{\widetilde{N}}$$

式中，$\overline{M}$ 为高分子链的摩尔质量，$\widetilde{N}$ 为阿伏伽德罗常数。则不含溶剂的平均线团密度为

$$\bar{\rho} = \frac{\overline{M}}{\frac{1}{6}\pi d^3 \widetilde{N}} \tag{10-8}$$

式中，d 为线团的等效球直径。等效球直径 d 与 $\sqrt{\overline{h_0^2}}$ 成正比关系，即

$$d = F \cdot \sqrt{\overline{h_0^2}} \tag{10-9}$$

式中，F 为形状因子，故得

$$\bar{\rho} = 常数 \cdot \frac{\overline{M}}{(\sqrt{\overline{h_0^2}})^3} \tag{10-10}$$

$$\bar{\rho} = 常数 \cdot \frac{1}{\sqrt{\overline{M}}} \tag{10-11}$$

可见，平均线团密度与分子量的平方根成反比关系，高聚物的分子量愈大，则线团愈松散。

上述高斯链是假定它不占有体积和分子间无相互作用的理想结构，实际上这种理想结构是不存在的。在高分子溶液中真实线团占有一定的空间，显然该空间不能同时再容纳其他的链段，这必然影响线团分子构象的进一步扩展，这种影响称为排斥体积效应。

此外，在高分子溶液中存在着链段与链段之间的作用力以及链段与溶剂分子之间的作用力。前一种力倾向于使高分子彼此接近而凝聚；后一种力使高分子彼此分离而溶解，并使分子链趋于伸展而变刚，显然这种力相当于链段间的斥力。如果某一溶剂与高分子链段的作用力占优势，即链段间的相互作用以斥力为主，则高分子线团趋于松散，体积变大，这种溶剂就是良溶剂；反之，若溶液中链段与链段之间的作用力占优势，则线团紧缩，相应的溶剂就是不良溶剂。除了溶剂的性质之外，温度对这两种作用力也有影响。一种高聚物对每一种溶剂均可找到使这两种作用力达到平衡的温度，这种温度称为 θ 温度或弗洛利温度。在一定温度下，能使这两种作用力达到平衡的溶剂则称为 θ 溶剂。在 θ 溶剂或 θ 温度下，由于这两种作用力相等，线团的运动处于自由状态，故可近似地看作是理想的高斯链，符合式（10-7）和式（10-11）。

然而，在一般情况下，由于真实链的体积排斥效应和两种作用力的不平衡，必然导致真实高分子链的构象对理想的分子链构象的偏差。例如处在良溶剂中的高分子链，由于线团扩展，均方末端距或回转半径增大，平均线团密度减小。实验表明，真实统计的线团密度可表示为

$$\bar{\rho} = 常数 \cdot \bar{M}^{-\alpha} \qquad (10-12)$$

α 值可能大于 0.5，也可能小于 0.5。此时均方末端距可表示为

$$\sqrt{\bar{h}^2} = 常数 \cdot \bar{M}^{\left(\frac{1+\alpha}{3}\right)} \qquad (10-13)$$

式（3-13）推导如下。质量为 m 的球体，直径为 d，密度为 ρ，体积 $V = \dfrac{m}{\rho} = \dfrac{1}{6}\pi d^3$，$d = \left(\dfrac{V}{\pi/6}\right)^{1/3} = \left(\dfrac{m/\rho}{\pi/6}\right)^{1/3} = \left(\dfrac{6}{\pi}\right)^{1/3} \cdot \left(\dfrac{m}{\rho}\right)^{1/3} = 常数 \cdot \left(\dfrac{m}{\rho}\right)^{1/3}$。已知 $m = \dfrac{\bar{M}}{N_A}$，$\bar{\rho}_实 = 常数 \cdot \bar{M}^{-\alpha}$，带入上式可得，常数 $\cdot d = \sqrt{\bar{h}^2} = 常数 \cdot \dfrac{\bar{M}}{\bar{\rho}_实} = 常数 \cdot \left(\dfrac{\bar{M}}{\bar{M}^{\alpha}}\right)^{1/3}$ 即 $\sqrt{\bar{h}^2} = 常数 \cdot \bar{M}^{\left(\frac{1+\alpha}{3}\right)}$。

高分子链线团的大小一般为 $1\,000 \sim 10\,000\,\mathrm{nm}$，电子显微镜的分辨率虽然很高，但处在稀溶液中的高分子线团包含溶剂量达 90% 以上，与周围的溶剂不易区别，目前还不能直接观察到线团的形状。

10.2　柔性链高分子溶液热力学

10.2.1　理想溶液

柔性链高分子溶液是处于热力学平衡状态的真溶液。在研究它的热力学性质时，常引入"理想溶液"的概念作为讨论的基础。所谓"理想溶液"，是指溶液中溶质分子和溶剂分子间的相互作用相等、溶解过程中没有体积变化（$\Delta V_M^i = 0$）和没有热效应（$\Delta H_M^i = 0$），溶液的混合熵为

$$\Delta S_M^i = -K(N_1 \ln N_1 + N_2 \ln N_2) \qquad (10-14)$$

或

$$\Delta S_M^i = -R(n_1 \ln N_1 + n_2 \ln N_2)$$

式中，$N_1 = \dfrac{n_1}{n_1 + n_2}$ 为溶剂的摩尔分数，$N_2 = \dfrac{n_2}{n_1 + n_2}$ 为溶质的摩尔分数，N_1、N_2 分别为溶剂和溶质的分子数，n_1、n_2 分别为溶剂和溶质的摩尔数，K 为玻耳兹曼常数，R 为摩尔气体常量。理想溶液的蒸汽压服从拉乌尔定律，有

$$P_1 = P_1^0 N_1$$

式中，P_1 为溶液中溶剂的蒸气压，P_1^0 为纯溶剂的蒸气压。

理想溶液实际上是不存在的，即使像苯-甲苯、正己烷-正庚烷、甲醇-乙醇等体系也只是接近于理想溶液的性质。实际溶液在混合过程中，一系列热力学函数的变化与理想溶液的差异，称为超额热力学函数，表示为

$$\Delta Z^E = \Delta Z + \Delta Z^i \qquad (10-15)$$

Z 是任一热力学函数，角标 E、i 分别表示"超额"和"理想"。从超额热力学函数的概念出发，可将溶液分为以下 4 类。

（1）理想溶液：

$\Delta S_M^E = 0 \quad (\Delta S_M = \Delta S_M^i)$

$\Delta H_M^E = 0 \quad (\Delta H_M = \Delta H_M^i = 0)$

（2）正规溶液：

$\Delta S_M^E = 0 \quad (\Delta S_M = \Delta S_M^i)$

$\Delta H_M = \Delta H_M^i \neq 0 \quad (\Delta H_M = \Delta N_M^i)$

（3）无热溶液：

$\Delta S_M^E \neq 0 \quad (\Delta S_M \neq \Delta S_M^i)$

$\Delta H_M^E = 0 \quad (\Delta H_M = \Delta H_M^i = 0)$

（4）非理想溶液：

$\Delta S_M^E \neq 0 \quad (\Delta S_M \neq \Delta S_M^i)$

$\Delta H_M^E \neq 0 \quad (\Delta H_M = \Delta H_M')$

高分子溶液的热力学性质与理想溶液的偏差体现在两个方面：一是高聚物溶解时有热效应，即 $\Delta H \neq 0$；二是高分子的混合熵远大于理想溶液的混合熵，即有很大的超额混合熵。因此，高分子溶液一般属于第 3 或第 4 类。

10.2.2　高聚物溶液的统计理论——Flory‐Huggins 似晶格模型理论

高聚物溶液的统计理论是最成功的高分子科学理论，对高分子科学的建立和发展具有重要的贡献，是高分子物理近代理论发展的切入点之一。Folry 与 Huggins 针对混合熵偏离理想溶液很大的事实，分别假设液体和溶液为似晶格模型（见图 10‐5），运用统计热力学方法，推导出高分子溶液的混合熵、混合热及混合自由能等热力学性质的表达式。

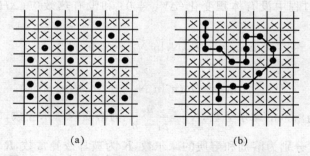

图 10‐5　小分子溶液(a)和高分子溶液(b)的似晶格模型

×—溶剂分子；　●—溶质分子或高分子链段

一、高分子溶液的混合熵

高分子溶液混合熵的推导过程采用如下假设。

（1）溶液中高分子链及溶剂分子的排列为似晶体排列，每个溶剂分子占有一个格子，高分子链占有相连的 x 个格子，x 为高分子与溶剂分子的体积比。即把高分子看作由 x 个链段组成，每个链段的体积与溶剂分子的体积相等。

（2）柔性高分子链的所有构象都具有相同的能量。

（3）所有高分子具有相同的聚合度。

（4）溶液中高分子链段是均匀分布的，即链段占有任一格子的几率相等。

根据统计热力学可知，体系的熵与体系的微观状态数 Ω 关系为

$$S = K \ln \Omega$$

考虑由 N_1 个溶剂分子和 N_2 个溶质分子组成的溶液，其微观状态数显然应等于在 $N = N_1 + xN_2$ 个格子中放置 N_1 个溶剂分子和 N_2 个高分子的排列方法的总数。

假定 N 个空格子中已经放了 j 个高分子，第 $j+1$ 个高分子放入 $N - x_j$ 个剩余空格中的放置方法数为 W_{j+1}，现在先计算 W_{j+1}。第 $j+1$ 个高分子的第一个链段可以放在 $N - x_j$ 个空格中的任意一个格子内，因此其放置方法数为 $N - x_j$。第二个链段只能放在第一个链段的相邻的空格中（见图 $10-6$）。

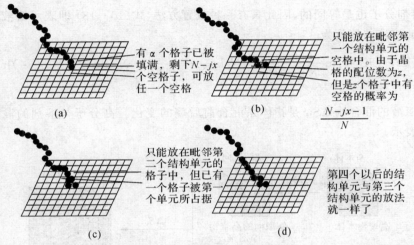

图 10-6　已经有 j 个高分子无规地放在格子中，摆放第 $j+1$ 个高分子的放法图解。
(a),(b),(c),(d) 依次放第一、第二、第三和第四个结构单元

设晶格的配位数为 Z，第一个链段的邻近空格数不一定为 Z，因为有可能已被放进去的高分子链段所占据。根据高分子链段在溶液中均匀分布的假定，第一个链段相邻的空格数目应为 $Z\left(\dfrac{N - x_j - 1}{N}\right)$，因此第二个链段有 $Z\left(\dfrac{N - x_j - 1}{N}\right)$ 种放法。与第二个链段相邻的 Z 个格子中已有一个被第一个链段所占，所以第三个链段有 $(Z-1)\left(\dfrac{N - x_j - 1}{N}\right)$ 种放法。第四、第五、…、第 x 个链段的放法依次分别为

$$(Z-1)\left(\frac{N - x_j - 3}{N}\right) \quad \cdots \quad (Z-1)\left(\frac{N - x_j - x + 1}{N}\right)$$

这里 $3,4,\cdots,x$ 比 x_j 要小得多，可近似地写成 $(Z-1)\left(\dfrac{N - x_j}{N}\right)$

因此，第 $(j+1)$ 个高分子在格中的排列方式数为

$$W_{j+1} = (N - x_j)\left(Z \cdot \frac{N - x_j}{N}\right)\left[(Z-1)\left(\frac{N - x_j}{N}\right)\right]^{x-2}$$

近似地以 $(Z-1)$ 代替式中的 Z，整理后得到

$$W_{j+1} = (N - x_j)^2 [(Z-1)/N]^{x-1}$$

进一步近似为

$$W_{j+1} = \left(\frac{Z-1}{Z}\right)^{x-1} \frac{(N-x_j)!}{(N-x_j-x)!} \qquad (10-16)$$

N_2 个高分子在 N 个格子中放置放法的总数为

$$\Omega = \frac{1}{N_2!} \prod_{j=0}^{N_2-1} W_{j+1} \qquad (10-17)$$

除以 $N_2!$ 是因为 N_2 个高分子是等同的,不可区分的。当它们互调位置时,并不引起排列方式的改变。将式(10-16)带入式(10-17)并展开得

$$\Omega = \frac{N!}{N_2!\ (N-xN_2)!} \left(\frac{Z-1}{N}\right)^{N_2(x-1)} \qquad (10-18)$$

N_1 个溶剂分子也是等同的,因此只有一种放置方法,式(10-18)即表示溶液的总的微观状态数。因此溶液的熵值为

$$S_{溶液} = K\ln\Omega = K\left[N_1\ln\frac{N_1}{N_1+xN_2} + N_2\ln\frac{xN_2}{N_1+xN_2} - N_2\ln x - N_2(x-1)\ln\frac{Z-1}{e}\right]$$

$$(10-19)$$

高分子溶液的混合熵 ΔS_M 是指体系混合前后熵的变化。高分子与溶剂的混合过程可用图 10-7 来表示。

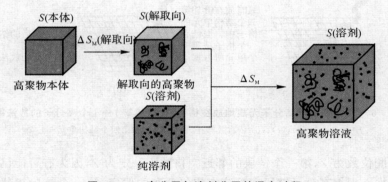

图 10-7   高分子与溶剂分子的混合过程

高聚物熵值可因其为结晶态、取向态、解取向态而不同。高聚物在溶解过程中,其分子的排列必然变得极其混乱,而把其解取向的熵值作为混合前高分子的熵值。从图 10-6 可知,混合前后的熵值为

$$S_{始} = S_{溶液} + S_{解取向高分子}$$

所以混合熵为

$$\Delta S_M = S_{溶液} - (S_{溶剂} + S_{解取向高分子})$$

在纯溶剂中,分子的排列方式只有一种,$S_{溶剂}=0$。对解取向高分子,由于其排列方式是极其混乱的,它们在 xN_2 个格子中的排列方式数,可按上面的方法计算。即由式(10-19)令 $N_1=0$ 可求得 $S_{解取向高分子}$ 的值为

$$S_{解取向高分子} = KN_2\left[\ln x + (x-1)\ln\frac{Z-1}{e}\right]$$

则

$$\Delta S_{\mathrm{M}} = -K(N_1 \ln \varphi_1 + N_2 \ln \varphi_2) \tag{10-20}$$

式中，φ_1，φ_2 分别表示溶剂和高分子在溶液中的体积分数

$$\varphi_1 = \frac{N_1}{N_1 + xN_2}, \quad \varphi_2 = \frac{xN_2}{N_1 + xN_2}$$

如果用摩尔数 n 代替分子数 N，可得

$$\Delta S_{\mathrm{M}} = -R(n_1 \ln \varphi_1 + n_2 \ln \varphi_2) \tag{10-21}$$

由上述推导可知，ΔS_{M} 仅表示高分子链段在溶液中排列的构象熵，没有考虑高分子链段与溶剂分子相互作用引起的熵变，所以 ΔS_{M} 称为混合构象熵。

比较式(10-14)和(10-20)，只是摩尔分子数 N 换成了体积分数 φ。如果溶质分子和溶剂分子的体积相等，$x=1$，则式(10-14)与(10-20)就完全相同了。由式(10-20)计算 ΔS_{M} 比式(10-14)计算的混合熵大得多。这是因为一个高分子在溶液中不止起一个分子的作用，但是也起不到 x 个小分子的作用，因为高分子中每个链段是相互连接的，因此高分子溶液的混合熵比把高分子切成 x 个链段与溶剂混合时的混合熵值小。

对于多分散性高聚物，有

$$\Delta S_{\mathrm{M}} = -K\left(N_1 \ln \varphi_1 + \sum_i N_i \ln \varphi_i\right) \tag{10-22}$$

式中，N_i、φ_i 分别为各种聚合度的分子数和体积分数。

似晶格模型理论有以下不合理之处，从而导致理论与实验结果有较大偏离。

（1）假定高分子链段与溶剂分子具有相同的晶格形式，这显然是不合理的，只能说是一种权宜之计。

（2）没有考虑高分子链段之间、溶剂分子之间以及链段与溶剂分子之间存在着不同的相互作用，也没有考虑到高分子在溶解前后由于所处环境不同而引起的高分子构象熵的改变。

（3）高分子链段均匀分布的假定只是在浓溶液中才比较合理，而在稀溶液中高分子链段的分布是不均匀的，高分子是以一个线团散布在溶液中，线团占有一定的体积而不能贯穿（见图10-3），因而线团内链段密度较大，线团外几乎没有链段，即使在高分子链球内，链段的分布也是不均匀的。

二、高分子溶液的混合热与弗洛利-哈金斯参数 χ_1

仍以似晶格模型来推导溶液的混合热。推导时只考虑最邻近分子间的相互作用。以符号1表示溶剂分子，符号2表示高分子的一个链段，符号[1-1]，[2-2]和[1-2]分别表示相邻的一对溶剂分子、相邻的一对链段和相邻的一对溶剂与链段。混合过程为拆散一对[1-1]和[2-2]而形成两对[1-2]的过程

$$[1-1] + [2-2] = 2[1-2]$$

用 ε_{11}、ε_{22} 和 ε_{12} 分别表示它们的结合能，形成一对[1-2]能量的变化为

$$\Delta\varepsilon_{12} = \varepsilon_{12} - \frac{1}{2}(\varepsilon_{11} + \varepsilon_{12})$$

假定在溶液中有 P_{12} 对[1-2]，混合是没有体积变化，那么混合热为

$$\Delta H_{\mathrm{M}} = P_{12} \cdot \Delta\varepsilon_{12}$$

应用似晶格模型理论可计算出 ΔH_{M} 值。设溶剂的体积分数为 φ_1，每一个高分子周围有 $(Z-2)x+2$ 个空格，当 x 很大时 $(Z-2)x+2$ 近似地等于 $(Z-2)x$，每个空格被溶剂分子所占的

几率为 φ_1,也就是说一个高分子可以生成 $(Z-1)x\varphi_1$ 对[1-2],在溶液中有 N_2 个高分子,则

$$P_{12} = (Z-2)x\varphi_1 N_2 = (Z-2)N_1\varphi_2$$

$$\Delta H_M = (Z-2)N_1\varphi_2\Delta\epsilon_{12}$$

令 $\chi_1 = \dfrac{(Z-2)\Delta\epsilon_{12}}{KT}$,则

$$\Delta H_M = KT\chi_1 N_1\varphi_2 = RT\chi_1 n_1\varphi_2 \tag{10-23}$$

弗洛利-哈金斯参数 χ_1 反映了高分子与溶剂混合时相互作用能的变化,是一个无因次的量。$\chi_1 KT$ 的物理意义表示一个溶剂分子放入高聚物中时引起的能量变化。

当 Z 很大时,$Z-2$ 近似地等于 Z。

三、高分子溶液的混合自由能和化学位

高分子溶液的混合自由能为 $\Delta G_M = \Delta H_M - T\Delta S_M$,即

$$\Delta G_M = KT[N_1\ln\varphi_1 + N_2\ln\varphi_2 + \chi_1 N_1\varphi_2] \tag{10-24}$$

对于多分散高聚物

$$\Delta G_M = KT\left[N_1\ln\varphi_1 + \sum_i N_i\ln\varphi_i + \chi_1 N_1\varphi_2\right] \tag{10-25}$$

将分子数换成摩尔数,式(10-24)与(10-25)可写为

$$\Delta G_M = RT[n_1\ln\varphi_1 + n_2\ln\varphi_2 + \chi_1 n_1\varphi_2] \tag{10-26}$$

$$\Delta G_M = RT\left[n_1\ln\varphi_1 + \sum_i n_i\ln\varphi_i + \chi_1 n_1\varphi_2\right] \tag{10-27}$$

溶液中溶剂的化学位变化 $\Delta\mu_1$ 和溶质的化学位变化 $\Delta\mu_2$ 分别为

$$\Delta\mu_1 = \left[\frac{\partial(\Delta G_M)}{\partial n_1}\right]_{T \cdot P \cdot n_2} = RT\left[\ln\varphi_1 + \left(1 - \frac{1}{x}\right)\varphi_2 + \chi_1\varphi_2^2\right] \tag{10-28a}$$

$$\Delta\mu_2 = \left[\frac{\partial(\Delta G_M)}{\partial n_2}\right]_{T \cdot P \cdot n_1} = RT\left[\ln\varphi_2 - (x-1)\varphi_1 + x\chi_1\varphi_1^2\right] \tag{10-28b}$$

对于多分散性高聚物,由式(10-27)可得

$$\Delta\mu_1 = RT\left[\ln\varphi_1 + \left(1 - \frac{1}{x_n}\right)\varphi_2 + \chi_1\varphi_2^2\right] \tag{10-29a}$$

$$\Delta\mu_2 = RT\left[\ln\varphi_x - (x-1) + x\varphi_2\left(1 - \frac{1}{x_n}\right) + \chi_1 x\varphi_1^2\right] \tag{10-29b}$$

当 $x = \bar{x}_n$,$\varphi_x = \varphi_2$ 时,即表示分子量是均一的,式(10-29)就还原为式(10-28)。

如果溶液很稀,$\varphi_2 \ll 1$,则

$$\ln\varphi_1 = \ln(1 - \varphi_2) = -\varphi_2 - \frac{1}{2}\varphi_2^2\cdots$$

代入式(10-28a)得

$$\Delta\mu_1 = RT\left[-\frac{1}{x}\varphi_2 + \left(\chi_1 - \frac{1}{2}\right)\varphi_2^2\right] \tag{10-30}$$

对于很稀的理想溶液,则

$$\Delta\mu_1^i = -RTn_2$$

式(10-30)与此式相比可知,式(10-30)右边第一项相当于理想溶液的溶剂化学位变化,第二项相当于非理想部分,称为"超额化学位变化"。

$$\Delta\mu_1^{\mathrm{E}}=RT\left(\chi_1-\frac{1}{2}\right)\varphi_2^2 \tag{10-31}$$

上述就是由似晶格模型推导的结果，现在与实验结果进行比较。

由理论得出高分子溶剂相互作用参数 χ_1 是与高分子溶液的浓度无关的参量。根据 $\Delta\mu_1 = \mu_1-\mu_1^0=RT\ln\dfrac{P}{P^0}$（$P_0$ 和 P 分别为纯溶剂和溶液的蒸气压），从高分子溶液蒸气压的测量求得 $\Delta\mu_1$，带入式（$10-28a$）计算出 χ_1。结果表明，除了个别体系之外，χ_1 都与体积分数 φ_2 有关（见图$10-8$）。尽管似晶格理论与实验结果有很大偏差，但是由于它的最终表达式甚为简单，因而仍广泛应用。

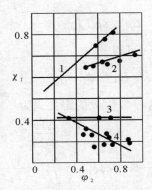

图 10 - 8　弗洛利-哈金斯参数 χ_1 的实验值对高聚物体积分数 φ_2 作图

1— 聚二甲基硅氧烷-苯体系；　2— 聚苯乙烯-甲乙酮体系；　3— 天然橡胶-苯体系；　4— 聚苯乙烯-甲苯体系

10.2.3　Flory - Krigbaum 高分子稀溶液理论

由于似晶格理论有许多不合理的假设，导致理论与实验的偏离，特别是高分子链段均匀分布的假定，不适合于稀溶液的情况。如前所述，在稀溶液中高分子链以一个松懈的链球分布在纯溶剂中（见图 $10-9$），每个链球都占有一定的体积（排斥体积），这是似晶格模型理论与实验发生偏离的主要原因。

据此，弗洛利（Flory）和克利（Krigbaum）提出了高分子稀溶液理论，有下述基本假设：

（1）整个高分子溶液可看作是被溶剂化了的高分子"链段云"（即线团）一朵朵地分散在纯溶剂中，链段在溶液中的分布是不均匀的；

（2）在链段云内链段的分布符合高斯分布，其中心的密度最大，向四周密度递减；

（3）每个高分子链段云都有一个"排斥体积"，链段云之间相互贯穿的几率非常小。

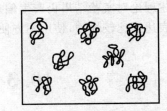

图 10 - 9　在高分子稀溶液中的高分子链球

由上述假定可推导出溶液的热力学函数表达式。在良溶剂中，高分子链段被溶剂化而扩展，排斥体积增大，高分子链的许多构象不能实现，这样就产生了溶液热力学性质的"超额"部分。超额化学位有两部分组成。一部分是由于分子间相互作用不等导致的热效应引起的，另一部分是由于构象熵减小引起的,因此分别引入热力学参数 K_1 和熵参数 ψ_1 表征相互作用对混合热和混合熵的影响。溶液的热力学函数表达式为

$$\Delta H_1^{E} = RTK_1\varphi_2^2$$
$$\Delta S_1^{E} = R\psi_1\varphi_2^2 \qquad\qquad (10-32)$$
$$\Delta \mu_1^{E} = RT(K_1 - \psi_1)\varphi_2^2$$

当在稀溶液时,$\varphi_2 \ll 1$,则

$$\ln \varphi_1 = \ln (1-\varphi_2) \approx -\varphi_2 - \frac{1}{2}\varphi_2^2$$

取 $x \to \infty$ 则式(10-28a)简化。可得

$$\Delta \mu_1^{E} = RT\left(\chi_1 - \frac{1}{2}\right)\varphi_2^2 \qquad\qquad (10-33)$$

比较式(10-32)和式(10-33)可得

$$K_1 - \psi_1 = \chi_1 - \frac{1}{2}$$

在实际应用时常采用 θ 温度这一参数,θ 的定义式为

$$\theta = \frac{K_1 T}{\psi_1} = \frac{\Delta H_1^{E}}{\Delta S_1^{E}} \qquad\qquad (10-34)$$

因而

$$\psi_1 - K_1 = \psi_1\left(1 - \frac{\theta}{T}\right) = \frac{1}{2} - \chi_1 \qquad\qquad (10-35)$$

则式(10-33)可改写为

$$\Delta \mu_1^{E} = -RT\psi_1\left(1 - \frac{\theta}{T}\right)\varphi_2^2 \qquad\qquad (10-36)$$

式(10-36)表明,当 $T=\theta$ 时,$\Delta \mu_1^{E}=0$,是理想溶液的情况,这时排斥体积为零,高分子与溶剂分子都可自由渗透。这样在 θ 温度时,我们就可以利用有关理想溶液的定律来处理高分子溶液了。当 $T>\theta$ 时,$\Delta \mu_1^{E}<0$,此时由于高分子链段与溶剂分子间的相互作用使高分子链扩展,排斥体积增大,相当于良溶剂时情况,T 高于 θ 温度越多溶剂性质越良。当 $T<\theta$ 时,$\Delta \mu_1^{E}>0$,此时高分子链段间彼此吸引,排斥体积为负值,温度 T 低于 θ 温度越多,溶剂性能越差,甚至高聚物从溶液中析出。所以从高分子-溶剂体系的 θ 温度也可判定溶剂的溶解能力。

必须指出,上述理论与似晶格模型理论都没有考虑高聚物与溶剂混合时的体积变化,因此上述理论对实验结果仍产生偏差。后来弗洛利对此进行了修正,使理论向前推进了一步,但所得表达式比较烦琐,使用不方便。

10.3　高分子溶液的相平衡

10.3.1　渗透压与相平衡

一、渗透压

当溶剂池和溶液池被一层只允许溶剂分子透过,而不允许溶质分子透过的半透膜隔开时

（见图10-10），纯溶剂就透过半透膜渗入溶液池，致使溶液池的液面升高，产生液柱差，当液柱差达到某一定值时，溶剂就不再进入溶液，此时达到平衡状态，即热力学相平衡状态。其压力差称为溶液的渗透压 π。

设纯溶液的化学位为 μ_1^0，溶液中溶剂的化学位为 μ_1，纯溶剂的蒸汽压为 P_1^0，溶液中溶剂的蒸汽压为 P_1，则

$$\mu_1^0 = \mu_1^0(汽) + RT\ln P_1^0$$
$$\mu_1 = \mu_1^0(汽) + RT\ln P_1$$

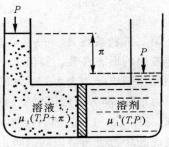

图 10-10　渗透压示意图

由于 $P_1^0 > P_1$，因此 $\mu_1^0 > \mu_1$，溶剂分子就有从溶剂池透过半透膜进入溶液池的倾向，这种渗透过程将一直进行到由液柱上升所产生的压力增加了溶液中的化学位，使之与纯溶剂的化学位相等，达到热力学相平衡为止。即

$$\mu_1^0(T,P) = \mu_1^0(T,P+\pi)$$

$$\mu_1^0(T,P+\pi) = \mu_1^0(T,P) + \int_P^{P+\pi}\left(\frac{\partial\mu_1}{\partial P}\right)_T dP = \mu_1(T,P) + \pi\widetilde{V}_1 \qquad (10-37)$$

$$\pi\widetilde{V}_1 = -[\mu_1(T,P) - \mu_1^0(T,P)] = -\Delta\mu_1$$

式中，$\widetilde{V}_1$ 为溶剂的偏摩尔体积。对浓度很稀的低分子溶液，接近于理想溶液，服从拉乌尔定律，$P_1 = P_1^0 N_1$，则

$$\Delta\mu_1 = -\pi\widetilde{V}_1 = RT\frac{P_1}{P_1^0} = RT\ln N_1 = RT\ln(1-N_2) \approx -RTN_2$$

$$\pi\widetilde{V}_1 = RTN_2 \qquad N_2 = \frac{n_2}{n_1+n_2} \approx \frac{n_2}{n_1}$$

$$\frac{\pi}{c} = \frac{RT}{M} \qquad (10-38)$$

式中，c 为溶液浓度，M 为溶质分子量。

式（10-38）范德霍夫（Vant Hoff）方程，它表明在一定温度下，测定已知浓度溶液的渗透压 π，可求出溶质分子量 M。

对于高分子溶液，将式（10-28a）代入式（10-37）可得

$$\pi = -\left(\frac{RT}{\widetilde{V}}\right)\left[\ln(1-\varphi_2) + \left(1-\frac{1}{x}\right)\varphi_2 + \chi_1\varphi_2^2\right] \qquad (10-39)$$

把 $\ln(1-\varphi_2)$ 展开，稀溶液的 $\varphi_2 \ll 1$，略去高次项简化得

$$\pi = RT\left[\frac{c}{M} + \left(\frac{1}{2} - \chi_2\right) + \frac{\varphi_2^2}{V_1}\cdots\right]$$

式中，$\widetilde{V}_1$ 为纯溶剂的摩尔体积。用高聚物密度代换 $\rho_2 = \dfrac{c}{\varphi_2}$，则

$$\frac{\pi}{c} = RT\left[\frac{1}{M} + \left(\frac{1}{2} - \chi_1\right)\frac{c}{V_1\rho_2^2} + \cdots\right] \qquad (10-40)$$

或

$$\frac{\pi}{c} = RT\left[\frac{1}{M} + A_2c + A_3c^2 + \cdots\right] \qquad (10-41)$$

此式表示高分子溶液渗透压与浓度的依赖关系。式中，A_2，A_3 称为渗透压第二、第三维利系数。

二、第二维利系数

由式(10-40)和式(10-41)可知第二维利系数为

$$A_2 = \left(\frac{1}{2} - \chi_1\right)\frac{1}{\overline{V_1}\rho_2^2} \tag{10-42}$$

第二维利系数 A_2 与 χ_1 一样表征高分子链段与溶剂分子间的相互作用,也是表征高分子在溶液中的形态参数。其值大小取决于高分子-溶剂体系和试验温度。在良溶剂中,链段间的相互作用以斥力为主,A_2 为正值,即 $\chi_1 < 1/2$(见图10-11中曲线1);加入不良溶剂,链段间的引力增加,高分子线团紧缩,排斥体积减小,A_2 值减少(见图10-11)。当温度降低时,A_2 也递减(见图10-12)。当 $A_2 = 0$ 时,$\chi_1 = 1/2$,即表示高分子链段间由于溶剂化及排斥体积效应所表现的斥力恰与链段间的吸力相抵消,此时排斥体积为零,无远程相互作用,符合理想溶液的行为。如果再继续加入不良溶剂或降低温度时,高分子会沉淀出来。

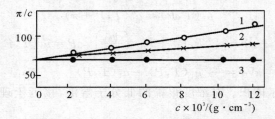

图 10-11　聚苯乙烯在不同溶剂中的渗透压
1— 丁酮；　2— 丁酮:甲醇 = 95∶5(体积比)；　3— 丁酮:甲醇 = 90∶10(体积比)

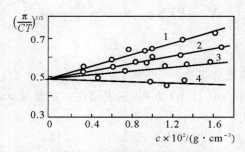

图 10-12　聚二甲基硅氧烷在丁酮溶液中的渗透压
1—50℃；　2—35℃；　3—25℃；　4—15℃

$A_2 = 0$ 的温度为高分子-溶剂体系的 θ 温度,这时的溶剂是 θ 溶剂。某些高聚物的 θ 溶剂组成和温度见表10-7。

表 10-7　某些高聚物的 θ 溶剂和 θ 温度

高聚物	θ 溶剂		θ 温度/℃
	溶剂	组成	
聚乙烯	二苯醚		161.4
聚异丁烯	苯		24
	四氯化碳-丁酮	66.4/33.6	25
	环己烷-丁烔	63.2/36.8	25

续　表

高聚物	θ 溶剂		θ 温度/℃
	溶剂	组成	
聚丙烯	乙醇异戊酯		34
（无规立构）	环己酮		92
	四氯化碳-正丁醇	67/33	25
（全同立构）	二苯醚		145
聚苯乙烯	苯-正己烷	39/61	20
（无规立构）	丁酮-甲醇	89/11	25
	环己烷		35
聚乙烷乙烯酯	丁酮-异丙醇	73.2/35.8	25
（无规立构）	3-庚酮		29
聚氯乙烯	苯甲醇		155.4
聚丙烯腈	二甲基甲酰胺		29.2
（无规立构）			
聚甲基丙烯酸甲酯	苯-正己烷	70/30	20
（无规立构）	丙醇-乙醇	47.7/52.3	25
	丁酮-异丙醇	50/50	25
（间同立构）	正丙醇		85.2
（94%全同立构）	丁酮-异丙醇	55/45	25
聚丁二烯	己烷-庚烷	50/50	5
（80%顺式，1,4）	3-戊酮		10.6
聚异戊二烯			
（天然橡胶）	2-戊解		14.5
95%顺式	正庚烷-正丙醇	69.5/30.5	25
	丁酮		20
聚二甲基硅氧烷	甲苯-环己烷	66/34	25
	氯苯		68
聚碳酸酯	氯仿		20

从 A_2 的实验数据并通过式（10-42）可求得哈金斯参数 χ_1 的值。

实验表明，A_2 尚与试样的分子量和分子量分布有关，这是 Flory-Huggins 晶格模型理论不能解释的。而稀溶液理论推得的 A_2 随高聚物的分子量增加而减小，但理论与实验仍有较大偏离，即该理论也只能定性地解释 A_2 的分子量依赖性。

对高聚物溶液渗透压的研究可以实现以下作用。

（1）测定高聚物的分子量。利用 $\dfrac{\pi}{c}=\dfrac{RT}{M}$，测量不同浓度下的 $\dfrac{\pi}{c}$，作图外推到 $c \to 0$ 则可测得高分子的数均分子量，渗透压测定高聚物分子量的范围取决于半透膜的渗透性。

（2）测定高聚物溶液的相互作用参数，确定 θ 温度。

（3）可验证高聚物溶液理论。事实上，很多教材提供的例子都用的是渗透压实验数据。

10.3.2 相分离热力学

一、高聚物-溶剂体系

1.相分离的临界条件

高分子溶液作为高聚物和溶剂组成的二元体系,在一定条件下可分为两相,一相为含高聚物较少的"稀相",另一相为含高聚物较多的"浓相"。对于一定的高聚物-溶剂体系,相分离发生与否同温度有关。将高聚物溶液体系的温度降低到某一特定温度以下或者提高到某一特定温度以上,就有可能出现相分离现象。前一温度称为高临界溶解温度(UCST),后一温度称为低临界溶解温度(LCST)。有的溶液体系同时具有 UCST 和 LCST,例如聚苯乙烯-环己酮体系。图 10-13 所示为高聚物-溶剂体系的相图。

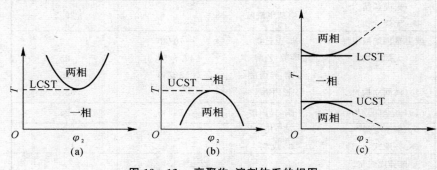

图 10-13 高聚物-溶剂体系的相图

有关低临界溶解温度及其相分离情况需要更复杂的热力学理论,这里仅仅以似晶格模型理论为基础讨论高临界溶解温度的临界条件。

热力学分析可知,高聚物在溶剂中溶解的必要条件是混合自由能 $\Delta G_M < 0$。但是,$\Delta G_M < 0$ 的条件下,高聚物和溶剂是否在任何比例下都能互溶成均匀的一相,可由 ΔG_M - φ_2 关系曲线来分析。

若体系的总体积为 V,格子的摩尔体积为 $V_{m,u}$,则

$$\varphi_1 = \frac{n_1 V_{m,u}}{V}, \quad \varphi_2 = \frac{n_2 x V_{m,u}}{V}$$

代入 ΔG_M 表达式,得

$$\Delta G_M = \frac{RTV}{V_{m,u}}\left[(1-\varphi_2)\ln(1-\varphi_2) + \frac{\varphi_2}{x}\ln\varphi_2 + \chi_1\varphi_1(1-\varphi_2)\right] \quad (10-43)$$

如果混合过程放热,$\chi_1 < 0$,$\Delta G_M < 0$。如果溶解过程吸热,$\chi_1 > 0$,此时 ΔG_M 可能大于零,也可能小于零,视 χ_1 的大小而定。因为 $\Delta G_M > 0$ 的过程是不可能自发进行的,故这里仅讨论 $\Delta G_M < 0$ 的情况。

图 10-14 所示为 ΔG_M 与 φ_2 的关系,曲线的形状同 x 和 χ_1 大小有关。若 x 一定,则当 χ_1 小于某一临界值 χ_{1c} 或温度高于某一临界值 T_c 时,ΔG_M - φ_2 关系如曲线 AHG 所示,有一极小值 H,整条曲线曲率半径为正。曲线上每一点都具有不同的切线,整个浓度区域内混合自由

能各不相同,高聚物与溶剂可以以任何比例混合而不发生相分离,称为完全互溶。当 χ_1 大于某一临界值 χ_{1c} 或者温度低于某一临界值 T_c 时,ΔG_M - φ_2 关系如曲线 ABCDEFG 所示。随着 φ_2 的增大,ΔG_M 出现两个极小值(B 和 F),一个极大值(D)和两个拐点(C 和 E),极小值处组成以 φ' 和 φ'' 表示,拐点处的组成以 φ_a 和 φ_b 表示。可以看出,B 和 F 两点有一共同切线,即浓度的两种状态相应的组分具有相同的混合自由能,可以共同存在,在这种情况下,尽管溶液在整个组成范围内 ΔG_M 都小于零,但高聚物和溶剂不能以任意比例混合成一相。具体地说,当 $\varphi < \varphi'$ 和 $\varphi > \varphi''$ 时,$\partial^2 \Delta G_M / \partial \varphi_2^2 > 2$,体系互溶,且为均相态;当 φ 介于 φ' 和 φ_a、φ_b 和 φ'' 之间时,曲线的 $\partial^2 \Delta G_M / \partial \varphi_2^2 > 0$,但与上述均相态不同,体系虽然不能自发发生相分离,但在震动、杂质或过冷等条件下,有可能分相,称作亚稳态;当 φ 介于 φ_a 和 φ_b 之间时,曲线曲率半径为负,即 $\partial^2 \Delta G_M / \partial \varphi_2^2 < 0$,由于稳定的热力学相态是自由能最低的相态,因而该体系极不稳定,相分离是自发的和连续的,必将分离成浓度为 φ' 和 φ'' 的两相,为部分互溶的多相态。当 χ_1 等于某一临界 χ_{1c} 或温度等于某一临界值 T_c 时,ΔG_M - φ_2 曲线极值和拐点刚刚趋于一点,如曲线 AIG 所示。此时,判别式为函数 ΔG_M 的二阶导数和三阶导数均为零,即

$$\frac{\partial^2 (\Delta G_M)}{\partial \varphi_2^2} = 0$$

$$\frac{\partial^3 (\Delta G_M)}{\partial \varphi_2^3} = 0 \tag{10-44}$$

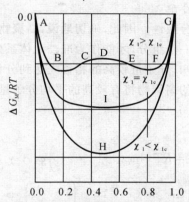

图 10-14　高聚物溶液混合自由能与组成关系

将 ΔG_M 表达式代入求导,有

$$\frac{1}{1+\varphi_{2c}} + \frac{1}{x\varphi_{2c}} - 2\chi_{1c} = 0$$

$$\frac{1}{(1-\varphi_{2c})^2} - \frac{1}{x\varphi_{2c}^2} = 0 \tag{10-45}$$

解方程,即得相分离的临界条件为

$$\varphi_{2c} = \frac{1}{1+\sqrt{x}} \tag{10-46}$$

$$\chi_{1c} = \frac{1}{2}\left(1 + \frac{1}{\sqrt{x}}\right)^2 = \frac{1}{2} + \frac{1}{\sqrt{x}} + \frac{1}{2x} \tag{10-47}$$

当 $x \gg 1$ 时,式(10-46)和式(10-47)可近似写作

$$\varphi_{2c} = \frac{1}{\sqrt{x}} \qquad (10-48)$$

$$\chi_{1c} = \frac{1}{2} + \frac{1}{\sqrt{x}} \qquad (10-49)$$

这里,下标 c 表示临界状态。式(10-48)表明,因为高分子的聚合度通常很大,因此,出现相分离的起始浓度一般很小。式(10-49)表明,χ_{1c} 稍微大于 1/2。即在 θ 状态下,$\chi_1 = 1/2$,体系尚未发生相分离。分子量趋于无穷大时,χ_{1c} 为 1/2,体系可发生相分离。

此外,在稀溶液理论中,定义

$$\chi_1 - \frac{1}{2} = \psi_1 \left(\frac{\theta}{T} - 1 \right) \qquad (10-50)$$

临界条件下,将 χ_{1c} 表达式(10-49)代入上式,整理得

$$\frac{1}{T_c} = \frac{1}{\theta} \left[1 + \frac{1}{\psi_1} \left(\frac{1}{2x} + \frac{1}{\sqrt{x}} \right) \right] \qquad (10-51)$$

以 $\dfrac{1}{T_c}$ 对 $\left(\dfrac{1}{2x} + \dfrac{1}{\sqrt{x}} \right)$ 作图,应为一直线,直线的截距表示分子量趋于无穷大的 $1/T_c$ 值,它应该等于 $1/\theta$。所以,θ 温度也是分子量趋于无穷大时高聚物的临界共溶温度,这也是求 θ 温度的一种方法,知道 θ 值后,再由直线的斜率,即可计算熵参数 ψ_1。

2. 高聚物在两相溶液中的分配

高聚物的分子通常具有多分散性。因此,确切地说,高聚物-溶剂体系是多元体系,只有把不同分子量的高聚物看成是一个组分,才能作为准二元体系处理。在相分离过程中,根据方程(10-48)和方程(10-49)可知,分子量较高的将首先达到分相条件。就是说,多分散性高聚物溶液的相分离体系其浓相中的高聚物将有较高的平均分子量。下面我们讨论链段数为 x 的高分子在两相中的分配情况。

已经导出:

$$\Delta \mu_1 = RT \left[\ln \varphi_1 + \left(1 - \frac{1}{x_n} \right) \varphi_2 + \chi_1 \varphi_2^2 \right]$$

$$\Delta \mu_x = RT \left[\ln \varphi_x + (x-1) + \left(1 - \frac{1}{x_n} \right) x \varphi_2 + \chi_1 x \varphi_1^2 \right]$$

以上标"'"和"""分别表示稀相和浓相,在相平衡条件下有

$$\Delta \mu'_1 = \Delta \mu''_1$$

$$\Delta \mu'_x = \Delta \mu''_x$$

即

$$\ln \varphi'_1 + \left(1 - \frac{1}{x'_n} \right) \varphi'_2 + \chi_1 \varphi'^2_2 = \ln \varphi''_1 + \left(1 - \frac{1}{x''_n} \right) \varphi''_2 + \chi_1 \varphi''^2_2$$

或

$$\ln \frac{\varphi''_1}{\varphi'_1} = \left(1 - \frac{1}{x'_n} \right) \varphi'_2 - \left(1 - \frac{1}{x''_n} \right) \varphi'' + \chi_1 (\varphi'^2_2 - \varphi''^2_2) \qquad (10-52)$$

$$\ln \varphi'_x + \left(1 - \frac{1}{x'_n} \right) x \varphi'_2 + \chi_1 x \varphi'^2_1 = \ln \varphi''_x + \left(1 - \frac{1}{x''_n} \right) x \varphi''_2 + \chi_1 x \varphi''^2_1$$

或

$$\ln \frac{\varphi''_x}{\varphi'_x} = x \left[\left(1 - \frac{1}{x'_n} \right) \varphi'_2 - \left(1 - \frac{1}{x''_n} \right) \varphi''_2 + \chi_1 (\varphi'^2_1 - \varphi''^2_1) \right] \qquad (10-53)$$

联立式(10-52)和式(10-53),得

$$\ln \frac{\varphi''_x}{\varphi'_x} = x \left[2\chi_1 \left(\varphi'^2_1 - \varphi''^2_1 \right) + \ln \frac{\varphi''_1}{\varphi'_1} \right] \tag{10-54}$$

定义：

$$\sigma = 2\chi_1 \left(\varphi'^2_1 - \varphi''^2_1 \right) + \ln \frac{\varphi''_1}{\varphi'_1} \tag{10-55}$$

则

$$\frac{\varphi''_x}{\varphi'_x} = e^{\sigma x} \tag{10-56}$$

即高聚物物种在浓相和稀相的浓度比随其分子量的增大而呈指数上升。以 V'' 和 V' 表示浓相和稀相的体积,其比值以 R 表示,则高聚物在两相的质量比为

$$\frac{W''_x}{W'_x} = \frac{\varphi''_x V''}{\varphi'_x V'} = R e^{\sigma_x}$$

质量分数为

$$f''_x = \frac{R e^{\sigma x}}{1 + R e^{\sigma x}}$$

$$f'_x = \frac{1}{1 + R e^{\sigma x}} \tag{10-57}$$

在恒定的温度下,把沉淀剂加入到高分子溶液中,也会导致相分离的现象。在高分子/溶剂/沉淀剂三元体系中两相平衡条件为

$$\Delta\mu'_{11} = \Delta\mu''_{11}, \quad \Delta\mu'_{12} = \Delta\mu''_{12}, \quad \Delta\mu'_2 = \Delta\mu''_2$$

这里脚标"11"和"12"分别表示溶剂和沉淀剂。这种三元体系的相分离规律比较复杂。有人做了聚甲基丙烯酸甲酯/丙酮/甲醇体系的分相实验,表明聚合物在浓相和稀相的质量比同分子链长成立以下关系

$$\frac{W''_x}{W'_x} = Q e^{\sigma x} \tag{10-58}$$

这里 Q 为参数,不等于两相体积之比 R。

二、高聚物-高聚物体系

关于两种高聚物的混合体系,如果把一种高聚物看成是另一种高聚物的溶剂,那么两者之间的相容性可用溶液热力学理论进行分析。这种情况下,一个"溶剂"分子不再占有一个格子,而是占有 x 个相邻的格子。设 A,B 两种高聚物分子分别含有 x_A 和 x_B 个链段,根据格子模型,它们混合时热力学函数表示为

$$\Delta S_M = -R(n_A \ln\varphi_A + n_B \ln\varphi_B) \tag{10-59}$$

$$\Delta H_M = RT\chi_1 x_A n_A \varphi_B = RT\chi_1 x_B n_B \varphi_A \tag{10-60}$$

$$\Delta G_M = RT(n_A \ln\varphi_A + n_B \ln\varphi_B + \chi_1 x_A n_A \varphi_B) \tag{10-61}$$

又设 A 与 B"链段"的摩尔体积相等,均为 V_u,体系的总体积为 V,则

$$\varphi_A = \frac{x_A n_A V_u}{V}, \quad \varphi_B = \frac{x_B n_B V_u}{V}$$

上式可改写为

$$\Delta G_M = \frac{RTV}{V_u} \left(\frac{\varphi_A}{x_A} \ln\varphi_A + \frac{\varphi_B}{x_B} \ln\varphi_B + \chi_1 \varphi_A \varphi_B \right) \tag{10-62}$$

这里,括号内前两项是熵对自由能的贡献,而末项是焓的贡献。显然,A,B 混合后能否得到均

相共混物,决定于熵项和焓项的相对大小。

对于某些 $\Delta G_M < 0$ 的热力学相容体系,ΔG_M 与 φ_A(或 φ_B)有类似于图 10-14 所示的关系,图形决定于 x_A,x_B 和 χ_1 值。当 $x_A = x_B$ 时,$\Delta G_M - \varphi_A$(或 φ_B)曲线在 φ_A(或 φ_B)=1/2 处出现极小值或极大值。$x_A \neq x_B$ 时,图形将出现不对称情况。

与高聚物溶液体系类似,对于给定的共混体系,存在着临界值 χ_{1c}。只要 $\chi_1 > \chi_{1c}$,即可出现相分离。两相的组成 φ' 和 φ'' 随 χ_1 而变,而 χ_1 又与温度有关,所以,改变 χ_1 或者说改变温度,可以得到一系列的 $\Delta G_M - \varphi_A$(或 φ_B)曲线。将各条曲线的极小值(称双节点)连接,可得两相共存线(即双节线),将各条曲线的拐点(称旋节点)连接,可得亚稳极限线(即旋节线)。旋节线内的区域称为不稳定的两相区域,旋节线与双节线之间的区域称亚稳区,双节线之外的区域为互溶的均相区,如图 10-15 所示。

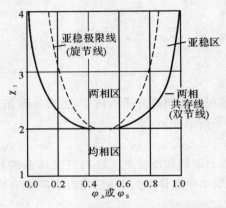

图 10-15　共混高聚物的双节线和旋节线

实际聚合物的 $T - \varphi$ 相图与理论的双节线相对应,如图 10-16 和图 10-17 所示。

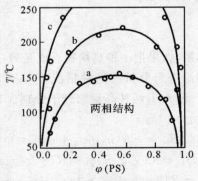

图 10-16　不同的 PS/PB 混合物的相图,呈现 UCST

a—$M(PS) = 2\,250$,　$M(PB) = 2\,350$;　b—$M(PS) = 3\,500$,
$M(PB) = 2\,350$;　c—$M(PS) = 5\,200$,　$M(PB) = 2\,350$

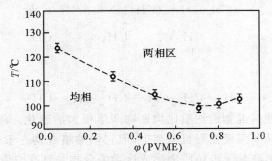

图 10-17　PS(M = 2.0×10⁵) 和 PVME(M = 4.5×10⁴) 混合物的相图(呈现 LCST)

相图最常用的测定方法叫浊点法。将共混物薄膜用显微镜观察,在某一温度下试样透明,则为均相。缓慢改变温度,记录开始观察到浑浊的温度 T_1,继续升温至浊点以上,再逆向转变温度,记录浑浊开始消失的温度 T_2。取 T_1 和 T_2 的平均值即为浊点。变更共混配比,得到一系列不同组成时的浊点,将所得浊点联成的曲线称为浊点曲线。此外,光散射方法观察共混物散射光强度随温度的变化,确定相界的有效手段。

下面讨论相分离的临界条件与分子量即 x_A 和 x_B 之间的关系。由式(10-62)以 ΔG_M 对 φ_A 或 φ_B 求二阶导数和三阶导数,并令其等于零,解联立方程,可得到临界条件下的 φ 值和 χ_1 值,以 φ_{AC},φ_{BC} 和 χ_{1c} 表示为

$$\varphi_{AC} = \frac{x_B^{1/2}}{x_A^{1/2} + x_B^{1/2}}, \quad \varphi_{BC} = \frac{x_A^{1/2}}{x_A^{1/2} + x_B^{1/2}} \tag{10-63}$$

$$\chi_{1c} = \frac{1}{2}\left(\frac{1}{x_A^{1/2}} + \frac{1}{x_B^{1/2}}\right)^2 \tag{10-64}$$

由此可见,χ_{1c} 随着试样分子量增大而减小。由于 x_A、x_B 值均较高,所以,χ_{1c} 值很小。只有当 χ_1 值非常小,即 $\chi_1 < \chi_{1c}$ 时,共混高聚物才能在全部组成范围内形成热力学上相容的均相体系。当 $\chi_1 > \chi_{1c}$,但 $\Delta G_M < 0$ 时,两种高聚物只能在某种组成范围内形成均相体系。当 χ_1 值增大至 $\Delta G_M > 0$ 时,两种高聚物在任何组成下均将发生相分离从而形成热力学上不相容的非均相体系。

近些年来,发现了不少由于高聚物之间存在着特殊的相互作用,例如氢键作用、强的偶极—偶极作用、离子-偶极作用、电荷转移络合、酸碱作用等而导致热力学相容的均相共混高聚物体系。

1.氢键导致相容的体系

在导致相容的几种特殊相互作用下,氢键是最主要的和研究较深的一种。此时两种不同的高分子分别为质子给予体和质子接受体。属于质子给予体的高聚物是含有 H—C—Cl 键的高分子或含有羟基的高分子,如聚酚氧(phenox)以及聚乙烯基苯酚等;属于质子接受体的高分子品种很多,如各类聚酯、聚醚、含醋酸乙烯的一些共聚物、含叔胺基的高分子等。

2.离子间的相互作用导致相容

具有相反离子电荷的高分子间形成盐或络合物可导致两者间的相容,这是一种很强的相互作用。其中一个经典的例子是聚苯乙烯的磺酸盐与聚三甲基苄胺苯乙烯间的相互作用

$$\sim\!\!\sim\!\!CH_2\!-\!CH\!-\!CH_2\!-\!CH\!-\!CH_2\!-\!CH\!\sim\!\!\sim$$

SO₃⁻　　SO₃⁻　　SO₃⁻

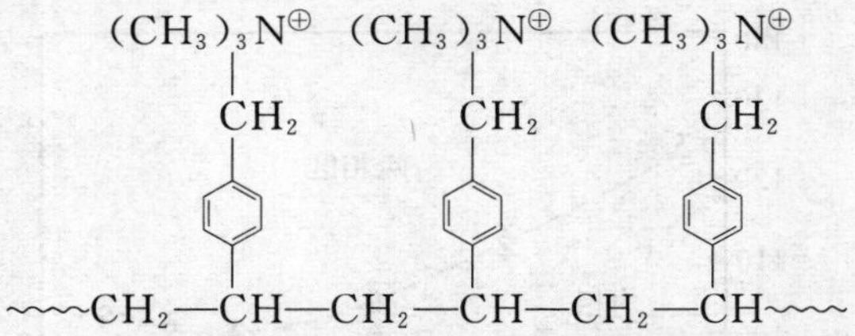

$$(CH_3)_3N^\oplus \quad (CH_3)_3N^\oplus \quad (CH_3)_3N^\oplus$$

（苯环结构与聚合物主链示意图）

这样的相互作用会使共混物的性质比均聚物产生很大的变化。例如说,这类聚电解质各自均可溶于水、酸、碱及某些强极性有机溶剂中,但它们的络合物一般却只能溶解于水和某些强极性溶剂中。许多天然高分子电解质能形成这类络合物并具有应用价值。

3.电荷转移导致相容

分别具有富电子基团和缺电子基团的高分子,混合时,会产生分子间的电荷转移,这将导致体系的相容。早期发现的一个例子是电子接受体高分子 $\{O(CH_2)_6O-\overset{O}{\overset{\|}{C}}-\cdots NO_2\cdots \overset{\|}{\underset{O}{C}}-O\}_n$

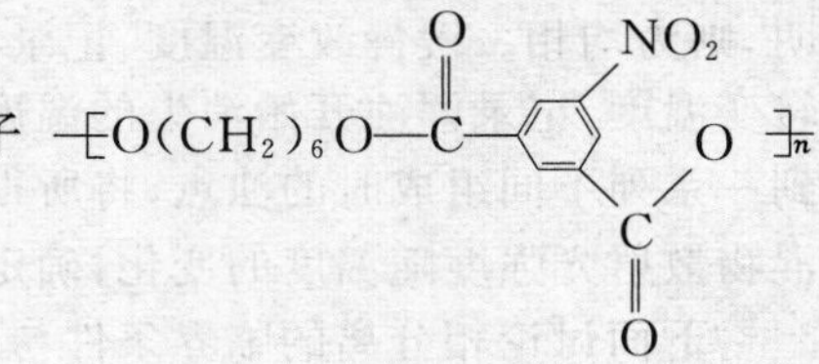

和电子给予体高分子 $\{O(CH_2)_6N-CH_2-\cdots-O-\overset{O}{\overset{\|}{C}}-\cdots\overset{\|}{\underset{O}{C}}-O\}_n$,这两者可结合为橙色络合物。

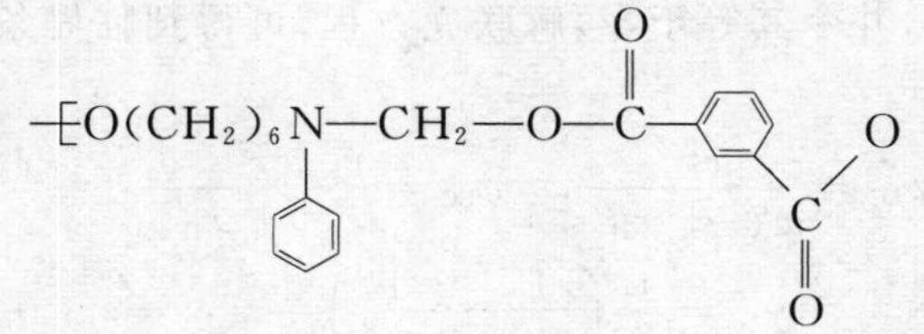

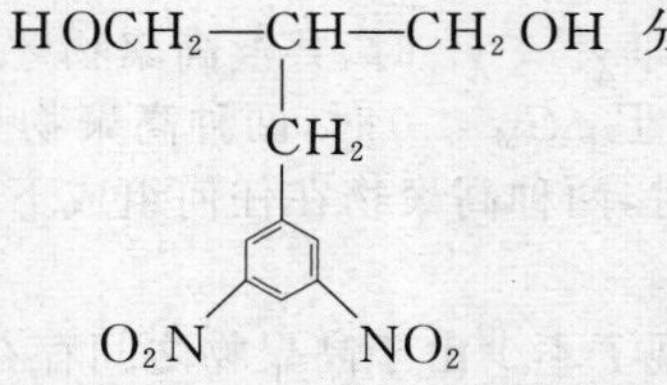

近年来,以 $HOCH_2-CH-CH_2OH$ 和 $HOCH_2-CH-CH_2OH$ 分别作为电子给予

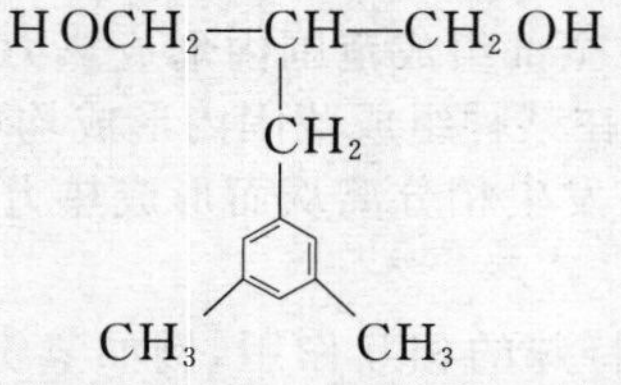

（两个带取代苯基的结构式：左侧苯环带两个 CH_3 ，右侧苯环带 O_2N 和 NO_2）

体和电子接受体,与对苯二甲酰氯缩聚,制得的两类高分子间亦具有电荷转移相互作用。这时,共混物虽未达到均相,但共混物的力学性能有明显的改善。与此类似,Fercec 等研究了分别带有电子接受体(含 2,4 -二硝基苯基)和电子给予体(含咔唑)侧基的聚甲基丙烯酸酯类高分子的混合物。他们发现,共混物的 T_g 明显地超过了两组成聚合物的 T_g。黏弹性行为的研究证实,分子间的电荷转移络合作用形成了分子间物理交联点。由于这类物理交联点随温度可逆地形成和分解,因此可以设想若向弹性体链引入这类特殊作用基团,也许会发展成为一种新型的热塑性弹性体。

10.3.3 相分离动力学

一、旋节线机理

体系的组成若处于 $\Delta G_M - \varphi_B$ 曲线两拐点组成 φ_a 和 φ_b 之间,也就是处于旋节线区域之内时,分相属于这种机理。此时,均相是极不稳定的,组成 φ_a 和 φ_b 之间对应的曲线曲率半径为负,微小的组成涨落均可导致体系自由能降低,相分离是自发的和连续的,没有热力学位垒。但是,相分离初期,两相组成差别很小,相区之间没有清晰的界面。随着时间的推移,在降低自由能的驱动力作用下,高分子会逆着浓度梯度方向进行相间迁移,即分子向着高浓度方向扩散,产生越来越大的两相组成差,显示出明显的界面。最后,所要求的连续的平衡相组成,如图10-18所示。由于相分离能自发产生,体系内到处都有分离现象,故分散相间有一定程度的相互连接。

二、成核与生长机理

如果体系的总组分处于 ΔG_M - φ_B 曲线极小点和拐点之间,即 φ 介于 φ' 和 φ_a,φ_b 和 φ'' 之间,也就是旋节线和双节线间的亚稳区域,相分离按此机理进行。

在此区域内,ΔG_M - φ_B 曲线的曲率半径为正,体系不会自发地分解为相邻组成的两相。但是,如果直接分为 φ' 和 φ'' 两相,则自由能仍然是降低的。这种分相无法通过体系微小的浓度涨落来实现。但是,混合物在震动、杂质或过冷等条件下,可以克服势垒形成零星分布的"核"。若"核"主要由组分 B 构成,则其一旦形成,核中相的组成为 φ'',"核"的近邻处相的组成为 φ',但稍远处基体混合物仍然具有原来的组分 φ_B,故基体内以组分 B 为主的分子流将沿着浓度梯度方向即低浓度方向扩散。这些分子进入核区,使"核"的体积增大,即所谓"生长",构成分散相。这种分相过程一直延续到原有的基体耗尽,共混物在全部区域中都达到平衡态组成 φ' 和 φ'' 的两相体系为止。这种相分离机理可示意如图10-19所示。分散相一般不会发生相互连接。

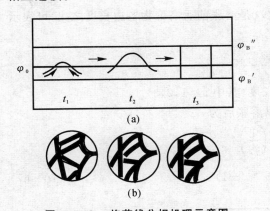

图10-18　旋节线分相机理示意图

（a）一维浓度变化；

（b）二维相结构变化 t 为时间,$t_1 < t_2 < t_3$

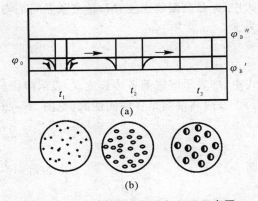

图10-19　成核和生长分相机理示意图

（a）一维浓度变化；

（b）二维相结构变化 t 为时间,$t_1 < t_2 < t_3$

如果体系最后达到平衡,两种相分离结果是没有本质差别的。然而,实际上无论是熔融共混或溶液共混,由于体系的高黏度,真正的平衡总是不易实现的。这两种不同的相分离机理就可能导致共混物具有完全不同的形态和性能。

10.3.4　交联高聚物溶胀

一、溶胀平衡热力学

网状结构的交联高聚物不能被溶剂溶解,仅能吸收大量溶剂而溶胀。溶胀的条件与线型高聚物形成溶液的条件相同。交联高聚物的溶胀过程是两种相反趋势的平衡过程,溶剂力图渗入高聚物内使体积膨胀,引起交联网络三度方向的伸展;交联点间分子链的伸展降低了它的构象熵,又引起交联网络产生弹性收缩力,力图使分子交联网络收缩。当这两种相反的倾向相互抵消时,就达到了溶胀平衡。此时形成两个相,一相是溶胀体,即溶剂分子在高聚物中的溶液;另一相是纯溶剂。两相间存在明显的相界面。

在溶胀过程中,溶胀体内自由能的变化应由两部分组成,即

$$\Delta G = \Delta G_M + \Delta G_{el} < 0 \tag{10-65}$$

式中,ΔG_M 为高分子和溶剂的混合自由能(未交联状态下),ΔG_{el} 为分子交联网的弹性自由能。当达到溶胀平衡时,$\Delta G = 0$。根据高分子溶液理论,可得

$$\Delta G_M = KG[N_1 \ln(1 - \varphi_2) + N_2 \ln \varphi_2 + \chi_1 N_1 \varphi_2]$$

或

$$\Delta G_M = RT[n_1 \ln(1 - \varphi_2) + n_2 \ln \varphi_2 + \chi_1 n_1 \varphi_2]$$

从高弹统计理论可推导出:

$$\Delta G_{el} = \frac{\rho_2 RT}{2 \overline{M_c}}(\lambda_1^2 + \lambda_2^2 + \lambda_3^2 - 3) \tag{10-66}$$

式中,ρ_2 是高聚物密度;$\overline{M_c}$ 是交联点间平均分子量,λ 是溶胀前后高聚物各边长度之比,可表示为

$$\lambda_1 = \frac{l_1}{l_1^0}, \quad \lambda_2 = \frac{l_2}{l_2^0}, \quad \lambda_3 = \frac{l_3}{l_3^0}$$

式中,l_i^0 表示溶胀前各边长度,l_i 表示溶胀后各边长度(其中 $i = 1, 2, 3$)。

一般高聚物是各向同性的(见图 10-20),所以溶胀后为

$$\lambda_1 = \lambda_2 = \lambda_3 = \left(\frac{1}{\varphi_2}\right)^{1/3}$$

则

$$\Delta G_{el} = \frac{3\rho_2 RT}{2 \overline{M_c}}(\varphi^{-2/3} - 1) \tag{10-67}$$

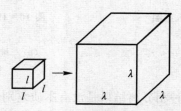

图 10-20　交联高聚物的溶胀示意图

一块交联高聚物,就是一个大分子(相当于 $x \to \infty$),达到溶胀平衡时,高聚物溶胀体内部溶剂的化学位与高聚物溶胀体外部溶剂的化学位相等,$\Delta \mu_1 = 0$,即

$$\Delta \mu_1 = \Delta \mu_{1M} + \Delta \mu_{1el} = 0$$

$$\Delta \mu_2 = \frac{\partial \Delta G}{\partial n_1} \tag{10-68}$$

$$\Delta \mu_{1el} = \frac{\partial \Delta G_{el}}{\partial n_1} = \frac{\partial \Delta G_{el}}{\partial \varphi_2} \cdot \frac{\partial \Delta \varphi_2}{\partial n_1} \tag{10-69}$$

设高聚物溶胀前后的体积比为溶胀比 Q(溶胀平衡时 Q 达到一极值)为

$$Q = \frac{1}{\varphi_2} = 1 + n_1 \widetilde{V}_1$$

式中,n_1 为溶胀体内溶剂的摩尔数,$\widetilde{V}_1$ 为溶剂的摩尔体积。将上式代入式(10-67)和式(10-69)可得

$$\Delta \mu_{1el} = \frac{\rho_1 RT}{M_c} \widetilde{V}_1 \varphi_2^{1/3} \tag{10-70}$$

故溶胀平衡的总化学位的变化为

$$\Delta \mu_1 = \frac{\partial \Delta G}{\partial n_1} = RT \left[\ln(1 - \varphi_2) + \varphi_2 + \chi_1 \varphi_2^2 + \frac{\rho_2 \widetilde{V}_1}{M_c} \varphi_2^{1/3} \right] \tag{10-71}$$

故得

$$\ln(1 - \varphi_2) + \varphi_2 + \chi_1 \varphi_2^2 + \frac{\rho_2 \widetilde{V}_1}{M_c} \varphi_2^{1/3} = 0 \tag{10-72}$$

此式即为溶胀平衡方程。平衡溶胀比由满足此方程式的 φ_2 来计算。

二、溶胀理论的应用

1. 交联度的测定

如果已知高聚物与溶剂的相互作用参数 χ_1,就可以根据溶胀平衡方程,从测定 φ_2 值算出高聚物两个交联点间分子链的平均分子量 $\overline{M_c}$。高聚物交联度愈大,$\overline{M_c}$ 愈小,所以 $\overline{M_c}$ 值表示交联度大小。

若交联度不太大时,在良溶剂中溶胀比 Q 可以超过10,此时 φ_2 很小,将 $\ln(1-\varphi_2)$ 展开,略去高次项,这样在高溶胀度下的溶胀平衡方程可简化为

$$\frac{\overline{M_c}}{\rho_2 \widetilde{V}_1} \left(\frac{1}{2} - \chi_1 \right) = Q^{5/3} \tag{10-73}$$

由此式也能计算 $\overline{M_c}$。

φ_2 或 Q 可以由高聚物溶胀平衡前后的质量或体积改变求得

$$Q = \frac{1}{\varphi_2} = \left(\frac{W_1}{\rho_1} + \frac{W_2}{\rho_2} \right) \bigg/ \frac{W_2}{\rho_2} = \frac{V_1 W_2}{V_2} \tag{10-74}$$

式中,W_1,W_2 分别为溶胀高聚物中溶剂和高聚物的质量,ρ_1,ρ_2 分别为溶剂和高聚物的密度,V_1,V_2 分别为溶胀前和溶胀平衡后高聚物的体积。反之,如果 $\overline{M_c}$ 已知,则从测定平衡溶胀比也可求得相互作用参数 χ_1。

2. 内聚能密度或溶度参数的测定

将交联为网状结构的高聚物放在已知内聚能密度或溶度参数的不同溶剂中,测定在一定温度下的平衡溶胀比。只有

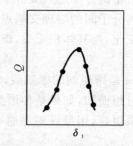

图 10-21 交联高聚物的溶胀比 Q 与溶剂溶度参数 δ_1 关系示意图

当溶剂的 δ_1 与高聚物的 δ_2 几乎相等时,溶剂为最良,溶胀比最大。故根据溶度参数相近原则,把具有最大溶胀比时该溶剂的内聚能密度或溶度参数作为高聚物内聚能密度或溶度参数的估计值(见图 10-21)。

10.4　高分子浓溶液

10.4.1　高聚物的增塑

为了改变某些高聚物的使用性能或加工性能,常常在高聚物中混溶一定量的高沸点、低挥发性的小分子液体,这种小分子液体称为增塑剂。例如在聚氯乙烯成型过程中常加入 30% ~ 50% 的邻苯二甲酸二丁酯。这样,一方面可以降低它的流动温度,以便在较低温度下加工;另一方面,由于增塑剂仍保留在制件中,使分子链比未增塑前活动性提高,其 T_g 自 80℃ 降至室温以下,弹性大大增加,从而改善了制件的耐寒、抗冲击等性能,使聚氯乙烯能制成柔软的薄膜、胶管、电线包皮和人造革等制品。

目前,对于增塑作用的机理还不太清楚,一般都认为由于增塑剂的加入导致高分子链间相互作用的减弱。然而,非极性增塑剂对非极性高聚物的增塑作用与极性增塑剂对极性高聚物的增塑作用不同。非极性增塑剂溶于非极性聚合物中,使高分子链之间的距离增大,从而使高分子链之间的作用力减弱,链段间相互运动的摩擦力也减弱。这样,使原来在本体中无法运动的链段能够运动,因而 T_g 降低,使高弹态在低温下出现。所以,增塑剂的体积愈大其隔离作用愈大。而且长链分子比环状分子与高分子链的接触机会多,因而所起的增塑作用也较为显著。非极性增塑剂使非极性高聚物的 T_g 降低的数值 ΔT,与增塑剂的体积分数成正比,即

$$\Delta T = \alpha\varphi$$

式中,φ 是增塑剂的体积分数,α 是比例常数。长链化合物比同分子量的环状化合物的增塑作用大。加入增塑剂后,高聚物的熔融黏度大大降低。

在极性高聚物中,由于极性基团或氢键的强烈相互作用,在分子链间形成了许多物理交联点。增塑剂分子进入大分子链之间,其本身的极性基团与高分子的极性基团相互作用,从而破坏了高分子间的物理交联点,使链段运动得以实现。因此使高聚物 T_g 降低值与增塑剂的摩尔数成正比,与其体积无关,即

$$\Delta T = \beta n$$

式中,n 是增塑剂的摩尔数,β 是比例常数。

可想而知,如果某种增塑剂分子中含有两个可以破坏高分子物理交联点的极性基团,则增塑效果更好,用量只要普通增塑剂的一半。实际上高聚物的增塑往往兼有以上两种类型的情况。

增塑剂的选择必须考虑以下几个因素。

1. 互溶性

从以上分析可知,增塑剂增塑作用的发挥,其本身必须充填到高聚物的分子与分子之间,以分子为单位进行混合,因此可以说,增塑了的高聚物是均相的浓溶液。要使这种浓溶液的性

质稳定,不致因时间的延续而分相,就要求增塑剂是高聚物的溶剂,否则即使用机械方法强行混合,体系也不稳定,时间长了会分相,使增塑剂呈微滴状态凝结于制件表面,以致影响制件性能。关于增塑剂的选择与溶剂的选择原则相同。

增塑剂与高聚物的互溶性与温度有关。一般高温互溶性好,低温互溶性差。有些增塑的高聚物,当温度降低至某一值时,会产生相分离。产生相分离时的最高温度称为雾点 T_c。T_c 愈低,制品的耐低温性能愈好。也有一些高聚物溶剂体系,在低温下能互溶,在高温下则产生相分离。

2. 有效性

选择增塑剂时,总希望加入尽可能少的增塑剂而得到尽可能大的增塑效果,这只是选择增塑剂的一个标准。由于增塑剂的加入,一方面提高了产品的弹性、耐寒性和抗冲击强度,另一方面却降低了它的硬度、耐热性和抗张强度。前者称为增塑剂的积极效果,后者称为消极效果,对增塑剂的有效性的衡量应兼顾这两方面的效果。假若某增塑剂的积极效果显著而消极效果在允许的范围之内,则这样的增塑剂可称为有效的增塑剂。

3. 耐久性

为了使产品的性能在长期使用下保持不变,就要求增塑剂稳定地保存在制品中。因此,首先,要求增塑剂具有较高的沸点,使它的挥发速度尽量慢一些。但同时要求其凝固点不得高于使用温度。其次,要求它的水溶性小一些,以免制品在水洗时,增塑剂被水萃取。第三,增塑剂的迁移性愈小愈好。因为,含有增塑剂的薄膜常用来包装粉料、化肥、药材、食品等物品,若增塑剂的迁移性较大,它就会从薄膜中转移到其他物品中去,这不仅失去其包装性能,而且会污染其他物品。从这一角度考虑,某些较低分子量的高聚物应该是较为理想的增塑剂。

此外,还要求增塑剂具有一定的抗氧性及对热和光的稳定性。对于包装食品用的薄膜,还要求增塑剂具有明亮的光泽、无臭、无味和无毒。因为增塑剂的用量很大,还要求它价廉易得。

以上所讨论的增塑作用都称为外增塑。

对某些结晶性高聚物,由于结晶区分子排列紧密规整,增塑剂很难进入晶区,或者高分子极性很强,高聚物分子之间作用力很大,找不到增塑剂分子与高聚物分子之间的作用力大于高聚物自身之间作用力的增塑剂。这时可采用化学的方法进行增塑,即在高分子链上引入其他取代基或短的链段,使结晶破坏,分子链变柔,易于活动,这种方法称为内增塑。如纤维素的酯化,破坏了纤维素分子与分子之间的氢键作用,即属于这种类型。常用增塑剂见表 10-8。

表 10-8 常用增塑剂

增塑剂	冰点/℃	沸点/℃	增塑剂	冰点/℃	沸点/℃
樟脑	176	204	邻苯二甲酸二丁酯	−35	335
乙二醇	12	197	邻苯二甲酸二辛酯	−30	386
甘油	−18	297	癸二酸二丁酯	−8	345
甘油三乙酸酯	−40	258	癸二酸二辛酯	−55	256
蓖麻油	−12	300	磷酸三甲酚酯	−35	430

10.4.2　凝胶与冻胶

凝胶是交联高聚物的溶胀体,可视为高聚物的浓溶液,它不能溶解,也不能熔融,具有高弹性,小分子物质能在其中扩散或进行交换。这种凝胶又称为不可逆性凝胶。

凝胶受到外力作用时,会发生相应的形变,同时也显示出有弹性收缩作用。这是因为凝胶内线团链段在内含溶剂中有较大的改变构象的自由度,当受到外力作用时被迫改变至伸展构象,熵降低。一旦外力消失,凝胶系统有自动回复到具有较高熵的原始构象的趋势。凝胶具有和橡胶或其他弹性体相似的弹性,是一种有熵变化的熵弹性。但是凝胶毕竟和溶液与固体都不相同,溶液内分子没有固定的空间位置而凝胶内分子是由位置已经固定的线团通过交联键形成的整体;凝胶虽也有弹性,但是本身的力学强度很小,能容忍的形变程度是有限的,如超过此一限度就会发生破裂,所以从力学的角度来分析,凝胶是代表液体和固体过渡区域的状态。

凝胶的弹性与交联度有关,交联度越低则弹性越小,当外力消除后,凝胶不能完全回复到变形以前的原始状态,还留下一定的永久形变,且形变时间越长,永久形变也越大。当凝胶交联度极低时,凝胶的强度和弹性也极小,甚至重力的影响就足以使凝胶发生永久形变。这种凝胶更近似于浓溶液,它不能保持本身的形状而呈现缓慢的流动,这种凝胶当然就无法测定力学性能。如凝胶的交联度较大,则表现出有弹性体的特性,有一定的力学强度。因此可以像固体那样测定它的弹性模量、拉伸强度和断裂伸长率等力学性能参数。

自然界的生物体都是凝胶,一方面有强度可以保持形态而又柔软,另一方面允许新陈代谢,排泄废物吸取营养。

冻胶则是范德华力缔合而成的网络结构。当温度升高,在机械搅拌、振荡或较大的剪应力作用下,网络结构有可能破坏,溶液黏度会发生骤然降低变成具有流动性的溶液,这种性质称为触变性。可见冻胶的变化是可逆的,所以冻胶又称为可逆性凝胶。由分子内范德华力交联形成的冻胶,高分子链为线团状,不能伸展,黏度小,若将此溶液真空浓缩成为浓溶液,其中每一个高分子本身是一个冻胶,这样可以得到黏度小而浓度高达 30%～40% 的浓溶液。用这样的溶液纺丝时,由于分子链自身卷曲而不易取向,得不到高强度的纤维。如果形成分子间的范德华力交联,则得到较为伸展链结构的分子间交联的冻胶。用加热的方法可以使分子内交联的冻胶变成为分子间交联的冻胶,此时溶液的黏度将增加。因此用同一种高聚物,配成相同浓度的溶液,其黏度相差很大。用不同的处理方法可以得到不同性质的两种冻胶,也可以得到两种冻胶的混合物。

凝胶和冻胶是高分子科学和生物科学的重要研究课题。

10.4.3　纺丝液与涂料

在纤维工业中所采用的纺丝方法,或是将聚合物熔融,或是将聚合物溶解在适当的溶剂中配成浓溶液,然后由喷丝头喷成细流,经冷凝或凝固成为纤维。前者称为熔融纺丝,例如锦纶、涤纶等合成纤维都采用这种纺丝方法;后者称为溶液纺丝。有些合成纤维,如聚丙烯腈、聚乙烯醇、聚氯乙烯以及某些化学纤维如醋酸纤维素、硝酸纤维素等都无法用升高温度的办法使之处于流动状态,因为它们的分解温度较低,在未达流动温度时即已分解,因此只能将它们配成浓溶液进行纺丝。

在制备纺丝溶液时,对溶剂的要求有以下几点。

(1)溶剂必须是聚合物的良溶剂,以便配成任意浓度的溶液。不同的产品,纺丝液的浓度不同,一般在 15%～14% 之间。

(2)溶剂有适中的沸点。如果沸点过低,溶剂消耗太大,而且在成型时,由于溶剂挥发过快致使纤维成型不良;如果溶剂沸点过高,则不容易将其从纤维中除去,使加工设备复杂化。

(3)溶剂要不易燃,不易爆,无毒性。

(4)溶剂来源丰富,价格低廉,回收简易,在回收过程中不分解变质。

此外,像油漆、涂料、流延成膜所用的溶液都是高分子的浓溶液,其对于溶剂的要求与纺丝液大致相同。

10.5　聚电解质溶液

10.5.1　概述

聚电解质是指在高分子链上带有可离子化基团的物质。它溶解于介电常数很大的溶剂中,如在水中时,就会发生离解,产生许多低分子离子,即反离子或抗衡离子,高分子本身则成为留下若干离解位而带有与低分子离子相反电荷的聚离子或称为电位离子。反离子以一定密度分布在高分子周围与聚离子之间处于动态平衡状态。聚电解质的许多性质都与这种平衡状态有关。同时,它兼有高分子水溶液和电解质的性质,如絮凝性、增稠性、分散性、电离性、减阻性等,从而得到广泛的应用。

例如,聚丙烯酸在水溶液中可离解出若干个氢离子,同时高分子链上生成相同数量的阴离子 $-COO^-$

$$
\begin{array}{c}
-COOH \\
-COOH \\
-COOH \\
-COOH \\
-COOH
\end{array}
\rightleftharpoons
\begin{array}{c}
-COOH \\
-COO^- \\
-COOH \\
-COO^- \\
-COOH
\end{array}
+ nH^+
$$

高分子离子是多官能度的,其离解度随离解条件而变。聚丙烯酸链上的离子全是阴离子。离解平衡时,聚离子的静电场限制了反离子的流出,导致高分子链周围的反离子比一般低分子酸周围的反离子多,从而使平衡向非离解方向移动。

高分子离子分为聚阳离子、聚阴离子以及具有正负两种离解性基团的高分子,即两性高分子电解质,见表 10-9。

表 10 - 9 高分子聚电解质的例子

阳离子型聚电解质	阴离子型聚电解质	两性聚电解质
聚乙烯基亚胺盐酸盐 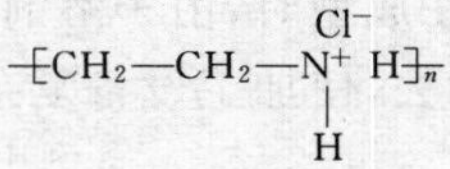 $\left[CH_2-CH_2-\overset{Cl^-}{\overset{+}{N}}H_2\right]_n$ $\underset{H}{\mid}$	聚苯乙烯磺酸钠 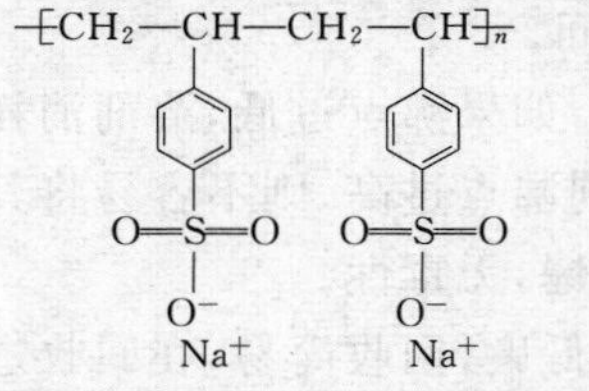 $\left[CH_2-CH-CH_2-CH\right]_n$ 苯环—SO_3^- Na^+	丙烯酸-乙烯吡啶共聚物 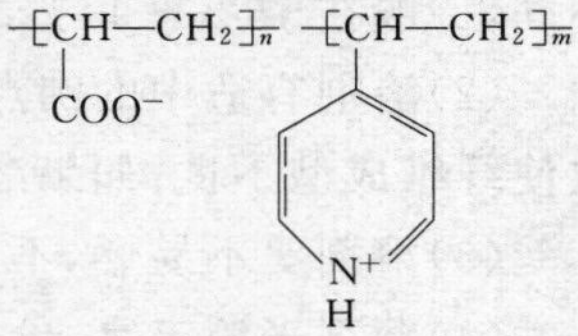 $\left[CH-CH_2\right]_n\left[CH-CH_2\right]_m$ COO^- 吡啶环 $\overset{+}{N}$ H
聚 4 -断烯吡啶正丁基溴季铵盐 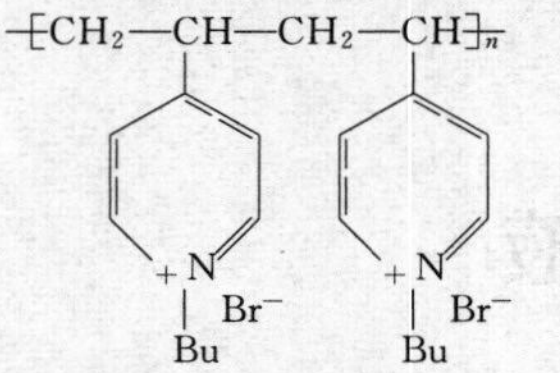 $\left[CH_2-CH-CH_2-CH\right]_n$ 吡啶环 $\overset{+}{N}\,Br^-$ Bu	聚丙烯酸钠 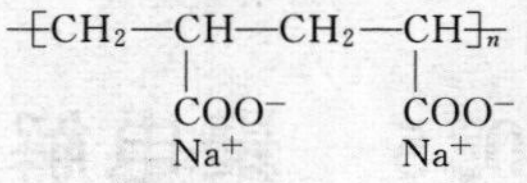 $\left[CH_2-CH-CH_2-CH\right]_n$ COO^- COO^- Na^+ Na^+	蛋白质
聚(N,N,N′,N′-四甲基-N-对甲苯乙撑二胺氯化物) 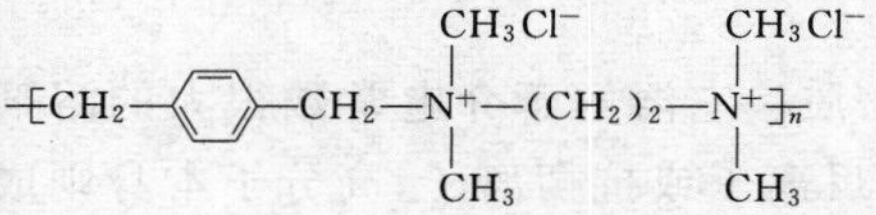 $\left[CH_2-\text{苯环}-CH_2-\overset{CH_3}{\underset{CH_3}{\overset{+}{N}}}Cl^--(CH_2)_2-\overset{CH_3}{\underset{CH_3}{\overset{+}{N}}}Cl^-\right]_n$	藻酸 环结构 COO^- H^+ 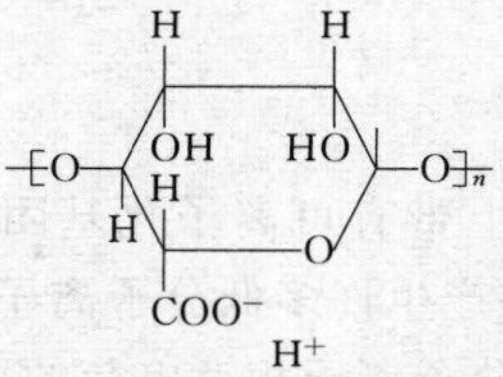	核苷酸

　　聚电解质的溶液性质与所用溶剂关系很大。若采用非离子化溶剂,则其溶液性质与普通高分子相似。但是,在离子化溶剂中,它不仅和普通高分子的溶液性质不同,而且表现出在低分子电解质中也看不到的特殊行为。溶液中的聚电解质和中性聚合物一样,呈无规线团状,离解作用所产生的反离子分布在高分子离子的周围。然而,随着溶液浓度与反离子浓度的不同,高分子离子的尺寸要发生变化。现以聚丙烯酸钠为例来看高分子离子链在水溶液的形态。当浓度较稀时,由于许多钠阳离子远离高分子链,高分子链上的阴离子互相产生排斥作用,以致链的构象比中性高分子更为舒展,尺寸较大,如图 10 - 22(a)所示。当浓度增加(如大于 1%)时,则由于高分子离子链互相靠近,构象不太舒展,而且,钠阳离子的浓度增加,在聚阴离子链的外部与内部进行扩散,使部分阴离子静电场得到平衡,以致其排斥作用减弱,链发生卷曲,尺寸缩小,如图 10 - 22(b)所示。如果在溶液中添加食盐之类的强电解质,就增加了反离子的浓度,其中一部分渗入高分子离子中而遮蔽了有效电荷,由阴离子间的排斥引起的链的扩展作用减弱,强化了卷曲作用,使尺寸更为缩小(见图 10 - 22(c))。这样。当添加足够量的低分子电解质时,聚电解质的形态及其溶液性质几乎与中性高分子相同。

　　由于聚电解质在溶液中的特殊行为,导致与此有关的一系列溶液性质诸如黏度、渗透压和光散射等都出现反常现象。因此,在研究这些溶液性质时,必须考虑聚电解质的特殊规律。

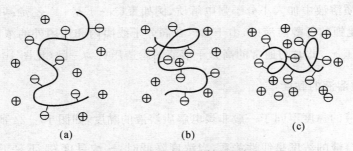

图 10 - 22　溶液中的高分子离子

(a)稀水溶液；　(b)浓水溶液；　(c)盐水溶液

10.5.2　性质

一、聚电解质溶液的渗透压

当聚电解质溶液的浓度较大时(如大于 1％)，由于高分子之间相互交叠，离子化后的迁移性反离子(如 Br^-)虽然脱离了原来的高分子向溶液扩散，但对高分子溶液性质的影响较小。当溶液稀释时，高分子与高分子之间出现纯溶剂区，迁移性反离子从高分子区扩散到纯溶剂区，此时溶液的渗透压除了高分子本身的渗透压 π_p 以外，还有因离子分配不均匀所引起的渗透压 π_i，导致聚电解质溶液的渗透压大大增加($\pi = \pi_p + \pi_i$)，而且溶液越稀，迁移性反离子向纯溶剂区的扩散越多，π_i 越大，溶液的渗透压越大，如图 10 - 23 曲线 1 所示。

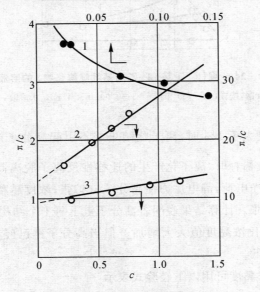

图 10 - 23　聚电解质的 $\dfrac{\pi}{c} - c$ 曲线

1—聚(N - 丁基 - 4 - 乙烯基吡啶溴化物)乙醇溶液；　2—聚 4 - 乙烯基吡啶 - 乙醇溶液；

3—聚(N - 丁基 - 4 - 乙烯基吡啶溴化物)

若在聚电解质溶液中加入小分子强电解质,例如聚(N-丁基-4-乙烯基吡啶溴化物)溶解在 0.6mol/L 溴化锂的乙醇溶液中,由于 Br^- 在高分子线团内和线团外的浓度相同,显示出高分子本身的渗透压 π_p,此时与通常的高分子溶液的渗透压行为一致(见图 10-23 曲线 3)。

二、聚电解质溶液的黏度

聚电解质溶液的黏度不同于一般非聚电解质溶液的黏度,如图 10-24 所示。聚电解质溶液的比浓黏度与溶液的浓度呈线性关系,当浓度降低时,比浓黏度 $\frac{\eta_{sp}}{c}$ 不是下降而是迅速地增加(见图 10-24 曲线 1),因而不能用通常的黏度公式外推到浓度等于零时来求 $[\eta]$ 值。聚电解质溶液的黏度与聚电解质在溶液中的形态有密切关系。

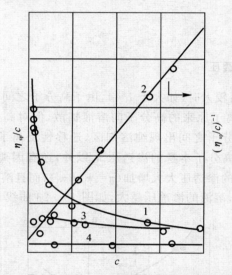

图 10-24 聚(N-丁基-4-乙烯基吡啶溴化物)的溶液黏度

1— 纯水溶液; 2— 利用曲线数据,按式(10-75)作图; 3—0.001mol/L KBr 水溶液; 4—0.033 5mol/L KBr 水溶液

聚电解质溶液的浓度大于 1% 时,离子化结果并不引起高分子链构象的变化,溶液的 $\frac{\eta_{sp}}{c}$ 接近于正常情况。当溶液稀释时,离子化产生的迁移性反离子脱离高分子链区向纯溶剂区扩散,致使高分子链上带有净电荷,静电斥力使高分子链扩张,浓度越稀高分子链上带有的净电荷数越多,高分子链越扩张。计算结果表明若高分子链上每十个结构单元带有一个净电荷,就足以使分子链充分扩张,比浓黏度值大大增加。但当高分子链已经充分扩张时,若再继续稀释,比浓黏度值便随着降低。

聚电解质溶液的比浓黏度可用以下经验式表示

$$\frac{\eta_{sp}}{c} = A/(1 + BC^{1/2}) \tag{10-75}$$

式中,A、B 是常数。用图 10-24 曲线 1 的数据,以 $\frac{\eta_{sp}}{c}$ 对 $\sqrt{c}$ 作图得一直线(图 10-24 曲线 2)与

式(10-62)相符合。按照特性黏数的定义 $[\eta] = \left(\dfrac{\eta_{sp}}{c}\right)_{c \to 0}$，由曲线2外推到 $c \to 0$ 所求得的 A 值即为聚电解质分子的特性黏数，A 的树脂与分子量的平方成正比，对应于充分扩张的分子链构象。

图10-24中曲线3，4是聚 N-丁基-4-乙烯基吡啶溴化物在不同浓度外加盐溶液的黏度。从图可见，其黏度的大小与外加盐溶液浓度有关，这也是聚电解质溶液特性之一。当外加盐溶液浓度足够大时，聚离子上的电荷基本中和，静电斥力作用不明显，此时聚电解质的黏度行为就与非聚电解质高聚物一样，符合 $\dfrac{\eta_{sp}}{c}$ 对 c 成直线关系，可应用通常的黏度公式计算$[\eta]$ 值。

三、强聚电解质凝胶在有机溶剂中的体积相转变

体积相变是指聚电解质凝胶在溶剂、盐浓度和电场等外界条件微小变化的刺激下，平衡溶胀体积发生突变的现象，属一级相转变。聚电解质凝胶体积相转变具有科学和应用两个方面的意义。体积变化时，高分子链构象变化反映了体系相互作用的变化，从而可以找出它们之间的关系。从应用角度看，体积相转变时聚电解质凝胶对环境微小变化做出的明显响应，这种敏感性和能量转换表明，它们具有新型功能材料的应用前景。

例如，所有带磺酸基的 DS 凝胶（2-丙烯酰胺基-2-甲基丙磺酸与 N,N-二甲基丙烯酰胺的共聚物），当混合溶剂中丙酮体积达 80％时（变化范围很窄）就会发生体积相变。导致磺酸基凝胶体积相转变的主要因素仍然是静电相互作用。当加入低极性溶剂（如丙酮）使介质的介电系数低于某一值，磺酸基无法电离而形成束缚离子对，束缚离子对之间的偶极吸引导致了高分子链之间的"交联"，产生网络收缩，在宏观上表现为体积相变（见图 10-25）。

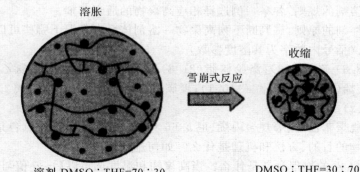

图 10-25　强聚电解溶液在有机溶剂中的体积相转变

只要介质的介电常数变化足够大，即使在有机混合溶剂中也会发生体积相变。图 10-26 是某磺酸基凝胶（DS）在不同二甲基亚砜（DMSO）/四氢呋喃（THF）中体积相转变的试验数据。

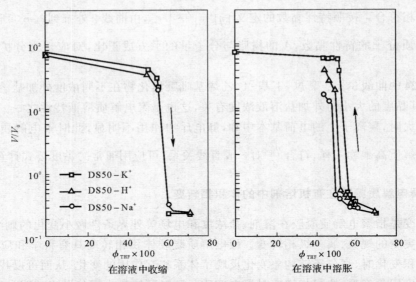

图 10-26　不同反离子的磺酸基凝胶(DS50)在 DMSO THF 混合溶剂中的体积相转变

习题与思考题

1. 简述聚合物的溶解过程,并解释为什么大多聚合物的溶解速度很慢。

2. 何谓溶度参数? 高聚物的溶度参数如何测定?

3. 根据选择溶剂的规则,各举一例选择相应高聚物的适当溶剂。

4. 根据选择溶剂的原则,试判断下列高聚物一溶剂体系在常温下哪些可以溶解,哪些难溶或不溶,为什么? (括号内数字为其溶度参数)

有机玻璃(18.8)-苯(18.8);涤纶树脂(21.8)-二氧六环(20.8);聚氯乙烯(19.4)-氯仿(19.2);聚四氟乙烯(12.6)-正癸烷(110.1);聚碳酸酯(19.4)-环己酮(20.2);聚乙酸乙烯酯(19.2)-丙酮(20.2)

5. 试说明无规聚苯乙烯、等规聚丙烯、尼龙 66 和硫化橡胶的溶解特点各是什么。

6. 增塑高聚物的目的、方法和机理是什么? 如何选择增塑剂?

7. 哈金斯参数 χ_1 的物理意义是什么? 当高聚物和温度选定以后,χ_1 值与溶剂性质有什么关系? 当高聚物和溶剂选定后,χ_1 值与温度有什么关系?

8. 用平衡溶胀法测定丁苯橡胶的交联度,试由下列数据计算该试样中交联点的平均分子量 $\overline{M_c}$。已知:温度为 25℃;干胶重 0.127 3g;溶胀后重 2.116g;干胶密度为 0.941g/mL,苯的密度为 0.868 5g/mL;相互作用参数 $\chi_1 = 0.398$。

9. 比较高分子在不良溶液、良溶液和 θ 溶液中的尺寸大小。

10. 第二维利系数的物理意义是什么? 它们的大小因素由哪些因素决定? 当 $T = \theta, T > \theta, T < \theta$ 时,A_2 的值如何? X_1 的值如何? 高分子在溶液中的形态如何? 可以有哪些试验方法测求出高聚物稀溶液的 A_2 值和 X_1 值?

11. 何谓凝胶与冻胶? 试从化学结构和物理性能两方面加以比较。

12. 用 NaOH 中和聚丙烯酸水溶液时,黏度会发生什么变化? 为什么?

第十一章　高聚物的分子量及分子量分布

从小分子到高分子之间,性质是连续变化的,如结构通式为 $H—(CH_2)_n—H$ 的一系列化合物,其化合物的状态和性质的变化如表 11-1 所示。

表 11-1　烷烃-聚乙烯系列的状态和性质

链中的碳原子数	材料的状态和性质	用　途
1～4	单纯气体	瓶装燃气
5～11	单纯液体	汽油
9～16	中黏度液体	煤油
16～25	高黏度液体	油和脂
25～50	结晶固体	石蜡
50～1 000	半结晶固体	黏合剂与涂料
1 000～5 000	韧性塑料固体	容器
$3 \times 10^5 \sim 6 \times 10^5$	纤维	医用手套,防弹背心

由此可见,分子量对于物质的性质有很大的影响,高分子的许多优异性能是由于其分子量大而得来的,这些性质随着分子量的变化而变化。高聚物的许多性能,如抗张强度、冲击强度、高弹性等力学性能以及流变性能、溶液性质、加工性能等均与高聚物的分子量和分子量分布有密切关系,此外,在研究和论证聚合反应机理、老化和裂解过程的机理,研究高聚物的结构与性能关系等方面,其分子量及分子量分布也是重要的结构参数。

11.1　高聚物分子量的统计意义

除少数天然蛋白质外,绝大多数聚合物的每个分子链中所含的结构单元数并不完全相同,因此聚合物是由大小不等的高分子同系物组成的混合物,即高分子的分子量具有多分散性。通常我们所说的某聚合物的分子量是指某种意义上的统计平均值,即使平均分子量相同的两种聚合物,其分子量分布也是不同的。

由于高聚物分子量的多分散性,因而分子量只具有统计的意义,用实验方法测定的分子量只能是某种统计的平均值,即某种平均分子量,如果统计平均的方法不同,所得平均分子量的数值也不同。因此,为了确切地描述高聚物的分子量,只给出平均分子量是不够的,还必须给出分子量的分布。

11.1.1　平均分子量

设质量为 w 的某一高分子试样中含有一系列分子量大小不同的分子,总的分子数为 n。

其中第 i 种分子的分子量为 M_i，分子数目为 n_i，质量为 w_i，则第 i 种分子在整个试样中的质量分数为 W_i，数量分数为 N_i，则这些量之间存在关系：

$$\sum_i n_i = n, \quad \sum_i w_i = w$$

$$N_i = \frac{n_i}{\sum_i n_i} = \frac{n_i}{n}, \quad W_i = \frac{w_i}{\sum_i w_i} = \frac{w_i}{w}$$

$$\sum_i N_i = 1, \quad \sum_i W_i = 1$$

通过这些关系可以定义不同的平均分子量。

数均分子量 $\overline{M_n}$—— 以数量为统计权重，有

$$\overline{M_n} = \frac{\sum_i n_i M_i}{\sum_i n_i} = \sum_i N_i M_i \tag{11-1}$$

重均分子量 $\overline{M_w}$—— 以质量为统计权重，有

$$\overline{M_w} = \frac{\sum_i n_i M_i^2}{\sum_i n_i M_i} = \sum_i \frac{w_i M_i}{w_i} = \sum_i W_i M_i \tag{11-2}$$

z 均分子量 $\overline{M_z}$—— 以 z 值为统计权重，其中 z_i 定义为 $w_i M_i$，则

$$\overline{M_z} = \frac{\sum_i z_i M_i}{\sum_i z_i} = \frac{\sum_i w_i M_i^2}{\sum_i w_i M_i} = \frac{\sum_i n_i M_i^3}{\sum_i n_i M_i^2} \tag{11-3}$$

黏均分子量 $\overline{M_\eta}$—— 用稀溶液黏度法测得

$$\overline{M_\eta} = \left(\sum_i W_i M_i^\alpha \right)^{1/\alpha} \tag{11-4}$$

此处 α 为特性黏数分子量关系式 $[\eta] = K M^\alpha$ 中的指数。因为

$$\overline{M_n} = \frac{\sum_i n_i M_i}{\sum_i n_i} = \frac{\sum_i w_i}{\sum_i \dfrac{w_i}{M_i}} = \frac{1}{\sum_i \dfrac{W_i}{M_i}}$$

所以当 $\alpha = -1$ 时，式(11-3)变为

$$\overline{M_\eta} = \frac{1}{\sum_i \dfrac{W_i}{M_i}} = \overline{M_n}$$

当 $\alpha = 1$ 时，式(11-3)变为

$$\overline{M_\eta} = \sum_i W_i M_i = \overline{M_w}$$

通常 α 的值在 $0.5 \sim 1$ 之间，所以 $\overline{M_\eta}$ 小于 $\overline{M_w}$，更接近 $\overline{M_w}$。这三种分子量之间的关系为

$$\overline{M_n} < \overline{M_\eta} \leqslant \overline{M_w}$$

11.1.2　高聚物的分子量分布函数

可以将高聚物视为若干同系物的混合物，各同系物分子量的最小差值为一个重复单元的

质量,这种减值与聚合物的分子量相比要小几个数量级,所以可当作无穷小量处理,并且同系物的种类数是一个很大的数目,因此其分子量可看作是连续分布的,对于一定的体系,组分分子分数 N_i 和质量分数 W_i 与组分的分子量有关,可把它们写成分子量的函数 $N(M)$ 和 $W(M)$,则式(11 - 1)～(11 - 3)又可写为

$$\overline{M}_n = \int_0^\infty N(M)M\mathrm{d}M = \frac{1}{\int_0^\infty \frac{W(M)}{M}\mathrm{d}M} \tag{11 - 5}$$

$$\overline{M}_w = \frac{\int_0^\infty N(M)M^2\,\mathrm{d}M}{\int_0^\infty N(M)M\mathrm{d}M} = \int_0^\infty W(M)M\mathrm{d}M \tag{11 - 6}$$

$$\overline{M}_\eta = \left[\int_0^\infty W(M)M^\alpha\,\mathrm{d}M\right]^{1/\alpha} \tag{11 - 7}$$

式中,$N(M)$ 和 $W(M)$ 分别为分子量的数量微分分布函数和分子量的质量微分分布函数。如果已知这些函数,就可以通过上面的式子求出试样的各种平均分子量。

11.1.3　高聚物分子量分布宽度

为了描述分子量的分布,最理想的是能知道该试样的分子量分布曲线。有时为了简明起见,常采用分布宽度来描述。所谓分布宽度,就是试样中各个分子量与平均分子量之间的差值的平方的平均值,即

$$\sigma_n^2 \equiv \overline{\left[(M - \overline{M}_n)^2\right]}_n \tag{11 - 8}$$

展开,得

$$\sigma_n^2 \equiv \overline{\left[(M - \overline{M}_n)^2\right]}_n = \int_0^\infty (M - \overline{M}_n)^2 N\mathrm{d}M = (\overline{M^2})_n - \overline{M}_n^2 \tag{11 - 9}$$

由于

$$\overline{M}_w = \frac{\sum_i w_i M_i}{\sum_i w_i} = \frac{\sum_i w_i M_i / \sum_i n_i}{\sum_i w_i / \sum_i n_i} = \frac{\sum_i n_i M_i^2 / \sum_i n_i}{\sum_i n_i M_i / \sum_i n_i} = \frac{(\overline{M^2})_n}{\overline{M}_n}$$

则有

$$(\overline{M^2})_n = \overline{M}_n\,\overline{M}_w$$

代入上式可得

$$\sigma_n^2 = \overline{M}_n\,\overline{M}_w - \overline{M}_n^2 = \overline{M}_n^2\left(\frac{\overline{M}_w}{\overline{M}_n} - 1\right) \tag{11 - 10}$$

由于分子量的多分散性,$\sigma_n^2 \geqslant 0$,所以 $\overline{M}_w/\overline{M}_n \geqslant 1$,即 $\overline{M}_w \geqslant \overline{M}_n$。

假如试样的分子量是均一的,则 $\sigma_n^2 = 0$,$\overline{M}_w = \overline{M}_n$

同样有

$$\sigma_w^2 \equiv \overline{\left[(M - \overline{M}_w)^2\right]}_w = (\overline{M^2})_w - \overline{M}_w^2 = \overline{M}_w^2\left(\frac{\overline{M}_z}{\overline{M}_w} - 1\right) \tag{11 - 11}$$

由于分子量的多分散性,$\sigma_w^2 \geqslant 0$,所以 $\overline{M}_z/\overline{M}_w \geqslant 1$,即 $\overline{M}_z \geqslant \overline{M}_w$。

如果分子量是均一的,则 $\sigma_w^2 = 0, \overline{M_z} = \overline{M_w}$

为了简单地表示分子量的多分散性,可利用多分散性指数(多分散系数)d 来表示,即

$$d = \overline{M_w} / \overline{M_n} \quad \text{或} \quad d = \overline{M_z} / \overline{M_w}$$

显然对于单分散试样,$d=1$,对于多分散试样,$d>1$,且 d 值越大,表明分子量分布越宽。

11.2　高聚物分子量的测定

高聚物分子量的测定是在稀溶液中进行的,可以分为绝对法、等价法和相对法三种。

绝对法给出的实验数据可分别用来计算分子的质量和摩尔质量,这一方法与有关聚合物结构的假设无关。绝对法包括依数性方法(沸点升高、冰点下降、蒸气压渗透和膜渗透)、散射方法(静态光散射、小角 X 射线散射和中子散射)、沉降平衡法以及体积排除色谱(检测器为小角散射光度计)方法。与上述方法不同,质谱法是唯一可以直接测定聚合物分子量的方法。

等价法需要高分子结构的信息,如端基法,通过端基的结构和每个分子上端基的数目,即通过端基测定可计算高分子的分子量。

相对法依赖于高分子的化学结构、物理形态以及溶质-溶剂间的相互作用,同时该法需要用其他绝对分子量测定的方法进行校准,如稀溶液黏度法和体积排除色谱法(检测器为示差析光仪等)。

各种分子量的测定方法都有其适用范围,表 11-2 中总结了不同的分子量测试方法及其适用范围。本书中将对目前常用的几种方法,如膜渗透压法、光散射法、黏度法和质谱法等进行介绍。

表 11-2　高聚物分子量测定方法的适用范围

测定方法	适用分子量范围	分子量的统计平均意义	方法简介
端基分析	3×10^4 以下	$\overline{M_n}$	此方法要求高聚物的分子有明确的结构和可供化学分析的基团,因此一般是缩聚物,如聚酰胺和聚酯等。因为分子量大,单位质量中所含的可分析的端基的数目就相对较少,分析的相对误差大。测定的高聚物分子量一般在 3×10^4 以下。但若用示踪原子方法测定端基,可测到高达 10^6 的分子量。由于装置简单,花费少,只要能做酸碱滴定的实验室都能用它来测定高聚物的分子量。如果末端具有特定吸收的基团,可用光谱法,或末端具有放射性同位素,可用放射化学法,实验精度会有所改善
沸点升高和冰点降低	3×10^4 以下	$\overline{M_n}$	这是传统的利用溶液依数性测定化合物分子量的方法,但由于高聚物的分子量很大,相同浓度的高聚物溶液导致的沸点升高和冰点降低都不大,因此用在高聚物分子量测定时灵敏度差,要求高精度的测温技术,同时侧定条件要求严,溶剂选择困难,所测高聚物的分子量也只能小于 3×10^4。相比之下冰点降低还应用较多一些
气相渗透压	3×10^4 以下	$\overline{M_n}$	这是间接测定溶液蒸汽压降低来测定高聚物分子量的一种方法,要求测温达 10^{-5}℃(可用惠斯通电桥检测温差)。该方法的特点是样品用量少、测试速度快、但误差较大

续 表

测定方法	适用分子量范围	分子量的统计平均意义	方法简介
膜渗透压	$2\times10^4\sim5\times10^5$	$\overline{M_n}$	这是较常用的一种测定高聚物分子量的方法,灵敏度较高,设备一般说来也较简单,并且还能测得第二维利系数 A_2,以及高分子链—溶剂相互作用参数 χ_1。但由于要达到平衡,实验时间较长(当然现在已有一些自动找平衡的装置面世)。此外半透膜的制备基本是凭经验,需要熟练的操作技能
光散射	$1\times10^4\sim1\times10^7$	$\overline{M_w}$	此方法测得的是重均分子量,另外该方法又能测量高分子链的大小和第二维利系数 A_2。为避免杂质,光散射实验室要求所用试样和溶剂超净装置也比较贵。近年来也少有选用。但由于微光光源的应用,能测定高分子链流体力学参数(如扩散系数、流体力学半径等)的动态光散射正逐步得到推广
超速离心沉降平衡	$1\times10^4\sim1\times10^6$	$\overline{M_w},\overline{M_z}$	此法测得的数据准确性高,同时可得到分子量分布,但需要高速离心机,设备昂贵、复杂,实验条件要求高,溶剂要特别稳定,对溶剂体系的要求也高。现在已很少见到采用该方法
黏度	$1\times10^4\sim1\times10^7$	$\overline{M_\eta}$	采用此法是实验室最常用方法,设备简单,黏度计非常便宜,操作技术掌握容易,测定的高聚物分子量范围也广。有时为了作相对比较,可用特性黏数$[\eta]$来代替分子量,非常便捷。但黏度法不是测定分子量的绝对法,需要能测定高聚物绝对分子量的其他方法来确定联系黏度与分子量关系式中的经验参数 K 和 α。精密测量时,还要考虑动能改正和剪切速率等因素的影响
体积排除法(凝胶渗透色谱,GPC)	$1\times10^3\sim5\times10^6$	$\overline{M_n},\overline{M_w},$ $\overline{M_z}$	此法能测得高聚物的分子量分布,从而能测高聚物的各种分子量,是一个多功能的方法。由于实验装置已自动化和计算机化,测定非常便捷。已为大多数实验室采用
飞行时间质谱	$1\times10^2\sim1\times10^7$	$\overline{M_n},\overline{M_w},$ $\overline{M_z}$	此法采用新的离子化技术将处于凝聚态的高聚物以直接表征和测定高聚物的分子量,完整的(或分离的,离子化)的高分子链转换到气相中。同时可以得到高聚物中单体单元、端基和分子量分布等信息。测定的分子量范围很宽,从齐聚物到蛋白质、多肽,有逐步取代体积排除色谱的趋势

11.2.1 膜渗透压法

膜渗透压法不但能得到高聚物的分子量,还能得到表征高聚物-溶剂间相互作用的第二维利系数。在高分子溶液一章中我们已经得到高聚物溶液的渗透压与分子量之间的关系式为

$$\left(\frac{\pi}{c}\right)_{c\to0}=\frac{RT}{M} \tag{11-12}$$

即将不同浓度下测定的 (π/c) 值向 $c\to0$ 外推,得到 $(\pi/c)_{c\to0}$,式(11-12)计算高聚物的分子量。由于渗透压法测得的实验数据均涉及分子的数目,因此测得的分子量为数均分子量,即

$$\pi_{c \to 0} = RT \sum_i \frac{c_i}{M_i} = RT \frac{\sum_i \frac{c_i}{M_i}}{\sum_i c_i} = RTc \frac{\sum_i N_i}{\sum_i N_i M_i} = RTc \frac{1}{M_n} \qquad (11-13)$$

对于高分子-不良溶剂体系(如聚苯乙烯-环己烷),在实验浓度范围内,π/c 与 c 呈线性关系,A_3 很小,可用二项的维利展开式(11-14)已经足够,所以,以 (π/c) 对 c 作图可以直线向 $c \to 0$ 外推,得到 $(\pi/c)_{c \to 0}$ 的值(见图 11-1),有

$$\left(\frac{\pi}{c} \right) = RT \left(\frac{1}{M} + A_2 c \right) \qquad (11-14)$$

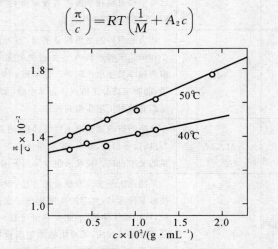

图 11-1   聚苯乙烯-环己烷的 $(\pi/c)-c$ 图

对大多数高分子良溶剂体系,π/c 对 c 不是很好的直线,可用下式展开,即

$$\frac{\pi}{c} = \frac{RT}{M} (1 + \Gamma_2 c + \Gamma_3 c^2) \qquad (11-15)$$

其中,$\Gamma_2 = A_2 M$,$\Gamma_3 = A_3 M$。对大多数高分子良溶剂体系,$\Gamma_3 = \Gamma_2^2/4$,代入得

$$\frac{\pi}{c} = \frac{RT}{M} \left(1 + \Gamma_2 c + \frac{1}{4} \Gamma_2^2 c^2 \right) = \frac{RT}{M} \left(1 + \frac{1}{2} \Gamma_2 c \right)^2$$

即

$$\left(\frac{\pi}{c} \right)^{\frac{1}{2}} = \left(\frac{RT}{M} \right)^{\frac{1}{2}} \left(1 + \frac{1}{2} \Gamma_2 c \right)$$

这样,以 $(\pi/c)^{1/2}$ 对 c 作图,就可得一直线(见图 11-2),其外推值为

$$\left(\frac{\pi}{c} \right)^{1/2}_{c \to 0} = \left(\frac{RT}{M} \right)^{1/2}$$

这种方法计算所得的高聚物的分子量较为准确。

膜渗透压法测得的分子量为数均分子量,即

$$(\pi)_{c \to 0} = RT \sum_i \frac{c_i}{M_i} = RTc \frac{\sum_i \frac{c_i}{M_i}}{\sum_i c_i} = RTc \frac{\sum_i N_i}{\sum_i N_i M_i} = RTc \frac{1}{M_n} \qquad (11-16)$$

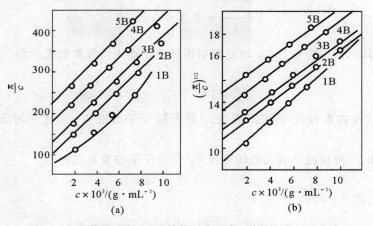

图 11-2　聚异丁烯-环己烷体系在 25℃ 测定的渗透压曲线

11.2.2　黏度法

一、溶液黏度的概念

黏度法是研究高聚物分子结构很有价值的方法,如可以用于研究高分子在溶液中的形态和尺寸、高分子和溶剂分子间的相互作用等重要特性。

纯溶剂的黏度只取决于液体本身的性质和温度。当高分子进入其中形成高分子溶液后将引起的黏度变化,一般常用以下几个参数来度量。

(1) 相对黏度 η_r 为 $\eta_r = \dfrac{\eta}{\eta_0}$

其中,η 为溶液的黏度,η_0 为纯溶剂的黏度。

(2) 增比黏度 η_{sp} 为 $\eta_{sp} = \dfrac{\eta - \eta_0}{\eta_0} = \eta_r - 1$

(3) 比浓黏度为 $\dfrac{\eta_{sp}}{c}$

(4) 比浓对数黏度为 $\dfrac{\ln \eta_r}{c}$

(5) 特性黏数为 $[\eta] = \lim\limits_{c \to 0} \dfrac{\eta_{sp}}{c} = \lim\limits_{c \to 0} \dfrac{\ln \eta_r}{c}$

二、特性黏数与线团密度和分子量的关系

根据爱因斯坦黏度定律,可推导出球形胶体粒子与黏度的关系式为

$$\eta_r = 2.5\varphi + 1 \qquad (11-17)$$

式中,φ 为溶液中胶体粒子的体积分数。溶解的线性高分子链在溶液中为无规统计线团,类似于球形胶体粒子,因而可以用爱因斯坦黏度定律来描述这种高分子溶液的黏度。设 c 为高分子稀溶液的浓度,$\bar{\rho}$ 为不含溶剂的平均线团密度,则 $\varphi = c/\bar{\rho}$,将此式代入式(11-17)中可得

$$\frac{\eta_r - 1}{c} = 2.5 \times \frac{1}{\rho} = \frac{\eta_{sp}}{c}$$

当溶液极稀时, $\lim\limits_{c \to 0} \dfrac{\eta_{sp}}{c} = [\eta]$。故爱因斯坦黏度定律用特性黏数表示为

$$[\eta] = \frac{2.5}{\rho} \tag{11-18}$$

此式说明特性黏数反比于线团密度。对于高分子溶液来说,这一定律只适用于极稀溶液。

由前述已知,一般情况下真实线团密度 $\bar\rho_{实}$ 与分子量的关系式为

$$\bar\rho_{实} = 常数 \times \overline{M}^{-a}$$

将此式代入式(11-18)可得

$$[\eta] = K\overline{M}^a \tag{11-19}$$

此式即为的"Staudinger - Kuhn"或"Mark - Houwink"方程。它表示了高分子稀溶液的特性黏数与分子量的关系,也是黏度法测定分子量的主要计算公式。

三、$[\eta]$-M 方程中 K 和 α 的物理意义

在 $[\eta]$-M 方程中,α 是与高分子链在溶液中的形态有关的参数。在一定的分子量范围内,α 为一常数,其值大小取决于高分子-溶剂体系的本质和测定的温度。在良溶剂中的线型柔性链高分子,由于溶剂化作用强烈,使线团显著扩张,因而 α 值增大并接近于0.8。当溶解能力减弱时,线团紧缩,α 值降低,并接近于0.5。当在 θ 溶剂中时,$\alpha = 1/2$。常数 K 的物理意义不太清楚。根据爱因斯坦方程可推导出常数 K 依赖于形状因子 F 和链段长度 A_m。

由此中见,K 和 α 与高分子的结构、形态以及高分子与溶剂的相互作用、温度等有关,因此要确定 K 和 α 值,必须首先确定聚合物、溶剂和温度这三个因素。K 和 α 值是通过实验直接测得的。首先将多分散性高聚物试样进行分级,测定各级分的分子量及特性黏数。由其他方法测得分子量,作 $\lg[\eta]$-$\lg[M]$ 关系曲线,其斜率为 α,由截距求得 K。

用不同的方法测得的分子量具有不同的统计平均值,导致 K 和 α 值随着测定方法的不同而不同。表 11-3 给出了某些高聚物-溶剂体系的 K 和 α 值。

表 11-3　某些高聚物特性黏数分子量关系式中 K 和 α 参数表

高聚物	溶剂	温度/℃	$K/10^2$	α	分子量范围/10^{-3}	测定方法
高压聚乙烯	十氢萘	70	3.873	0.738	2～35	O
	对二甲苯	105	1.76	0.83	11.2～180	O
低压聚乙烯	α-氯萘	125	4.3	0.67	48～950	L
	十氢萘	135	6.77	0.67	30～1 000	L
聚丙烯	十氢萘	135	1.00	0.80	100～1 100	L
	四氢萘	135	0.80	0.80	40～650	O
聚异丁烯	环己烷	30	2.76	0.69	37.8～700	O
聚丁二烯	甲苯	30	3.05	0.725	53～490	O
聚苯乙烯	苯	20	1.23	0.72	1.1～540	L,S,D
聚氯乙烯	环己酮	25	0.204	0.56	19～150	O

续 表

高聚物	溶剂	温度/℃	$K\times10^2$	α	分子量范围$\times10^{-3}$	测定方法
聚甲基丙烯酸甲酯	丙酮	20	0.55	0.73	40～8 000	S,D
聚丙烯腈	二甲基甲酰胺	25	3.92	0.75	28～1 000	O
尼龙-66	甲酸(90%)	25	11	0.72	6.5～25	E
聚二甲基硅氧烷	苯	20	2.00	0.78	33.9	114
聚甲醛	二甲基甲酰胺	150	4.4	0.66	89～285	L
聚碳酸酯	四氧呋喃	20	3.99	0.70	8～270	S.D
天然橡胶	甲苯	25	5.02	0.67		
丁苯橡胶(50℃聚合)	甲苯	30	1.65	0.78	26～1 740	O
聚对苯二甲酸乙二酯	苯酚-四氯乙烷(质量比1∶1)	25	2.1	0.82	5～25	E
双酚A型聚砜	氯仿	25	2.4	0.72	20～100	L

注:1. 浓度单位:g/mL。

2. 测定方法:E—端基分析;O—渗透压;L—光散射;S,D—超速离心沉降和扩散。

四、黏均分子量的测定

1. 黏度的测定

实际测定溶液的黏度常用奥式黏度计或乌式黏度计(见图 11-3)。奥氏黏度计适用于测定低黏滞性液体的相对黏度,其操作方法与乌式黏度计类似。但是,由于乌式黏度计有一支管 2,测定时主管 3 中的液体在毛细管下端出口处与主管中的液体断开,形成了气承悬液柱。这样溶液下流时所受压力差 ρgh 与主管中液面高度无关,即与所加的待测液的体积无关,故可以在黏度计中稀释液体。而奥氏黏度计测定时,标准液和待测液的体积必须相同,因为液体向下流动时所受的压力差 ρgh 与主管中液面高度有关。

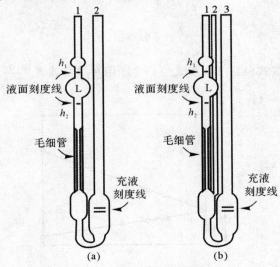

图 11-3　奥式黏度计(a)和乌式黏度计(b)

当液体受压力 P 在半径为 R 的长管中稳定流动时,其稳定流动规律遵从泊萧叶定律:

$$\eta = \frac{\pi P R^4 t}{8LV}$$

式中,L 为管长,V 为流过的体积,t 为流过的时间,η 为绝对黏度。依此公式测得的黏度为绝对黏度,单位为泊。

在黏度计中,R,V,L 均为常数,流动的压力为液压 $\rho g h$,(ρ 为液体的密度,g 为重力加速度,h 为液柱的等效平均高度),故泊萧叶定律可写为

$$\eta = \frac{\pi P R^4 t}{8LV} = \frac{\pi \rho g h R^4}{8LV} \cdot t = 常数 \cdot \rho t = A \rho t$$

液压除使液体流出毛细管外,并使液体具有一定的速度,因此需进行动能校正,经校正后上式变为

$$\eta = A \rho t - \frac{B \rho}{t}$$

式中,右边第二项为动能校正项;A、B 为仪器常数。

当溶液极稀时,可认为溶液密度 ρ 等于纯溶剂密度 ρ_0,则

$$\eta_r = \frac{\eta}{\eta_0} = \frac{At - \dfrac{B}{t}}{At_0 - \dfrac{B}{t_0}} \tag{11-20}$$

当动能校正很小可以忽略不计时,得相对黏度关系式为

$$\eta_r = \frac{\eta}{\eta_0} = \frac{t}{t_0} \tag{11-21}$$

这样,增比黏度、比浓黏度、比浓对数黏度均可计算。

2. 黏度与浓度关系

常用两个经验公式,即

$$\frac{\eta_{sp}}{c} = [\eta] + K'[\eta]^2 c \tag{11-22}$$

$$\frac{\ln \eta_r}{c} = [\eta] - \beta [\eta]^2 c \tag{11-23}$$

式中,K',β 均为常数。按式(11-22)和式(11-23)用 $\dfrac{\eta_{sp}}{c}$ 对 c 或者 $\dfrac{\ln \eta_r}{c}$ 对 c 作图,直线外推 $c \rightarrow 0$,截距即为$[\eta]$(见图 11-4)。

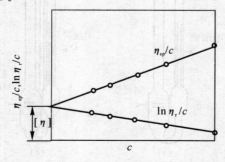

图 11-4 $\dfrac{\boldsymbol{\eta}_{sp}}{c}$ 对 c 或者 $\dfrac{\ln \boldsymbol{\eta}_r}{c}$ 对 c 作图

3. 计算分子量

求出 $[\eta]$ 值后,根据相应的 K, α 值,直接应用黏度方程 $[\eta] = KM^{\alpha}$ 计算分子量。用黏度法测得的分子量为黏均分子量。

由式(11−22)及 $[\eta] = KM^{\alpha}$,得

$$[\eta] = \left(\frac{\eta_{sp}}{c}\right)_{c\to 0} = KM^{\alpha}$$

则

$$\left(\frac{\eta_{sp}}{c}\right)_{c\to 0} = K\sum_i c_i M_i^{\alpha} = Kc\sum_i w_i M_i^{\alpha} = Kc\overline{M}_{\eta}^{\alpha} \tag{11−24}$$

五、弗洛利(Flory)特性黏度理论

在 θ 溶剂中,高分子线团可看作高斯统计线团,其均方末端距为 $\overline{h_0^2}$。但在一般溶剂中,受溶剂化作用,高分子链线团的体积扩张,均方末端距增大,定义扩张因子 χ,以表征高分子线团的卷曲形态为

$$\overline{h^2} = \chi^2 \overline{h_0^2} \quad \text{或} \quad \chi = \frac{(\overline{h^2})^{\frac{1}{2}}}{(\overline{h_0^2})^{\frac{1}{2}}} \tag{11−25}$$

式中, $\overline{h^2}$ 为高分子的均方末端距, $\overline{h_0^2}$ 为无扰均方末端距。

高分子线团形态的变化将导致特性黏数的变化,Flory − Fox 等的研究表明,特性黏数 $[\eta]$ 正比于溶液中高分子的流体力学体积 (V_e/M)。若线团体积扩张, $[\eta]$ 值增大;线团紧缩, $[\eta]$ 值减小。具体的表达式为

$$[\eta] = \Phi\frac{(\overline{h^2})^{\frac{3}{2}}}{M} \tag{11−26}$$

式中, Φ 为与高分子、溶剂和温度均无关的普适常数($\Phi = 2.0 \times 10^{21} \sim 2.8 \times 10^{21}$)。将式(11−25)代入式(11−26)得

$$[\eta] = \Phi\frac{(\overline{h_0^2})^{\frac{3}{2}}}{M}\chi^3 \tag{11−27}$$

在 θ 温度时, $\chi = 1$,则

$$[\eta]_{\theta} = \Phi\frac{(\overline{h_0^2})^{\frac{3}{2}}}{M} \tag{11−28}$$

已知 $\overline{h_0^2} \propto M$,得

$$[\eta]_{\theta} = K_{\theta}M^{\frac{1}{2}} \tag{11−29}$$

其中, $K_{\theta} = \Phi\left(\dfrac{\overline{h_0^2}}{M}\right)^{\frac{3}{2}}$。因此,通过 K_{θ} 的测定,即可测定高分子的无扰尺寸 $\overline{h_0^2}$ 和 $\overline{h_0^2}/M$,也可计算出表征高分子链柔性的 Flory 特征比 c_{∞}。

通过测定高分子良溶剂中的特性黏数,由 Stockmayer − Fixman 关系可求出 K_{θ},则

$$\frac{[\eta]}{M^{\frac{1}{2}}} = K_{\theta} + 0.51BM^{\frac{1}{2}} \tag{11−30}$$

以 $[\eta]/M^{1/2}$ 对 $M^{1/2}$ 作图,截距即为 K_{θ}。

高分子在良溶剂中 $\chi > 1$,根据 Flory 一维均匀溶胀理论,可推导出

$$\chi^5 - \chi^3 = 2k_M\psi_1\left(1-\frac{\theta}{T}\right)M^{\frac{1}{2}} \tag{11-31}$$

式中，k_M 为常数，对于指定的高分子-溶剂体系，在一定温度时 $2k_M\psi_1(1-\theta/T)$ 为定值，则

$$\chi^5 - \chi^3 \propto M^{\frac{1}{2}}$$

大量实验研究表明，扩张因子 χ 是高分子链卷曲的远程阻碍因素。当 $\chi \gg 1$ 时，$\chi^5 \propto M^{\frac{1}{2}}$，$\chi \propto M^{0.1}$，可得

$$[\eta] = K'M^{1/2}\chi^3 = KM^{0.3} \tag{11-32}$$

或写成一般式为

$$[\eta] = KM^a \tag{11-33}$$

这样，就比较令人满意地解释了特性黏数的经验公式。

特性黏数的概念，也就是单位质量高分子在溶液中所占流体力学体积的相对大小。将(11-22)写成下列形式

$$[\eta]M = \Phi\,(\overline{h^2})^{3/2} \tag{11-34}$$

式中，$[\eta]M$ 为与高分子统计线团的尺寸有关的参数，称为流体力学体积，它在 GPC 测定分子量中有着重要的应用。对比式(11-26)和式(11-27)，由测定特性黏数可以计算高分子在溶液中的扩张因子为

$$\chi^3 = \frac{[\eta]}{[\eta]_\theta} \tag{11-35}$$

11.2.3　光散射法

光散射方法是研究高分子溶液性质的重要方法，可利用光的散射性质测定重均分子量和分子尺寸。光散射是光束通过透明介质时，在入射光方向以外的各个方向也能观察到光强的现象。光束通过高聚物溶液而产生光散射，可以分为两种情况。

通常，高分子溶液的散射光强远大于纯溶剂的散射光强，并且高分子溶液的散射光强与散射波是否相互干涉有关。当分子尺寸比光波在介质里的波长小很多(图 11-5(a))，由于稀溶液中分子间距离较大，没有相互作用，因此各分子产生的散射光波不相干，介质的散射光强是各个分子的散射光强的加和。当溶液的浓度较大时，分子间的距离很小，表现出强烈的相互作用，各个分子产生的散射光波是相干涉的，介质的散射光强应从各分子的散射光波的波幅加和来计算，称为分子散射的外干涉。若分子尺寸与入射光波在介质里的波长为同数量级(见图 11-5(b))，分子的各部分所产生的散射光波有相位差，光波的干涉作用将使散射光强减弱，称为散射的内干涉。因此，在利用光散射法测高分子的分子量时应采用稀溶液。

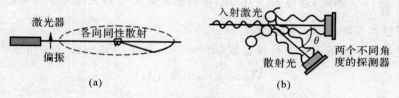

图 11-5　散射光示意图

光通过完全透明均匀的介质时不存在散射光,对于透明的液体,其光散射现象起因于介质内分子热运动所引起的液体密度及浓度的局部涨落。对纯溶剂其光散射就是由密度涨落引起的。而对溶液,除有密度涨落外,还有溶质分子的热运动引起的浓度局部涨落。这样就导致了体系的光学不均一性,即折光指数或介电系数的局部涨落所产生的效应。散射光强的大小则取决于涨落的大小。

高分子溶液的散射光强同下列因素有关。

(1)散射光强取决于浓度的局部涨落的大小,而渗透压的作用抑制了浓度的涨落,因而散射光强正比于 $\dfrac{1}{\partial\pi/\partial c}$。

(2)涨落的产生与分子的热运动有关,温度升高,分子热运动加剧,散射光强增加,散射光强正比于 RT。

(3)溶液中溶质分子的散射光强与溶剂的折光指数 n 和溶液折光指数的增量 $\dfrac{\partial n}{\partial c}$ 有关,以 $n^2\left(\dfrac{\partial n}{\partial c}\right)^2$ 表示涨落的光学效应,散射光强正比于 $n^2\left(\dfrac{\partial n}{\partial c}\right)^2$。

(4)散射光强与散射质点的数目有关,浓度 c 越大,散射光强越强。

(5)散射光强与入射光的波长 λ 有关,波长越短,散射光强越强。理论推导出散射光强与波长的四次方成反比,即散射光强 $\propto\dfrac{1}{\lambda^4}$。

定义一个参量 R_θ 散射介质的瑞利比:

$$R_\theta = r^2\,\frac{I_\theta}{I_i} \tag{11-36}$$

式中,I_i 为入射光强,I_θ 为散射角为 θ、观测距离为 r(cm)处每毫升散射体积内介质所产生的散射光强(减去纯溶剂的散射光强)。

先考虑散射质点小于入射光在介质中的波长(λ')的 $1/20$ 时,小质点稀溶液的光散射情况。小质点的散射光强与 $(1+\cos^2\theta)$ 成正比,即散射光强有角度依赖性,如图11-6所示,散射光强的角度分布是前后方向对称的。

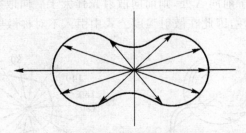

图 11-6　散射光强的角度分布(没有内干涉)

综合上述分析,可推导出:

$$R_\theta = \frac{4\pi^2}{N\lambda^4}n^2\left(\frac{\partial n}{\partial c}\right)^2 \frac{c}{\dfrac{1}{RT}\dfrac{\partial\pi}{\partial c}}\left(\frac{1+\cos^2\theta}{2}\right) = \frac{4\pi^2}{N\lambda^4}n^2\left(\frac{\partial n}{\partial c}\right)^2 \frac{c}{\dfrac{1}{M}+2A_2c}\,\frac{1+\cos^2\theta}{2} \tag{11-37}$$

若散射角为 $90°$,$\cos90°=0$,则

$$R_{90°} = \frac{2\pi^2 n^2}{N\lambda^4}\left(\frac{\partial n}{\partial c}\right)^2 \frac{c}{\dfrac{1}{M} + 2A_2 c}$$

对一定的高分子-溶剂体系,入射光波长 λ 一定,则 $\dfrac{2\pi^2 n^2}{N\lambda^4}\left(\dfrac{\partial n}{\partial c}\right)^2$ 为一常数。令

$$K' = \frac{2\pi^2 n^2}{N\lambda^4}\left(\frac{\partial n}{\partial c}\right)^2 \tag{11-38}$$

则

$$R_{90°} = \frac{K'c}{\dfrac{1}{M} + 2A_2 c}$$

$$\frac{K'c}{R_{90°}} = \frac{1}{M} + 2A_2 c \tag{11-39}$$

以 $\dfrac{K'c}{R_{90°}}$ 对 c 作图(见图 11-7),即可求得分子量和第二维利系数。

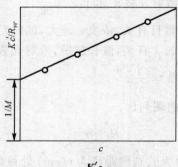

图 11-7　$\dfrac{K'c}{R_{90°}}$ 对 c 作图

当散射质点的尺寸与入射光在介质中的波长同数量级时,为大质点稀溶液的光散射。此时,由于在同一质点不同部位的散射光波具有相位差而引起内干涉作用。如图 11-8 所示。后向 B 处所产生的光程差大于前向 A 处,则前向散射光强大于后向散射光强(见图 11-9),可见,前后向光散射具有不对称性,因此在散射强度公式中引入不对称散射函数 $P_{(\theta)}$ 进行校正。

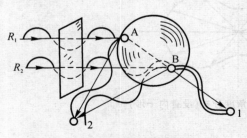

图 11-8　散射质点的内干涉

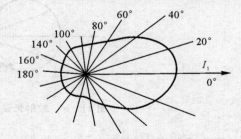

图 11-9　散射光强的角分布(有内干涉)

$$\frac{1+\cos^2\theta}{2} \cdot \frac{Kc}{R_\theta} = \frac{1}{MP_{(\theta)}} + 2A_2 c \tag{11-40}$$

式中，$K = \dfrac{4\pi^2 n^2}{N\lambda^4}\left(\dfrac{\partial n}{\partial c}\right)^2$，$P_{(\theta)} \leqslant 1$，与溶液中高分子的形态和尺寸有关。当高分子在溶液中为无规统计线团时，光散射公式为

$$\frac{1+\cos^2\theta}{2} \cdot \frac{Kc}{R_\theta} = \frac{1}{M}\left(1 + \frac{8\pi^2}{9} \cdot \frac{\overline{h^2}}{(\lambda')^2}\sin^2\frac{\theta}{2} + \cdots\right) + 2A_2 c \tag{11-41}$$

在散射光的测定中，散射角的改变会引起散射体积的改变，散射体积与 $\sin\theta$ 成反比，因此瑞利比 R_θ 需乘以 $\sin\theta$ 进行修正，上式修正后为

$$\frac{1+\cos^2\theta}{2\sin\theta} \cdot \frac{Kc}{R_\theta} = \frac{1}{M}\left(1 + \frac{8\pi^2}{9} \cdot \frac{\overline{h^2}}{(\lambda')^2}\sin^2\frac{\theta}{2} + \cdots\right) + 2A_2 c \tag{11-42}$$

此式为光散射计算的基本公式。

光散射所测得的分子量为重均分子量，即

$$(R_{90°})_{c\to0} = \sum_i K'c_i M_i = Kc\frac{\sum_i c_i M_i}{\sum_i c_i} = Kc\frac{\sum_i w_i M_i}{\sum_i w_i} = Kc\sum_i w_i M_i = Kc\overline{M_w}$$

$$\tag{11-43}$$

光散射法还可测得均方末端距或回转半径，以及第二维利系数。可见，光散射法在高分子溶液性质的研究中具有重要的作用。

11.2.4　质谱法

质谱法是精确测定物质分子量的一种方法。质谱法测定高聚物分子的质量，是使有机分子电离、碎裂后，按离子的质荷比（离子的质量 m 与它所带电荷数 z 的比值）大小把生成的各种离子分离，检测它们的强度，并将其排列成谱，以得到离子按其质荷比大小排列而成的质谱图。经典的质谱法只能用小分子的分子量的测定，但由于它不能将处于凝聚态的高分子以完整的、分离的和离子化的高分子转换到气相中，因此不能用于高聚物分子量的测定。

近年来，随着新的离子化技术的出现，发展了基质辅助激光解吸电离－飞行时间质谱（Matrix assisted laser desorption – ionizaton time of flight mass spectrum，MALDI – TOF – MS）电喷雾离子化质谱或称电喷雾质谱（electrospray ionization mass spectrometry，ESI – MS），使质谱法测定高聚物的分子量成为可能，并且这两种质谱技术正逐步取代凝胶渗透色谱（GPC 法）成为合成高聚物表征的有效方法。基质辅助激光解吸是比电喷雾更好的离子化技术，在电喷雾中所观测到的多电荷物种使得复杂混合物的光谱变得更加复杂，而 MALDI – TOF – MS 可以解吸并电离非常大的分子而不产生离子碎片，其最大优点是可以直接表征完整齐聚物的高分子链，并直接测定高聚物绝对分子量，这是所有传统的分子量测定技术都不能直接测定的。同时，质谱还可以测定全部分子量的分布，分子结构，端基等。质谱法测定分子量的范围很宽，从齐聚物到高达百万的生物高分子（蛋白质，多肽等）和合成高聚物（如 PS，PE，PMMA 等）的分子量和分子量分布，均可快速、精确地测定。

一、基质辅助激光解吸电离-飞行时间质谱

MALDI – TOF – MS 的基本原理由两部分组成。其一是激光解吸电离（LDI），即在 UV

范围发射的激光通过共振吸收作用有效的、可控地将能量转换给被测样品,产生样品分子离子,它可实现短时间的能量转化,以免高分子热分解。同时,在如此短的周期下激光束可以容易地聚焦到一个很小的点离子源上,使其与 TOF 质谱相结合。在这一过程中,样品中必须加有基质,其作用是吸收激光能量和将高分子相互隔离开。其二是 TOF 质谱的应用。在 TOF 质谱仪中,经上述激光解吸电离的大分子离子通过一个高压电场加速,获得动能。然后,经过一个非场区域,在飞行管中飘移,在此区离子的飞行速度正比于 $(m_i/z_i)^{-1/2}$。这样,它们就被分离成一系列空间上分散的单个离子,每个离子的运动都带有它质量的速度特征。最后根据到达检测器时间的不同,而检测出不同质荷比的离子,经信号转换得到传统的质谱图。

激光质谱图和传统的质谱图相同,横坐标是质荷比(m/z),纵坐标是信号强度(离子强度或丰度),以相对丰度和绝对丰度表征。图 11 - 10 和图 11 - 11 分别是聚甲基丙烯酸甲酯 PMMA600 与 PMMA35000 的 MALDI - TOF - MS 谱图,当高聚物相对分子质量较低时,每个齐聚物的峰均可被分辨开,随着相对分子质量的增加,看到的是一个连续分布。

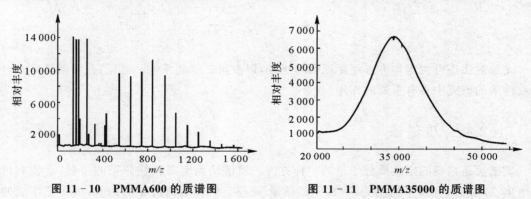

图 11 - 10　PMMA600 的质谱图　　　　图 11 - 11　PMMA35000 的质谱图

MALDI - TOF - MS 用于表征高聚物的最可几分子量、数均分子量和重均分子量,此外还可以表征聚合物的多分散性 d。

然而,MALDI - TOF - MS 测定高聚物的分子量时,其结果仅在分子量分布窄时与传统的方法(如 GPC)测定的值相吻合,当高聚物样品多分散性大(d 值大)时,如 $d=1.2$ 左右,用 GPC 和 MALDI - TOF - MS 测定的分子量相差约 20%,见表 11 - 4。

表 11 - 4　PMMA600 和 PMMA35000 的 GPC 和 MALDI 数据

标 准	GPC				MALDI			
	M_n	M_w	M_p	d	M_n	M_w	M_p	d
PMMA600	570	690	720	1.22	756	844	725	1.12
PMMMA35000	35K	37K	37K	1.04	34K	35K	34K	1.02

二、电喷雾质谱(ESI - MS)

电喷雾电离(ESI)是由 Dole 于 20 世纪 70 年代发展起来的一种多电荷电离技术,它尤其适于极性大,难挥发,热不稳定的生物大分子的分析,而成为目前测定生物大分子的最佳手段。ESI 质谱具有很高的灵敏度,同 MALDI 质谱一样几乎没有碎片峰,并且多电荷离子的形成降

低了 m/z 值,使其可以测定超出仪器正常质量范围几十倍的生物大分子的分子量,如几万到几十万道尔顿(Da)。

　　其过程主要为:样品溶液经过很细的针管进入电喷雾室,针尖与雾化室和周围的圆柱形电极间维持着几千伏的电压,液滴表面由于针尖处产生的强电场而带上电荷,库仑斥力的作用使液滴分散成雾状带电小液滴,由于电场的驱使定向漂移至毛细管,同时逆向干燥气流使液滴中的溶剂迅速蒸发,随着溶剂的蒸发,液滴表面电荷密度增加,液滴变得非常不稳定,发生碎裂,产生子液滴,子液滴继续碎裂,直到产生适于质谱分析的准分子离子。

　　图 11-12 所示为某种蛋白质的典型的电喷雾质谱图,由图可见,多电荷离子的产生是电喷雾质谱最突出的特点之一。生物大分子在电离过程中易形成多质子的分子,表现在质谱图上即呈现一系列彼此相差一个电荷的呈高斯分布的峰群。由于蛋白质分子本身含有的碱性氨基酸和 N-末端氨基,容易带上多个电荷,因此一台质荷比范围为 1 500～2 000 的质谱仪可满足分子量大于其范围几十倍的蛋白质的测定,极大地拓展了质谱用于测量生物分子的分子量范围。

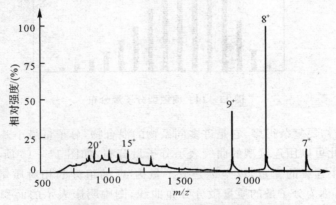

图 11-12　"再生"马脱肌球蛋白的 ESI 质谱图

11.3　高聚物的分子量分布

　　高聚物的分子量分布是高聚物链结构中一个重要的参数,对高聚物的加工性能和使用性能有重要影响。高聚物的分子量分布对加工性能中的熔体黏度、流动温度、反应活泼性和固化速度有影响。高聚物的许多机械性能,如拉伸强度、冲击强度、弹性模量、硬度、摩擦系数、抗应力开裂性能等都与分子量分布有关。如图 11-13 所示的三个有相同重均分子量的聚丙烯腈试样却具有不同的分子量分布,它们的纺丝性能差别很大。样品 a 的可纺性很差,样品 b 的则有所改善,样品 c 由于分子量(15～20)×10^4 的大分子所占的比例较大,可纺性很好。

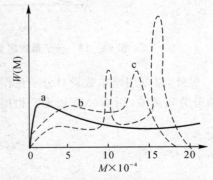

图 11-13　分子量相似,但分子量分布不同的三个聚丙烯腈试样

11.3.1 高聚物的分子量分布的表示方法

分子量分布指聚合物试样中各个组分的含量和分子量的关系。分子量分布的表示方法可以用图解法,也可以用函数法。

首先,将聚合物试样按分子大小分成若干个级分,再逐一测定每个级分的分子量 M_i 和相应的质量分数 w_i,以 M_i 为横坐标,w_i 为纵坐标作图,见图 11-14。这一方法相对简单,但数据是离散的,只能粗略地描述各级分的含量和分子量的关系。

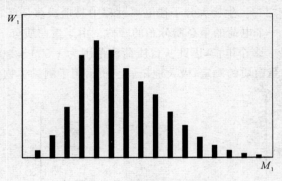

图 11-14　离散型分子量分布

但实际的高聚物要复杂得多,它是许多同系物的混合物,分子量最小差值可以是一个结构单元的分子量,因此可以用连续型的曲线表示分子量分布,如图 11-15 所示。图中的横坐标是分子量,它是一个连续的变量,纵坐标是分子量为 M 的组分的相对质量,它是分子量的函数,用 $W(M)$ 表示,称为分子量的质量微分分布曲线,图中阴影表示的面积是分子量在 M_1 和 M_2 之间的级分的质量分数。

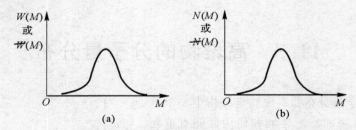

图 11-15　分子量的质量微分分布曲线(a)和数量微分分布曲线(b)

另外,也可用摩尔数量对分子量作图,称为分子量数量微分分布曲线,相应的函数称为数量微分分布函数,用 $N(M)$ 表示。根据下式可由 $W(M)$ 求 $N(M)$,即

$$N(M) = \dfrac{\dfrac{W(M)}{M}}{\displaystyle\int_0^\infty \dfrac{W(M)}{M}\mathrm{d}M} \tag{11-44}$$

分子量分布的另一种表示方法是用质量积分分布函数 $I(M)$ 表示,图 11-16 所示为典型的质量积分分子量分布曲线。

$$I(M) = \int_0^M W(M)\,\mathrm{d}M \qquad (11-45)$$

显然，以下两式成立：

$$I(\infty) = \int_0^M W(M)\,\mathrm{d}M = 1$$

$$\frac{\mathrm{d}I(M)}{\mathrm{d}M} = W(M)$$

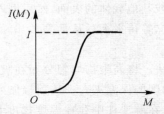

图 11-16　质量积分分子量分布曲线

在分子量的数量微分分布曲线 $N(M)$ 和微分质量分布曲线的基础上，可以把平均分子量的积分表达式写为

$$\overline{M_n} = \int_0^\infty N(M)M\,\mathrm{d}M \qquad (11-46)$$

$$\overline{M_w} = \int_0^\infty W(M)M\,\mathrm{d}M \qquad (11-47)$$

聚合物的分子量分布还可以用某些函数形式来表示，包括"理论或机理分布函数"及"数型分布函数"。前者产生假设一个反应机理，由此推导出分布函数，实验结果与理论一致，则机理正确；后者不论聚合物反应机理如何，实验结构与某函数拟合，即可用此函数来描述。目前常用的理论分布函数有 Schulz-Flory 最可几分布、Schulz 分布、Poisson 分布，模型分布函数有 Gaussian 分布、Wesslau 对数正态分布、Tung（董履和）分布函数。这里不再对此进行介绍。

11.3.2　高聚物分子量分布的测定

高聚物分子量分布的研究方法大致可分为 3 类。

（1）利用高聚物溶解度的分子量依赖性将试样分成不同分子量的级分，从而得到试样的分子量分布，如沉淀分级、溶解分级。

（2）利用高分子在溶液中的分子运动性质得出分子量分布，如超速离心沉降速度法。

（3）利用高分子尺寸的不同得到分子量分布，如直接用电子显微镜观察、体积排除色谱法等。

一、沉淀和溶解分级

沉淀和溶解分级的基本原理是高聚物溶液的相分离理论。

1. 沉淀分级

沉淀分级是通过改变温度或改变溶剂与沉淀剂的比例来控制聚合物的溶解能力。如在高分子稀溶液中（1％左右浓度），逐步滴加沉淀剂，使其分相；在恒温下等待平衡，分出浓相，取得第一级分；再在稀相中逐次滴加沉淀剂使其再分相依次得到分子量不同的级分。或者将高聚物溶于不良溶剂中，用逐步降温的方法使其分相，在恒温下等待平衡，依次取得不同分子量级分。

2．溶解分级

溶解分级是沉淀分级的逆过程，应用逐步提高溶剂能力或逐步升高温度的方法来抽提高聚物试样。

将高聚物试样沉积在玻璃砂或其他载体的表面，然后倒入分级柱，在恒温下逐步加入不同比例的混合溶剂，其性能从劣到良，等待平衡后从活塞放出萃取液，得到级分。同样也可以应用逐步升温进行抽提的方法。

效率更高的是梯度淋洗分级法。将高聚物均匀分布在玻璃砂或其他载体上，置于淋洗柱的顶部，管柱外有一个具有温度梯度的保温夹套。从顶端加入连续改变组成、能在柱中形成浓度梯度的混合溶剂，淋洗高聚物。在淋洗柱中存在温度梯度和溶剂梯度。二者共同作用的结果，使柱中溶剂的溶解能力自上而下由强变弱。经过反复的溶解和沉淀。可以得到较好的分级效果。

3．分级实验的数据处理

从分级实验可以得到各级分的质量和平均分子量。从这些数据可以画出阶梯形的分级曲线（见图 11－17）。从这种分级曲线可以采用以下两种方法得到正确的分子量分布曲线。

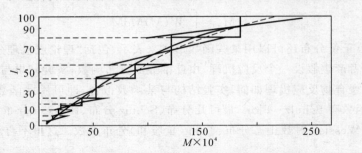

图 11－17　用沉淀分级法得到的聚甲基丙烯酸甲酯的分级曲线（丙酮-水体系，25℃）
－－－－－－习惯法；　——中点连线近似法

（1）习惯法。

这种作图法基于两个基本假定：每一级分子中分子量大于或小于这个级分的平均分子量的质量各占该级分质量的 1/2；每个级分的分子量分布与其相邻级分的分子量分布无交叠。据此，可将各阶梯的中点连成一条光滑曲线（见图 11-17 的虚线），即得到高聚物分子量的累积质量分布曲线，累积质量分数可写为

$$I_i = \frac{1}{2}w_i + \sum_{i=1}^{J-1}w_i \tag{11-48}$$

由累积质量分布曲线各点的斜率 $\mathrm{d}I(M)/\mathrm{d}M$ 对分子量作图，即得微分质量分布曲线。一般这种图解微分的误差较大。如果分级曲线能精确代表分子量分布，则可计算出 $\overline{M_\mathrm{n}}$ 和 $\overline{M_\mathrm{w}}$。采用习惯法时，因为实际上相邻级分的分子量有交叠，只有级分的数目特别多时，连接的曲线才更接近实际情况。

（2）级分分布的直线近似法（中点联线近似法）。

这一方法也有两个基本假定,即:每一级分的分子量分布都能用董履和函数来表示;在每一级分的累积分数 $I(M) = 0.5$ 处的分子量 $M_{1/2}$ 可作为此级分的重均和黏均分子量。

董履和函数为

$$w(M) = abM^{b-1}e^{-aM^b} \tag{11-49}$$

$$I(M) = 1 - e^{-aM^b} \tag{11-50}$$

式中,a,b 为分子量分布参数。为了求得 a,b,对式(11-45)取对数,得

$$\ln[1 - I(M)] = -aM^b$$

或

$$\ln\frac{1}{[1 - I(M)]} = aM^b$$

再次取对数,得

$$\lg\frac{1}{\ln[1 - I(M)]} = \lg a + b\lg M \tag{11-51}$$

由式 11-46 可知,从根据由分级得到的实验数据 $I(M)$ 和 M,以 $\lg\dfrac{1}{\ln[1 - I(M)]}$ 对 $\lg M$ 作图,从直线的截距得到 $\lg a$,从斜率得到 b,因此从董履和函数可计算出各个级分的分子量分布,从而画出整个试样的累积质量分布曲线。

但是,这种方法计算复杂,通常采用简化的级分分布的直线近似法。这是因为,从董履和函数计算的每一级分的累积分布曲线接近对应于平均分子量的一条直线,若取董履和函数在累积质量分数 $\lg M = 1/2$ 处的斜率作为此直线的斜率,则此直线与 M 轴的截距为 $0.5M_i$。因此,近似地把 $1/2 M_i$ 与级分的累积质量分数 $I(M) = 0.5$ 处的连线作为级分的分子量累积质量分布曲线,然后将各级分的分布加和得到试样的分子量分布曲线(见图 11-18)。

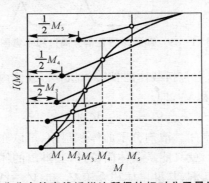

图 11-18　用级分分布的直线近似法所得的相对分子量累积质量分布曲线

二、凝胶渗透色谱法

凝胶渗透色谱法(Gel Permeation ChroMatograhpy,GPC)1964 年由莫尔(J. C. Moore)首先提出,这种技术不仅可用于小分子物质的分离和鉴定,而且可以快速自动测定高聚物的平均分子量和分子量分布。这一技术操作简便、测定周期短、数据可靠性高、重复性好,目前已成为高分子化学,有机化学,生物化学等领域内一种重要的分离和分析手段,并用于高聚物生产控制和质量鉴定。

针对凝胶渗透色谱的分离机理,提出了体积排除、限制扩散、流动分离等多种解释,但实验

证明体积排除的分离机理起主要作用,因此这一技术又称为体积排除色谱(Size Exclusion Chormatograhpy,SEC)。分离的核心部件是一根装有多孔性载体的色谱柱,最早采用的是聚苯乙烯凝胶粒,凝胶粒的表面和内部含有大量的彼此贯穿、孔径大小不等的孔,近来发展了其他类型的材料,如多孔硅球和多孔玻璃等。实验时,首先以某种溶剂充满色谱柱,使之占据颗粒之间的全部空隙和颗粒内部的孔洞;然后以同样溶剂配制的聚合物溶液从柱子顶端注入,聚合物分子即向载体内部孔洞扩散;最后以这种溶剂从柱头以恒定的流速淋洗,同时从柱尾接收淋出液,计算淋出液的体积并测定淋出液中溶质的溶度。其间,被分析的聚合物溶液进入柱子后,较小的分子除了能进入大的孔外,还能进入较小的孔,较大的分子则只能进入较大的孔,更大的分子只能留在载体颗粒之间的空隙中。因此,随着淋洗过程的进行,最大的分子最先被淋洗出来,最小的分子最后被淋洗出来,大小不同的分子就可得到分离(见图 11 - 19)。

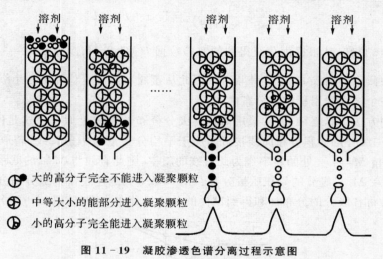

图 11 - 19 凝胶渗透色谱分离过程示意图

设色谱柱的总体积为 V_t,它包括载体的骨架体积 V_g,载体内部的空洞体积 V_i(所有孔的体积之和)和载体的颗粒间体积 V_0,即

$$V_t = V_g + V_i + V_0 \tag{11-52}$$

V_0 和 V_i 之和构成柱内的空间。溶剂分子的体积很小,可以充满柱内的全部空间。若高分子的体积比任何孔洞的尺寸大,就只能从载体间流过,其淋出的体积是 V_0,若高分子的体积是中等大小,则只能进入一部分孔洞,其淋出体积介于 V_0 和 $(V_0 + V_i)$ 之间,若高分子的体积很小,远远小于所有的孔洞尺寸,则淋出体积是 $(V_0 + V_i)$。

用 K 表示孔体积 V_i 中可以被溶质分子进入的部分与 V_i 之比,称为分配系数。V_e 为溶质的淋出体积,则

$$V_e = V_0 + KV_i \tag{11-53}$$

$$K = \frac{V_e - V}{V_i} \tag{11-54}$$

不同大小的分子有不同的 K 值,因而有不同的淋出体积 V_e,从而在淋洗过程中得到分离。淋出体积 V_e 仅仅由高分子尺寸和颗粒的孔尺寸决定,因此高分子的分离完全是由于体积排除效应所致。

为了测定高聚物的分子量分布,在聚合物按分子量大小分离开后,还需测定各级分的含量

和各级分的分子量。

级分的含量即使淋出液的浓度，通常采用检测与溶液浓度有线性关系的物理量来测定。常用的方法是用示差折光仪测定淋出液的折光指数与纯溶剂的折光指数之差 Δn 表征淋出溶液的浓度。这是因为在稀溶液范围内 Δn 与溶度 c 成正比。此外紫外吸收，红外吸收也可作为浓度检测器。图 11-20 所示为 GPC 色谱图，纵坐标是 Δn，相当于淋出液的浓度，横坐标是淋出体积，它表征着分子尺寸的大小，所以 GPC 色谱图反映了试样的分子量分布。如果把谱图中的横坐标 V_e 换成分子量 M，就成为分子量分布曲线。

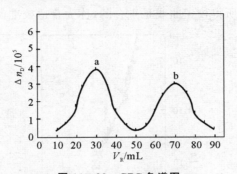

图 11-20　GPC 色谱图
注：试样 **a** 的分子尺寸大于试样 **b** 的分子尺寸

级分的分子量测定有直接法和间接法。直接法是在测定淋出液溶度的同时测定其黏度或光散射，从而求出其分子量，但这种方法在仪器设计上较复杂，目前主要用间接法，即校正曲线法。所谓所谓校正曲线就是用一组已知分子量的单分散标准样品，在相同测试条件下的一系列 GPC 色谱图，以他们的峰值位置的淋出体积 V_e 对 $\lg M$ 作图得到的曲线，实验发现有如下关系：

$$\lg M = A - BV_e \tag{11-55}$$

从图 11-21 可见，$\lg M$ 与 V_e 的关系只在一定范围内呈直线，当 $M > M_a$ 时，直线与纵轴相平行，即淋出体积与溶质分子量无关，这时的淋出体积就是 V_0，表明此种载体对超过 M_a 分子量的溶液没有分离作用，M_a 称为该载体渗透极限。当 $M < M_b$ 时，直线向下弯曲，表面当溶质的分子量小于 M_b 时，其淋出体积与分子量的关系变得很不敏感。此时溶质分子的体积已经相当小，其淋出体积已经接近 $(V_0 + V_i)$ 值，故 $(M_a - M_b)$ 称为载体的渗透极限范围，其值大小决定于载体的孔径及其分布。

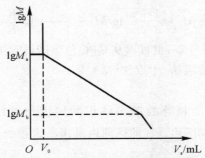

图 11-21　分子量-淋出体积的校正曲线

这样利用校正曲线就很容易将 GPC 色谱图中的横坐标换成分子量坐标,而得到试样的分子量分布图。

但由于 GPC 的分离机理是按照分子尺寸的大小进行分类的,因此与分子量仅仅是一个间接关系。不同的高分子虽然其分子量相同,但分子体积并不一定相同。因此同一根柱子中,以相同的测试条件,不同高分子试样所得校正曲线并不重合。根据 GPC 的分离机理,将校正曲线的纵坐标换成与分子尺寸有关的参数,即可获得适合于各种高聚物的普适校准曲线。

由弗洛利的特性黏数理论知道,$[\eta]M$ 即为溶液中高分子的流体力学体积,以 $[\eta]M$ 对 V_e 作图,对不同的高聚物试样所得校正曲线是重合的,称为普适校准曲线(见图 11-22)。

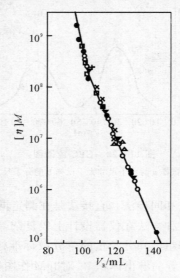

图 11-22 GPC 的普适校正曲线

●—线型聚苯乙烯 PS; ○—支化聚苯乙烯 PS(梳形); +—支化聚苯乙烯(星形); ×—聚甲基丙烯酸甲酯 PMMA;
△—PS/PMMA 支化嵌段共聚物; ▼—PS/PMMA 接枝共聚物; □—聚丁二烯; ■—聚苯基硅氧烷

这样,只要知道 GPC 测定条件下的特性黏数方程参数 K 和 α,利用 $[\eta]_1 M_1 = [\eta]_2 M$ 关系,即可从标定试样的分子量 M_1 计算出被测试样的分子量 M_2,因为

$$[\eta]_1 = K_1 M_1^{\alpha_1} \qquad [\eta]_2 = K_2 M_2^{\alpha_2}$$

$$\lg [\eta]_1 M_1 = \lg [\eta]_2 M_2$$

所以

$$\lg M_2 = \frac{1+\alpha_1}{1+\alpha_2} \lg M_1 + \frac{1}{1+\alpha_2} \lg \frac{K_1}{K_2} \tag{11-56}$$

GPC 法不仅可得到分子量分布,也可以从 GPC 色谱图得到试样的平均分子量和多分散系数。计算方法有定义法、函数适应法、十点法(略)等。

1. 定义法

首先在 GPC 色谱图上每隔相等的淋出体积间隔读出谱线与基线间的高度 H_i(见图 11-23),H_i 与高聚物的浓度成正比。在此区间内淋出高聚物的质量分数为

$$w_i(V_e) = \frac{H_i}{\sum H_i}$$

从校正曲线上读出各淋出体积间隔对应的分子量即可计算聚合物的平均分子量及分子量分布。

$$\overline{M_w} = \sum_i M_i \frac{H_i}{\sum_i H_i}$$

$$\overline{M_n} = \frac{1}{\sum_i \frac{H_i}{M_i \sum_i H_i}} = \frac{\sum_i H_i}{\sum_i \frac{H_i}{M_i}}$$

$$\overline{M_\eta} = \left[\sum_i M_i^\alpha \frac{H_i}{\sum_i H_i} \right]^{\frac{1}{\alpha}} = \left[\frac{\sum_i M_i^\alpha H_i}{\sum_i H_i} \right]^{\frac{1}{\alpha}}$$

$$[\eta] = K \sum_i M_i^\alpha \frac{H_i}{\sum_i H_i} = \frac{K \sum_i M_i^\alpha H_i}{\sum_i H_i}$$

2. 函数适应法

研究者发现，GPC 曲线比较接近高斯分布曲线，因此可以用高斯分布函数来求 $\overline{M_w}$, $\overline{M_n}$。以淋出体积 V_e 表示的质量分布函数的高斯函数形式为

$$w(V_e) = \frac{1}{\sigma\sqrt{2\pi}} \exp\left[-\frac{1}{2} \left(\frac{V_e - V_0}{\sigma} \right)_2 \right] \tag{11-57}$$

式中，V_0 为峰值位置处的淋出体积(峰体积)，σ 为标准偏差，$\sigma = W/4$(W 为峰底宽)。图11-24 所示为峰体积 V_0 和峰宽 W 图。

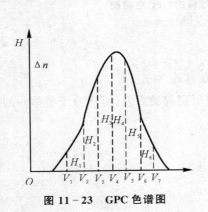

图 11-23 GPC 色谱图

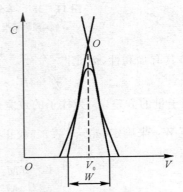

图 11-24 峰体积和峰宽度

GPC 校正曲线通常用表示为

$$\lg M = A - BV_e \quad \text{或} \quad \ln M = A' - B'V_e$$

则有

$$V_e = \frac{A' - \ln M}{B'}$$

代入式(11-52)可得分子量的质量微分分布，即

$$w(M) = \frac{1}{M\sigma' \sqrt{2\pi}} \exp\left[-\frac{1}{2}\left(\frac{\ln M - \ln M_0}{\sigma'}\right)^2\right] \qquad (11-58)$$

$B' = 2.303B$，$\sigma' = B'\sigma = 2.303B\sigma$，$M_0$ 为峰值位置对应的分子量。将式(11-58)代入分子量定义式中,可得

$$\overline{M_w} = M_0 \exp\left(\frac{\sigma'^2}{2}\right) \qquad (11-59)$$

$$\overline{M_n} = M_0 \exp\left(\frac{-\sigma'^2}{2}\right) \qquad (11-60)$$

这样,只要知道峰值位置的分子量 M_0。峰底宽度 W 以及校正曲线斜率 B,就可以很简单的计算平均分子量。

实验测得的分子量不仅由试样本身分布所引起,还由色谱柱的致宽效应所引起,因此必须进行修正。

对单分散试样理想情况色谱峰的形状应该如图 11-25(a) 所示,但试样所测得的形状却是图 11-25(b),这个效应称为 GPC 的致宽效应。

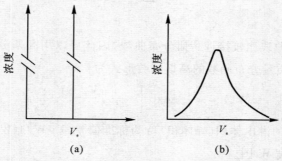

图 11-25　单分散试样的 GPC 色谱图
(a) 理想情况；　(b)GPC 致宽效应

由于方差具有加和性,因此得

$$\sigma'^2 = B'^2\sigma^2 = B'^2(\sigma_M^2 + \sigma_D^2)$$

式中,σ_M^2 为分子量的方差,σ_D^2 为柱子的致宽效应所引起的方差,可用分子量单一的标准物质的色谱图峰底宽 W_D 来确定($\sigma_D = \frac{W_D}{4}$)。校正因子定义为

$$G = \sqrt{\frac{\left(\overline{\dfrac{M_w}{M_n}}\right)_{测}}{\left(\overline{\dfrac{M_w}{M_n}}\right)_{真}}} = \exp\frac{B'^2\sigma_D^2}{2} \qquad (11-61)$$

则

$$\overline{M_{w真}} = \frac{\overline{M_{w测}}}{G} \qquad (11-62)$$

$$\overline{M_{n真}} = \frac{\overline{M_{n测}}}{G} \qquad (11-63)$$

和

$$\left(\overline{\frac{M_w}{M_n}}\right)_{真} = \left(\overline{\frac{M_w}{M_n}}\right)/G^2 \qquad\qquad (11-64)$$

用函数适应法处理数据的方法简便,但是若谱图不对称,不能用对数正态分布函数表达,或出现多峰,则不能用这种方法处理。

若光散射仪与 GPC 联用,在得到浓度的同时还可以得到散射光强对淋出体积的谱图,从而可计算出分子量分布曲线和试样的各种平均分子量,计算中不需要标定曲线,使测定与计算工作大为简化。另外可以用 GPC 与自动黏度计联用,可测定支化聚合物的分子量分布和支化度分布。若紫外、红外等与示差折光仪结合的双检测器与 GPC 联机,可同时测定共聚物的组成分布和分子量分布。

习题与思考题

1. 画出典型的相对分子质量分布曲线并标出下列相对分子质量:

(1) 数均相对分子质量;

(2) 重均相对分子质量;

(3) Z 均相对分子质量;

(4) 黏均相对分子质量。

2. 假定 A 与 B 两聚合物试样中都含有三个组分,其相对分子质量分别为 1 万、10 万和 20 万,相应的质量分数分别为:A 是 0.3,0.4 和 0.3,B 是 0.1,0.8 和 0.1,计算此二试样的 $\overline{M_n}$,$\overline{M_w}$,并求其分布宽度指数 σ_n^2,σ_w^2 和多分散系数 d。

3. 一个聚合物样品由相对分子质量为 10 000,30 000 和 100 000 三个单分散组分组成,计算下述混合物的平均分子量 $\overline{M_n}$ 和 $\overline{M_w}$:

(1) 每个组分的分子数相等;

(2) 每个组分的质量相等。

4. 指出下列四种测定聚合物分子量的方法分别测定的是何种分子量:

(1) 渗透压法;

(2) 光散射法;

(3) 超速离心法;

(4) 黏度法。

5. PS 的四氢呋喃溶液用 GPC 测定,得 $\lg M = 10.640\ 2 - 0.160\ 5V_e$,相关数据见表 11-5。求 $\overline{M_n}$,$\overline{M_w}$ 和 d。

表 11-5　相关数据

V_e	33	34	35	36	37	38	39	40	41
H_i	6.0	38.0	39.5	24.5	11.0	5.0	2.5	1.0	0.5

6. 试述高聚物的相对分子质量和相对分子质量分布对物理机械性能及加工成型的影响。

参 考 文 献

[1] 高分子学会.高分子科学基础[M].北京:化学工业出版社,1978.

[2] Van Krevelen D W.高聚物的性质[M].许元泽,等,译.北京:科学出版社,1981.

[3] 小野木重治.高分子材料科学[M].林福海,译.北京:纺织工业出版社,1983.

[4] 何曼君,陈维孝,董西侠.高分子物理[M].修订版.上海:复旦大学出版社,1990.

[5] 蓝立文.高分子物理[M].西安:西北工业大学出版社,1993.

[6] 金日光,华幼卿.高分子物理[M].2版.北京:化学工业出版社,2000.

[7] 殷敬华,莫志深.现代高分子物理学[M].北京:科学出版社,2001.

[8] 焦剑,雷渭媛.高聚物结构、性能与测试[M].北京:化学工业出版社.2003.

[9] 刘凤岐,汤心颐.高分子物理[M].2版.北京:高等教育出版社,2004.

[10] 何平笙.新编高聚物的结构与性能[M].北京:科学出版社,2009.

[11] 华幼卿,金日光.高分子物理[M].4版.北京:化学工业出版社,2013.

[12] 杨玉良,胡汉杰.高分子物理(跨世纪的高分子科学)[M].北京:化学工业出版社,2001.

[13] 朱平平,何平笙,杨海洋.高分子物理重点难点释疑[M].合肥:中国科学技术大学出版社,2011.

[14] 冯开才,李谷,符若文,等.高分子物理实验[M].北京:化学工业出版社,2004.

[15] Flory P J.Principles of Polymer Chemistry[M].New York:Cornell University Press,1953.

[16] Kaufman H S,Falcetta J J.Introduction to Polymet Science and Technolohy,an SPE Textbook[M].New York:John Wiley & Sona Inc.,1977.

[17] Jenkins A D.Polymer Science[M].Amsterdam:North-Holland,1972.

[18] Billmeyer F W.Textbook of Polymer Science[M].2nd ed.New York:Interscience Publishers,1971.

[19] Mark J E.Physical Properties of Polymers[M].2nd ed.Baltimore:United Book Press,1993.

[20] GEdde Ulf W.Polymer Physics[M].London:Chapman & Hall,1995.

[21] Li Bincai.Fundamentals of Polymer Physics[M].北京:化学工业出版社,1999.

[22] David I Bower.An Introduction to Polymer Physics[M].北京:化学工业出版社,2004.

[23] Speling L H.Introduction to Physical Polymer Science[M].4th ed.New York:John wiley & Sons,Inc.,2006.

[24] 吴大诚.高分子构象统计理论导引[M].成都:四川教育出版社,1985.

[25] 朱善农.高分子链结构[M].北京:科学出版社,1996.

[26] 彭建邦,何平笙.高分子链构象统计学[M].合肥:中国科学技术大学出版社,2006.

[27] 马德柱.高聚物晶体结构的研究方法:高分子化学与物理专论[M].广州:中山大学出版社,1984.

[28] G 霍尔登,N R 莱格,R 夸克,等. 热塑弹性体[M]. 傅志峰,译. 北京:化学工业出版社,2000.

[29] Bassett D C. Principles of Polymer Morphology[M]. Cambrige London:Cambrige University Press,1981.

[30] 吴培熙,张留城. 聚合物共混改性[M]. 北京:中国轻工业出版社,1996.

[31] 周其凤,王新久. 液晶高分子[M]. 北京:科学出版社,1999.

[32] 赵文元,王亦军. 功能高分子材料化学[M]. 北京:化学工业出版社,1996.

[33] 吴大诚. 高分子液晶[M]. 成都:四川教育出版社. 1988.

[34] Wunderlich B. Macromolecular Physics[M]. New York and London:Academic Press, 1973.

[35] 钱保功,许观藩,余赋生. 高聚物的转变与松弛[M]. 北京:科学出版社,1986.

[36] Haward R N, Young R J. The Physical of Glass Polymer[M]. New York:Halsted Press, 1973.

[37] Ward I W. Mechanical Properties of Solid polymer[M]. 2nd ed. New York:John Wiley and Sons,1970.

[38] Ferry J D. Viscoelastic Properties of Polymers[M]. 2nd ed. New York:John Wiley and Sons . 1983.

[39] Brydson J A. Flow Proerties of Polymer Melts [M]. 2nd ed. George Godwin Limited, 1981.

[40] Nielsen L E. 高聚物的力学性能[M]. 冯之榴,译. 上海:科学技术出版社,1965.

[41] Nielsen L E. 高分子和复合材料的力学性能[M]. 丁佳鼎,译. 北京:轻工业出版社,1981.

[42] Ward I M. 固体高聚物的力学性能[M]. 2 版. 徐懋,漆宗能,译. 北京:科学出版社,1988.

[43] 朱锡雄,朱国瑞. 高分子材料强度学[M]. 杭州:浙江大学出版社,1992.

[44] 吕锡慈. 高分子材料的强度与破坏(现代高分子科学丛书)[M]. 成都:四川教育出版社,1988.

[45] Bernard Rosen. Fracture Processes in Polymeric Solids:Phenomena and Theory[M]. Interscience Publishers,1964.

[46] Folks M J. Processing Structure and Properties of Block Copolymers[M]. London/New York:Elsevier Applied Science Publishers ,1985.

[47] 有机玻璃疲劳和断口图谱编委会. 有机玻璃疲劳和断口图谱[M]. 北京:科学出版社,1985.

[48] 航空非金属失效分析编委会. 航空非金属件失效分析[M]. 北京:科学出版社,1991.

[49] 特雷劳尔 L R G. 橡胶弹性物理学[M]. 王梦蛟,译. 北京:化学工业出版社,1982.

[50] 托博尔斯基 A V,马克 H F. 聚合物科学与材料[M]. 中科院长春应用化学研究所,译. 北京:科学出版社,1977.

[51] 阿克洛尼斯 J J. 聚合物黏弹性引论[M]. 吴立衡,译. 北京:科学出版社,1986.

[52] 金关泰,金日光. 热塑性弹性体[M]. 北京:化学工业出版社,1983.

[53] 于同隐. 高聚物的黏弹性[M]. 上海：上海科学技术出版社，1986.

[54] 钱人元. 高聚物的结构和性能[M]. 北京：科学出版社，1981.

[55] 过梅丽. 高聚物与复合材料的动态力学热分析[M]. 北京：化学工业出版社，2002.

[56] 林师沛. 高聚物加工流变学[M]. 成都：成都科技大学出版社，1989.

[57] 周彦毫. 高聚物加工流变学基础[M]. 西安：西安交通大学出版社，1988.

[58] L E 尼尔生. 高聚物流变学[M]. 范庆荣，宋家琪. 译. 北京：科学出版社，1983.

[59] 邱明恒. 塑料成型工艺[M]. 西安：西北工业大学出版社，1994.

[60] 沈新元. 高分子材料加工原理[M]. 北京：中国纺织出版社，2000.

[61] 彼得 赫德维格. 聚合物的介电谱[M]. 第一机械工业部桂林电器科研所，译. 北京：机械工业出版社，1981.

[62] 雀部博之. 导电高分子材料[M]. 曹镛，叶成，朱道本，译. 北京：科学出版社，1989.

[63] 孙鑫. 高聚物中的孤子和极化子[M]. 成都：四川教育出版社，1987.

[64] 顾振军，王寿泰. 聚合物的电性和磁性[M]. 上海：上海交通大学出版社，1990.

[65] 赵文元，赵文明，王亦军. 聚合物材料的电学性能及其应用[M]. 北京：化学工业出版社，2006.

[66] Teralka I. Polymer Solutions：An Introduction to Physical Properties[M]. New York：John Wiley & Sons Inc，2002.

[67] 董炎明，胡晓兰. 高分子物理学习指导[M]. 北京：科学出版社，2004.

[68] 焦书科，张晨，励杭泉. 高分子物理高分子材料习题及解答[M]. 北京：中国石化出版社，2005.

[69] 徐世爱，张德震，余若冰. 高分子物理习题集[M]. 上海：华东理工大学出版社，2007.